中国长江电力股份有限公司
北京中元瑞讯科技有限公司　组织编写

水轮发电机组现场试验与分析技术

卢进玉　任继顺　程建　编著

中国水利水电出版社
www.waterpub.com.cn
·北京·

内 容 提 要

本书在总结水轮发电机组现场试验、数据分析最新技术的基础上，结合全国多家单位现场试验的实践经验，融合最新国际、国家、行业标准，全面系统地阐述了水轮发电机组现场试验和分析技术。本书主要包括：信号分析技术基础、现场试验分析系统、稳定性试验、动平衡试验、调速器试验、效率试验、应力特性试验、噪声测量、通风试验、盘车试验、推力轴承油膜厚度试验、现场试验案例与分析等。本书具有很强的理论性和实用性，对水轮发电机组的现场试验具有很好的指导作用。

本书可供水轮发电机组试验人员以及水电站运行、检修人员阅读，也可供高等学校有关专业师生参考。

图书在版编目（CIP）数据

水轮发电机组现场试验与分析技术 / 卢进玉，任继顺，程建编著；中国长江电力股份有限公司，北京中元瑞讯科技有限公司组织编写. -- 北京：中国水利水电出版社，2019.4

ISBN 978-7-5170-7579-0

Ⅰ. ①水… Ⅱ. ①卢… ②任… ③程… ④中… ⑤北… Ⅲ. ①水轮发电机－发电机组－现场试验 Ⅳ. ①TM312

中国版本图书馆CIP数据核字(2019)第062639号

书　　名	水轮发电机组现场试验与分析技术 SHUILUN FADIAN JIZU XIANCHANG SHIYAN YU FENXI JISHU
作　　者	中国长江电力股份有限公司 北京中元瑞讯科技有限公司　组织编写 卢进玉　任继顺　程　建　编著
出版发行	中国水利水电出版社 （北京市海淀区玉渊潭南路1号D座　100038） 网址：www.waterpub.com.cn E-mail：sales@waterpub.com.cn 电话：(010) 68367658（营销中心）
经　　售	北京科水图书销售中心（零售） 电话：(010) 88383994、63202643、68545874 全国各地新华书店和相关出版物销售网点
排　　版	中国水利水电出版社微机排版中心
印　　刷	北京印匠彩色印刷有限公司
规　　格	184mm×260mm　16开本　34印张　705千字
版　　次	2019年4月第1版　2019年4月第1次印刷
定　　价	**280.00**元

《水轮发电机组现场试验与分析技术》编审人员名单

编　著	卢进玉	任继顺	程　建		
主　审	王正伟				
参编人员	李友平	汪　洋	尹永珍	司汉松	王建兰
	万　鹏	徐　波	曹长冲	彭　兵	苏疆东
	何继全	崔　悦	刘　艺	丛　凯	张民威
	冀锐龙	潘晓林	高永树	李　震	刘红超
	王振鑫	周　叶	卢　苑		

序

PREFACE

21世纪以来，随着我国水电事业的蓬勃发展，水轮发电机组的设计、制造、安装、运行、维护以及测试水平都有了很大的提高；全国水电总装机容量、单台机组额定容量屡创新高。其中单机容量1000MW的白鹤滩电站正在建设，即将于2021年开始发电。

我国正在开展智慧电厂的研究，水电机组状态检修及故障诊断技术也在稳步推进，现场测试是全面掌握机组的特性、开展机组设备故障机理研究和定位的基础。随着计算机、通信、信号处理、传感技术的不断发展，水轮发电机组现场测试新技术、新方法不断涌现，测量精度、自动化水平不断提高，有关这方面的专著却并不多见。新技术、新成果需要进行系统性地总结，《水轮发电机组现场试验与分析技术》一书的出版可谓应运而生。

中国三峡集团中国长江电力股份有限公司历来非常重视水轮发电机组的试验工作，开创了我国水轮机模型第三方试验台见证试验、全水头下真机稳定性及能量特性试验的先河，引领我国水电事业进入了一个新局面，为展现和提高我国水轮发电机组的现场测试技术提供了平台。中国长江电力股份有限公司技术研究中心自成立以来，采用自行研制的测试设备，开展了三峡、溪洛渡、向家坝、葛洲坝、呼和浩特抽水蓄能、苏丹麦洛维等水电站的多项现场测试工作，在水轮发电机组状态评估和故障诊断领域开展了有益的尝试，积累了非常丰富的现场测试和分析经验。

《水轮发电机组现场试验与分析技术》一书凝聚了中国长江电力股份有限公司、北京中元瑞讯科技有限公司以及其他撰写者的心血和智慧，他们结合现阶段各种现场试验的实际案例，融合国内外先进技术，全面分析总结了水轮发电机组现场测试技术及其工程应用方法和发展理念。《水轮发电机组现场试验与分析技术》一书不仅是当前水电技术工作者难得的一本实用性工具书，也为我国水电机组状态检修和故障诊断技术的发展及智慧电厂研究和建设做了很好的技术铺垫。

值此书出版之际，谨为之序。我相信，这本书的出版，将对水轮发电机组现场测试与分析、状态检修、故障诊断、智慧电厂等相关技术发展和进步起到有力的推动作用。

中国长江电力股份有限公司　总经理

2018 年 12 月于湖北宜昌

前言

FOREWORD

人类早在三四千年前就开始利用水的势能和动能了，如磨面、舂米、提水灌溉等。利用水力进行发电大约是在19世纪80年代开始的，世界上最早的水电站是1878年在法国巴黎附近的塞尔曼兹水电站。1905年日本人在我国台湾兴建了龟山水电站，1912年清末富商集资兴建了云南昆明的石龙坝水电站。

近些年来，我国水电开发迎来了历史机遇和挑战。水电装机规模不断扩大，单机容量已达1000MW，水轮发电机组的设计、安装和制造技术已逐步赶上和达到世界一流水平。对于运行中的水轮发电机组，设备的性能和能量指标是否能够达到最理想的状态，如何预知设备的运行故障，是确保水电站安全、高效运行的关键。因此，研究水轮发电机组的现场试验与故障诊断技术，就是一项相当重要的工作了。

长期以来，人们在现场测试、信号的采集分析、处理，以及故障诊断上付出了艰辛的努力。1993年，由刘晓亭、李维藩主编，水利电力出版社出版了《水轮发电机组现场测试手册》，对水电站现场试验起到相当大的指导性作用，深受广大水电技术人员的喜爱。20多年过去了，随着技术的进步，在人们不懈努力之下，测试手段、试验装备、分析技术又有了长足的进步，尤其是在信号的采集、信号的分析和故障的诊断上，技术手段更为先进和准确。

为了推行试验的标准化、规范化，提高测试和分析技术，满足水电站的运行、检修的需要，促进我国水电建设事业的有序发展以及水电站和电网的安全、经济、稳定运行，中国长江电力股份有限公司（以下简称“长江电力”）

与北京中元瑞讯科技有限公司（以下简称“中元瑞讯”）联合组织编写了《水轮发电机组现场试验与分析技术》一书。

《水轮发电机组现场试验与分析技术》的编写历时两年，凝聚着长江电力和中元瑞讯广大技术人员的智慧和心血。本书广泛吸收国际先进测试技术，以现场实用为主，又力求方法准确，并结合现阶段试验的实际案例进行论述，在现场实际试验经验的基础上，对水电站典型试验的原理、方法、分析技术进行了整理和总结，是一本直接为水电站现场试验人员服务的实用性工具书，也可作为高等学校流体机械等相关专业师生的参考书。

在本书的编写过程中，华南理工大学博士生导师刘明波教授、中国水利水电科学研究院潘罗平教授给予了多方面的指导，并提出了很好的修改意见。长江电力的李友平和中元瑞讯的汪洋在全书的结构调整和定稿中提出了许多建设性意见。同时得到了多家水电厂的鼎力相助，提供了很多实际案例。在此一并表示感谢。

全书由中国长江电力股份有限公司教授级高级工程师卢进玉负责策划和统稿，清华大学博士生导师王正伟教授负责审阅定稿。中国长江电力股份有限公司、北京中元瑞讯科技有限公司、中国水利水电科学研究院、华南理工大学等单位共同参与了本书的编写，在此向参与编写的单位领导及参编人员表示感谢。

由于作者水平所限，书中错误在所难免，敬请广大读者批评指正。

作者

2018年11月

目录

第1章

绪　　论

跨进21世纪，我国电力工业已进入大电网、高电压、大机组、高参数、高自动化和信息化的现代化发展时期。20世纪中期至21世纪初，世界顶级的水电工程和水电技术在中国成批兴起，装机容量从新中国成立初期的16.3万kW发展到34359万kW（其中蓄能机组2869万kW），发电量从7.1亿kW·h发展到11931亿kW·h（2017年底数据），发生了翻天覆地的变化，分别占到全球水电总装机容量的26.9%和总发电量的28.5%。中国水电装机规模目前是美国的3倍多，而且超过世界排名第二到第五的总和。可以说，中国已成为名副其实的水电大国，水电技术整体跻身世界前列，中国水轮发电机组装机统计见表1.0-1。

表1.0-1　中国水轮发电机组装机统计表

机组分类		装机数量	典型水电厂
常规机组	巨型机组（单机容量为500～1000MW）	超过150台（2017年统计数据）	三峡水电厂、溪洛渡水电厂、向家坝水电厂、乌东德水电厂（在建）、白鹤滩水电厂（在建）、龙滩水电厂、糯扎渡水电厂、小湾水电厂、龙盘（上虎跳）水电厂、金安桥水电厂、锦屏一级水电厂、锦屏二级水电厂、观音岩水电厂、瀑布沟水电厂、构皮滩水电厂等
	大中型混流式机组	超过320台（2012年统计数据）	新安水电厂、刘家峡水电厂、凤滩水电厂、龚嘴水电厂、乌江渡水电厂、白山水电厂、龙羊峡水电厂、岩滩水电厂、漫湾水电厂、二滩水电厂等
	轴流式机组	超过60台（2015年统计数据）	富春江水电厂、大化水电厂、葛洲坝水电厂、水口水电厂、安谷水电厂等
	灯泡贯流式机组	超过180台（含在建）（2017年统计数据）	马迹塘水电厂、王甫洲水电厂、凌津滩水电厂、青居水电厂、峡阳水电厂、京南水电厂、福建城关水电厂、长沙湘江航电枢纽水电厂、长洲水电厂等
抽水蓄能机组		超过190台（2017年统计数据）	广州抽水蓄能电站（含Ⅰ级、Ⅱ级）、北京十三陵抽水蓄能电站、响水涧抽水蓄能电站、张河湾抽水蓄能电站、惠州抽水蓄能电站、蒲石河抽水蓄能电站、西龙池抽水蓄能电站、呼和浩特抽水蓄能电站、荒沟抽水蓄能电站、丰宁蓄能电站、天荒坪蓄能电站、仙游水电站等

随着我国水电工程现代化的迅速发展，高电压、大容量、高参数、高自动化的设备日益增多，对我国水电企业的现代化管理提出了更高的要求。水电企业在提高生产率、降低生产成本的同时，要确保水轮发电机组设备的安全可靠运行，提高设备的可利用率，减少突发性事故和非计划停运次数。因此而发展起来的状态在线监测与诊断技术，为有效获得机组的实时状态提供了技术手段。以此为基础，水电企业逐步开展有针对性的设备运行维护检修措施，为设备的高效、稳定、可靠运行奠定了基础。因此，状态在线监测与诊断技术是水电企业实施状态检修甚至智慧检修的关键技术。

自20世纪80年代以来，随着现代工业、现代科学的迅速发展，人们对状态在线监测与故障诊断有了更加深入的认识，相关基础学科也得到迅猛发展，在工业生产中扮演着越来越重要的角色。

随着我国水电事业的快速兴起壮大，国内的水轮发电机组状态在线监测与故障诊断技术也得以实践，并通过不断研究、总结，基本形成了具有自身特色的状态在线监测与故障诊断技术，也诞生了许多有特色的应用系统。从行业发展需求层面而言，我国的水电事业大发展是促进水轮发电机组故障诊断技术发展的根本推动力。

从技术层面而言，状态在线监测与故障诊断工作具有全局性、关联性、综合性、实践性的特点，与现代化大生产紧密相关，同时也是一项需要建立完善的管理体系的系统工程。状态在线监测与故障诊断技术涉及数学、物理、化学、机械、力学、计算机、传感技术、电子技术、人工智能、信号处理、辨识技术和网络控制等多种学科和专业，是一门正在不断发展完善、具有旺盛的生命力的综合应用学科，该学科的壮大和发展，为水电企业实施以状态在线监测与故障诊断为基础的状态检修提供了坚实的基础。

1.1 水轮发电机组现场试验的目的

1.1.1 水轮发电机组现场试验概述

水轮发电机组的试验主要分模型试验和原型试验。由于模型机组尺寸小，重量轻，装拆方便，测量精度高，试验费用低，工况变化简单易行，且不受生产和自然条件的限制，因此模型试验在水轮发电机组的设计过程中被广泛采用。但由于水轮机相似原理和设计理论性的误差，真机制造和安装过程中的偏差，实际运行过程中现场条件、运行状况、检修质量的差异，导致了真机和模型机组性能上的差异和变化。即使是同一型号、同一种布置形式的水轮发电机组，这种差异和变化都必然存在，所以模型试验结果不可能全面、真实地反映真机特性。因此，现场试验是了解机组实际运行特征、检验水轮发电机组真实性能、整定工作参数的最终技术手段。

1.1.2 试验的目的

水轮发电机组现场试验的目的是通过试验准确地了解机组各项特性，合理整定相关参数，为机组安全、经济、稳定运行提供可靠的资料，并有效地指导水轮发电机组的实际运行。

同时，水轮发电机组现场试验还是确认和定位故障的有效手段。通过现场试验，结合相关的理论研究，以故障机理分析为基础，根据故障的表现形式，可以有效地分析故障产生的原因，达到故障诊断的目的，为水轮发电机组的状态检修和故障诊断奠定基础。具体而言，开展水轮发电机组的现场试验可以达到以下目的：

（1）通过现场测试数据与合同保证值的比对，检验机组设计、制造、安装质量是否满足合同要求。

（2）为机组安全、稳定、高效运行提供资料，正确地指导水电厂的实际生产。

（3）针对机组实际运行过程中存在的故障或缺陷，开展针对性的现场试验，为解决问题提供实际数据，并检验故障和缺陷处理方法是否得当、处理结果是否满意。

（4）根据现场试验积累的资料，为进一步优化机组的水力性能和结构提供技术资料。

（5）通过现场试验研究，在故障机理分析的基础上，有效地确定设备故障的表征形式和产生的原因，为故障诊断模式奠定基础。

1.2 水轮发电机组现场试验的主要内容

水轮发电机组的现场试验内容主要包括水轮发电机组能量特性（效率、出力）试验、运行稳定性试验、关键部件力学特性试验、轴承润滑特性试验、过流部件空蚀特性试验、调速系统和调速器性能试验等。

1.2.1 水轮发电机组能量特性试验

水轮发电机组的能量特性包括水轮发电机组的出力和效率。

水轮发电机组的出力试验是测量不同水头下真机的最大出力，检验真机是否满足合同保证出力及出力裕度是否满足合同要求。

水轮机的效率试验通过测量上游水位，下游水位、工作水头、水轮机流量、水轮机轴功率、水轮机进出水口温度差等参数，经计算获取水轮机的效率。水轮机和发电机的效率试验，可以验证效率值是否满足合同保证值，同时发现机组不同水头段下的高效运行区，为机组的高效经济运行提供数据支撑。另外，对于轴流转桨机组和灯泡贯流机组，通过水轮机效率的测量，可以确定机组的协联工况和协联曲线。

1.2.2 水轮发电机组运行稳定性试验

水轮发电机组运行稳定性试验涉及的范围比较广，按水轮发电机组的主要部件可涵盖以下试验内容：

(1) 水轮发电机组轴系状态试验，主要是对水轮发电机组轴系本身的测试及轴系统的导轴承的摆度测试。

(2) 水轮发电机组固定部件状态试验，主要是测试水轮发电机组固定部件（如上机架、下机架的推力支架、顶盖、支持盖等部件）的振动等。

(3) 水轮发电机组过流部件水力稳定性试验，主要测试水轮发电机组的过流部件（如顶盖、支持盖、蜗壳、尾水管、上下迷宫环以及压力管道等部件）的压力和压力脉动。

(4) 发电机的电磁振动试验，主要测试发电机定子铁芯振动等项目。

(5) 水轮发电机组发电机层、风洞、水车室、蜗壳门、尾水管门的噪声测量。

通过水轮发电机组稳定性测试，可以确定机组的稳定运行范围，验证机组稳定性能是否满足合同要求，并指导机组的实际运行；发现运行过程中可能存在的水力不平衡、机械不平衡和电磁不平衡，为消除各种不平衡力提供处理依据和方案。

1.2.3 水轮发电机组关键部件力学特性试验

水轮发电机组关键部件力学特性试验主要包括非旋转部件的力特性试验、旋转部件的力特性试验、水轮机进水阀门的力特性试验等。

(1) 非旋转部件的力特性试验项目有：①蜗壳应力测量；②大部件刚度强度测量；③水斗式机组压力引水总管和球型叉管应力测量；④水轮机导叶与轴流式桨叶的力特性测量；⑤导叶自关闭试验；⑥水轮机控制环应力测量。

(2) 旋转部件的力特性试验项目有：①主轴力特性试验（含主轴轴向水推力和主轴的扭矩测量）；②转轮力特性试验（含混流式转轮和轴流式转轮叶片的应力、压力测量以及轴流式转轮臂柄的应力测量）。

(3) 水轮机进水阀门的力特性试验项目有：①蝴蝶阀的动水关闭试验；②球形阀的动水关闭试验。

通过力学特性试验可以了解和掌握机组关键受力部件在各种运行工况下的受力情况及其变化规律，为校核结构部件的强度安全可靠性提供试验数据。同时为掌握结构部件的薄弱环节及加固补强提供依据，保证机组的运行安全。

1.2.4 水轮发电机组轴承润滑特性试验

水轮发电机组轴承润滑特性试验包括推力轴承润滑特性试验、推力轴承受力特性试验、推力轴承高压油顶起装置和水冷瓦的效率试验、推力轴承辅助参数的测量。

（1）推力轴承润滑特性试验项目有：①推力轴瓦的油膜厚度及其分布场的测试；②推力轴瓦油膜压力及其压力场的测试；③推力轴瓦瓦温及其温度场的测试。

（2）推力轴承受力特性试验项目有：①推力轴承负荷特性试验；②推力轴承支承结构受力特性试验。

（3）推力轴承高压油顶起装置和水冷瓦的效率试验项目有：①高压油顶起装置的试验；②水冷瓦的效率试验；③推力轴承润滑特性参数的测量；④推力轴承受力特性的测试；⑤主轴水推力和扭矩的测试。

（4）推力轴承辅助参数的测量项目主要包括：水轮发电机组运行稳定性参数测量和来自监控系统的工况参数测量，如转速、功率、水头测量等。

通过润滑特性试验，可以检查机组轴承运行特性（即轴承负荷与油膜厚度、轴瓦温度和负荷分配关系等），及时掌握推力轴承在不同工况下的油膜受力变化规律，以及轴承冷却系统的性能等，验证推力轴承性能是否满足合同要求；也可为分析和确定推力轴承故障、改进轴承机构提供依据。

1.2.5 水轮发电机组过流部件空蚀特性试验

原型水轮机的空化空蚀测试技术还处于研究发展阶段，尚未完善，目前还只能测量水轮机的相对空化空蚀强度，测量的主要内容如下：

（1）水轮机空蚀特性的测试，即空蚀频率噪声和空蚀声波频谱的测量。

（2）水电厂不同空化系数的测量。

（3）空化工况尾水管压力脉动的测试。

（4）空化工况尾水管、水车室、蜗壳门等部位的噪声测试。

上述现场试验的内容，随着机组结构、容量、电站在电网中的作用等情况不同而有所变化，在具体实施时，应结合电厂运行实际，有针对性地进行试验项目和内容的选择。

1.2.6 调速系统和调速器性能试验

调速系统和调速器性能试验主要包括以下内容：

（1）调速系统静态特性试验。调速系统静态特性试验及品质指标包括：调速器的元件特性调整、静特性试验以及调速系统的静特性试验、品质指标。

（2）调速系统动态特性试验。调速系统动态特性试验包括：调速器的动态调节品质试验，即调速系统的稳定性、速动性和准确性测试；通过水轮发电机组的过渡过程试验检验调速器各项性能指标。水轮发电机组的过渡过程试验包括：启动试验，水轮发电机组空载扰动试验，水轮发电机组负荷扰动试验，发电与调相、发电与抽水、抽水与调相等工况的相互转换，水轮机甩负荷（水泵断水）试验，水轮发电机组飞逸工况试验，水轮发电机组脱离飞逸工况试验等。

1.3 现场试验的主要测试方法

水轮发电机组现场试验的测试方法可以按照测试原理、测试内容和测试系统进行分类，见表1.3-1。

表1.3-1 水轮发电机组现场试验的测试方法分类

序号	分类依据	测试方法		主要特征	优缺点
1	按测试原理分	机械测试方法		用简单测量工具或机械式仪表由观测者对被测参数直接读数，如水尺测量水位、压力表测量水位、千分表测量位移和振幅等	（1）只能读被测参数的稳定值，而不能测读瞬时的变化值。 （2）读数值不能自动记录，不能遥控和遥测。 （3）测读精度差，误差较大
		电气测试方法	电量的电测法	被测参数的本身是电量，用相应的仪器直接测试和显示或经电量转换器（如电压—电流转换器，频率—电流转换器）测量和显示	（1）灵敏度高。 （2）动态性能好，能测试各种参数随时间的变化过程。 （3）能自动显示和记录，便于计算机记录。 （4）精度较高，误差较小
			非电量的电测法	被测参数均为非电量，即将被测非电量参数通过各种传感器转成电量信号，经放大器放大传送到显示仪器和记录仪表	
2	按测试内容分	静态测量		机组在稳定工况下，精确地测量被测参数的稳定值，即所测参数为机组稳定工况下的运行平均值	（1）要求仪表有较高的等级。 （2）只能选用静态测量仪器，如静应力的测量只能使用静态电阻应变仪
		动态测量		测量被测参数随时间的变化过程，即测出各个参数值随时间变化过程、某一时间出现的特征值的大小以及各个参数在过渡过程中的相互关系	（1）测量精度比静态测量低。 （2）要求测量仪器应有良好的动态性能。 （3）动态测量可了解运行机组的性能和特点

续表

序号	分类依据	测试方法	主要特征	优缺点
3	按测试系统分	目测系统	目测	(1) 测试精度和误差，与自动测试系统相比较差。 (2) 人工进行数据处理和分析，效率比较低
		半自动测试系统	测试数据的获得、数据处理以及结果显示记录均由计算机自动完成，但测量仪器的操作和调整仍需测试人员完成	(1) 误差小（主要是系统误差），精度高。 (2) 节省劳力工时，成果快，效率高。 (3) 所测数据计算、图表曲线准确可靠。 (4) 属国内外先进测试技术
		自动测试系统	在测试过程中，数据获得、数据处理，到试验结果的显示、报告的编制等均由测试系统自动完成，测试人员不需介入	

表1.3-1中的试验方法，对于水轮发电机组试验来说，常用的是非电量的电测法。其基本原理是：首先确定测点部位，利用各种传感器将被测的非电量转换成电量，然后运用电量测量技术，将微弱的电量放大、整流、输送到适当的测量电路和显示记录仪表，将此电量测量出来。显示记录仪表的指示值 X 反映被测非电量 Y 的大小，即有函数关系 $Y=f(X)$，$Y=f(X)$ 通常称作非电量电测系统的标定特性（或称校准特性）。确定函数关系 $Y=f(X)$ 的过程称为电测系统的标定。在绝大部分情况下，Y 和 X 之间满足线性关系，也就是说具有 $Y=MX$ 关系。在这种情况下，标定特性 $Y=f(X)$ 的图形是一条通过坐标原点的直线。直线斜率 $M=Y/X$ 为一常数，称为非电量的标定比例尺，它表示仪表的单位指示值所代表的被测非电量的大小。试验前非电量的测量标定了比例尺 M，则可根据显示记录仪表的指示值 X，求出被测物理量 $Y=MX$。

非电量电测系统原理框图如图1.3-1所示，主要包括以下单元：

(1) 转换单元：传感器或转换器，将被测物理量转换为电流、电压等电量。

(2) 放大测量单元：试验常用的放大器，或称信号调节器。

(3) 显示记录单元：试验常用的显示仪表，如电压表、电流表、图形显示设备等，用以显示必要的数据和变化图形。

(4) 数据处理单元：将记录信号按测试要求进行计算和处理，绘制变化曲线，进行谱分析并打印绘图。

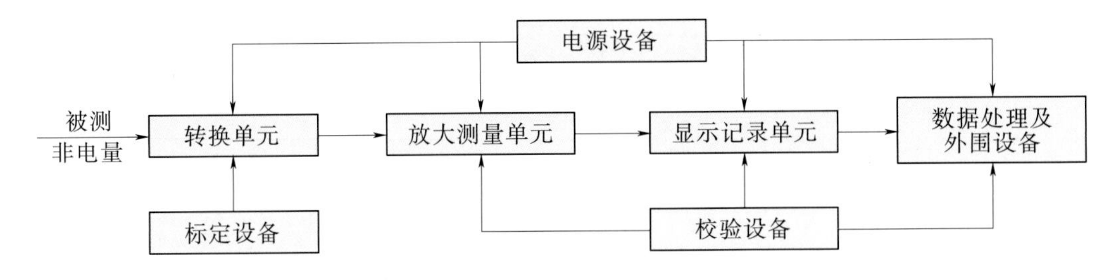

图 1.3-1 非电量电测系统原理框图

(5) 供电电源：供给电测系统能源的电源设备。

(6) 标定和校验单元：标定传感器的性能指标，校准放大器、记录器以及数据处理器的性能，确定整个测试系统的精度。

非电量电测法配合计算机，匹配好各种被测参数转换元件的接口或输入通道，形成自动测试系统，其试验方法比电测法更为先进，更为完善。自动测试系统原理框图如图 1.3-2 所示。

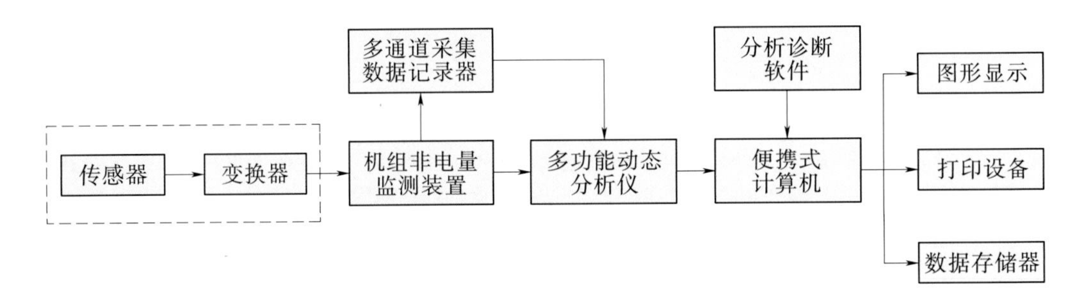

图 1.3-2 自动测试系统原理框图

随着测试技术的发展，上述单元的划分并非唯一，被测对象及测量要求不同，测量系统的构成可能会有所变化，有的单元包括两个或更多的功能。例如，一次传感元件，发展为传感器与放大器的集合体，匹配了传感器电源，直接与记录设备组成测量系统；利用带模/数转换器（A/D 转换器）的计算机采集处理数据，计算机则是记录器与数据处理器的集合体。另外，也可根据测试系统的测试环节或设备的功能划分成更小更细的单元，来表示测试系统的基本原理。

1.4 现场试验的基本参数

合理选择能真正反映水轮发电机组性能的测量参数（包括设备的故障参数及经过计算后的参数）非常重要和关键。表征水轮发电机组状态和性能的参数很多，例如：有表征水轮发电机组结构部件振动特性的动态参数（如振动振幅、频率、相角等)，有表征水轮发电机组位置（如设备的位移）的静态参数等。按监测的对象、项目和性质可分为机械参数、水力参数、力学参数、热量参数、调节参数、电气参数等。

1.4.1 机械参数

机械参数包括主配压阀行程、接力器（轮叶）行程（或导叶开度)、运行油位、液位量、抬机量、机组各部间隙等，三部导轴承（或二部导轴承）摆度、机组支撑部件及过流部件的振动，轴承油膜厚度，空蚀深度、面积、体积、失重量等。

1.4.2 水力参数

水力参数包括过流部件压力及压力脉动，如压力钢管、蜗壳压力、顶盖（或支持盖）压力、迷宫环压力、尾水管压力及压力脉动，上下游水位、水头、流量、流速等。

1.4.3 力学参数

力学参数包括固定部件、转动部件及过流部件的应力应变，主轴轴向水推力及力矩、导叶力矩、轴承（含推力轴承）负荷受力等。

1.4.4 热量参数

热量参数包括轴承含推力轴承瓦温、油温，发电机定、转子及线棒温度，高压开关绝缘温度，变压器、高压开关、励磁转子温度，发电机冷热风温、水轮发电机组冷却器进出水温度等。

1.4.5 调节参数

调节参数包括调速系统、励磁调节系统的静态特性和动态特性的品质指标。静态特性参数包括调速器的电液转换器、调节系统静特性及调节品质参数。动态特性参数包括系统的动态调节品质参数及调保计算参数等。

1.4.6 电气参数

电气参数包括与机械试验相关的电气参数，如水轮发电机组功率（含有功功率和无功功率)，水轮发电机组的额定电流、电压，频率（含机组转频、主磁通频率、系统频率等)，发电机转速、功角，电气设备的电流、电压、电阻等。

1.5 水轮发电机组现场试验与诊断技术现状

1.5.1 水轮发电机组现场试验与状态在线监测技术

水轮发电机组状态在线监测技术与水轮发电机组现场测试技术密不可分，现场测试技术的发展极大地促进了水轮发电机组状态在线监测和故障诊断技术的发展。

通常来说，在线监测和现场试验的测试内容和实现的技术手段大部分是一致的，只是各自侧重点不完全一样。出于成本、安全及安装条件的考虑，在线监测系统通常选择关键部位进行传感器的永久安装，测试点不一定全面，但一定是关键部位，比如在线监测系统中常用的定转子间的气隙监测，就很难在现场试验中临时布设测点进行测试。反过来，现场试验比较灵活，可以随时布设测点，而且测试过程完全可以预先设计和受控进行，以开展针对性的测试，从而达到性能评价、故障确认和故障定位要求，而且一些不适于永久安装的测试项目，在现场试验中可以短时间临时布设测点测试，从而达到临时试验的目的（如采用流速仪测量机组流量等），这是在线监测系统无法实现的。

同时，水轮发电机组现场测试技术与在线监测技术相互融合的程度也越来越高。很多现场试验测试装置能够直接采集设备在线监测系统中已经布置的传感器信号（如空气间隙、磁通量等），对机组状态进行评价和辅助故障诊断。反过来，在线监测系统为现场试验提供专门的数据采集模块、数据分析评价模块、故障诊断模块已成为在线监测系统的发展趋势。

从测量传感器选型来说，二者使用的绝大部分传感器是相同的；从测试技术和故障诊断技术上来说，二者完全一致。二者的区别仅仅是在线监测系统需要在线、持久、可靠运行，而且一般需要提供报警、录波以及网络化远程访问等功能要求，而现场试验结束后传感器需要拆除。

1.5.2 国内外研究发展概述

1.5.2.1 国外研究水平及发展状况

设备诊断技术起源于20世纪中期，美国是设备故障诊断技术发展最早的国家。1967年4月，在美国宇航局（NASA）的倡导下，由美国海军研究室主持成立了美国机械故障预防小组（MFPG），1970年MFPG正式划归美国国家标准局（NSB）。随后，美国在监测与诊断技术和理论研究方面得到迅速发展，在许多方面做出了显著成果。首先，美国在信号处理与数据分析技术方面发展较快，计算机硬件、软件技术及分析诊断仪器、系统开发在当时处于领先地位；其次，美国几家专业公司，如BN（Bently Nevada）、BEI（Boyce Engineering International）、WHEC（Westinghose Electric Corporation）、IRDM（International Research Development Mochanalysis）等，其监测与诊断技术研究已有几十年的历史，研究与实际结合紧密，建立了庞大的数据管理系统与数据库，开展了专家系统的研究，具有较雄厚的数据和软件实力。1975年，美国电力公司首次在一台1300MW的机组上安装了在线监测系统。1980年，该公司根据系统实际运行经验设计的第二代在线监测系统投入运行，该系统主要监测发电机的运行性能及参数。1980年，美国西屋公司开发了GEN－AID系统，对得克萨斯州的7台发电机组进行在线监测和故障诊断。之后，该公司又研发出人工智能集中诊断电站设备在线专家系统，将人工智能引入发电机的监测分析，模仿人对故障做出判断时的思维过程来建立系统的推理体系，推理规则可由专家进行删减、修改，该系统在结构上设置分级控制和管理。1981年，美国ENTEK科技公司推出机械故障监测、诊断、预测维修系统（PM）及旋转机械故障诊断专家系统(EXPLORE)，广泛应用于电力、交通、石油等工业部门，取得了较好实用效果。美国Bently Nevada公司从20世纪60年代就开始致力旋转机械的转子动力学的研究和开发，该公司开发的暂态数据管理系统（TDM），1988年在切阿丘发电厂投入运行。1992年之后，该公司又陆续推出旋转机械故障诊断的工程师辅助系统（EA）及旋转机械3500在线监测系统，被广泛应用到火电厂和水电厂。

设备诊断技术在欧洲一些国家也有很大进展。1982年，由英国曼彻斯特大学教授们发起成立的沃福森工业维修公司（WIMU），在培训、咨询及技术交流等方面取得很好的成效。核电方面，在英国原子能管理局（UKAEA）下设可靠性服务站(SRS)，专门从事设备诊断技术研究，并起到国家故障数据中心的作用。另外，瑞典SPM仪器公司研发的轴承监测技术、挪威船舶研究所和海军技术中心研发的船舶诊断技术、瑞士VIBRO－METER公司生产的机械状态监测和故障诊断系统(VM600)，都可用于振动监测及故障分析诊断和预测。

具体到水电工程，国外针对水轮发电机组的运行性能、特点和故障特征，也开展了积极的研究，并积累了丰富的经验。美国、加拿大、德国、瑞士等国开发的系统可以开展水轮发电机组振动、转子平衡、轴承故障、发电机及水轮发电机组过流量和压力、绝缘故障、设备裂纹与寿命、水轮发电机组运行轴系与间隙、水轮机的压力及压力脉动等在线监测，并具有预测和分析诊断功能。1987年1月，美国BN公司研制的NPN预报监测系统和TDM动态数据管理系统在加拿大多伦多安塔略水电厂两台机组（1台是混流式机组，1台是定桨式机组）做了现场实测，监测与诊断了水轮发电机组的振动、轴承的油膜厚度、转子与定子之间的气隙以及线棒绝缘等。20世纪90年代，水轮发电机组设备监测与诊断技术有了一定的突破。加拿大维保公司

(VIBROSYSTEM) 的 ZOOM 系统和 IRIS 公司的 PDA、GenGuard 发电机局部放电监测系统在国际上得到了广泛的应用，并取得了一定的成果。ZOOM 水轮发电机在线监测与诊断系统实现了对发电机定子和转子气隙、磁场强度、振动、压力、温度、水位、流量及电量参数的诊断监测。

与此同时，人工智能、远程诊断以及集成化系统的出现，也影响和促进了国际诊断技术的发展。

1.5.2.2 国内研究水平及发展状况

从 20 世纪 70 年代开始，我国有一些高等院校和科研单位着手研究旋转机械的故障诊断，从维修制度改革及设备综合工程学的观点，探索降低设备生命周期内费用的诊断措施，在引进和消化吸收国外技术的基础上，开始研究各种工业设备的故障机理、诊断方法，并制作简便监测与诊断仪器。1985 年我国颁布了《国营工业交通设备管理试行条例》，提出“要根据生产需要逐步采用现代故障诊断和状态监测技术，发展以状态监测为基础的预防维修体制”，这是正式把设备诊断技术列入企业管理的法规。此后，化工、冶金、机械、电力、核工业相继确立了开展设备诊断技术的目标、方向及试点单位。20 世纪 90 年代初至今，在设备诊断大力推广和普及应用的基础上，完善和发展了多种监测及诊断方法，如：振动与噪声分析法、测温及红外热像法、铁谱分析法、声发射法以及针对绝缘及局部放电检测的方法等。

20 世纪 90 年代以来，通过状态监测、故障诊断、信号分析与识别、人工智能、专家系统、远程诊断控制等多领域广泛的国际技术交流及自主研究和实践，我国诊断技术得到了充分的发展。诊断理论、监测设备的性能、设备的运行可靠性、维修性能、全生命周期管理水平等，都能达到或接近世界先进水平。

与之相对应的，国内水轮发电机组的状态监测与故障诊断技术也得到快速发展。1998 年，由清华大学精密仪器系负责开发研制的广州抽水蓄能电站 1 号机组稳定性状态监测和跟踪分析系统投入运行并取得良好效果，该系统有完整的信号分析软件，初步建立了诊断专家系统。同时期，葛洲坝、隔河岩、池潭、丰满、乌溪江、紧水滩、水口、彭水、三峡等多个水电厂的在线监测系统相继投入运行。从 20 世纪 90 年代末期到现在，一批研发产品广泛运用到全国各个水电厂，如北京华科同安监控技术有限公司的 TN8000 系统、北京奥技异电气技术研究所的 PSTA 系统、北京中元瑞讯的 GMH550 系统、清华大学的电力设备分布式监测与诊断系统等。上述系统基于我国水电厂设备的实际，走出了自己的技术路线，具有以下明显的功能和特点。

（1）由水轮发电机组的振动摆度监测发展到水轮发电机组的综合监测与诊断。

（2）由单项目、少参量的监测发展为多项目、多参量的监测诊断系统。

（3）现场综合试验功能得到了很大的发展，部分系统支持水轮发电机组现场试验的自动化分析评价、诊断功能。

（4）由主要以数据采集、测试监测为主发展到分析、诊断并重的故障诊断系统，部分系统具备一定的自动智能诊断功能。

（5）由单机状态在线监测与诊断发展到多机局域网综合诊断系统，即网络化状态监测与故障诊断系统。

（6）由本地局域网监测诊断系统发展到远程异地监测诊断系统，形成更高级的状态监测、诊断评估、检修决策的平台。

应该说，我国水轮发电机组状态监测与故障诊断技术走过了艰难的道路，经过多年的实践，已经积累了丰富的经验，并取得了突破性的进展，基本形成了具有我国特色的状态在线监测与故障诊断技术、系统和品牌。

1.6　水轮发电机组现场试验与分析诊断技术的发展和展望

水轮发电机组现场试验和分析技术发展至今，已成为一门跨学科的综合性信息处理技术，它是以可靠性理论、信息论、控制论和系统论为理论基础，以现代测试仪器和计算机为技术手段，结合各种测试诊断对象的特殊规律而逐步形成的一门学科。随着水轮发电机组现场试验、状态在线监测和故障诊断技术在水电厂日益受到重视，水轮发电机组现场试验和分析技术也必将得到快速发展。

现场试验、状态监测与故障诊断技术在现代工业中具有广泛的应用前景。水轮发电机组设备现场试验和诊断技术随当代前沿科学的发展不断发展进步，表现在传感器的精密化、智能化、多维化；测试和试验分析的智能化；现场离线试验与在线监测、电站生产管理信息系统的深度融合等。

1.6.1　传感技术的发展

随着传感器技术和物联网技术的发展，性能更精确、体积更小、成本更低、接口更便捷的传感器的出现和发展，使设备状态信息的获取变得更加容易和更加精确，为后续的数据处理提供更加可靠的分析材料，使得监测系统能够获得更加直观的数据。具体来说，传感技术将朝着以下方向发展：

（1）精密化。这不仅体现在传感器测量更精确，而且更体现在传感器更可靠和稳定，具备更好的抗干扰性能。

（2）网络化。将传感器与计算机技术、网络技术、物联网技术有机结合，使传感器成为网络中的智能节点，多个传感器可以组成网络直接通信，实现数据的实时发布、共享，以及网络控制器对节点的控制操作。通过 Internet 网络，传感器与用户可以远程交互，制造厂也可以与用户和设备进行异地交流，及时完成传感器和设备故障诊断，指导用户维修和进行软件升级。在微机电技术（Micro - Electro - Mechanical System，MEMS）、自组网络技术、低功耗射频通信技术以及低功耗微型计算机技术的共同促进下，传感器正在向微型化、网络化迅速发展，产生了无线传感器网络。

（3）智能化、数字化。智能化传感器是将一个或多个敏感元件、精密模拟电路、数字电路、微处理器（MCU）、通信接口、智能软件系统相结合的产物，并将硬件集成在一个封装组件内。该类传感器具备数据采集、数据处理、数据存储、自诊断、自补偿、在线校准、逻辑判断、双向通信、数字输出/模拟输出等功能，极大地提高了传感器的准确度、稳定性和可靠性。由于采用标准的数字接口，智能化传感器有着很强的互换性和兼容性。智能化传感器内嵌了标准的通信协议和标准的数字接口，使构造同类和/或不同类的复合传感器（多个传感器的结合）变得非常容易；同时借助标准的通信支持组件，智能化传感器可轻而易举地组成网络或作为用户网络内的一个节点。未来的传感器将具备数字化能力，并具备智能处理功能，能够自动提取关键特征指标，并根据需要改变测试策略，甚至在传感器侧可以实现自主的分析判断。

（4）小型化。近年来 MEMS 微型压力传感器、加速度传感器、温度传感器等已经在汽车、生物、运动等领域广泛应用。与传统的传感器相比，它具有体积小、重量轻、成本低、功耗低、可靠性高、适于批量化生产、易于集成和实现智能化的特点。其小尺寸、低功耗等特点可以在更多的位置进行安装。

（5）多维化。为了对水轮发电机组的运行状态有整体、全面的了解，必须对水轮发电机组进行全方位、多角度的测试。因此，可采用多个传感器同时对水轮发电机组的多个参数进行监测，并对这些信息进行融合处理。

1.6.2 试验结果分析的智能化

当前水轮发电机组现场测试分析的自动化、智能化水平并不高，试验结果主要还是依靠有经验的人员进行分析和判断。随着人工智能的发展和引入，测试和诊断结果的分析将通过人工智能手段完成，测试和分析能智能实现。

（1）故障机理研究的深入。测试和分析智能化的基础是对水机机组故障机理的明确。借助于 CFD 技术、计算机技术的应用和发展，考虑流固耦合等因素，对水轮发电机组整体进行并行数值仿真模拟，对故障机理进行更加深入的分析和研究，同时借助非线性故障诊断技术可以建立更为精确的故障诊断模型。

（2）信号处理技术的发展。在信号处理和特征提取、识别预测等方面，随着小波分析信号处理方法在诊断领域中的应用，传统的信号分析技术有了突破性进展。通过提取更多的诸如小波能量熵、信号分维数、全息谱等特征量，融合多方法进行综合预测，能够充分反映水轮发电机组运行状态。

（3）故障诊断技术的发展。将传统的故障机理模型和大数据、人工智能技术相结合，形成更高精度的故障诊断系统。

（4）试验系统的自动化、智能化。以上述故障机理研究、信号处理、故障诊断技术的发展为基础，现场试验的测试和分析技术必然将朝更加智能方向发展。

1.6.3 现场试验与在线监测及电站生产管理信息系统的深度融合

随着信息技术的发展，信息使用单元将难以持久，信息的共享和融合成为必然趋势。对于水轮发电机组现场测试装置来说，传统孤立的试验系统将不再具有发展前景，而与电站在线监测系统、生产管理信息系统高度融合的试验系统将更具生命力，其共享融合体现在以下两个方面。

（1）在线监测系统将融合现场试验技术，能够支持现场试验。为现场试验提供专门的数据采集模块、数据分析评价模块、故障诊断模块已成为在线监测系统的发展趋势，电站可以直接采用在线监测系统完成现场试验的测试和分析工作，这已经在部分在线监测系统中实现。

（2）现场测试系统与电站生产管理信息系统进行无缝连接，成为电站一体化信息系统的一个节点。一方面，现场测试系统可以采用各种通信方式从电站生产管理信息系统采集设备的实时状态数据以及历史资料数据，进而辅助完成现场试验的数据采集、数据分析和故障诊断；另一方面，现场试验的测试数据、测试结果、诊断结果等将无缝地输出到电站生产管理信息系统中，成为电站运行诊断、智能决策的重要依据。

第2章

水轮发电机组性能特点及故障分类

了解和掌握水轮发电机组的性能及特点，是实施水轮发电机组现场试验的基础。根据其性能及特点，建立行之有效的试验方法，才能对水轮发电机组运行状态和性能，做出正确的分析判断。本章将介绍水轮发电机组运行的性能特点以及影响水轮发电机组运行性能指标的主要因素。

2.1 水轮发电机组的运行性能指标

水轮发电机组运行性能通常可通过能量指标、稳定性指标和空蚀指标三个指标来反映。从水轮发电机组整体来看，这三个指标既是机组实际运行的基本条件，又是机组设备特别是主设备设计选型、制造加工、安装调试的重要依据。另外，调速系统、励磁系统和油压装置的运行性能和特点也应引起足够的重视，因为它们运行性能的变化对机组运行性能和特点有直接的影响。

水轮发电机组运行的三大指标反映了水轮发电机组运行的本质和固有特点，涵盖了水轮发电机组能量转换全过程的动态特性和运行特点，它们综合反映了机组整体运行的状态及其设备的状况，也是现场试验测试的主要内容。这三大指标并非完全孤立，它们之间存在一定的联系，且相互影响。机组稳定性性能指标，与机组的能量指标、水轮机空蚀指标有着密切关系，其安全系数受水轮发电机组能量指标和水轮机空蚀指标的制约。

2.1.1 水轮发电机组能量指标

机组能量指标是水轮发电机组经济运行的重要指标。通常用四个考核指标来评价水电厂的发电效益：一是机组的出力；二是机组的有效运转时间；三是机组的运行效率；四是机组的年发电量。这四项指标也表明了水轮发电机组能量指标品质的好坏和机组运行性能的优劣。与机组能量指标有关的主要参数如下。

1. 水头

水头包括机组毛水头和水轮机工作水头。

（1）机组毛水头 H_{st}。机组毛水头也称水轮机的静水头或水电站水头，指的是水电站的上、下游自由水面的水位差，即

$$H_{st}=Z_u-Z_d \tag{2.1-1}$$

式中 Z_u——水电站上游水位，m；

Z_d——水电站下游水位，m。

（2）水轮机工作水头 H。水轮机工作水头又称为水轮机的净水头，是水轮机进口断面水流单位能量与出口断面水流单位能量之差，即

$$H=e_1-e_2 \tag{2.1-2}$$

式中 H——水轮机工作水头，m；

e_1——水轮机进口水流的单位能量，m；

e_2——水轮机出口水流的单位能量，m。

水流的单位能量就是单位重量水流的能量，即

$$e_1 = z_1 + \frac{p_1}{\rho g} + \frac{\alpha_1 v_1^2}{2g} \tag{2.1-3}$$

$$e_2 = z_2 + \frac{p_2}{\rho g} + \frac{\alpha_2 v_2^2}{2g} \tag{2.1-4}$$

水轮机的工作水头为

$$H = \left(z_1 + \frac{p_1}{\rho g} + \frac{\alpha_1 v_1^2}{2g}\right) - \left(z_2 + \frac{p_2}{\rho g} + \frac{\alpha_2 v_2^2}{2g}\right) \tag{2.1-5}$$

式中 z_1、z_2——水轮机进、出口单位位能，m；

$\frac{p_1}{\rho g}$、$\frac{p_2}{\rho g}$——水轮机进、出口单位压能，m；

$\frac{\alpha_1 v_1^2}{2g}$、$\frac{\alpha_2 v_2^2}{2g}$——水轮机出、出口水流的单位动能，m；

p_1、p_2——水轮机出、出口水流的单位压强，Pa；

v_1、v_2——水轮机出、出口水流的平均流速，m/s；

α_1、α_2——水轮机出、出口水流的动能不均匀系数；

ρ——水流的密度，m^3/s；

g——电站所在地的重力加速度，m/s^2。

从定义可知，水轮机工作水头 H 与毛水头 H_{st} 差值为过流断面的水头损失 ΔH_1，即：$H_{st} = H + \Delta H_1$，它反映了机组引水流道的动力特性。引水流道形式、尺寸的不同，其水头的损失值 ΔH_1 的大小和规律也不同，一般来说它与机组流量的平方成正比，通过现场测试可以得到工作水头及其随出力的变化规律。

2. 有功功率 N_g

发电机有功功率是水轮发电机组能量指标的重要参数之一，在现场试验时应进行精确的测试。机旁或中控室表盘上都设有有功功率表，用于水轮发电机组日常运行读数记录。这种盘面表计由于误差精度较低，不符合水轮发电机组效率试验精度要求。因此，水轮发电机组现场效率试验时，需要重设新的高精度的有功功率监测仪表。

有功功率的测量有单功率表法、双功率表法、三相有功功率表法和电能表法，其方法的选用与发电机的接线方式和负荷特性有着密切关系。在进行水轮发电机组有功功率测量时应注意以下三个条件。

(1) 应与水轮机及水电站各参数在同一稳定工况下同时读数。

(2) 发电机必须在额定电压、额定转速下运行。

(3) 发电机的功率因数应保持同一个值，其偏差不得超过±0.01。在运行工况变化时，应准确调整励磁，以满足功率因数保持定值的条件。

3. 水轮机流量 Q_T

在水轮发电机组效率试验中，难度最大、工作量最多、最为关键的是水轮机流量的测量。通过流量的测试技术，实测流速分布，计算水轮机的流量，然后换算成水轮机的效率，即

$$\eta=\frac{N_g}{\eta_g g Q_T H}\times 1000 \tag{2.1-6}$$

式中 N_g——发电机有功功率，kW；

η_g——发电机效率，%；

Q_T——水轮机流量，m^3/s；

H——水轮机工作水头，m；

g——电站所在地的重力加速度，m/s^2。

水轮机流量测量包括流量的绝对测量和相对测量。绝对测量的方法通常有超声波法、流速仪法、水锤法、溶液速度法、毕托管法等。相对测量的方法主要有蜗壳差压法。机组流量与蜗壳差压 Δh 之间的关系如下：

$$Q_T=k\Delta h^n \tag{2.1-7}$$

要利用蜗壳差压获得较为精确地的流量，需要校准蜗壳差压系数 k 和幂次 n，在绝大多数机组上，$n\approx 0.5$。如果现场有条件，可以用绝对测流技术，测量水轮机实际流量，校准蜗壳差压系数 k 值，然后应用相对流量测试技术，测量水轮机的流量；若现场条件复杂、困难，则只能通过水轮机模型试验成果的蜗壳差压系数 k 进行流量的测量。

4. 水轮机效率及水轮发电机效率

获取水轮机工作水头、发电机功率和水轮机流量后，便可通过这些参数，计算水轮机的效率 η_T；而发电机的效率 η_g 通过发电机效率试验实测确定，也可以通过设计制造单位提供的发电机效率曲线查取。

5. 水轮发电机组能量性能曲线

根据水轮发电机组的效率试验成果，可以得到以下机组特性曲线：

(1) 水轮机效率特性曲线 η_T-N_g。

(2) 水轮发电机组效率特性曲线 $\eta-N_g$。

(3) 水轮机流量特性曲线 Q_T-N_g。

(4) 水轮机耗水量特性曲线 $q-N_g$。

(5) 蜗壳流量计特性曲线 $Q_T-\sqrt{\Delta h}$。

（6）流道水流速度分布曲线 $V-\gamma$。

（7）转桨式水轮机最优协联关系曲线 $\varphi-S$。

（8）引水流道水头损失与过流量的关系曲线 $\Delta H_1-Q_T^2$。

（9）水轮机出力与导叶接力器行程的关系曲线 N_T-S；对于转桨式水轮机可得出不同桨叶开度 φ 角下的定桨运行和作协联运行的关系曲线 N_T-S。

（10）水轮机过机流量与导叶行程的关系曲线 Q_T-S；对于转桨式水轮机可得出不同桨叶开度 φ 角下的定桨运行和作协联运行的关系曲线 Q_T-S。

（11）水轮机效率与水轮机出力的关系曲线 η_T-N_T；对于转桨式水轮机可得出不同桨叶开度 φ 角下的定桨运行和作协联运行的关系曲线 η_T-N_T。

2.1.2 水轮发电机组稳定性指标

水轮发电机组稳定性是反映水轮发电机组安全运行的指标，是水轮发电机组设计选型及电站运行中首要考虑的问题。在水轮机的设计选型中，可以在技术经济比较的基础上，保证机组安全稳定运行的前提下，选择合适的能量指标和水轮机空蚀指标。

水轮发电机组属于低转速旋转机械，低频特性是水轮发电机组稳定性信号的主要特征。水轮发电机组稳定性信号由确定信号和随机信号组成，即包括周期信号、非周期信号及随机信号。由于这一特性，在开展现场测试时，将会遇到不少关键技术问题，特别在传感器选择、信号采集和处理、测量系统的研制等方面有它的难度，也有它的特殊性。

1. 轴系稳定性

机组轴系的“三个中心”是轴系运行稳定性的基本要素。“三个中心”是指机组中心、旋转中心和轴线。机组中心是指水轮发电机组各个固定部件的中心连线，也称为机组的安装中心；旋转中心是指机组运行时推力轴承的镜板平面的中心垂线，或转动部件转一周时，最大摆度之间的中心点；轴线是指机组水轮机与发电机主轴的连线，称之为机组主轴轴线。机组运行时“三个中心”相互依存相互作用，任何一个中心的偏差或存在问题，都会影响机组轴系的运行稳定性，影响机组安全运行的性能。

2. 水力稳定性

水力性能对机组稳定性能影响很大，也是水轮发电机组稳定性能的又一固有特征。水轮机及其过流部件的压力和压力脉动是反映机组水力稳定性的特性参数，过流部件的水体动力响应，所激发的压力脉动在共振时可达到极高的水平。机组暂态运行时（如甩负荷工况），过流部件水力稳定性及动应力的变化可能引起机组运行状态异常或故障。

3. 电磁稳定性

电磁性能是影响水轮发电机组稳定性的重要因素之一，也是机组振动的主要振源之一。发电机电磁性能指标的好坏对水轮发电机组的稳定性运行影响很大。机组电磁性能引起的电磁振动可分为两类：

第一类是机组的转频振动，机组由于定子内腔和转子外圆之间气隙不均匀，其定子、转子之间产生不均衡磁拉力所引起的机组振动，其频率为转频或其整倍数，即

$$f_{转}=k\frac{n}{60}\quad(\text{Hz})\quad(k=1,2,3,\cdots,n)\tag{2.1-8}$$

另一类是机组的极频振动，通常为50Hz、100Hz、200Hz等整倍于电源频率的振动，其振动频率可以表示为

$$f_{极}=k\frac{3000}{60}=50k\quad(\text{Hz})\quad(k=1,2,3,\cdots,n)\tag{2.1-9}$$

引起机组电磁振动主要是机组电磁性能失调产生转频负荷和极频负荷，作用在发电机定子机座上的径向力发生周期性的变化。

4. 固定部件振动稳定性

机组固定部件主要指上下机架、定子机座、顶盖/支持盖等部件。固定部件由于自身结构或安装质量的原因，在水力、机械、电磁等外力的作用下将产生振动。固定部件的振动稳定性出现问题后，将可能给机组带来毁灭性的影响。

2.1.3 水轮机及其过流部件空蚀指标

机组运行的空蚀是指水轮机及其过流部件空化空蚀发生和发展以及产生后果的全过程，是水轮发电机组液流中特有的现象。当发生空化空蚀，并发展成为空蚀破坏时，将对机组的安全运行造成重大影响。

1. 空蚀破坏

（1）材料破坏。水轮机在空蚀工况下运行的直接后果是过流部件的材料会发生损坏。一般初生空化系数 $\sigma=\sigma_0$，空蚀气泡随着空化系数的减少，气泡长度也随之增长，则空蚀破坏强度增加；但空化系数到某一定值时，空蚀破坏从最大值开始下降，如图2.1-1所示。

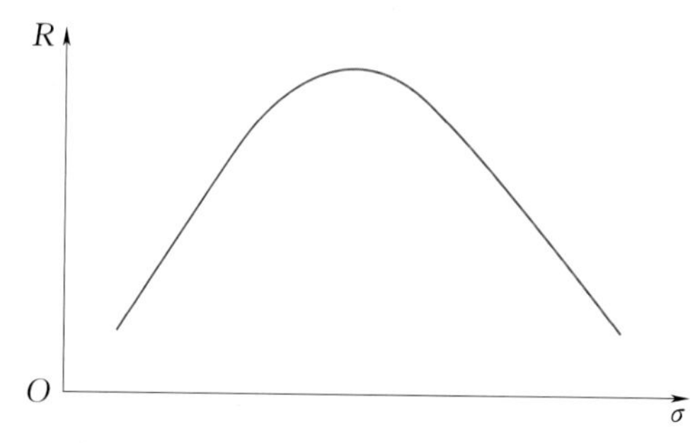

图2.1-1 空蚀破坏与空化系数关系示意图

流体流速对空蚀的影响很大，通常空蚀破坏强度与流速 v^n 成正比，在空化系数为定值时，流速增加，空蚀破坏加大。大量的试验证明，n 值不仅与空化系数有关，还与材

料有关。在某一固定的空化强度下，材料遭到破坏的程度与时间长短有关，不同的时期，n值也不一样。材料的磨蚀一般分为潜伏期、加速期、减速期和稳定期四个阶段。

（2）对机组效率的影响。空蚀使水轮机的过流部件表面变粗糙，破坏了过流部件表面原有的绕流条件，造成水轮机效率下降、机组出力降低。由于空蚀，缩短了水轮发电机组的检修周期，增加了过流部件的检修工作量。在空蚀破坏和泥沙磨损的联合作用时，过流部件的破坏将更为严重。

（3）噪声。空蚀破坏导致水轮机过流部件水流特性改变，引起强烈的噪声，加剧了机组水力性能的不稳定性。水力不平衡导致的振动、过流部件压力及压力脉动增加或剧烈变化，严重地影响了机组的安全稳定运行。

2. 空蚀类型

空蚀的分类方法很多，可按空蚀发生部位分，可按流体动力学分，也可按空蚀空化的主要特征分。空蚀按过流部件发生的部位可分为四种类型。

（1）翼型空蚀。翼型空蚀是指发生在转轮叶片上的空蚀，产生的原因是由于水流绕流叶片时，在叶片背面的速度增加，从而引起压力降低，当某点压力降到该水温下的汽化压力时，便产生翼型空蚀，这种空蚀多发生在叶片的出口边附近。

（2）间隙空蚀。间隙空蚀是水流通过较小通道或缝隙时，由于流速升高压力降低，或缝隙前后压降太大产生的空蚀。经验表明，狭长型缝隙的间隙空蚀一般发生在缝中，宽短形缝隙的间隙空蚀则发生在缝后。

（3）空腔空蚀。空腔空蚀一般发生在尾水管内。空腔空蚀的产生与尾水管内形成的涡带有关，空腔空蚀的破坏作用，主要发生在上冠附近或尾水管中。

（4）局部空蚀。局部空蚀是局部脱流旋涡空蚀的简称，它是由于过流部件表面的局部出现凸凹不平，从而使绕流的水流形成旋涡，当旋涡中心压力下降到汽化压力时，将产生局部空蚀。局部空蚀一般发生在有局部凸凹的部分之后。

2.2 影响水轮发电机组稳定性的基本因素

影响水轮发电机组性能指标的原因很多，主要是水轮发电机组在运行过程中受到多种干扰力所致。水轮发电机组在运行中经常由于机械、水力和电气等方面干扰因素，使其结构和某些部件产生强烈的振动，给水轮发电机组稳定性带来威胁，导致水轮发电机组运行性能劣化，甚至造成机组设备重大故障，严重影响水轮发电机组安全运行。

2.2.1 机械原因

机械因素导致的振动增大主要表现在以下工况，其主要原因及表现形式如下。

(1) 机组空载、低速、升速过程中，振动增大的原因如下：

1) 轴系不正，主轴弯曲。

2) 推力轴承调整不当。

3) 导轴承间隙过大。

4) 法兰连接质量不良。

5) 机组中心不对称。

6) 转动部件与固定部件碰磨。

(2) 机组转速上升过程中，振动增大的原因为：

1) 转动部件动质量不平衡。

2) 水轮发电机组整体振动、大轴晃动。

3) 轴承支承系统刚度不够。

4) 轴系刚度不够。

(3) 随转速变化过程中，机组摆度加大、出现无规则振动的原因为：

1) 推力头与镜板结合面的绝缘垫变形、破裂。

2) 推力头与镜板结合面螺栓松动。

(4) 随着转速变化，推力轴承镜面摆度加大，推力轴承和支承结构出现交变力，其原因为：

1) 镜板镜面波浪度过大。

2) 镜板平面与水轮发电机组中心不垂直。

3) 推力轴承运行条件恶化。

2.2.2 电气原因

电气因素导致的振动增大，主要表现在机组额定转速带励磁工况中。

(1) 由于转子绕组匝间短路、磁拉力不平衡而引起振动摆度随励磁电流的增加而加大。

(2) 由于定子组合缝松动、定子铁芯硅钢片松动引起的定子径向、切向振动加大。

(3) 引起发电机转频振动的原因如下：

1) 定子、转子不圆，非同心。

2) 转子动、静不平衡。

3) 三相负荷不平衡。

4）相间不平衡，即负序电流或零序电流不平衡。

5）定子、机座变形，松动。

(4) 由于上述原因引起发电机磁力不平衡而造成气隙不均匀。

2.2.3 水力原因

水力因素导致的振动增大，主要表现在带负荷、变负荷工况中。

(1) 水轮发电机组带小负荷时，由于尾水管形成中心涡带和空腔空蚀，水轮发电机组振动加剧，垂直振幅加大，过流部件的压力脉动增大。

(2) 水轮发电机组在某一负荷范围时，机组振动加大，噪声增加，其原因如下：

1）转轮叶片出口处形成卡门涡。

2）活动导叶处形成卡门涡。

3）固定导叶尾翼水流紊乱、高频脱流。

(3) 随负荷升高，机组振动加大，其原因如下：

1）转轮叶片数与活动导叶数匹配不合理。

2）转轮直径与导叶布置圆匹配不合理。

3）转轮叶片出水边不均。

4）活动导叶开口不均。

5）转轮密封形状不良，压力不均。

6）转轮上冠下环偏心，止漏环间隙不对称。

(4) 发生水力振动的其他原因如下：

1）进口拦污栅被杂物堵塞。

2）导叶之间、导叶与转轮之间被异物卡死。

3）甩负荷工况时，流体分离。

4）转轮室内流场不稳。

5）控制系统性能指标降低。

随着机组容量的增大，机组尺寸相对增大，刚度相对降低，固有频率降低，导致机组特别是大型、巨型机组更容易产生共振或拍振，机组运行时由于水力干扰更容易出现水体共振，造成水力与机械共振或水力与电气共振，甚至激励厂房支承结构强烈振动，导致解决机组稳定性问题和采取防振措施存在一定的难度。

2.3 水轮发电机组故障类型和故障分析

2.3.1 水轮发电机组轴系故障分析

从水轮发电机组故障分析角度看，机组稳定性问题集中反映在轴系运行的稳定性及轴系统各个部件的运行状态两个方面，所以对它们进行分析研究有利于更加深入的了解机组的稳定性。

2.3.1.1　导轴承运行及故障分析

水轮发电机组按其轴线位置与结构，可以分为立式和卧式两种布置形式。大、中型机组一般采用立式布置，卧式布置一般适用于小型机组和贯流式机组，冲击式机组的布置形式，有立式的，也有卧式的。机组的布置形式决定了机组轴系的基本状态和要求。

水轮发电机组轴系运行的“三个中心”是轴系稳定性运行的基本要素。“三个中心”中任何一个中心的偏差或存在问题，都会影响水轮发电机组轴系运行的稳定性和品质。

图 2.3-1 示出了机组中心、旋转中心及主轴轴线的相互位置，反映了水轮发电机组轴系的四种状态和品质。图 2.3-1（a）所示是理想状态，机组运行时“三个中心”是重合的，即机组中心、旋转中心及主轴轴线三者重合在一条直线上，机组状态最佳；图 2.3-1（b）所示机组旋转中心与机组中心不重合，机组状态出现异常。图 2.3-1（c）所示旋转中心与机组中心重合，而主轴轴线弯曲或为折线，主轴轴线异常。图 2.3-1（d）所示机组中心、旋转中心与主轴轴线均不重合，该情况下机组轴系的状态最差。

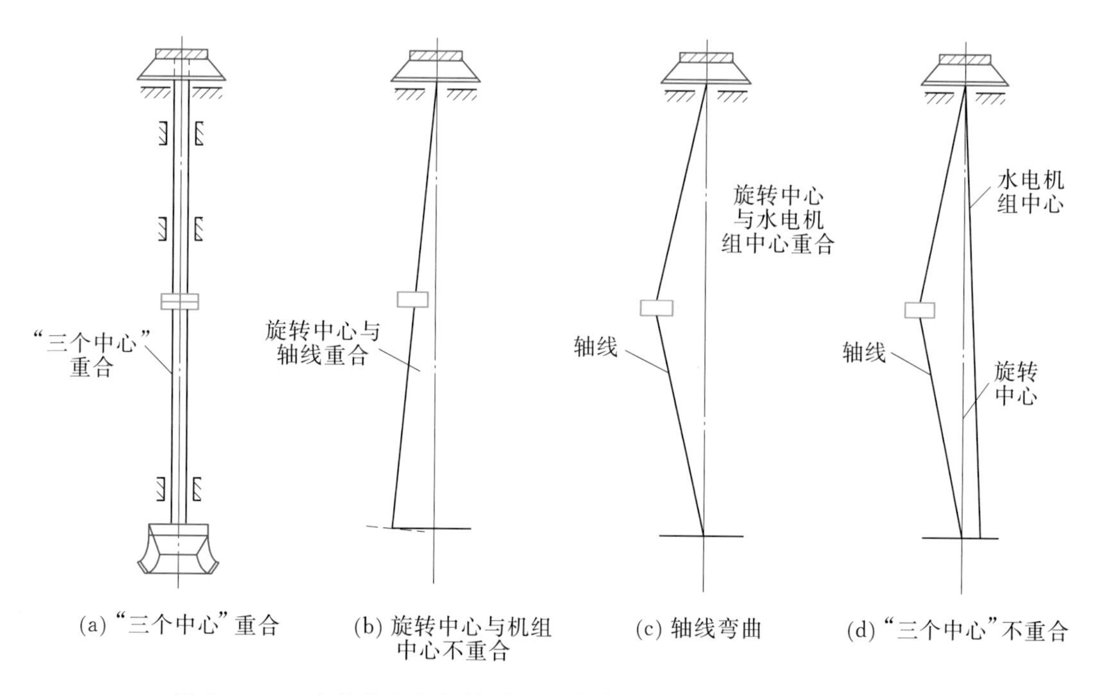

图 2.3-1　水轮发电机组轴系“三个中心”的四种运行状态示意图

在以上四种运行状态中，第一种是最理想、最佳状态，但在实际运行中并不存在，“三个中心”不可能绝对重合，“三个中心”只能在运行公差范围和允许标准范围内相对重合。机组的旋转部件和固定部件，由于设计、制造、安装、运行等原因总存在一些不足和偏差，会引起“三个中心”渐变，使“三个中心”不能绝对重合，造成机组旋转部件与固定部件不能同心，这样必然会导致轴系运行在第二、第三种状态。第二、第三种状态表明机组运行时出现了异常或故障。第四种运行状态，“三个中心”均不重合，一是表明“三个中心”或“两个中心”检测和调整不合格；二是表明机组旋转部件或固定部件有严重缺陷。

实际运行过程中，轴系稳定性问题一般是第二、第三种状态。机组中心以及主轴轴线调整在安装或检修后符合标准要求时，机组旋转中心是影响轴系运行状态的主要因素。机组在运行中旋转中心能否与机组中心和主轴轴线保持在一条直线上或在允许偏差范围内，对机组轴系运行稳定性至关重要。

为保证机组轴系运行稳定，机组安装或大修时需要注意以下问题：

（1）机组设备安装时，应确保机组中心准确可靠，使机组各个固定部件中心在同一垂线上（即公差范围的同心），保证旋转中心与机组中心重合，保证机组气隙、各部位间隙均匀，减少水轮机水力干扰和发电机电气干扰。

（2）机组轴线调整，在盘车计算时，要准确定位机组的旋转中心，确定好轴系运行时的最大摆度值和方位，确保轴系运行的垂直度和直线度。

（3）轴线质量好，表明旋转体自身达到合格的标准，但是机组轴系运行时，除了旋转体本身外，还要具有与此同心的支承体（即导轴承），也就要与立式机组三部导轴承（上导、下导、水导）或二部导轴承（上下导、水导）保持同心（即与旋转中心重合或平行）。

机组轴系运行的主要故障层次分类如图2.3-2所示。

2.3.1.2 推力轴承运行及故障分析

随着机组容量的增大，推力轴承的运行状态对机组的稳定性影响越来越大。当前大型水轮发电机组推力轴承负载能力已发展超过50000kN，推力瓦单位负荷已超过7.0MPa，直接影响到推力轴承运行的稳定性。国外因为推力轴承故障导致机组的事故停机甚为普遍，有关统计资料表明，50%～60%的机组机械故障原因为机组推力轴承故障。国内的葛洲坝、白山、龙羊峡、隔河岩、广州抽水蓄能、水口等水电站也曾发生过推力轴承瓦面温度升高，瓦面严重磨损的故障。

水轮发电机组运行时，在其镜板和推力轴瓦之间会形成楔形油膜。这种油膜的存在和最小油膜厚度的保持，是推力轴承运行稳定性的关键。一旦油膜破坏，就会导致推力瓦磨损，事故停机。油膜厚度与推力轴承负荷、推力轴承结构以及机组的结构、机组的运行工况均有密切关系。

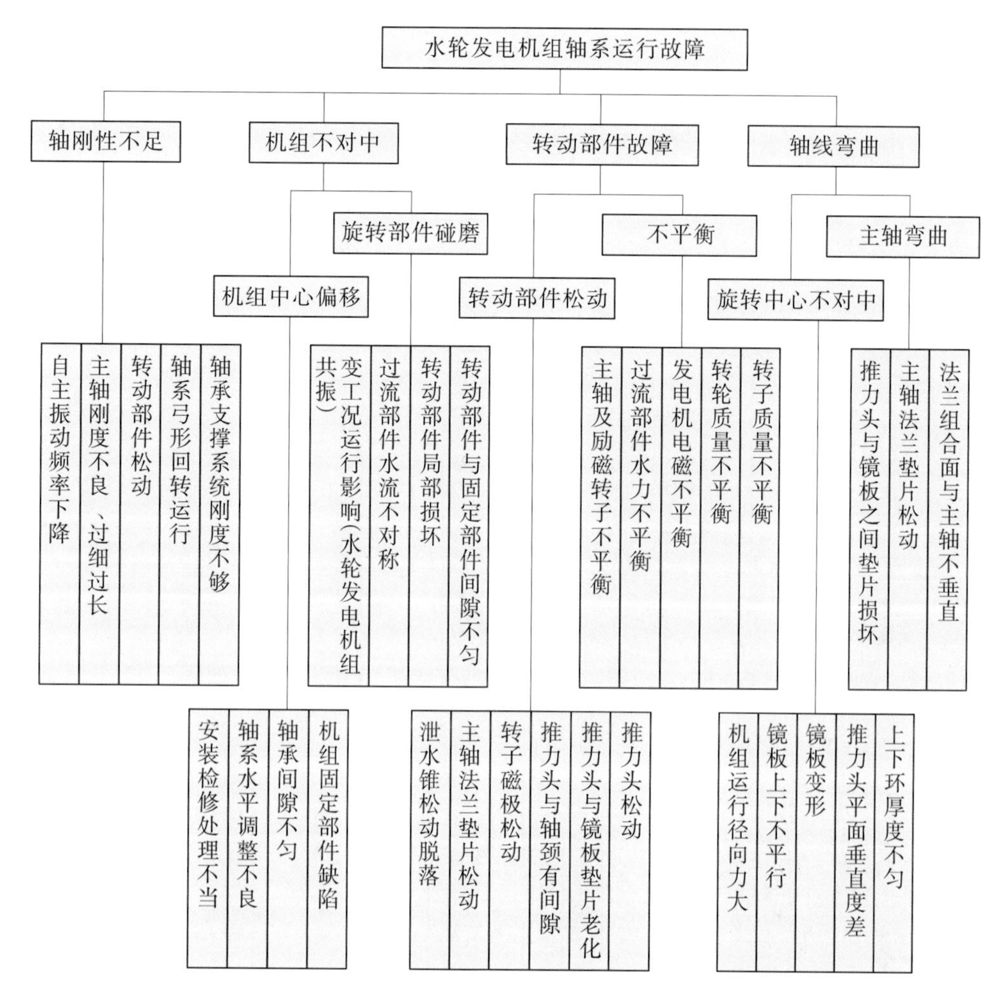

图 2.3-2　机组轴系运行的主要故障层次分类图

推力轴承运行的主要机械故障层次分类如图 2.3-3 所示。

2.3.2　发电机运行及故障分析

2.3.2.1　水轮发电机稳定运行基本条件

水轮发电机是水电站的重要设备，是能量转换的关键部件。目前水轮发电机组的单机容量已经发展到 1000MW，在电力系统中占有相当重要的地位。发电机能否正常稳定运行，取决于以下 3 个条件：

（1）发电机运行参数（功率、电压、电流、频率、功率因数等）在额定工况下运行，并具有良好的稳态运行特性（外特征性、调整特性及效率特性）。

（2）发电机具备非额定工况运行性能，能适应发电机电压、频率、功率因数变化，可以运行在超负荷、不对称负荷、调相、进相、充电、调频等工况下。

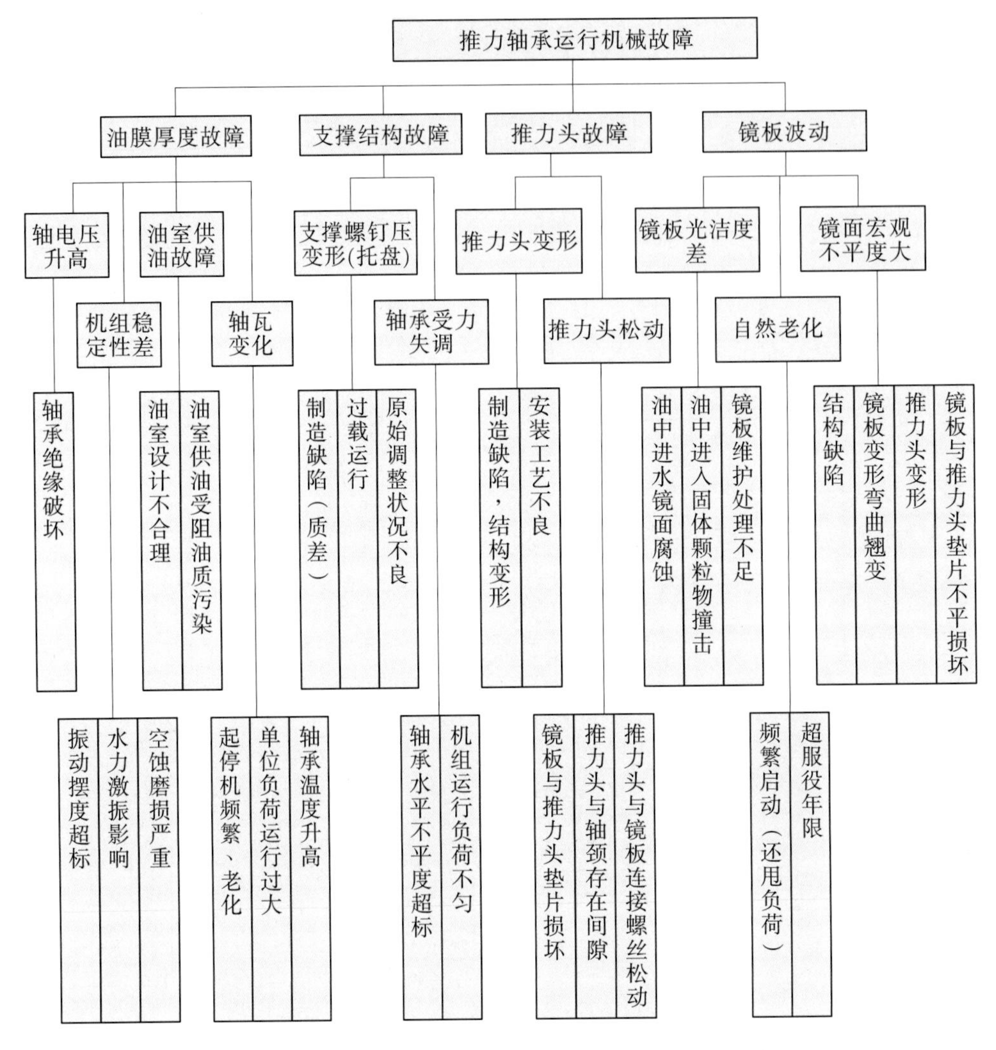

图 2.3-3 推力轴承运行的主要机械故障层次分类图

（3）发电机无论是在额定工况还是在非额定工况运行，发电机定转子间气隙均匀，也就是说发电机在任何外力干扰下，其定转子空气间隙要在运行标准范围内，保持发电机电磁场强度均匀。

在3个条件之中，第一个条件应该说是发电机正常运行的基本条件，是发电机选型设计、制造加工必须首先满足的技术条件和技术指标；非额定工况下运行不但是检验发电机运行的基本条件，更是检验发电机特殊工况下运行的性能和品质，以适应发电机并网后的运行工况；第三个条件是分辨发电机定子、转子运行状态（即正常状态、异常状态、故障状态）的主要依据。

2.3.2.2 水轮发电机故障分析

由于设计、制造、安装、运行等问题，发电机在实际运行中可能会发生如下故障。

1. 电磁振动

电磁振动是电磁干扰引起的振动，这种振动分两类：一类是转频振动；另一类是极频振动（通常为50Hz、100Hz、200Hz等整倍于电源频率的振动）。

转频振动通常是由于转子不圆、定子不圆、转子静/动不平衡、定转子不同心、负荷电流不平衡导致的定转子之间气隙不均而产生的不均匀磁拉力所致，其频率为机组转频或转频的倍数，一般不会发生与定子共振的现象。

引起极频振动的主要原因如下：

（1）由于定子分数槽、并联支路阻抗不平衡、三相负荷电流不平衡等引起负序电流的反转磁势。

（2）定子硅钢片叠压不紧、腐蚀松动和定子组合缝松动等结构原因。

（3）定子长期受热膨胀、温度变化差异引起的定子各部件的内应力变化，使定子铁芯产生变形，引起定子径向、垂直和切向振动。

故障频率为

$$f_2 = 2f_1 = \frac{n}{60}P \tag{2.3-1}$$

式中 f_1——发电机组电源频率，50Hz；

P——发电机磁极数。

发电机电磁不平衡是造成机组振动稳定性问题的三大外力之一。发电机电磁不平衡主要是由于定子内腔和转子外圆不圆、定子机座变形、主轴偏移，造成定子与转子之间空气间隙不均以及发电机三相电流不对称、负序电流不平衡，励磁电流短路引起的发电机相间不平衡等原因所致。当前，由于发电机电磁不平衡发生的发电机故障也较为常见，如发电机定子线棒击穿、两相线棒绝缘击穿、相间短路烧坏线圈、励磁机绝缘破坏、励磁机匝间短路等故障；有的水冷定子，由于水冷焊接管破裂漏水引起定子相间短路，烧毁定子线棒。发电机定、转子之间的空气间隙是按最小气隙是否小于额定气隙的70%来衡量的，如果小于70%，说明发电机运行处于异常状态，可能会引起发电机定子扫膛的故障。实际运行时，对发电机空气间隙的监测，有利于及时发现发电机可能存在的故障隐患。

2. 动不平衡

动不平衡主要包括发电机质量不平衡和发电机电磁不平衡。

发电机质量不平衡主要是由发电机转动部件质量分布不均、连接部件松动、主轴轴线曲折、磁极松动、硅钢片厚度不均等原因，造成转子质量不平衡引起强大的离心力所致，使发电机的重心与水轮发电机组旋转中心不一致，引起上下导轴承摆度增加。从力学观点来看，为保证发电机转子质量平衡应满足两个基本条件：

（1）作用在发电机转了上的各个离心力矢量和为零。

（2）作用在发电机转子上各个离心力所构成的力矩和也必须是零。

如果转子上各个离心力的矢量和不为零，此时使发电机转子会产生平移，将引起发电机转子静不平衡；如果作用在发电机转子上的力不通过转子质心，在转子的某一垂直面上，形成由大小相等、方向相反的力组成的力矩，由此力矩引起的转子质量不平衡称为动不平衡。由此可见，发电机转子质量不平衡，通常既存在静不平衡又存在动不平衡。在发电机转子质量不平衡配重和处理时，应在转子质量静平衡的基础上进行转子质量动不平衡的处理，使发电机转子质量在运行中达到真正的平衡。

3. 定子故障

定子是发电机主要结构部件，它包括定子机座、定子铁芯及定子绕组三部分。定子可能出现定子机座故障、定子铁芯故障和定子绕组故障。

定子机座是承重部件，承受机架荷重并传到基础，支承铁芯、绕组、冷却器及盖板等部件，对于悬式发电机除了承受整个机座转动部件的重量外，还承受来自发电机的磁拉力和铁芯热膨胀力的径向力以及短路时发生的切向力。由于上述结构特点和机座刚度问题，可能导致定子机座振动和变形。近年来，随着定子尺寸的加大，为了防止定子翘曲变形，在机组设计时采用了“浮动式机座”，这样可在不变动发电机组中心的前提下，保证了定子圆度，对于防止定子温升偏高和振动，能够起到较好的作用。

定子铁芯是定子的重要部件，它是磁路的主要组成部分并用以固定绕组。定子运行时，定子铁芯往往受到机械力、热应力和磁拉力的综合作用，易引起铁芯松动、受热膨胀。发电机长期运行过程中，容易产生硅钢片弯曲变形，定子组合缝松动，造成定子极频振动。

定子绕组是产生电势和输送电流的部件，它是由扁铜线绕制而成，表面包上绝缘材料（通常采用环氧云母等复合型绝缘材料）。发电机长期运行过程中，受到温度变化的影响，冷热膨胀，绝缘变化，材料变脆，气隙扩大，加之绝缘材料的不均匀性造成电场分布的不均匀，容易引起定子线圈绝缘放电和匝线短路，使定子绕组主绝缘破坏。另外，由于温度变化，定子槽楔松动，还会造成定子线棒振动，特别是定子线棒端部因振动而导致绝缘损坏。对于水内冷定子绕组线棒，由于结构和制造工艺的缺陷，安装和检修质量不过关以及线棒鼻部汇水盒内遗留物等原因，造成空心导线流量降低甚至堵塞，使鼻部接头或槽部股间绝缘放电和大面积过热，股线振动、裂纹、断股，内层主绝缘损坏；还易引起焊接头破裂漏水，导致绝缘受潮，绝缘电阻下降，相间短路，烧毁定子线棒。

4. 转子故障

转子是发电机转动部件，主要由发电机主轴、转子支架、磁轭和磁极等部件组成。

发电机主轴用来传递转矩，并承受转子部分的轴向力，它与水轮机轴通过法兰连接构成水轮发电机组轴线。轴线运行的好坏，直接影响到发电机转动部件的动态特性。

转子支架主要用于固定磁轭并传递扭矩，它把磁轭和发电机主轴连成一体，构成了转子铁芯。正常运行时，转子铁芯要承受扭矩、磁极和磁轭的重力矩、自身的离心力以及热打键径向配合力的作用。

磁轭的作用是产生转动惯量和固定磁极，同时它也是电磁磁路的一部分。磁轭的结构根据机组容量不同，可分为无支架磁轭结构、与支架合为一体的磁轭和有转子支架的磁轭结构。其中有转子支架的磁轭结构，磁轭是通过支架与轮毂和轴连成一体的，适用于大中型水轮发电机。转子铁芯由于结构特点和受力特性，在运行中，若铁芯温度过高、硅钢片卷曲变化、磁轭松动、下沉或转子磁极外圆不圆、机组轴系不对中等，将会引起转子铁芯结构和受力变化，造成发电机转子失衡。

转子磁极由磁极铁芯、磁极线圈和阻尼绕组组成，是产生磁场的重要部件，当励磁机的直流励磁电流通过磁极线圈后，发电机产生电磁场，具备发电条件。转子磁极在运行中常见的故障包括转子磁极线圈的绝缘电阻过低、线圈接地和线圈匝间短路、阻尼绕组的阻尼环与连接板接触不良、阻尼环变形及阻尼条断裂等，这些故障都会对发电机安全稳定运行带来影响。

发电机运行的主要故障层次分类如图 2.3－4 所示。

2.3.3 水轮机及过流部件故障分析

2.3.3.1 过流部件的运行

立式水轮发电机组的过流部件通常由以下 4 部分组成：

（1）工作部件。工作部件就是转轮，它是水轮机的核心。转轮是直接将水流能量转换为主轴旋转机械能的部件，其结构和形状决定水轮机的性能。由此可见，转轮是水轮机最重要的部件。

（2）引水部件。包括进水闸门、引水压力钢管、水轮机蜗壳。

（3）导水部件。导水部件一般称为导水机构，其主要作用是调节进入转轮的流量和形成转轮所需的环量，主要包括固定导水叶、活动导水叶、顶盖/支持盖和底环等。

（4）泄水部件。泄水部件在水轮机的下面，是最后一个过流部件，通过它把工作完的水流引到下游尾水。尾水管是泄水部件的主要部件，其主要作用是在转轮后形成真空，利用转轮出口到下游尾水位之间的位能和恢复转轮出口部分损失的动能，从而增加水轮机的功率。

水流由引水压力钢管到蜗壳，通过导水机构的调节，经过转轮叶片，将水流所

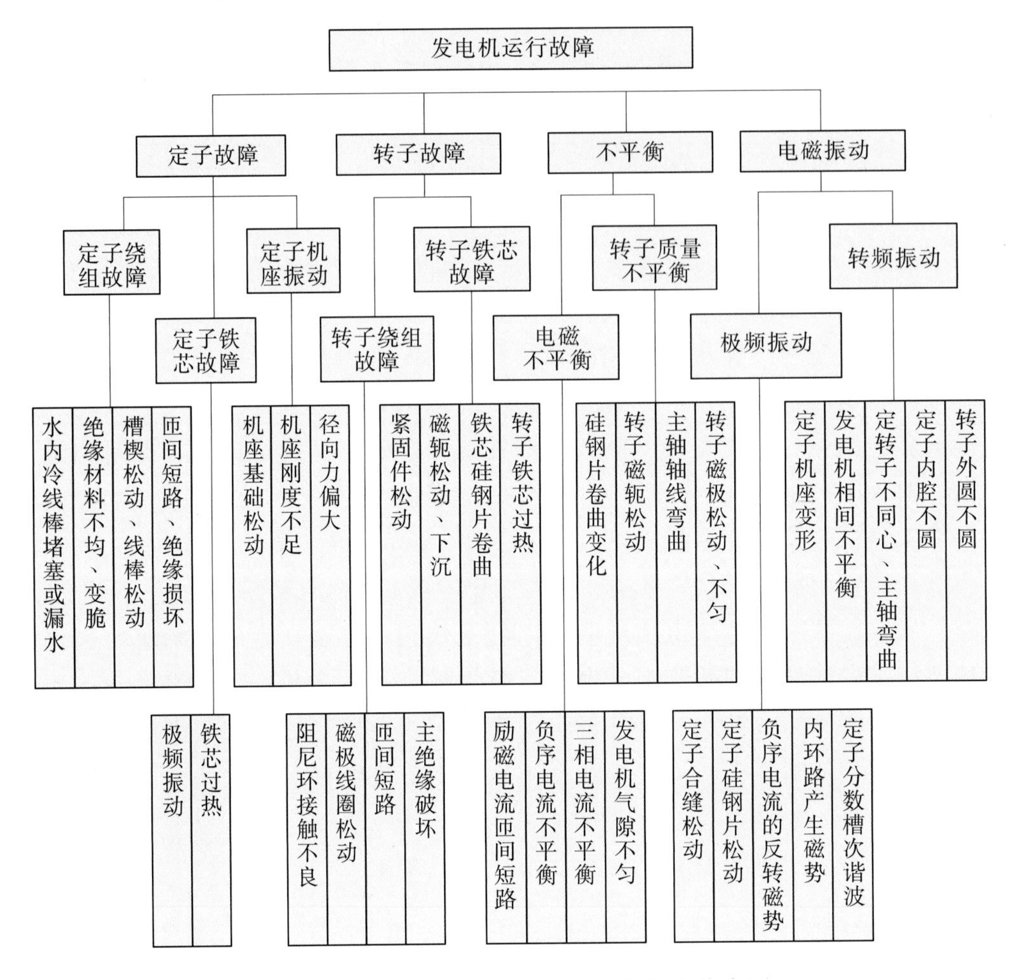

图 2.3-4　发电机运行的主要故障层次分类图

具备的压能、动能、势能转换为机械能，然后由主轴将机械能传送给发电机，再由发电机将机械能转成电能输送给电网，达到水力发电的目的。由此可见，过流部件是水轮发电机组能量转换的重要部件，它们的运行状态、性能及特点，直接影响到水轮发电机组的运行。

2.3.3.2　过流部件的主要故障分析

过流部件在运行过程中，可能出现的主要故障如下：

1. 转轮故障

水轮机转轮在运行时，可能出现以下故障：水轮机转轮和主轴重量不均引发的质量不平衡、叶片开口不均引起的水力不平衡、叶片卡门涡、叶片裂纹变形、叶片空蚀磨损、泄水锥连接松动、泄水锥脱落等。这些故障都与设备的设计、制造质量、安装检修工艺及运行管理有着密切的关系。

水轮机转轮空蚀、裂纹、磨蚀是水轮机运行中最典型的故障，修复的检修工作量大、检修时间。转轮空蚀在水轮机中都有不同程度的存在。伴随空蚀的出现，水轮机转轮产生裂纹也较普遍；多泥沙河流水电站的转轮可能还存在磨蚀严重的情况。

20世纪80年代后，转轮材质陆续更换不锈钢材料，随着空蚀的改善，裂纹也逐渐减少。转轮裂纹部位有一定的规律性，裂纹部位多半出现在转轮叶片根部的进水边和出水边、轴流式转轮枢轴附近及进水边、转轮叶片的下半部及靠近下环等处。另外，转轮室、尾水管等处也常出现不同的裂纹。常见的转轮裂纹有疲劳裂纹、焊接裂纹和铸造裂纹三种类型。三种类型的裂纹反映了转轮裂纹的基本因素，既有转轮结构设计、制造（含铸造）缺陷，又有检修、焊接工艺与运行管理的原因，致使转轮运行时在应力集中的部位发生裂纹。

转轮裂纹的危害性是很大的，当裂纹扩展成贯穿性裂纹时，会造成整个叶片断裂的事故，降低水轮机的运行可靠性和使用寿命，造成严重的经济损失。

磨损是指水轮机过流表面受泥沙作用所产生的损坏，当通过流道的水流中有一定数量、带有棱角的坚硬泥沙颗粒时，沙粒撞击和磨削过流表面，使其材料因疲劳和机械破坏而损坏的过程称为泥沙磨损。通常水轮机过流表面在泥沙含量较高的水流中既有泥沙磨损又有空蚀，两者联合作用，互相促进，加速破坏进程。一般转轮空蚀严重的部位也是磨损严重的区域，因为空蚀后的蜂窝状酥松表面，很容易被泥沙水流冲刷切削掉，随之又有空蚀发生。

2. 水导轴承故障

水导轴承是机组三部导轴承之一，根据水导冷却介质和轴承结构的不同，可分为橡胶瓦水润滑导轴承、分块瓦油润滑导轴承、筒式瓦油润滑导轴承和弹性金属塑料分块导轴承等四种类型。水导轴承是机组轴系运行的支承体，承受水轮机运行时的径向力。其径向力主要来自：转轮静动不平衡所产生的离心力；尾水管发生空腔空蚀的横向脉动；转轮叶片开口不均、止漏环间隙不均匀产生的径向水力不平衡力。

轴承结构设计制造缺陷、冷却介质被污染、轴承运行受力变化等原因，将导致水导轴承的运行异常和故障，如轴承间隙不均、抗顶螺栓、铬钢垫破损或出现明显压痕、瓦温升高、振动摆度增加等。而水导摆度增大，则容易造成水导瓦磨损，支承部件损坏等严重后果。

3. 主轴密封故障

主轴密封分为工作密封和检修密封。实际运行过程中，众多电站发生过因密封失效引发水淹水导的严重事故，导致事故的原因通常是密封设计不合理、安装间隙调整不当、机组轴系运行不稳定等。

4. 止漏环故障

止漏环装置可分为外环固定式和内环固定式两种，目前一般采用外环固定式，形式有间隙式、迷宫式、疏齿式、细纹式和阶梯式等。止漏环包括转轮上下止漏环、主轴法兰与水轮机顶盖止漏环，由于制造和安装上的原因，转轮与固定部件不同心，或由于转轮质量动、静不平衡，都会造成上、下止漏环间隙不均匀，导致水轮发电机组运行时振动增大。

5. 导水机构故障

导水机构主要包括导叶接力器、导叶传动机构、顶盖、底环、固定导水叶、活动导叶等部件，其中导叶转动机构含拐臂、连杆及控制环三个部件。为了了解导叶密封效果以及检查导水机构运行质量，需要进行导叶漏水测量、导叶间隙测量、接力器行程和导叶开度测量，并根据实际情况进行调整，保证水轮机导水机构能够正常安全运行。

导水机构运行可能出现的故障有导叶传动机构不协调、导叶漏水等。

导叶传动机构故障主要包括传动部件松动、控制环受力不均、导叶轴套间隙设计不合理等。

6. 尾水管振动故障

尾水管故障除了尾水管里衬卷边剥落和空蚀磨损外，主要的是尾水管的压力脉动引起的振动故障，该故障直接影响到机组的安全稳定运行。尾水管压力脉动是混流式和轴流式水轮机普遍存在的振源之一，特别是大型和巨型机组，这个问题近年来更加突出。关于尾水管压力脉动国内外曾进行较多的模型和原型试验，对其形成的原因、特性、振动影响及其消振措施开展了较多的研究。水轮机在不同负荷运行时，尾水管可能会产生不同形状涡带和不同频率的压力脉动。低频压力脉动一般产生在水轮机导叶开度30%～60%工况范围内，对机组机架、顶盖垂直方向振动以及负荷波动影响较大。除尾水管的低频涡带外，在机组运行中还经常出现中频和高频压力脉动，这些压力脉动易引起机组轴系振动，并导致引水部件的水体共振，这也是水轮机及过流部件运行中不可忽视的故障问题。

水轮机及过流部件运行的主要故障层次分类如图2.3-5所示。

2.3.4 调速系统运行及故障分析

调速系统在水轮发电机组运行中起着重要作用，担任水轮发电机组的启动、停机、增减负荷、并网等职能。

水轮发电机组运行除了单机运行外，主要是并入电网运行。由于运行方式的不同，对调速系统的要求也不相同。这就要求调速系统在运行中应满足以下基本要求：

（1）能维持水轮发电机组空载稳定运行，使水轮发电机组能顺利并网，同时，在甩负荷后能保持水轮发电机组在旋转备用状态。

（2）单机运行时，对应不同工况，水轮发电机组转速能稳定，其大小波动应不超

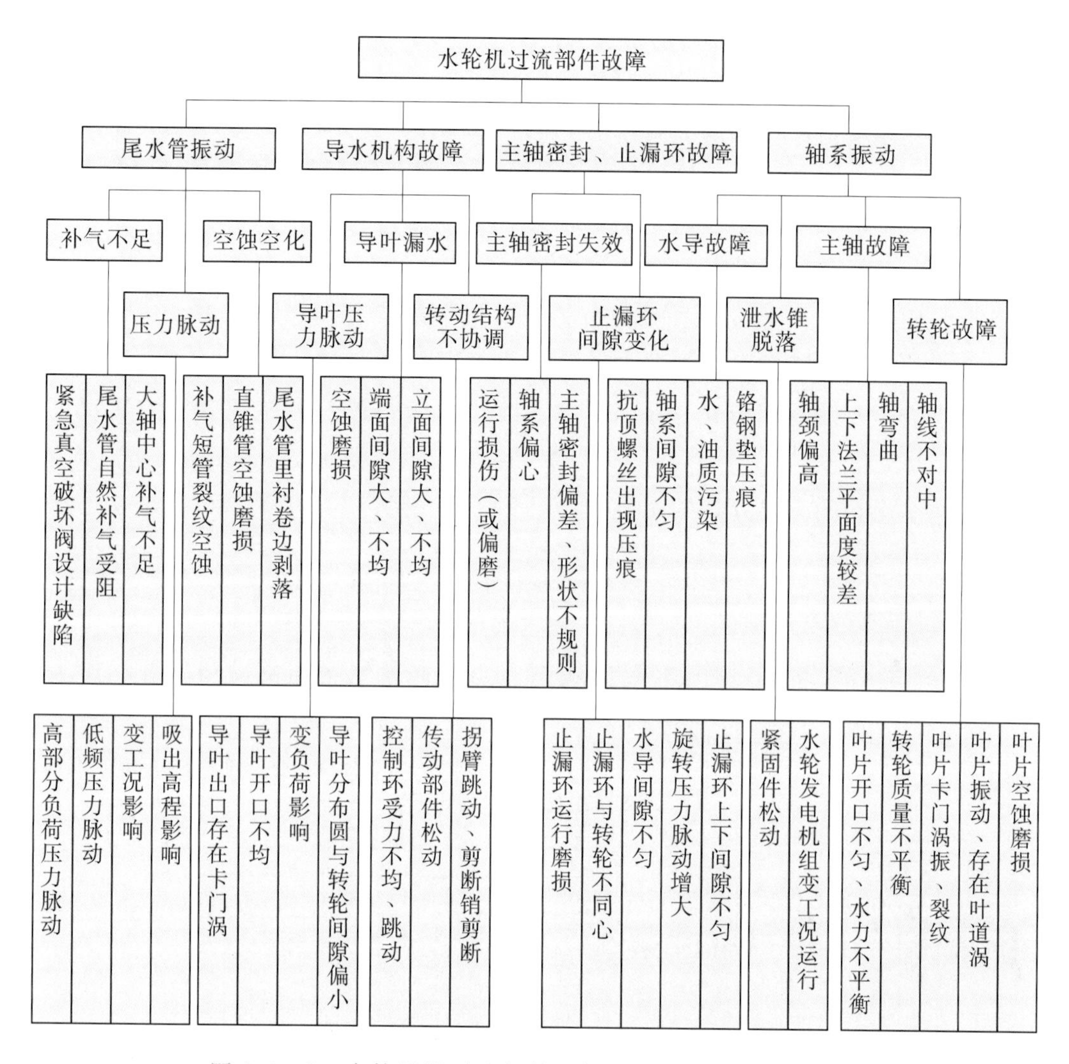

图 2.3-5　水轮机及过流部件运行的主要故障层次分类图

过规定值。

（3）并网运行时，能按有差特性进行负荷分配而不发生负荷摆动，或摆动值在允许范围内。

（4）当水轮发电机组甩最大负荷或额定负荷时，水轮发电机组转速的最大上升值和压力最大上升值应满足调节保证计算值的要求；尾水管最大真空度应满足设计值，不应超标。

上述要求是衡量评价调速系统能否正常运行的基本条件，它集中反映在调速系统运行时的静、动态特性上。调速系统的静态特性和动态特性均是调速系统运行时的重要性能和品质指标，静态特性是调速系统运行的基础，而动态特性必须基于优良的静态特性，才能保证调速系统运行的动态工作状态，即保证调速系统在动态过程的速动性、稳定性和准确性。

调速系统的静、动态特性及品质指标的优劣，决定了调速系统运行状态的正常与否，同时，也是水轮发电机组过渡过程的基础和根本。水轮发电机组过渡过程工况是指水力、机械和电气等参数随时间不断变化的瞬变工况（或称暂态工况），表征了水轮发电机组从某稳态工况过渡到另一新的稳态工况所经历的过程。例如，水轮发电机组甩负荷时，转速升高，导叶快速关闭，蜗壳水压升高，尾水管真空度加大；甩负荷后，调速系统正常运行过渡到水轮发电机组空载自动运行工况。这一过程就是常说的水轮发电机组甩负荷过渡过程。由此可见，水轮发电机组水力、机械及电气等主要参数是否随时间变化，是区别水轮发电机组过渡过程工况和稳定工况的重要标志。

调速系统运行的主要故障层次分类如图2.3-6所示。

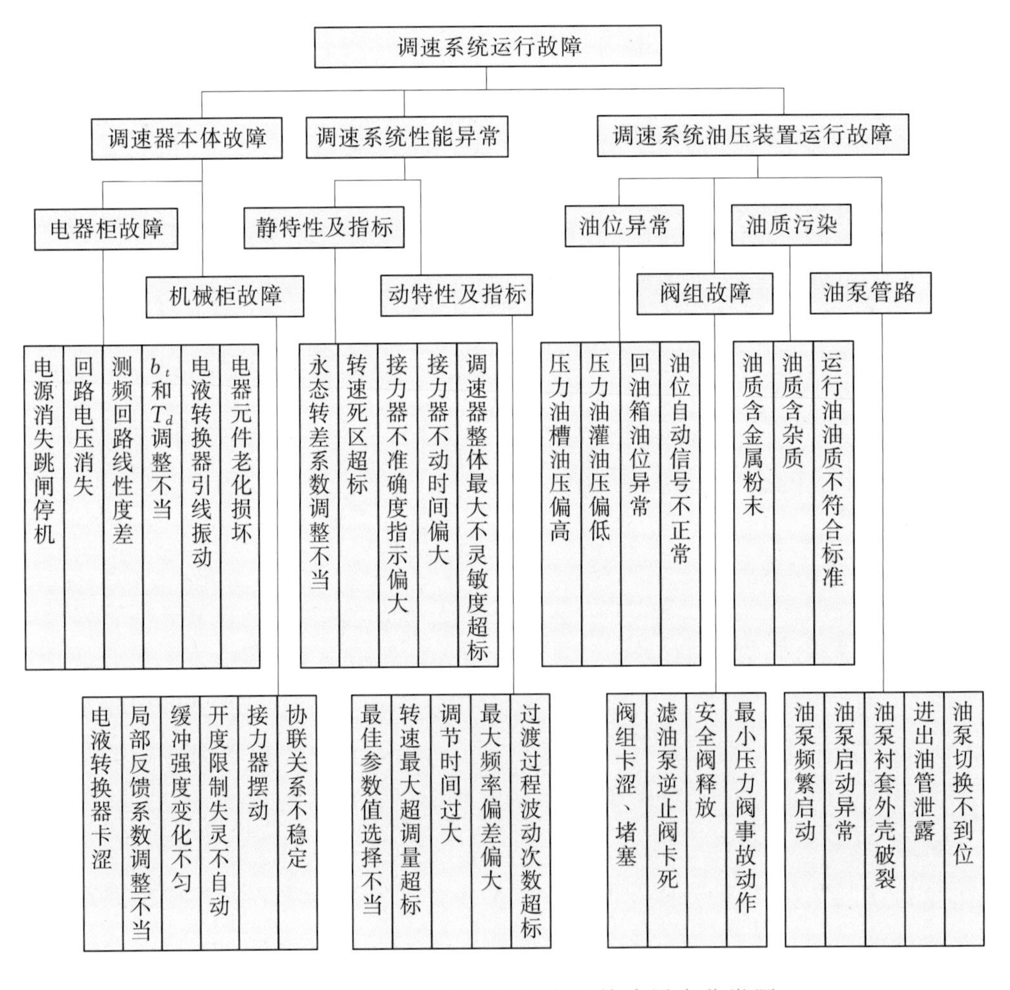

图2.3-6 调速系统运行的主要故障层次分类图

2.4　查找故障原因的典型现场试验

根据水轮发电机组运行长期试验研究的经验与成果，除了水轮发电机组开、停机运行工况外，通常水轮发电机组的运行故障原因可通过以下的典型试验进行识别：

（1）空载无励磁变转速试验。检查机械因素对机组稳定性的影响。

（2）空载额定转速变励磁试验。检查电气因素对机组稳定性的影响。

（3）带负荷变负荷试验。检查水力因素对机组稳定性的影响。

（4）甩负荷试验。检查机组稳定性在甩负荷时的变化情况及检验调保计算成果。

（5）调相试验。这是满足于电力系统无功的需要进行的一种水轮发电机组运行方式。在压水调相时，是排除水力干扰因素的重要方法之一。

对于复杂的机组故障需要制定一系列针对性的试验来进行定位和识别。

2.4.1　空载无励磁变转速试验

由于转速的变化，必然引起机组运行轴系、导轴承间隙及转子受力变化，这种变化的关系曲线 $A=f(n)$ 如图 2.4-1 所示。这种变化通过时域波形、频域、轨迹图、矢量图等信号分析，确定水轮发电机组由于机械因素造成的故障。

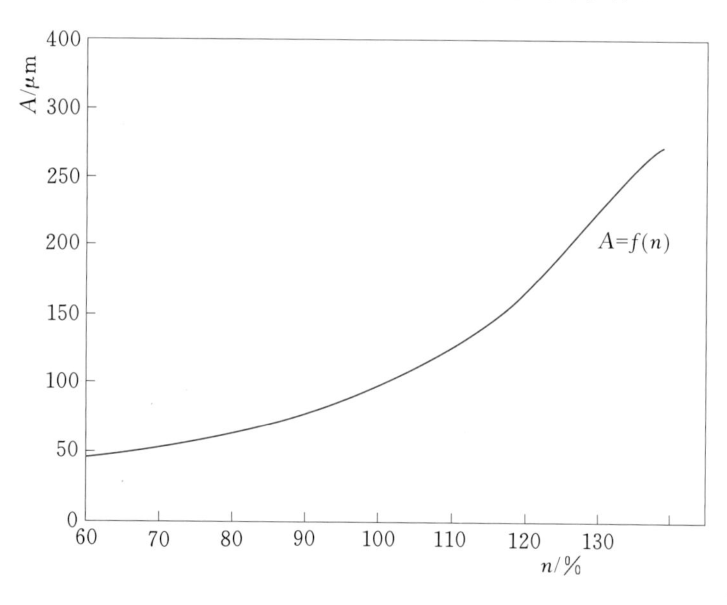

图 2.4-1　机组振动幅值随转速变化的关系曲线

由于机组机械因素可能引发的异常故障及对策分类见表 2.4-1。

表 2.4-1 机组机械因素可能引发的异常故障及对策分类表

运行工况	$A=f(n)$	故障类型	频响范围	对　策
空载无励变转速	空载低转速升速（即 $n : n_H = 0.5$）水轮发电机组振动	轴系不正，主轴变曲	$f=f_n$	均属安装质量问题，重新盘车调整中心；调整导轴系间隙及推力轴承水平，检查水轮发电机组轴系
		推力轴承调整不当	$f_1=k_1f_n$（k_1 为自然数）	
		各导轴系间隙过大	$f_2=k_1f_n$	
		法兰连接质量不良	$f=f_n$	
		水轮发电机组中心不对中	$f=f_n$	
	振动伴随剧烈的音响	水轮发电机组旋转部件与固定部件碰磨	$f=f_n$ 或 $f_e=f_n$（f_e 为包络频率）	
	随转速上升，水轮发电机组振动加剧	转动部件动不平衡	$f=f_n$	配重处理
		水轮发电机组整体振动，大轴晃动	$f=f_n$	多为激振，消除共振频率，或采取错频、让频方法
		轴承支承系统刚度不够		处理轴承抗钉螺丝及铬钢垫，检查支撑受力特性
		轴系刚度不够，导轴承之间距离不合理；主轴过长过细	$f=f_n$	检修上紧螺丝，处理绝缘垫，并重新盘车校正轴线
	随转速变化，水轮发电机组摆度值大，但无规律，机架不规则振动	推力头与镜板结合螺丝松动	$f=f_n$	
		推力头与镜板结合面绝缘垫变形、破裂		

2.4.2 空载额定转速变励磁试验

当机组转速升到额定转速后，机组加磁进入变励磁工况。由于励磁电压、电流的变化，将引起机组轴系、定转子间隙及转子受力变化，这种变化的关系曲线 $A=f(V)$ 如图 2.4-2 所示。可以通过时域波形、幅值特性、频率特性、轨迹图、矢量图及空气间隙分析图等信号手段，确定机组电气因素造成的故障。

由电气因素引发的异常故障和对策分类见表 2.4-2。

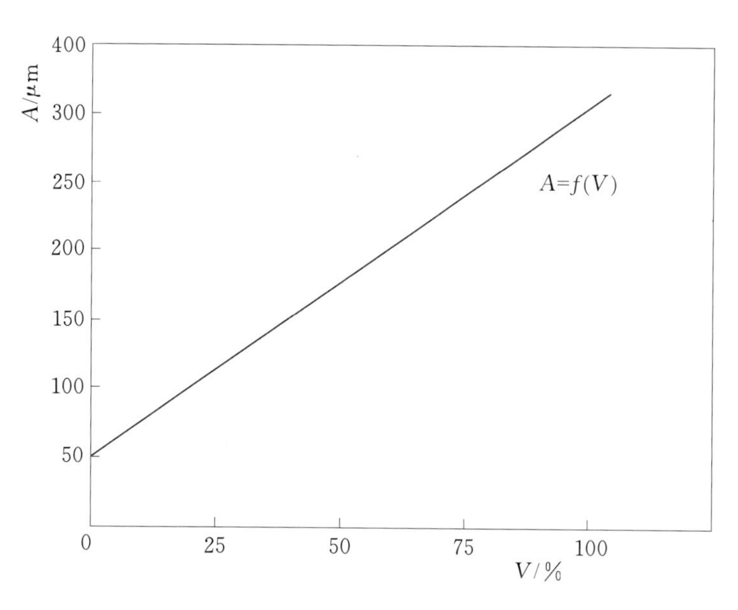

图 2.4-2　机组振幅随励磁变化的关系曲线

表 2.4-2　　机组电气因素可能引发的异常故障和对策分类表

运行工况	$A=f(V)$	故障类型	频响范围	对　策
空载额定转速变励磁	机组振动摆度值随励磁的增大而加大	转子绕组匝间短路，磁力不平衡	$f=\dfrac{f_1}{Pk_2}$ $(k_2=1,2,3,\cdots)$	（1）更换匝间短路的线圈。（2）检查绕组线圈邻近绝缘
	定子径向、切向振动增大	定子组合缝松动，定子铁芯硅钢片松动	$f=2f_1=f_nP$	（1）处理组合缝垫片。（2）拧紧定子硅钢片的紧固压紧螺栓和顶紧螺丝
	定子外壳径向振动加大	定子椭圆度超标	$f=f_n$	处理定子椭圆度，使其符合标准
	转子振动较大，出现转频的奇次谐波	三相负荷不平衡	$f=f_n$	校准控制机间的电流差值
	机组三部导轴承处摆度幅值较大，但与加励磁关系不大，有相位差别	定转子空隙不均，磁拉力不均衡	$f=f_nk_2$	检查定子磁极的松动，并处理、调整定转子间气隙，使其符合要求
	如果增负荷时，机组振动仍增大，伴随音响加大	相间不平衡，即负序电流或整流电流不平衡；磁极极靴不均匀		校正控制相间电流及负荷电流，使其符合要求

2.4.3 带负荷变负荷试验

当机组励磁带负荷升至额定负荷时，机组的稳定性能将随负荷的变化而变化，这种变化的关系曲线 $A=f(N)$ 如图 2.4-3 所示。可以通过水力参数、时域频域特性及机组相关函数等信号分析手段，确定机组由于水力因素造成的故障。

由于水力因素可能引发的故障和对策分类见表 2.4-3。

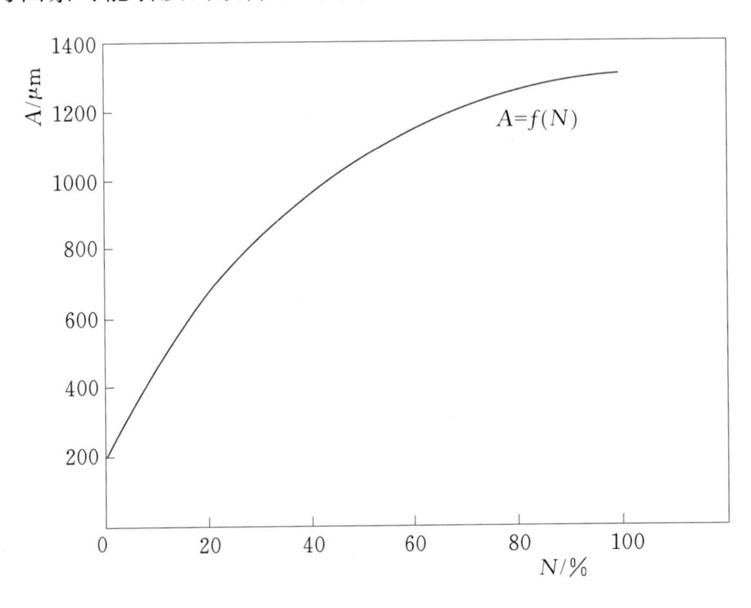

图 2.4-3 机组振动幅值随负荷变化的关系曲线

表 2.4-3 机组水力干扰因素可能引发的故障和对策分类表

运行工况	$A=f(N)$	故障类型	频响范围	对策
变负荷	机组带小负荷时，振动加剧，压力脉动增大，噪声大	（1）形成尾水管涡流，中心涡带。（2）尾水管形成空腔空蚀	$f=f_n/(3\sim5)$ f—低频谐波	采取补气措施，破坏尾水管真空涡带
	随负荷增加，机组振动增大，并发出噪声	（1）水斗水轮机喷嘴水柱与斗叶配合不合理。（2）水轮机过流部件空蚀	高频	调整协联关系，进行补气
	在某一负荷范围，机组振动加大	（1）转轮叶片卡门涡振。（2）固定导叶尾翼水流紊乱、高频脱流	$f=(0.18\sim0.25)\dfrac{\omega_2}{\Phi}$ ω_2—叶片出水边相对流速； Φ—叶片出水边厚度	进行转轮叶片修型

续表

运行工况	$A=f(N)$	故障类型	频响范围	对策
变负荷	随负荷升高，机组振动增大	转轮叶片数与后动导叶数匹配不合理	$f=f_n$	检修换转轮
		转轮直径与导叶布置圆匹配不合理	$f=f_nk_3$	
		转轮叶片出口边开口不均	$f=f_nk_3$	检修处理叶片和导叶开口
		活动导叶开口不均	$f=f_nc$ c—自然数	
		转轮密封不良，压力不均	$f=f_nk_3$	换转轮密封
		过流通道有局部堵塞	$f=f_nk_3$	
		转轮上冠、下环偏心，止漏环间隙不均匀		清理过流通道

2.4.4 甩负荷试验

甩负荷工况由于负荷突变降至零，机组的导叶开度、转速、流量、出力以及有关参数都在急速随时间变化，将引起机组振动、摆度、压力和压力脉动、转速及尾水管真空度瞬时变化，对轴流式机组可能会引起抬机现象，对调速系统在大波动下会引起调速器速动性及稳定性的动态特性的变化。

2.4.5 调相试验

机组由于电力系统无功的需要，有时需要实施压水调相进行调相运行。该工况故障分析是排除水力干扰因素的重要方法之一。若机组正常运行时，各个部位的振动、摆度的幅值较大，而在压水调相工况运行时，其振动明显减小，可以推断机组运行稳定性问题是由于水力因素引起的，反之则可能是由于机械干扰和电气干扰引起的。

对机组运行时出现重大失效问题或机组故障复杂，一种行之有效的方法是使用调相工况分析，逐个排除，缩小范围。

在机组不同运行工况下开展测试和故障分析，不但可以对机组个体的运行性能特点、故障类型和使用规律进行深入了解和识别，而且通过对故障规律的掌握，可以为实施智能诊断奠定基础。

第3章

水轮发电机组现场试验技术标准

3.1 现场试验标准体系

3.1.1 试验标准编制单位

现场试验技术标准主要包括两个方面的内容：一是如何开展试验，二是根据试验结果如何对水轮机的运行状态进行评价。

与水轮发电机振动和水力性能有关的现行的试验标准编制单位如下：

（1）国内标准化组织。国内标准化组织主要包括全国机械振动/冲击与状态监测标准化技术委员会、全国水轮机标准化技术委员会、中国电力企业联合会标准化中心（电力行业标准化技术委员会）等。

（2）国外标准化组织。国外标准化组织主要包括德国工程师协会（VDI－Verein Deutscher Ingenieure）、英国标准学会（BSI－Britain Standard Institute）、美国机械工程师学会（ASME－American Society of Mechanical Engineers）、美国石油协会（API－The American Petroleum Institute）等。

（3）国际标准化组织。国际标准化组织主要包括国际标准化组织（ISO－the International Organization for Standardization）、国际电工委员会（IEC－International Electrotechnical Commission）等。

3.1.2 现场试验标准体系

1. 水轮发电机组振动的测量和评价标准

水轮发电机组振动的测量和评价标准包括：GB/T 6075.5《在非旋转部件上测量和评价机器的机械振动　第5部分：水力发电厂和泵站机组》、GB/T 11348.5《旋转机械转轴径向振动的测量和评定　第5部分：水力发电厂和泵站机组》、ISO 10816－5《Mechanical vibration—Evaluation of machine vibration by measurements on non－rotating parts—Part 5：Machine sets in hydraulic power generating and pumping plants》、ISO 7919－5《Mechanical vibration — Evaluation of machine vibration by measurements on rotating shafts — Part 5：Machine sets in hydraulic power generating and pumping plants》、GB/T 32584《水力发电厂和蓄能泵站机组机械振动的评定》、GB/T 17189《水力机械（水轮机、蓄能泵和水泵水轮机）振动和脉动现场测试规程》、IEC 60994《Guide for field measurement of vibrations and pulsations in hydraulic machines（turbines，storage pumps and pump－turbines）》等。其中：GB/T 6075.5和ISO 10816－5主要规定了固定部件（如轴承、机架、顶盖）的振动测量和评定方法，GB/T 11348.5和ISO 7919－5主要规定了转轴摆度的测量和评定方法，

GB/T 17189 和 IEC 60994 对水轮机的振动（含摆度）和脉动（包括压力脉动、应力、主轴扭矩脉动、功率脉动、导轴承载荷脉动等）的测量进行了规定，GB/T 32584 对水轮发电机组的振动和摆度的测量及评定进行了规定，GB/T 18482 对可逆式抽水蓄能机组启动试运行试验程序和技术要求进行了规定。

机组振动和摆度测量及其评价标准还有由联邦德国工程师协会提出的 VDI 2059 Blatt 5《水轮机组轴振动测量和评价规范标准》，该标准对测量方式做了较全面的规定。国际标准化组织（ISO）1986 年制定的 ISO 7919/1—1986《回转机械转轴振动测量和评价》与 VDI－2059 有关部分的规定和规范基本相同。还有 VDI 2056《机器的机械振动的评价》（已被接纳作为国际标准 ISO 2372《转速为 10～200r/min 机器的机械振动》），用它来评价机器的运转是最合适的，当需要维修运转的机器时，该标准给出了指导，当主要振动源系不平衡时，该标准可作为确定容许的残余振动级的基础。还有美国石油协会标准、英国标准学会标准、加拿大标准和日本标准等。

2. 其他现场试验标准

对水轮机水力性能的测试标准包括：IEC 60041《Field acceptance tests to determine the hydraulic performance of hydraulic turbines, storage pumps and pump-turbines》、ASME PTC 18《Hydraulic Turbines and Pump-Turbines Performance Test Codes》和 GB/T 20043《水轮机、蓄能泵和水泵水轮机水力性能现场验收试验规程》。

另外，GB/T 15468《水轮机基本技术条件》、GB/T 8564《水轮发电机组安装技术规范》对水轮机设计、制造和安装质量进行了规定，DL/T 507《水轮发电机组启动试验规程》对机组启动过程中振动摆度限值进行了规定。

ISO 12242《Measurement of fluid flow in closed conduits－Ultrasonic transit-time meter for liquid》和 ISO 6416《Hydrometry-Measurement of discharge by ultrasonic (acoustic) method》对水轮机效率试验流量测量采用超声波方法测量进行了规定。

水轮发电机现场机械试验主要标准见表 3.1－1。

表 3.1－1　　水轮发电机现场机械试验主要标准

标准名称	制定单位	主要内容	备注
GB/T 17189《水力机械（水轮机、蓄能泵和水泵水轮机）振动和脉动现场测试规程》	全国水轮机标准化技术委员会	规定了水轮机的振动（含摆度）和脉动（包括压力脉动、应力、主轴扭矩脉动、功率脉动、导轴承载荷脉动等）的测量方法	修改采用 IEC 60994

续表

标准名称	制定单位	主要内容	备注
GB/T 20043《水轮机、蓄能泵和水泵水轮机水力性能现场验收试验规程》	全国水轮机标准化技术委员会	规定了水轮机性能，包括水头、流量、出力、效率等的测量方法	修改采用 IEC 60041
GB/T 32584《水力发电厂和蓄能泵站机组机械振动的评定》	全国水轮机标准化技术委员会	规定了水轮发电机组振动和摆度的测量及根据振动摆度对机组状态的评价方法	
GB/T 18482《可逆式抽水蓄能机组启动试运行规程》	中国电力企业联合会	规定了可逆式抽水蓄能机组启动试运行试验程序和技术要求	
GB/T 6075.5《在非旋转部件上测量和评价机器的机械振动　第5部分：水力发电厂和泵站机组》	全国机械振动与冲击标准化技术委员	规定了固定部件，包括轴承盖、机架振动的测量方法	等同采用 ISO 10816－5
GB/T 11348.5《旋转机械转轴径向振动的测量和评定　第5部分：水力发电厂和泵站机组》	全国机械振动、冲击与状态监测标准化技术委员会	规定了水轮发电机组摆度的测量方法	等同采用 ISO 7919－5
ISO 7919－5 Mechanical vibration－Evaluation of machine vibration by measurements on rotating shafts—Part 5: Machine sets in hydraulic power generating and pumping plants	ISO	同 GB/T 11348.5	
ISO 10816－5 Mechanical vibration－Evaluation of machine vibration by measurements on non－rotating parts—Part 5: Machine sets in hydraulic power generating and pumping plants	ISO	同 GB/T 6075.5	
IEC 60994 Guide for field measurement of vibrations and pulsations in hydraulic machines (turbines, storage pumps and pump－turbines)	IEC	同 GB/T 17189	

续表

标准名称	制定单位	主要内容	备注
IEC 60041 Field acceptance tests to determine the hydraulic performance of hydraulic turbines, storage pumps and pump - turbines	IEC	同 GB/T 20043	
GB/T 8564《水轮发电机组安装技术规范》	中国电力企业联合会标准化中心	规定了水轮发电机组的安装及质量	
GB/T 15468《水轮机基本技术条件》	全国水轮机标准化技术委员会	规定了水轮机设计、制造及质量要求	
DL/T 507《水轮发电机组启动试验规程》	电力行业标准化技术委员会	规定了水轮发电机组的启动试验流程及启动过程中各项性能指标应达到的要求	
ISO 12242 Measurement of fluid flow in closed conduits - Ultrasonic transit - time meter for liquid	ISO	规定了封闭管道超声波测流方法	
ISO 6416 Hydrometry - Measurement of discharge by ultrasonic (acoustic) method	ISO	规定了超声波测流方法及超声波测流装置性能要求	
ASME PTC 18 Hydraulic Turbines and Pump - Turbines Performance Test Codes	ASME	规定了水轮机性能(包括水头、压力、流量、出力、转速等)的测试方法	
VDI 2056 Standards of Evaluation For Mechanical Vibrations of Machines	德国工程师协会	规定了机器机械振动的评价方法	等同采用 ISO 2372
VDI 2059 Blatt 5 Shaft vibrations of hydraulic machine sets	德国工程师协会	规定了水轮机组轴振动测量和评价的方式	等同采用 ISO 7919/1

3.2 现场试验的要求

现有标准对现场试验的要求不尽相同，本节内容的编写主要参考标准为GB/T 17189《水力机械（水轮机、蓄能泵和水泵水轮机）振动和脉动现场测试规程》。

3.2.1 试验条件

3.2.1.1 试验工况

试验工况取决于现场条件、机组情况、试验目的和双方的协议。

（1）水轮机试验工况。

1）空转变转速工况。在空转状态下，逐步将机组转速升高到额定转速，转速变化范围可在额定转速的50%～100%间选定，必要时升高到最大瞬时过速。

2）空载变励磁工况。在额定转速条件下，励磁电流可取为发电机空载额定电压对应的励磁电流的25%、50%、75%、100%。

3）过渡过程工况。过渡过程工况包括起动、停机、升降负荷、甩负荷等。甩负荷可由小到大甩2～4次（如额定或最大负荷的25%、50%、75%、100%），可根据机组具体情况确定。

4）稳定负荷工况。试验工况从空载至额定负荷或最大负荷间阶梯式选定，待负荷工况稳定后进行试验。如试验条件允许，试验工况应适当多些，以充分反映不同工况下的振动特性或不同振动区的振动特性。

（2）水泵试验工况。

1）水泵启动工况。

2）水泵运行工况下突然失电。

3）满负荷稳定运行工况。

（3）单位水能、流量和NPSE（净正吸入比能）等参数的不同组合将会影响机组的振动和脉动特性。必要时，应在机组最小、中间和最大运行水头/扬程以及不同的NPSE条件下进行振动和脉动试验。

（4）如果水轮机装有自由补气或强迫补气装置，则应进行补气试验。如有可能还应测量补气量。

（5）如机组有调相任务，应进行调相试验。

（6）一般不宜进行特殊试验（如飞逸转速试验等），如需特殊试验，各有关方应根据试验的风险等事先制订安全预案并达成专门协议。

3.2.1.2 试验前的检查

（1）机组运行工况点参数如采用电站已安装的刻度盘或表盘直接读数（如导叶

开度、叶片转角等)，则应在试验前对其读数的准确性进行检查。

(2) 试验前应对压力传感器测压点的位置及测压管路的堵塞和漏水现象等进行检查。如有可能，最好将机组流道内的水排空后进行检查，或参考最近的检查结果(例如不超过6个月)。

(3) 试验前，试验有关各方应对试验机组及试验装置进行全面检查，以便创造良好的试验条件。

3.2.2 试验程序

3.2.2.1 确定工况点的参数

1. 稳态工况

稳态试验时，应测量机组的运行参数，如导叶（喷嘴或阀门）开度、功率、转速、单位水能和净吸出高度。试验中，机组运行参数保持恒定，对于水库较小的电站，单位水能的波动范围可适当放宽，但不应超过平均值的±3%。

(1) 机组的有功/无功输出功率或者输入功率用功率表测量，仪表精度应在试验前标定。如果需要更高的精度，可采用专门仪器（如功率变送器）测量。

(2) 转速测量装置应保证其测量结果的不确定度小于同步转速的±1%，并提供一个轴信号脉冲以确定相位。

(3) 单位水能可通过测量上、下游水位来初步确定。若需精确测量水头，可按GB/T 20043的规定进行。

(4) 导叶或喷嘴开度在导叶或喷嘴开度在表盘或接力器的行程刻度上读取，或采用接力器行程位移传感器测量，精度应达到全行程的±1%。

(5) 转轮叶片可调时，叶片角度用反馈机构的位移测试，测量精度应达到接力器全行程的±1%。

(6) 对于用阀门进行流量调节的特殊情况（如在空载时的不可调多级可逆式水轮），阀门开度的测量精度应达到接力器满行程的±0.5%。

(7) 对于振动摆度的测量，考虑到温度对结构部件、轴瓦温度、定转子间隙等影响，还要求发电机的定子、转子以及水轮发电机组各轴承已达到稳态运行温度后才能测试。

对于历时相对较长的单个水头下的效率试验，测量过程中平均水力比能 E 和转速 n 相对于规定的 E_{sp}、n_{sp} 的偏差量需满足下列要求：

$$0.98 \leqslant \frac{\frac{n}{\sqrt{E}}}{\frac{n_{sp}}{\sqrt{E_{sp}}}} \leqslant 1.03 \tag{3.2-1}$$

$$0.80 \leqslant \frac{E}{E_{sp}} \leqslant 1.20 \tag{3.2-2}$$

$$0.90 \leqslant \frac{n}{n_{sp}} \leqslant 1.10 \tag{3.2-3}$$

2. 过渡过程工况

在过渡过程（如启动、停机、升降负荷、在水轮机运行工况下甩负荷、在水泵运行工况下失电等）试验中，为便于全面分析机组过渡过程，除应记录所需的振动和脉动参数外，还应记录确定过渡过程所必需的其他参数，如转速、单位水能（水头/扬程）、导叶或阀门开度等。

（1）机组的输出或输入功率应采用合适的功率变送器测量。

（2）转速采用合适的传感器测量，传感器的输出应与瞬时转速成正比，也可直接测量其他与瞬时转速成正比的信号。上述信号应能用于记录，测量不确定度应达到预定转速的±1%。

（3）单位水能和净吸出高度由合适的压力传感器测量高压侧和低压侧瞬时压力的方法来确定。

（4）导叶或喷嘴开度用安装在接力器可动部件或导叶轴上的传感器测量。

（5）转轮叶片可调时，叶片转角用与反馈杆连接的（或与位置控制器的测量装置连接的）适当的传感器测量。

（6）如需要，阀门和闸门开度也可以用适当的传感器测量。

3.2.2.2 测量的振动量和脉动量及测点位置

测量的振动量和脉动量及测点位置根据机组情况具体确定。

对于结构振动的测量，根据预估的振动频率范围，选择不同类型的测量传感器。机组结构振动的频率范围一般在十分之几赫兹（低频）至几百赫兹（高频）的范围内。正常情况下，对水轮机稳定性指标（振动、摆度和压力脉动）而言，低频成分主要是涡带频率成分，一般为机组转频频率的$\frac{1}{2}\sim\frac{1}{6}$，其高频成分主要为动静干涉导致的水力激振频率成分，对发电机而言，其高频成分一般为工频及其倍频成分。对于低频振动通常测量振动位移，而对高频振动则优先测量振动加速度，对于中频振动通常测量振动速度。试验中，可根据需要或所含频率范围分别测量振动位移、振动速度、振动加速度，或同时测量两种振动量。

对于过渡过程的振动测量，还必须考虑传感器的暂态响应特性，应根据被测量的暂态类型和时间历程选择传感器的固有频率和阻尼系数。有关规定参考GB/T 13866《振动与冲击测量　描述惯性式传感器特性的规定》、ISO 16063《Methods for the Calibration of Vibration and Shock Transducers》。

（1）机组振动测量的关键部位（测量部位和测点数量可根据具体情况和需要适

当增减）。

1）各导轴承和推力轴承的轴承座及支架。

2）水轮发电机组顶盖。

3）贯流式水轮机的灯泡体和加强筋。

4）转轮室的非混凝土部分（轴流式和贯流式机组）。

5）活动导叶（水轮机及可调式水泵水轮机）。

6）固定导叶。

针对不同形式的机组，机组振动、摆度测点布置位置如下：

1）立式混流式、混流可逆式机组。

a. 振动测点。应分别在上机架、下机架和顶盖处，设置2个水平振动测点、1～2个垂直振动测点，水平振动测点应互成90°径向设置，非承重机架一般不设置垂直振动测点。定子机座应设置1～2个水平振动测点、1个垂直振动测点，水平振动测点应设置在机座外壁相应定子铁芯高度$\frac{2}{3}$处，垂直振动测点应设置在定子机座上部。

b. 摆度测点。应分别在机组的上导、下导、水导轴承的径向设置互成90°的2个摆度测点，三组摆度测点方位应相同。

2）立式轴流式机组。

a. 振动测点。应分别在上机架、下机架和顶盖处，设置2个水平振动测点、1～2个垂直振动测点，水平振动测点应互成90°径向设置，非承重机架一般不设置垂直振动测点。定子机座应设置1～2个水平振动测点、1个垂直振动测点，设置位置混流式机组。

b. 摆度测点。应分别在机组的上导或受油器、下导和水导的径向设置互成90°的2个摆度测点，三组摆度测点方位应相同。

3）灯泡贯流式机组。

a. 振动测点。应分别在组合轴承和水导轴承处设置2个径向、1个轴向振动测点。组合轴承处的径向测点应垂直和水平布置在组合轴承座靠近导轴承处，轴向测点应布置在组合轴承座推力轴承附近；水导轴承处的径向测点应垂直和水平布置在轴承座上，轴向测点应布置在轴承座靠发电机侧；有条件时可在灯泡体上设置1～2个径向振动测点，也可在转轮室设置振动测点。

b. 摆度测点。应分别在组合轴承和水导轴承的径向设置互成90°的2个摆度测点，一般与垂直中心线左右成45°安装。两组摆度测点方位应相同。

4）立式冲击式机组。

a. 振动测点：应分别在上机架和下机架（若有）处设置2个水平振动测点，在上机架设置1个垂直振动测点，在水导轴承座上设置2个水平振动测点、1个垂直振动测点。每部位的水平振动测点应互成90°径向设置。定子机座应设置1～2个水平振动测点、1个垂直振动测点，设置位置同混流式机组。

b. 摆度测点：应分别在机组上导、下导和水导轴承的径向设置互成90°的2个摆度测点，三组摆度测点方位应相同。

原则上，振动传感器布置如下：

1）在各导轴承座或轴承支架上，互成90°的两个径向方向。

2）在推力轴承机架上，尽可能靠近机组转动轴的轴向和径向的一个或两个方向（互成90°）。

3）在水轮发电机组顶盖上，尽可照靠近机组转动轴的轴向和径向的一个或两个方向（互成90°）。

4）在灯泡体上，两个横断面的加强筋径向和切向方向，其中一个断面靠近水轮机，另一个断面靠近发电机。

5）在转轮室上尽量不受混凝土限制的径向方向。

6）在刚性固定在导叶上的可拆卸部件的三个方向上，即垂直于导叶最小刚度平面的方向；垂直于导叶轴平面且平行于导叶最小刚度平面的方向；平行于导叶轴的方向。

（2）主轴径向振动（主轴摆度，下同）。应在靠近导轴承处测量，并在各测量平面相隔90°的两个方向上安装非接触式位移传感器（如电涡流传感器）。测量相对振动时，传感器固定在导轴承座或轴承支架上，且尽量靠近主轴，测量绝对振动时，传感器应安放在固定于基础的测量支架上。

如果需要，也可在两个导轴承间的主轴上不同位置测量其相对于其一固定点的振动（绝对振动）。在此情况下，为了确定传感器的布置位置，应预先进行计算，得出主轴的理论弯曲模型，将传感器布置在弯曲模型的最大振幅位置上，每个位置上布置两个互成90°的传感器。

水轮机、水泵水轮机有可能出现抬机或轴向串动现象，试验时应在适当位置安装测量主轴轴向位移的传感器。

（3）压力脉动应在下述关键部位测量。

1）水轮发电机组高压侧，如压力钢管末端（蜗壳进口）。

2）尾水锥管段上、下游侧。

3）顶盖。

4）无叶区。

5）根据需要和布置可能，还可增加其他测量部位，如蜗壳内的其他位置，钢管的某个断面上，扩散段或其他部位等。

针对不同形式的机组，压力脉动测点布置位置如下：

1）混流式机组。应分别在蜗壳进口设置1个、活动导叶与转轮间设置1～2个、顶盖与转轮间设置1～2个、尾水管进口设置2个（上下游方向）压力脉动测点。

2）混流可逆式机组。应分别在蜗壳进口设置1个、活动导叶与转轮间设置2个、顶盖与转轮间设置1～2个、转轮与泄流环之间设置1个、尾水管进口设置2个（上下游方向）、肘管中部设置2个压力脉动测点。

3）轴流式机组。应分别在蜗壳进口设置1个、活动导叶后设置1个、尾水管进口设置2个（上下游）压力脉动测点。

4）灯泡贯流式机组。应分别在流道进口设置1个、转轮前后各设置1个、尾水管进口设置1～2个压力脉动测点。

压力脉动传感器安装的相对位置应尽量与模型保持一致，压力脉动测量管路应单独引出，传感器应尽量安装在靠近测点位置。

（4）应力脉动由实测应变计算得到，应力脉动采用电阻应变片测量，测点应选在应力集中的位置，如孔、槽、倒角或其他应力集中的部位（如水斗根部）。

（5）主轴转矩脉动可在转轮与电机之间适当位置上测量主轴的扭应变计算得到，信号从旋转主轴向固定部分的传输，可采用滑环或无线数字传输装置，也可采用机械信号测试装置，将测试装置安装在旋转主轴上。

（6）转速脉动可用光学式、电磁式或其他装置测量，测量位置可选在主轴的任何可见部位。但对于长轴，由于轴的扭转振动，在不同部位的测量可能得到不同的结果。

（7）功率脉动用功率变送器测量，通过测量发电机输出功率或电动机输入功率来确定。如果功率脉动受到发电机或电网的激励，则应测量相应激励的影响，主轴的机械功率脉动可通过测量主轴同一部位的扭矩和转速，计算得到机械功率脉动。

（8）导叶扭矩脉动可在导叶枢轴或导叶连杆上用应变片测量。

（9）导轴承径向载荷脉动可用应变片测量。对于分块瓦滑动轴承，径向力必须在每块瓦的支撑结构上测量，以求得轴承所受的合力。对于其他类型轴承，如在设计阶段没有埋设测量仪器，那么径向力的测量是非常困难的。在这种情况下，轴承的径向力只能在导轴承支架上进行应变测量，应变片布置在两个互成90°位置上。

（10）轴向力脉动可用下述方法估算。

1）在刚度可确定或在现场能够标定（如通过顶起）的支撑部件上测量其应变或变形，从而求得其反作用力脉动。

2）在每块推力瓦上测量应变脉动。

3）测量主轴的轴向应变脉动，测量时应对弯曲应变进行补偿。

（11）相位信号。轴相位信号用于确定旋转体动态方位随时间的变化，并作为转频振动相对相位角的基准点（0°）。基准标记布置在主轴表面，信号传感器一般安装在机组$+Y$方向或与主要测振方向一致。

3.2.2.3 试验准备

（1）检查机组并确认以下各项：

1）机组参数完全符合设计技术要求。

2）导叶或喷嘴开度的刻度、叶片角度刻度与实际测量结果相符合。

3）流道光滑且无外部杂物。

4）主要部件没有发生过分磨损。

5）轴承间隙与设计值一致。

6）主轴轴线偏差在允许范围内。

7）机组能满足全部试验条件。

（2）在各测试地点设置通信系统。

（3）按规定的位置安装传感器。

（4）连接传感器、放大器、记录器并进行检查校对、准备投入使用。

（5）建议绘制传感器布置图，下述各项以表格形式给出：

1）传感器代号及布置位置。

2）传感器型号及编号。

3）连接线与电缆的编号。

4）放大器、记录器、分析仪等的型号与编号。

5）测量通道编号。

（6）测量仪器应尽可能在安装后进行原位标定，至少应在现场标定，不能在现场标定的仪器应将其最新检定结果的证明带到现场。在正式试验前，应先确定好各被测量的传感器系数，采样速率及采样时间。试验完毕后应尽可能进行重复标定。

（7）试验准备工作完成后，试验负责人应进行检查。准备工作过程中如出现与计划不符之处，应与有关各方磋商并达成一致意见。

3.2.2.4 试验及观察

（1）试验按拟定的试验大纲进行。每个工况的试验中，都要记录与试验工况有关的所有参数。

（2）试验中还应记录其他与试验有关的信息，以便计算所有的转换因素，并使单个记录与整个试验联系起来。

（3）试验中，所有用光信号和（或）声信号获得的读数（记录），应在读取（记录）的同时提供给所有的观测者。

（4）稳态工况的试验，在工况调整后，应有足够的时间待新工况稳定后进行信号记录。

（5）振动和脉动试验同时进行，并同步记录。

（6）数据初步处理可在试验中进行或在试验后立即进行。

同一测量值不同工况的波形图示例如图 3.2-1 所示，同一工况不同测量值的波形图示例如图 3.2-2 所示。

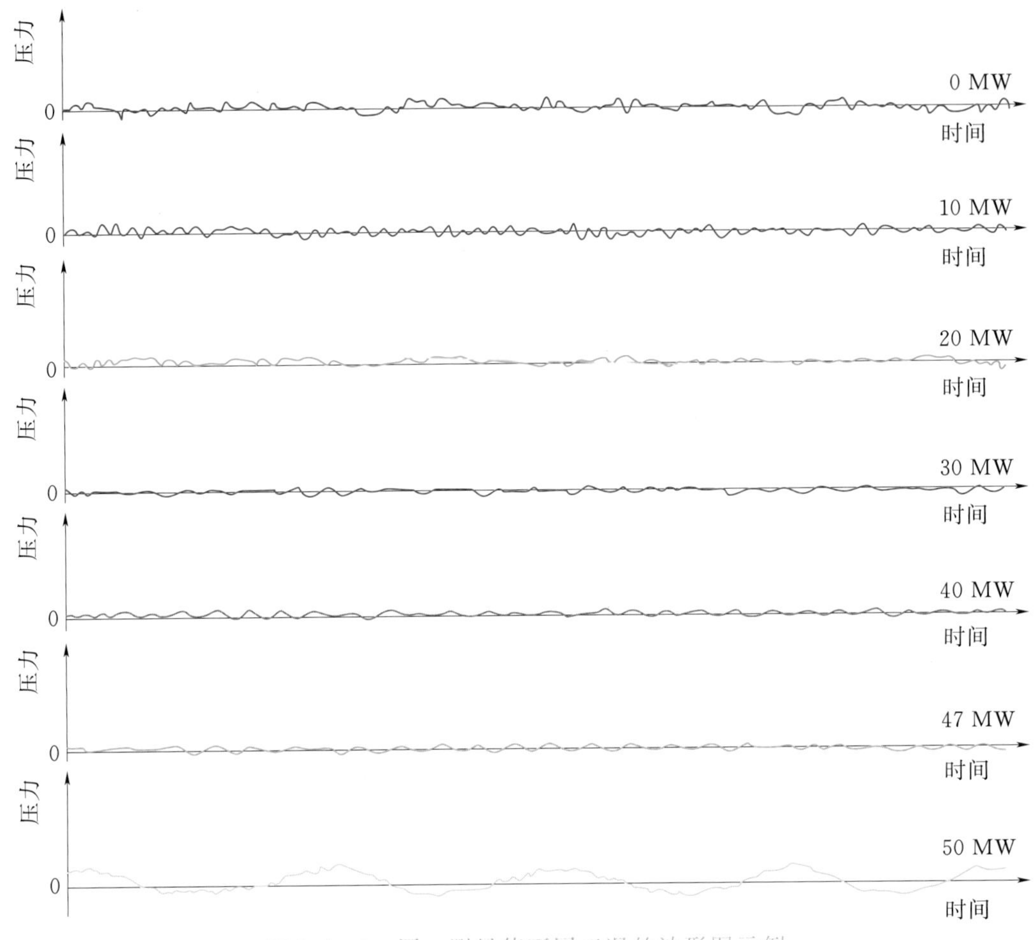

图 3.2-1 同一测量值不同工况的波形图示例

3.2.3 测量方法

3.2.3.1 概述

本小节推荐了水轮发电机组振动、压力脉动及其他脉动的测量方法，并对测量系统布置、系统中各独立测试仪器的选择作了原则性规定或建议。

当对振动水平的允许极限有疑问时，可根据应变（应力）脉动水平作辅助判断。

3.2.3.2 振动

1. 频率范围

选择测量方法时，必须考虑所测振动和脉动的上、下限频率，频率的上、下限受激振力谱以及叶片、水斗、导叶等的固有频率的影响，可采用下述公式进步初步估算。

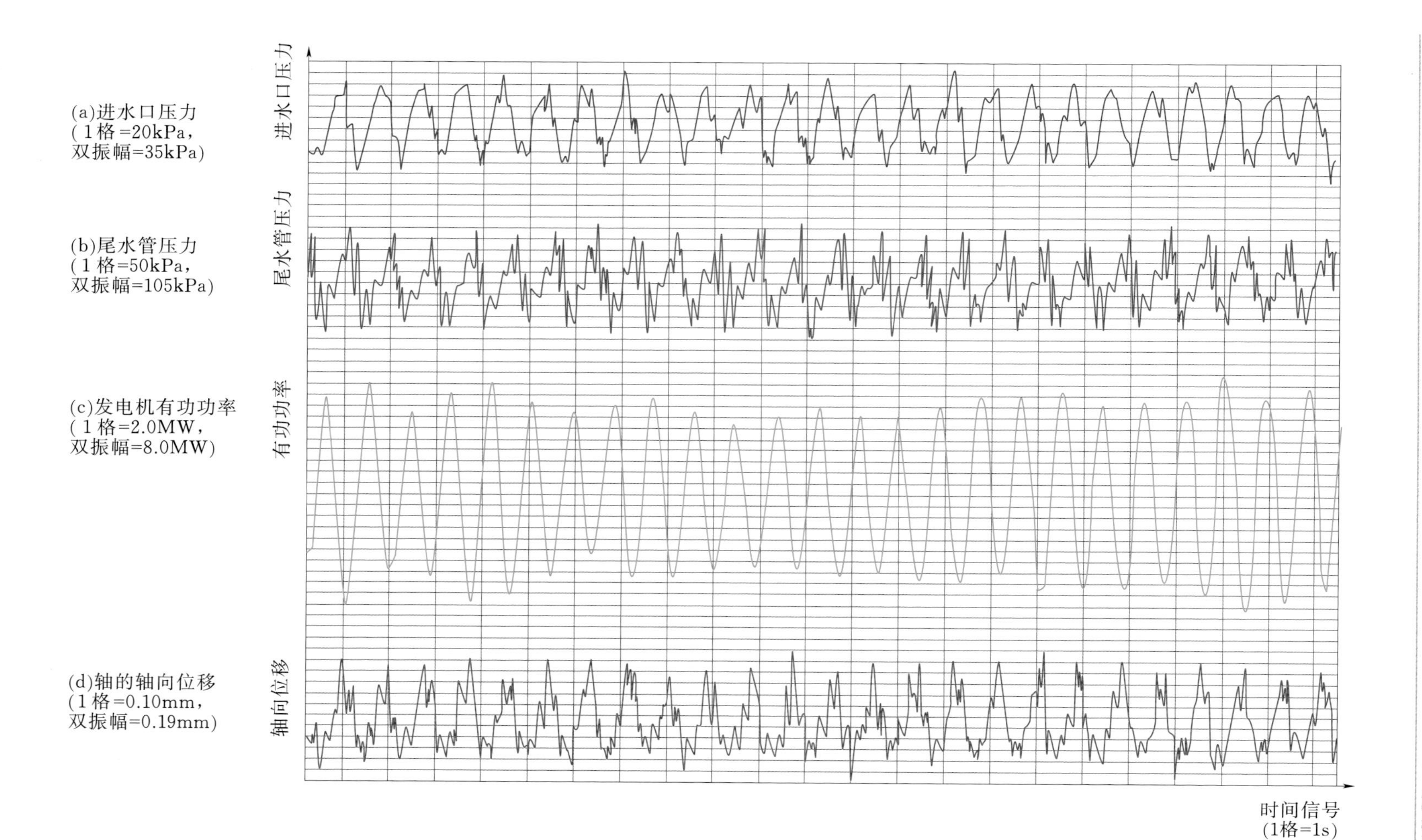

图3.2-2 同一工况不同测量值的波形图示例

（1）下限频率为

$$f_L = 0.1 f_n \tag{3.2-4}$$

式中 f_n——对应额定转速的转频。

（2）上限频率。

1）对于水斗式水轮机的上限频率为

$$f_u = z_1 \frac{2\pi}{\alpha} f_n \tag{3.2-5}$$

当喷嘴非对称分布时，α 为喷嘴轴线间的最小角度（弧度）；当 $z_1 = 1$ 时，$\alpha = 2\pi$。

2）其他型式的水轮机的上限频率为

$$f_u = \max\left\{z_0,\ z_1,\ f_n,\ Sh\frac{V_w}{\delta}\right\} \tag{3.2-6}$$

式中 Sh——斯特罗哈数。

GB/T 6075.5—2002《在非旋转部件上测量和评价机器的机械振动 第5部分：水力发电厂和泵站机组》对测量装置的频带做了如下规定：如果测量量是振动位移，频率为$\frac{1}{4}$额定转速频率到转速频率与叶片或水斗数乘积的3倍；如果测量量是振动速度，频率为2～1000Hz。

GB/T 32584—2016《水力发电厂和蓄能泵站机组振动的评定》对轴承座（支架）绝对振动和主轴振动（摆度）测量的测试设备频率响应范围的规定见表3.2-1和表3.2-2。

表3.2-1 轴承座（支架）绝对振动测量数据采集系统应满足的频率范围

水轮机型式	频率下限 f_{min}/Hz	频率上限 f_{max}/Hz
混流式	$0.25f_n$	$3f_{RSI}$
水泵水轮机	$0.25f_n$	$3f_{RSI}$
轴流式	$0.25f_n$	$3f_{RSI}$
灯泡式	$0.25f_n$	$3f_{RSI}$
冲击式	$1f_n$	$5Z_Rf_n$

注 f_n 为对应于额定转速的转频；f_{RSI} 为水轮机动静干涉激振频率，$f_{RSI} = mZ_Rf_n$；Z_R 为叶片数（或水斗数）；m 为转轮叶片通过频率的谐波阶次，m 为任意整数，通常取3。

表3.2-2 主轴振动（摆度）测量数据采集系统应满足的频率范围

水轮机型式	频率下限 f_{min}/Hz	频率上限 f_{max}/Hz
混流式	$0.25f_n$	$3Z_Rf_n$
水泵水轮机	$0.25f_n$	$3Z_Rf_n$
轴流式	$0.25f_n$	$3Z_Rf_n$
灯泡式	$0.25f_n$	$3Z_Rf_n$
冲击式	f_n	$3Z_Rf_n$

注 f_n 为对应于额定转速的转频；Z_R 为叶片数（或水斗数）。

测试仪器必须根据估算的频率范围来选择。需要时，一个测量值可以同时用几个不同的测量通道，以覆盖整个频率范围。

在过渡过程试验中，所用传感器的固有周期应小于输入脉冲的历程。当传感器无阻尼时，脉冲历程与传感器固有周期之比应大于5（见GB/T 13866、ISO 16063）。

2. 测量系统

振动测量和分析系统框图如图3.2-3所示。具体地说，图3.2-3（a）所示为简单测试系统，适应于稳态系统，配备足够的记录仪器后也可用于简单的暂态过程试验；图3.2-3（b）所示系统更为完整，适应于包括暂态过程在内的各种试验。

为适应被测信号的较大范围的变化，测量系统的动态范围应足够大。动态范围的下限由测量系统的噪声决定，其中电路噪声占极大部分，接地回路不当也是噪声大的原因之一。为了减少测量系统的噪声，应将传感器与被测物体电气绝缘。

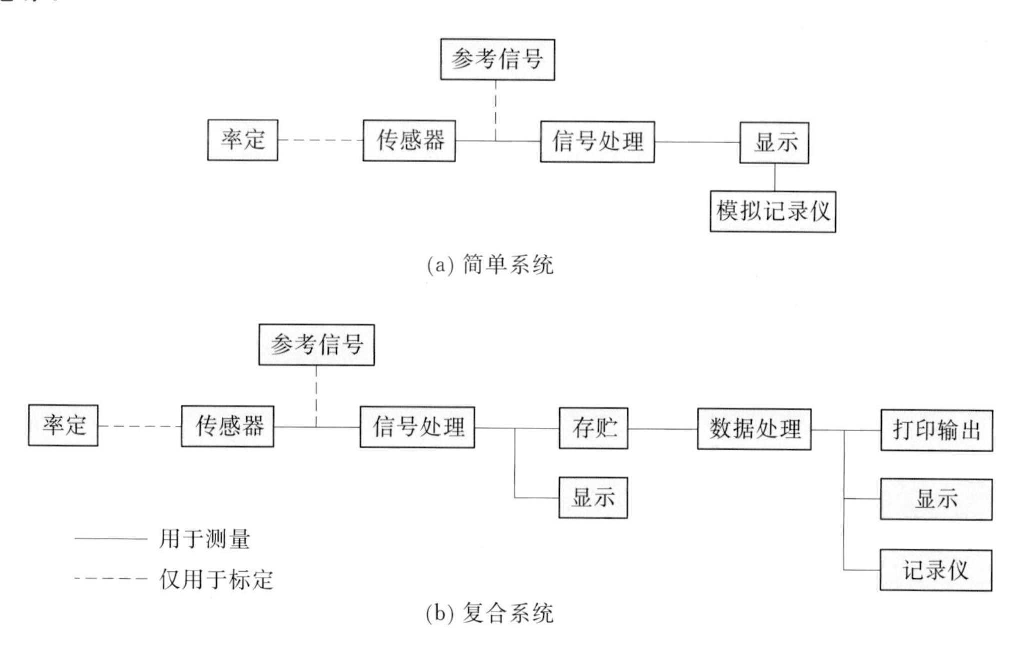

图3.2-3 振动测量和分析系统框图

3. 传感器

（1）各振动量（位移、速度、加速度）应分别采用专门形式的传感器测量。当没有专门传感器时，理论上可对另一种传感器的输出进行积分或微分得到所需振动参数，但需特别注意排除可能由此引起的误差。

（2）传感器的灵敏度应使最小被测信号电平大于测量系统的动态范围下限电平10dB（约3倍）。传感器的灵敏度也不应过大，以避免最大信号电平使测量系统过载。传感器和测量系统的整体分辨率对于振动位移应达到 10μm。

(3) 传感器从 f_L 到 f_U 频率范围内其频率—幅值响应非线性偏差应小于±1.5dB。

(4) 使用专门支架安装传感器时，应保证该支架有足够的刚度，使传感器安装后支架的固有频率远大于被测信号的最高频率 f_U。

(5) 当进行一般振动水平的测量和评价时，宜首先选用位移传感器测量振动位移。

(6) 在某些情况下，可选用两种不同类型的传感器来覆盖频率范围的不同部分。

相关传感器主要性能指标要求如下：

1) 摆度和键相传感器。摆度和键相传感器应采用非接触式位移传感器，宜选用电涡流传感器或电容式位移传感器，键相传感器也可选用光电传感器。

a. 频响范围：0～1000Hz。

b. 线性范围：不小于 2mm。

c. 幅值非线性度：不超过±2%。

d. 温度漂移：不超过 0.1%/℃。

e. 工作温度：－10～＋60℃。

2) 振动传感器。振动传感器应采用惯性式电动传感器，输出量可以是位移也可以是速度。

位移输出传感器主要性能指标要求如下：

a. 频响范围：0.5～200Hz。

b. 线性测量范围：0～1000μm（峰峰值）。

c. 幅值非线性度：不超过±5%。

d. 工作温度：－10～＋60℃。

速度输出传感器主要性能指标要求如下：

a. 频响范围：0.5～200Hz。

b. 幅值非线性度：不超过±5%。

c. 工作温度：－10～＋60℃。

3) 轴向位移传感器。轴向位移（或抬机量）传感器应采用非接触式位移传感器，通常为大直径电涡流传感器，量程应满足机组轴向位移（或抬机量）限值的要求。

4) 压力脉动传感器。传感器的线性频率范围应能覆盖信号的有用频率范围。传感器的工作压力应能满足被测流道中可能出现的最高压力或负压。如测量钢管和蜗壳的传感器应能承受最高水头和最大水锤压力之和而不改变其灵敏度及固有频率，测量尾水管的传感器则应能在负压状态下正常工作。传感器的灵敏度应根据测量信号的大小来选择。传感器和测量系统的整体分辨率应不大于满量程的0.2%。传感器的幅值响应非线性偏差应不超过其满量程的±1%。

4. 测量仪器

(1) 测量仪器包括各种前置放大器、主放大器、滤波器等。它们的频率范围也应该覆盖被测信号的有用频率范围。

(2) 测量仪器的动态范围应足够大，以便能适应信号的变化范围。

(3) 为便于进行振动分析，建议测量系统配置适当的多挡低通滤波器。

(4) 应尽量避免在前置放大器中使用积分单元，因为它可能产生不可预见的测量误差。

3.2.3.3 主轴径向振动测量

(1) 测量主轴的径向振动时，应优先选用非接触式位移传感器（如涡流传感器）。

(2) 测量相对振动时，传感器装在轴承座或轴承支撑部件上。

(3) 测量绝对振动时，传感器装在以基础为支点的专门支架上。

3.2.3.4 压力脉动测量仪器

(1) 测量仪器的工作频率范围应覆盖被测信号的有用频率范围。

(2) 测量仪器应具有信号调零回路。当传感器的实际工作压力较高而脉动压力幅值较小，为满足压力脉动测量灵敏度要求，又不使测量系统过载，此时可用调零回路消除由工作压力产生的直流信号。当传感器本身带有信号放大回路及调零回路时，也可用它来调零。

(3) 测量仪器、传感器应与测量系统的其他部分相匹配。

3.2.3.5 应力测量

(1) 应力测量用应变片电桥法。如果需要，应进行温度补偿。

(2) 放大器的工作频率范围应为0～f_U（Hz）；或为其中最重要的频率范围。

(3) 当温度为0～60℃时，宜采用电阻丝式、箔式或其他类型的应变片。它们的特征应满足以下要求：

1) 应变测量范围：(−2500～2500) $\times 10^{-6}$ m/m。

2) 一批应变片的应变灵敏度系数标准偏差不大于平均值的3%。

3) 横向变形效应应小于纵向变形效应的5%。

(4) 应了解应变片灵敏度系数（系数K）。生产厂家提供的合格证中应包含此系数。

(5) 应变片的粘贴应严格遵守生产厂家的要求。必须采取可靠的防湿绝缘措施。

(6) 当主应力的大小和方向未知时，应采用三向应变花测量。当主应力的方向已知时，可使用少于三向的应变花。

3.2.3.6 主轴扭矩脉动测量

1. 传感器

主轴扭矩脉动可采用应变测量法，此时应将应变片粘贴成专门测扭应变的方式，如图 3.2－4 所示。由于主轴刚度较大，测量系统的分辨率一般不高，在测量前应估计可能达到的分辨率。

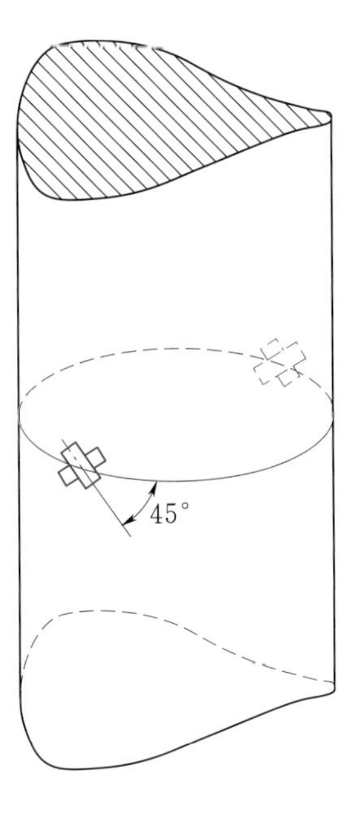

图 3.2－4 扭矩测量应变片的粘贴

2. 传输

(1) 扭矩传感器输出信号从旋转主轴向固定不动部分的测试仪器的传输可采用以下方式：

1) 滑环。

2) 非接触式电容或电感发射机。

3) 旋转的电磁波发射机和固定的接收机。

4) 无线数字传输装置。

5) 机载信号测试装置。

(2) 传输装置的选用应考虑传输装置的噪声对整个测量系统分辨率的影响。

3.2.3.7 转速脉动测量

(1) 转速脉动可采用数字和模拟两种方式测量。

(2) 在模拟方式中，可从固定在机组上的频率发生器或转速表获得测量信号。与转速成正比的频率信号转换成模拟信号，它的幅值脉动就表示转速的脉动。

(3) 当采用数字方式时，使用上述相同的频率发生器。此时，两相邻脉冲间的时间间隔（周期）用快速的时间测量装置的数字方式记录，然后用适当的方法计算出来。

3.2.3.8 功率脉动测量

(1) 在稳态工况下，机组的功率脉动可通过测量发电机的输出功率或电动机的输入功率来确定。这一方法也能用于测量起动、停机、负荷扰动等过渡过程的功率变化。

(2) 对于甩负荷等过渡过程，则应同时测量主轴扭矩和转速，然后计算得出功率和功率脉动。如测量机械功率脉动，则还应加上转动部分质量加速或减速所需的功率脉动。

3.2.3.9 导叶扭矩脉动测量

导叶扭矩可采用下述两种方法测量：

(1) 在导叶轴上贴应变片，将应变片贴成可消除轴向弯曲影响的形式，如图 3.2－5 所示。

(2) 在导叶连杆上贴应变片，应变片同样贴成能消除连杆弯曲影响的形式，如图

3.2-6所示。测出连杆受力后，根据导叶操作系统的几何尺寸算出导叶扭矩。

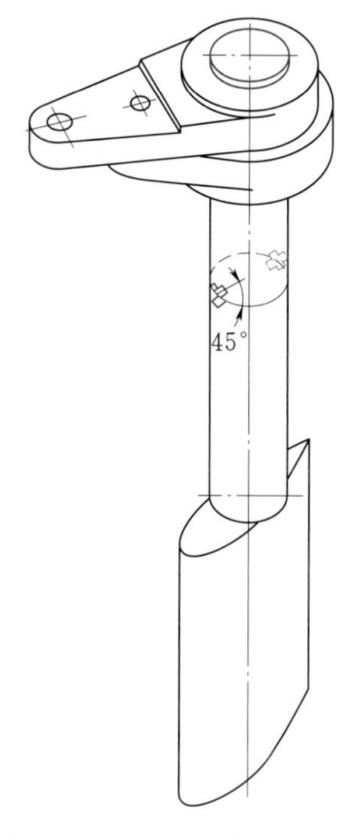

图3.2-5　导叶扭矩测量
（应变片贴在导叶轴上）

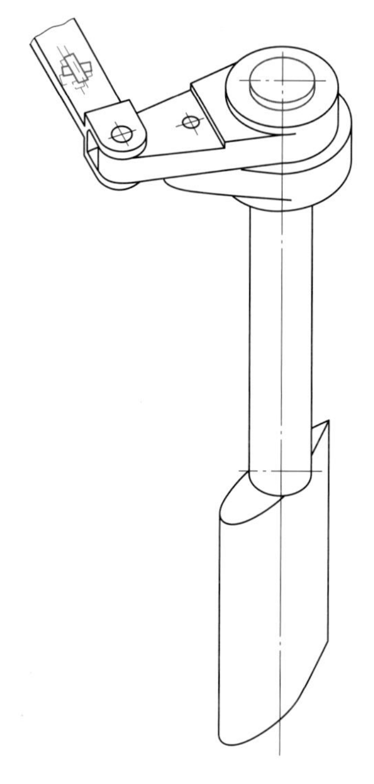

图3.2-6　导叶扭矩测量
（应变片贴在导叶连杆上）

3.2.3.10　导轴承径向载荷脉动测量

对于分块瓦式导轴承的径向载荷可在导轴承支撑结构上贴应变片进行测量。

3.2.3.11　推力轴承轴向载荷脉动测量

轴向载荷脉动可用下列方法间接测量：

（1）在推力轴承支承部件上贴应变片，测量推力轴承支承部件的轴向变形。

（2）测量主轴的轴向变形。

（3）在推力轴承支承部件内，用专门测量杆测量等。

3.2.3.12　机组工况参数的测量

机组工况点参数需在试验中同时记录，或从相关仪表盘上读取并列入表格。当数据随时间发生很大变化时，下述参数需与振动和脉动量同步记录：

（1）球阀开度、蝶阀开度或闸阀开度。

（2）导叶或喷嘴开度、叶片角度。

（3）机组转速（在甩负荷试验中）。

（4）机组功率。

（5）机组高压、低压侧瞬时压力。

3.2.4 标定

3.2.4.1 概述

测试系统必须在试验前进行标定，在试验后做检查。在长时间的测试中，试验期间也应进行校核。标定一般应在被测值的全部范围内进行。标定的方法、范围和结果应在试验大纲中说明，并包括在最终报告中。

标定信号的记录及（或）存储应使用与实际测量相同的记录仪器及（或）存储器。

标定可用下述两种方法：

（1）直接标定。对包括传感器、放大器、滤波元件、连接电缆及记录仪器在内的完整测量系统按严格指定的方式直接施加标定信号。

（2）标准电信号标定。用已知的标准电信号模拟传感器信号进行标定。

原则上，测量系统的所有技术参数，如灵敏度、频率特性等均应定期地进行直接标定，或至少在出厂后在国家法定计量单位或在厂家的试验室进行检定，并提供检定证书。实际试验时，在确有把握的情况下，可只进行灵敏度自校。

3.2.4.2 直接标定

1. 振动

对具有振动质量块的传感器（如加速度计、磁电式拾振器等），需用专门的振动台进行动态标定。也可用其他可发生已知振动量的设备进行灵敏度或幅值响应特性自校。

当采用相对式位移传感器（如涡流式）时，应采用具有足够精确的装置给传感器施加一相对于实际被测表面的已知位移进行静态原位标定。

2. 压力脉动

标准压力由压力机施加给传感器，压力值由已检定的精密压力计或砝码压力计测量。也可用已知高度、温度的水柱施加给传感器。传感器的动态特性由厂家给出。

3. 应力

当应变量用于作用力测量时可进行直接标定。此时，粘贴应变片的部件可能需拆下，并给它施加一个已知的力。

4. 主轴扭矩

一般不进行测量系统的原位标定。在额定转速下测出发电机或电动机功率，扣除机械、电气损失后可得出主轴的扭矩，用它进行静态标定。

5. 转速

采用仪表盘上转速显示仪表进行静态标定或采用脉冲信号发生器、频率计（模拟量方法）等进行标定。

6. 功率

电功率测量仪器（瓦特表、电压表、电流表）应在专门计量检定单位检定。当连续测量功率脉动时，记录器用已检定的精密瓦特表在稳态条件下标定，瓦特表的传递函数在试验前确定。

7. 导叶扭矩

需专门安排进行，一般不在现场进行静态标定。

8. 导轴承、推力轴承载荷

可给试验导瓦或试验推力瓦施加一个准确的已知力进行静态标定。当立式机组的转动部分质量已知时，用风闸将转子顶起可对推力瓦进行整体静态标定。

9. 导叶开度、轮叶角度、阀门和闸门开度

位置传感器现场安装完后进行静态标定。

10. 流量

采用超声波测流装置测量机组流量时，需要对超声波流量计进行校准，并对测量结果不确定度进行评估。不确定度评估的主要内容包括：几何参数复核、计时系统分辨力检查、计时系统延时、信号强度检查、零点流速、声速测量、流速计算功能检查、积分方法检查、现场流动条件影响评估、运行状态检查等。

采用蜗壳差压进行流量测量时，需要对差压传感器测量精度进行检查。

3.2.4.3 标准电信号标定

这种标定方法不包括传感器。传感器的技术参数需经试验室标定得出，或取厂家给出的典型数据。

标定信号在测量放大器内部产生（静态的或动态的），也可采用外部参考信号。

1. 振动

由内部信号发生器向放大器输入级供给一个幅值和频率都确定的信号用于放大器和记录器的标定。

2. 压力脉动

放大器和记录器由内部静态信号一起标定。

3. 应力、应变

电桥、放大器和记录器由内部静态信号标定。

4. 转速

当传感器输出为模拟量时，可采用参考电信号进行间接标定。

5. 功率

当仪表的输出为已知时，仅能标定记录器。

6. 导轴承和推力轴承推力

放大器、电桥和记录器，用内部静态信号标定。传感器输出与受力间的关系由

计算或实测确定。

3.2.5 数据采集

（1）数据采集设备的A/D转换的位数应足够多，应不少于12位，且能包括整个测量的动态范围。

（2）每一通道的采样速率需与测量设备相适合。采样速率应不小于感兴趣的最高频率的2.56倍，采样前要采用抗混滤波器。最大扫描速度和（或）A/D转换器转换时间应满足系统的最大整体采样速率的要求。

（3）应采取适当的措施以保证在有关的通道间有修正相对时间基准的可能性，或保证各通道具有补偿因顺序扫描引入的时间滞后的可能性。

3.2.6 数据处理与分析

3.2.6.1 概述

水轮发电机组振动和脉动水平的评价需根据规定的测量部位和规定的分析处理方法得到的振动及脉动测量结果进行。因此，正确的测量和正确的数据分析处理是正确评价振动水平的基础和保证。

通过在线或离线方式观察被测振动量（如时域波形图中，以时间为横轴显示或以 X—Y 模式显示），对机组振动进行初步评价，并建议采用永久媒质（如照片或计算机输出硬拷贝）保存观察结果。

对数据的进一步处理可更深刻地理解振动或脉动现象，分析处理包括手工或自动测量和计算振幅、相应的频率和其他各种专门参数。专门参数的计算一般需通过电子数据处理系统或计算机进行。

3.2.6.2 数据处理方法

水轮发电机组的振动和脉动信号可看作下述两类信号的合成：

1）周期信号。

2）随机信号。

在稳态工况下，合成信号可认为是稳态的。从实际应用角度周期振动和脉动更重要一些。测量数据的分析处理方法取决于所用的测量仪器和试验目的。最常用的数据处理方法如下：

（1）峰峰值（或峰值）分析。

（2）有效值分析。

（3）数据统计处理。

（4）功率密度谱分析。

（5）完整的谱分析，包括相位分析。

1. 峰峰值（或峰值）分析

测点处的振动或脉动水平通常用其峰峰值来表征，因为此峰峰值特别适用于峰值振幅不变或稍有变化或瞬时值不重要的情况。

时域峰峰值分析可采用如下三种方法：

（1）时段法。即把整个记录时间分成若干时段，计算出每一时段中的最大偏移量（从最低峰到最高峰）ΔX_{pp}，即可得出峰峰值随时间的变化分析结果，分析结果可用表格或直方图示出。

（2）平均时段法。即取一定数量时段的峰峰值或峰值的平均值，每段时段中至少应有一个尖锐峰值。

（3）置信度法。即对记录的信号时域波形图进行分区，将每个分区的点数统计出来，求出每个分区的点数概率，剔除不可信区域内的数据，计算得到峰峰值。推荐使用97%（或95%）置信度，97%置信度振动位移峰峰值计算算法如图3.2-7所示。

峰值分析中也可采用上述分析方法，计算出偏离平均值的绝对最大值 ΔX_{p}，在振动相对平均值完全对称的情况下：

$$\Delta X_{p}=\frac{X_{pp}}{2} \tag{3.2-7}$$

式中　X_{pp}——峰峰值。

峰峰值（或峰值）分析的具体执行方法取决于被测量的类型和试验的目的。对于压力脉动测量，建议选用与模型试验一致的峰峰值（或峰值）分析方法。

2. 有效值分析

有效值分析既可用于周期信号分析，也可用于随机信号分析。当振动过程本质上是随机过程（整体振动水平随时间变化，且出现不规则的尖锐峰）时，进行有效值分析更为合适。

如果所研究的过程为非稳态随机过程（如过渡过程），可采用类似峰峰值分析的方法，把整个记录时间分成多个时段，把每一时段内的信号作平稳随机过程处理，求出每一时段的有效值，就可得出整个记录的有效值随时间变化的特性。

有效值分析结果可以列表或以图线示出。

3. 数据统计处理

数据统计处理方法适用于随机振动或随机脉动过程，并采用概率密度的概念综合描述振动或脉动现象以及估计它们的强度。

概率密度定义为振动量的瞬时值落在一定范围 ΔX 内的概率除以该范围大小 ΔX。

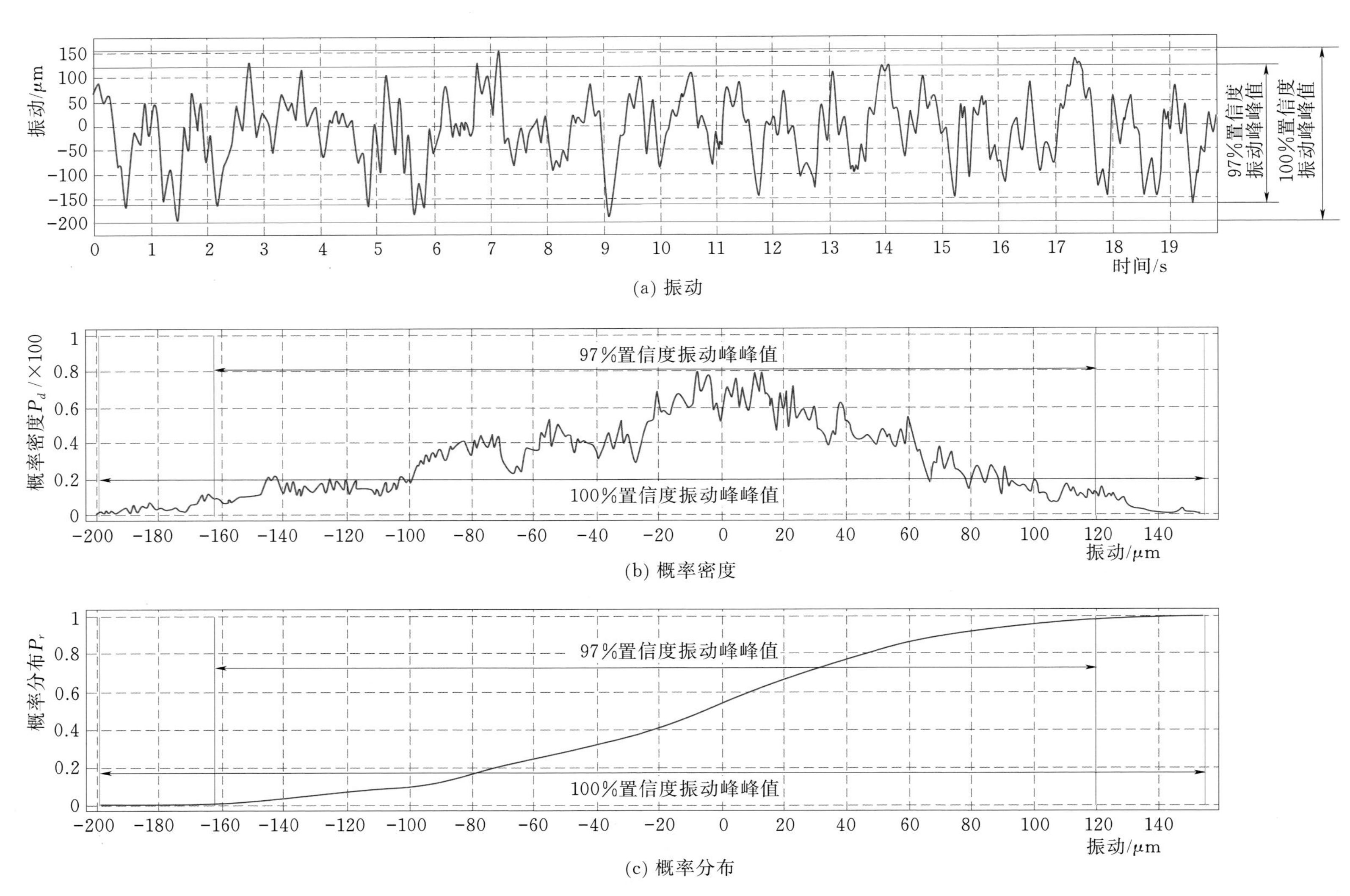

图 3.2－7　97%置信度振动位移峰峰值计算算法图

在指定幅值水平 X 处的概率密度为

$$\lim_{\Delta x \to 0} \frac{P(X) - P(X + \Delta X)}{\Delta X} \tag{3.2-8}$$

式中 $P(X)$——瞬时值大于 X 的概率；

$P(X + \Delta X)$——瞬时值大于 $X+\Delta X$ 的概率。

将 X 的全体值对应的概率密度值画成曲线就得到概率密度曲线。沿该曲线从 X_1 到 X_2 积分就得出瞬时值落在 $X_1 \sim X_2$ 间的概率。

振动或脉动的最大幅值（峰值）统计分布也可用峰值概率密度曲线表示。该曲线表示振动量在给定水平 X 处的振动幅值窗内峰值出现的概率。

在实际分析中，数据的统计处理采用专门的仪器设备（如 FFT 分析仪）或计算机程序来完成。

4. 功率密度频谱分析

谱分析的目的在于得出各频率分量的综合分析，适用于稳态工况。谱分析技术有如下两种：

（1）功率密度谱分析。

（2）快速傅里叶变换（FFT）分析。

5. 完整的谱分析（包括相位分析）

完整的谱分析包括幅值分析和相位分析两部分。由完整的谱分析得到的完整信息，原则上可以进行信号由频域向时域的反向变换，而且可以判断同一频率分量的不同振动量间的可能联系。

完整的谱分析可得到每一频率 f 下的幅值 $W(f)$ 和相位 $\phi(f)$。因此，在给定频率下，谱密度幅值是复数或向量：

$$\vec{W}(f) = \{W(f)\cos\phi(f),\ W(f)\sin\phi(f)\} \tag{3.2-9}$$

这些量可由模拟量分析系统、数字式信号处理系统（如 FFT 分析仪）或计算机程序对信号进行分析得到。进行这种分析时，应注意可能由分析方法引入的各种误差。

3.2.7 测量不确定度

在估计测量不确定度前，尤其在自动估计前，必须保证所记录的信号无干扰，例如通过波形图检查。如果存在干扰（如电磁干扰引起的脉冲），则应细心地进行人工计算。

（1）所有振动量的测量不确定度都应进行估计，估计可采用原位标定曲线或厂商提供的标定曲线进行。要考虑的因素包括传感器、放大器、滤波器、记录器、数据处理系统等。

（2）确定运行工况的所有参数，如水头、功率、导叶开度、轴流或斜流式水轮机的叶片安放角、吸出高度等的测量不确定度，需要时按有关规程进行计算。

（3）计算得出的不确定度应保证与下列各项的一致性：仪器的工作状态、标定等级、测量系统最大期望不确定度，以及评价振动或脉动的允许极限等。

（4）评价时用到的专门参数的相对不确定度应由参数的数学表达式中各物理量的相对不确定度，根据误差理论进行计算。通常，总不确定度等于各单项不确定度平方和的平方根。

3.3 可逆式机组现场试验

可逆式抽水蓄能机组作为一种特殊的水轮发电机组，其现场试验标准、试验要求、试验程序和方法等与常规水轮发电机组类似，在本节中主要对可逆式机组特有的现场试验的技术规范作出说明。本节内容的编写主要参考标准是GB/T 18482《可逆式抽水蓄能机组启动试运行规程》。

3.3.1 水泵工况启动试验

3.3.1.1 静止变频器SFC启动

机组水泵工况首次应采用变频启动装置（SFC）启动。

1. 启动条件

（1）启动设备控制回路及启动设备保护回路模拟试验完成，动作正确可靠，保护整定值符合设计要求。启动设备的试验合格，耐压试验按GB 50150《电气装置安装工程　电气设备交接试验标准》进行。

（2）进出水主阀及机组导叶已可靠关闭。

（3）技术供水系统已投入正常运行；油、水、气系统各阀门已置于正确位置。

（4）变频器、机组及其附属设备已处于启动准备状态。

（5）推力轴承高压油顶起装置已投入运行，各部轴承油位正常。

（6）励磁系统已投入运行。

（7）机组压水系统已处于备用状态（若尾水管已经充水）。

（8）火灾警报系统已投入运行。

2. SFC在额定电压下的试验

（1）变频器冷却系统试验。变频器如采用强迫风冷方式，其风道应密闭畅通，风机操作回路和保护回路动作正确可靠，风压、风量符合设计要求。

变频器如采用空气—水冷却方式，水压和流量应符合设计要求。管路压力试验如厂家无规定时，试验压力值可为1.5倍的额定工作压力，保持时间为10min。

变频器如采用水冷却方式（即水内冷方式），其水温、水压、流量和水电阻率等指示正确，整定值符合设计要求。去离子装置工作正常。一次冷却水管路耐压试验同空气—水冷方式，二次冷却水管路进行严密性试验，试验压力可为最高实际工作压力，保持30min应无渗漏现象。

（2）变频器功率部分和控制部分的检查试验。变频器输入输出变压器、输入输出断路器、功率柜、电抗器、高压电缆等接线正确，耐压试验按制造厂要求进行，如制造厂无规定时，可按GB 50150进行，但必须得到制造厂认可。

通电检查变频器各控制回路的电源配置系统，其电压值应符合要求；各控制系统插件功能完好；晶闸管触发系统脉冲波形正确，幅值和同步性符合要求；变频器保护系统动作正确可靠，整定值符合要求；变频器与其他各控制系统之间的接口接线正确，动作可靠。

（3）变频器短路试验。将变频器直流输出经过直流电抗器短路，变频器保护全部投入运行，变频器在额定电压下，检查、调整和优化电流闭环调节参数，直流输出电流值、电流波形及调节范围应符合厂家要求，并用短路电流校验变频器保护，动作正确可靠，整定值符合要求。

如制造厂在出厂前已进行了短路试验，在工地可不再进行短路试验。

（4）变频器脉冲运行功能的检查和发电电动机定子通流试验。发电电动机转子处于机械制动状态，变频器电气回路已与发电/电动机定子连接，相关保护投入运行，在变频器电源侧施加额定电压向发电/电动机定子输入电流，检查变频器脉冲运行逻辑控制程序和功能，应符合设计要求。

如变频器尚不具备条件与发电/电动机定子接通时，也可采用在逆变侧换流桥出口直接短路的方法进行检查和试验。

（5）发电电动机转子初始位置检测装置试验。对于用电磁感应原理来确定发电电动机转子初始位置的装置，在发电电动机转子中瞬时通入初始励磁电流设定值，录取励磁电流响应曲线及发电电动机定子三相电压波形，优化参数，使装置能正确判定发电电动机转子初始位置。

对于用机械位置传感器来确定发电电动机转子初始位置的装置，在转子转动时，检查传感器输出信号相位应正确，幅值符合设计要求，并反复调整传感器的机械位置，使装置能正确判定发电电动机转子初始位置。

3. 机组启动

（1）进行转轮室压水试验，使水泵水轮机转轮处于空气中，并调整压水时间、气罐压降等参数符合设计要求。

（2）机组首次启动应在现地进行。启动后检查机组转向应与指令工况一致，在低速下（约5%额定转速）检查机组转动部分有无机械摩擦和撞击，轴承温度是否正常，机组各部位振动、摆度有无异常。

（3）检查主轴密封供水、转轮止漏环冷却水和水环排水运行应正常，各自动化元件（继电器、流量计、压力计、电磁阀、液压阀等）的动作应正确可靠。

（4）严密监视各部轴承温度不应有急剧升高现象，观察各轴承油槽油面的变化及有无甩油现象，如有异常情况应立即停机。

（5）在转速为5%额定转速下进行正常及紧急停机试验，检查停机程序的正确性及机械制动装置动作的可靠性。

（6）用变频器调整机组转速在0～10%额定转速之间，检查变频器脉冲运行功能，修正初始励磁电流设定值和变频器直流输出电流设定值，求得变频器脉冲运行参数和电机参数的最佳配合。检查变频器由强迫换流过渡至自然换流的工作情况并调整至最佳状态。记录强迫换流过程的机组转速。

（7）逐渐递升机组转速并稳定在20%额定转速，监视各电气仪表测量系统和继电保护装置工作应正常，差动保护极性正确。与启动试验有关的保护已按设计要求投入运行或可靠闭锁。在检查各电压和电流回路时，应注意谐波电压和谐波电流的影响。

在20%额定转速下检查无异常后，可逐渐递升转速直至额定转速。

（8）测量机组运行摆度（双幅值），其值应不大于75%的轴承总间隙或符合机组合同的有关规定。

（9）升速过程中检查机组动平衡，额定转速下若振动或摆度值超过表3.3-1的规定，应进行动平衡试验，重复校正，直至振动和摆度值符合要求。

表3.3-1　可逆式抽水蓄能机组各部位振动允许值（双幅值）　单位：mm

项　目	额定转速/（r·min^{-1}）	
	$n<375$	$n\geqslant375$
顶盖水平振动	0.05	0.04
顶盖垂直振动	0.06	0.05
带推力轴承支架的垂直振动	0.05	0.04
带导轴承支架的水平振动	0.07	0.05
定子铁芯部位机座水平振动	0.02	0.02
定子铁芯振动（100Hz双振幅值）	0.03	0.03

（10）机组动平衡试验应符合下列要求：

1）可逆式机组因其转速特性及发电电动机转子长径比大于$\frac{2}{5}$时，应进行双平面动平衡试验。

2）动平衡试验应以装有导轴承的发电电动机上下机架的水平振动双幅值作为计算和评判的依据，并综合考虑上下导轴承摆度和定子机座水平振动值。

（11）动平衡试验一般按以下程序进行：

1）启动机组并逐渐增加转速，分别在30%、40%、50%、60%额定转速的工况下各稳定运行3～5min，测量机组各部位振动、摆度及其相位值，并初步确定第一次试加配重块的重量和方位。

2）固定试加重块后，再次启动机组直至达到第一次转动时设定的转动速度，稳定运行3～5min，测量机组各部位振动、摆度及其相位值，记录相应数据及振动、摆度波形。

3）如振动幅值满足要求，继续逐步升速至额定转速，测量机组各部位振动、摆度及其相位值，如振动幅值满足表3.3-1的规定，摆度满足要求，则动平衡试验完成。如摆度、振动幅值不满足要求，重复上述步骤继续进行动平衡试验，直至合格。

4）停机将所有的配重块固定并锁定或焊接好。

5）水泵工况转向动平衡试验完成后，还应在水轮机工况转向下进行校核，必要时可调整配重块的重量或方位，直至机组在水泵和水轮机两种转向工况下，振动和摆度值均符合要求。

（12）机组启动过程中，有条件时可对主变压器高压侧及变频器启动回路有关的其他分支回路进行谐波电压的测量，对于主变压器高压侧母线电压，其线电压全谐波畸变因数 *THD* 应符合规定；对于发电机电压侧及其他各分支回路，变频器运行时产生的谐波电压和电流应不影响其他用电设备的正常运行。

（13）机组转速从零升至额定转速过程中，应录取下列波形：机组转速、变频器整流侧电流、变频器逆变侧电流、发电电动机定子电流、发电电动机定子电压、发电电动机转子电流等与时间的关系，并根据波形图优化变频器和励磁调节器参数。

（14）调节变频器频率至最高输出频率，机组在升速过程中应平稳，最高输出频率值应符合设计要求。

（15）调整变频器启动功率，使机组转速从零升至额定值所需时间符合设计要求，并求得启动功率和启动时间的最优配合。

（16）变频器和励磁调节器在最优参数下，现地以自动方式启动机组，检查自动开机程序的正确性。

（17）机组启动过程中还应检查以下项目：

1）转轮室充气压水装置的动作应正确可靠，记录试验时主、辅补气阀开启时间及补气装置的工作周期。

2）在额定转速和额定电压下测量机组轴电压。

（18）在额定转速下进行正常自动停机试验，检查停机程序的正确性，检查电制动投入程序并优化电制动参数。

4. 自动准同期试验

（1）同期装置功能检查。

1）同期断路器相应的隔离/换相开关在“分闸”位置，断开同期断路器合闸回路。

2）检查同期装置自动投入运行时的机组转速应与整定值一致（通常约为额定转速的95%）。

3）机组在额定电压下，操作变频器使机组频率高于和低于系统频率，检查同期装置的调频功能。

4）机组在额定转速下，操作励磁调节器使机组电压高于和低于系统电压，检查同期装置的调压功能。

（2）同期模拟试验。

1）同期断路器相应的隔离/换相开关在“分闸”位置并锁定，同期断路器合闸回路接入。

2）进行同期模拟试验，优化频率调节参数和电压调节参数。

3）用图形显示设备监视同期断路器两侧电压幅值与相位，以检查断路器合闸时两侧相位的准确性，特别应注意因变频器引起的电压波形畸变对同期装置的影响。

4）录取断路器同期动作时序图，检查自发出同期指令至同期完成过程中逻辑回路动作应正确。

（3）同期并网。

1）同期断路器相应的隔离/换相开关处于对应工况“合闸”位置。自动准同期装置投入运行。

2）进行同期并列，录取电压波形图和断路器动作时序图。

3）同期断路器合闸后，检查励磁调节器应正确地从电流调节切换到电压调节或恒功率因数运行方式。

4）记录机组从开始启动到同期结束的总时间，SFC连续运行时间不超过设计规定的范围。

3.3.1.2 背靠背启动试验

1. 启动条件

（1）背靠背启动试验一般在电站两台机组均完成发电和水泵两种工况的启动试验后进行。

（2）按照标准进行启动回路及启动设备的检查和试验。

2. 试验要求

（1）分别检查背靠背启动的机组各自的启动程序的正确性。

(2) 进行启动回路中启动设备的动作试验，各隔离开关和断路器的“分”“合”位置应正确，并与背靠背选定机组相对应。

(3) 进行启动断路器和同期断路器模拟联动试验，检查自启动开始至同期完成后，启动断路器和同期断路器动作程序的正确性。

(4) 检查各继电保护应已按不同运行方式正确投入和可靠闭锁。

(5) 初步设定启动机组启动时的导叶开启规律。

(6) 在无励磁情况下，启动机组，录取启动机组的机组转速、接力器行程与时间关系曲线。

(7) 初步设定启动机组和被启动机组初始励磁电流整定值、调节参数以及机组间转差率整定值。并合理设定拖动低频过流保护动作参数值。

(8) 在机组静止状态下，通入初始励磁电流，检查其与设定值的一致性。

(9) 进行背靠背启动试验，被启动机组的转轮应在空气中运转。启动过程中录取下列各量：各机组转速；启动机组接力器行程；启动机组压力钢管、蜗壳及尾水管压力；启动功率；启动机组励磁电压；启动机组励磁电流；被启动机组励磁电压；被启动机组励磁电流；转速从零升至额定转速所需要的时间。

(10) 根据录取的各量优化初始励磁电流设定值、励磁电流调节参数、转差率设定值和接力器开启规律，重复试验，使其达到最优配合，保证启动的可靠性。

(11) 启动过程中，监视继电保护运行情况，注意在0～5Hz的低周波范围内，应没有因继电器频率特性和电流互感器变比误差引起的继电保护误动情况。

(12) 在启动过程中应模拟机械和电气保护动作，检查启动机组和被启动机组紧急停机程序的正确性。

(13) 检查启动机组和被启动机组的频率调整和电压调整功能，优化调节参数。

(14) 检查自动准同期装置，在机组转速达到整定值后，同期装置应可靠投入。进行模拟同期试验和同期并网试验。

(15) 检查被启动机组并入电网后，启动机组自动停机程序的正确性。

3.3.2　水泵工况调相试验

(1) 在机组进出水主阀、导叶均关闭，转轮在空气中的状态下并入电网运行。检查各电气设备运行情况应正常，并检查和测量下列各量：发电/电动机输入功率、发电/电动机输出的无功功率、发电/电动机定子电流及转子电流、机组各部位温度、机组各部位振动及主轴摆度。

(2) 通过输出无功功率的方法复核差动保护极性和方向功率元件相位，检查测量表计接线及指示的正确性，必要时绘制向量图。

(3) 检查主轴密封、尾水管充气压水系统、转轮止漏环冷却水系统工作应正常。

（4）检查和监视机组各辅助设备运行情况及油、水、气系统的工作情况，记录上述设备测量表计指示读数。

（5）水泵调相工况试验应至少持续3～4h，至机组各部位温度稳定为止。测量各部轴承温度及机组各部位温度不应超过设计规定值。

（6）在励磁调节器不同控制方式下，进行无功功率调节，调整机组无功功率和机端电压，检查机组响应正确；检查过励和欠励限制器等保护整定范围符合设计要求。

（7）进行停机试验，检查停机程序的正确性。

3.3.3 水泵工况抽水及停机试验

3.3.3.1 试验前应具备的条件

（1）上水库已具备蓄水条件，下水库蓄水量满足机组抽水试验的要求。

（2）引水系统充水试验完毕，已具备过流条件。

（3）尾水系统充水试验完毕，已具备过流条件。

（4）电站扬程已能满足机组抽水试验的要求。

（5）上、下水库水位信号在厂内已能正确显示。

3.3.3.2 从零流量工况至抽水工况过渡过程的检查和试验

（1）根据电站实际扬程，按照水泵工况协联曲线，设定导叶开度。

（2）开启进出水口闸门。

（3）机组在导叶关闭，水泵水轮机转轮在空气中并入电网运行。

（4）开启进出水主阀。

（5）操作尾水管充气压水系统进行排气，监视尾水管水位上升和监视导叶和转轮间的压力，记录排气阀开启时间，根据实际情况优化排气过程。记录溅水功率。

（6）逐步开启导叶，从零流量工况过渡到抽水工况时，录取导叶和转轮间的压力变化波形图，输入功率波形图以及以下数值：导叶开启时间和开启速度、发电电动机输入功率、导叶与转轮间的压力及压力脉动、蜗壳压力或钢管压力、尾水管压力、接力器行程、流量（有条件时录取）。

（7）在上述过渡过程中，同时测量机组上、下机架、顶盖或轴承支架振动及主轴摆动。

（8）根据录取的数据和当时电站扬程，修正导叶开启规律，优化从零流量工况至抽水工况过渡过程参数。

（9）在导叶开启过程中，严密监视继电保护工作情况，监视和测录调速器实际运行参数。

3.3.3.3 抽水试验

（1）机组在抽水工况稳定运行下，测量下列各量：发电电动机输入功率，导叶开度，抽水流量，扬程，机组振动、摆度、噪声，钢管、蜗壳、尾水管压力和压力脉动，导叶与转轮间压力脉动，机组各部温度，各轴承冷却系统冷却水的流量和压力，轴电压。

（2）测量机组输入功率、扬程、流量和导叶开度，应基本符合厂家按照 GB/T 22581《混流式水泵水轮机基本技术条件》规定提供的水泵水轮机运转特性曲线的性能。

（3）检查抽水工况下的继电保护装置运行情况，进行抽水工况下的励磁调节试验。

（4）有条件时，抽水试验应持续 4～5h，至机组各部位温度稳定为止。测量机组各部位温度不应超过规定值。

（5）对于上水库需进行初期充水试验和下水库初放排水试验的电站，抽水试验应与上水库初充水试验及下水库初放排水试验相结合，上、下水库水位日上升或下降速率应按设计要求控制。

（6）抽水试验应在设计规定的最低和最高扬程范围内进行。如有条件，可进行水泵最大容量试验和人力试验。

3.3.3.4 停机试验

1. 正常停机试验

（1）机组在抽水工况下运行，在现地给出停机指令，检查自动减负荷、跳断路器及机组自动停机等控制程序动作应正确。

（2）在停机减负荷过程中，选择断路器跳闸最优时机，在低负荷下避开振动区，切断负荷电流。

（3）停机过程中可录取主要程序动作时序图及 $n=f(t)$ 转速特性。

（4）记录自发出停机指令至机组转速降至零的时间及停机程序全部执行完毕的总时间。

（5）根据录制的波形特性，修正导叶关闭规律，优化过渡过程参数。

2. 事故停机试验

（1）机械事故停机试验。

1）机组在抽水工况下运行，模拟机械事故，检查事故停机程序应正确。

2）在事故停机过程中，可录取发电/电动机定子和转子电压、电流、导叶关闭开度曲线、蜗壳和尾水管压力等参数及 $n=f(t)$ 转速特性。记录停机过程机组吸收功率及上下库水位。

3）投入电气制动时，检查和监视有关继电保护按规定投入或可靠闭锁。

（2）电气事故停机试验。

1）机组在抽水工况下运行，模拟保护动作跳断路器，检查事故停机程序应正确。记录上下水库水位，引水或尾水调压井的水位，并录取下列波形图：机组转速、蜗壳压力或钢管压力、尾水管压力、导叶和转轮间压力、接力器行程。

2）在电气事故停机试验过程中，测量和记录机组各部位振动及主轴摆度。

（3）根据（1）及（2）录取的示波图，修正导叶关闭规律，优化过渡过程参数。

（4）记录从发出指令至机组转速降至零的时间及事故停机程序全部执行完毕的总时间。

3.3.4 水轮机工况启动及空载试验

3.3.4.1 水轮机工况首次启动前的准备及检查

水轮机工况首次启动前的准备及检查应符合要求，电站已经受电，机组及流道已按要求充水，电站上水库容量及水头能满足部分或大部分水轮机工况试验的要求。

3.3.4.2 水轮机工况首次启动试验

（1）打开进出水主阀旁通阀或退出主阀下游工作密封，待主阀两侧平压后，退出主阀锁锭，打开进出水主阀；退出水轮机导水机构接力器锁定，投入推力轴承高压油顶起装置。

（2）手动打开调速器的导叶开度限制机构，待机组开始转动后，将导叶关回，检查机组转动部件与静止部件之间应无摩擦或碰撞情况。

（3）确认各部正常后，再次手动打开导叶启动机组，当机组转速接近25%额定值时，暂停升速，观察各部运行情况。检查无异常后继续增大导叶开度，在振动及摆度允许范围内使机组转速升至额定转速空转运行。

（4）具有预开启导叶（非同步导叶）的水泵水轮机初次启动时，预开启导叶在不同水头下投入数量、投入切除规律应满足机组空载稳定及并网运行的要求。

（5）机组启动过程中，应密切监视各部件运转情况。如发现金属碰撞或摩擦、水车室窜水、推力瓦温度突然升高、推力油槽或其他油槽甩油、机组摆度过大等不正常现象，应立即停机检查。

（6）当机组升速至90%额定转速（或规定值）后，可手动切除高压油顶起装置，并校验电气转速继电器相应的触点。

（7）当达到额定转速时，校验电气转速表应显示正确。记录当时水头下机组的空载开度。

（8）在机组升速过程中，应加强对各部件轴承温度的监视，不应有急剧升高或下降的现象。机组启动达到额定转速后，在0.5h内，应每隔5min测量一次推力轴瓦及导轴瓦的温度，以后适当延长记录的时间间隔，并绘制推力轴瓦及各部件导轴瓦、各部油温的温升曲线，观察轴承油面的变化，油位应处于正常位置。待温度稳定后标好各部油槽的运行油位线，记录稳定的温度值，此值不应超过设计规定。

（9）监视水泵水轮机主轴密封及各部件水温、水压，记录水泵水轮机顶盖排水泵运行情况和排水工作周期。

（10）记录各部件水力量测系统表计读数和机组监测装置的表计读数（如发电/电动机气隙、蜗壳差压、机组流量等）。

（11）测量、记录机组运行摆度（双幅值），其值应小于75%轴承总间隙或符合机组合同的有关规定。

（12）测量、记录机组各部件振动、额定转速下振动幅值超过规定时应进行动平衡复核试验，符合要求后才能继续升温。

（13）测量发电电动机残压及相序，观察其波形，相序应正确，波形应完好。

（14）进行机组停机试验，检查机械制动装置动作应正常。

3.3.4.3 机组空转运行条件下调速系统的试验

（1）电液转换器或电液伺服阀活塞的振动应正常。

（2）检查调速器测频信号，其波形应正确，幅值符合要求。

（3）进行手动和自动切换试验，接力器应无明显摆动。

（4）频率给定的调整范围应符合设计要求。

（5）调速器空转扰动试验应符合下列要求：

1）扰动量一般为±8%。

2）转速最大超调量，不应超过转速扰动量的30%。

3）超调次数不超过两次。

4）从扰动开始到不超过机组转速摆动规定值为止的调节时间应符合设计规定。

5）选取最优一组调节参数，提供空转运行使用。在该组参数下，机组转速相对摆动值不应超过额定转速的±0.15%。

6）记录油压装置油泵向油槽送油的时间及工作周期。在调速器自动运行时记录导叶接力器活塞摆动值及摆动周期。

7）记录水头、导叶开度与转速的关系曲线和接力器行程与转速的关系曲线。

3.3.4.4 手动停机及停机后的检查

（1）机组稳定运行至各部瓦温稳定后，可手动停机。

（2）操作开度限制机构进行手动停机，当机组转速降至设计规定值时，手动投入高压油顶起装置；当机组转速降至制动转速时，手动投入机械制动装置直至机组停止转动，解除制动装置使制动器复位。手动切除高压油顶起装置，监视机组，此时机组不应有蠕动。

（3）停机过程中应检查下列各项：

1）监视各部位轴承温度变化情况。

2）检查转速继电器的动作情况。

3）录制停机转速和时间关系曲线。

4）检查各部位油槽油面的变化情况。

（4）停机后应检查和调整下列各项：

1）各部位螺栓、销钉、锁片及键是否松动或脱落。

2）检查转动部分的焊缝是否有开裂现象。

3）检查发电电动机上下导风板、风扇是否有松动或断裂。

4）检查机械制动装置的摩擦情况及动作的灵活性。

5）在相应水头下，整定开度限制机构及相应空载开度触点。

6）调整各油槽油位继电器的位置触点。

3.3.4.5 机组过速试验及检查

（1）将测速装置各过速保护触点从监控和水机保护回路中断开，用临时方法监视其动作情况。

（2）以手动方式使机组达到额定转速；待机组运转正常后，将导叶开度限制机构的开度继续加大，使机组转速继续上升至设计规定的过速保护整定值，监视电气与机械过速保护装置的动作情况，记录机械过速保护装置的动作值和复归值。如转速达到机械过速保护整定值时，机械过速保护未动作，则手动紧急停机。

（3）过速试验过程中应密切监视并记录各部位摆度和振动值，记录各部轴承的温升情况及发电电动机空气间隙的变化，监视是否有异常响声。

（4）过速试验停机后应进行如下检查：

1）全面检查发电电动机转动部分，如转子磁轭键、磁极键、阻尼环及磁极引线、磁轭压紧螺杆等有无松动或移位。

2）检查发电电动机定子基础及上机架千斤顶的状态。

3）检查导轴瓦间隙。

（5）必要时调整过速保护装置。

（6）对于具有明显水泵/水轮机S特性的机组，以上述方法无法将机组转速上升至设计规定值时，过速试验对机组转动部分的考验可用甩负荷试验替代；过速保护装置的整定、校验用其他方法进行。

3.3.4.6 无励磁自动开机和自动停机试验

（1）自动开机前应确认下列各项：

1）调速器处于“自动”位置，功率给定处于“空载”位置，频率给定置于额定频率，调速器参数在空载最佳位置，机组各附属设备均处于自动状态。

2）确认所有水轮发电机组保护回路均已投入，且自动开机条件已具备。

（2）自动开机并应记录和检查下列各项：

1）检查机组自动开机顺序是否正确；检查技术供水等辅助设备的投入情况。

2）检查推力轴承高压油顶起装置的工作情况。

3）检查电气液压调速器的动作情况。

4）记录自发出开机脉冲至机组开始转动所需的时间。

5）记录自发出开机脉冲至机组达到额定转速的时间。

6）检查测速装置的转速接点动作是否正确。

（3）自动停机应记录并检查下列各项：

1）检查自动停机程序是否正确，各自动化元件动作是否正确可靠。

2）记录自发出停机脉冲至机组转速降至制动转速所需时间。

3）记录自制动器加闸至机组全停的时间。

4）检查测速装置转速接点动作是否正确，调速器及自动化元件动作是否正确。

5）当机组转速降至设计规定转速时，推力轴承高压油顶起装置应能自动投入。机组停机后应能自动停止高压油顶起装置，并解除制动器。

6）检查接力器锁锭投入、制动器复归、进出水主阀自动关闭情况。

（4）自动开机，模拟各种机械与电气事故，检查事故停机回路与流程的正确性与可靠性。

（5）分别在现地、机旁、中控室等部位，检查紧急事故停机按钮动作的可靠性。

3.3.4.7 发电电动机升流及短路特性试验

（1）升流试验应具备的条件如下：

1）发电电动机出口端已设置可靠的三相短路线，如果三相短路点设在发电/电动机断路器外侧，则应采取措施防止断路器跳闸。若以电制动短路开关作为短路点，应校核电制动短路开关的通流容量。

2）励磁变压器已带电投入运行。

3）机组水机保护已投入。

（2）手动开机至额定转速，机组各部位运转应正常。

（3）手动合灭磁开关，通过励磁装置手动升流至10%定子额定电流，检查发电/电动机各电流回路的正确性和对称性。

（4）检查各继电保护电流回路的极性和相位，检查测量表计接线及指示的正确性，必要时绘制向量图。

（5）在发电电动机额定电流下，测量机组振动与摆度，检查电刷及集电环工作情况。

（6）在发电电动机额定电流下，跳开灭磁开关检验灭磁情况是否正常，录制发电/电动机在额定电流时灭磁过程的波形图。

（7）录制发电电动机三相短路特性曲线，每隔10%定子额定电流记录对应的转子电流。试验过程中定子最大电流不超过定子额定电流的1.1倍。

（8）升流试验合格后可模拟水机事故停机，并拆除发电/电动机短路点的短路线。

3.3.4.8 发电电动机升压及空载特性试验

（1）发电电动机升压试验应具备的条件如下：

1）发电/电动机保护装置投入，辅助设备及信号回路电源投入。

2）机组振动、摆度及发电电动机空气间隙监测装置投入，若有定子绕组局部放电监测系统，应投入并开始记录局部放电数据。

3）发电/电动机出口断路器在断开位置。

4）励磁变已带电投入运行。

（2）自动开机至空载后机组各部运行应正常。测量发电电动机升流试验后的残压值，并检查三相电压的对称性。

（3）对于高阻接地方式的机组，应先在发电电动机出口设置单相接地点，发电电动机中性点通过高阻接地，开机升压，递升接地电流，直至保护（95%保护）装置动作。检查动作正确后投入接地保护装置。

（4）手动升压至10%额定电压值，并检查下列各项：

1）发电电动机及引出母线、发电电动机断路器、分支回路等设备带电是否正常。

2）机组运行中各部振动及摆度是否正常。

3）电压回路二次侧相序、相位和电压值是否正确。

（5）继续升压至发电电动机额定电压，检查带电范围内一次设备运行情况，测量二次电压的相序与相位，测量机组振动与摆度；测量发电/电动机轴电压，检查轴电流保护装置。

（6）在额定电压下跳开灭磁开关，检查灭弧情况并录制灭磁过程波形图。

（7）零起升压，每隔10%额定电压记录定子电压、转子电流与机组频率，录制发电电动机空载特性曲线。

（8）继续升压，当发电机励磁电流升至额定值时，测量发电机定子最高电压。对于有匝间绝缘的电机，在最高电压下应持续5min。进行此项试验时，定子电压最高不超过1.3倍额定电压。

（9）发电电动机升压试验之后，进行机组电制动试验，投入电制动的转速、投入联合制动的转速、总制动时间应符合设计要求。

3.3.4.9 发电电动机空载下励磁调节器的调整和试验

（1）在发电电动机额定转速下，励磁处于手动位置，起励检查手动控制单元调节范围，下限不得高于发电电动机空载励磁电压的20%，上限不得低于发电电动机额定励磁电压的110%。

（2）检查励磁调节系统的电压调整范围，应符合设计要求。自动励磁调节器应能在发电电动机空载额定电压的70％～110％范围内进行稳定平滑的调节。

（3）测量励磁调节器的开环放大倍数。录制和观察励磁调节器各部特性，对于晶闸管励磁系统，还应在额定励磁电流情况下，检查功率整流桥的均流和均压系数，均压系数不应低于0.9，均流系数不应低于0.85。

（4）在发电电动机空载状态下，分别检查励磁调节器投入、手动和自动切换、通道切换、带励磁调节器开停机等情况下的稳定性和超调量。在发电电动机空载且转速在95％～100％额定值范围内，突然投入励磁系统，使发电电动机端电压从零上升至额定值时，电压超调量不大于额定值的10％，振荡次数不超过2次，调节时间不大于5s。

（5）在发电电动机空载状态下，人工加入10％阶跃量干扰，检查自动励磁调节器的调节情况，超调量、超调次数、调节时间应满足设计要求。

（6）带自动励磁调节器的发电/电动机电压—频率特性试验，应在发电电动机空载状态下，使发电电动机转速在90％～110％额定值范围内改变，测量发电电动机端电压变化值，录制发电电动机电压—频率特性曲线。频率每变化1％额定值，自动励磁调节系统应保证发电电动机电压的变化值不超过额定值的±0.25％。

（7）励磁调节器应进行低励磁、过励磁、电压互感器断线、过电压、均流等保护的调整及模拟动作试验，其动作应正确。

（8）对于采用三相全控整流桥的静止励磁装置，应进行逆变灭磁试验，并符合设计要求。

3.3.4.10 发电电动机带主变与高压配电装置试验

1. 发电电动机对主变压器及高压配电装置短路升流试验

（1）短路升流试验前的条件如下：

1）主变压器高压侧及高压配电装置的适当位置，已设置可靠的三相短路点，并采取切实措施确保升流过程中回路不致开路。

2）投入发电/电动机继电保护、水轮发电机组保护装置和主变压器冷却器及其控制信号回路。

（2）短路点的数量、升流次数应根据电站本期拟投入的回路数确定，升流范围一般应尽可能将新投入的回路全部包括。

（3）开机后递升电流，检查各电流回路的通流情况和表计指示，检查主变压器、母线和线路保护的电流极性和相位，必要时绘制电流向量图。

（4）上述检查正确后投入主变压器、高压引出线（或高压电缆）、母线的保护装置。

（5）继续分别升流至50％、75％、100％额定电流，观察主变与高压配电装置的工作情况。

(6) 升流结束后模拟主变保护动作，检查跳闸回路是否正确，相关断路器是否可靠动作。

(7) 拆除主变压器高压侧及高压配电装置各短路点的短路线。

2. 主变压器及高压配电装置单相接地试验

(1) 根据单相接地保护方式，在主变高压侧设置单相接地点（主变高压侧断路器应断开）。

(2) 将主变压器中性点直接接地。开机后升压，递升单相接地电流至保护动作，检查保护回路动作是否正确可靠，校核动作值是否与整定值一致。

(3) 若单相接地保护方式有要求，还应进行主变低压侧单相接地试验。

(4) 试验完毕后拆除单相接地线，投入主变单相接地保护。

3. 发电电动机对主变压器及高压配电装置升压试验

(1) 投入发电机、主变、母线差动等继电保护装置。

(2) 升压范围应包括本期拟投运的所有高压一次设备。首台机组试运行时因高压配电装置投运范围较大，升压可分几次进行。

(3) 手动递升加压，分别在发电机额定电压值的25%、50%、75%、100%等情况下检查一次设备的工作情况。

(4) 检查二次电压回路和同期回路的电压相序、相位的正确性。

3.3.5 水轮机工况并列及负荷试验

3.3.5.1 水轮机工况同期并列试验

(1) 选择水轮机工况下同期点及同期断路器，检查同期回路的正确性。

(2) 断开同期点隔离开关，以自动准同期方式进行机组的模拟并列试验；检查同期装置的工作情况，同时录制发电电动机电压、系统电压、断路器合闸脉冲波形图。

(3) 进行机组的自动准同期正式并列试验，录制波形图。

(4) 按设计规定，分别进行各同期点的模拟并列与正式并列试验。

(5) 具有预开启导叶（非同步导叶）的水泵水轮机并网时，其预开启导叶的操作应符合本标准的规定，并在试验过程中根据空载水轮机的稳定情况、同期并列特性加以调整。

3.3.5.2 水轮机工况甩负荷试验

(1) 机组甩负荷试验应在额定负荷的25%、50%、75%和100%下分别进行，记录有关数值，同时应录制过渡过程的各种参数变化曲线及过程曲线，记录各部瓦温的变化情况。机组甩25%额定负荷时，记录接力器不动时间。

(2) 机组带、甩负荷试验可相互穿插进行，每次甩负荷试验的间隔时间应不少于设计规定。机组初带负荷后，应检查机组及相关机电设备各部运行情况，无异常后可根据系统情况进行甩负荷试验。

（3）在额定功率因数条件下，机组突甩负荷关至空载时，检查自动励磁调节器的稳定性和超调量。当发电/电动机突甩额定有功负荷时，发电电动机电压超调量不应大于额定电压的10%，振荡次数不超过3次，调节时间不大于5s。

机组突甩负荷后按设计规定直接作用于停机的调节方式，断路器跳闸联动灭磁。

（4）机组甩负荷试验时应检查调速系统的动态调节性能，校核导叶接力器关闭规律和关闭时间。其蜗壳水压上升率、机组转速上升率等，均应符合机组合同规定。

（5）机组甩负荷后按设计规定直接作用于机组停机的调节方式，调速器关闭导叶至零。

对于经调速器自动调节将机组关至空载的调节系统，机组甩负荷后调速系统的动态品质应按照GB/T 8564和DL/T 507的规定满足如下要求：

1）甩100%额定负荷后，在转速变化过程中，超过稳态转速3%以上的波峰不应超过2次。

2）甩100%额定负荷后，从接力器第一次向关闭方向移动起到机组转速相对摆动值不超过±0.5%为止所经历的总时间不应大于40s。

3）转速或指令信号按规定形式变化，接力器不动时间不大于0.2s。

（6）机组为非单元引水输水方式布置的电站，同一引水系统中各台机组甩负荷试验和对输水系统的考核应综合考虑，多台机组同时甩负荷试验方式按设计要求进行。

3.3.5.3　水轮机工况带负荷试验

（1）进行水轮机工况带负荷试验，有功负荷应逐级增加，观察并记录机组各部位运转情况和各仪表指示。观察和测量机组在不同上下库水位及各种负荷工况下的振动范围及其量值，测量尾水管压力脉动值。

（2）进行水轮机工况带负荷下调速系统试验。检查在转速和功率控制方式下，机组调节的稳定性及相互切换过程的稳定性。

（3）复核差动保护电流回路的极性和相位。

（4）进行水轮机工况下机组快速增、减负荷试验。根据现场情况使机组突变负荷，其变化量不应大于额定负荷的25%，并应自动记录机组转速、蜗壳水压、尾水管压力脉动、接力器行程和功率变化等的过渡过程。负荷增加过程中，应注意观察、监视机组振动情况，记录相应负荷与机组水头等参数，如在当时水头负荷下机组有明显振动，应快速越过。

（5）进行水轮机工况带负荷下监控、保护系统的有关试验。

（6）调整机组有功负荷与无功负荷时，应先分别在现地调速器与励磁装置上进行，再通过计算机监控系统控制调节。

（7）水轮机工况带负荷下励磁调节器试验：

1）有条件时，在发电电动机有功功率分别为0、50%和100%额定值下，按设计要求调整发电电动机无功功率从零到额定值，调节应平稳、无跳动。

2）有条件时，测量并计算发电/电动机端电压调差率，调差特性应有较好的线性并符合设计要求。

3）有条件时，测量并计算发电/电动机调压静差率，其值应符合设计要求。当无设计规定时，不应大于0.2%～1%。

4）对于励磁调节器，应分别进行各种限制器及保护的试验和整定。

5）对于装有电力系统稳定装置（PSS）的机组，应进行机组带负荷工况下的PSS试验，检验其功能。

（8）机组带额定负荷下，一般应进行下列试验：

1）机组热稳定试验。

2）调速器低油压关闭导叶试验。

3）根据设计要求和电站具体情况，选择适当时机进行动水关闭进出水主阀试验。

3.3.5.4 机组发电工况调相运行试验

可逆式机组应进行发电与电动两种工况下的调相运行试验。机组进行发电工况调相运行时应检查并记录下列各项：

（1）记录关闭导叶后，水泵水轮机转轮在水中空转时，机组所消耗的有功功率。

（2）检查充气压水情况及补气装置动作情况，记录尾水管内水位被压低至转轮以下，转轮在空气中空转时，机组所消耗的有功功率。

（3）检查发电工况与调相工况互相切换时自动化元件动作的正确性，记录工况转换所需的时间。

（4）机组调相运行工况下，发电/电动机无功功率在设计规定范围内调节应平稳，记录发电/电动机转子电流为额定值时零功率因数下的最大输出无功功率值。

3.3.5.5 发电电动机进相运行试验

（1）如机组合同有要求，发电电动机可进行进相运行试验。进相深度按系统要求确定。

（2）进相试验应分阶段进行，试验判据为定子铁芯端部温度限制、系统电压和厂用电电压限制、发电/电动机静态稳定极限，其中任一项指标达到限制值，该阶段试验即结束。

（3）进行进相试验前，应根据进相深度确定退出励磁欠励限制单元与发电/电动机失磁保护，根据需要埋设附加测温元件，接入专用试验表计。电力系统的无功平衡应满足试验要求。

(4) 按照50%、80%、100%额定功率分阶段进行试验，在不同的功率下逐步降低励磁电流，使功率因数由滞相转入进相，待定子铁芯端部温度稳定后，继续加大进相深度，试验中应密切监视定子铁芯端部温度不超过限制，并注意观察厂用电电压和机组运转应无异常。进相深度以设计对发电电动机的要求为准，在此状态下发电电动机不应失步。

(5) 记录各阶段发电电动机有功功率、无功功率、定子电流、定子电压、转子电流、转子电压、功率因数、定子铁芯端部温度、开关站母线电压、厂用10kV母线电压等有关参数，校核相关电气保护。根据试验结果，校对发电电动机设计功率圆图及V形曲线。

第 4 章

信号分析技术基础

4.1 概　　述

4.1.1 信号的概念

信号是运载消息的工具，是消息的载体。在通信系统中代表消息的任何物理量都被看作信号，典型的例子是存在于放大器输出端的电压波形或加到扬声器线圈中的电流。在一个复杂系统中，携带信息的信号还可能有不同的形式。例如在一点上用压力表示，在另一点上用电流表示，而在其他某一点上又用光强来表示。信号既可以是连续的，也可以是离散的。例如扬声器线圈中的电流，它作为时间的函数连续地变化，并且可以取无穷多个数值，这个信号是连续的。用灯传送莫尔斯编码时，信号是离散的，因为它只能取两种可能数值，对应于灯的接通和断开。神经纤维传递给大脑的或大脑发出的信息，它的刺激波形或者完整地存在，或者全然没有，这就形成了一组有趣的离散信号。

某些信号并不是在上面所说的意义上才是离散的，而是因为它们只在某些瞬间才取值。在某一个指定地点连续多天所测得的中午气温就是一个很好的例子，这种信号可以看成是连续函数基础上的抽样形式。最后还应指出，尽管信号大多是时间的函数，但却没有理由说信号就是时间的函数。在某些情况下，随便什么样的一种函数，例如气温或湿度随高度的变化，都可以看成是信号。事实上，可以将信号看成是画在图纸上的具有潜在重要特征的一条曲线，该曲线可用于信号分析和处理，而不用考虑它所代表的具体内容。

4.1.2 信号理论的用途

出于各种各样的理由，经常要对信号进行分析。例如，常常可以用数目有限的一组参量来表示一个复杂的信号波形，尽管这些参量未必能完整地描述波形，但对于某些任务（例如要判断该信号是否能可靠地通过一个特定的信道）这已经足够。有时，这样的一种表示法可能只不过是描述信号的简便方法。信号分析的主要目的是通过对信号的分解、变换等方法，提取有效的特征指标，了解和掌握产生信号的系统（信号源）的相关情况。往往信号中的某些不是很明显的特性，却常常是识别信号源特性的重要线索。从系统的输入输出角度来说，系统输出了信号，而系统特性的变化必然引起其输出信号的变化，因此通过对其输出信号的分析可以识别系统特性的改变。因此进行信号分析，尤其对于研究复杂系统与它的一个被测输出变量之间的因果关系，至关重要。

信号分析中的分解、变换过程就是信号处理过程。根据不同的信号分析目的，可以采用不同的信号处理方法。例如，可能要求信号无失真地通过通信系统，可能要求在随机干扰背景中检测某种特殊信号波形，也可能要求通过适当的处理来提取一种信号或两种信号之间关系的某一重要特征。另外，这种用于处理信号的方法，在其他领域中也是很重要的，例如，可以用来阐明各种数据的特殊性质或变化趋势，也可以用来研究两种变量之间的关系等。

4.2 信号的分类

从广义上讲，信号包含光信号、声信号和电信号等。为深入了解信号的物理实质，研究信号的分类是非常有必要的，从不同的角度有不同的分类。

（1）按信号随时间的变化特征，可分为确定性信号与非确定性信号。

（2）按信号幅值随时间变化的连续性，可分为连续信号与离散信号。

（3）按信号的能量特征，可分为能量信号与功率信号。

（4）从分析域上，可分为时域信号与频域信号。

4.2.1 确定性信号与非确定性信号

从信号随时间的变化特征出发，信号可分为确定性信号与非确定性信号，如图4.2-1所示。

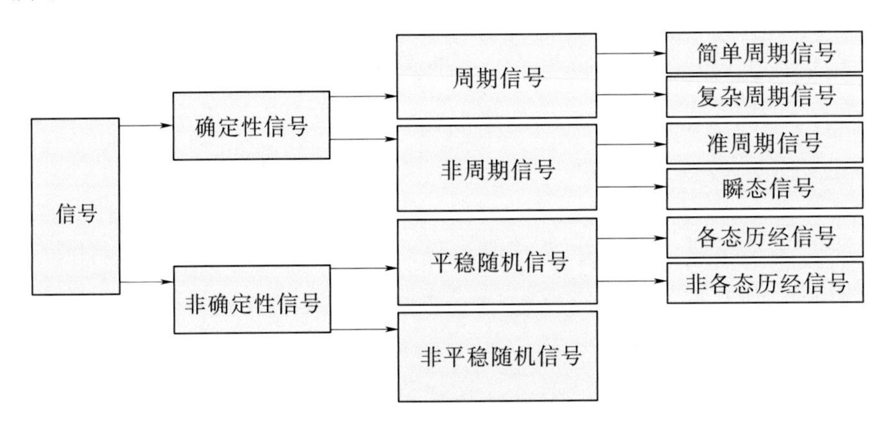

图4.2-1 确定性信号与非确定性信号的分类

4.2.1.1 确定性信号

确定性信号是指可以用明确的数学关系表示或者图表描述的信号，或者说可以表示为确定的时间函数，可确定其任何时刻的量值，如图4.2-2所示。例如：正弦函数所描述的交流电信号，阶跃函数所描述的阶跃信号等。

确定性信号又分为周期信号和非周期信号。

1. 周期信号

瞬时幅值随时间重复变化的信号称为周期信号，其表达式为

$$x(t)=x(t+nT) \quad (n=1,2,\cdots) \tag{4.2-1}$$

式中 t——时间；

T——周期。

周期信号分为简单周期信号（谐波信号）与复杂周期信号（一般周期信号）。

（1）简单周期信号。频率单一的正弦信号或余弦信号称为简单周期信号，也称为谐波信号，如图 4.2-2（a）所示。

（2）复杂周期信号。由多个乃至无穷多个频率成分叠加而成，叠加后存在公共周期的信号称为复杂周期信号，如图 4.2-2（b）、图 4.2-3 所示。

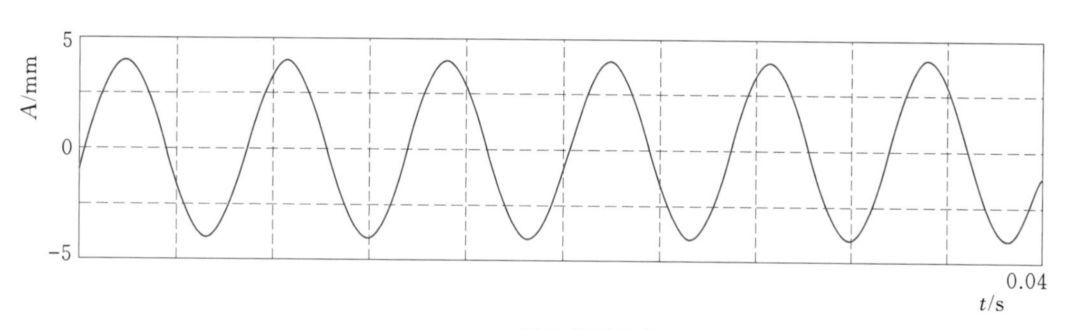

(a) 简单周期信号

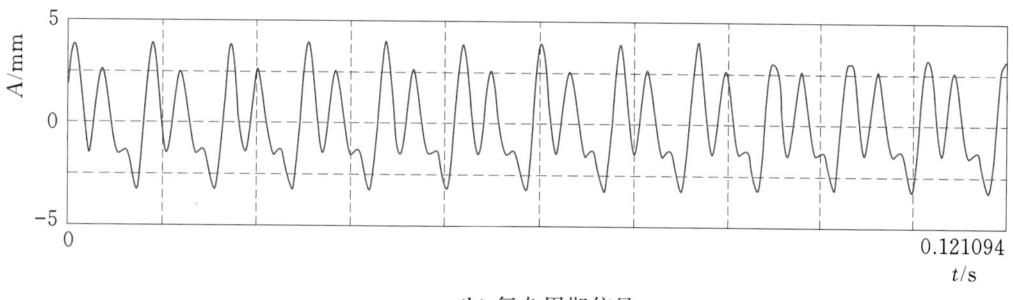

(b) 复杂周期信号

图 4.2-2 确定性信号

2. 非周期信号

非周期信号分为准周期信号与暂态信号（一般非周期信号）。

（1）准周期信号。当若干个周期信号叠加时，如果他们的周期的最小公倍数不存在，则和信号不再为周期信号，但它们的频率描述还具有周期信号的特点，称为准周期信号。或者定义为：由多个周期信号合成，其中至少有一对频率比不是有理数，如图 4.2-4 所示。

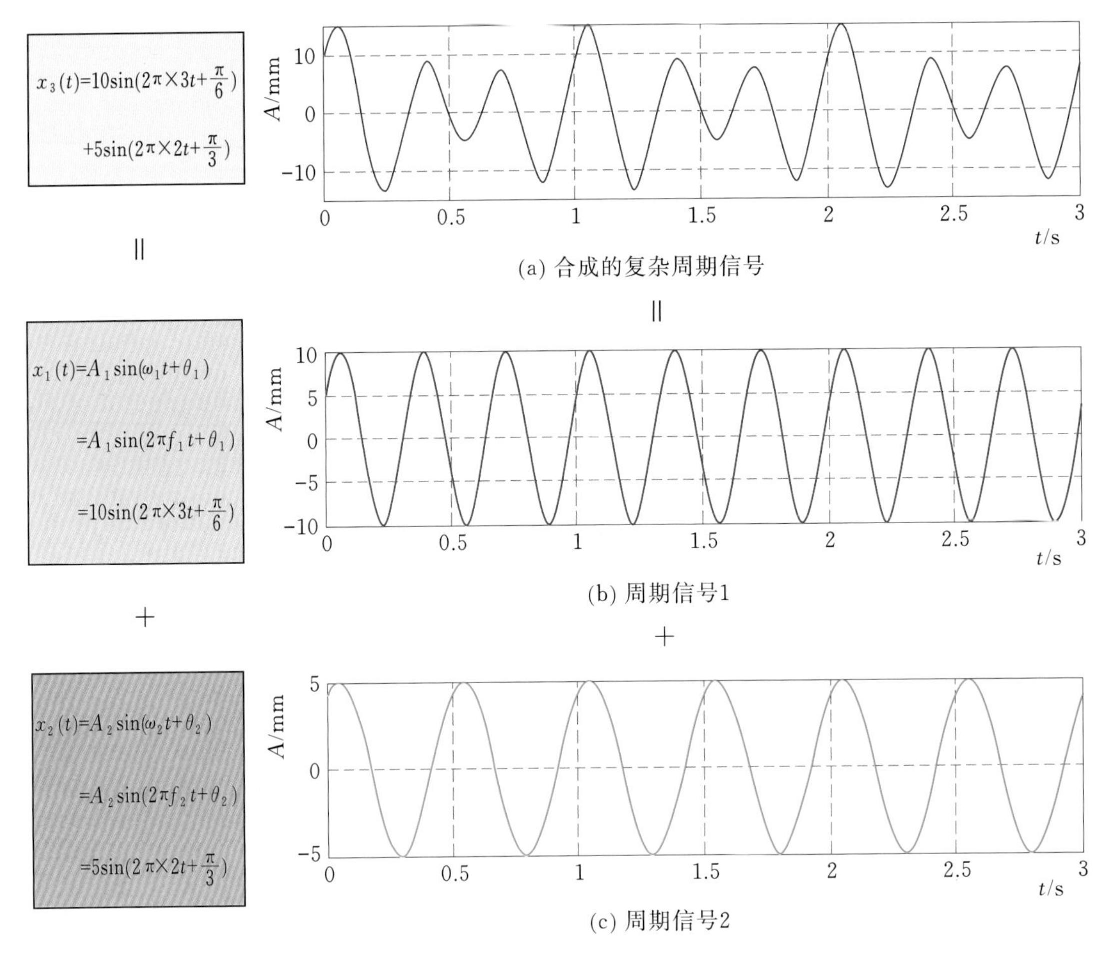

图 4.2-3　复杂周期信号

（2）暂态信号。在有限时间段内存在，或随着时间的增加而幅值衰减至零的信号称为暂态信号，如图 4.2-5 所示。

$$x(t)=\mathrm{e}^{-t}x_0\sin\left(\sqrt{\frac{kt}{m}}+\varphi_0\right)$$

3. 区别周期信号和非周期信号的方法

（1）周期信号的频谱是离散的，非周期信号的频谱是连续的。

（2）因周期信号可以用一组整数倍频率的三角函数表示，所以在频域里是离散的频率点。准周期信号做傅里叶变换的时候，n 趋向于无穷，所以在频谱上就变成连续的了。

4.2.1.2　非确定性信号

非确定性信号又称为随机信号，如图 4.2-6 所示。它不能用数学式描述，不能预测其未来任何瞬时值，任何一次观测只代表其在变动范围中可能产生的结果之一。

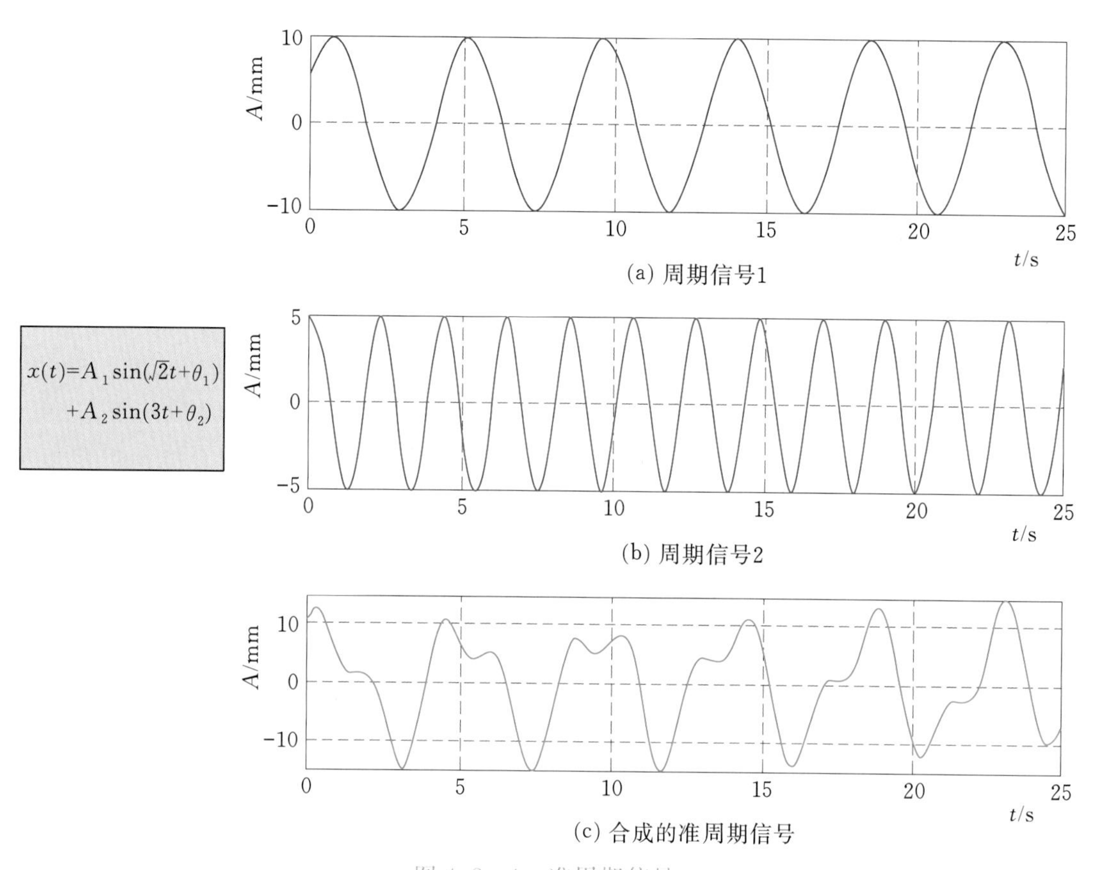

(a) 周期信号1

(b) 周期信号2

(c) 合成的准周期信号

图 4.2-4 准周期信号

它不是时间的确定函数，其在定义域内的任意时刻没有确定的函数值，其幅值、相位变化不可预知，但又服从一定的统计特性。随机信号所描述的物理量是一种随机过程，如机械的振动、环境的噪声等。

随机信号是工程中经常遇到的信号，其特点如下：

（1）时间函数不能用精确的数学关系式来描述。

（2）不能预测其未来任何时刻的准确值。

（3）对这种信号的每次观测结果都不同，但大量的重复试验可以看到他具有统计规律性，因而可以用概率统计方法来描述和研究。

随机信号不能用确定的时间函数来表达，只能通过其随时间或幅度取值的统计特征来表达。这些统计特征值如下：

（1）数学期望值，描述随机信号的平均值。

（2）方差值，描述随机信号幅度变化的强度。

（3）概率密度函数，是描述信号振幅数值的概率。

（4）相关函数，描述随机信号的每两个具有一定时间间隔的幅度值之间的联系程度的数值，它是时间间隔的一个函数。

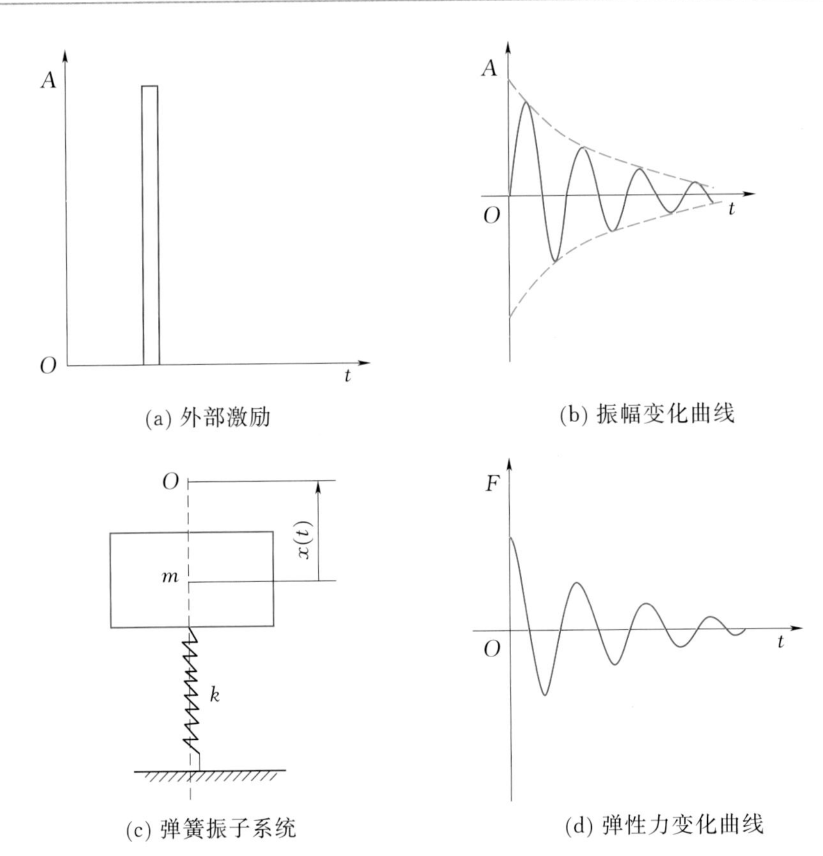

(a) 外部激励　(b) 振幅变化曲线

(c) 弹簧振子系统　(d) 弹性力变化曲线

图 4.2-5 暂态信号

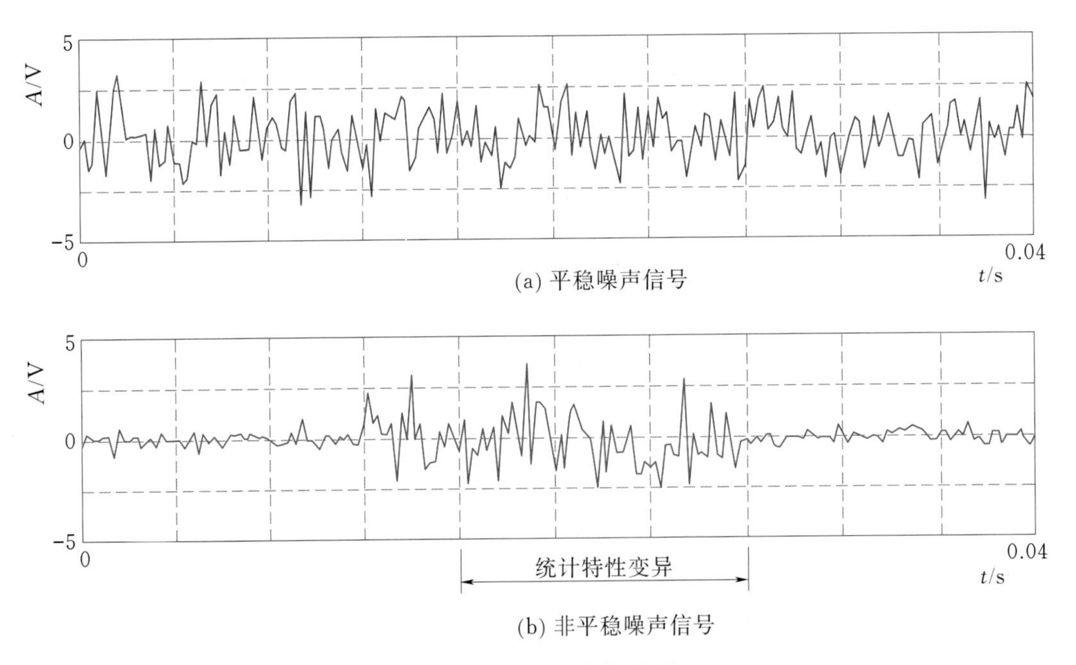

(a) 平稳噪声信号

(b) 非平稳噪声信号

图 4.2-6 非确定性信号

（5）功率谱密度，描述随机信号在平均意义上的功率谱特性。

以上这些统计特征是描述随机信号的主要数字特征。研究随机信号的数学方法是随机过程理论。

随机信号分为平稳随机信号和非平稳随机信号两大类。

1. 平稳随机信号

若各种集合平均值（如均值、方差、均方值等）不随时间变化，则这种信号称为平稳随机信号。平稳随机过程在时间上是无始无终的，即它的能量是无限的，只能用功率谱密度函数来描述随机信号的频域特性。

平稳随机信号又分为各态历经信号和非各态历经信号。

（1）各态历经信号。各态历经信号是指无限个样本在某时刻所历经的状态，等同于某个样本在无限时间里所经历的状态的信号。

（2）非各态历经信号。在平稳随机信号中，若任一个样本函数的时间平均值（即对单个样本按时间历程作时间平均）不等于信号的集合均值，则称该平稳随机信号为非各态历经信号。

工程上的随机信号一般按各态历经平稳随机过程来处理。

2. 非平稳随机信号

非平稳信号是指分布参数或者分布律随时间发生变化的信号。

4.2.2 连续信号与离散信号

从信号幅值随时间变化的连续性角度出发，信号可分为连续信号和离散信号，具体分类如图 4.2-7 所示。

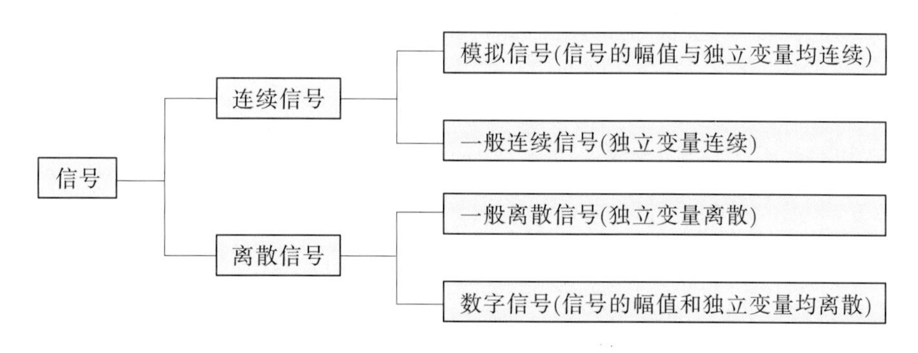

图 4.2-7 连续信号与离散信号

1. 连续信号

自变量在整个连续时间范围内都有定义的信号是时间连续信号或连续时间信号简称连续信号。这里的“连续”是指函数的定义域——时间（或者是其他量）是连续的，至于信号的值域可以是连续的，也可以不是，如图 4.2-8 所示。

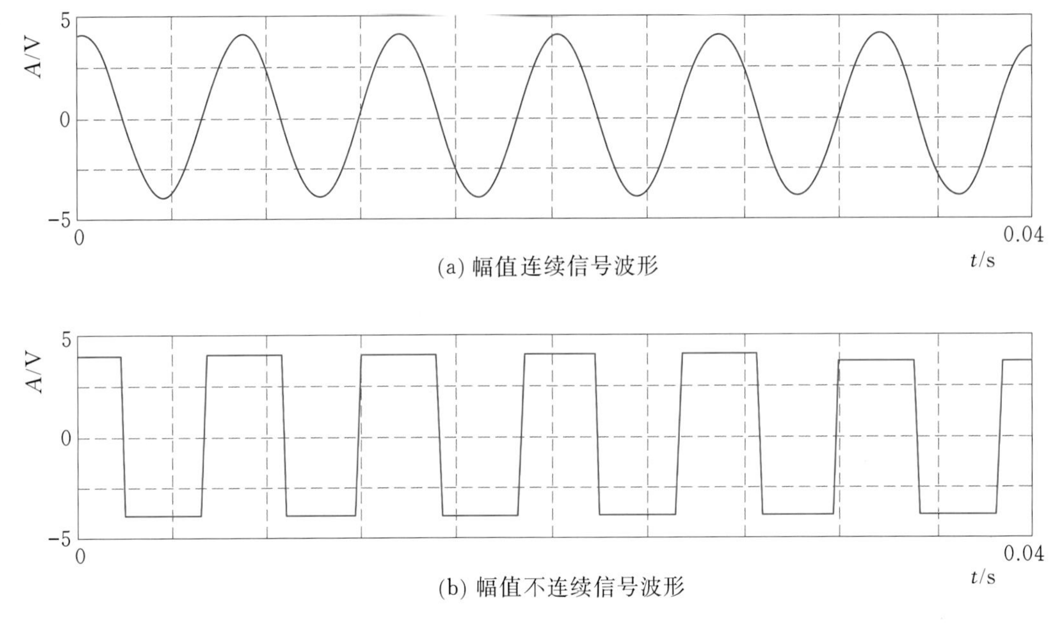

(a) 幅值连续信号波形

(b) 幅值不连续信号波形

图 4.2-8 连续信号示意图

2. 离散信号

离散信号是指在连续信号上采样得到的信号。与连续信号的自变量是连续的不同，离散信号是一个序列，即其自变量是“离散”的。这个序列的每一个值都可以被看作是连续信号的一个采样。

3. 模拟信号和数字信号

（1）模拟信号：独立变量和幅值均连续的信号。

（2）数字信号：离散信号的幅值也是离散的。

模拟信号与数字信号示意图如图 4.2-9 所示。

4.2.3 能量信号与功率信号

1. 能量信号

当信号 $x(t)$ 在所分析的区间（$-\infty$，$+\infty$）为有限值时称为能量信号，即满足条件 $\int_{-\infty}^{+\infty} x^2(t)\mathrm{d}t < \infty$，如图 4.2-10 所示。

2. 功率信号

当信号 $x(t)$ 在所分析的区间（$-\infty$，$+\infty$），能量 $\int_{-\infty}^{+\infty} x^2(t)\mathrm{d}t \to \infty$。此时，在有限区间（$t_1$，$t_2$）内的平均功率是有限的，即

$$\frac{1}{t_2 - t_1}\int_{t_1}^{t_2} x^2(t)\mathrm{d}t < \infty \qquad (4.2-2)$$

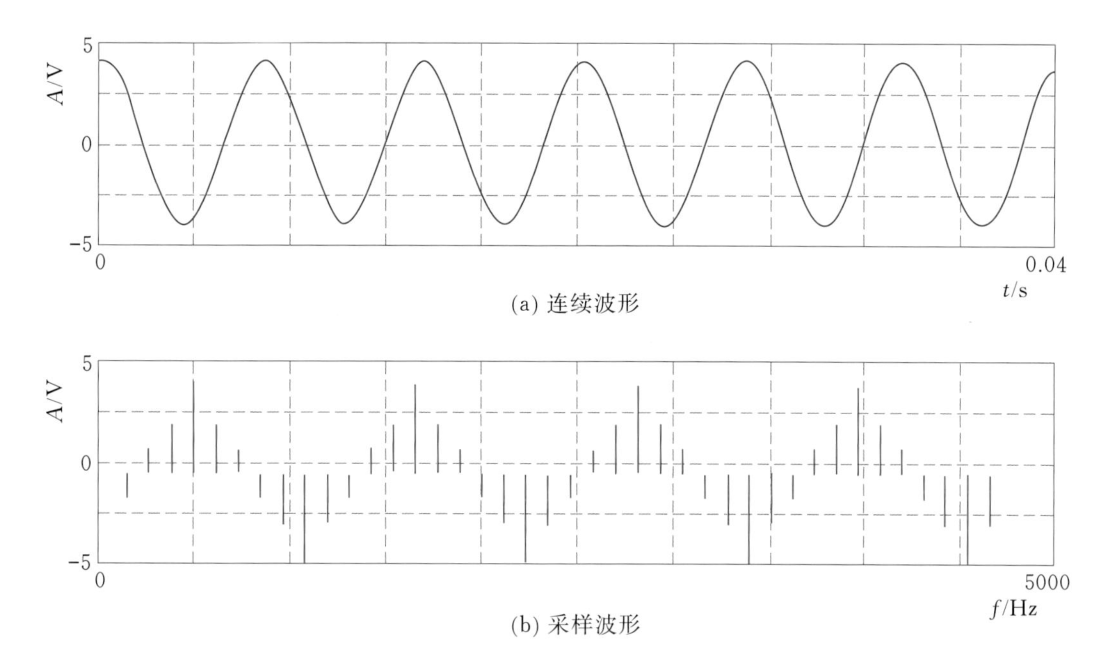

图 4.2-9　模拟信号与数字信号示意图

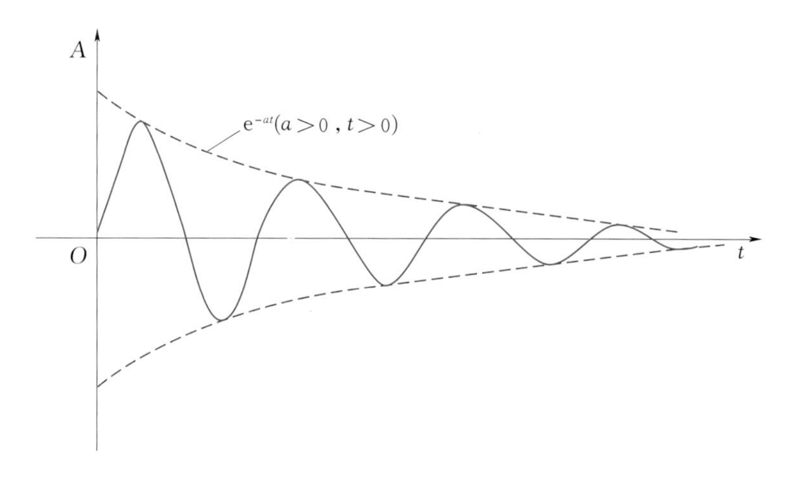

图 4.2-10　能量信号

一般持续时间无限的信号都属于功率信号。

4.2.4　时域信号与频域信号

信号的“域”不同是指信号的独立变量不同，或描述信号的横坐标物理量不同。

1. 时域信号

以时间为独立变量，强调信号的幅值随时间变化的特征，如图 4.2-11 所示。

2. 频域信号

以角频率或频率为独立变量，强调信号的幅值和相位随频率变化的特征，如图 4.2-12 所示。

$$
\begin{aligned}
x(t) &= A_0 \sin(\omega_0 t + \theta_0) \\
&= A_0 \sin(2\pi f t + \theta_0) \\
&= 10\sin(2\pi \times 10t + \pi/3)
\end{aligned} \tag{4.2-3}
$$

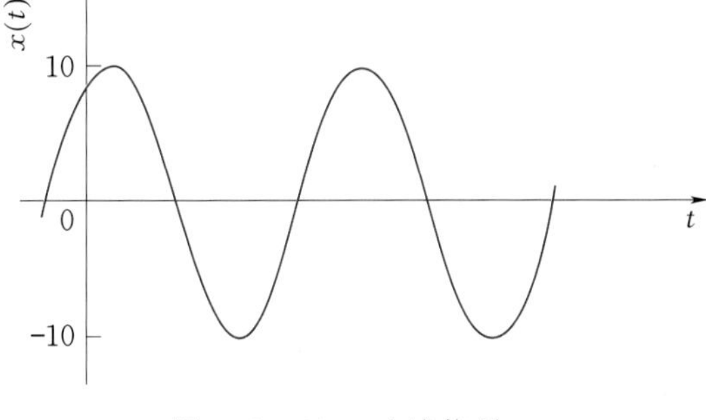

图 4.2-11 时域信号

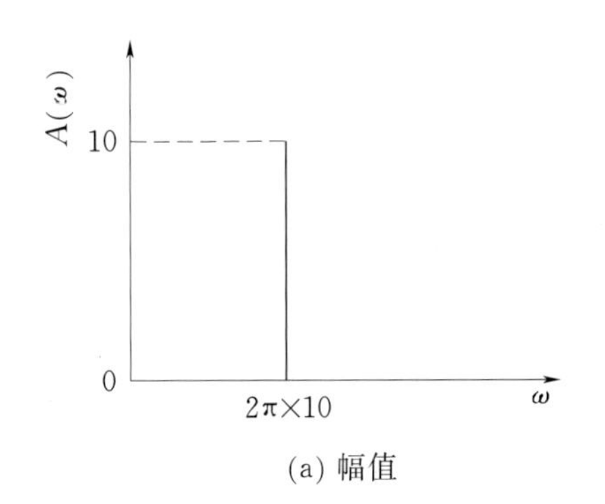

(a) 幅值

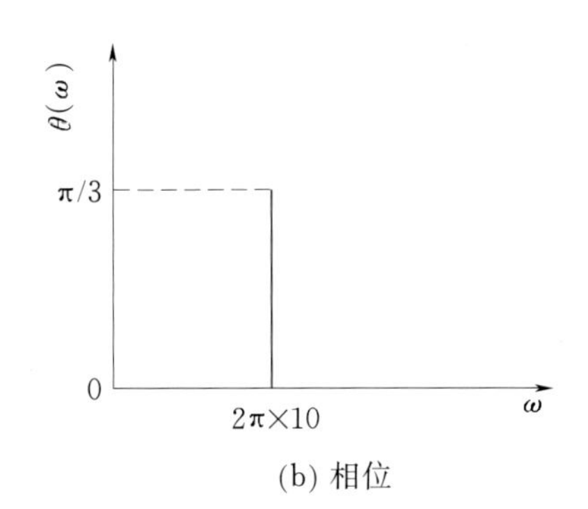

(b) 相位

图 4.2-12 频域信号

4.3 周期信号与离散频谱

4.3.1 周期函数的离散频谱

设周期信号为 $f(t)$，其基本周期为 T，角频率为 k，若 $f(t)$ 满足狄里赫利(Dirichlet)条件，则可将 $f(t)$ 展开为傅里叶级数，即

$$f(t) = \sum_{n \to -\infty}^{+\infty} F_n(k) e^{jnkt} \tag{4.3-1}$$

式中的 F_n 为信号 $f(t)$ 的离散频谱或谱函数，并记这种对应关系为 $f(t) \leftrightarrow F_n$，其中：$n=0$，±1，±2，…。

$$F_n(k) = \frac{1}{T}\int_0^T f(t) e^{-jnkt} dt \tag{4.3-2}$$

4.3.2 狄里赫利条件

如果函数 $f(x)$ 在开区间 $(-\pi, \pi)$ 内分段单调，并在该区间内有有限个第一类间断点，则狄里赫利条件为：

（1）在连续点 x 收敛于 $f(x)$。

（2）在第一间断点收敛于 $\dfrac{f(x_0+0)+f(x_0-0)}{2}$。

（3）在区间端点（$x=\pm\pi$）为 $\dfrac{f(-\pi+0)+f(\pi-0)}{2}$。

4.3.3 傅里叶级数的三角函数展开式

（1）在有限区间上，一个周期信号 $x(t)$ 当满足狄里赫利条件时，可展开成傅里叶级数，即

$$x(t)=a_0+\sum_{n=1}^{+\infty}(a_n\cos n\omega_0 t+b_n\sin n\omega_0 t) \tag{4.3-3}$$

$$a_0=\frac{1}{T_0}\int_{-\frac{T_0}{2}}^{\frac{T_0}{2}}x(t)\mathrm{d}t \tag{4.3-4}$$

$$a_n=\frac{2}{T_0}\int_{-\frac{T_0}{2}}^{\frac{T_0}{2}}x(t)\cos n\omega_0 t\mathrm{d}t \tag{4.3-5}$$

$$b_n=\frac{2}{T_0}\int_{-\frac{T_0}{2}}^{\frac{T_0}{2}}x(t)\sin n\omega_0 t\mathrm{d}t \tag{4.3-6}$$

（2）信号 $x(t)$ 的另一种形式的傅里叶级数表达式为

$$x(t)=a_0+\sum_{n=1}^{+\infty}A_n\sin(n\omega_0 t+\varphi_n) \tag{4.3-7}$$

式中 A_n——信号频率成分的幅值，$A_n=\sqrt{a_n^2+b_n^2}$；

φ_n——初相角。

4.3.4 周期函数的奇偶性

由式（4.3-3）可知，若周期信号 $x(t)$ 为奇函数，即 $x(t)=-x(-t)$，可得

$$x(t)=\sum_{n=1}^{+\infty}b_n\sin n\omega_0 t \tag{4.3-8}$$

其中

$$a_0=0$$

$$a_n=0$$

$$b_n=\frac{4}{T_0}\int_{-\frac{T_0}{2}}^{\frac{T_0}{2}}x(t)\sin n\omega_0 t\mathrm{d}t$$

由式（4.3-3）可知，若周期信号 $x(t)$ 为偶函数，即 $x(t)=x(-t)$，可得

$$x(t)=a_0+\sum_{n=1}^{+\infty}a_n\cos n\omega_0 t \tag{4.3-9}$$

其中
$$a_0=\frac{2}{T_0}\int_{-\frac{T_0}{2}}^{\frac{T_0}{2}}x(t)\mathrm{d}t$$
$$a_n=\frac{4}{T_0}\int_{-\frac{T_0}{2}}^{\frac{T_0}{2}}x(t)\cos n\omega_0 t\mathrm{d}t$$
$$b_n=0$$

4.3.5 信号的幅频谱和相位谱

在信号分析中，将组成信号的各频率成分找出，按序排列，得出信号的频谱。若以频率为横坐标、以幅值或相位为纵坐标，便分别得到信号的幅频谱和相频谱，如图 4.3－1 所示。

【例 4.3－1】 求如图 4.3－2 所示的周期性三角波的傅里叶级数及其频谱，三角波函数为

$$x(t)=\begin{cases}A+\dfrac{2A}{T_0}t & \left(-\dfrac{T_0}{2}\leqslant t\leqslant 0\right)\\ A-\dfrac{2A}{T_0}t & \left(0<t\leqslant\dfrac{T_0}{2}\right)\end{cases}$$

解：

$$a_0=\frac{1}{T_0}\int_{-\frac{T_0}{2}}^{\frac{T_0}{2}}x(t)\mathrm{d}t=\frac{2}{T_0}\int_{-\frac{T_0}{2}}^{\frac{T_0}{2}}\left(A-\frac{T_0}{2}t\right)\mathrm{d}t=\frac{2}{T_0}\left(At-\frac{2A}{T_0}\frac{t^2}{2}\right)_0^{\frac{T_0}{2}}=A-\frac{A}{2}=\frac{A}{2}$$

$$a_n=\frac{2}{T_0}\int_{-\frac{T_0}{2}}^{\frac{T_0}{2}}x(t)\cos n\omega_0 t\mathrm{d}t=\frac{4}{T_0}\int_0^{\frac{T_0}{2}}\left(A-\frac{T_0}{2}t\right)\cos n\omega_0 t\mathrm{d}t$$
$$=\frac{4A}{n^2\pi^2}\sin^2\frac{n\pi}{2}=\begin{cases}0 & (n=2,4,6,\cdots)\\ \dfrac{4A}{n^2\pi^2} & (n=1,3,5,\cdots)\end{cases}$$
$$b_n=0$$

所以，周期性三角波可以写为
$$x(t)=\frac{A}{2}+\frac{4A}{\pi^2}(\cos\omega_0 t+\frac{1}{3^2}\cos 3\omega_0 t+\frac{1}{5^2}\cos 5\omega_0 t+L)$$

其中
$$A_n=\sqrt{a_n^2+b_n^2}=\frac{4A}{n^2\pi^2}$$
$$\varphi_n=\arctan\frac{a_n}{b_n}=\arctan\frac{\frac{4A}{n^2\pi^2}}{0}=0$$

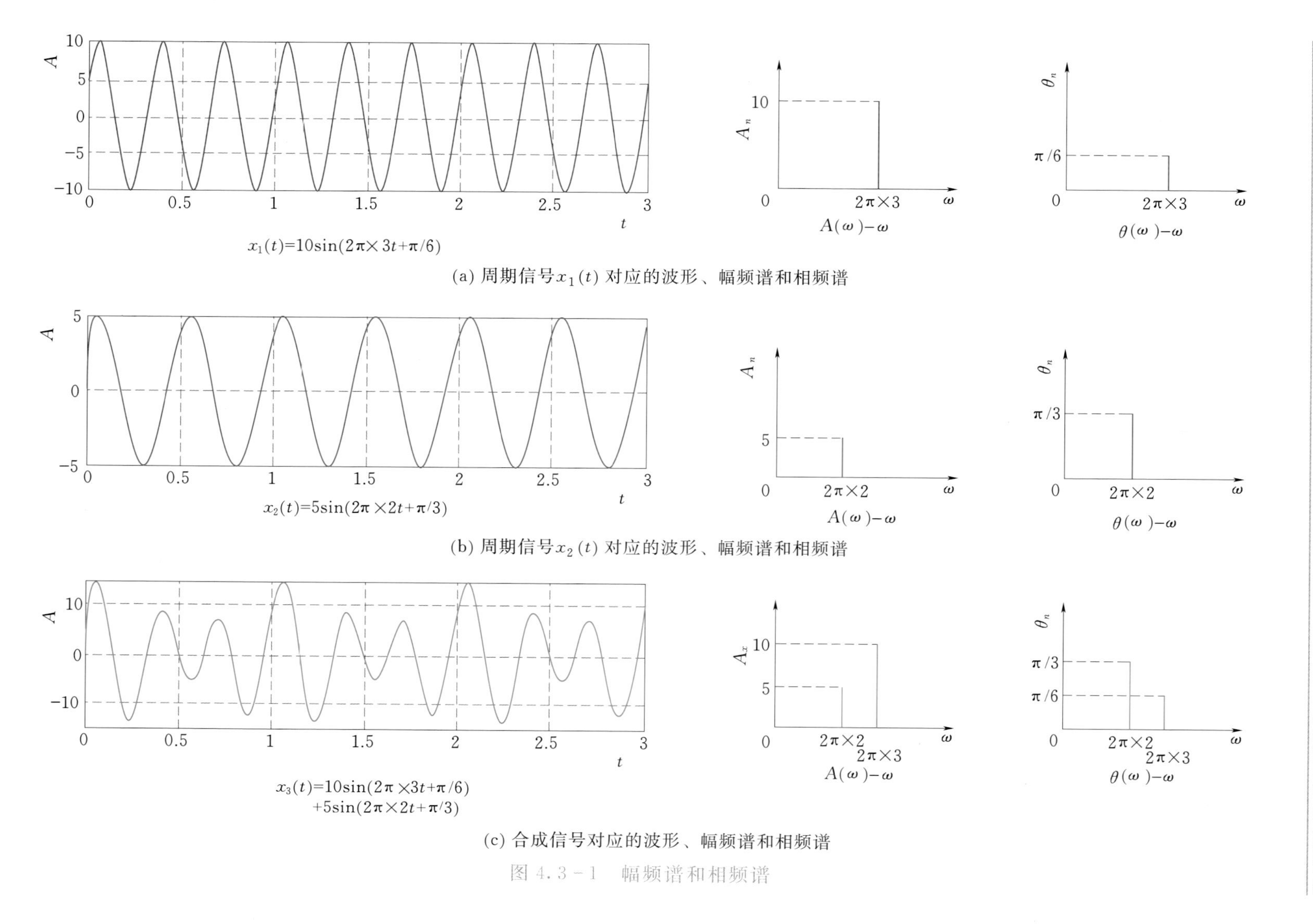

(a) 周期信号 $x_1(t)$ 对应的波形、幅频谱和相频谱

(b) 周期信号 $x_2(t)$ 对应的波形、幅频谱和相频谱

(c) 合成信号对应的波形、幅频谱和相频谱

图 4.3－1 幅频谱和相频谱

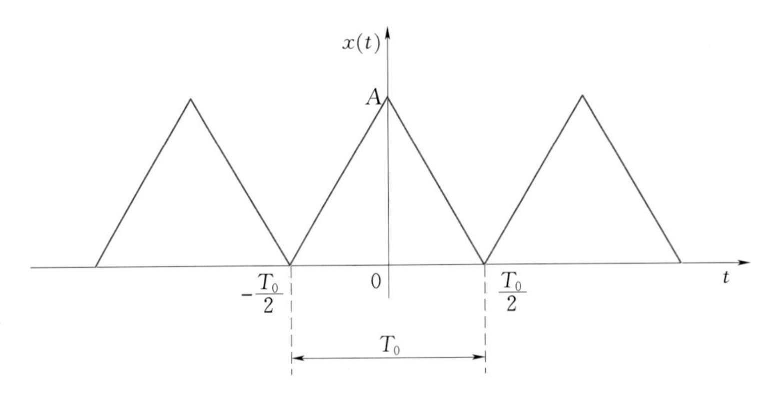

图 4.3-2 周期性三角波

周期性三角波的幅频谱和相频谱如图 4.3-3、图 4.3-4 所示。

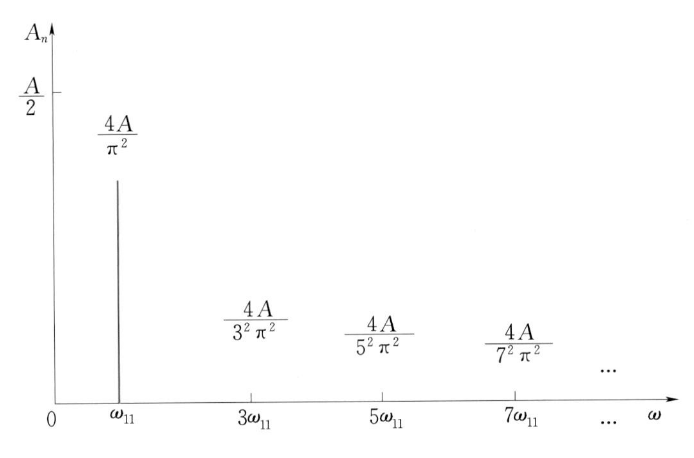

图 4.3-3 周期性三角波的幅频谱图

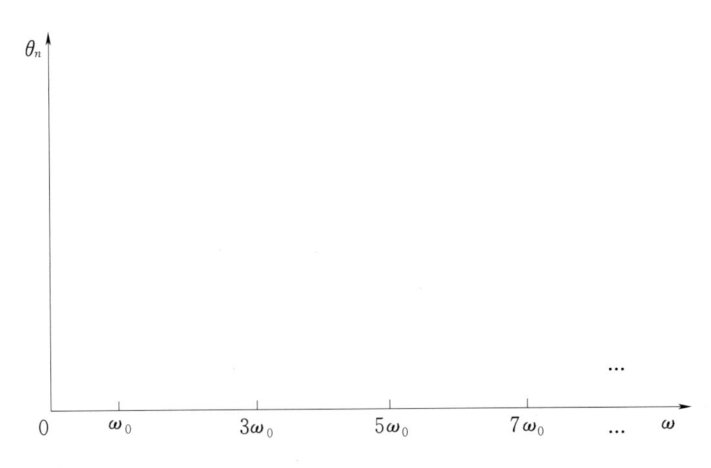

图 4.3-4 周期性三角波的相频谱图

【例 4.3-2】 求如图 4.3-5 所示周期性方波的频谱，其在一个周期内的表达式为

$$x(t)=\begin{cases}-A & \left(-\dfrac{T}{2}<t<0\right)\\ A & \left(0\leqslant t<\dfrac{T}{2}\right)\end{cases}$$

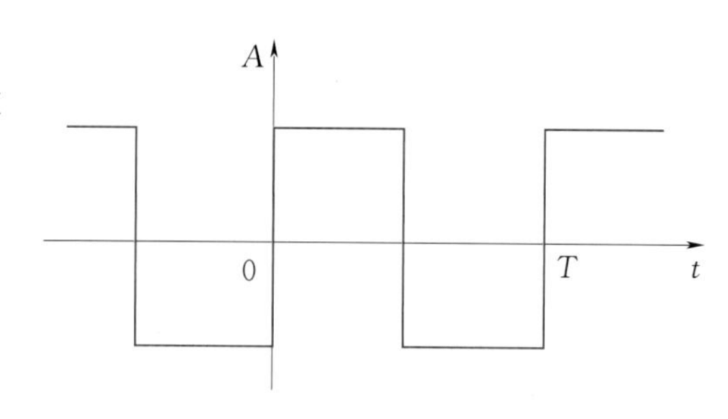

图 4.3-5 周期性方波

解：由图 4.3-5 可知，该信号为奇函数，因此 $a_0=0$，$a_n=0$，则

$$b_n=\frac{2}{T_0}\int_{-\frac{T}{2}}^{\frac{T}{2}}x(t)\sin n\omega_0 t\mathrm{d}t=\frac{4}{T_0}\int_0^{\frac{T}{2}}A\sin n\omega_0 t\mathrm{d}t$$

$$=\frac{2A}{n\pi}(1-\cos n\pi)=\begin{cases}0 & (n=2,4,6,\cdots)\\ \dfrac{4A}{n\pi} & (n=1,3,5,\cdots)\end{cases}$$

所以，周期性方波可以写成

$$x(t)=\frac{4A}{\pi}\left(\sin\omega_0 t+\frac{1}{3}\sin 3\omega_0 t+\frac{1}{5}\sin 5\omega_0 t+\cdots\right)$$

周期性方波的幅频谱和相频谱如图 4.3-6 所示。

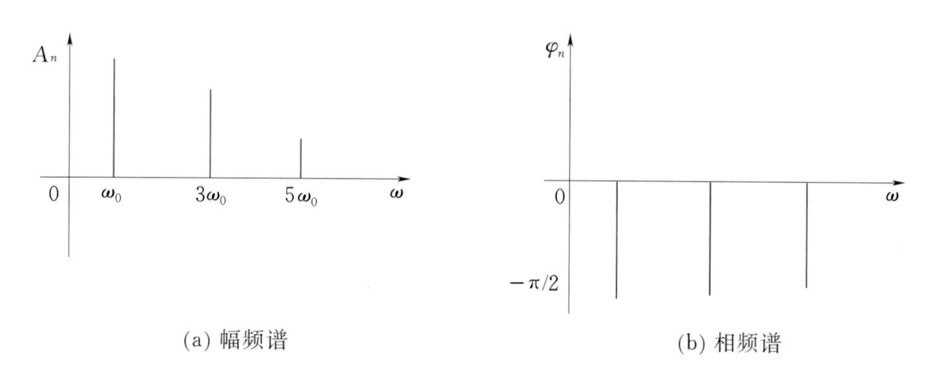

图 4.3-6 周期性方波的幅频谱和相频谱

4.3.6 离散频谱的性质

周期信号的离散频谱具有许多优良性质，反映了频谱相应于信号在时域变化的规律。离散频谱的 4 个重要性质如下：

1. 叠加特性

若 $f(t)$ 和 $g(t)$ 具有相同的基本周期 T，且 $f(t)\leftrightarrow F_n$，$g(t)\leftrightarrow G_n$，则

$$h(t)=\lambda f(t)+\mu g(t)\leftrightarrow H_n=\lambda F_n+\mu G_n \tag{4.3-10}$$

式中 λ、μ——任意常数。

叠加特性也称线性性质。若 $f(t)$ 和 $g(t)$ 的基本周期不相同，但存在公共周期时，则上述叠加特性仍正确，只要角频率 k 作相应的改变即可。

2. 时移特性

若 $f(t)\leftrightarrow F_n$，则

$$f(t-a)\leftrightarrow F_n \mathrm{e}^{-\mathrm{j}nka} \tag{4.3-11}$$

式中 a——常数。

这就是说：周期信号在时域中延迟 a，等效于在频域中其频谱产生一个附加相移 $(-nkf)$。

3. 时域微分特性

若 $f(t)\leftrightarrow F_n$，则对于 $f(t)$ 的 m 阶导数 $f^{(m)}(t)$ 的频谱，则有

$$f^{(m)}(t)\leftrightarrow (\mathrm{j}nk)^m F_n \tag{4.3-12}$$

4. 频域微分特性

若 $f(t)\leftrightarrow F_n$，则有频域微分特性：

$$(-\mathrm{j}t)^m f(t)\leftrightarrow \frac{\mathrm{d}^m F_n}{\mathrm{d}(nk)^m} \tag{4.3-13}$$

利用这一特性，能较快地计算形如 $t^m f(t)$ 的周期信号的频谱。

4.3.7 频谱的简便算法

利用周期信号离散频谱的上述特性，可归纳出求解频谱的简便算法，其步骤为：

（1）任取信号 $f(t)$ 的一个周期，称之为计算周期，如 $[0,T]$ 或 $\left[-\frac{T}{2},\frac{T}{2}\right]$等。

（2）在所取计算周期上，将信号 $f(t)$ 用单位阶跃信号 $u(t)$ 解析。

$$u(t)=\begin{cases}1 & (t>0)\\ 0 & (t<0)\end{cases}$$

（3）依次求 $f(t)$ 的各阶导数 $f^{(m)}(t)$，直至 $f^{(m)}(t)$ 可由冲激函数、冲激函数的导数或原信号函数表示为止。

（4）利用离散频谱特性与冲激函数的性质完成求解。

【例 4.3-3】 利用频谱的性质，重做［例 4.3-2］。

解： 利用频谱的时域微分特性计算，取计算周期$\left[-\frac{T}{2},\frac{T}{2}\right]$，可知：

$$x(t)=A[2u(t)]-u\left(t-\frac{T}{2}\right)-u\left(t+\frac{T}{2}\right)$$

由于

$$x'(t)=A\left[2W(t)-W\left(t-\frac{T}{2}\right)-W\left(t+\frac{T}{2}\right)\right]$$

所以
$$(\mathrm{j}nk)F_n=A\left(\frac{T}{2}-\frac{\mathrm{e}^{-\mathrm{j}nk\frac{T}{2}}}{T}-\frac{\mathrm{e}^{\mathrm{j}nk\frac{T}{2}}}{T}\right)$$

$$F_n=\frac{2A}{\mathrm{j}nkt}[1-\cos(n\pi)]=\frac{2A}{\mathrm{j}2n\pi}[1-\cos(n\pi)]$$

当 n 为偶数时，$F_n=0$； 当 n 为奇数时，$F_n=\frac{E}{\mathrm{j}n\pi}$。 进一步有

$$x(t)=\frac{4A}{\pi}\left(\sin kt+\frac{1}{3}\sin 3kt+\frac{1}{5}\sin 5kt+\cdots\right)$$

【例 4.3－4】 利用频谱的性质，重做［例 4.3－1］。

解：综合利用频谱的叠加原理与微分特性计算，取计算周期 $\left[-\frac{T}{2},\ \frac{T}{2}\right]$，可知

$$x(t)=\left(A+\frac{2At}{T_0}\right)\left[u(t)-u\left(t-\frac{T_0}{2}\right)\right]+\left(A-\frac{2At}{T_0}\right)\left[u\left(t+\frac{T_0}{2}\right)-u(t)\right]$$

令
$$g(t)=\frac{A}{2}\left[2u(t)-u\left(t-\frac{T_0}{2}\right)-u\left(t+\frac{T_0}{2}\right)\right]$$

$$h(t)=u\left(t-\frac{T_0}{2}\right)-u\left(t+\frac{T_0}{2}\right)$$

则
$$x(t)=-\frac{4t}{T_0}g(t)-Ah(t)$$

根据［例 4.3－3］的结果以及频谱的叠加原理，得

$$F_n=\left(-\frac{4}{T_0}\right)\mathrm{j}\left[\frac{\mathrm{d}G_n}{\mathrm{d}(nk)}\right]-AH_n=4A\frac{1-\cos(n\pi)}{(nk)^2T_0^2}=A\frac{1-\cos(n\pi)}{n^2\pi^2}$$

当 n 为偶数时，$F_n=0$； 当 n 为奇数时，$F_n=\frac{2A}{n^2\pi^2}$。 进一步有

$$x(t)=\frac{A}{2}+\frac{4A}{\pi^2}\left(\cos kt+\frac{1}{3^2}\cos 3kt+\frac{1}{5^2}\cos 5kt+L\right)$$

4.4 非周期信号与连续频谱

4.4.1 非周期信号概述

非周期信号是在时域上不按周期重复出现，但仍可用准确的解析式表达的信号。非周期信号包括准周期信号和瞬变非周期信号。

1. 准周期信号

准周期信号是由有限个周期信号合成的，但各周期信号的频率相互间不是公倍

数关系，其频率比不是有理数，其合成信号不满足周期条件。例如准周期信号 $x(t)=\sin t+\sin\sqrt{2}t$ 是两个正弦信号的合成，不成谐波关系，图 4.4-1 所示为其信号波形图。

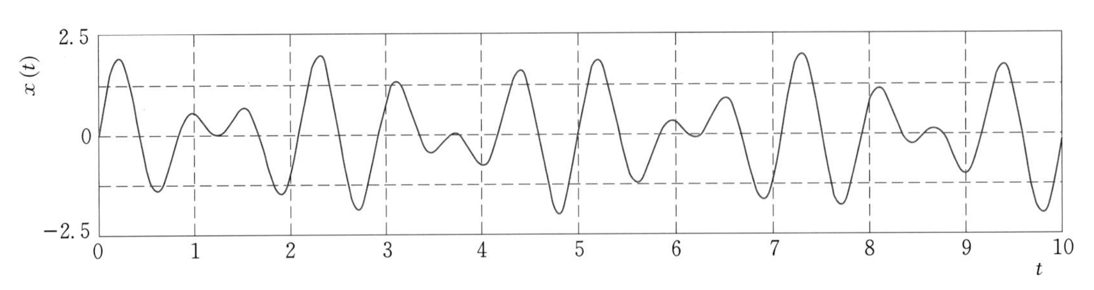

图 4.4-1 准周期信号 $x(t)=\sin t+\sin\sqrt{2}t$ 波形图

准周期信号往往出现于振动系统和通信系统，如两个独立的振源对同一对象激振产生的振动信号是准周期信号。对准周期信号的分析方法，常常应用于机械转子振动分析、齿轮噪声分析、语音分析等场合。

2. 瞬变非周期信号

瞬变非周期信号是指除准周期信号外的非周期信号。瞬变非周期信号在时间上不会重复出现，一般为时域有限信号，具有收敛可积条件，其能量为有限值。这种信号的频域分析手段是傅里叶变换。其表达式为

$$x(t)=\int_{-\infty}^{+\infty}X(f)\,e^{j2\pi ft}\,df$$

$$X(f)=\int_{-\infty}^{+\infty}x(t)\,e^{-j2\pi ft}\,dt \tag{4.4-1}$$

与周期信号相似，非周期信号也可以分解为许多不同频率分量的谐波和，所不同的是，由于非周期信号的周期 $T\to\infty$，基频 $\omega_0\to d\omega$，它包含了从零到无穷大的所有频率分量，各频率分量的幅值为 $\frac{X(\omega)d\omega}{2\pi}$，这是无穷小量，所以频谱不能再用幅值表示，而必须用幅值密度函数描述。

非周期信号 $x(t)$ 的傅里叶变换 $X(f)$ 是复数，所以有

$$X(f)=|X(f)|e^{j\varphi(f)}$$

$$|X(f)|=\sqrt{\mathrm{Re}^2[X(f)]+\mathrm{Im}^2[X(f)]}$$

$$\varphi(f)=\tan^{-1}\frac{\mathrm{Im}[X(f)]}{\mathrm{Re}[X(f)]} \tag{4.4-2}$$

式中 $|X(f)|$——信号在频率 f 处的幅值谱密度；

$\varphi(f)$——信号在频率 f 处的相位差。

与周期信号不同的是，非周期信号的谱线出现在 $[0,f_{max}]$ 的各连续频率值上，这种频谱称为连续谱。

4.4.2 常见的非周期信号及其连续频谱

1. δ函数信号及其频谱

某些具有冲击性的物理现象，如电网线路中的短时冲击干扰，数字电路中的采样脉冲，力学中的瞬间作用力，材料的突然断裂以及撞击、爆炸等，都是通过δ函数来分析的，只是函数面积（能量或强度）不一定为1，而是某一常数K。由于引入δ函数，运用广义函数理论，傅里叶变换就可以推广到并不满足绝对可积条件的功率有限信号范畴。

δ函数又称单位脉冲函数。在ε时间内$\delta_\varepsilon(t)$脉冲面积为1。当$\varepsilon\to 0$时，$\delta_\varepsilon(t)$的极限$\lim\limits_{\varepsilon\to 0}\delta_\varepsilon(t)$，称为δ函数，如图4.4-2所示。δ函数用标有1的箭头表示。

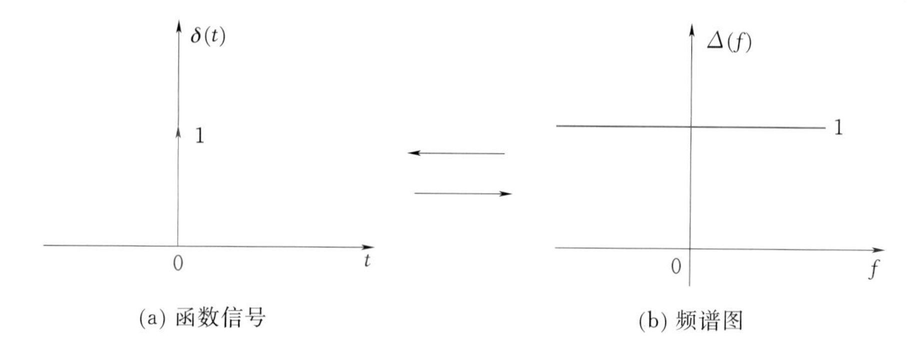

图4.4-2 δ函数信号及其频谱

$\delta(t)$的函数值和面积（通常表示能量或强度）分别为

$$\delta(t)=\lim_{\varepsilon\to 0}\delta_\varepsilon(t)=\begin{cases}\infty & (t=0)\\ 0 & (t\neq 0)\end{cases} \tag{4.4-3}$$

$$\int_{-\infty}^{+\infty}\delta(t)\mathrm{d}t=\int_{-\infty}^{+\infty}\lim_{\varepsilon\to 0}\delta_\varepsilon(t)\mathrm{d}t=\lim_{\varepsilon\to 0}\int_{-\infty}^{+\infty}\delta_\varepsilon(t)\mathrm{d}t=1 \tag{4.4-4}$$

对$\delta(t)$取傅里叶变换

$$\Delta(f)=\int_{-\infty}^{+\infty}\delta(t)\mathrm{e}^{-\mathrm{j}2\pi ft}\mathrm{d}t=\mathrm{e}^{-\mathrm{j}2\pi f\cdot 0}=1 \tag{4.4-5}$$

$$\delta(t)=\int_{-\infty}^{+\infty}1\cdot\mathrm{e}^{\mathrm{j}2\pi ft}\mathrm{d}f \tag{4.4-6}$$

可见δ函数具有等强度、无限宽广的频谱，这种频谱常称为均匀谱。δ函数是偶函数，则利用傅里叶变换的对称性、时移性、频移性等特性，还可以得到以下傅里叶变换对

$$\begin{array}{ccc}\delta(t) & \Leftrightarrow & 1\\ 1 & \Leftrightarrow & \Delta(f)\\ \delta(t-t_0) & \Leftrightarrow & \mathrm{e}^{-\mathrm{j}2\pi ft_0}\\ \mathrm{e}^{-\mathrm{j}2\pi f_0 t} & \Leftrightarrow & \Delta(f-f_0)\end{array}$$

2. 矩形窗函数信号及其频谱

矩形窗函数在时域中有限区间取值，但频域中频谱在频率轴上连续且无限延伸。由于实际工程测试总是时域中截取有限长度（窗宽范围）的信号，其本质是被测信号与矩形窗函数在时域中相乘，因而所得到的频谱必然是被测信号频谱与矩形窗函数频谱在频域中的卷积，所以实际工程测试得到的频谱也将是在频率轴上连续且无限延伸，如图 4.4－3 所示。

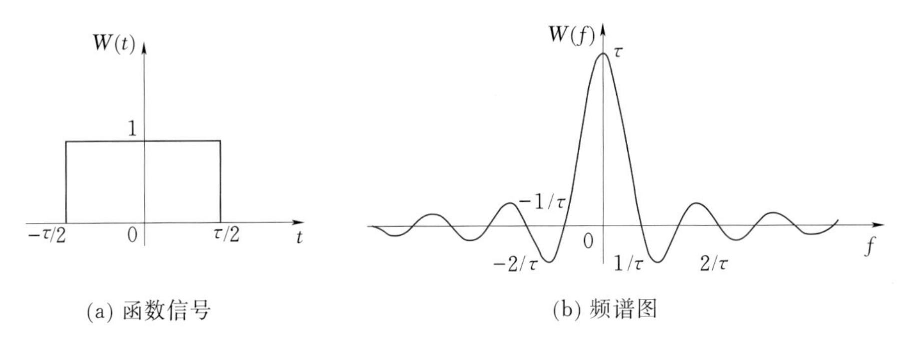

图 4.4－3　矩形窗函数信号及其频谱

知道幅值为 1 的常值函数的频谱为 $f=0$ 处的 δ 函数。实际上，利用傅里叶变换时间尺度改变性质，可以得出同样的结论。当矩形窗函数的窗宽 $T\rightarrow\infty$ 时，矩形窗函数就成为常值函数，其对应的频域 sin 函数→δ 函数。

3. 单边指数衰减函数信号及其频谱

（1）单边指数函数信号及其频谱图如图 4.4－4 所示。

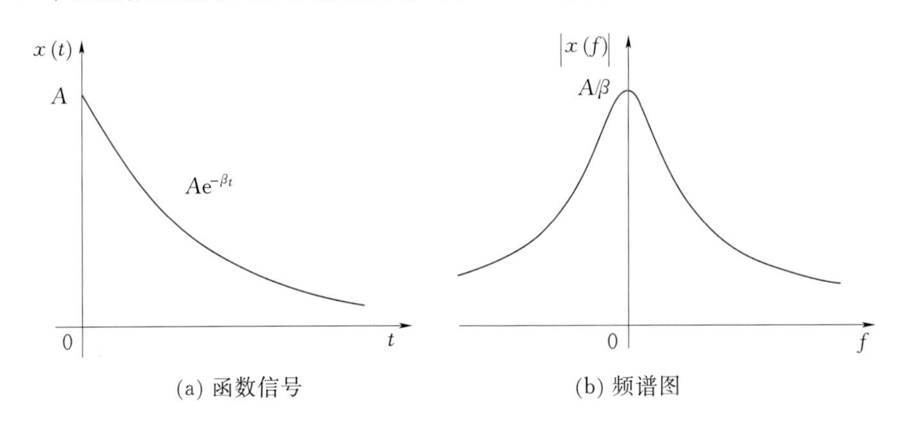

图 4.4－4　单边指数函数信号及其频谱图

（2）单边指数衰减函数表达式为

$$x(t)=\begin{cases}0 & (t<0)\\ e^{-at} & (t\geqslant 0,\ a>0)\end{cases} \tag{4.4-7}$$

其傅里叶变换为

$$X(f)=\int_{-\infty}^{+\infty}\mathrm{e}^{-at}\cdot\mathrm{e}^{-\mathrm{j}2\pi ft}\mathrm{d}t=\frac{1}{(a+\mathrm{j}2\pi f)}=\frac{a-\mathrm{j}2\pi f}{a^2+(2\pi f)^2} \tag{4.4-8}$$

4. 单位阶跃函数信号及其频谱

单位阶跃函数信号及其频谱图如图 4.4-5 所示。

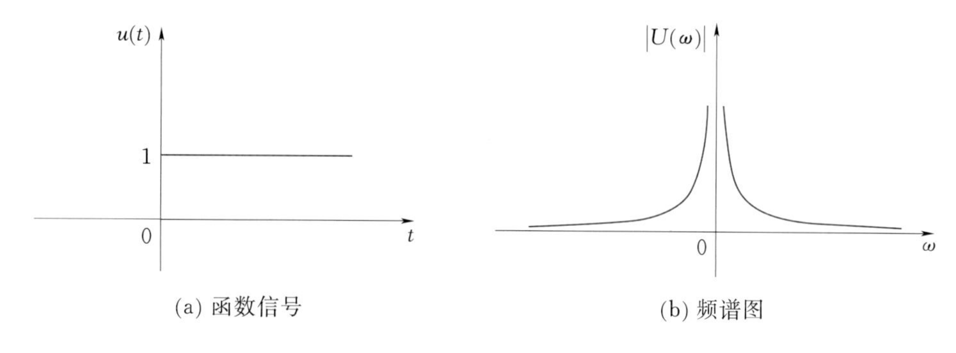

图 4.4-5　单位阶跃函数信号及其频谱图

单位阶跃函数可以看作是单边指数衰减函数 $a\to 0$ 时的极限形式，即

$$x(t)=\begin{cases}0=\dfrac{1}{2}+\dfrac{1}{2}\lim\limits_{a\to 0}-\mathrm{e}^{-at} & (a>0,\ t<0)\\[2ex] 1=\dfrac{1}{2}+\dfrac{1}{2}\lim\limits_{a\to 0}\mathrm{e}^{-at} & (a>0,\ t>0)\end{cases} \tag{4.4-9}$$

$$X(f)=\frac{1}{2}\delta(f)+\frac{-j}{2\pi f} \tag{4.4-10}$$

4.5 随 机 信 号

4.5.1 随机信号概述

随机变量本质上相应于某个随机实验的一次观察结果，随机向量也只相应于某个多维随机实验的一次观察结果。实际上，许多随机现象是按时间或其他参量推进的，其研究需按某种方式持续不断地观察其过程，这样涉及有序的、无穷多个随机变量。随机信号指具有不能被预测的特性，且只能经统计过程而描述的信号。

4.5.1.1 贝努利随机信号

贝努利随机变量 $X(s)$ 基于一个掷币实验（s 表示基本结果事件）：1 表示 s 为正面，0 表示 s 不为正面；s 为正面的概率为 $P[X(s)=1]=p$，s 不为正面的概率为 $P[X(s)=0]=q$，其中 $p+q=1$。

若无休止地在 $t=n(n=0,1,2,\cdots)$ 时刻上，独立进行（相同的）掷币实验构成无限长的随机变量序列 $\{X_1, X_2, X_3, \cdots, X_n, \cdots\}$，其中 X_n 与 n 和 s 都有关，

应记为 $X(n,s)$，于是有

$$X_n = X(n,s) = \begin{cases} 1 & (\text{在 } t=n \text{ 时刻}, s=\text{正面}) \\ 0 & (\text{在 } t=n \text{ 时刻}, s\neq \text{正面}) \end{cases}$$

而且有概率

$$P[X(n,s)=1]=p, \quad P[X(n,s)=0]=q$$

其中，$p+q=1$。上述随机变量序列 $\{X_1, X_2, X_3, \cdots, X_n, \cdots\}$ 通常被称为随机序列，也被称为（离散）随机信号。

4.5.1.2 正弦随机信号

前面讨论的贝努利随机信号是离散的，面对许多随机现象的研究涉及连续型的情况。比如正弦信号发生器或各种正弦振荡电路产生的波形的函数形式为

$$W(t)=a\sin(\omega t+\theta) \tag{4.5-1}$$

式中 a——振幅；

ω——角频率；

θ——初相。

如果需要峰值为 1，频率为 1000Hz，且开启后相位正确的 sin（）型信号时，应将设备或电路参数设定为 $a=1$、$\omega=2000$、$\theta=0$，使结果波形为 $W(t)=\sin(2\pi\times 1000t)$。

但是，由于器件与生产工艺固有的容差与不确定性等因素，任何生产厂家都不可能实际制造出绝对准确的设备与电路。想象一下，厂家提供了 100 台同样的设备，并完全一样地进行如上设置，同时开启后的结果波形不会都是绝对的精确，也不会绝对的一模一样。细微的误差总是有的，而且每次误差值也是不确定的、无法预先知道的。高精度的设备具有较小的差异，但差异及其不确定性是固有的。

实际的设备与电路具有内在的不确定性，这需要用到一些随机量去表征它的输出，实际设备与电路产生的正弦波形是包含有振幅、角频率与初相三个随机变量的信号。

【定义 1】 给定具有某种概率分布的振幅随机变量 A、角频率随机变量 Ω 与相位随机变量 θ（具体概率分布特性视应用而定），以时间参量 t 建立随机信号（或过程）。

$$W_t=W(t,s)=A\sin(\Omega t+\theta)$$

于是，相应于某个参量域 T 的随机变量族 $\{W_t, t\in T\}$ 为正弦随机信号（或称为正弦随机过程）。设备产生的每一个实际正弦波就是上述正弦随机信号的某次时间过程，如图 4.5-1（a）所示，被称为该信号的某次样本函数或某次实现。

由定义可知，正弦随机信号是一族无限稠密的随机变量。在任意给定时刻 t_1 是一个随机变量 W_{t1}，如图 4.5-1（c）所示，概率特性由随机变量 A、Ω 确定；另一方

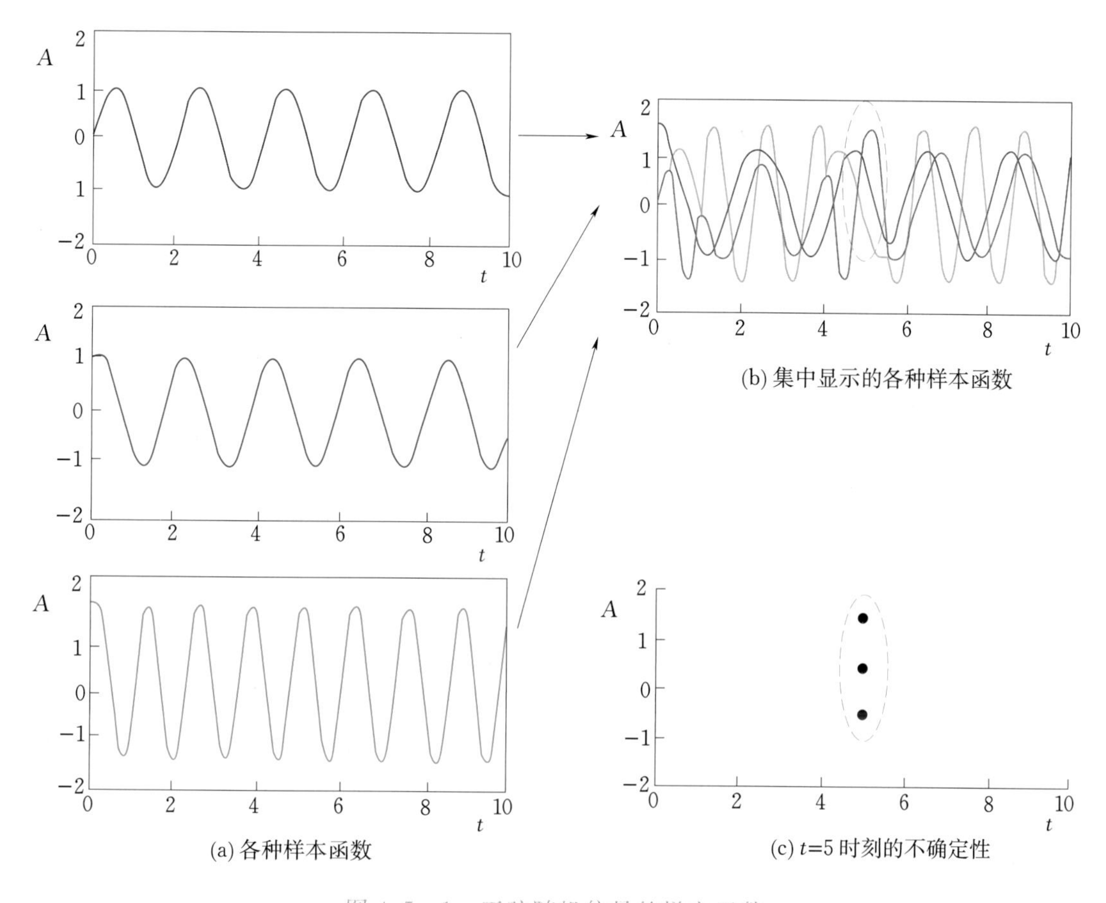

图 4.5-1 正弦随机信号的样本函数

面，观察该信号随参量 t 的各次过程，其样本函数呈现出正弦函数规律，如图4.5-1(b) 所示。当然，[定义 1] 中给出的是正弦随机信号的通用格式，具体应用中可能简化掉其中一个或两个随机变量。在一种典型情况下，随机变量 A 的概率密度函数为 $f_A(a)$，角频率可视为确定量 ω，而初相可视为 0，于是有

$$W(t,s)=A\sin\omega t \tag{4.5-2}$$

正弦随机信号的概率特性也可以逐步分解如下：

1. 考虑式 (4.5-2) 的正弦随机信号一维概率特性

对于任何一个时刻 t_1，随机变量 W_{t1}（以下简称为 W_1）的概率特性由 A、Ω 与 θ 确定。利用 $Y=aX$ 的随机变量线性变换方法，容易得出此正弦随机信号的一维概率密度函数关系：

$$f_{W_1}(\omega_1)=\begin{cases}\dfrac{1}{|\sin\omega t_1|}f_A\left(\dfrac{\omega_1}{\sin\omega t_1}\right) & (\sin\omega t_1\neq 0)\\ \delta(\omega_1) & (\sin\omega t_1=0)\end{cases} \tag{4.5-3}$$

【例 4.5-1】 假定式 (4.5-3) 正弦随机信号的振幅随机变量 A 服从高斯分

布，值均为1，方差为0.0001，计算其t时刻随机变量的概率密度函数。

解： 随机变量A的标准差为0.01，由上式可得概率密度函数为

$$f_{W_t}(\omega_1)=\begin{cases}\dfrac{100}{\sqrt{2}\pi|\sin\omega t|}\exp\left[-\left(\dfrac{\omega_1}{\sin\omega t}-1\right)^2/0.0002\right] & (\sin\omega t\neq 0)\\ \delta(\omega_1) & (\sin\omega t=0)\end{cases}$$

该设备产生的正弦信号振幅基本上都在1附近，以99.6%的概率保证在0.97至1.03之间。

2. 考虑式（4.5－2）的正弦随机信号二维概率特性

对于任意两个时刻t_1和t_2，随机变量W_{t1}与W_{t2}（以下简称为W_1与W_2）的联合概率特性的概率分布函数为

$$F_{W_1,W_2}(\omega_1,\omega_2)=P[(A\sin\omega t_1\leqslant\omega_1)\cap(A\sin\omega t_2\leqslant\omega_2)]$$

$$=\begin{cases}P[(0\leqslant\omega_1)\cap(A\sin\omega t_2\leqslant\omega_2)] & (\sin\omega t_1=0\text{ 而 }\sin\omega t_2\neq 0)\\ P[(A\sin\omega t_1\leqslant\omega_1)\cap(0\leqslant\omega_2)] & (\sin\omega t_1\neq 0\text{ 而 }\sin\omega t_2=0)\\ P[(0\leqslant\omega_1)\cap(0\leqslant\omega_2)] & (\sin\omega t_1=0\text{ 同时 }\sin\omega t_2\neq 0)\\ P[(A\sin\omega t_1\leqslant\omega_1)\cap(A\sin\omega t_2\leqslant\omega_2)] & (\sin\omega t_1\neq 0\text{ 同时 }\sin\omega t_2=0)\end{cases}$$

（1）如果$\sin\omega t_1=0$，$\sin\omega t_2\neq 0$，则

$$F_{W_1,W_2}(\omega_1,\omega_2)=\begin{cases}P[(A\sin\omega t_2\leqslant\omega_2)] & (\omega_1\geqslant 0)\\ 0 & (\omega_1<0)\end{cases}$$

如果$\sin\omega t_2>0$，则

$$P[A\sin\omega t_2\leqslant\omega_2]=P\left[A\leqslant\frac{\omega_2}{\sin\omega t_2}\right]=F_A\left(\frac{\omega_2}{\sin\omega t_2}\right)$$

如果$\sin\omega t_2<0$，则

$$P[A\sin\omega t_2\leqslant\omega_2]=P\left[A\geqslant\frac{\omega_2}{\sin\omega t_2}\right]=1-F_A\left(\frac{\omega_2}{\sin\omega t_2}\right)+P\left(\frac{\omega_2}{\sin\omega t_2}\right)$$

（2）如果$\sin\omega t_1\neq 0$，$\sin\omega t_2=0$，结果与上相似。

（3）如果$\sin\omega t_1=0$，$\sin\omega t_2=0$，则

$$F_{W_1,W_2}(\omega_1,\omega_2)=\begin{cases}1 & (\omega_1\geqslant 0\text{ 且 }\omega_2\geqslant 0)\\ 0 & (\text{其他})\end{cases}$$

（4）如果$\sin\omega t_1\neq 0$，$\sin\omega t_2\neq 0$，可以根据$\sin\omega t_1$与$\sin\omega t_2$分别大于0或小于0的情况，仿上，进一步讨论。比如，如果都大于0，则

$$F_{W_1,W_2}(\omega_1,\omega_2)=P\left[\left(A\leqslant\frac{\omega_1}{\sin\omega t_1}\right)\cap\left(A\leqslant\frac{\omega_2}{\sin\omega t_2}\right)\right]=F_A\left[\min\left(\frac{\omega_1}{\sin\omega t_1},\frac{\omega_2}{\sin\omega t_2}\right)\right]$$

式中　$\min(a, b)$——a与b中较小者。

其他情况略。

可以看出，W_{t1}与W_{t2}都源于随机变量A，彼此不会统计独立（如果选取更多的

时刻)，计算联合概率特性可能是非常困难的。许多情况下，其实只需要部分的统计特性。正弦随机信号的简单数字特性的分析，如均值、方差与互相关等，可以通过以下例子来说明。

【例 4.5-2】 假定正弦随机信号 $\{W_t = A\cos\omega t,\ -\infty < t < +\infty\}$ 的振幅随机变量 A 服从 0 到 1 之间的均匀分布，计算其 t 时刻随机变量的均值与方差。

解： 可直接计算如下：

$$E[W_t] = E[A]\cos\omega t = 0.5\cos\omega t$$

$$\mathrm{Var}[W_t] = E[(A\cos\omega t - 0.5\cos\omega t)^2] = \mathrm{Var}[A]\cos^2\omega t = \frac{1}{12}\cos^2\omega t$$

在实际应用中，很多时候正弦振荡源的初始相位是无法准确控制的，因此其产生的正弦随机信号具有随机相位。常常可以假定它是均匀分布的，并与其他随机变量统计独立。可以注意到，上述随机信号的均值为 0，而相互关系取决于两随机变量相互间的时刻差，大多数时刻是彼此相关的。

4.5.1.3 随机信号的定义与描述

贝努利随机信号与正弦随机信号从离散与连续两个侧面给出了研究随机现象的一种数学模型，它是无穷多个随机变量构成的序列或族。在此基础上，将随机信号归纳定义如下：具有不能被预测的特性且只能经统计过程观察而描述的信号称为随机信号。随机信号具有不能被预测的瞬时值，且不能用解析的时域模型来描述，然而却能由自身的统计和频谱特性来加以表征。

随机信号是一类十分重要的信号，因为按照信息论的基本原理，只有那些具有随机行为的信号才能传递信息。随机信号之所以重要还在于经常需要来排除随机干扰的影响，或辨识和测量出淹没在噪声环境中的、以微弱信号的形式所表现出的各种现象。一般来说，信号总是受环境噪声所污染的。确定型信号仅仅是在一定条件下所出现的特殊情况，或是在忽略某些次要的随机因素后抽象出的模型。因此，研究随机信号具有更普遍和现实的意义。

一个被观察到的随机信号必须被视为是由所有能被同一现象或随机过程所产生的相似信号形成的一个集（或总体）的一种特殊的试验实现。

随机信号研究对于信号提取，信噪比分析具有重要意义。

对随机信号的描述必须采用概率统计的方法。将随机信号按时间历程所作的各次长时间的观察记录称为一个样本函数，记作为 $x_i(t)$，如图 4.5-2 所示。在有限区间上的样本函数称为样本记录。将同一试验条件下的全部样本函数的集（总体）称为随机过程 $\{x(t)\}$。

如果一个随机过程 $\{x(t)\}$ 对于任意的 $t_i \in T$，$\{x(t_i)\}$ 都是连续随机变量，则称此随机过程为连续随机过程，其中 T 属于 t 的变化范围。与之相反，如果随机过程 $\{x(t)\}$ 对

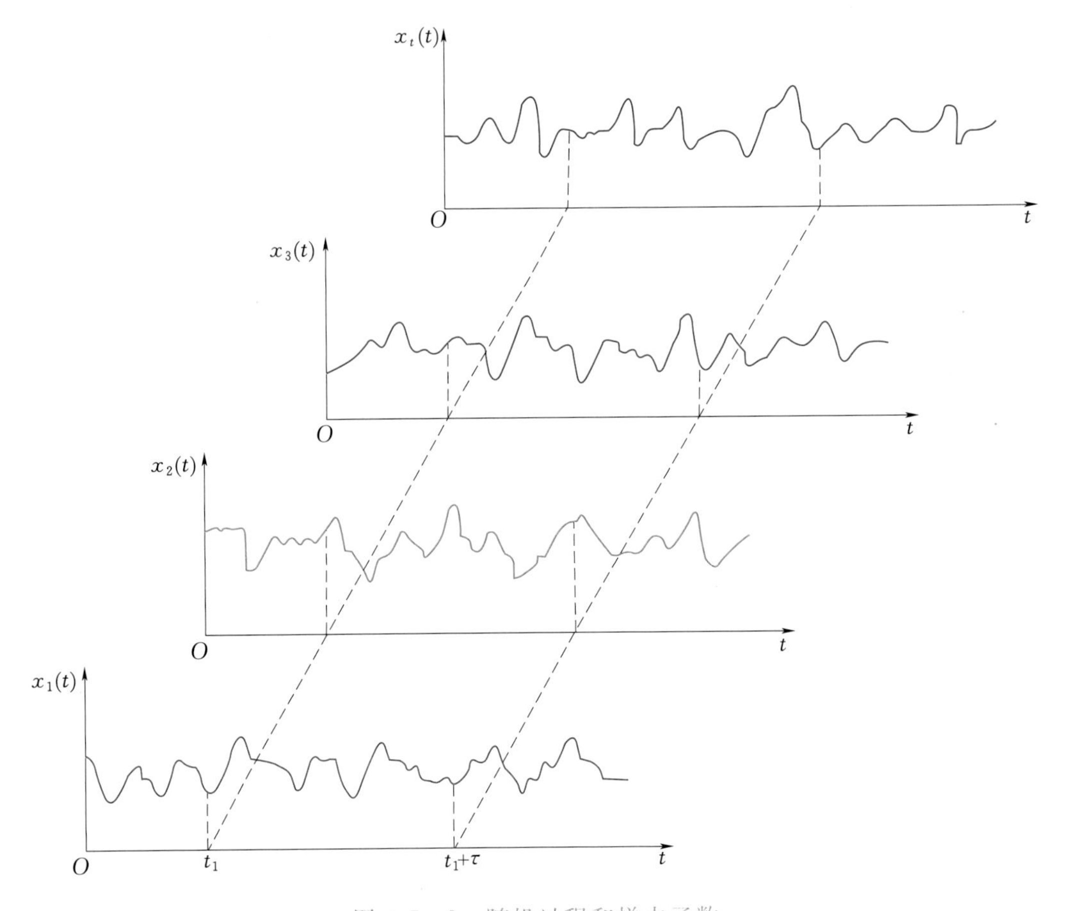

图 4.5-2 随机过程和样本函数

于任意的 $t_i \in T$，$\{x(t_i)\}$ 都是离散随机变量，则称此随机过程为离散随机过程。

随机过程并非无规律可循。事实上，只要能获得足够多和足够长的样本函数(即时间历程记录)，便可取得其理论意义上的统计规律。常用的统计特征参数有均值、均方值、方差、概率密度函数、概率分布函数和功率谱密度函数等。这些特征参数均是按照集平均来计算的，即并不是沿某个样本函数的时间轴来进行，而是在集中的 t_1 对所有的样本函数的观测值取平均。为了与集平均相区分，将按单个样本的时间历程所进行的平均称为时间平均。例如，根据图 4.5-2 按集平均来计算某时刻 t_1 的均值 $\mu_x(t_1)$ 和均方值为

$$\mu_x(t_1)=\lim_{N\to\infty}\frac{1}{N}\sum_{i=1}^{N}x_i(t_1) \tag{4.5-4}$$

$$\varphi_x^2(t_1)=\lim_{N\to\infty}\frac{1}{N}\sum_{i=1}^{N}x_i^2(t_1) \tag{4.5-5}$$

随机过程又分为平稳随机过程和非平稳随机过程。平稳随机过程是指过程的统计特性不随时间的平移而变化，或者说不随时间原点的选取而变化的过程。严格地

说便是：如果对于时间 t 的任意 n 个数值 t_1，t_2，…，t_n和任意实数 ε，随机过程 $\{x(t)\}$ 的 n 维分布函数满足关系式：

$$F_n(x_1,x_2,\cdots,x_n,t_1,t_2,\cdots,t_n)=F_n(x_1,x_2,\cdots,x_n,t_1+\varepsilon,t_2+\varepsilon,\cdots,t_n+\varepsilon)(n=1,2,\cdots)$$

则称 $\{x(t)\}$ 为平稳随机过程，简称平稳过程，不符合上述条件的随机过程称为非平稳过程。

实际中要按照上述关系式来判断一个随机过程的平稳性并非易事，但对于一个被研究的随机过程，若前后的环境及主要条件均不随时间变化而变化，则一般可认为是平稳的。平稳性反映在观测记录，即样本曲线方面的特点是：随机过程的所有样本曲线都在某一水平直线周围随机波动。日常生活中的例子如恒温条件下的热噪声电压过程、船舶的颠簸、测量运动目标的距离时产生的误差、地质勘探时在某地点振动过程、照明用电网中电压的波动以及各种噪声和干扰等在工程上均被认为是平稳的。平稳过程是很重要、很基本的一类随机过程，过程中遇到的许多过程都可以认为是平稳的。

对于一个平稳随机过程，若它的任一单个样本函数的时间平均统计特征等于该过程的集平均统计特征，则该过程称为各态历经过程。随机过程的这种性质称为各态历经性，也称遍历性或埃尔古德性（英文 Ergodic 的音译）。工程中遇到的许多平稳随机过程都具有各态历经性。有些虽不是严格的各态历经过程，但仍可被当作各态历经过程来处理。对于一般随机过程，常需要取得足够多的样本才能对他们进行描述。要取得这么多的样本函数则需要进行大量的观测，实际上往往不可能做到这一点。因此在测试工作中常把对象的随机过程按各态历经过程来处理，从而可采用有限长度的样本记录的观测来推断、估计被测对象的整个随机过程，以其时间平均来估算其集平均。诚然，在进行这样的工作之前首先对一个随机过程进行检验，看其是否满足各态历经的条件，本书以后的讨论中，所谓的随机信号如无特殊说明均指各态历经的随机信号。

4.5.2 随机过程的主要特征参数

4.5.2.1 均值、均方值和方差

（1）对于一个各态历经过程 $x(t)$，其均值 μ_x 定义为

$$\mu_x=E(x)=\lim_{T\to\infty}\frac{1}{T}\int_0^T x(t)\mathrm{d}t \tag{4.5-6}$$

式中 $E(x)$ ——变量 x 的数学期望值；

$x(t)$ ——样本函数；

T——观测的时间。

（2）随机信号的均方值 φ_x^2 定义为

$$\varphi_x^2 = E(x^2) = \lim_{T\to\infty}\frac{1}{T}\int_0^T x^2(t)\mathrm{d}t \tag{4.5-7}$$

式中　$E(x^2)$——x^2 的数学期望值。

均方值描述信号的能量或强度，它是 $x(t)$ 平方的均值。均方值 φ_x^2 的平方根称为均方根值 x_{rms}（root－mean－square）。

（3）随机信号的方差 σ_x^2 定义为

$$\sigma_x^2 = \lim_{T\to\infty}\frac{1}{T}\int_0^T [x(t)-\mu_x]^2\mathrm{d}t \tag{4.5-8}$$

方差 σ_x^2 表示随机信号的波动分量，它是信号 $x(t)$ 偏离其均值 μ_x 的平方的均值。方差的平方根 σ_x 为标准偏差。

上述三个参数 μ_x、φ_x^2 和 σ_x^2 之间的关系为

$$\sigma_x^2 = \varphi_x^2 - \mu_x^2 \tag{4.5-9}$$

当 $\mu_x=0$ 时，有

$$\sigma_x^2 = \varphi_x^2，\ \sigma_x = x_{\mathrm{rms}} \tag{4.5-10}$$

实际工程应用中，常常以有限长的样本记录来替代无限长的样本记录。用有限长度的样本函数计算出来的特征参数均为理论参数的估计值，因此随机过程的均值、方差和均方值的估计公式为

$$\mu_x = \frac{1}{T}\int_0^T x(t)\mathrm{d}t \tag{4.5-11}$$

$$\varphi_x^2 = \frac{1}{T}\int_0^T x^2(t)\mathrm{d}t \tag{4.5-12}$$

$$\sigma_x^2 = \frac{1}{T}\int_0^T [x(t)-\mu_x]^2\mathrm{d}t \tag{4.5-13}$$

4.5.2.2　概率密度函数和概率分布函数

概率密度函数是指一个随机信号的瞬时值落在指定区间（x，$x+\Delta x$）内的概率对 Δx 比值的极限值。

如图 4.5－3 所示，在观察时间长度 T 的范围内，随机信号 $x(t)$ 的瞬时值落在（x，$x+\Delta x$）区间内的总时间和为

$$t_x = \Delta t_1 + \Delta t_2 + \cdots + \Delta t_n = \sum_{i=1}^{n}\Delta t_i \tag{4.5-14}$$

当样本函数的观察时间 $T\to\infty$时，T_x/T 的极限便称为随机信号 $x(t)$ 在（x，$x+\Delta x$）区间内的概率，即

$$P[x < x(t) < x+\Delta x] = \lim_{T\to\infty}\frac{T_x}{T} \tag{4.5-15}$$

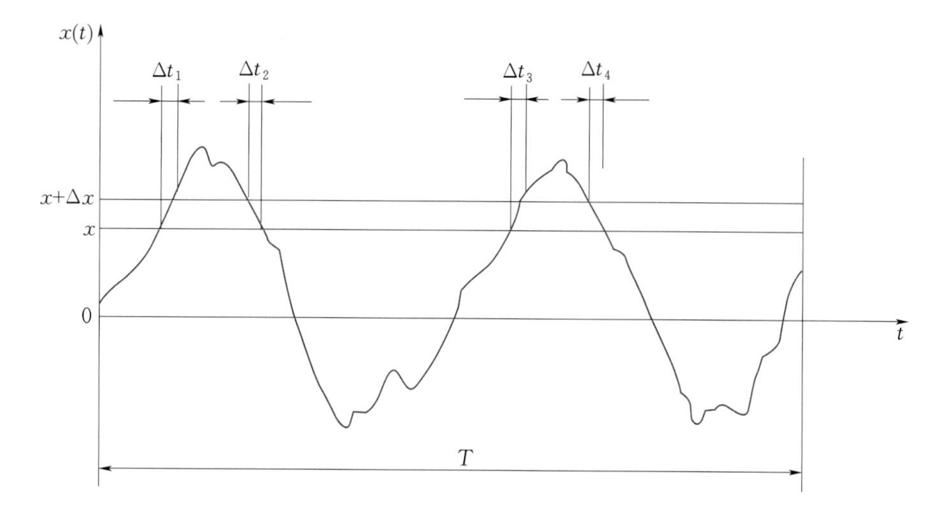

图 4.5-3 概率密度函数的物理解释

$$T_x = \sum_{i=1}^{n} \Delta t_i$$

概率密度函数 $p(x)$ 则定义为

$$p(x) = \lim_{T \to \infty} \frac{P[x < x(t) < x + \Delta x]}{\Delta x} = \lim_{\substack{T \to \infty \\ \Delta x \to 0}} \frac{\frac{T_x}{T}}{\Delta x} \tag{4.5-16}$$

若随机过程变量 x 的概率密度函数具有如下的经典高斯形式

$$p(x) = \frac{1}{\sigma_x \sqrt{2\pi}} \exp\left[-\frac{(x-\mu_x)^2}{2\sigma_x^2}\right], \quad -\infty < x < +\infty \tag{4.5-17}$$

则称该过程为高斯过程或正态过程，许多工程振动过程均十分接近于正态过程。

概率分布函数 $P(x)$ 表示随机信号的瞬时值低于某一给定值 x 的概率，即

$$P(x) = P[x(t) \leqslant x] = \lim \frac{T'_x}{T} \tag{4.5-18}$$

式中 T'_x —— $x(t)$ 值小于或等于 x 的总时间。

概率密度函数与概率分布函数间的关系为

$$p(x) = \lim_{\Delta x \to 0} \frac{P(x + \Delta x) - P(x)}{\Delta x} = \frac{\mathrm{d}P(x)}{\mathrm{d}x} \tag{4.5-19}$$

$$P(x) = \int_{-\infty}^{+\infty} p(x)\mathrm{d}x \tag{4.5-20}$$

$x(t)$ 的值落在区间 (x_1, x_2) 内的概率为

$$P[x_1 < x(t) < x_2] = \int_{x_1}^{x_2} p(x)\mathrm{d}x = P(x_2) - P(x_1) \tag{4.5-21}$$

对于式 (4.5-20) 所表示的正态过程，随机变量 x 的分布函数为

$$P(x) = \int_{-\infty}^{+\infty} p(x)\mathrm{d}x = \frac{1}{\sigma_x \sqrt{2\pi}} \int_{-\infty}^{+\infty} \mathrm{e}^{-\frac{(x-\mu_x)^2}{2\sigma_x^2}} \mathrm{d}t \tag{4.5-22}$$

图 4.5-4 所示为正态过程的概率密度函数和概率分布函数的图形。

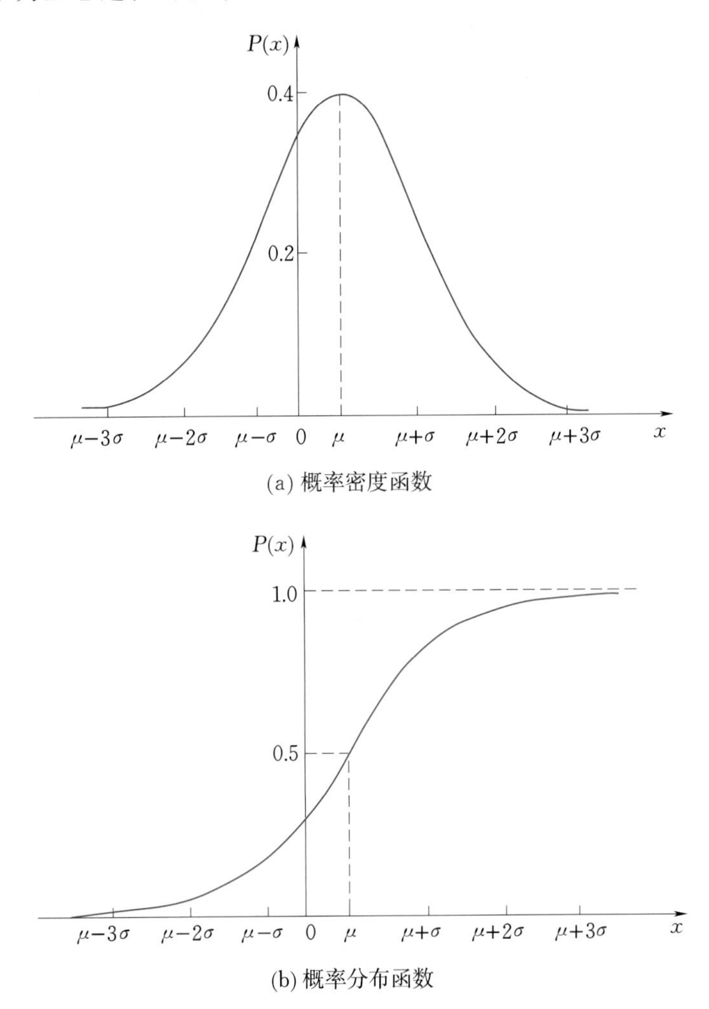

(a) 概率密度函数

(b) 概率分布函数

图 4.5-4 正态过程的概率密度函数和概率分布函数

在日常生活中，大量的随机现象都服从或近似服从正态分布，如某地区成年男性的身高、测量零件长度的误差、海浪波浪的高度、半导体器件中的热噪声电流和电压等。因此，正态随机变量在工程应用中起着重要的作用。

利用概率密度函数还可以识别不同的随机过程，这是因为不同的随机信号其概率密度函数的图形也不同。图 4.5-5 给出了四种均值为零的随机信号的概率密度函数图形。

4.5.3 水轮发电机组振动过程中产生的随机信号分析

1. 概述

振动是水轮发电机组运行中最常见的故障之一，强烈的振动将直接危及到机组

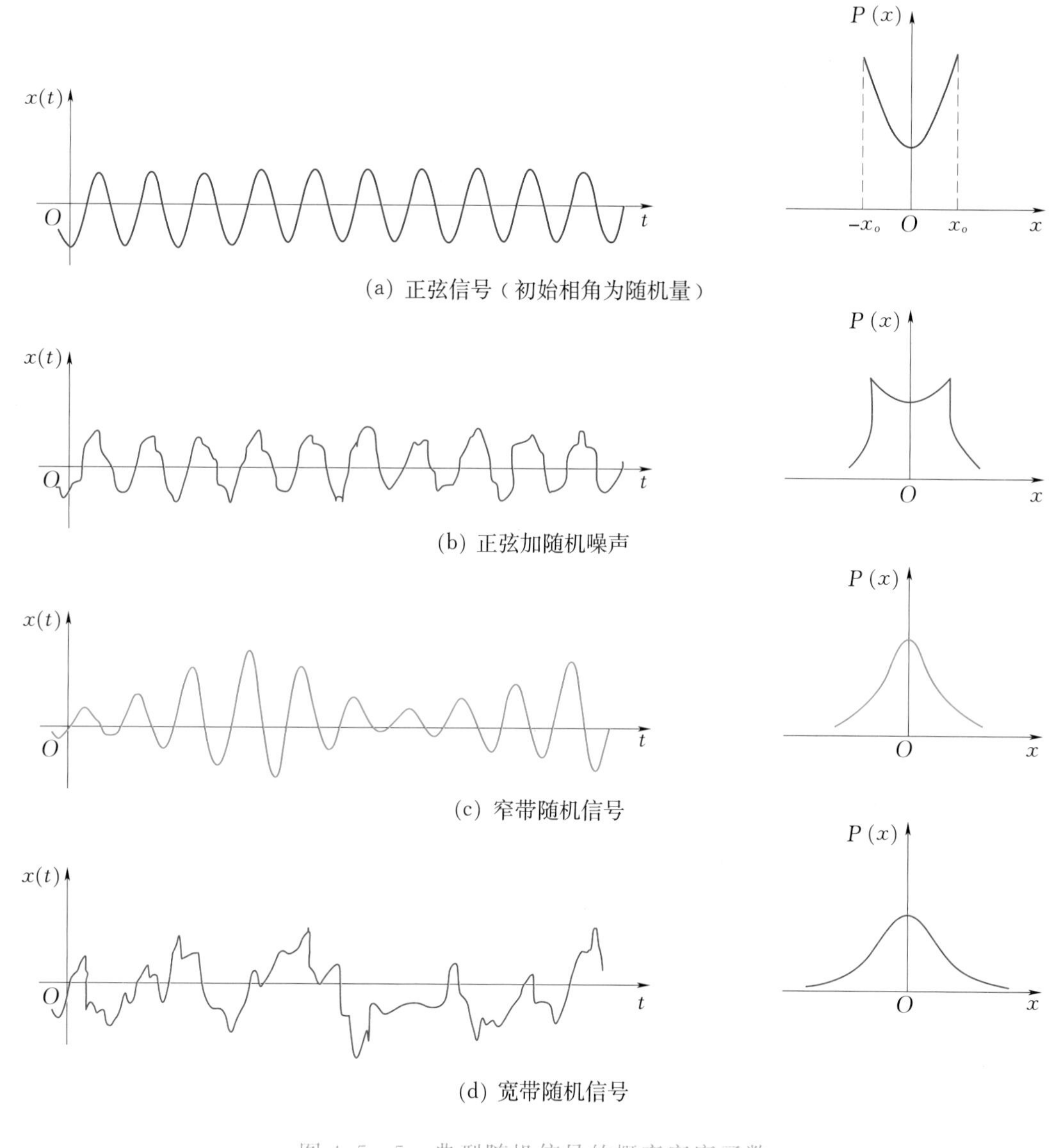

图 4.5-5 典型随机信号的概率密度函数

乃至整个电力系统的安全运行。据统计，水轮发电机组约有 80%的故障或事故都在振动信号中有反映，因此振动信号处理是水轮机故障诊断成功与否的关键。在工程实际中，水轮发电机组在运行中，由于受水力、机械和电磁三者的作用及相互影响，机组的振动往往是机械、电气、水力的耦合振动，振动产生的信号常常是一个频率范围非常广的非平稳随机信号，其中有用信号通常表现为低频信号或平稳随机信号。同时信号采集过程中不可避免地受到水轮机运行中各种噪声的干扰与影响，从而监测到的信号含有随机噪声、白噪声等。噪声往往表现为高频信号，此时有用信号夹杂着大量的噪声，还有可能被噪声淹没，如果不能从含有噪声的信号中提取有用信号，将对后续的振动故障诊断十分不利，甚至有可能产生错误的诊断。由此可见，无论在故障诊断系统还是在机械振动试验中，随机信号研究对于信号提取有着重大意义。

2. 水轮发电机组振动信号预处理（除噪方法）

噪声与噪声、噪声与有用信号之间是互不相关的，基于这一原理，对信号进行自相关处理可以很好的去除噪声。自相关在提取水轮发电机组的振动信号以低频为主，因此自相关在提取信号的低频特征时比功率谱等常用方法更为准确。一种新的数学工具——小波变换，其变换和重构性使其有很好的信号去噪能力，尤其在处理非平稳随机信号时比传统的信号处理方法有更大的优越性。水轮发电机组的振动信号以低频为主，因此自相关和小波分析可以很好地应用到水轮发电机组故障诊断的信号处理中。

4.6 相关分析及其应用

4.6.1 相关的含义

自然现象之间存在着大量的相互联系、相互依赖、相互制约的数量关系。这种关系可分为两种类型。

（1）函数关系。它反映着现象之间严格的依存关系，也称确定性的依存关系。在这种关系中，对于变量的每一个数值，都有一个或几个确定的值与之对应。对于确定性信号来说，两变量间的关系可用确定的函数来描述。

（2）相关关系。两个随机变量间一般不具有这种确定的关系。然而，它们之间可能存在某种内涵的、统计上可确定的物理关系。这就是另一类关系，相关关系。在相关关系中，变量之间存在着不确定、不严格的依存关系，对于变量的某个数值，可以有另一变量的若干数值与之相对应，这若干个数值围绕着它们的平均数呈现出有规律的波动。例如，批量生产的某产品产量与相对应的单位产品成本，某些商品价格的升降与消费者需求的变化，就存在着这样的相关关系。

由概率统计理论可知，相关是用来描述一个随机过程自身在不同时刻的状态间，或者两个随机过程在某个时刻状态间线性依从关系的数字特征。

1. 相关分析

相关分析是研究现象之间是否存在某种依存关系，并对具体有依存关系的现象探讨其相关方向以及相关程度，是研究随机变量之间的相关关系的一种统计方法。信号的相关分析是指将不同信号之间的关系进行研究和应用。不同信号之间总是存在不同程度的联系，可能是函数关系，也可能是统计关系。

2. 相关关系

相关关系是一种非确定性的关系，例如，以 X 和 Y 分别记为一个人的身高和体重，或分别记为每公顷施肥量与每公顷小麦产量，则 X 与 Y 显然有关系，而又没有确切到可由其中的一个参数去精确地决定另一个参数的程度，这就是相关关系。相关性分析需要注意的是，相关关系不同于因果关系，相关关系表示两个变量同时变化，而因果关系是一个变量导致另一个变量变化。

4.6.2 相关系数

为了描述两个随机信号的相似程度，可以采用相关系数这样的数学工具。相关系数，或称线性相关系数、皮氏积矩相关系数（PPCC）等，是衡量两个随机变量之间线性相关程度的指标。它由卡尔·皮尔森（Karl Pearson）在 19 世纪 80 年代提出，现已广泛地应用于各个领域。

1. 离散信号的相关系数

评价变量 x 和 y 之间线性相关程度的经典方法是计算两个变量的协方差和相关系数，其中协方差定义为

$$\sigma_{xy}=\mathrm{cov}(x,y)=E[(x-\mu_x)(y-\mu_y)]=\lim_{N\to\infty}\frac{1}{N}\sum_{i=1}^{N}(x_i-\mu_x)(y_i-\mu_y) \tag{4.6-1}$$

式中　E——数学期望值；

$\mu_x=E[x]$——随机变量 x 的均值；

$\mu_y=E[y]$——随机变量 y 的均值。

由协方差定义，可以看出

$$\begin{cases}\sigma_x^2=\mathrm{cov}(x,x)=E[(x-\mu_x)^2]=D(x)\\ \sigma_y^2=\mathrm{cov}(y,y)=E[(y-\mu_y)^2]=D(y)\end{cases} \tag{4.6-2}$$

式中　σ_x^2、σ_y^2——x、y 的方差；

σ_x、σ_y——x、y 的标准偏差。

随机变量 x 和 y 的相关系数 ρ_{xy} 定义为

$$\rho_{xy}=\frac{\sigma_{xy}}{\sigma_x\sigma_y}=\frac{\mathrm{cov}(x,y)}{\sqrt{D(x)}\sqrt{D(y)}} \tag{4.6-3}$$

由柯西—施瓦茨不等式可知：

$$E=[(x-\mu_x)(y-\mu_y)]^2\leqslant E[(x-\mu_x)^2]E[(y-\mu_y)^2] \tag{4.6-4}$$

所以 $|\rho_{xy}|\leqslant 1$。

当 $\rho_{xy}=1$ 时，所有数据点均落在 $y-\mu_y=m(x-\mu_x)$ 的直线上，因此 x 和 y 两变

量是理想的线性相关，如图4.6－1（a）所示；$\rho_{xy}=-1$ 也是理想的线性相关，但是直线斜率为负值。而当 $\rho_{xy}=0$ 时，$x-\mu_x$ 与 $y-\mu_y$ 的正积之和等于其负积之和，因而其平均积 $\rho_{xy}=0$，表示 x、y 之间完全不相关，如图4.6－1（c）所示。

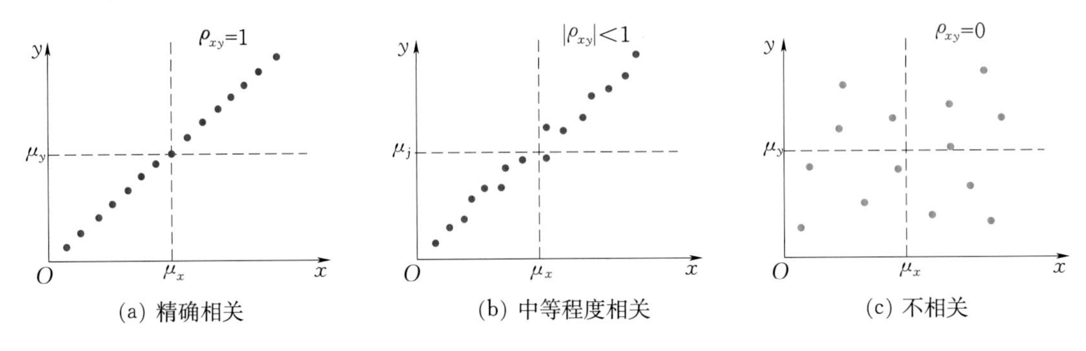

图4.6－1　变量 x 和 y 的相关性

图4.6－1所示为两个随机变量 x 和 y 的分布情况，其中图4.6－1（a）是 x 和 y 精确线性相关的情形；图4.6－1（b）是中等程度相关，其偏差常由于测量误差引起；图4.6－1（c）为不相关情形，数据点分布很散，说明变量 x 和 y 之间不存在确定性的关系。

应用相关系数来 ρ_{xy} 对变量 x 和 y 之间线性相关程度进行描述。

（1）$\rho_{xy}>0$ 为正线性相关关系。一般的，$|\rho_{xy}|>0.95$ 存在显著性相关；$|\rho_{xy}|>0.8$ 高度相关；$0.8>|\rho_{xy}|\geqslant 0.5$ 中度相关；$0.5>|\rho_{xy}|\geqslant 0.3$ 低度相关；$|\rho_{xy}|<0.3$ 关系极弱，认为不相关。

（2）$\rho_{xy}<0$ 为负线性相关关系。

（3）$\rho_{xy}=0$ 为无线性相关关系。

以上是对随机信号中的离散信号的表述，下面对随机信号中的连续信号来描述。

2. 连续信号的相关系数 ρ_{12}

假设 $f_1(t)$、$f_2(t)$ 是能量有限的实信号，选择系数 C_{12}，使 $C_{12}f_2(t)$ 去逼近 $f_1(t)$，利用方均误差来说明两者的近似程度。

$$\overline{\varepsilon^2}=\int_{-\infty}^{+\infty}[f_1(t)-C_{12}f_2(t)]^2\mathrm{d}t \tag{4.6-5}$$

当 $\dfrac{\mathrm{d}\overline{\varepsilon^2}}{\mathrm{d}C_{12}}=2\int_{-\infty}^{+\infty}[f_1(t)-C_{12}\ f_2(t)][-f_2(t)]\mathrm{d}t=0$ 时，$\overline{\varepsilon^2}$ 最小，即

$$C_{12}=\frac{\int_{-\infty}^{+\infty}f_1(t)\ f_2(t)\mathrm{d}t}{\int_{-\infty}^{+\infty}f_2^2(t)\mathrm{d}t}=\frac{[f_1(t),f_2(t)]}{[f_2(t),f_2(t)]} \tag{4.6-6}$$

$$\overline{\varepsilon^2}=\int_{-\infty}^{+\infty}\left[f_1(t)-f_2(t)\frac{\int_{-\infty}^{+\infty}f_1(t)f_2(t)\mathrm{d}t}{\int_{-\infty}^{+\infty}f_2^2(t)\mathrm{d}t}\right]^2\mathrm{d}t$$

$$=\int_{-\infty}^{+\infty} f_1^2(t)\mathrm{d}t-\frac{\left[\int_{-\infty}^{+\infty} f_1(t)\ f_2(t)\mathrm{d}t\right]^2}{\int_{-\infty}^{+\infty} f_2^2(t)\mathrm{d}t} \tag{4.6-7}$$

归一化为相对能量误差

$$\frac{\overline{\varepsilon^2}}{\int_{-\infty}^{+\infty} f_1^2(t)\mathrm{d}t}=1-\rho_{12}^2 \tag{4.6-8}$$

其中

$$\rho_{12}=\frac{\int_{-\infty}^{+\infty} f_1(t)\ f_2(t)\mathrm{d}t}{\sqrt{\int_{-\infty}^{+\infty} f_1^2(t)\mathrm{d}t\int_{-\infty}^{+\infty} f_2^2(t)\mathrm{d}t}}=\frac{\int_{-\infty}^{+\infty} f_1(t)\ f_2(t)\mathrm{d}t}{\sqrt{E_{f_1}\ E_{f_2}}} \tag{4.6-9}$$

称为 $f_1(t)$ 和 $f_2(t)$ 的相关系数。

由柯西—施瓦茨不等式，得

$$\int_{-\infty}^{+\infty} f_1(t)\ f_2(t)\mathrm{d}t\leqslant\sqrt{\int_{-\infty}^{+\infty} f_1^2(t)\mathrm{d}t\int_{-\infty}^{+\infty} f_2^2(t)\mathrm{d}t} \tag{4.6-10}$$

所以 $|\rho_{12}|\leqslant 1$。

若 $f_1(t)$ 与 $f_2(t)$ 完全一样，$\rho_{12}=1$，此时 $\overline{\varepsilon^2}$ 等于零。

若 $f_1(t)$ 与 $f_2(t)$ 为正交函数，$\rho_{12}=0$，此时 $\overline{\varepsilon^2}$ 最大。

相关系数从信号能量误差的角度描述了信号 $f_1(t)$ 与 $f_2(t)$ 的相关特性，利用矢量空间的内积运算给出了定量说明。

4.6.3 互相关函数与自相关函数

相关函数是描述信号 $X(t)$、$Y(t)$ 这两个随机信号在任意两个不同时刻 t_1、t_2 的取值之间的相关程度。

对于各态历经过程，如果时间变量 $x(t)$ 和 $y(t)$ 是功率有限的实信号，可定义 $x(t)$ 和 $y(t)$ 的互协方差函数为

$$\begin{aligned}C_{xy}(\tau)&=E\{[x(t)-\mu_x][y(t+\tau)-\mu_y]\}\\&=\lim_{T\to\infty}\frac{1}{T}\int_0^T\{[x(t)-\mu_x][y(t+\tau)-\mu_y]\}\mathrm{d}t\\&=R_{xy}(\tau)-\mu_x\mu_y\end{aligned} \tag{4.6-11}$$

$$R_{xy}(\tau)=\lim_{T\to\infty}\left[\frac{1}{T}\int_0^T x(t)y(t+\tau)\mathrm{d}t\right] \tag{4.6-12}$$

式中 R_{xy} —— $x(t)$ 和 $y(t)$ 的互相关函数；

τ——时移。

当 $y(t)=x(t)$ 时，得自协方差函数为

$$C_x(\tau)=\lim_{T\to\infty}\frac{1}{T}\int_0^T\{[(x(t)-\mu_x][x(t+\tau)-\mu_x]\}\mathrm{d}t=R_x(\tau)-\mu_x^2 \tag{4.6-13}$$

其中 $x(t)$ 的自相关函数为

$$R_x(\tau)=\lim_{T\to\infty}\left[\frac{1}{T}\int_0^T x(t)x(t+\tau)\mathrm{d}t\right] \tag{4.6-14}$$

自相关函数 $R_x(\tau)$ 和互相关函数 $R_{xy}(\tau)$ 具有下列性质：

（1）根据定义，自相关函数总是自变量 τ 的偶函数，即

$$R_x(\tau)=R_x(-\tau) \tag{4.6-15}$$

而互相关函数通常不是自变量 τ 的偶函数，也不是 τ 的奇函数，且 $R_{xy}(\tau)\neq R_{yx}(\tau)$，但

$$R_{xy}(\tau)=R_{yx}(-\tau) \tag{4.6-16}$$

（2）自相关函数总是在 $\tau=0$ 处有极大值，且等于信号的均方值，即

$$R_x(\tau)|_{\max}=R_x(0)=\sigma_x^2+\mu_x^2 \tag{4.6-17}$$

而互相关函数的极大值一般不在 $\tau=0$ 处。

（3）在整个时移域 $(-\infty<\tau<+\infty)$ 内，$R_x(\tau)$ 的取值范围为

$$\mu_x^2-\sigma_x^2\leqslant R_x(\tau)\leqslant\mu_x^2+\sigma_x^2 \tag{4.6-18}$$

$R_{xy}(\tau)$ 的取值范围则为

$$\mu_x\mu_y-\sigma_x\sigma_y\leqslant R_{xy}(\tau)\leqslant\mu_x\mu_y+\sigma_x\sigma_y \tag{4.6-19}$$

（4）存在下列关系：

$$\begin{cases}R_x(\tau\to\infty)\to\mu_x^2\\ R_{xy}(\tau\to\infty)\to\mu_x\mu_y\end{cases} \tag{4.6-20}$$

（5）不难证明有下列的互相关不等式成立：

$$R_{xy}(\tau)\leqslant\sqrt{R_x(0)R_y(0)} \tag{4.6-21}$$

由定义的相关系数可以扩展为相关系数函数：

$$\rho_{xy}=\frac{C_{xy}}{\sqrt{C_x(0)}\sqrt{C_y(0)}}=\frac{R_{xy}(\tau)-\mu_x\mu_y}{\sqrt{R_x(0)-\mu_x^2}\sqrt{R_y(0)-\mu_y^2}} \tag{4.6-22}$$

且 $|\rho_{xy}|\leqslant 1$ 对所有的 τ 都成立。

（6）周期函数的自相关函数仍然为周期函数，且两者的频率相同，但丢掉了相角信息。如果两信号 $x(t)$ 和 $y(t)$ 具有同频率的周期成分，则它们的互相关函数中即使 $\tau\to\infty$ 也会出现该频率的周期成分，不收敛。如果两信号的周期成分的频率不等，则它们不相关。即是同频率相关，不同频率不相关。

图 4.6－2 所示为典型的自相关函数和互相关函数曲线。

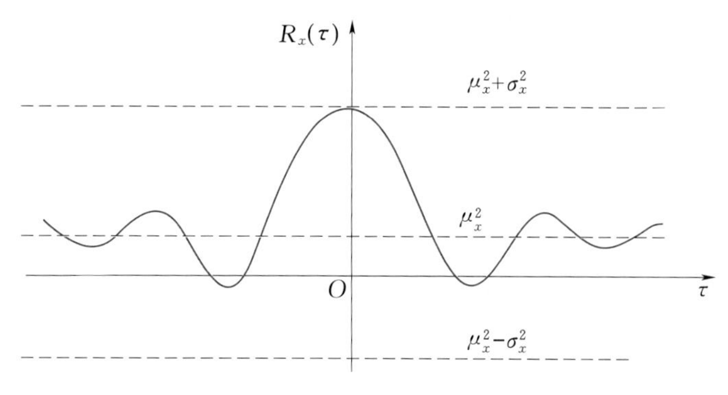

(a) 自相关函数曲线

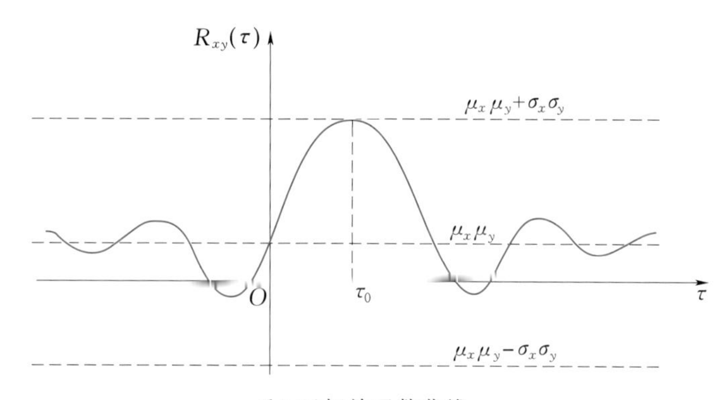

(b) 互相关函数曲线

图 4.6－2　典型的自相关函数和互相关函数曲线

【例 4.6－1】　求正弦函数 $x(t)=A\sin(\omega t+\varphi)$ 的自相关函数。

解： 正弦函数 $x(t)$ 是一个均值为零的各态历经随机过程，其各种平均值可用一个周期内的平均值来表示。该正弦函数的自相关函数为

$$R_x(\tau)=\lim_{T\to\infty}\left[\frac{1}{T}\int_0^T x(t)x(t+\tau)\mathrm{d}t\right]=\frac{1}{T_0}\int_0^{T_0}A\sin(\omega t+\varphi)\cdot A\sin[\omega(t+\tau)+\varphi]\mathrm{d}t$$

式中　T_0—— $x(t)$ 的周期，$T_0=2\pi/\omega$。

令 $\omega t+\varphi=\theta$，则 $\mathrm{d}t=\mathrm{d}\theta/\omega$，由此得

$$R_x(\tau)=\frac{A^2}{2\pi}\int_0^{2\pi}\sin\theta\sin(\theta+\omega\tau)\mathrm{d}\theta=\frac{A^2}{2}\cos\omega\tau$$

由以上计算结果可知，正弦函数的自相关函数是一个与原函数具有相同频率的余弦函数，它保留了原信号的幅值和频率信息，但失去了原信号的相位信息。

自相关函数可用来检测淹没在随机信号中的周期分量。这是因为随机信号的自相关函数，当 $\tau\to\infty$ 时趋于零或某常数值（μ_x^2），而周期成分由［例 4.6－1］可知其自相关函数可保持原有幅值与频率等周期性质。图 4.6－3 所示为一混有随机噪声的简谐信号的原始波形及其自相关函数。从图 4.6－3（b）可清楚地看出原信号的频率和振幅。

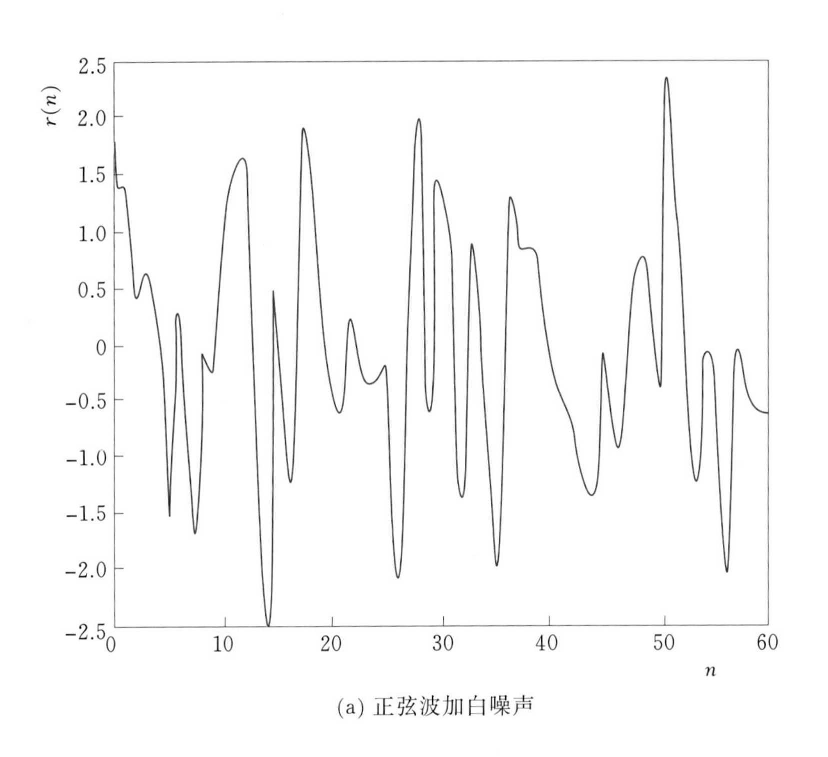

(a) 正弦波加白噪声

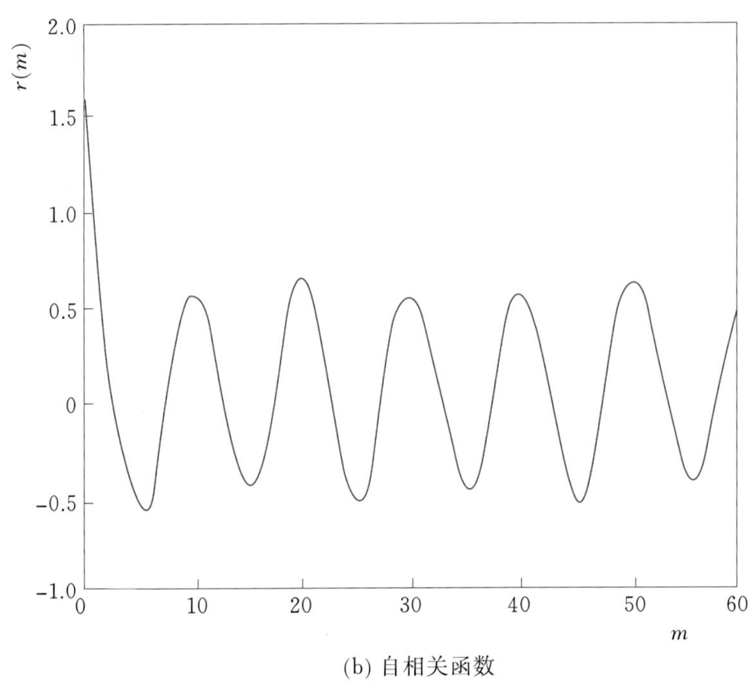

(b) 自相关函数

图 4.6-3　混有随机噪声的简谐信号 $x(t)$ 的自相关函数

【例 4.6-2】 设周期信号 $x(t)$、$y(t)$ 分别为 $x(t)=A\sin(\omega t+\theta)$、$y(t)=B\sin(\omega t+\theta-\varphi)$，式中：$\theta$ 为 $x(t)$ 的初始相位角，φ 为 $x(t)$ 和 $y(t)$ 的相位差，试求其相关函数。

解： 由于 $x(t)$ 和 $y(t)$ 均为周期函数，故可用一个周期的平均值代替其整个时间历程的平均值，其互相关函数为

$$R_{xy}(\tau)=\lim_{T\to\infty}\left[\frac{1}{T}\int_0^T x(t)y(t+\tau)\mathrm{d}t\right]=\frac{1}{T_0}\int_0^T A\sin(\omega t+\theta)\cdot B\sin[\omega(t+\tau)+\theta-\varphi]\mathrm{d}t$$

$$=\frac{1}{2}AB\cos(\omega\tau-\varphi)$$

由上述结果可知道，两具有相同频率的周期信号，其互相关函数中保留了该两个信号的频率 ω、对应的幅值 A 和 B，以及相位差 φ 的信息。

根据相关函数的定义，它应在无限长的时间内进行运算。但在实际应用中，任何观察时间均是有限的，通常以有限时间的观察值，即是有限长的样本来估计相关函数的真值。因此自相关和互相关函数的估计 $\overline{R_x(\tau)}$ 和 $\overline{R_{xy}(\tau)}$ 分别定义为

$$\overline{R_x(\tau)}=\frac{1}{T}\int_0^T x(t)x(t+\tau)\mathrm{d}t \tag{4.6-23}$$

$$\overline{R_{xy}(\tau)}=\frac{1}{T}\int_0^T x(t)y(t+\tau)\mathrm{d}t \tag{4.6-24}$$

此外，在实际运算中，要将一个模拟信号不失真地沿时间轴作时移是很困难的，因此模拟信号的相关处理只适用于某些特定的信号，例如正余弦信号等。而在数字信号处理技术中，上述工作则很容易完成，因为只需将信号时序进行增减便是进行了时移。由于上述原因，相关处理一般均采用数字技术来完成。因此具有有限个数据点 N 的相关函数估计的数字处理表达式为

$$\overline{R_x(r)}=\frac{1}{N}\sum_{n=0}^{N-1}x(n)x(n+r) \tag{4.6-25}$$

$$\overline{R_{xy}(r)}=\frac{1}{N}\sum_{n=0}^{N-1}x(n)y(n+r) \tag{4.6-26}$$

式中的 $r=0$，1，2，…，$r<N$。

4.6.4 相关函数的工程意义及应用

1. 不同类别信号的辨识

工程中常会遇到不同类别的信号，这些信号的类型从其时域波形往往很难加以辨识，利用自相关函数则可以十分简单地加以识别。图 4.6-4 示出了几种不同信号的时域波形和自相关函数波形。其中，图 4.6-4 (a) 为窄带随机信号，它的自相关函数具有较慢的衰减特性；图 4.6-4 (b) 为宽带随机信号，其自相关函数较之窄带随机信号很快衰减到零；图 4.6-4 (c) 是一个具有无线带宽的脉冲函数，因此它的

自相关函数具有很快的衰减特性，且也是一个脉冲函数；图 4.6-4（d）为一正弦信号，其自相关函数也是一个周期函数，且永远不衰减；图 4.6-4（e）则是周期信号与随机信号叠加的情形，其自相关函数也由两部分组成，一部分为不衰减的周期信号，另一部分为由随机信号所确定的衰减部分，而衰减的速度取决于该随机信号本身的性质。

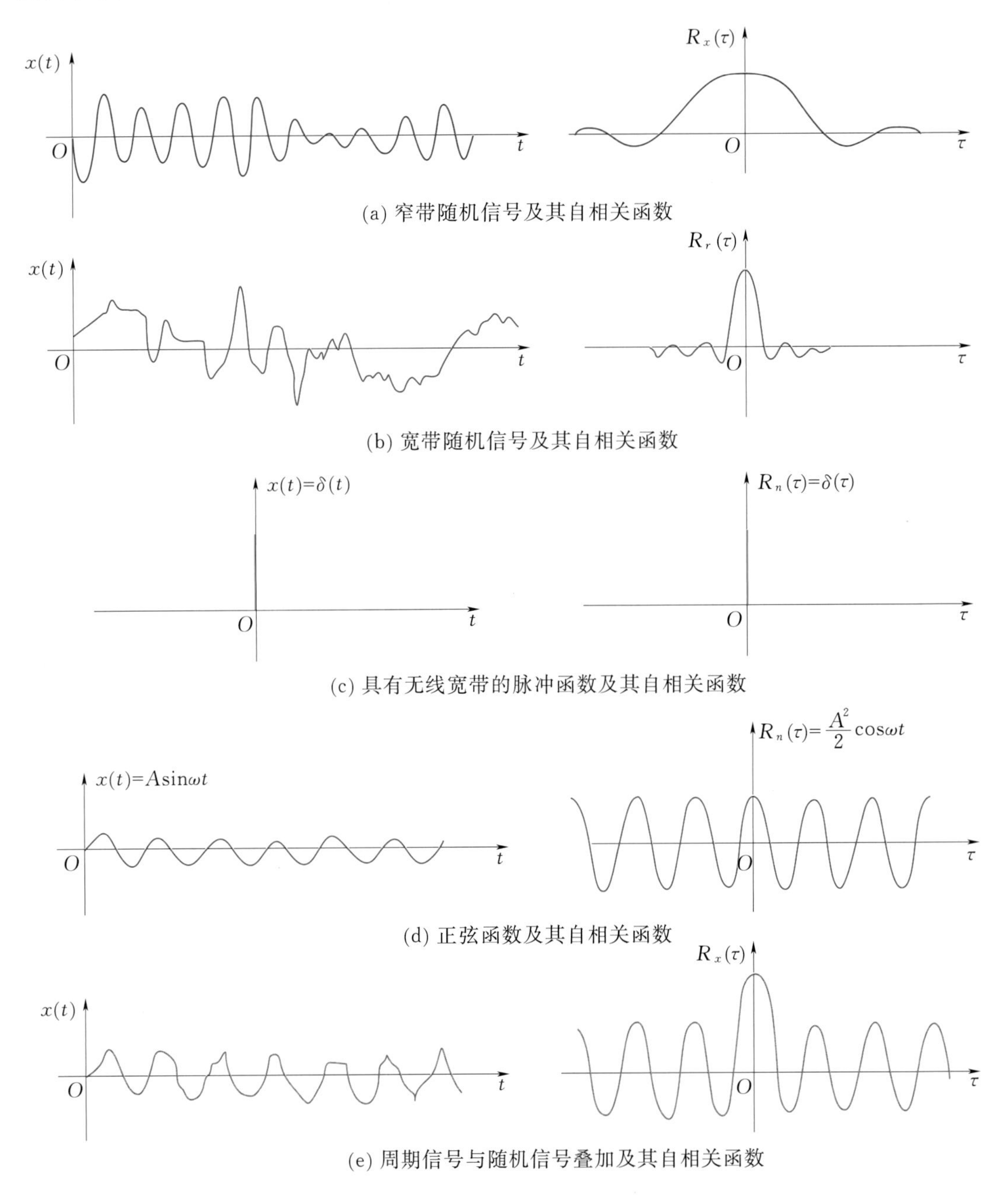

图 4.6-4 典型信号的自相关函数

利用信号的自相关函数特征来区分其类别这一点在工程应用中有着重要的意义。例如，利用某零件被切削加工表面的粗糙度波形的自相关函数可以识别导致这种粗糙度的原因中是否有某种周期性的因素，从中可以查出产生这种周期因素的振动源所在，达到改善加工质量的目的。又如在分析汽车中车座位置上的振动信号时，利用自相关分析来检测该信号中是否含有某种周期性成分（例如由发动机工作所产生的周期振动信号），从而可进一步改进座位的结构设计来消除这种周期性影响，达到改善舒适度的目的。

2. 相关测速和测距

利用互相关函数还可以测量物体运动或信号传播的速度和距离。

图 4.6-5 示出了用相关函数来测量声音传播的距离及材料音响特性的原理。图 4.6-5 中扬声器为声源，记录的声音信号为 $x(t)$，麦克风为声音接收器，所记录的信号为 $y(t)$。信号 $y(t)$ 包括三个部分，第一部分来源于从扬声器经直线距离 A 直接传过来的声波信号；第二部分则是经过被试验材料反射后传播的声波，这部分声波经过的路程为 B；第三部分为经过室壁反射后传至麦克风的信号，经过路程为 C。对 $x(t)$ 和 $y(t)$ 所作的互相关运算所得结果 $R_{xy}(\tau)$ 的曲线可出现三个峰值。第一个峰值出现在 $T_A=\dfrac{A}{v}$ 处，v 为声速；第二个峰值出现在 $T_B=B/v$ 处；第三个峰值出现在 $T_C=C/v$ 处。因此，由 T_B 及其峰值幅度便可以测出被试验材料的位置及其音响特性。反过来在已知声音传播距离的条件下，也可以测量声音传播的速度。这种方法常用来识别振动源或振动传播的途径，也被用于测量运动物体的速度

图 4.6-6 示出了一种测量轧钢过程中带钢运行速度的系统。带钢表面的反射光被两个光电检测原件 E_1 和 E_2 所接收，所接收到的光强随着带钢表面存在的不规则的微小不平度呈现随机变化。所形成的两个随机信号因来自带钢上的同一轨迹因而形成两个有一时差 τ_0 的基本相同的光电信号 $x(t)$ 和 $y(t)$。将 $x(t)$ 经过写入磁头录入磁带记录仪的磁带上，然后经过独处磁头重放，由于写入磁头和读出磁头间有一距离，因而重放的信号和录入信号间有一时延 τ，信号变成 $x(t+\tau)$。信号 $x(t+\tau)$ 与 $y(t)$ 被输入一相关器作相关运算，所得曲线如图 4.6-6 右上角所示。控制装置 C 根据相关器输出 $R_{xy}(\tau)$ 位于图中曲线峰值的左右位置来控制电机 M 的转向，从而改变两个磁头间的距离 L_1，即改变信号的延时 τ，直至 τ_0 值稳定为止。τ_0 便代表了带钢上各点从传感器 E_1 运动至 E_2 所经过的时间，若已知两光点间直线距离为 L，则带钢的运动速度便为 $v=\dfrac{L}{\tau_0}$。

利用相关法还可以测量流速和流量，图 4.6-7 示出了用相关法测量流量的原理。在流体流动的方向相继放置两个传感器，理想状况下它们会产生两个相同的信号。由于两传感器相隔一定的距离，因而两信号间存在一个时间差 T。相关法测量的基本

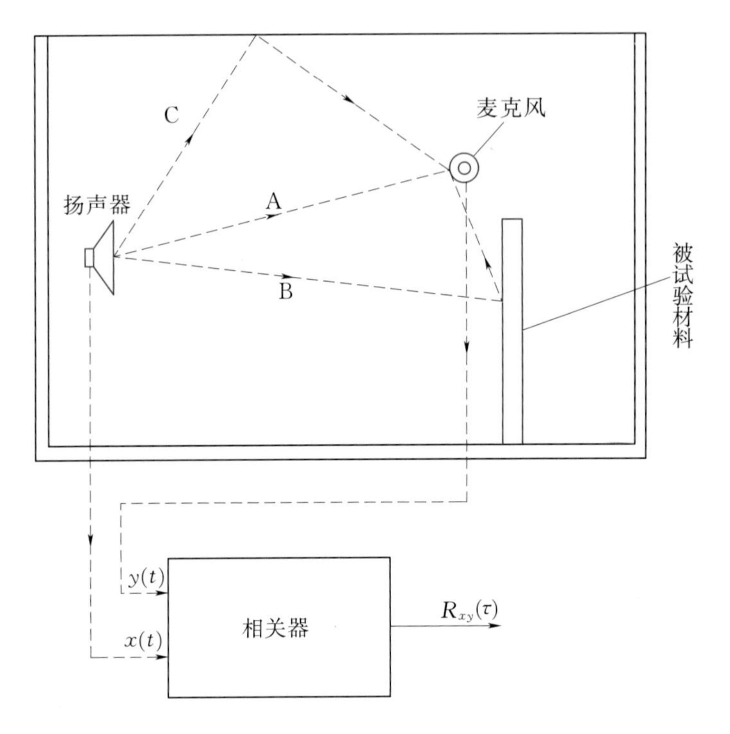

(a) 相关法测量原理

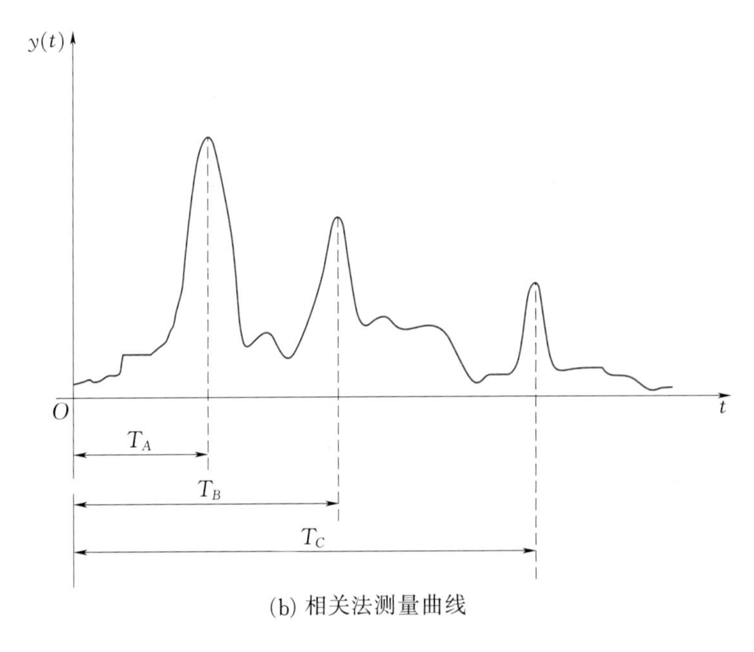

(b) 相关法测量曲线

图 4.6-5 相关法测量声传播距离

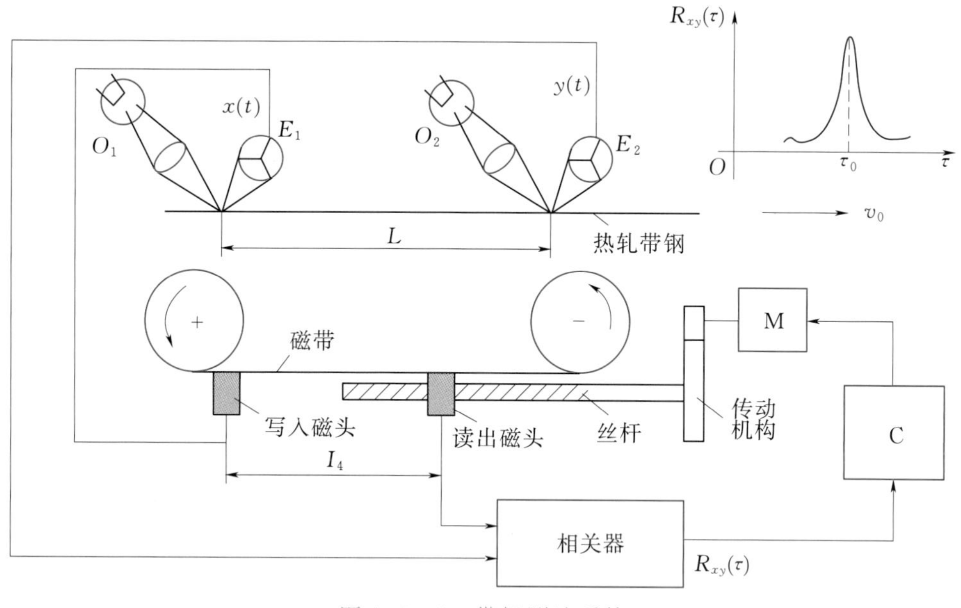

图 4.6-6 带钢测速系统

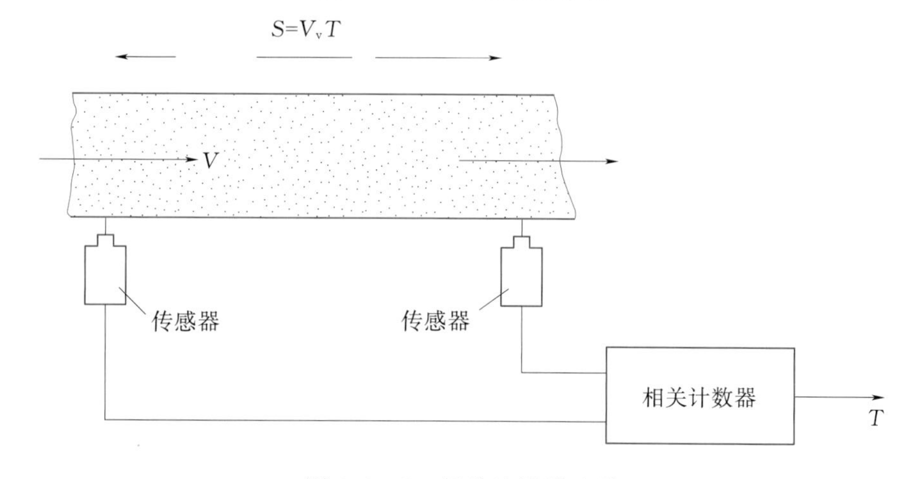

图 4.6-7 相关法测量流量

做法是将第一个传感器接收到的信号人为地延迟一个时间 τ，使得 $\tau=T$，其目的在于使得延迟信号 $\mu_1(t-\tau)$ 等于第二个传感器收到的信号 $\mu_2=\mu_1(t-T)$。一般来说，相关计数器使得两信号的均方差为最小，即

$$E(\Delta\mu^2)=E\{[\mu_1(t)-\mu_2(t)]^2\}=E\{[\mu_1(t-\tau)-\mu_2(t-\tau)]^2\}=\min \quad (4.6-27)$$

对一个稳态信号来说，理想情况下有

$$E[\mu_1^2(t-\tau)]=E[\mu_1^2(t-T)]=\text{const} \quad (4.6-28)$$

$$E[\mu_1(t-\tau)\mu_1(t-T)]=R_{\mu_1\mu_2}(t-T) \quad (4.6-29)$$

当 $\tau=T$ 时，两个信号的相关函数为最大。相关计数器用扫描方式逐步求出互相关为最大的运动时间 $\tau_{\max}$，从而有 $T=\tau_{\max}$，通过确定传感器间的距离 S，便可由公

式 $v=S/T$ 求出流速。由流速进而又可以确定流量。

相关法测流量的出发点是假设流体中存在随机干扰，由涡流或其他混合物造成的干扰引起流动介质的压力、温度、导电性、静电荷、速度或透明度等局部、无规则的波动便是这种随机干扰的表现形式。因此，用作测量的传感器也可以有多种不同的形式。上述测量的原理实际上与带钢测速的原理是一样的。

4.7 频谱分析及其应用

4.7.1 频谱分析

频谱是一组频率和幅度不同且有适当相位关系的正弦波。作为一个整体，它们构成特定的时域信号。同时，频谱是水轮发电机组稳定性分析最基本的手段，它基于快速傅里叶变换并辅之以滤波、细化、加窗函数、平均等技术。频谱分析包含了自功率频谱分析和互功率频谱分析。

大多数旋转机械一般都产生带有周期的振动信号，即不只含单一频率成分的谐波运动，而是包含有多种的频率成分，这些频率成分往往直接地与机械中各零件的机械特性联系在一起。工程上所测量的信号一般为时域信号，然而由于故障的发生、发展往往会引起信号频率结构的变化，为了通过所测信号了解、观测对象的动态行为，需要频域信号。将时域信号变换至频域信号加以分析的方法称为频谱分析。频谱分析的目的是把复杂的时间历程波形，经傅立叶变换分解为若干单一的谐波分量，以获得信号的频率结构以及各谐波幅值和相位信息。

振动信号的频域分析可采用模拟电路的带通滤波器或数字式离散傅里叶变换(DFT 或快速傅氏变换 FFT)，在现代以计算机为核心的振动分析仪和振动监测及诊断系统中，主要采用数字式傅里叶变换。

图 4.7-1 给出了一个典型复杂周期运动信号。当要预测这类振动在相互连接的结构元件上产生不同的结果时，需要采用频率分析方法，这种分析方法就是所谓的傅里叶分析法。

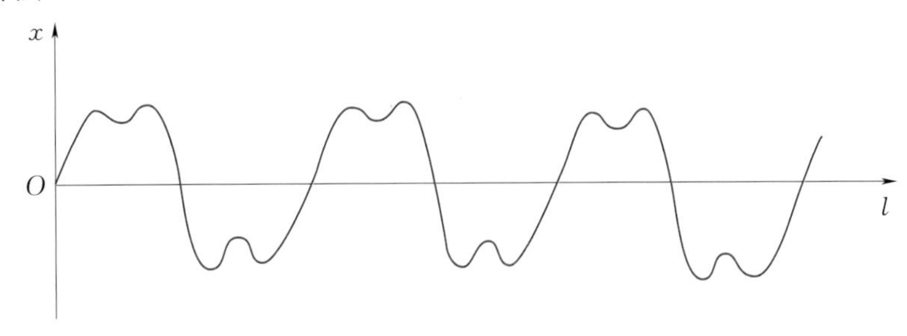

图 4.7-1 复杂周期运动信号

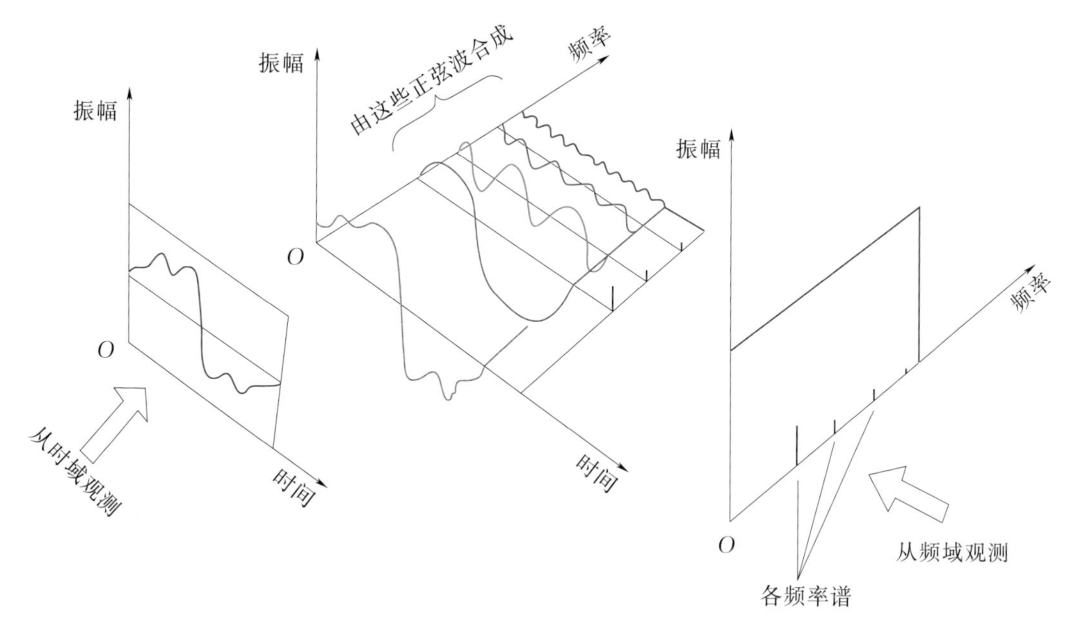

图 4.7-2 频率分析图

图 4.7-2 所示为振动信号被分解成多个重要的谐波曲线及频率分量，后者代表了运动的振动频谱。频谱是一种从某种程度上来说更为方便的信号表达方法，它的横坐标是频率 f（有时是角频 ε），纵坐标是幅值，所以称之为频率分析。如果对一个非周期的非稳态或暂态振动来说，函数就是非周期性的，那么傅里叶级数就转化为傅里叶积分公式。如果时间函数是 $x(t)$，那么其傅里叶积分公式就可表述为

$$x(t)=\frac{1}{2\pi}\int_{-\infty}^{+\infty}\left(\int_{-\infty}^{+\infty}x(\tau)\,\mathrm{e}^{-i*\tau}\mathrm{d}\tau\right)\mathrm{e}^{it\omega}\,\mathrm{d}\omega \tag{4.7-1}$$

其中括号中的成分为 $S_x(\omega)$，即

$$S_x(\omega)=\int_{-\infty}^{+\infty}x(\tau)\mathrm{e}^{-i*\tau}\mathrm{d}\tau \tag{4.7-2}$$

这就是 $x(t)$ 函数的傅里叶分析或变换，即频谱分析。

一般大型旋转机械部件上某处的振动信号大都是周期性的信号。这类振动信号则有一个重复的基频，这个基频往往是以整数倍及分数谐波的形式与机器的主轴转频联系在一起，也可能正好等于其转频。在这种振动信号中，通常包含有几个与机器主轴转频有联系的谐波分量。当然，同时亦有可能存在着与主频率没有同步关系的频率分量。

测量振动信号的频率成分，一般可以采用两种办法。第一种是利用滤波技术有次序地观察信号中的每一个频率成分以达到分解信号的目的；第二种是捕捉信号的一个数据块，然后用一台信号分析仪借助于快速傅里叶分析技术来处理这些数据。用后者处理的结果能够同时得到多种频率分量的估计值，一般来说不管上述哪一种

测量技术的使用，都常要依赖于下列两种信号：一种是转频信号；另一种是取自正在被观察的主要旋转部件的振动时域信号。下面要分别研究频谱分析的滤波方法及快速傅里叶方法。

4.7.1.1 滤波方法

振动信号的频谱分析可以用电子滤波的方法来实现，滤波后把信号分解成为各种频带。频带宽可以为倍频程、$\frac{1}{3}$频程、窄频程，这主要是指用带通滤波器滤波。当然除带通外还有高通及低通及带阻滤波，它们各有特点。

在进行频谱分析时，当各频带外的上限频率 f_u 与下限频率 f_l 的比值 $\frac{f_u}{f_l}=2$ 时，这样确定的频带称为倍频带。$\frac{1}{3}$频程是将每个倍频带按等比关系划分为三个小频带，此时 $\frac{f_u}{f_l}=\sqrt[3]{2}=1.26$。此时中心频率为

$$f_0=\sqrt{f_u f_l}=\sqrt{2^{\frac{1}{9}}f_u f_l}=2^{\frac{1}{3}}f_t \tag{4.7-3}$$

相对带宽：

$$\frac{\Delta f}{f_t}=\frac{f_u-f_l}{f_0}=\frac{f_t(2^{\frac{1}{3}}-1)}{f_t\times 2^{\frac{1}{3}}}\times 100\%=20.6\% \tag{4.7-4}$$

所以$\frac{1}{3}$频程相对带宽为一常数，它属于恒定百分比带宽。表4.7-1列出了ISO、JIS规定的$\frac{1}{3}$倍频程带（$f_0=2\sim16\text{Hz}$）的10个中心频率 f_0 及其相应的下限频率 f_l、上限频率 f_u。

表4.7-1　$\frac{1}{3}$倍频程带（$f_0=2\sim16\text{Hz}$）

下限频率 f_l/Hz	中心频率 f_0/Hz	上限频率 f_u/Hz	下限频率 f_l/Hz	中心频率 f_0/Hz	上限频率 f_u/Hz
1.8	2	2.24	5.6	6.3	7.1
2.24	2.5	2.8	7.1	7.9	9
2.8	3.15	3.55	9	10	11.2
3.55	4	4.5	11.2	12.5	14
4.5	5	5.6	14	16	18

滤波器的频带宽度越窄，滤波器的频率分辨率、分析灵敏度越高，设备故障及缺陷的检测识别能力也越高。对于水电机组而言，由于机组转速较低，各类故障或缺陷的特征频率也低，频率之间的差异较小，要求滤波器具有高分辨率和分析灵敏度。以三峡电站左岸机组为例，机组额定转速为75r/min，低频涡带频率在0.3～

0.6Hz之间，而表征各类机械不平衡的故障频率为1.25Hz（或1倍转速频率），二者之间的差值不到1Hz，因此要求滤波器的频率分辨率要远小于1Hz。

4.7.1.2 相关滤波技术

相关滤波技术是一种用来分析和确定复杂振动信号中的各种频率成分的一种方法。从本质上来说，是实施一个同步分析过程。通常在分析过程中与一个主要的信号发生器所发生的信号相同步，此信号发生器的输出同时用来激励要被测量的系统，图4.7-3所示为相关滤波测量系统图。由图4.7-3可知，信号发生器发生的信号与系统所输出信号的正交分量与同相分量相乘，再积分以实施相关分析得到实部与虚部。通过虚部与实部就可以检测出系统的谐波幅值及相位。相关滤波技术从概念上来说，可以看成一个可调的而又有高品质因数（即滤波器的Q值，按照滤波器的中心频率与-3dB带宽的比值来表达，品质因数Q越大，表明滤波器的分辨能力越高）的带通滤波器。它的中心频率由主信号发生器所选择的频率控制，即如果输入到乘法器的正弦或余弦频率成分正好是主信号发生器频率的一个整数倍，那么所测量到的傅里叶系数将必定是复杂波形中相当于主信号发生器所选择的那个频率的频率分量。因此，相关滤波技术可以用来测量复杂波形中所有的包括基频及其他谐波分量的幅值及其相位。相关滤波方法对谐波及噪声的抑制能力可使这种测量技术得到非常高的精度及很好的重复性。

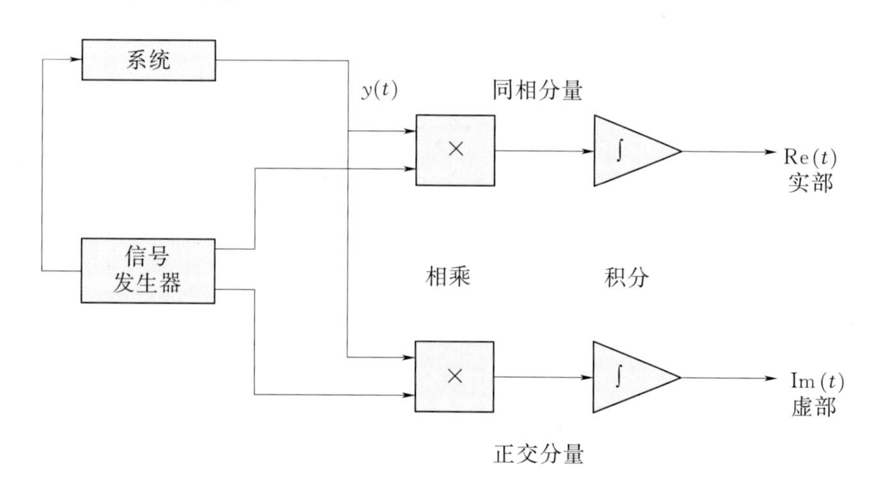

图4.7-3 相关滤波测量系统图

综上所述，可见相关滤波技术非常适合于旋转机械的工况监测。因为旋转机械的振动信号就是典型的复杂周期波形，这种复杂周期波形具有与主轴转频紧密联系在一起的一个基本的重复的主频率值。为了使用这类相关滤波技术去解决旋转机械的工况监测工作，首先要使频率分析仪的主信号发生器的频率与主轴的转频相同步。同步实现的方法也可以由主轴旋转处取出一个每转脉冲，它的频率等于一转一次，然后计算这个频率，再用这个频率去自动地控制主信号发生器，因此这个每转脉冲，既提供了同步信号，又提供了测量所必需的时域信号。一旦主信号发生器与机器的转频同步，那么复杂的振动信号就能够分解为基频以及信号中存在的谐波分量。质量比较好的频率响应分析仪，能够分析的频率范围为10μHz～65kHz，能够分析包含有基频直到其第16次谐波分量在内的复杂的振动信号波形。在每一个通道上能够测到数量级为±0.02dB的幅值的信号以及±0.1°相位的精度。如果频率响应分析仪再加上多通道分析系统，则能够把测量系统扩至36个通道。

相关滤波技术对水轮发电机组的振动测试和分析特别有用，首先是因为水轮发电机组转速改变比较缓慢而且最高转速度相对来说较低；其次是通过相关滤波技术可以从高噪声的信号中分离出精确的、重复性好的振动成分，对识别隐藏在噪声中的故障特征特别有用。

4.7.1.3 离散傅里叶变换

在实际波形分析中，多数的波形由于数学上的复杂性，是无法直接进行傅里叶变换的，而是要先对波形进行离散采样，然后再对采样后的波形进行傅里叶变换，这就是一般称之为离散傅里叶变换（简称DFT）。

1. 连续信号的离散化

振动信号实际上都是连续信号，或者称之为连续的时间函数，可记为 $f(t)$，理论上 t 的取值应从 $-\infty$ 连续变化到 $+\infty$。但是如要用计算机处理这些信号时，必须首先要对连续信号进行离散采样。一般是要按一定的时间间隔来进行采样取值的，得到的结果是 $f(n\Delta t)$，称 Δt 为采样间隔，称 $f(n\Delta t)$ 为离散信号或时间序列，如图4.7-4所示。

离散信号 $f(n\Delta t)$ 是从连续信号 $f(t)$ 上取出的一部分值，因此离散信号 $f(n\Delta t)$ 与连续信号 $f(t)$ 是局部与整体的关系。离散傅里叶变换就是要对这些离散信号 $f(n\Delta t)$ 进行傅里叶变换，用这些离散傅里叶变换来逼近连续信号 $f(t)$ 的连续傅里叶变换，以方便计算机实现。

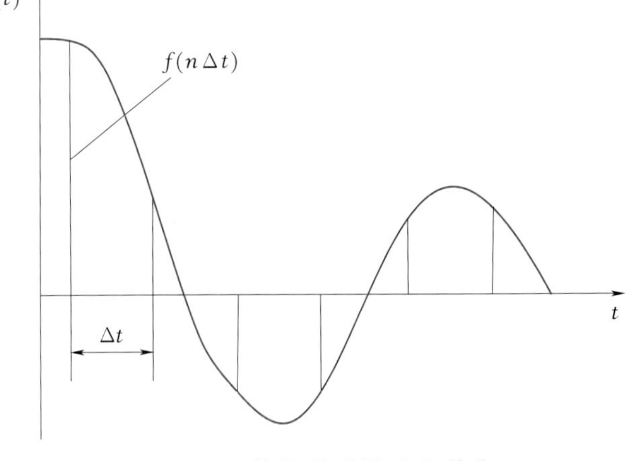

图4.7-4 信号的采样或离散化

2. 离散傅里叶变换

如果用数值方法计算离散形傅里叶变换，那么只是在一组离散频率点上求得信号 $f(n\Delta t)$ 的傅里叶变换 $F(j\omega)$，采用的方法是数值积分方法，它仅仅用到 $F(t)$ 上的一组离散值。于是，时域上

的一组 n 个点的离散值变换是频域上的一组 n 个点的离散值。反之亦然，这一变换就称为离散傅里叶变换。这里讨论离散傅里叶变换的方法就是一种数值积分方法。为了简化分析，现在要把一般的数值积分方法作些变动，如图 4.7－5 所示。图 4.7－5 中表示了一般的数值积分方法，其积分式为 $\int_{X_a}^{X_b} f(x)\mathrm{d}x$。其中，$X_a = X_0$，$X_b = X_N$，这与梯形近似积分法不同。假设 $f(x)$ 在 $x_k \leqslant x \leqslant x_{k+1}$ 范围内的值是常数 $f(x_k)$，即

$$f(x) = f(x_k) \quad (x_k \leqslant x \leqslant x_{k+1}) \tag{4.7-5}$$

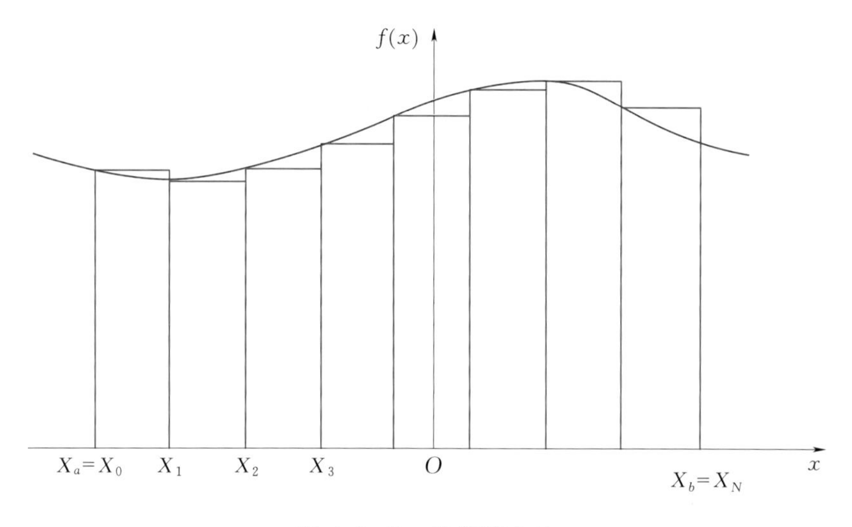

图 4.7－5　数值积分法

这样似乎看来不如梯形近似积分法精确，然而当 N 值很大时，这种近似基本令人满意。若曲线分为 N 个等分面积，则

$$\Delta x = \frac{X_b - X_a}{N} = \frac{X_N - X_0}{N} \tag{4.7-6}$$

第 k 个矩形面积是 $f(x_{k-1})\Delta x$。因此，积分的近似式为

$$\int_{X_a}^{X_b} f(x)\mathrm{d}x = \Delta x \sum_{n=0}^{N-1} f(x_n) \tag{4.7-7}$$

而傅里叶变换的积分式为

$$F(\mathrm{j}\omega) = \int_{-\infty}^{+\infty} f(t)\mathrm{e}^{-\mathrm{j}\omega t}\mathrm{d}t \tag{4.7-8}$$

利用上式，近似化为

$$F(\mathrm{j}\omega) = \Delta t \sum_{n=-\frac{N}{2}}^{\frac{N}{2}-1} f(t_n)\mathrm{e}^{-\mathrm{j}\omega t}n \tag{4.7-9}$$

把 N 取为偶数，以便在 $t=0$ 时可作为对称积分。就大多数实际信号来说，当 $t<0$时，$f(t)=0$。这时，$t=0\sim t=\infty$的积分的近似形式为

$$F(\mathrm{j}\omega)=\Delta t\sum_{k=0}^{N-1}f(t_k)\mathrm{e}^{-\mathrm{j}\omega t}k \tag{4.7-10}$$

这就是以有限积分来近似无限积分的方法。要计算式（4.7-10）的数值，只需知道 $f(t)$ 的离散值，即 $f(t_k)$ 即可。离散傅里叶变换往往就是用这种方法来计算的，把式（4.7-10）改写为

$$F(\mathrm{j}\omega_n)=\Delta t\sum_{k=0}^{N-1}f(t_k)\mathrm{e}^{-\mathrm{j}\omega_n t}k \tag{4.7-11}$$

则

$$F(\mathrm{j}n\Delta\omega)=\Delta t\sum_{k=0}^{N-1}f(k\Delta t)\mathrm{e}^{-\mathrm{j}n\Delta\omega k\Delta t} \tag{4.7-12}$$

由于式（4.7-12）是用和式来近似代表积分的，所以用它来计算的 $F(\mathrm{j}n\Delta\omega)$ 仅在一组离散点上等于真实的 $F(\mathrm{j}\omega)$。

下面来讨论式（4.7-12）的计算方法。首先，要找出 $\Delta\omega$ 与 Δt 的关系。令 T 为整个积分的时间间隔：

$$T=t_N-t_0 \tag{4.7-13}$$

因此

$$\Delta t=\frac{T}{N} \tag{4.7-14}$$

如每隔 $\Delta t\mathrm{s}$ 对信号取样，则从采样定理得知，如信号中包含的最大角频率称为 ω_0，则应取（详见后述）

$$\Delta t=\frac{\pi}{\omega_0}\quad 或\quad \omega_0=\frac{\pi}{\Delta t} \tag{4.7-15}$$

对一组数据分析时，一般在频域和时域中都选取 N 个采样值，所以有

$$\omega_0=\frac{N\Delta\omega}{2} \tag{4.7-16}$$

而 ω 可取正值或负值，如使 ω_0 两个值正负相等，并利用以上两式，可以得出

$$\Delta\omega=\frac{2\pi}{N\Delta t} \tag{4.7-17}$$

把式（4.7-16）代入得

$$\Delta\omega=\frac{2\pi}{T} \tag{4.7-18}$$

再代入式（4.7-12）得

$$F(\mathrm{j}n\Delta\omega)=\Delta t\sum_{k=0}^{N-1}f\ (k\Delta t)\mathrm{e}^{-\mathrm{j}n2\pi k/N} \tag{4.7-19}$$

而 $F(\mathrm{j}\omega)$ 只是在 $-\omega_a \leqslant \omega \leqslant \omega_b$ 范围内存在不为零的幅值，所以对上式还应附加这一限制。

4.7.1.4 用快速傅里叶变换进行频率分析

除了多通道的频率响应分析系统外，对旋转机械振动情况分析的传统方法是FFT技术。这种方法，正如上一节所阐明的那样，首先是通过对时域信号进行采样、离散化，然后计算其离散傅里叶变换，获得一系列联系在一起的频率分量，各频率之间的分辨率为 Δf。这类频率谱线一般有512条谱线。

这种技术能提供旋转机械振动信号的基频以及其各次谐波分量的分析结果，也同时确定了包含在振动信号中的非同步频率分量。FFT方法对于极短时间信号的分析工作是极为有效的。例如，监测以极快速度升速或降速的机器振动信号，或者要求监测分析大量的极高次谐波分量的振动信号时，也是非常有效的。但是，它也存在缺点，即测量精度和重复性，一般来说比起相关滤波方法差些。特别是在信噪比比较低劣的情况下，或者因信号传递介质的原因，而非线性效应出现的条件下更是如此。

4.7.2 频谱分析的应用——故障诊断

在机械设备故障诊断技术中，针对不同的情况，存在不同的信号分析方法，频域分析发挥着至关重要的作用。一般来说，频谱分析是故障诊断的关键。频域分析法主要是对信号的频率结构进行分析，确定信号是由哪些频率成分组成，以及这些频率成分幅值的大小。通过对“故障特征频率”及“故障特征频率幅值”的分析，就可以准确地对设备的故障进行诊断，见表4.7-2。

表4.7-2　　转动机械常见故障的频率特征

故障类型	故障名称	频率特征	转动特征
强迫振动类故障	不平衡	f_0（转动频率）	同步正进动
	热弯曲	f_0	同步正进动
	不对中	$2f_0$	正进动
	磁拉力不平衡	$2Nf_0$，N 为磁极对数	正进动
	松动	f_0，$2f_0$，$1.5f_0$，$2.5f_0$ 等	
	齿轮故障	啮合频率等于齿数×f_0，边带频率	
	滚动轴承	外环故障，内环故障，滚珠故障	

续表

故障类型	故障名称	频率特征	转动特征
自激振动类故障	油膜涡动	$(0.4\sim0.49)f_0$	正进动
	油膜振荡	等于低阶固有频率	正进动
	气隙振荡	等于低阶固有频率	正进动
	内腔积液	失稳前 $0.5f_0$ 失稳后为低阶固有频率	正进动
	转子内阻	失稳前 $0.5f_0$ 失稳后为低阶固有频率	正进动
	径向摩擦	失稳前小于低阶固有频率 失稳后等于低阶固有频率	反进动
	轴向摩擦	失稳前小于低阶固有频率 失稳后等于低阶固有频率	

在分析谱图时应抓住重点，忽略次要因素，以确定故障特性，找出设备存在的问题。

在分析振动谱图时，有以下两条原则：

（1）频率形态（大小及其变化等）代表故障类型。

（2）幅值代表故障劣化程度。

1. 利用频谱诊断发动机连杆轴承间隙

间隙增加，功率谱幅值也相应增加，并且在1.2kHz处尤其明显，谱峰值随连杆轴承间隙的增加而呈抛物线关系增加。因此，利用这一关系可诊断出连杆轴承间隙的大小，发动机连杆轴承间隙变化时的振动功率谱如图4.7-6所示。

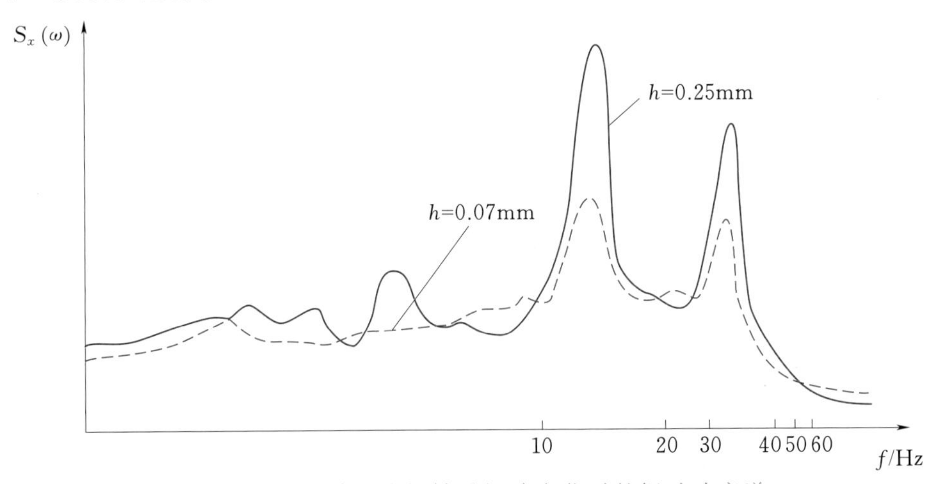

图4.7-6　发动机连杆轴承间隙变化时的振动功率谱

2. 不平衡故障

泵、风机、电动机使用一段时间后，由于摩擦、积灰等原因，使转子重心改变，出现不平衡（电动机由于润滑脂过量也会引起不平衡）。不平衡的特点如下：

（1）振动频率单一，振动方向以径向为主。在工频（也称转频）处有一最大峰值（转子若为悬臂支承，将有轴向分量）。

（2）在一阶临界转速内振幅随转速的升高而增大。

（3）谱图中一般不含工频（f_0）的高次谐波（$2f_0$、$3f_0$、…）。

例如：一台射流泵正常运转时在工频（1800r/min）处幅值最大，达 1.5μm，如图 4.7-7 所示。3 个月后再次测量，同一处的最大峰值已是 2.83μm，达到泵安全运行的报警值。拆机修理发现一异物缠绕在叶轮上，改变了质心。去除异物后，工频处幅值仅为 0.97μm，振幅明显减小，泵运行正常。

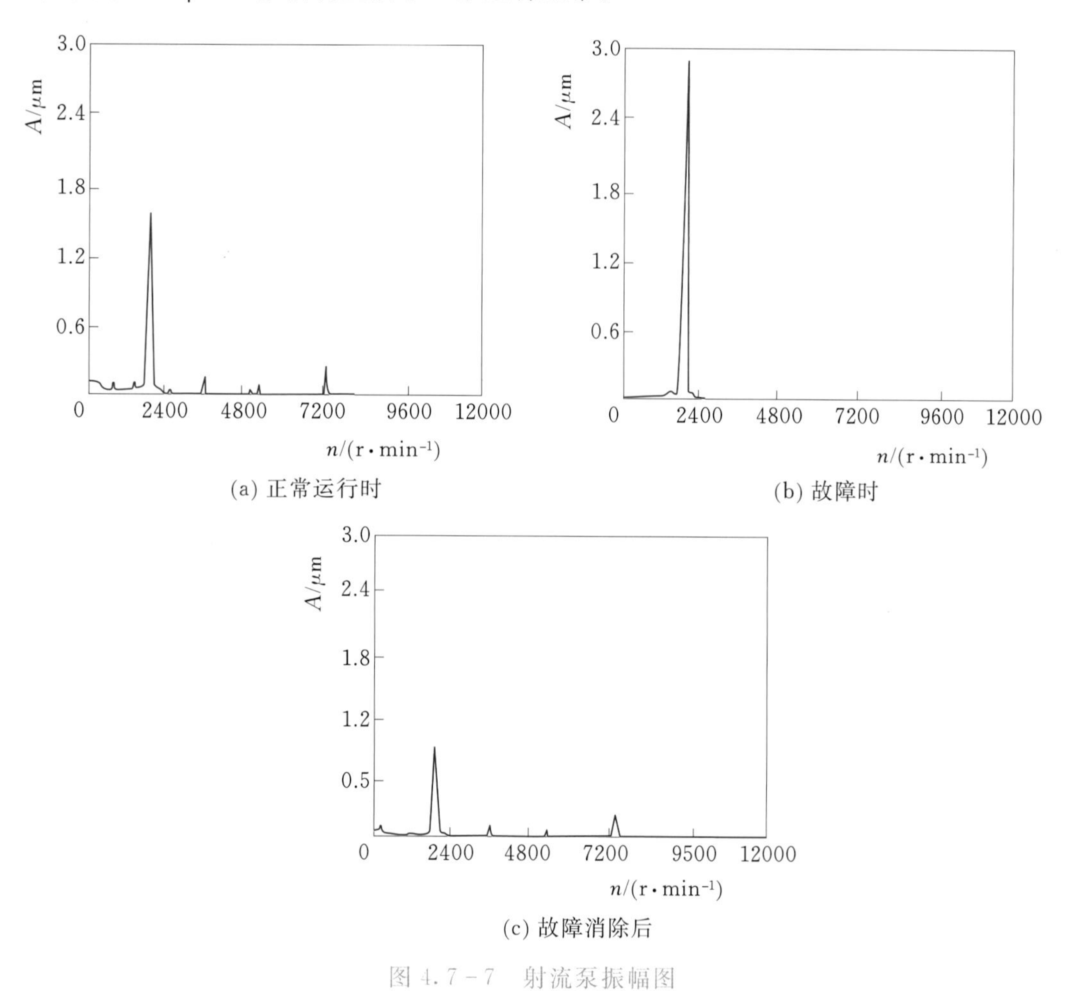

图 4.7-7 射流泵振幅图

3. 不对中及轴弯曲

就旋转机械而言，70%～75%的振动是不对中引起的。不对中有两种：平行不对中和角度不对中。平行不对中径向振动比较突出，角度不对中轴向振动更为突出。

不对中振动的特点如下：

（1）在 $2f_0$ 处有大的能量分布。

（2）随着不对中程度的增加，轴向振动分量增大。

例如：如图4.7－8所示为一台水泵的谱图，图4.7－8中 $2f_0$ 处也有峰值，该处幅值已明显增大并超过 f_0 处的幅值，说明不对中已比较严重。检查发现不对中量达0.254mm。修正后，谱图 $2f_0$ 处的幅值已明显变小，机组运行相当平稳。

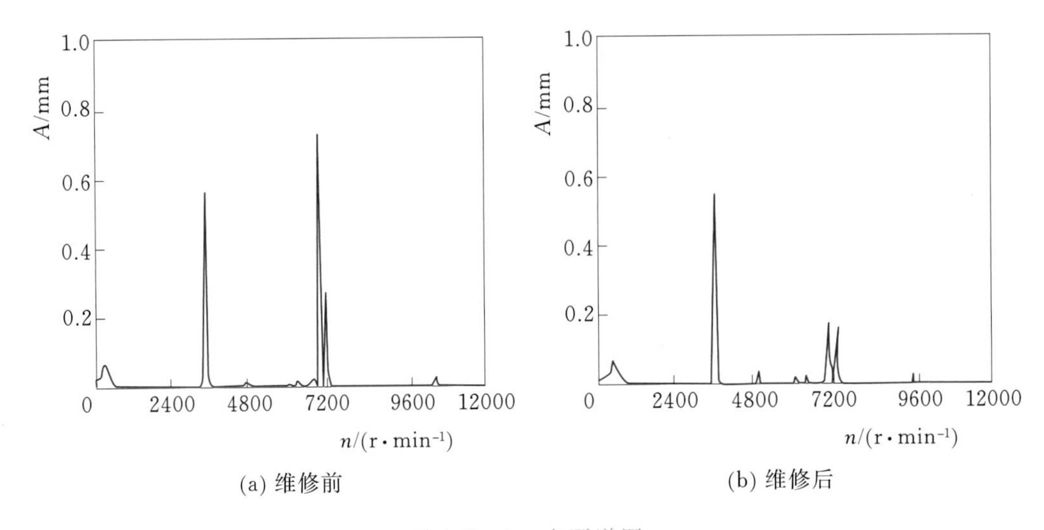

图4.7－8 水泵谱图

4. 机械松动

即使装配再好的机器运行一段时间后，也会产生松动。引起松动的常见原因是：螺母松动、螺栓断裂、轴径磨损，甚至装配了不合格零件。具有松动故障的典型频谱特征是以工频为基频的各次谐波。

例如：图4.7－9所示为一台电机地脚螺栓诊断的谱图，更换地脚螺栓后，谱图上除工频处有一峰值外，其他峰值均已消失。

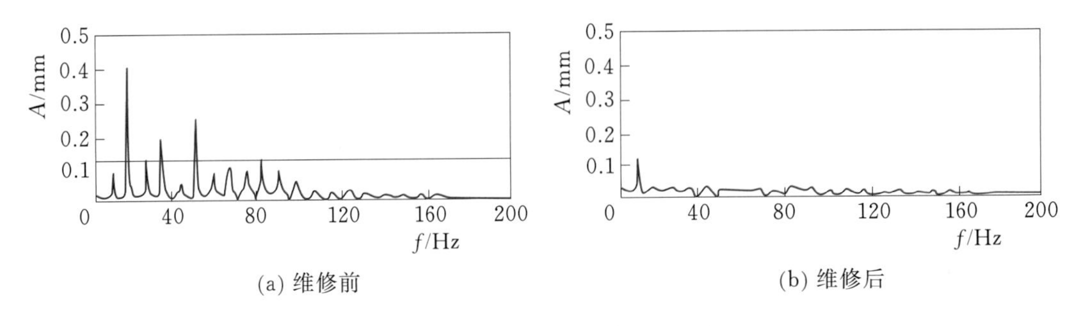

图4.7－9 电机地脚螺栓诊断谱图

4.8 数字信号处理

4.8.1 数字信号的概念和特点

1. 数字信号的概念

数字信号处理的定义为：将事物的运动变化转变为一串数字，并用计算的方法从中提取有用的信息，以满足实际应用的需求。

大部分信号的初始形态是事物的运动变化，为了测量和处理它们，需要用传感器把它们转换成电信号，并进行处理，再把它们转变为能看见、能听见或能利用的形态。

数字信号处理前后需要一些辅助电路，它们和数字信号处理器构成一个系统。图 4.8－1 所示为典型的数字信号处理系统，它由 7 个单元组成。

初始信号代表某种事物的运动变换，它经信号转换单元可变为电信号。例如，声波经过麦克风后就变为电信号，压力经压力传感器后变为电信号。电信号可视为许多频率的正弦波的组合。

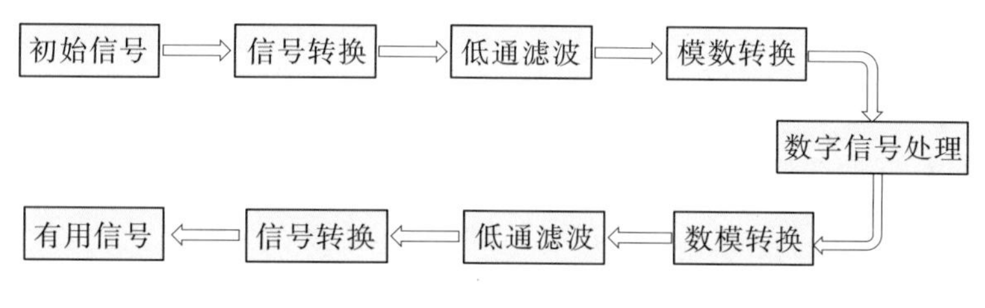

图 4.8－1 数字信号处理系统

低通滤波单元滤除信号的部分高频成分，防止模数转换时失去原信号的基本特征。模数转换单元每隔一段时间测量一次模拟信号，并将测量结果用二进制数表示。

数字信号处理单元实际上是一个计算机，它按照指令对二进制的数字信号进行计算。例如，将声波信号与一个高频正弦波信号相乘，可实现幅度调制。实际上，数字信号往往还要变回模拟信号，才能发挥它的作用。例如，无线电是电磁波通过天线向外发射的，这时的电磁波只能是模拟信号。

数模转换单元将处理后的数字信号变为连续时间信号，如图 4.8－2 所示。这种信号的特点是一段一段的直线相连，有很多地方的变化不平滑。例如，调制后的数字信号，变成模拟信号后才能送往天线。低通滤波单元有平均的作用，不平滑的信号经低通滤波后，可以变得比较平滑。

平滑的信号经信号转换单元后，就变成某种物质的运动变化。例如扬声器，它可将电波变为声波；天线，它可将电流变为电磁波。

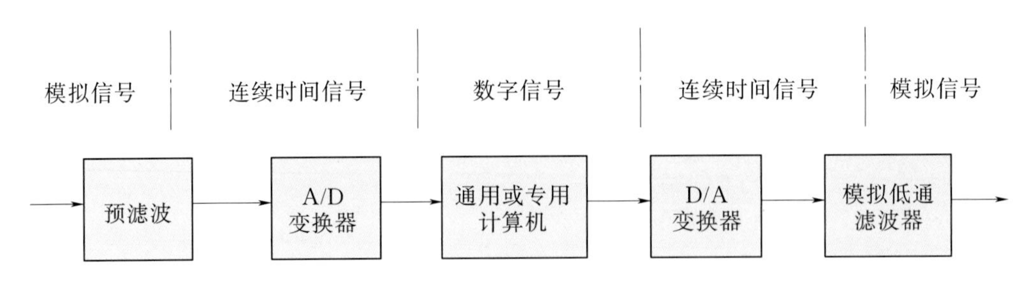

图 4.8-2 数模、模数转换

数字信号处理就是用数值计算方法对数字序列进行各种处理，把信号变换成满足需要的某种形式。其最主要的理论基础是离散时间信号和离散时间系统理论以及一些数学理论。

2. 数字信号的优点

（1）精度高。在模拟系统的电路中，精度很难达到 10^{-3}，而数字系统 17 位字长可以达到 10^{-5}的精度。例如，基于离散傅立叶变换的数字式频谱分析仪，其幅值精度和频率分辨率均远远高于模拟频谱分析仪。

（2）灵活性强。数字信号处理采用了专用或通用的数字系统，其性能取决于运算程序和乘法器的各系数，这些均存储在数字系统中，改变运算程序或系数，即可改变系统的特性参数，比模拟系统方便。

（3）可以实现模拟系统难以达到的指标或特性。有限长单位脉冲响应数字滤波器可以实现严格的线性相位；在数字信号处理中可以将信号存储起来，用延迟的方法实现非因果系统，从而提高了系统的性能指标；数据压缩方法可以大大减少信息传输中的信道容量。

（4）可以实现多维信号处理。利用庞大的存储单元，可以存储二维的图像信号或多维的阵列信号，实现二维或多维的滤波及频谱分析等。

3. 数字信号的缺点

（1）增加了系统的复杂性，它需要模拟接口以及比较复杂的数字系统。

（2）应用的频响范围受到限制，主要是 A/D 转换的采样频率的限制。

（3）系统的功率消耗比较大。数字信号处理系统中集成了几十万甚至更多的晶体管，而模拟信号处理系统中大量使用的是电阻、电容、电感等无源器件，随着系统复杂性的增加这一矛盾会更加突出。

4. 数字信号处理应用领域

（1）语音处理。语音处理包括语音信号分析、语音合成、语音识别、语音增强、语音编码。

（2）图像处理。图像处理包括恢复、增强、去噪、压缩。

（3）通信。通信包括信源编码、信道编码、多路复用、数据压缩。

(4) 电视。电视包括高清晰度电视、可视电话、视频会议。

(5) 雷达。雷达包括目标探测、定位、成像。

(6) 声呐。声呐包括有源声呐信号处理、无源声呐信号处理。

(7) 地球物理学。

(8) 生物医学信号处理。

(9) 音乐。

(10) 其他领域。

4.8.2 数字信号处理中的量化效应

数字信号处理技术实现时，信号序列值及参与运算的各个参数都必须用二进制的形式存储在有限长的寄存器中；运算中二进制的乘法会使位数增多。运算的中间结果和最后结果还必须再按一定长度进行尾数处理，例如，序列值 0.8012 用二进制表示为：$(0.110011010\cdots)_2$，如果用七位二进制表示，其中一位表示符号，那么序列值为：$(0.110011)_2$，其十进制为 0.796875，与原序列值的差值为 $0.8012-0.796875=0.004325$，该差值是因为用有限位二进制数表示序列值形成的误差，称为量化误差。这种量化误差产生的原因是用有限长的寄存器存储数字引起的，因此也将这种因量化误差引起的各种效应称为有限寄存器长度效应。这种量化效应在数字信号处理技术实现中，表现在以下方面：A/DC 中量化效应、数字网络中参数量化效应、数字网络中运算量化效应、FFT 中量化效应等。这些量化效应在数字信号处理技术实现时，都是很重要的问题，一直受到科技工作者的重视，并在理论上进行了很多研究。随着科学技术的飞速发展，主要是数字计算机的发展，字长由 8 位、16 位、32 位提高到 64 位，对于一般数字信号处理技术的实现，可以不考虑这些量化效应。但是对于要求成本低，或者要求高精度的硬件实现时，这些量化效应问题依然非常重要。

如果信号值用 $b+1$ 位二进制数表示（量化），其中一位表示符号，b 位表示小数部分，能表示的最小单位称为量化阶，用 q 表示，$q=2^{-b}$。对于超过 b 位的部分进行尾数处理。尾数处理有两种方法，一种是舍入法，即将尾数第 $b+1$ 位按逢 1 进位，逢 0 不进位，$b+1$ 位以后的数略去；另一种是截尾法，即将尾数第 $b+1$ 位以及以后的数码略去。

如果信号，$x(n)$ 值量化后用 $Q[x(n)]$ 表示，量化误差 $e(n)$ 为

$$e(n)=Q[x(n)]-x(n)$$

一般 $x(n)$ 是随机信号，那么 $e(n)$ 也是随机的，将 $e(n)$ 称为量化噪声。为便于分析，一般假设 $e(n)$ 是与 $x(n)$ 不相关的平稳随机序列，且是具有均匀分布特性的白噪声。设采用定点补码制，对于两种不同的尾数处理方法，其概率密度曲线如图 4.8-3 所

示。这样截尾法的统计平均值为$-\frac{q}{2}$，方差为$\frac{q^2}{12}$；舍入法的统计平均值为0，方差也为$\frac{q^2}{12}$，这里$q=2^{-b}$。很明显，字长$b+1$越长，量化噪声方差越小。下面分别介绍各种量化效应。

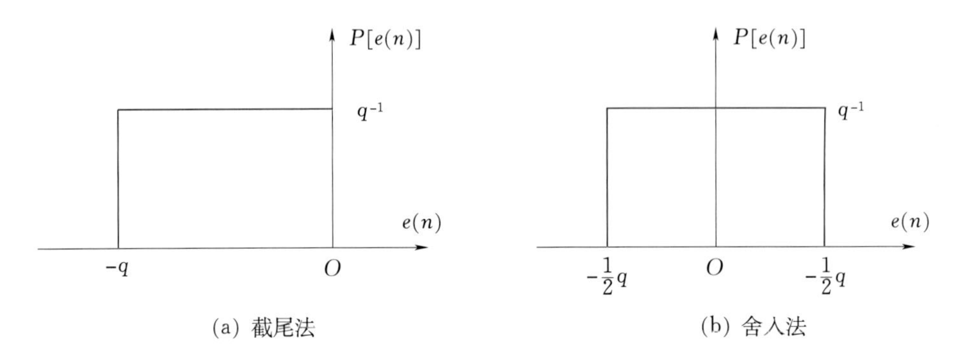

图 4.8-3 量化噪声 $e(n)$ 的概率密度曲线

1. A/D 变换器中的量化效应

A/D 变换器的功能原理图如图 4.8-4（a）所示，图中 $\hat{x}(n)$ 是量化编码后的输出，如果未量化的二进制编码用 $x(n)$ 表示，那么量化噪声为 $e(n)=\hat{x}(n)-x(n)$，因此 A/D 变换器的输出 $\hat{x}(n)$ 为

$$\hat{x}(n)=e(n)+x(n) \tag{4.8-1}$$

那么考虑 A/D 变换器的量化效应，其框图如图 4.8-4（b）所示。这样，由于 $e(n)$ 的存在而降低了输出端的信噪比。

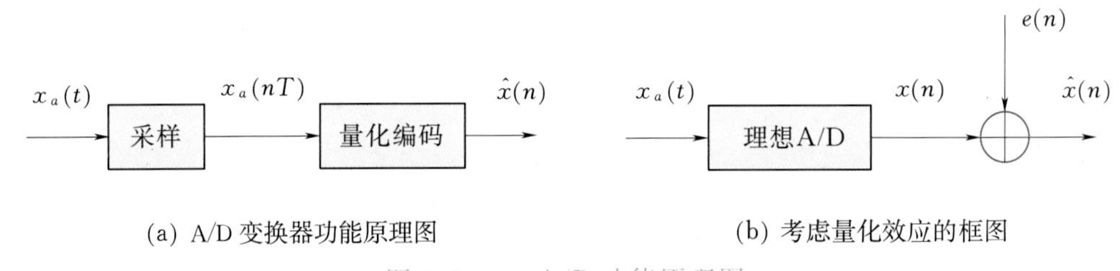

图 4.8-4 A/D 功能原理图

假设 A/D 变换器输入信号 $x_a(t)$ 不含噪声，输出 $\hat{x}(n)$ 中仅考虑量化噪声 $e(n)$，信号 $x_a(t)$ 平均功率用 σ_x^2 表示，$e(n)$ 的平均功率用 σ_e^2 表示，输出信噪比用 S/N 表示

$$\frac{S}{N}=\frac{\sigma_x^2}{\sigma_e^2}$$

或者用分贝（dB）数表示为

$$\frac{S}{N}=10\lg\frac{\sigma_x^2}{\sigma_e^2}\quad(\mathrm{dB}) \tag{4.8-2}$$

A/D 变换器采用定点舍入法，$e(n)$ 的统计平均值 $m_e=0$，方差为

$$\sigma_e^2=\frac{q^2}{12}=\frac{1}{12}2^{-2b}$$

将 σ_e^2 代入式（4.8－2），得到

$$\frac{S}{N}=6.02b+10.79+10\lg\sigma_x^2 \tag{4.8-3}$$

式（4.8－3）表明，A/D 变换器的位数 b 愈多，信噪比愈高；每增加一位，输出信噪比增加约 6dB。当然，输出信噪比也和输入信号功率有关，为增加输出信噪比，应在 A/D 变换器动态范围中，尽量提高信号幅度。如果对输出端信噪比提出要求，根据式（4.8－2）可以估计对 A/D 变换器的位数要求。设 $x_a(t)$ 服从标准正态分布 $N(0,\sigma_x^2)$，A/D 变换器的动态范围为±1V，对于正态分布，$x_a(t)$ 的幅度落入 $\pm3\sigma_x$ 以外的概率很小，可以忽略。为充分利用其动态范围，取 $\sigma_x=1/3$V，代入式（4.8－3）得

$$\frac{S}{N}=6.02b+1.25$$

如果要求 $S/N\geqslant60$dB，由上式计算出 $b\geqslant10$；如果 $S/N\geqslant80$dB，则 $b\geqslant13$。增加 A/D 变换器的位数，会增加输出端信噪比，但 A/D 变换器的成本也会随位数 b 增加而迅速增加。另外，输入信号本身有一定的信噪比，过分追求减少量化噪声提高输出信噪比是没有意义的。因此，应根据实际需要合理选择 A/D 变换器位数。

2. 数字网络中系数的量化效应

数字网络或者数字滤波器的系统函数用下式表示：

$$H(z)=\frac{\sum_{r=0}^{M}b_r z^{-r}}{1-\sum_{r=1}^{M}a_r z^{-r}} \tag{4.8-4}$$

式中的系数 b_r 和 a_r 必须用有限位二进制数进行量化，存贮在有限长的寄存器中，经过量化后的系数用 $\hat{b}_r$ 和 $\hat{a}_r$ 表示，量化误差用 Δb_r 和 Δa_r 表示，则

$$\hat{a}_r=a_r+\Delta a_r,\quad \hat{b}_r=b_r+\Delta b_r$$

这样，系数的变化会使网络传输特性或者说滤波特性发生变化。变化太大会使已设计好的滤波器特性因系数量化效应而不能满足实际要求，严重时，由于极点移动到单位上或单位圆外，使实际的滤波网络不稳定。

网络传输特性取决于系统零、极点的分布，系数量化效应也可以用对极、零点分布的影响来描述。下面仅以极点为例说明系数量化效应的影响。设系统极点用 P_i 表示，由于系数 a_r 的量化效应，引起极点 P_i 偏移 ΔP_i，实际极点用 $\hat{P}_i$ 表示，考虑系数量化效应后则：

$$\hat{P}_i = P_i + \Delta P_i \tag{4.8-5}$$

对于 N 阶系统函数的 N 个系数 a_r，都会产生量化误差 Δa_r，每一个系数的量化误差都会影响第 i 个极点 P_i 的偏移。可以推导出第 i 个极点的偏移 ΔP_i 只服从

$$\Delta P_i = \sum_{r=1}^{N} \frac{P_i^N}{\prod\limits_{\substack{l=1 \\ l \neq i}} (P_i - P_l)} \Delta a_r \tag{4.8-6}$$

上式表明极点偏移的大小与以下因素有关：

(1) 极点偏移和系数量化误差大小有关。如果系统采用定点补码制，尾数采用 b 位舍入法处理，那么 Δa_r 变化范围为 $\pm \frac{1}{2}q$，$q = 2^{-b}$，均方误差为 $\frac{q^2}{12}$，因此为减小极点偏移，应加长寄存器的长度。

(2) 极点偏移与系统极点的密集程度有关。在式 (4.8-6) 中，$P_i - P_l$ 表示从极点 P_l 指向极点 P_i 的矢量，整个分母是所有极点（不包括 P_i 极点）指向 P_l 极点的矢量之积。极点如果密集在一起，极点间距离短，必然引起 ΔP_i 加大。对于窄带滤波器或者选择性高的滤波器，一般极点会靠得很近，这样系数量化效应会引起极点较大的偏移。

(3) 极点的偏移与滤波器的阶数 N 有关，阶数越高，系数量化效应的影响越大，因而极点偏移越大。为此，二阶以上的滤波器最好不要用直接型结构，而用一阶或二阶的基本网络进行级联或并联来实现。

3. 数字网络中的运算量化效应

在数字网络的运算中，其中间结果和最后结果的位数如果超出了规定的有限位二进制数长度，则需要进行尾数处理，这样便引起了运算量化误差；运算中还可能出现溢出，造成更大的误差；运算误差的大小除了和规定的二进制数的长度有关以外，还和网络结构有关。下面就以上三个问题进行介绍。

(1) 运算量化效应。在定点制运算中，二进制乘法的结果尾数可能变长，需要对尾数进行截尾或舍入处理，这样会引起量化误差。这一现象称为乘法量化效应，在浮点制运算中，无论乘法还是加法都可能使二进制的位数加长，因此，浮点制的乘法和加法都要考虑量化效应。下面仅介绍定点制的乘法量化效应。

舍入和截尾处理都属于非线性过程。运算量化效应相当于在滤波网络中，引入非线性过程，这往往给分析计算带来困难。为简化分析，采用统计分析方法，把运算量化误差等效成网络内部的噪声源。这样，在定点制网络中，每个乘法支路引入一个噪声源。为便于计算，和前面一样，对噪声源的性质做一些假定，即噪声源是和信号源不相关的，服从均匀分布的白噪声，且网络中各个噪声源之间互不相关。这样，由于乘法量化效应引入了噪声源，使网络输出端的信噪比降低。

在图 4.8-5 中，有两个乘法支路，采用定点制时共引入两个噪声源，即 $e_1(n)$ 和 $e_2(n)$，噪声 $e_2(n)$ 直接输出，噪声 $e_1(n)$ 经过网络 $h(n)$ 输出，输出噪声 $e_f(n)$ 为

$$e_f(n)=e_1(n)h(n)+e_2(n)$$

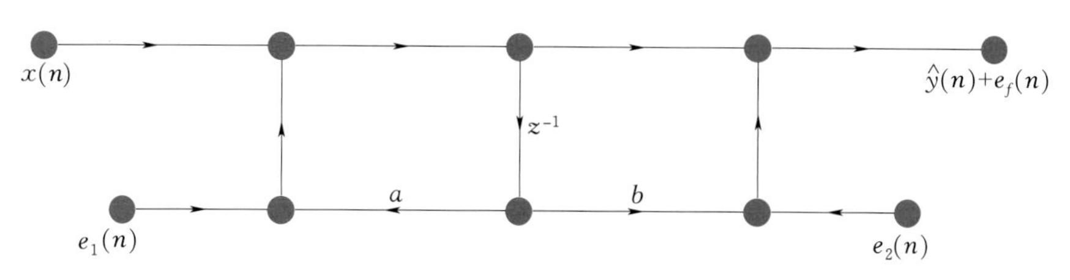

图 4.8-5　考虑运算量化效应的一阶网络结构

如果尾数处理采用定点舍入法，则输出端噪声平均值为

$$\begin{aligned} m_f &= E[e_1(n)h(n)]+E[e_2(n)] \\ &= E\left[\sum_{E=-\infty}^{\infty} h(m)\, e_1(n-m)\right]+E[e_2(n)] \\ &= m_1\sum_{E=-\infty}^{\infty} h(m)+m_2 \end{aligned}$$

式中　$E[\,]$——求统计平均值；

m_1、m_2——两个噪声源的统计平均值，这里 $m_1=m_2=0$。

$$m_f=0$$

因此，由于 $e_1(n)$ 和 $e_2(n)$ 互不相关，求输出端噪声方差时，可分别求其在输出端的方差，再相加。这里，每个噪声源的方差均为

$$\sigma_e^2=\frac{q^2}{12},\ q=2^{-b}$$

输出端的噪声 $e_f(n)$ 的方差为

$$\sigma_f^2=E[(e_f(n)-m_f)^2]=E[e_f^2(n)]=E[e_{f_1}^2(n)]+E[e_{f_2}^2(n)] \tag{4.8-7}$$

式中　$e_{f_1}(n)$、$e_{f_2}(n)$——$e_1(n)$ 和 $e_2(n)$ 在输出端的输出。

$$\sigma_e^2=E[e_{f_2}^2(n)]$$

$$\begin{aligned} E[e_{f_1}^2(n)] &= E\left[\sum_{m=0}^{\infty}h(m)\, e_1(n-m)\sum_{l=0}^{\infty}h(l)\, e_1(n-l)\right] \\ &= \sum_{m=0}^{\infty}\sum_{l=0}^{\infty}h(m)h(l)E[e_1(n-m)\, e_1(n-l)] \\ &= \sum_{m=0}^{\infty}\sum_{l=0}^{\infty}h(m)h(l)\,\sigma_e^2\delta(m-l) \\ &= \sigma_e^2\sum_{m=0}^{\infty}h^2(m) \end{aligned}$$

$$\sigma_f^2=\sigma_e^2\sum_{m=0}^{\infty}h^2(m)+\sigma_e^2$$

(2) 网络结构对输出噪声的影响。对同一个系统函数 $H(z)$，因乘法量化效应在输出端引起的量化噪声功率除了与量化位数 b 有关外，还与网络结构形式有关。量化位数 b 愈长，输出量化噪声愈小；网络结构中，输出端量化噪声以直接型最大，级联型次之，并联型最小。究其原因是直接型量化噪声通过全部网络，经过反馈支路有积累作用，级联型仅一部分噪声通过全部网络，并联型每个一阶网络的量化噪声直接送到输出端。而对于三种不同网络结构输出端的信号功率都是一样的。设输入信号 $x(n)$ 方差为 σ_x^2，均值 $m_x=0$，输出端信号功率用 σ_y^2 表示，则

$$\sigma_y^2=\sigma_x^2\sum_{n=0}^{\infty}h^2(n)=\sigma_x^2\frac{1}{2\pi j}\oint_c H(z)H(z^{-1})\frac{\mathrm{d}z}{z} \tag{4.8-8}$$

因此，网络结构中以并联型输出信噪比最大，直接型最差。对于定点制，输出信噪比还与输入信号功率有关，应在保证运算中不发生溢出的前提下，尽量增大输入信号幅度。

(3) 防止溢出的措施。在数字网络中有两种运算，即乘法和加法，由于存在有限寄存器长度效应，乘法会产生乘法量化效应，加法不会产生量化误差，但却会产生溢出。例如，在定点制网络系统中，补码二进制 0.110 加 0.011，结果为 1.001，其真值为 $-\frac{7}{8}$，实际真值应是 $\frac{9}{8}$ 这样，由于加法进位，产生了溢出，形成了很大的误差。在浮点制系统中，由于动态范围大，一般不产生溢出。下面介绍一般防止溢出的方法。

可以采用限制输入信号动态范围的方法来防止溢出。设网络节点用 v_i 表示，从输入节点 $x(n)$ 到 v_i 节点的单位取样响应为 $h_i(n)$，则

$$v_i=\sum_{m=0}^{\infty}h_i(m)x(n-m)$$

$$|v_i|\leqslant|x_{\max}|\sum_{m=0}^{\infty}|h_i(m)|$$

式中 $x_{\max}$——$x(n)$ 的最大绝对幅度值。

为保证节点 v_i 不溢出，要求 $|v_i|<1$，则要求

$$|x_{\max}|<\frac{1}{\sum_{m=0}^{\infty}|h_i(m)|} \tag{4.8-9}$$

上式即是对输入信号动态范围的限制。例如，一阶 IIR 网络，单位取样响应 $h(n)=a^n u(n)$，$|a|<1$，则

$$|x_{\max}|<\frac{1}{\sum_{n=0}^{\infty}|a^n u(n)|}=1-|a|$$

要求输入信号的动态范围为 $1-|a|$，显然该动态范围与一阶网络的极点 a 有

关。极点愈靠近单位圆，限制输入信号的动态范围就愈小。另外，如果输入信号幅度固定在一定范围中，可以在输入支路上加衰减因子来防止溢出。例如，在图 4.8-6 中，为防止溢出，在输入支路上加衰减因子 A，则

$$y(n)=A\sum_{m=0}^{\infty}h(m)x(n-m)$$

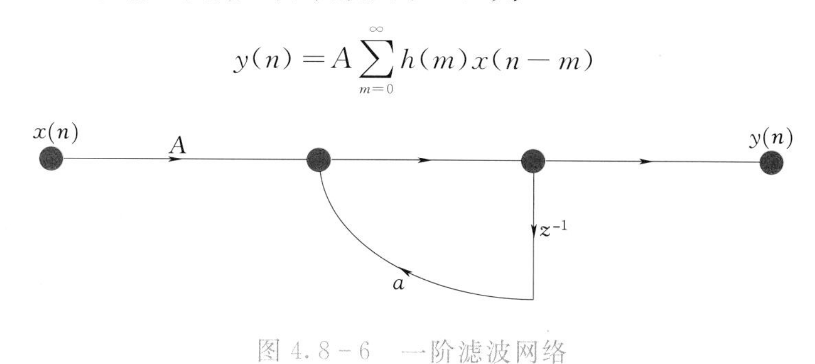

图 4.8-6 一阶滤波网络

设 $|x(n)|_{\max}=|x_{\max}|$，则有

$$|y(n)|\leqslant A|x_{\max}|\sum_{m=0}^{\infty}|h(m)| \quad (A>0)$$

为防止溢出，要求 $|y(n)|<1$，即

$$A<\frac{1}{|x_{\max}|\sum_{m=0}^{\infty}|h(m)|} \tag{4.8-10}$$

则有

$$A<\frac{1-|a|}{|x_{\max}|} \tag{4.8-11}$$

对子级联型或并联型结构，可在每个基本节的输入支路加衰减因子，如图 4.8-7 所示。如果 $|x_{\max}|=1$，图 4.8-7 中 A_1 和 A_2 的计算公式为

$$A<\frac{1}{\sum_{m=0}^{\infty}|h(m)|} \tag{4.8-12}$$

式中 $h(m)$——每个相应基本节的单位取样响应。

这样可保证每个基本节的输出节点不溢出。对于基本节内部的加法可能有溢出，但理论可以证明，对补码加法，只要输出节点不溢出，网络内部的溢出不影响结果的正确性。

按照式（4.8-10）或式（4.8-12）选择衰减因子是比较保守或者说是比较苛刻的，其常用计算公式为

$$A<\frac{1}{\delta\left[\sum_{m=0}^{\infty}|h^2(m)|\right]^{\frac{1}{2}}} \tag{4.8-13}$$

式中 δ——大于 1 的数，如果输入信号是方差为 1 的白噪声，可选 $\delta\geqslant 5$。

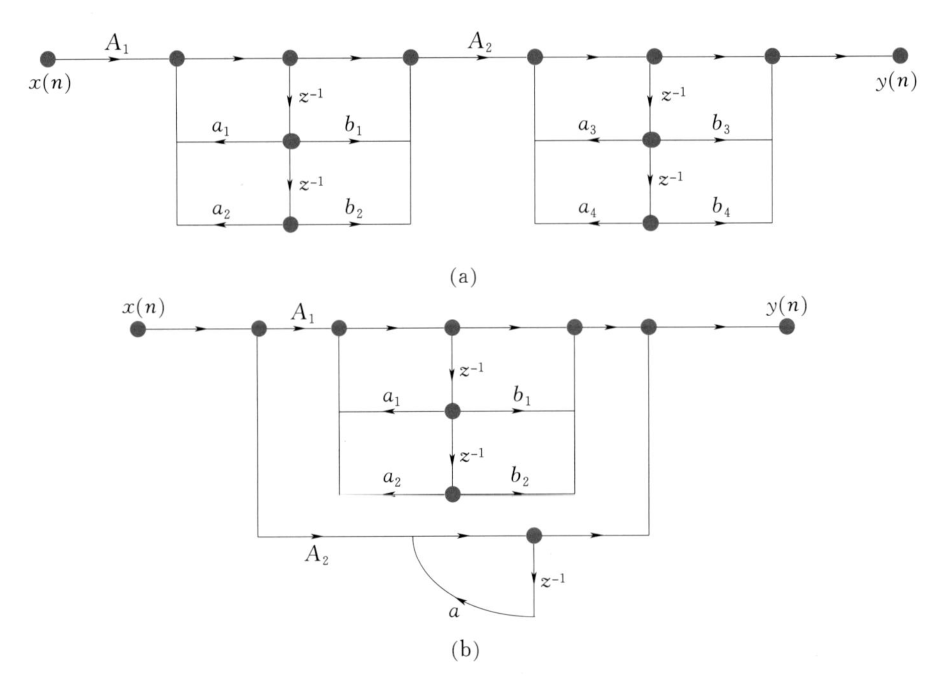

图 4.8-7 级联型与并联型的衰减因子

4.9 冲击信号与包络分析技术

4.9.1 冲击信号

在实际工作中，常需要对冲击信号进行分析处理，以获取冲击信号的峰值、脉宽等测试数据。虽然目前数字信号的处理方法已经有很多种，甚至可以利用 Wavestar、Origin、Matlab 等软件对冲击信号测试系统所记录的波形数据进行处理，但还没有哪一种方法能够直接给出具备一定精度的冲击信号的测试数据。

4.9.1.1 冲击信号测试系统的组成

常用的冲击信号测试系统如图 4.9-1 所示，包括压电传感器（或其他冲击加速度传感器）、电荷放大器、图形显示器、电源等。在实际信号的测试中，首先由压电传感器测出冲击信号，并将它转换为电荷信号，再通过一个高输入阻抗的电荷放大器将电荷量转换为电压量，低阻输出至图形显示器。

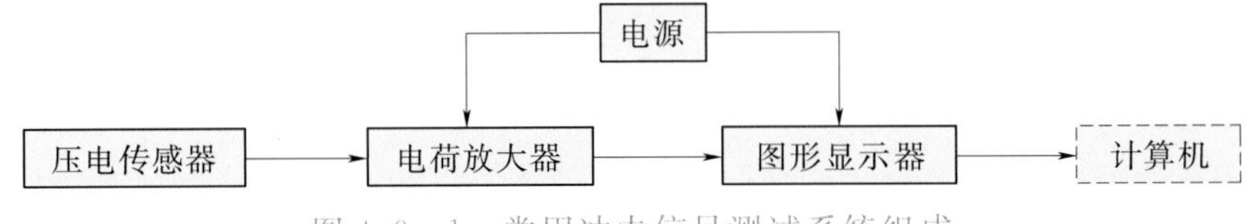

图 4.9-1 常用冲击信号测试系统组成

4.9.1.2 冲击信号数字处理方法的理论依据

由于环境因素的影响，比如有电荷放大器的输入输出干扰、电源的干扰以及连接线的影响等，实际送至显示设备中的信号包括了一些干扰信号。如图 4.9-2 所示，未加入干扰项的信号是一条平滑的曲线，而在受到各种干扰因素的影响后，实际测量到的信号是包括有许多毛刺及高频干扰的曲线。

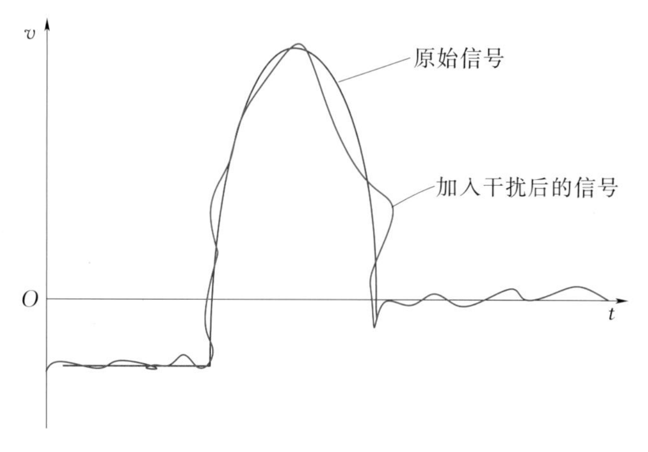

图 4.9-2 加入干扰后的原始信号

考虑到信号与噪声比较，信号相当平滑，而冲击信号中的干扰项接近于平均值为零的不相关的白噪声。可以用平均法、单纯移动平均法以及曲线拟合法对信号进行平滑处理。

1. 平均法

白噪声具有一个很重要的统计特性，即它的统计平均值为零。当对信号 $n(t)$ 进行等间隔采样时，其离散序列 n_k 的均值可表示为

$$E(n_k)=\lim_{N\to\infty}\frac{1}{N}\sum_{k=1}^{N}n_k \tag{4.9-1}$$

如果 $n(t)$ 为随机白噪声的一个样本，则有 $E(n_k)=0$。

假设数据系统采得的数据由两部分组成：$x(t)=s(t)+n(t)$，$x(t)$ 为处理前的数据，$s(t)$ 为有用数据，$n(t)$ 为随机噪声。用离散值可表示为

$$\sum_{k=1}^{N}x_k=\sum_{k=1}^{N}s_k+\sum_{k=1}^{N}n_k \tag{4.9-2}$$

式中 x_k、s_k、n_k —— $x(t)$、$s(t)$、$n(t)$ 的离散序列。

假设在 N 次采样过程中，s_k 的值基本不变，可近似地看成一个常数 C，对 x 取平均值则有

$$E\left(\frac{1}{N}\sum_{k=1}^{N}x_k\right)=\frac{1}{N}NC=C \tag{4.9-3}$$

式（4.9-3）表明，利用时域平均法可以平滑白噪声。

2. 单纯移动平均法

单纯移动平均法又称算术平均法。将由 n 个点组成的离散信号用 $x(i)$ 表示，其中 $i=1,2,\cdots,n$，把原信号进行平滑处理后在 i 点的平均值为 $y(i)$，则有

$$y(i)=\frac{1}{\omega}\sum_{j=-\omega}^{m}x(i+j)\omega(j)\quad(i=m+1,m+2,\cdots,n-m) \tag{4.9-4}$$

式中的 $\omega=\sum_{j=-m}^{m}\omega(j)$ 和 $\omega(j)$ 表示由 $2m+1$ 个点组成的左右对称的权函数，采用矩形权函数，即 $\omega(j)=1$，则有

$$y(i)=\frac{1}{N}\sum_{j=-m}^{m}x(i+j)\quad (N=2m+1, i=m+1, m+2, \cdots, n-m) \tag{4.9-5}$$

所以，可用单纯移动平均法对信号的平滑处理进行简单的定量分析。

在所处理的冲击波形中，通常认为信号与噪声相比，信号是很平滑的。而观测波 $x(i)$ 中所含的噪声，可以认为是平均值为零的不相关的白噪声。这时如果权函数的宽度加大，平滑结果 $y(i)$ 所含噪声成分由于平均化就会减小，其大小可用其方差来评价。一般来说，通过单纯移动平均法可使信号的平均方差降低到原来的 $1/N$ 倍。

工程规定，为了不丢失冲击信号的有用成分，排除干扰和噪声的任何处理方法，都应保留原信号有用成分的频带范围，该范围为 $0.008/T\sim10/T$，单位是赫兹（Hz），其中 T 为冲击持续时间，单位为秒（s）。

3. 多项式适合法

多项式适合法又称为最小二乘法，它是将观测波形按照特定的曲线（如二次、三次曲线）拟合来取得平滑数据。考虑到冲击波形（标称波形为半正弦曲线）接近于二次曲线，因此可以采用二次曲线拟合法进行数据平滑处理。

若在点 i 作为中心点的 $2m+1$ 个点内，用二次多项式来拟合信号波形 $y(j)$，则有

$$y(j)=a(j-i)^2+b(j-i)+c \tag{4.9-6}$$

式中的 $j=-m+i$，…，$-1+i$，i，$1+i$，…，$m+i$。由 $y(j)$ 与实际测量值 $x(j)$ 的二乘误差关系式出发，就可求解出二次多项式的系数 a，b，c。

4.9.1.3 数字信号处理方法在信号处理中的实际应用

在所使用的冲击信号处理的程序中，先采用单纯移动平均法对采集信号进行平滑处理，再用二次曲线拟合法进行曲线拟合，可以获得较好的噪声抑制能力及较满意的数据平滑效果。

1. 峰值的计算方法

由于传感器的不同，在采集到的冲击波形中，包括正信号波形与负信号波形。在冲击信号处理中，首先需要对冲击信号进行归一化处理，这就是说，如果波形为负波形，将其变为正波形。其改变方法为：将采集到的波形上的各个数据点的数字值取补，这样就可将所有负波形的处理均转化为对正波形的处理。

对归一化后的波形，首先需要计算加速度峰值。其计算方法为：先找出最大值点 d_{max}，再从最大值点向开始点方向往回找一段距离，到位置2（图4.9-3），然后再以该点为起始点，向后取一小段距离，以波形仍在最小值左右变化为限，到位置3，对位置2到位置3所包括的所有数据点取平均值，将其平均值作为最小值 d_{min}，

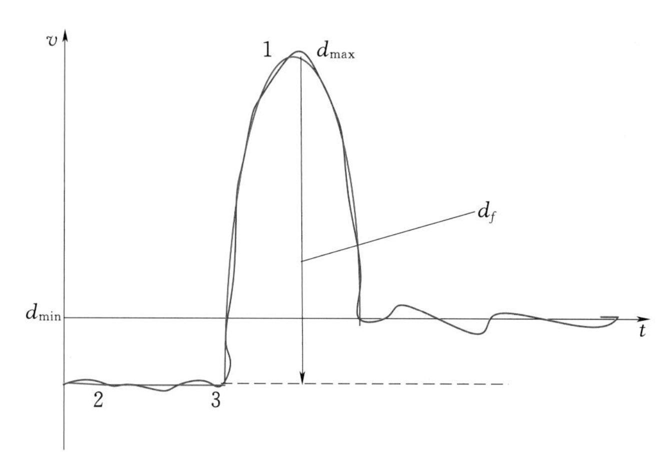

图 4.9-3　冲击信号峰值的计算方法

如图 4.9-3 中虚线所示，用最大值减去最小值，其差即为加速度峰值，即 $d_f = d_{max} - d_{min}$。

2. 脉宽的计算方法

脉宽的计算，首先应确定脉宽的起始点和结束点。设加速度峰值为 1，在峰值的 8%～30% 的范围内做移动平均处理，然后用最小二乘法做二次曲线拟合，再对该曲线求出其在中心点处的切线方程，将该切线延长，延长线与最小线的交点即为脉宽的起始。同理可以计算出脉宽结束点的位置。脉宽的起始点 1 和结束点 2 之间的间隔即为脉宽（图 4.9-4）。在计算脉宽时，没有直接用波形与最小值线的交点及波形与零线的交点作为脉宽开始点与脉宽结束点，是考虑到波形在开始上升处与开始下降处有一个平缓的过渡过程，若直接用其与最小值线及零线的交点作为脉宽开始点与结束点，将会使得出的脉宽过宽，与实际情况不符。实验证明，用上述方法计算出的脉宽与对实际波形所估计的脉宽较符合。

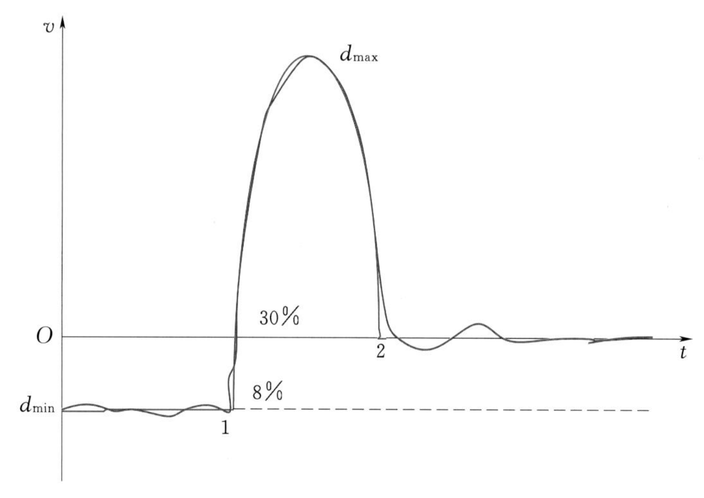

图 4.9-4　冲击信号脉冲宽度的计算方法

4.9.2　包络线分析

包络线分析是工程信号分析中较常用的一种方法，在往复机械故障诊断和振动机械信号分析中有很重要的作用。在工程实际中，从设备中检测得到的信号波形有些虽然比较复杂，但其包络线有一定的规律或一定的趋势，在此情况下，利用包络线分析方法可以对该波形高频成分的低频特征或低频率事件做详细的分析。例如有缺陷的齿轮在啮合中存在低频、低振幅的重复事件所激发的高频、高振幅共振，对此进行包络分析可以对缺陷做出判断。

4.9.2.1 包络线特征点的抓取

仔细分析可以发现，连接成包络线的特征点都是一些极值点。人工描绘包络线时，在大脑中经过取舍后，可以直接绘出最终的低频包络线，而计算机则必须依据极值点这一特点，逐阶分析才能得到最终的低频包络线特征点。对一个复合信号，在分析时的具体做法如下：

（1）在信号中找出所有极大值（或极小值）点，作为一阶包络特征点。

（2）在一阶包络特征点中找出所有极大值点，作为二阶包络特征点。

（3）在 m 阶包络特征点中找出所有极大值点，作为 $m+1$ 阶包络特征点，直至得到的相邻两特征点所构成直线的斜率基本相等为止（即包络特征点基本在一条直线上），假定此时为 n 阶包络特征点。

4.9.2.2 拟合各阶包络线

在求取包络线特征点是极值，因此包络线均值产生了漂移，同时包络特征点之间间距较大且不相等。为此，在拟合包络线时应进行去均值和插值处理。

1. 去均值处理

设某阶特征点序列为 x_0，x_1，…，x_{n-1}，则去均值计算公式为

$$x'_i = x_i - \frac{1}{n}\sum_{i=0}^{n-1} x_i \tag{4.9-7}$$

2. 插值处理

由于特征点之间间距较大，直接画图为一段段折线，也无法对该包络信号进行分析，因此必须进行插值才能进行后续分析处理，这里介绍一种较为理想的光滑不等距插值方法。

设经式（4.9-7）处理后的某阶的 n 个不等距特征点为 $x'_0 < x'_1 < \cdots < x'_{n-1}$，相应的函数值为 $y_i(i=0,1,\cdots,n-1)$。若在子区间 $[x'_k,\ x'_{k+1}]$ $(k=0,1,\cdots,n-2)$ 上的两个端点处满足以下4个条件：

$$y_k = f(x'_k)$$

$$y_{k+1} = f(x'_{k+1})$$

$$y'_k = g_k$$

$$y'_{k+1} = g_{k+1}$$

则在此区间上可以唯一确定一个三次多项式：

$$s(x) = s_0 + s_1(x - x'_k) + s_2(x - x'_k)^2 + s_3(x - x'_k)^3 \tag{4.9-8}$$

并且就用此三次多项式来计算子区间中插值点 x 处的函数近似值。

根据阿克玛几何条件，g_k 与 g_{k+1} 的计算公式为

$$g_k = \frac{|u_{k+1} - u_k| u_{k-1} + |u_{k-1} - u_{k-2}| u_k}{|u_{k+1} - u_k| + |u_{k-1} - u_{k-2}|} \tag{4.9-9}$$

$$g_{k+1} = \frac{|u_{k+2} - u_{k+1}| u_k + |u_k - u_{k-1}| u_{k+1}}{|u_{k+2} - u_{k+1}| + |u_k - u_{k-1}|} \tag{4.9-10}$$

其中

$$u_k = \frac{y_{k+1} - y_k}{x'_{k+1} - x'_k}$$

并且在端点处有

$$u_{-1} = 2u_0 - u_1,\quad u_{-2} = 2u_{-1} - u_0$$

$$u_{n-1} = 2u_{n-2} - u_{n-3},\quad u_n = 2u_{n-1} - u_{n-2}$$

当 $u_{k+1} = u_k$ 与 $u_{k-1} = u_{k-2}$ 时，则

$$g_k = \frac{u_{k-1} + u_k}{2} \tag{4.9-11}$$

当 $u_{k+2} = u_{k+1}$ 与 $u_k = u_{k-1}$ 时，则

$$g_{k+1} = \frac{u_k + u_{k+1}}{2} \tag{4.9-12}$$

最后可以得到区间 $[x'_k,\ x'_{k+1}]$ $(k = 0, 1, \cdots, n-2)$ 上的三次多项式的系数为

$$s_0 = y_k$$

$$s_1 = g_k$$

$$s_2 = \frac{3u_k - 2g_k - g_{k+1}}{x'_{k+1} - x'_k}$$

$$s_3 = \frac{g_{k+1} + g_k - 2u_k}{x'_{k+1} - {x'_k}^2}$$

插值点 $t(t \in [x'_k,\ x'_{k+1}])$ 处的函数近似值为

$$s(t) = s_0 + s_1(t - x'_k) + s_2(t - x'_k)^2 + s_3(t - x'_k)^3 \tag{4.9-13}$$

3. 拟合各阶包络线

在求得某阶包络线在各插值区域的插值函数后，把各插值点连接起来得到了该阶包络曲线。

4.9.2.3 用包络分析解析信号

工程信号一般都包含有多种频率成分，也可以说是由这些频率成分的单频信号合成而来的。在工程分析中，有时需要将这些信号分解开来，或将其中的某个单频信号分解出来。下面介绍用包络分析来分解信号的方法。

对复杂信号进行逐阶包络分析，最终都会得到一条直线。设进行 m 阶包络分析时初次得到直线包络，则 $m-1$ 阶包络线为复合信号中最低频信号，将 $m-2$ 阶包络线减去 $m-1$ 阶包络线，则可得到次低频信号，若将 $m-3$ 阶包络线减去 $m-2$ 包络

线则可得到更高一阶的单频信号。

设复合信号 $y(x)=\sum_{k=0}^{m}A_k(x)$，又设 $B_m(x)$ 为信号 $y(x)$ 的第 m 阶包络线，则

$$A_k(x)=B_k(x)-B_{k-1}(x) \tag{4.9-14}$$

式（4.9-10）即为用包络分析解析信号的计算公式。

4.10 模 态 分 析

模态分析的定义为：将线性定常系统振动微分方程组中的物理坐标变换为模态坐标，使方程组解耦，成为一组以模态坐标及模态参数描述的独立方程，以便求出系统的模态参数。坐标变换的变换矩阵为模态矩阵，其每列为模态振型。由于采用模态截断的处理方法，可使方程数大为减少，从而大大节省了计算时间。

实际结构振动时，由于阻尼的分散性，各点的振动除了振幅不同外，振动相位亦各异。这就使系统的特征频率及特征向量成为复数，从而形成所谓的复模态。复模态的性质与实模态不同，后者是前者的一种特例。因此复模态比实模态更具有一般性。模态分析可以在时域中进行，也可在频域中进行。时域分析的理论基础较广，其数学模型的建立（数学建模）是时域分析的理论基础。

模态分析的最终目标是识别出原系统的模态参数，为结构系统的振动特性分析、振动故障诊断和预报以及结构动力特性的优化设计提供依据，因此模态参数辨识是模态分析理论的重要内容。

一般的结构系统可以离散为一种具有 N 个自由度的线弹性系统，其运动微分方程为

$$[M]\{\ddot{x}\}+[C]\{\dot{x}\}+[K]\{x\}=\{f(t)\} \tag{4.10-1}$$

式中的质量、阻尼、刚度矩阵 $[M]$、$[C]$、$[K]$ 为实对称矩阵，$[M]$ 正定，$[C]$、$[K]$ 正定或半正定。$[M]$、$[C]$、$[K]$ 已知时，可求得一定激励 $\{f(t)\}$ 下的结构响应 $\{x(t)\}$，方程（4.10-1）两端经傅里叶变换，可得

$$(\mathrm{j}\omega)^2[M]\{x(\omega)\}+(\mathrm{j}\omega)[C]\{x(\omega)\}+[K]\{x(\omega)\}=\{F(\omega)\} \tag{4.10-2}$$

式中 $F(\omega)$、$\{x(\omega)\}$ ——激振力 $\{f(t)\}$ 和位移相应量 $\{x(\omega)\}$ 的傅里叶变换。

则
$$X(\omega)=\int_{-\infty}^{\infty}x(t)\mathrm{e}^{-\mathrm{j}\omega t}\,\mathrm{d}t,\ F(\omega)=\int_{-\infty}^{\infty}f(t)\mathrm{e}^{-\mathrm{j}\omega t}\,\mathrm{d}t \tag{4.10-3}$$

令 $[H(\omega)]=(-\omega^2[M]+\mathrm{j}\omega[C]+[K]^{-1})$，则式（4.10-2）可以化简为

$$\{X(\omega)\}=[H(\omega)]\{F(\omega)\} \tag{4.10-4}$$

式中 $[H(\omega)]$ ——传递函数矩阵。

对系统 p 点进行激励并在 l 点测响应，可得到传递函数矩阵中的第 p 行 l 列元

素为

$$H_{lp}=\sum_{i=1}^{n}\frac{\varphi_{li}\varphi_{pi}}{-\omega^2 M_i+\mathrm{j}\omega C_i+K_i} \tag{4.10-5}$$

式中 φ_{li}、φ_{pi}——l、p 点振型元素。

从而对结构上的一点激励，多点测量响应，即可得到传递函数矩阵的某一列，进而计算出模态参数。主要的模态参数包括固有频率、振型、阻尼比。

在系统无阻尼振动时，振动系统一般存在着 n 个固有频率和 n 个主振型，每一对频率和振型代表一个单自由度系统的自由振动，这种在自由振动时结构所具有的基本振动特性称为结构的模态。多自由度系统的自由振动可以分解为 n 个单自由度的简谐振动的叠加，或者说系统的自由振动是 n 个固有模态振动的线性组合。这就意味着多自由度系统一般来说不是一个固有频率的自由振动，而是多个固有频率的简谐振动的合成振动。

实际上，结构都是具有阻尼的。由于阻尼的处理比较困难，工程上常采用假设来近似研究阻尼对结构振动的影响。通常采用的假设为比例阻尼、结构阻尼及一般黏性阻尼。

根据模态频率和模态矢量是实数还是复数，模态可分为实模态与复模态。

4.10.1 实模态分析

实模态是指在物理坐标下的振动微分方程，可在实模态坐标系中能被解耦的系统。小阻尼的比例阻尼系统，与对应的无阻尼系统，具有相同的固有模态矢量，都是实模态（实振型）。

1. 比例黏性阻尼系统

若式（4.10-1）中 $[C]$ 满足 $[C][M]^{-1}[K]=[K][M]^{-1}[C]$，则 $[C]$ 称为比例黏性阻尼。系统为实模态。此时，式（4.10-5）可以写成如下形式：

$$H_{lp}=\sum_{r=1}^{N}\frac{1}{K_{er}[(1-\overline{\omega}_r^2)+\mathrm{j}2\zeta_r\omega_r]} \tag{4.10-6}$$

式中 $\overline{\omega}_r$——第 r 阶模态的频率比，$\overline{\omega}=\omega/\omega_r$；

ζ_r——第 r 阶模态的黏性阻尼比，$\zeta_r=C_r/2M_r\omega_r$；

K_{er}——第 r 阶模态的等效刚度，它与测点和激振点有关，而模态刚度 K_r 仅与模态有关，$K_{er}=K_r/\varphi_{lr}\varphi_{pr}$。

2. 比例结构阻尼系统

对 n 个自由度的结构阻尼系统，其强迫振动微分方程为

$$[M]\{\ddot{x}\}+([K]+\mathrm{j}[\eta])\{x\}=\{f(t)\} \tag{4.10-7}$$

式中 $[\eta]$——结构阻尼矩阵。

若 $[\eta]$ 满足 $[K][M]^{-1}[\eta]=[\eta][M]^{-1}[K]$，则 $[\eta]$ 称为比例结构阻尼，系统

为实模态。方程解耦，最后得到测点的频率响应函数为

$$H_{lp}(\omega)=\sum_{r=1}^{N}\frac{1}{K_{er}[(1-\overline{\omega}_r^2)+\mathrm{j}g_r]} \tag{4.10-8}$$

式中　g_r——第 r 阶模态的比例结构阻尼比。

4.10.2 复模态分析

在模态分析中，振动系统中各点的振动相位差为零，否则为180°。无阻尼或比例阻尼的振动系统满足此条件。对实模态而言，模态系数为实数，但实际结构往往都是有阻尼的，而且并非都是比例阻尼。因此，结构振动时，各点除了振幅不同外，相位也不尽相同，即相位差不一定是0°或者180°。模态系数便成为复数，即形成复模态。

1. 非比例结构阻尼系统

对于非比例结构阻尼系统而言，其振动微分方程仍可以写为式（4.10－7），但是，$[\eta]$ 不满足 $[K][M]^{-1}[\eta]=[\eta][M]^{-1}[K]$，可以将式（4.10－7）写为

$$[M]\{\ddot{x}\}+[K_g]\{x\}=\{f(t)\} \tag{4.10-9}$$

式中　$[K_g]$——复刚度矩阵，$[K_g]=[K]+\mathrm{j}[\eta]$。

求解方程，得到复模态参数表示的位移频响函数为

$$H_{lp}(\omega)=\sum_{r=1}^{N}\frac{\varphi_{lr}\varphi_{pr}}{M_r[(1+\mathrm{j}g_r)\omega_r{}^2-\omega^2]}$$
$$=\sum_{r=1}^{N}\frac{1}{K_{er}[(1-\overline{\omega}_r^2)+\mathrm{j}g_r]} \tag{4.10-10}$$
$$K_{er}=\frac{K_r}{\varphi_{lr}\varphi_{pr}}$$

式中　g_r——第 r 阶模态的等效模态刚度，是一个复数。

在非比例结构阻尼的模态参数 ω_r、g_r、M_r、$\{\varphi_r\}$ 中。只有 $\{\varphi_r\}$ 是复数，其他皆为实数。

2. 非比例黏性阻尼系统

对于非比例黏性阻尼系统而言，其振动微分方程仍可以写为

$$[M]\{\ddot{x}\}+[C]\{\dot{x}\}+[K]\{x\}=\{f(t)\} \tag{4.10-11}$$

虽然阻尼力仍与速度成正比，但 $[C]$ 不满足 $[C][M]^{-1}[K]=[K][M]^{-1}[C]$，故不能用无阻尼的固有振型矩阵进行坐标变换并使 $[C]$ 对角化，因而不能使运动微分方程解耦。

引入辅助方程

$$[M]\{\dot{x}\}+[M]\{\dot{x}\}=\{0\} \tag{4.10-12}$$

与式（4.10－11）联立得到状态方程为

$$\begin{bmatrix}[C] & [M]\\ [M] & [0]\end{bmatrix}\begin{Bmatrix}\dot{x}\\ \ddot{x}\end{Bmatrix}+\begin{bmatrix}[K] & [0]\\ [0] & [M]\end{bmatrix}\begin{Bmatrix}x\\ \dot{x}\end{Bmatrix}=\begin{Bmatrix}f\\ 0\end{Bmatrix} \tag{4.10-13}$$

解耦方程，得到任意一点 l 的自由振动相应为

$$x_l(t)=\sum_{r=1}^{N}\varphi_{1r}q_{r0}\mathrm{e}^{\lambda_r t}+\sum_{r=1}^{N}\varphi_{1r}^{*}q_{r0}^{*}\mathrm{e}^{\lambda_r^{*} t} \tag{4.10-14}$$

式中 q_{r0}、q_{r0}^{*}——$t=0$ 时 r 阶复模态坐标及其共轭；

λ_r——系统的 r 阶复模态频率；

φ_{1r}^{*}——第 r 阶复模态。

其中 q_{r0}、λ_r、φ_{1r} 为复数。

3. 实模态和复模态的运动特征比较

复模态时，系统呈现一些与实模态不同的运动特点，可归结如下：

（1）复模态时，系统各点的相位不同，存在着相位差，且无一定规律；而对实模态，各点间的相位差为 0°或 180°。

（2）由于复模态运动有一时间（相位）差异的特点，因此它们不同时通过振动的平衡位置；而实模态，各点同时通过振动平衡位置。尽管如此，对复模态而言，各点的振动频率及周期仍然相同。

（3）复模态振型并不具有实模态振型所具有的那种稳定的节点或节线，也不存在各点位移均为零的时刻，这是与实模态截然不同的。

4. 应变模态分析和曲率模态分析

与反映系统的固有振型的位移模态分析不同，应变模态分析反映系统的固有应变分布状态，通过建立应变频响函数求取应变模态及其模态参数，从而建立模态模型。

对应于位移模态，曲率模态振型对于结构的局部几何尺寸的变化和机械性能的变化如开槽、裂口或内部损伤等更为敏感。系统的曲率响应可以用曲率模态叠加表达。承弯元件的应力是与曲率成正比的。因此，曲率模态分析对于故障检测有重要作用。

位移模态可以表示为各阶模态的叠加，即

$$\{x\}=\sum_{r=1}^{m}q_r\{\varphi_r\} \tag{4.10-15}$$

式中 φ_r——第 r 阶模态；

q_r——模态坐标。

与位移模态表现为各阶模态的叠加相应，应变模态可表示为

$$\{\varepsilon\}=\sum_{r=1}^{m}q_r'\{\varphi_r^{\varepsilon}\} \tag{4.10-16}$$

式中 φ_r^{ε}——第 r 阶模态；

q_r'——模态坐标。

由于位移模态和应变模态是同一能量平衡状态的两种表现形式，所以应有 $q_r=q_r'$，即

$$q_r = q_r' = \frac{\{\varphi_r\}^T \{F\} e^{j\omega t}}{k_r - \omega^2 m_r + j\omega c_r} \tag{4.10-17}$$

得到

$$\{\varepsilon\} = \sum_{r=1}^{m} \frac{\{\varphi_r\}\{\varphi_r^{\varepsilon}\}^T}{k_r - \omega^2 m_r + j\omega c_r}\{F\} e^{j\omega t} \tag{4.10-18}$$

根据相同的理由曲率模态可以表示为

$$\{v''\} = \sum_{r=1}^{m} \frac{\{\varphi_r\}\{\varphi_r^{\varepsilon}\}^T}{k_r - \omega^2 m_r + j\omega c_r}\{F\} e^{j\omega t} \tag{4.10-19}$$

式中 $\{v''\}$ ——弯曲运动的曲率响应。

从理论上说，对于任一种实际的稳定的振动状态，若表现为模态叠加的结果，则各模态之间的能量分配将是确定的，体现为各阶模态坐标是确定的，而应变频响函数和位移频响函数具有相同的模态坐标 $q_r = q_r'$，这是应变模态参数识别的基础。

4.11 误差分析与数据处理原则

4.11.1 现场测试误差

在现场试验中，水轮发电机组的测试由于各种因素的影响，例如测试方法、测试仪器、测试条件（温度、湿度、电磁等）和测试人员的测试水平以及偶然的过失等，造成了测试结果不可避免的误差。其误差为现场某测量值的测试值与其客观真值之间的差。

现场测试误差可以用以下两种形式表达：

（1）绝对误差，即测试值与真值之差。以 X 表示现场测试值，X_0 表示真值，则绝对误差可表示为

$$\varepsilon = X - X_0 \tag{4.11-1}$$

绝对误差的单位与现场被测量的单位相同。

（2）相对误差。相对误差指绝对误差 ε 与真值 X_0 的比值，用百分比表示，即

$$\beta = \frac{X - X_0}{X_0} \times 100\% \tag{4.11-2}$$

相对误差没有单位，利用它可以比较直观地对不同测量结果进行比较。

4.11.2 现场测试误差的组成

根据误差的性质和产生误差的原因，现场测试中出现的误差一般包括三大类误差。

1. 系统误差

系统误差即由测量系统对测试结果所产生的误差。其误差大小和方向是恒定的。系统误差在现场测试中是常遇到的，例如传感器灵敏度系数和非线性误差、试验引

线的电阻电容误差、测试仪器的性能指标引起的误差等，均属此类误差。

2. 随机误差

随机误差又称偶然误差，由很多暂时未能掌握或不便掌握的微小因素构成，这些因素在测量过程中相互交错、随机变化，以不可预知方式综合地影响测量结果，其特点是数值时大时小，其符号时正时负。它的出现完全是偶然的，无任何确定的变化规律。就个体而言是不确定的，但对其总体（大量个体的总和）服从一定的统计规律，因此可以用统计方法分析其对测量结果的影响。这种误差的发生由于全出于偶然，例如电源电压波动、测量仪器的意外振动、磁场的干扰以及人的视差等。随机误差具有统计规律，可以用概率理论和数理统计方法进行处理。

3. 过失误差（又称疏失误差）

过失误差明是一种明显歪曲了的测量结果，显然与事实不符的误差。它是由于测试人员的疏忽、工作失误造成的，如读错数据、记录错误或测量中操作失误等。这种误差无规律可循，但较容易判别，在数据处理中如发现应立即抛弃或重做试验以纠正试验结果。

总之，现场测试中所遇到的误差，除了过失误差是人为的，很容易判别和抛弃外，大量的是系统误差和随机误差。

系统误差与随机误差的异同点见表 4.11－1。

表 4.11－1　　系统误差与随机误差的异同点

异同点	比较项目	系统误差	随机误差（偶然误差）
不同点	本性	具有确定性。在相同的条件下多次测量同一量时，误差的绝对值和符号保持恒定；改变条件时，误差亦按确定的规律变化	具有随机性。在相同条件下，多次测量同一量时，误差的绝对值和符号以不可预定的方式变化，即某一个误差的出现是随机的，但就总体而言，明显地遵从统计规律
	误差源	单项系统误差多与单个因素或少数几个因素有关	由多种微小因素构成，这些因素在测量中相互交错，随机变化，综合影响测量结果
	抵偿性	无	有
	与试验条件的关系	影响系统误差的条件一经确定，误差也随之确定；即使重复测量，误差保持不变（包括绝对值和符号）	与试验条件的关系不如系统误差那样紧密有关，同条件下重复测量可减少随机误差
	发现方法	需要通过改变试验条件才能发现	在确定的现场条件下，通过多次重复测量即能发现

续表

异同点	比较项目	系统误差	随机误差（偶然误差）
不同点	减弱方法	需要采用特殊的方法，如引入修正值消除误差因素、选择适当的测量方法等	可以通过在同条件下测量而减少。n 次测量平均值的随机误差的标准差为单次测量随机误差的标准差的$\frac{1}{\sqrt{n}}$
	分布类型	多种，但未知分布时可按均匀分布处理	一般为正态分布
	实质反映	反映测量均值的极限与真值之间的偏离	主要反映测量值自身之间的离散程度
相同点	本性	都是误差，它们始终存在于一切科学实验中	
	减弱程度	都只能减弱到一定程度（往往与科学水平有关）而无法彻底消除之	
	有界性	都有确定的界限	
	表示方法	可以用绝对误差、相对误差、不确定度等表示	
	传递方法	可按类似的规律进行传递	
	合成方法	可采用概率分布的方式进行合成	

4.11.3 现场误差产生原因

4.11.3.1 传感部件（传感器）引起的误差

（1）传感器性能不能满足测试要求，如非线性误差、重复性误差、迟滞误差大，以及频率响应性能不够等。对于水轮发电机组现场的各类试验，有相应标准和规范对试验用传感器特性进行了规定。要求试验所选用的传感器，其非线性误差、重复性误差和迟滞误差应能满足各试验测试规程的规定。

（2）传感器的应用范围和量程使用选择不当。例如选用的传感器量程范围远超过被测物理量的范围，传感器的应用范围针对性不强等，都将引起测试的误差和精度的降低。应选用适用于现场试验条件和要求的传感器，其量程范围应大于被测量的20%（个别工况如甩负荷试验的速度上升率和压力上升率的测量，量程范围可选择稍微偏大的范围）。

（3）传感器安装时，没有满足安装条件和要求。任何一种传感器都有使用要求和安装条件，例如电涡流传感器在安装时应注意考虑与被测物体的距离和与其他金属材料的距离；应变式传感器在测量机组设备力特性时，应考虑防潮措施等。所以按要求安装好传感器，排除测试当中的干扰，对减少传感器引起的误差是十分必要的。

4.11.3.2 标定系统引起的误差

（1）对传感器进行标定时，标定系统所选择的传感器（或试件）、材料、引线、仪器不符合现场测试的要求。

（2）标定系统比例尺有效数值取得不当，容易引起数据整理误差。

为了避免标定系统不良引起的误差，现场试验时，最好采用带线式的在线系统标定法，这样可以减少和消除因为测点安装、导线电阻、电容以及连线各个环节的误差，提高标定系统的精度。但是应该注意的是，标定系统各个环节的匹配条件与使用时完全一致，严格做到“对号入座”，做到“五定”，即定传感器、定引线、定放大器（包括仪器的测量挡、灵敏度等）、定振子位置和型号、定通道。如果有明确的相关国家标准或者行业标准，带线式的标定系统最终标定误差应该控制在规程规定的范围之内，一般来说，标定误差应小于1.5%。

4.11.3.3 测量装置引起的误差

（1）测量装置的性能和技术指标的影响。测量装置例如应变仪、显示设备以及其他专用的数据采集处理装置等在测试中所带来的系统误差约占整个测试中的综合误差的$\frac{1}{2}$。

（2）使用环境的影响。使用环境的温度、湿度、振动和磁场等对测量装置的数据测量都会产生一定的影响。因此在装置使用时，需要做好对上述影响因素的防护措施，同时在选择测量装置时，也需要考虑装置对测试环境的温度、湿度、振动、磁场等所引入的误差能否满足测量精度要求。

（3）选用装置的频率范围和量程范围的影响。装置的频率范围和量程范围选得对与否，都涉及试验结果的正确与否。一般来说被测物理量的可测量程范围均随着频率变化而变化，不同的量程对应于不同的频率。

4.11.3.4 现场试验时引起的误差

现场试验除上述原因引起的误差外，还有现场测试方法或测试技术引起的误差。

（1）读数不准。对仪器仪表读数是有要求的，一般读数不准引起的误差不超过最小刻度的1/2，可表示为

$$\Delta X_t = \pm \frac{\text{仪器仪表最小刻度}}{2\times \text{现场测试值}} \times 100\%$$

（2）测量次数太少。有些试验项目因为现场条件和机组安全等原因，试验次数不易多做，如甩负荷工况。但是多数试验可以用增加次数来提高测试精度，减少误差。如果测量次数仅局限一两次，测试结果难免存在偶然误差或过失误差。因此，一方面要检查和分析误差原因，消除过失误差；另一方面要对所测对象在同等条件和工况下重复测量数次，以减少测量数据平均值的偶然误差。

（3）仪器操作不当。这主要与测试人员的技术水平有关。有的对仪器的性能不熟，有的现场测试经验不足，有的对现场设备结构不了解等，结果都会直接导致出现测试误差。

4.11.3.5 数据整理与处理引起的误差

数据整理时如波形曲线取值不当，经验公式、数据处理算法等使用不当都会产生误差。

总之，现场测试引起的误差是很复杂的，有的可采取适当措施减少；有的通过正确选择传感器和仪器，也可以避免或减少。

4.11.4 试验结果的误差估计

4.11.4.1 平均值和误差的表示法

1. 平均值

常用的平均值有算术平均值、均方根平均值、加权平均值、中立值和几何平均值等。

（1）算术平均值。最常用的一种平均值，在一组等精度测量中其值接近于真值，即

$$\overline{X_{K1}}=\frac{X_1+X_2+\cdots+X_n}{n}=\frac{1}{n}\sum_{i=1}^{n}X_i \tag{4.11-3}$$

式中 X_1、X_2、…、X_n——各次测量值；

n——测量次数。

（2）均方根平均值。常用于计算振动质点的动能，其定义为

$$\overline{X_{K2}}=\sqrt{\frac{X_1^2+X_2^2+\cdots+X_n^2}{n}}=\sqrt{\frac{1}{n}\sum_{i=1}^{n}X_i^2} \tag{4.11-4}$$

（3）加权平均值。在计算平均值时，对比较可靠的数据给以加重平均，即乘以一定的倍数后再平均，称为加权平均，即

$$\overline{X_K}=\frac{K_1X_1+K_2X_2+\cdots+K_nX_n}{K_1+K_2+\cdots+K_n}=\frac{\sum_{i=1}^{n}K_iX_i}{\sum_{i=1}^{n}K_i} \tag{4.11-5}$$

式中 K_1、K_2、…、K_n——各测量值对应的权重（依据其可靠程度给以的加重倍数）。

（4）中立值（中位值）。将一组测试数据按一定的大小次序排列起来的中间值，若测试次数为偶数时，取中间两个值的平均值为中立值。中立值是以统计观点为基础的，只有在观测值为正态分布时，才能代表一组数据的真值。

（5）几何平均值。将一组 n 个测试值连乘再开 n 次方求得的值，即

$$\overline{X_g}=\sqrt[n]{X_1X_2\cdots X_n} \tag{4.11-6}$$

或以对数表示为

$$\lg\overline{X_o}=\frac{1}{n}\sum_{i=1}^{n}\lg X_i \tag{4.11-7}$$

上述各平均值都必须建立在正态分布的前提下，即测试值是在真值左右两侧对称分布，并趋向于真值。最常用的是算术平均值。

2. 误差的表示法

误差的表示法通常有以下三种。

(1) 范围误差。范围误差指一组测试数中，最高值与最低值之差。范围误差常用相对值表示，即

$$K_l = \frac{l}{\overline{X}} \tag{4.11-8}$$

式中　K_l——最大范围误差系数；

l——最大范围误差；

$\overline{X}$——测试数据的算术平均值。

(2) 算术平均误差。其定义为

$$\delta = \frac{\sum_{i=1}^{n} |\delta_i|}{n} \tag{4.11-9}$$

式中　δ_i——每个测试值与平均值之差，即偏差。

(3) 标准误差，又称均方根误差。其定义为

$$\sigma = \sqrt{\frac{1}{n}\sum_{i=1}^{n} \delta_i^2} \tag{4.11-10}$$

在测试数据较少时，标准误差常表示为

$$\sigma = \sqrt{\frac{\sum_{i=1}^{n} \delta_i}{n-1}} \tag{4.11-11}$$

标准误差不仅是一组测量中各个测试值的函数，而且对一组测量中的大小误差反应比较灵敏，是较好的误差表示方法。

4.11.4.2　多次测量的误差分布规律

误差是服从概率理论的，实践表明，绝大部分测量数据的随机误差服从于正态分布规律，如图 4.11-1 所示。

用 δ 表示测量误差，用 $P(\delta)$ 表示 δ 出现的概率密度，分布曲线方程式可写为

$$P(\delta) = \frac{1}{\sigma\sqrt{2\pi}} \mathrm{e}^{-\delta/2\sigma^2} \tag{4.11-12}$$

这样可以用标准误差（均方根误差）来描述偶然误差分布规律和大小，即

$$\sigma = \sqrt{\delta_1^2 + \delta_2^2 + \cdots + \delta_n^2} = \sqrt{\frac{1}{n}\sum_{i=1}^{n} (X_i - \overline{X})^2} \tag{4.11-13}$$

由分布曲线和方程可知：σ 越小，测量中接近于真值的观测值（即误差小的观测值）个数越多，测量结果越密集，即测量精度也越高；σ 越大，则测量结果越分散，测量精度越低。均方根误差单值描述了测量结果的分散程度。

某误差 δ_i 出现的次数 n_i 被总的测量次数 n 相除得到的商被称为该误差出现的或

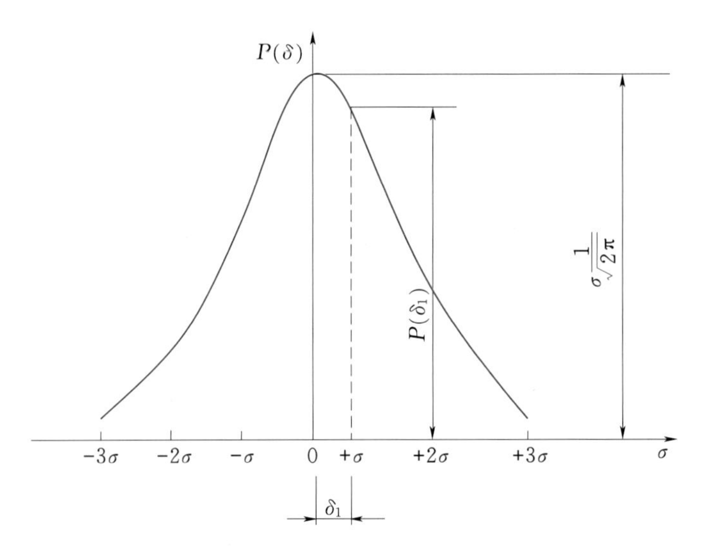

图 4.11-1 误差概率密度图

然率（概率）即 $p(\delta_i)=\frac{n_i}{n}$，它描述了误差 δ_i 出现的可能性或机会地大小。

科学试验中，一般还需要确定测量范围出现在某误差范围内的或然率。设在有限次测量中其均方根误差为 σ，求某一观测值误差处于 $-k\sigma\sim+k\sigma$ 范围内的或然率 P，通常它是与 k 值有关的，不同的k值对应于不同或然率 P。当 k 为已知时，可以从表 4.11-2 查出或然率 P。

表 4.11-2　　不同 k 值的或然率 P

k	0.00	0.32	1.00	1.15	1.96	2.00	2.58	3.00
P	0.00	0.25	0.68	0.75	0.95	0.96	0.99	0.9973

通常将 $\delta=\pm3\sigma$ 称为极限误差，即认为在测试中大于 3σ 的误差几乎是不可能出现的。

以上涉及的只是单次观测的误差。用最小二乘法原理可以证明，在一组等精度的观测值中，他们的算术平均值最接近于真值的数值。所以，一般都取观测数据的算术平均值作为被测物理量的数值。但它终究还是一个近似真值，其均方根误差为

$$\sigma_{\overline{X}}=\frac{\sigma}{\sqrt{n}} \tag{4.11-14}$$

即算术平均值的均方根误差等于单次测量的均方根误差的 $\frac{1}{\sqrt{n}}$ 倍。增加观测次数 n 可以减少平均值的误差的随机误差，提高平均值的精度。但当 σ 不变时，由图 4.11-2 可知，起初 $\sigma_{\overline{X}}$ 随 n 的增大而减小很快。但当 $n=5\sim6$ 时开始变慢；当 $n>10$ 时，$\sigma_{\overline{X}}$ 的变化已经不显著。因此，用增加测量次数来提高测量精度的效果是有限的，通常取 $n=10\sim12$。

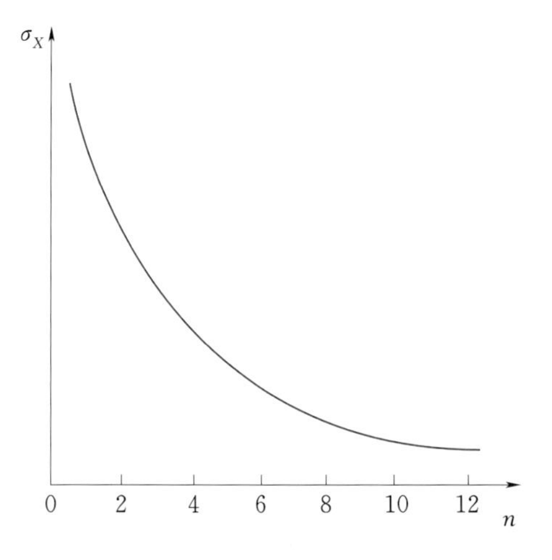

图 4.11-2 平均值随机误差与观测次数 n 之间的关系曲线

4.11.4.3 多次测量的数据取舍

多次测量数据出现可疑值时，其测试数据的取舍可以按以下步骤进行：

（1）求出测试数据的算术平均值：

$$\overline{X}=\frac{X_1+X_2+\cdots+X_n}{n}=\frac{1}{n}\sum_{i=1}^{n}X_i \tag{4.11-15}$$

（2）计算各测量值与平均值之差：

$$\delta_i=X_i-\overline{X} \tag{4.11-16}$$

（3）计算单次测量的均方根误差：

$$\sigma=\sqrt{\frac{1}{n}\sum_{i=1}^{n}(\delta_i)^2}=\sqrt{\frac{1}{n}\sum_{i=1}^{n}(X_i-\overline{X})^2} \tag{4.11-17}$$

（4）计算出各测量值的偏差 δ 与均方根误差 σ 的比值 δ/σ。

（5）根据测量次数 n，从表 4.11-3 中查得对应的判别值 δ/σ，若某一测量值的 δ/σ 值大于表中查得的 δ/σ 值，则该观测值为可疑值，应予以舍弃。

表 4.11-3　　可疑值取舍判别表

n	5	6	7	8	9	10	12	14	16	18
δ/σ	1.65	1.73	1.80	1.86	1.92	1	2.03	2.10	2.15	2.20
n	20	22	24	26	30	40	50	80	90	100
δ/σ	2.24	2.28	2.31	2.35	2.39	2.49	2.58	2.74	2.78	2.80

测试次数很多时，可采用 3σ 准则决定可疑测量值的取舍。若可疑测量值的偏差 $\delta>3\sigma$，则予以舍弃；而 $\delta\leqslant 3\sigma$ 的测量值则应保存。

4.11.5 实测数据的表示及综合误差计算

4.11.5.1 实测数据的表示

（1）列表表示法。即将试验中自变量和因变量经过匀整后的数值，按一定的顺序（试验工况顺序），用表格式一一对应的列出来。列表表示法通常有三种格式，即定性式、统计式和函数式三种。常用的是函数式表格式。

（2）曲线表示法。即将试验中各个参数的变化规律或各参数之间的相互关系用几何图形展示出来。在绘制曲线图形时应注意以下几点：

1）正确选择和绘制坐标分度。坐标分度选择应便于在图纸上读数，分度粗细与试验数据的精确度一致，坐标分度值的有效数字位数与试验数据的位数相同，标出坐标轴的单位和名称。

2）作曲线要求光滑匀整，一般不应有不连续点或奇异点。

3）考虑直线表示清晰简单，使用方便，准确度高，应正确将曲线转化为直线，即通过适当的变量代换将图形转化为直线，见表4.11－4。

表4.11－4　　常用曲线转换为直线的变量代换关系表

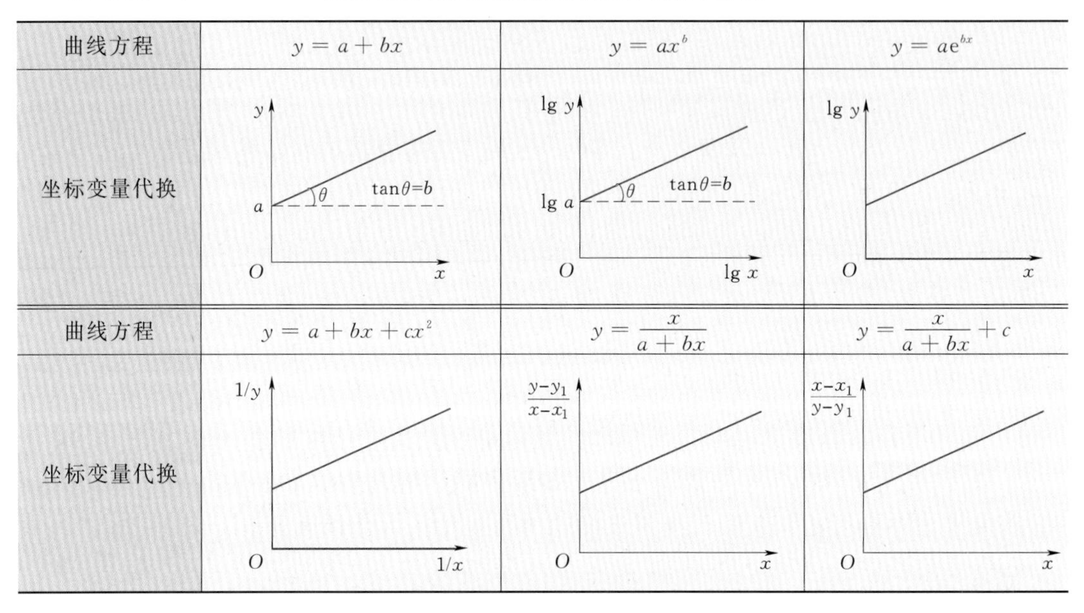

曲线方程	$y=a+bx$	$y=ax^b$	$y=ae^{bx}$
坐标变量代换	y；a；θ；$\tan\theta=b$；O；x	$\lg y$；$\lg a$；θ；$\tan\theta=b$；O；$\lg x$	$\lg y$；O；x
曲线方程	$y=a+bx+cx^2$	$y=\dfrac{x}{a+bx}$	$y=\dfrac{x}{a+bx}+c$
坐标变量代换	$1/y$；O；$1/x$	$\dfrac{y-y_1}{x-x_1}$；O；x	$\dfrac{x-x_1}{y-y_1}$；O；x

（3）方程表示法。即将试验参数随时间变化规律以及各参数之间的相互依赖关系，用简单明确的方程式表示出来，此方程称之为经验方程式。

1）经验方程式类型的选择。主要有图解试验法和表差法。

a. 图解试验法。其方法是首先将测试数据点描在坐标上，根据散点图的形状和特征与常见的各类型曲线比较对照，推测出比较合适的经验公式（最好为直线式），然后再用实测数据进行检验。

b. 表差法。其方法是首先将测试数据点描在坐标上，根据恒定的自变量间隔，自图上依次读出各对应的x、y值，然后计算分值，再根据各方程式类型检验标准进行校验。

2）确定方程式的常数。方程式的常数确定方法很多，最常用的是直线图解法和最小二乘法。

a. 直线图解法。此法简便易行，先将测试数据点绘在坐标上，作直线，然后由坐标求出直线的斜率m及在y轴上的截距b，这就是线性经验方程中的两个常数，如图4.11－3所示，其计算公式为

$$\left.\begin{aligned} m&=\frac{y_2-y_1}{x_2-x_1}\\ b&=\frac{y_1x_2-y_2x_1}{x_2-x_1}\\ y&=mk+b \end{aligned}\right\}\qquad(4.11-18)$$

图解法的精度可达 0.5%

b. 最小二乘法。即以一直线来拟合各测试点，使测试值和所求的直线之间偏差平方和为最小，来确定经验方程的常数。

设拟合于一组测试值的方程为 $y=a+bx$，根据最小二乘法的基本原理，其直线方程 $y=a+bx$ 的系数为

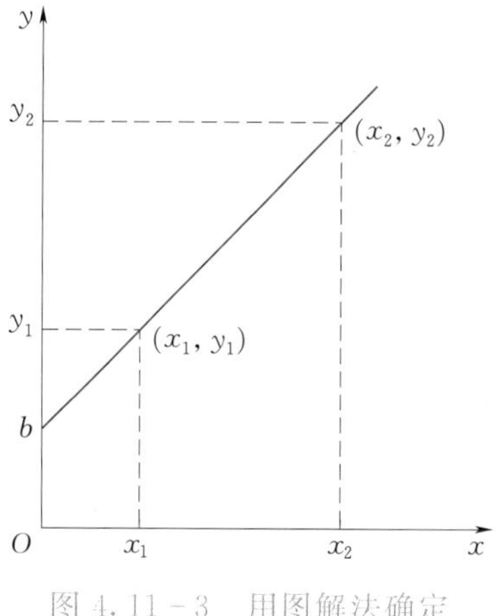

图 4.11-3 用图解法确定线性方程中常数图

$$\left.\begin{aligned}a&=\frac{\sum_{i=1}^{n}x_iy_i\sum_{i=1}^{n}x_i-\sum_{i=1}^{n}y_i\sum_{i=1}^{n}x_i^2}{\left(\sum_{i=1}^{n}x_i\right)^2-n\sum_{i=1}^{n}x_i^2}\\ b&=\frac{\sum_{i=1}^{n}x_i\sum_{i=1}^{n}y_i-n\sum_{i=1}^{n}x_iy_i}{\left(\sum_{i=1}^{n}x_i\right)^2-n\sum_{i=1}^{n}x_i^2}\end{aligned}\right\}\tag{4.11-19}$$

若方程为二次三项式：

$$y=a+bx+cx^2\tag{4.11-20}$$

则根据最小二乘法原理求 a、b、c 的正规方程为

$$\left.\begin{aligned}na+n\sum_{i=1}^{n}x_i+c\sum_{i=1}^{n}x_i^2&=\sum_{i=1}^{n}y_i\\ a\sum_{i=1}^{n}x_i+b\sum_{i=1}^{n}x_i^2+c\sum_{i=1}^{n}x_i^3&=\sum_{i=1}^{n}x_iy_i\\ a\sum_{i=1}^{n}x_i^2+b\sum_{i=1}^{n}x_i^3+c\sum_{i=1}^{n}x_i^4&=\sum_{i=1}^{n}x_i^2y_i\end{aligned}\right\}\tag{4.11-21}$$

上两式中 x_i、y_i 为已知的一组观测值。

4.11.5.2 综合误差的计算

综合以上误差分析可知，现场被测物理量测量结果的最大相对误差应等于测量系统各个环节所引起的最大相对误差平方和的开方，即测量结果的最大相对误差为

$$\beta_{\max}=\sqrt{\beta_1^2+\beta_2^2+\cdots+\beta_n^2}\times100\%\tag{4.11-22}$$

式中 β_1、β_2、…、β_n——现场测试各个环节所引起的最大相对误差。

若将现场测试中的误差以总系统误差 $\beta_{总系}$ 和总偶然误差 $\beta_{总偶}$ 来表示测量结果的最大综合误差，上式可写成：

$$\beta_{\max}=\sqrt{\beta_{总系}^2+\beta_{总偶}^2}\times100\%\tag{4.11-23}$$

第5章

水轮发电机组现场试验分析系统

5.1 概　　述

一套完整的水轮发电机组现场测试分析系统包含传感器、数据采集设备和分析软件。各类传感器实现物理量到电信号的转换，数据采集设备实现由电信号到计算机能处理的数字量的转换，分析软件对内存数据进行组织和计算，真实地还原被测物理量的特性，从而实现对被测物理量的掌握，或者是对某类现象的定量分析。

由于测试系统由传感器、数据采集设备和软件组成，因此它的发展主要由这三个方面的发展来推动。

传感器种类繁多，不胜枚举，其分类方法也有很多。按照测量类型分类有：位移传感器、速度传感器、加速度传感器、压力传感器等。从输出信号分类有：模拟型传感器、数字型传感器。从近期的发展趋势来看，高精度、小型化、智能化和无线传输是各类传感器发展的方向。

对于水电测试系统，常用的传感器输出电压和带宽见表 5.1-1。

表 5.1-1　　常用的传感器输出电压、电流和带宽

传感器	输出类型	输出范围	带宽
摆度传感器	电压	−2～−18V	200Hz
振动传感器	电压	−10～10V	>1000Hz
水压传感器	电流	4～20mA	1000Hz
加速度传感器	电压	−5～+5V	10000Hz
噪声传感器	电压	−5～+5V	20000Hz
风速传感器	电压或者电流	0～10V 或者 4～20mA	10Hz
监控输出信号	电压或者电流	0～5V 或者 4～20mA	10Hz

传统仪器在测量测试领域发挥着重要作用，但是同时也存在着诸多问题，如灵活性不够，开发成本高。随着 PC 技术的发展，数据采集设备从原来专门设计的仪器变成了由通用采集模块加接口电路组成的虚拟仪器。虚拟仪器技术是利用高性能的模块化硬件，结合高效灵活的软件来完成各种测试、测量和自动化的应用。目前，虚拟仪器技术已经普遍被应用于测试行业，甚至自动化、机器控制等领域。虚拟仪器具有灵活性，同时性能和精度进一步提升，其可扩展性和低成本让厂商对虚拟仪器越来越重视。使用基于软件配置的模块化仪器很好地解决了资源配置和重复等问题，是未来仪器发展的主流方向。

虚拟仪器技术利用了快速发展的 PC 架构、高性能的半导体数据转换器，以及引入了系统设计软件，在提升了技术能力的同时降低了成本。尤其是随着 PC 性能的不断提升，使得虚拟仪器技术也快速发展起来，并实现了更多的新应用。

虚拟仪器技术提供了一个可以给用户发挥创造力的平台，用户可根据自己不断变化的需求，方便灵活地组建测量系统，系统的扩展、升级都可随时进行，且时间成本低，能充分地满足用户不同场合的需求。虚拟仪器具有与其他设备互联的能力，如可通过与网络或其他设备的连接，实现对现场的监测和管理，这种互联能力使测控系统的功能显著增加，应用领域明显扩大。

软件是虚拟仪器技术中最重要的部分。使用正确的软件工具并通过设计或调用特定的程序模块，工程师和科学家们可以高效地创建自己的应用以及友好的人机界面。软件加硬件的设计模式打破了传统仪器由厂家定义，用户无法更改的模式。

5.2 试验分析系统

试验分析系统包括硬件部分和软件部分。

5.2.1 硬件部分

试验分析系统的硬件部分负责给传感器供电、接入传感器的输出信号、对信号进行调理，经过多路模拟开关（记为 MUX）和采样保持电路，然后进行 A/D 转换，并通过数据总线把数字信号传递到软件系统。信号传递的流程如图 5.2-1 所示。

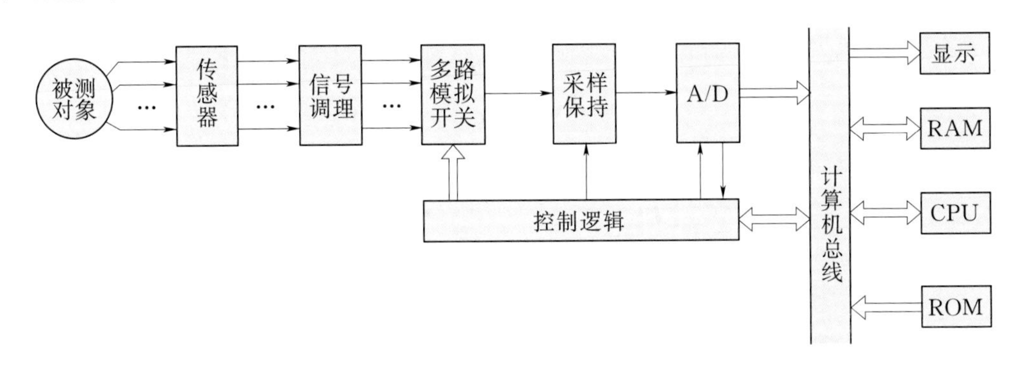

图 5.2-1 信号传递的流程图

1. 调理电路

调理电路的作用是接入传感器输出的信号，进行衰减、滤波，电流信号转换成电压信号，减小信号内阻，为采集卡提供合乎标准的电压信号。由于各种传感器的输出范围不一样，而且信号的带宽也不一样，因此需要调理电路对这些信号进行处理。

表 5.1-1 中列举了常见传感器的输出信号特性，从表中可以看出：各类电压型传感器的输出信号范围在±20V 之内。一般的采集卡的输入电压等级有±10V、

±5V。因此对于电压信号，调理电路对之进行衰减和平移，使得输出信号和采集卡的输入电压匹配。

各类电流型传感器的输出信号范围都在4～20mA，是标准电流信号，使用一个阻值为250Ω的电阻可以转化为1～5V的标准电压信号。

一般信号的带宽都在1000Hz之内，噪声信号的信号范围为20～20000Hz，超声波信号的信号范围在20kHz～2MHz。对于工业现场应用，机械噪声信号的频率一般在1000Hz之内，因此，噪声信号的频率范围也可以归类于一般类型的信号。

在把传感器的电压输入到采集卡之前，还需要对信号进行低通滤波，以便消除干扰信号对采集数据的影响。

2. 数据采集卡

数据采集卡是把模拟信号转化为数字信号的设备，它的性能直接影响到整个测试系统的性能。它的主要性能指标包括：通道数、A/D位数、采样速率、输入电压范围、输入阻抗等。

通道数表明了一块采集卡能同时接入的模拟通道的数量，有些采集卡每个通道都有一个A/D转换器，有些采集卡多个通道共用一个A/D转换器，如图5.2-2所示。

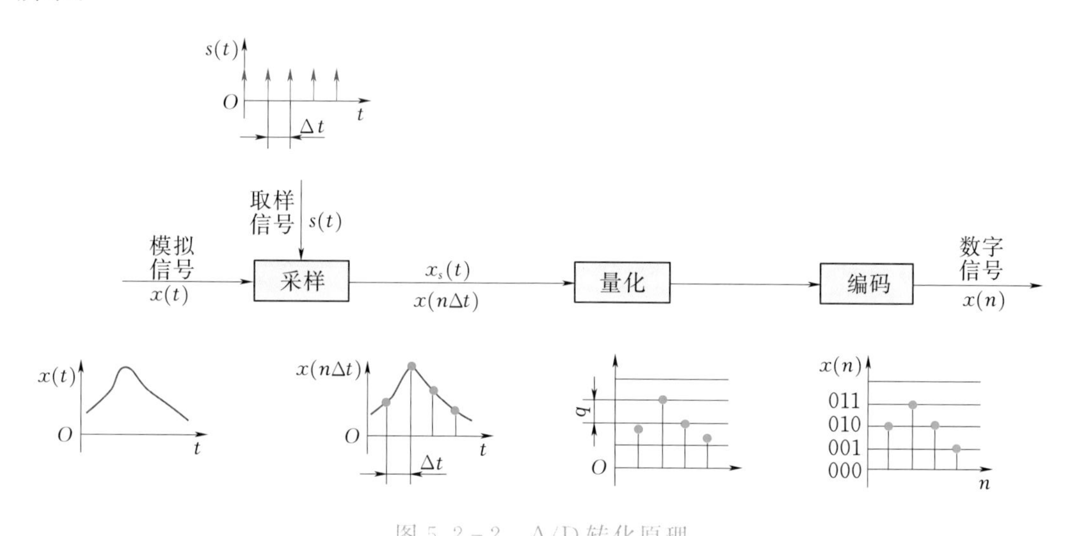

图5.2-2　A/D转化原理

A/D位数n是指由模拟量转化为数字量时，A/D能用0～$(2n-1)$数字来离散化输入的电信号的范围。位数越高，分辨率越高。对于一个16位的A/D，可以把输入范围的电压分为65536份，对于输入范围为±10V的采集卡，最小分辨率为20/65536＝0.00030517578125（V），即最小分辨率是305.17μV。

采样频率是指在单位时间内数据采集卡对模拟信号的采集次数。为了使采样后输出的离散时间序列信号能无失真地复现原输入信号，由采样定理可知采样频率应至少为输入信号最高有效频率的2倍，否则会出现频率混淆误差。因此采样频率对应了能捕获的信号的带宽，采样频率越高，能采集的信号的带宽越大。

A/D转换器的输入范围是将模拟输入电压转换成相应数字输出的范围，该范围之外的输入电压不能产生对输入有意义的数字表示。A/D转换器的输入范围可以划分为单极性的和双极性的。单极性的转换器仅能响应同号的模拟输入。例如输入范围是0～+10V；双极性的转换器能转换正、负两种模拟输入，比如－10～+10V。

一般来讲，传感器的输出阻抗为低阻，而采集卡的输入阻抗为高阻。对于高速采集卡需要考虑阻抗匹配，指负载阻抗与激励源内阻抗互相间的匹配，目的是达到最大功率输出。在高速数据采集的信号调理过程中，常用的输入阻抗设计需要考虑两个因素：一是较高的输入阻抗，对微弱的输入信号不会带来波动的影响，但是在被测信号源频率较高时，会带来严重的信号反射，破坏信号的完整性；二是较低的输入阻抗，可以与被测信号源的内部阻抗进行匹配，达到最大功率的输出状态，但是这种输入阻抗会对较微弱的信号带来破坏性。

3. 采样方式

有固定频率采样和同步整周期采样两种方式。

固定频率采样方式每个采样点之间的时间间隔是一定的，后期处理时需要结合键相信号进行频谱分析，否则会产生频谱泄漏。

同步整周期采样的方式下，采集频率和机组转速有关系，时间间隔不一致，会在后期处理的时候带来一定的问题。

4. 通道互换性

早期的测试设备，由于受到硬件和软件性能的制约，往往为每一种类型的信号专门设计硬件接口、处理电路和相应的软件处理流程。这样的设计把设备的通道进行了分类，使得不同类型的通道之间不能替代。而实际应用中，由于测试设备使用的环境经常变化，测试的需求多变，因此经常造成某种类型的通道不够用，而其他类型的通道又有空余的情况。因此，通道之间的互换性就成为十分有用的一个特性。

对于水轮发电机组的测试，从传感器输出类型来分类有电压型和电流型；从信号的类型来分类有模拟信号和数字信号（键相）。因此系统在设计的时候，不但要考虑硬件的通用和互换性，还要考虑软件系统的适应性。

5.2.2 软件部分

由于现在的测试系统一般由采集设备和运行在个人计算机上的软件组成，因此试验软件的功能决定了一个测试系统的好坏。

软件的基本功能应包含：采集卡参数配置功能、传感器特性配置功能、数据采集保存功能和离线分析功能。

1. 采集卡参数配置

对于某次特定的试验，试验之前应确定需要使用的传感器数量和类型。有些系统采用的数据采集卡用的是共享 A/D，采样频率可以根据使用的通道数来进行配置，因此可以根据使用的传感器的数量和类型来确定每次试验的采样频率。

2. 传感器特性配置

一般来说，现实的物理量转化为计算机能处理的数字量包含图 5.2-3 所示的几个过程。测试软件需要记录传感器的特性参数，以便从 A/D 转换后的数据中计算出实际的物理值。由于所有的变换步骤都是线性变换，因此最后可以整理为一个一次方程 $y=ax+b$，其中 a 是通道的一次项系数，b 是通道的常数项系数。试验软件要方便设置通道的名称、使用的物理量单位、线性变换系数等信息。

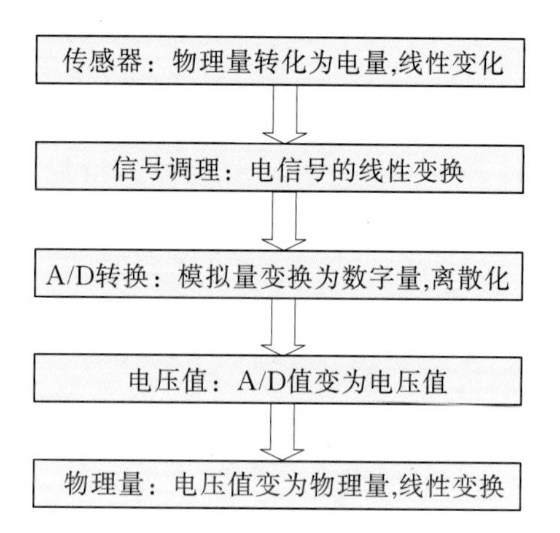

图 5.2-3　物理量变为数字量的过程

3. 数据采集的模式

在配置好各种信息之后，就可以开始进行试验了，有些测试系统的工作模式是手动点击开始，然后进行数据采集，试验结束之后，手动点击结束，数据采集结束。

另外一种是信息配置完成之后，打开配置文件，即可开始数据采集和保存，试验过程中只需进行试验信息的记录，之后把相应的数据挑选出来即可。

4. 数据分析

数据分析程序的最基本功能是还原保存的 A/D 数据的物理值，并显示出来。对于水轮机的暂态分析，一般只需对数据进行时域分析。对于稳态过程，需要分析时域特征值和频域特征数据。好的测试分析系统，会根据水轮发电机组不同试验的特点，为每个试验开发专门的处理模块，能够方便快捷地得到需要的曲线和表格。基本的数据处理包括：

（1）算术平均值。算术平均数（arithmetic mean），又称均值，是统计学中最基本、最常用的一种平均指标，分为简单算术平均数、加权算术平均数。它主要适用于数值型数据，不适用于品质数据。根据表现形式的不同，算术平均数有不同的计算形式和计算公式。

算术平均数是加权平均数的一种特殊形式（特殊在各项的权重相等）。在实际问题中，当各项权重不相等时，计算平均数时就要采用加权平均数；当各项权相等时，计算平均数就要采用算术平均数。

$$ave=\frac{1}{N}\sum_{n=1}^{n}x$$

式中 N——数据的个数。

（2）中间值。中间值（median value），指将试验得到的若干数值以递增（或递减）的次序依次排列时，若数值的数目是奇数，则为中间的那个值，若数值的数目是偶数，则为中间两个数值的平均值。

（3）97%置信度。对于峰峰值计算的97%置信度计算，首先要选择一段合适长度的数据，然后对数据进行排序，去掉最大的1.5%的数据和最小的1.5%的数据，最后剩下的数据最大值减去最小值就是这段数据的97%置信度峰峰值。

这个算法的好处在于可以有效地去掉有明显缺陷的波形。如图5.2-4所示为某机组的下导摆度，如果直接用最大值减去最小值计算得到的峰峰值为298μm。用97%置信度计算得到是171.8μm，基本和人工辨识的峰峰值大小相等。

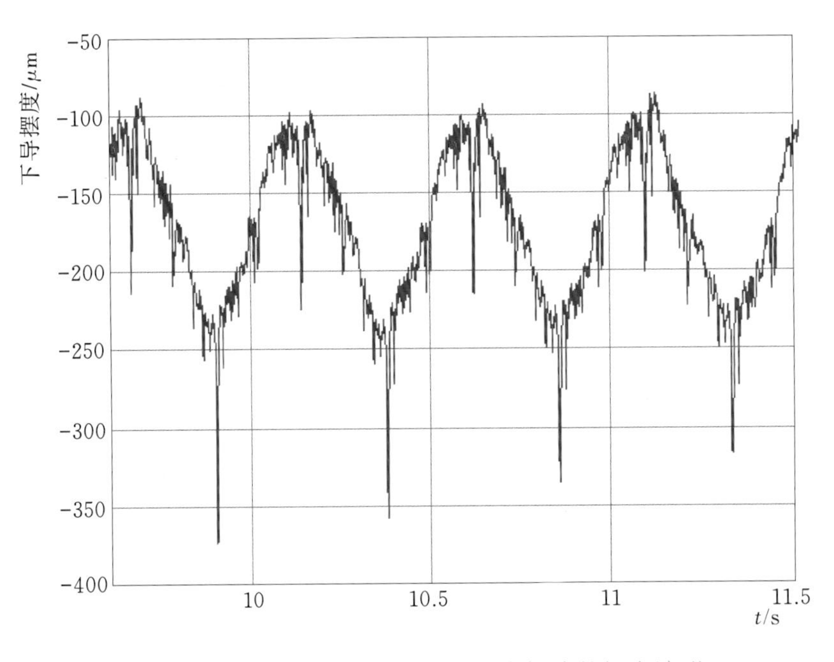

图5.2-4 有缺陷的摆度波形

5.2.3 传感器的原理及选型

一般来说，振动传感器从机械接收原理可分为相对式振动传感器和惯性式振动传感器两种。

（1）相对式机械接收原理。由于机械运动是物质运动最简单的形式，人们最先想到的是用机械方法测量振动，从而制造出了机械式测振仪（如盖格尔测振仪等）。相对式测振仪的工作接收原理是，在测量时把仪器固定在不动的支架上，使触杆与被测物体的振动方向一致，并借弹簧的弹性力与被测物体表面相接触，当物体振动时，触杆跟随它一起运动，并推动记录笔杆在移动的纸带上描绘出振动物体的位移随时间的变化曲线，根据这个记录曲线可以计算出位移的大小及频率等参数。

（2）惯性式机械接收原理。惯性式机械测振仪振动测量时，是将测振仪直接固定在被测振动物体的测点上，当传感器外壳随被测振动物体运动时，弹性支承的惯性质量块将与外壳发生相对运动，装在质量块上的记录笔可记录下质量元件与外壳的相对振动位移幅值，然后利用惯性质量块与外壳的相对振动位移的关系式，即可求出被测物体的绝对振动位移波形。

虽然振动传感器在机械接收原理上分类简单，但在机电变换方面，由于变换方法和性质不同，其种类繁多，比如可分为电动式、压电式、电涡流式、电感式、电容式、电阻式、光电式等。若按所测机械量来分类，又可分为位移传感器、速度传感器、加速度传感器、力传感器、应变传感器、扭振传感器、扭矩传感器等。

1. 电阻应变式位移传感器

将电阻应变敏感元件安装在相应的弹性元件上，可以制成位移传感器。悬臂梁式位移传感器的结构简单，它是目前使用最广泛的一种电阻应变式位移传感器，图5.2-5所示为它的结构简图。

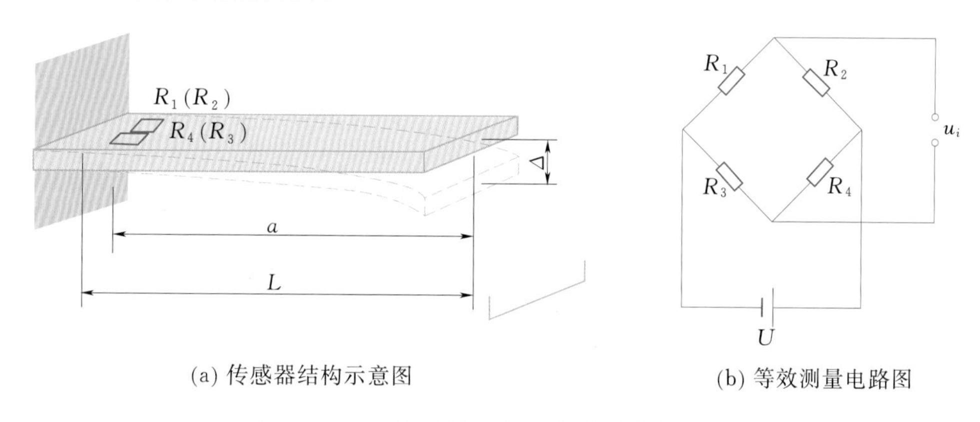

(a) 传感器结构示意图　　(b) 等效测量电路图

图5.2-5　悬臂梁式位移传感器结构简图

振动测量时，弹性片的自由端在惯性质量块的振动下产生挠度Δ，粘贴在弹性元件上的电阻应变片同步产生变形，由于电阻应变效应使得电阻应变片的电阻相对变化率发生改变。

2. 电感式位移传感器

电感式位移传感器是一种利用电磁感应原理，将位移、振动等机械量的变化转换为线圈的自感或互感系数的变化，从而实现位移测量的传感器。它的种类很多，根据转换原理不同可分为自感式和互感式两种。电感式位移传感器不仅结构简单、工作可靠、线性度高，而且它检测精度高、体积小、温度适应性好。

图5.2-6所示为简单的电感式位移传感器的原理结构简图。其中铁芯 L_1 和活动衔铁 L_2 均由导磁材料制成，铁芯和衔铁之间有气隙。衔铁做出相对运动时，磁路发生变化，致使气隙的磁阻产生变化，从而引起线圈电感的变化。而电感量的大小是与衔铁的位置有关的，因此只要测出电感量的变化就能反推出衔铁移动量的大小，这就是自感式位移传感器的工作原理。

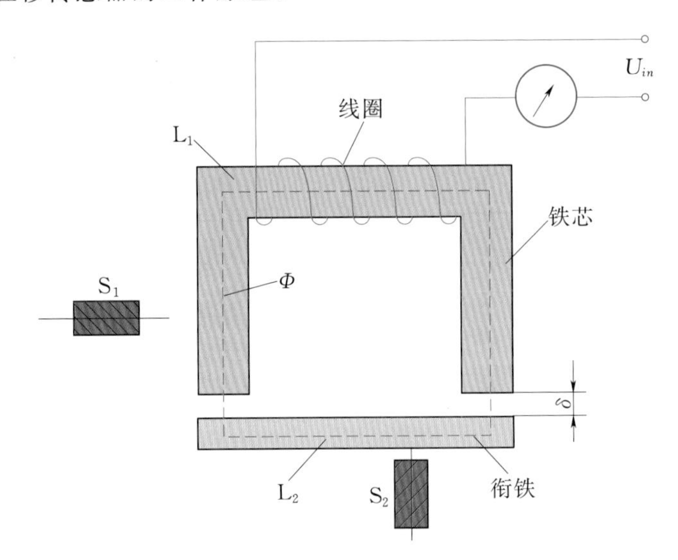

图5.2-6 电感式位移传感器的原理结构简图

3. 电容式位移传感器

电容式位移传感器是以电容器为敏感元件，将机械位移量转换为电容量变化的传感器。变面积式电容传感器常用于角位移测量，变极距电容式位移传感器用于非接触直线位移测量。

图5.2-7所示为变极距电容式位移传感器的原理结构简图。振动测量时，固定极板随被测物共同运动，固定极板与活动极板间的距离 d 则改变，从而使电容大小发生变化。电容式位移传感器在微小位移测量时具有不可比拟的优势，但其也有不足之处：一是电容检测电路非线性，不便后续传感器特性曲线拟合；二是电容式位移传感器测量范围小；三是检测电路较复杂，生产成本高等。

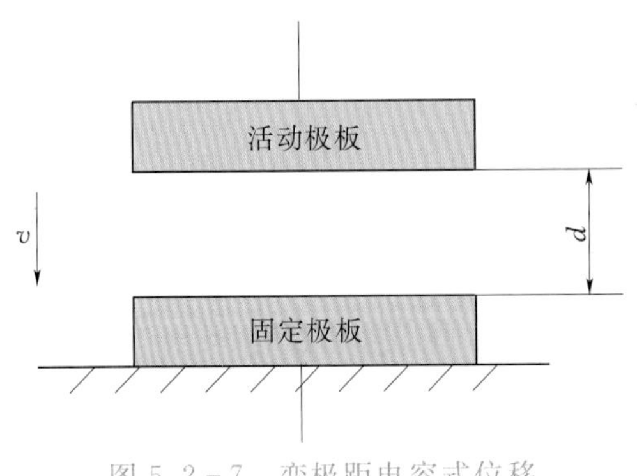

图5.2-7 变极距电容式位移传感器的原理结构简图

4. 压电式传感器

压电式传感器主要是用压电石英晶体或压电陶瓷（如锆钛酸铅）作为敏感元件而制成的传感器，在振动测量方面，主要是压电式加速度计。图 5.2－8 所示为压电式加速度计的原理结构图，在两片并联安装的压电陶瓷片中间，有一个金属圆片作为压电式加速度计的输出极板。在压电陶瓷片和金属圆片的上面，压有一质量块 m，在质量块 m 的上面还有一个硬弹簧片，所有这些元件（压电陶瓷片、金属圆片、质量块、硬弹簧片等）都装在同一个金属基座上。

在加速度计受振时，质量块加在压电元件上的力也随之变化。由于压电陶瓷片的压电效应，在压电陶瓷片的两个表面产生交变的电荷量。由于压电片结构阻尼小，压电片受到的力正比于压电片的压缩量。压电式加速度计的特点是体积小、重量轻、工作频率范围宽、量程宽、适合于高频振动的测量，缺点是对低频振动位移的测量较为困难。

5. 霍尔式位移传感器

基于霍尔效应的惯性振动传感器结构如图 5.2－9 所示，图中 2 个 L 形铁块分别与条形磁铁两端对称固定形成组合磁铁（质量为 m），组合磁铁与传感器外壳之间通过阻尼器支承，霍尔元件水平放置于 2 个 L 形铁块之间的间隙中，并与塑料外壳相固定。霍尔元件后面的引线用于给霍尔元件提供工作电源，同时由振动参量转化得到的霍尔电压也通过引线输出。

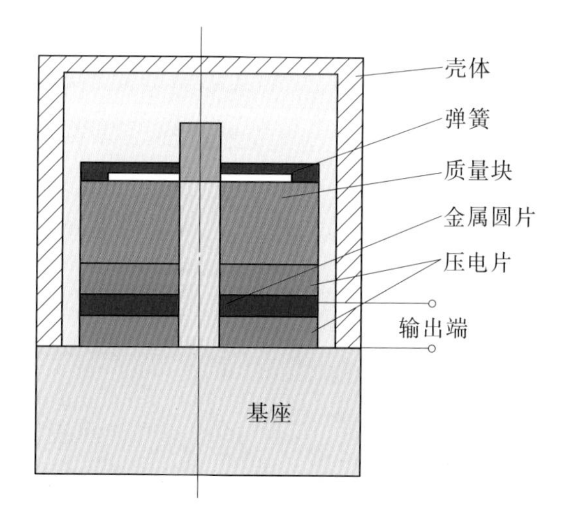

图 5.2－8 压电式加速度计原理的原理结构图

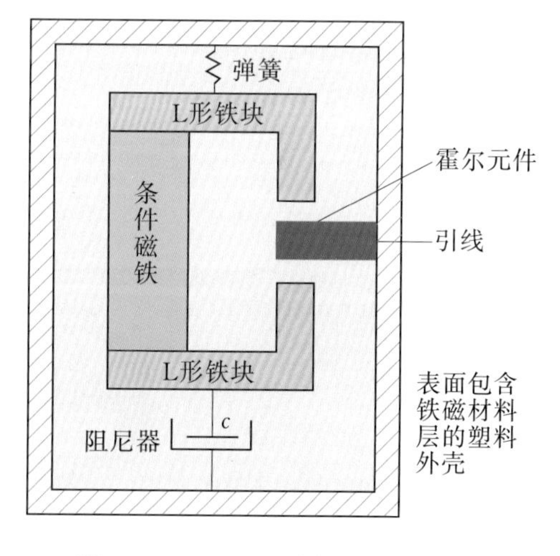

图 5.2－9 基于霍尔效应的惯性振动传感器结构图

工作时，将传感器的外壳刚性地固定于被测物体上，使被测物体的主要振动方向与组合磁铁的振动方向相同。当被测物体振动时，外壳和霍尔元件随其一起振动，由于弹簧和阻尼器的作用，磁铁相对外壳产生位移。由此霍尔元件在磁场中产生位置变化，从而改变霍尔元件输出的电压。霍尔式位移传感器结构简单、体积小、重量轻，霍尔元件频带宽，动态特性好且价格低廉。该传感器在材料探伤、机械系统的故障诊断、噪声消除、结构件的动态特性分析及振动的有限元计算结果验证等方面都有很好的应用前景。

6. 磁电式速度传感器

图5.2-10所示为磁电式相对速度传感器的结构图，它用于测量两个试件之间的相对速度。壳体固定在一个试件上，顶杆顶住另一个试件，磁铁通过壳体构成磁回路，线圈置于回路的缝隙中。两试件之间的相对振动速度通过顶杆使线圈在磁场气隙中运动，线圈因切割磁力线而产生感应电动势 e，其大小与线圈运动的线速度 v 成正比。

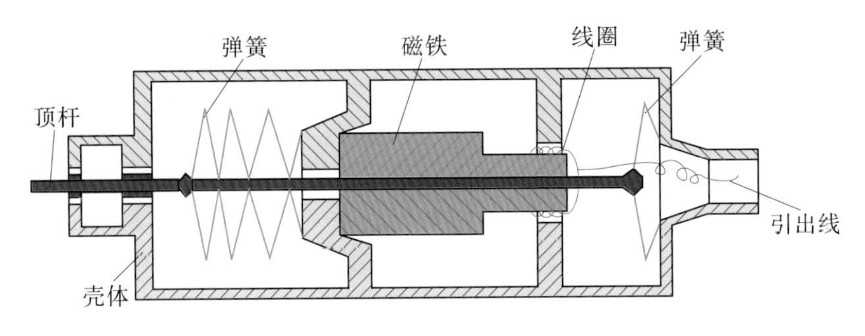

图5.2-10　磁电式相对速度传感器结构图

图5.2-11所示为磁电式惯性速度传感器的结构图，磁铁与壳体形成磁回路，装在芯轴上的线圈和阻尼环组成惯性系统的质量块。当传感器承受沿其轴向的振动时，质量块与壳体发生相对运动，线圈在壳体与磁铁之间的气隙中切割磁力线，产生磁感应电动势 e，e 的大小与线圈的相对速度 $\mathrm{d}x/\mathrm{d}t$ 成正比。

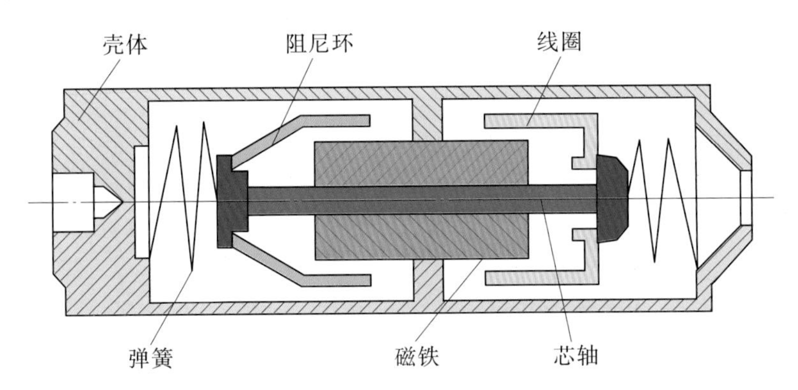

图5.2-11　磁电式惯性速度传感器结构图

在选择振动传感器时，可考虑如下因素：

(1) 灵敏度可调。

(2) 一致性及互换性良好。

(3) 抗干扰能力强、可靠性高，无误触发。

(4) 自动复位性强。

(5) 信号的后期处理简单。

（6）产品内部设计有振动分析放大电路。

（7）安装、调试方便等。

此外，选择用于振动传感器的信号处理的集成电路技术也非常重要，比如集成电路是否集成了用于用户自定义程序下载的可重写存储器，用于存储信号处理程序的电可擦、可编程只读存储器（EEPROM），这样的功能无需外部微控制器即可实现定制。此类集成电路凭借其低成本和印刷电路板（PCB）面积的缩小，推进了蓝牙通信在没有无线功能的小型应用程序中的应用。

5.2.3.1 振动传感器

由于水力机组转速较低的特点，机架、顶盖的振动频率非常低。举例来说，对于转速为60r/min的机组，涡带频率最低可达0.25Hz。因此，对这些部位的振动，一般采用低频速度式传感器测量。常用的低频速度传感器为具有弹簧质量系统的低频磁电式传感器，它测量的是机器相对于地面的绝对运动，又称为低频惯性式或地震式传感器。

1. 传感器结构及测量原理

低频磁电式振动传感器的基础是磁电式速度传感器（也称为磁电式地震检波器），其外形如图5.2-12所示，其结构示意图如图5.2-13所示。通常来说磁电式速度传感器的转折频率大多高于5.0Hz，难以满足机组机架振动的测量，因此要通过设计专用的补偿电路来实现低频振动信号的测量。

图5.2-12 低频磁电式振动传感器

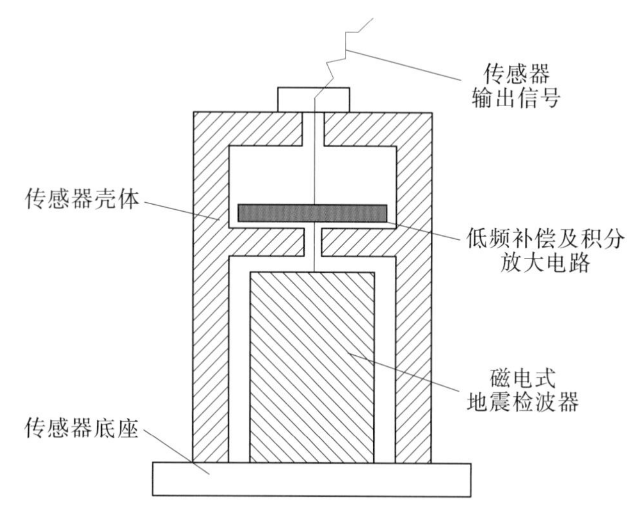

图5.2-13 低频磁电式振动传感器结构示意图

低频磁电式振动传感器核心组件主要有以下两个：

1）对振动速度信号敏感的磁电式地震检波器（磁电式振动速度传感器）。

2）后端的低频补偿及积分放大电路。

其中地震检波器磁电式振动速度传感器被固定在传感器壳体和传感器底座上，而传感器被固定在被测对象上，随被测对象一起振动，检波器也随被测对象振动。后经低频补偿及积分放大电路完成信号的低频补偿和积分放大，最终输出电信号，其工作原理图如图5.2-14所示。

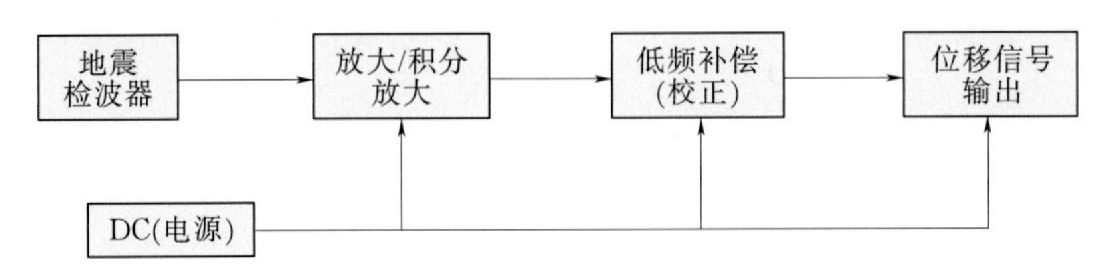

图5.2-14 低频磁电式振动传感器工作原理图

以下就磁电式地震检波器的工作原理和补偿校正环节作详细说明。

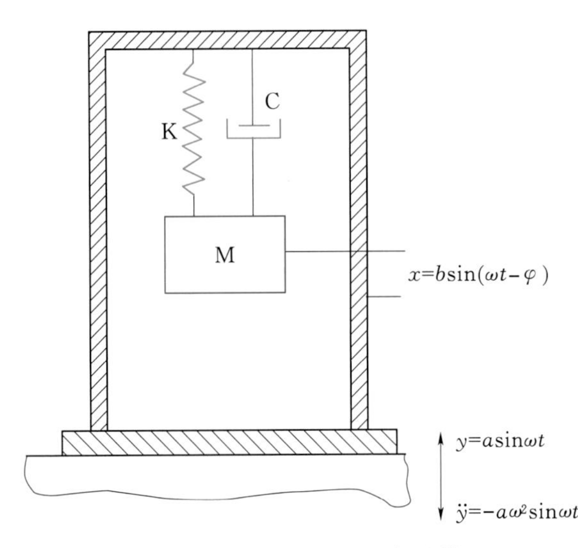

图5.2-15 地震检波器力学模型

M—惯性块，其质量为m；C—阻尼器，阻尼系数为c；
K—弹簧，刚度为k；x—质量块与壳体相对位置；
y—被测体在惯性空间的振动瞬时值

(1) 磁电式地震检波器的原理。地震检波器是一个固有频率为5～30Hz的磁电式惯性振动传感器，其输出的是振动速度信号，在地震监测等领域有广泛使用。以下从力学角度说明其工作原理。

地震检波器包含一个惯性块M，弹簧K和阻尼器C，它的力学模型如图5.2-15所示。

当传感器置于被测体上时，它便随之以$y=y_0\sin\omega t$的规律上下振动。根据强迫振动理论可求出质量m相对于外壳振动的微分方程为

$$m\frac{\mathrm{d}^2x}{\mathrm{d}t^2}+c\frac{\mathrm{d}x}{\mathrm{d}t}+kx=-m\frac{\mathrm{d}^2y}{\mathrm{d}t^2} \tag{5.2-1}$$

$$m\frac{\mathrm{d}^2x}{\mathrm{d}t^2}+c\frac{\mathrm{d}x}{\mathrm{d}t}+kx=-my_0\omega^2\sin\omega t \tag{5.2-2}$$

幅频特性为

$$\left|\int v\right|=\left|\frac{B}{A}\right|=\frac{\left(\dfrac{\omega}{\omega_0}\right)^2}{\sqrt{\left[1-\left(\dfrac{\omega}{\omega_0}\right)^2\right]^2+\left(2\xi\dfrac{\omega}{\omega_0}\right)^2}} \tag{5.2-3}$$

式中 B——相对振幅；

A——测出振幅；

ω_0——检波器的固有频率，$\omega_0=\sqrt{\dfrac{k}{m}}$；

ξ——检波器的系统阻尼比，$\xi=\dfrac{c}{2m\omega_0}$。

当 $\omega/\omega_0 \geqslant 1$ 时，B/A 趋向于 1，即当检波器的固有频率比被测振动体的振动频率低很多时，质量块与振动体之间的相对振动就接近于振动体的绝对振动。

具体到磁电式检波器的传感器，其模型如图 5.2-16 所示。

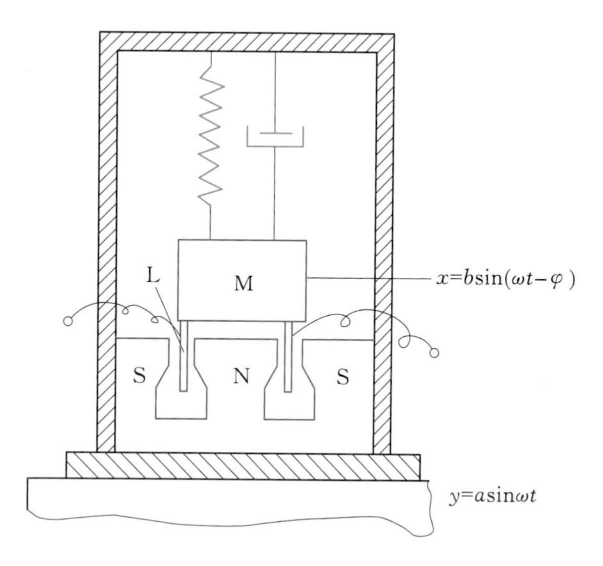

图 5.2-16　磁电式检波器（速度传感器）模型

它的惯性块 M 下面有一线圈 L，当传感器与被测物体一起振动时，M 相对于外壳的运动为 $x=b\sin(\omega t-\varphi)$，即永久磁铁的磁路缝隙中按此规律运动。根据电磁感应原理，线圈上产生了与相对运动速度 $\mathrm{d}x/\mathrm{d}t$ 成正比的电动势 E，即

$$E=\omega BL\frac{\mathrm{d}x}{\mathrm{d}t}\sin\theta=\omega BLv\sin\theta \tag{5.2-4}$$

式中　B——磁场的磁感应强度；

L——单线圈的有效长度；

v——线圈与磁场的相对运动速度；

θ——线圈运动方向与磁场方向的夹角；

ω——线圈匝数。

由式（5.2-4）可知，当传感器结构一定时，B、ω、L 均为常数，因此感应电动势 E 与线圈相对于磁场的运动速度 $\mathrm{d}x/\mathrm{d}t$ 成正比。测得 E 值再根据已知的换算关系就可求得所测振动速度之值。

根据上式重新改写为传递函数，该检波器的传递函数为

$$y_{\mathrm{jbq}}(s)=\frac{s^2}{s^2+2\xi\omega_n s+\omega_n^2} \tag{5.2-5}$$

其中 ξ 为检波器的系统阻尼比，$\omega_n=2\pi f_c$，f_c 为地震式检波器的固有频率。如果过度要求 f_c 更大的弹簧阻尼和更大的惯性块，容易引起弹簧阻尼的疲劳和失效问题，因此在实践工程中该固有频率一般选择在 5Hz 以上，不超过 30Hz。

图 5.2-17 所示为一个转折频率为 10Hz 的地震式检波器的典型幅频特性曲线。

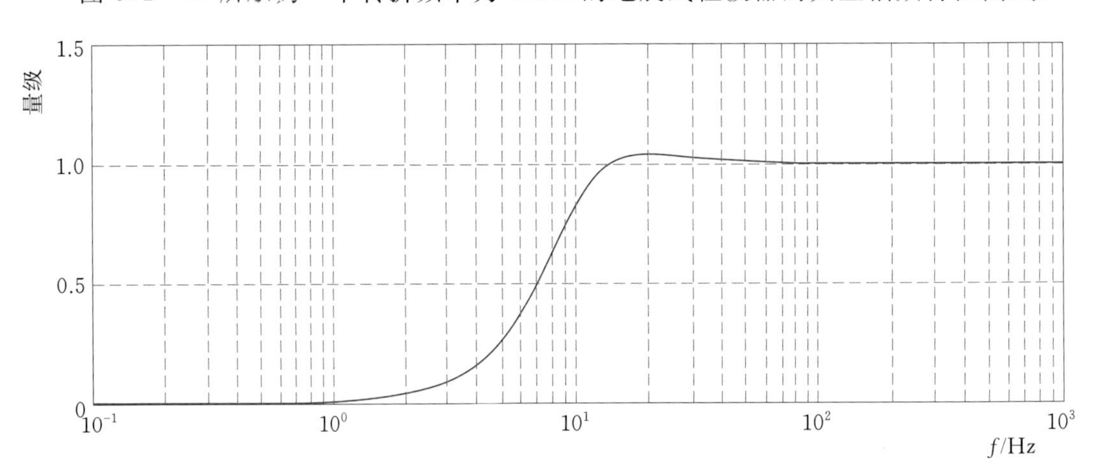

图 5.2-17 地震式检波器的典型幅频特性曲线

(2) 低频补偿。直接使用地震式检波器测量频率比 f_c 低的振动信号会产生非常大的衰减，尤其是 1Hz 以下的信号，因此必须通过电路对低于 f_c 的信号进行补偿，这就是低频补偿（校正）电路。该低频补偿电路的传递函数如下：

$$y'(s)=\frac{s^2+2\xi\omega_n s+\omega_n^2}{s^2+2\xi_m\omega_m s+\omega_m^2} \tag{5.2-6}$$

其中 $\xi_m\approx0.707$，是补偿电路的系统阻尼，而 $\omega_m=2\pi f_m$，$f_m\approx0.5\text{Hz}$，就是校正后整个传感器系统期望的转折频率。

经补偿后，整个低频振动传感器系统的传递函数为

$$Y(s)=y_{\text{jbq}}(s)y'(s)=\frac{s^2}{s^2+2\xi\omega_n s+\omega_n^2}\frac{s^2+2\xi\omega_n s+\omega_n^2}{s^2+2\xi_m\omega_m s+\omega_m^2} \tag{5.2-7}$$

$$Y(s)=\frac{s^2}{s^2+2\xi_m\omega_m s+\omega_m^2}$$

其幅频特性曲线如图 5.2-18 所示。

从图 5.2-18 中可以看到，磁电式检波器输出信号经低频补偿电路补偿后，传感器系统的转折频率被调整到 $f_m=0.5\text{Hz}$ 处，可以满足水轮机机架振动的低频信号测量。

由于地震检波器敏感输出信号为振动速度信号，因此必须经过积分环节，最终输出振动位移信号。

2. 低频磁电式振动传感器的应用

低频振动传感器的优点是低频特性好，最低频率可以测量到 0.5Hz（甚至以下），信号输出既可以是振动位移，也可以是振动速度，在水轮发电机组机架、顶盖等部位的振动测量的与故障分析诊断中得到广泛应用。该类传感器缺点主要有以下两个

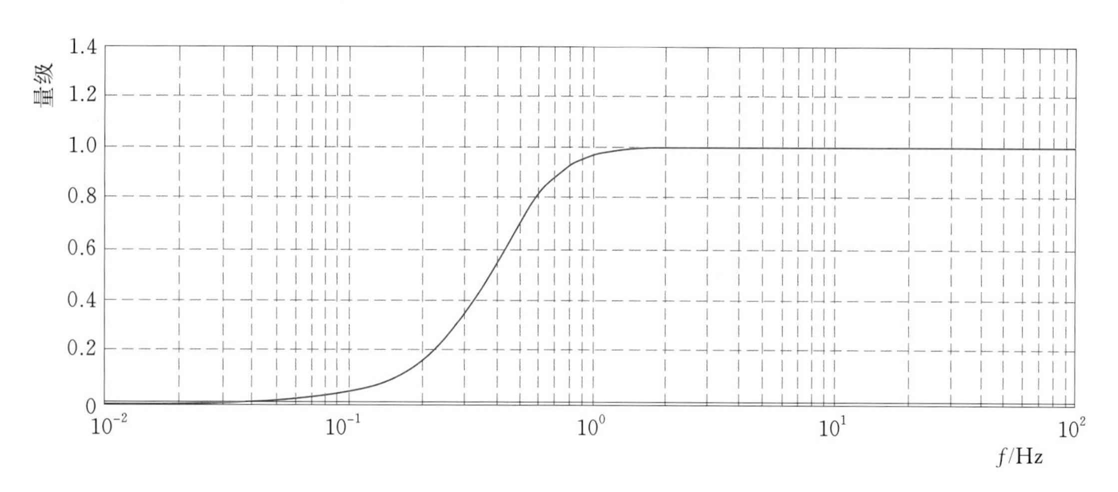

图 5.2-18 经低频补偿后的振动传感器幅频特性曲线

方面：

（1）传感器机械系统失效问题。由于传感器内的地震式检波器安装有惯性块、线圈和弹簧阻尼等机械装置，在长期运行中极其容易出现机械疲劳和卡死等现象，导致测量失效。

（2）抗振动冲击性能需要改善。由于需要测量低达 0.5Hz 的振动信号，必须选择合适的固有频率的惯性式检波器，固有频率过低的检波器要求更大的弹簧阻尼和更大的惯性块，更容易引起弹簧阻尼的疲劳和失效问题，降低可靠性；而过高的固有频率，要求后端的积分和频率补偿电路在低频段的增益更大，如果传感器输入信号中包含有较大的振动冲击信号，容易导致后端的积分及补偿电路振荡失稳，引起测量误差。

5.2.3.2 摆度传感器

目前市场上实现发电机组摆度监测主要采用电涡流式位移传感器，这种传感器的优点是可以实现非接触式测量、灵敏度高、响应快，但是其缺点是容易受到温度的影响。

电涡流传感器是一种非接触式测量位移的传感器，频率响应范围宽，可以测量静态和动态的相对位移变化。这种类型的传感器可靠性高、可测量的范围宽、灵敏度高、响应速度快、抗干扰力强，不受油污等介质的影响，结构简单，在旋转机械的在线监测与故障诊断中得到广泛应用。

1. 工作原理

电涡流传感器采用电涡流检测技术，是一种无损、非接触的检测技术。根据法拉第电磁感应原理，块状金属导体置于变化的磁场中或在磁场中作切割磁力线运动时，导体内将产生呈涡旋状的感应电流，此电流叫电涡流。

当交流电通过线圈时，线圈内部会产生交变磁场，磁场的强弱会随电流的大小变化。当被测金属体靠近这一磁场时，在此金属表面产生感应电流，与此同时该电涡流场也产生一个方向与头部线圈方向相反的交变磁场，由于其反作用，使头部线圈高频电流的幅度和相位得到改变，这一物理现象称为电涡流效应。只要对线圈电阻抗的变化值进行测量，就可以得出被测物理量的大小。依据这一原理所制成的传感器就称之为电涡流传感器。

电涡流效应原理如图5.2-19所示。

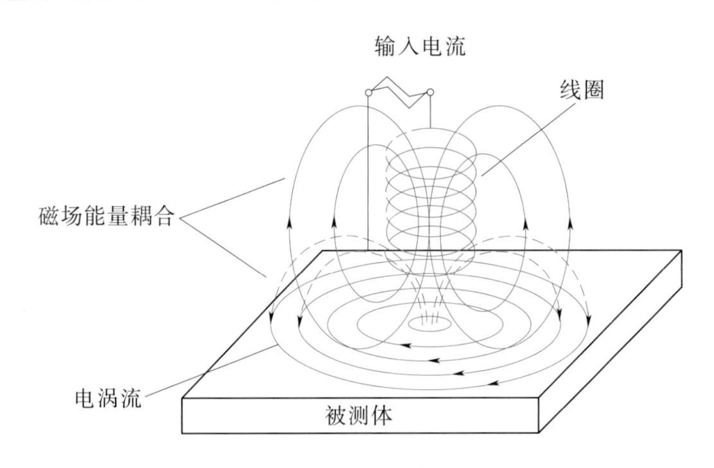

图5.2-19 电涡流效应原理图

线圈电阻抗的变化与金属体磁导率、电导率、线圈的几何形状、线圈的几何尺寸、电流频率以及头部线圈到金属导体表面的距离等参数有关。通常假定金属导体材质均匀且性能是线性和各项同性，则线圈和金属导体系统的物理性质可由金属导体的电导率 σ、磁导率 ξ、尺寸因子 τ、头部体线圈与金属导体表面的距离 D、电流强度 I 和频率 ω 等参数来描述。

线圈特征阻抗可用 $Z=F(\tau,\ \xi,\ \sigma,\ D,\ I,\ \omega)$ 函数来表示。通常能做到控制 τ、ξ、σ、D、I、ω 这几个参数在一定范围内不变，则线圈的特征阻抗 Z 就成为距离 D 的单值函数，虽然它整个函数是非线性的，其函数特征为 S 形曲线，但可以选取它近似为线性的一段。通过前置器电子线路的处理，将线圈阻抗 Z 的变化，即头部体线圈与金属导体的距离 D 的变化转化成电压或电流的变化。输出信号的大小随探头到被测体表面之间的间距而变化，电涡流传感器就是根据这一原理实现对金属物体的位移、振动等参数的测量。

2. 电涡流传感器的结构

电涡流传感器由探头线圈、延伸电缆和前置器这几部分组成。随着电子技术的发展，也有将前置器直接置于探头体内的一体化电涡流传感器。由于一体化传感器安装上的便利，比较适合于水轮发电机组的大轴摆度测量，近年来在国内水轮发电机组上有大量的应用，电涡流传感器结构示意图如图 5.2-20 所示。

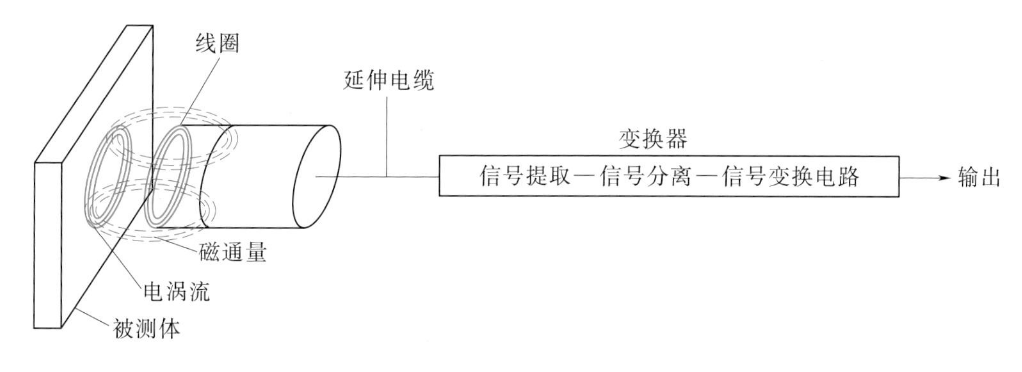

图 5.2-20 电涡流传感器结构示意图

3. 被测体形状及尺寸

由于探头线圈产生的磁场范围是一定的，而被测体表面形成的涡流场也是一定的，这就对被测体表面大小有一定要求。通常，当被测体表面为平面时，以正对探头中心线的点为中心，被测面直径应大于探头头部直径的 1.5 倍以上；当被测体为圆轴且探头中心线与轴心线正交时，一般要求被测轴直径为探头头部直径的 3 倍以上，否则传感器的灵敏度会下降，被测体表面越小，灵敏度下降越多。实践测试表明，当被测体表面大小与探头头部直径相同时，其灵敏度会下降到 72%左右。

被测体的厚度也会影响测量结果。被测体中电涡流场作用的深度由频率、材料导电率、材料导磁率决定，因此如果被测体太薄，将会造成电涡流作用不够，使传感器灵敏度下降，一般要求厚度大于 0.1mm 以上的钢等导磁材料及厚度大于 0.05mm 以上的铜、铝等弱导磁材料，则灵敏度不会受其厚度的影响。图 5.2-21 所示为某传感器的安装测量尺寸限制图。

4. 被测体表面加工状况的影响

不规则的被测体表面，会给实际的测量值造成附加误差，特别是对于振动测量，这个附加误差信号与实际的振动信号叠加一起，在电气上很难分离，因此被测表面应该光洁，不应该存在刻痕、洞眼、凸台、凹槽等缺陷（对于特意为键相器、转速测量设置的凸台或凹槽除外）。通常，对于振动测量被测面表面粗糙度 R_a 要求在 0.4～0.8μm 之间，一般需要对被测面进行打磨或抛光；对于位移测量，由于指示仪表的滤波效应或平均效应，可稍放宽（一般表面粗糙度 R_a 不超过 0.8～1.6μm）。

5. 材料对传感器系数的影响

传感器特性与被测体的导电率和导磁率有关，当被测体为导磁材料（如普通钢、结构钢等）时，由于磁效应和涡流效应同时存在，而且磁效应与涡流效应相反，要抵消部分涡流效应，使得传感器感应灵敏度低；而当被测体为非导磁或弱导磁材料（如铜、铝、合金钢等）时，由于磁效应弱，相对来说涡流效应要强，因此传感器感

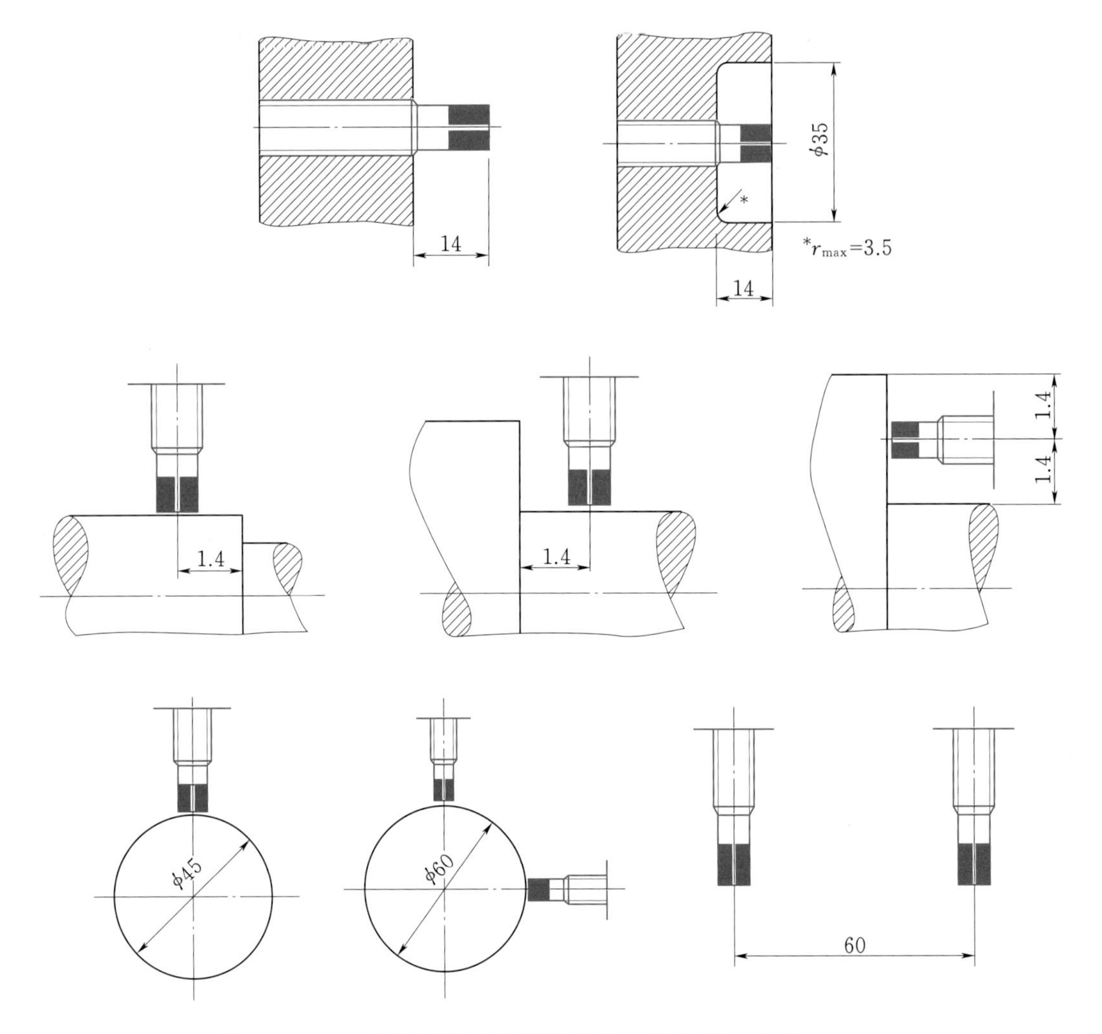

图 5.2-21 某传感器的安装测量尺寸限制图（单位：mm）

应灵敏度要高。图 5.2-22 所示为同一套传感器测量几种典型材料时的输出特性曲线，图中各曲线所对应的灵敏度如下：

（1）铜：14.9V/mm。

（2）铝：14.0V/mm。

（3）不锈钢（1Cr18Ni9Ti）：10.4V/mm。

（4）45号钢：8.2V/mm。

（5）40CrMo：8.0V/mm（出厂校准材料）。

6. 电涡流传感器选型

电涡流传感器生产厂家众多，实际使用中要根据用户自身的需求进行选择。除了传感器一般的特性（稳定性、灵敏度、线性度）和寿命之外，电涡流传感器还有其特殊的特性，这些特性会影响到使用效果。

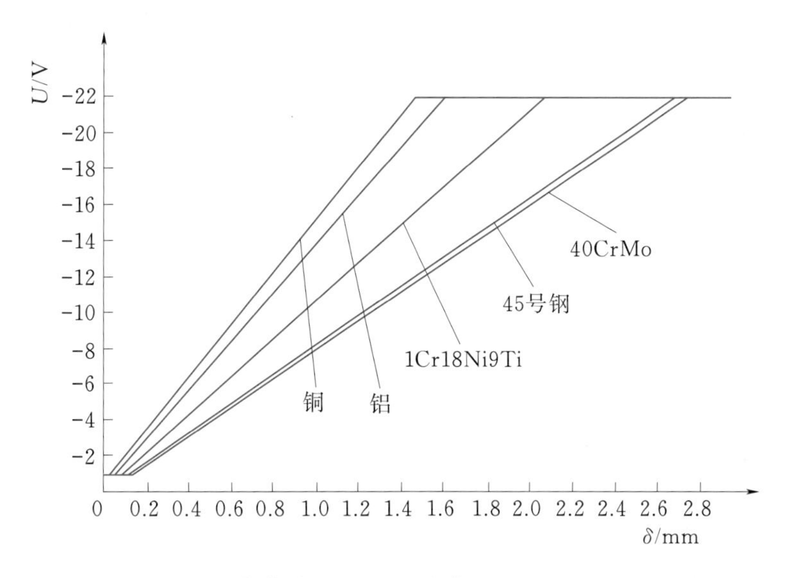

图 5.2-22 同一套传感器测量几种典型材料时的输出特性曲线

（1）前置器与探头配套使用中的互换性。在机械和仪器制造工业中，如果在同一规格的任意一批零部件中，任意抽取其中一支，不经过任何挑选或者附加的修理就能装到机器上，使得机器能够正常工作，并且其性能达到规定的指标，那么就认为这批零件具有互换性。而传感器的互换性则是指，在不影响传感器整体性能的基础上，传感器的零部件或传感器整体互相替换的能力。

遵循互换性原则，不仅能显著提高劳动生产率，而且能有效保证产品质量、降低成本，所以互换性是机械和仪器制造中的重要生产原则与有效技术措施。对于电涡流传感器来说，其造价比较昂贵，若有良好的互换性，损坏时只需更换损坏的部件即可，这将大大节省传感器的费用投入。

（2）量程与测量范围。所谓测量范围即为传感器所能测量的最大量与最小量的差值。对于电涡流传感器来说，量程的大小，由探头线圈的形状和大小决定。线圈尺寸大测量范围就大，灵敏度降低；反之，线圈小测量范围则小，灵敏度高。电涡流位移传感器的量程一般为线圈外径的$\frac{1}{5}$到$\frac{1}{3}$之间。对于机组的摆度，一般选择量程2mm 的传感器。实际使用中，也可以选择测量范围偏大的传感器，可以应对测量面有突起的情况，降低损坏传感器探头的概率。

5.2.3.3 差压传感器

差压传感器 DPS（Differential Pressure Sensor）是一种测量两个压力之间差值的传感器，通常用于测量某一设备或部件前后两端的压差。差压传感器在微流量测量、泄漏测试、洁净间监测、环境密封性检测、气体流量测量、液位高低测量等许多高精度测量场合都有着广泛的应用。

1. 压阻式差压传感器

压阻式差压传感器的主要测压部件是硅压阻式传感芯片，芯片的核心部分是一片硅膜片，上面用半导体工艺的扩散掺杂法做4个相等的电阻，接成惠斯通电桥，惠斯通电桥原理如图5.2-23所示。膜片的一侧是和被测系统相连接的高压腔，另一侧是低压腔，当膜片两边存在压力差而发生形变时，扩散电阻的值发生变化，电桥失去平衡，输出相应的电压，其电压大小就反映了膜片所受的压力差值。其输出电压U_0与硅膜片两侧所受的压力差值Δp的关系式为

$$U_0 = U_s S \Delta p + U_D \tag{5.2-8}$$

式中 U_s——硅膜片上电阻电桥的供电电源电压；

S——硅压阻式差压传感器的灵敏度；

U_D——电桥输出的零点电压，即$\Delta p=0$时的输出电压。

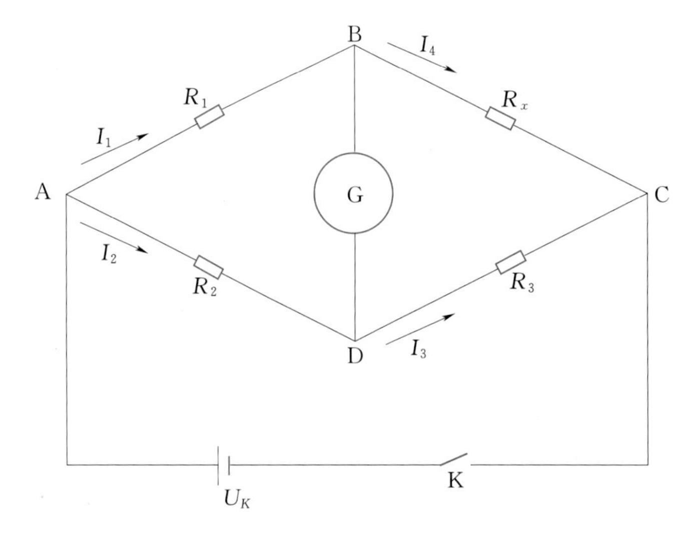

图5.2-23 惠斯通电桥原理图

压阻式差压传感器突出的优点是结构简单，工作端面平整，但这种传感器也具有很多不足，其灵敏度与频率响应之间存在着比较突出的矛盾，且温度对此种传感器的性能影响也比较大。

2. 电容式差压传感器

电容式差压传感器由中心测量膜片与固定电极构成两个可变电容，其工作原理简图如图5.2-24所示，由两个可变电容组成一个可变电容桥，无压差存在时满足：

$$C_1 = C_2 = k\varepsilon \frac{S}{d_0} \tag{5.2-9}$$

式中 ε——极板间介质的介电常数；

S——极板面积；

k——系数。

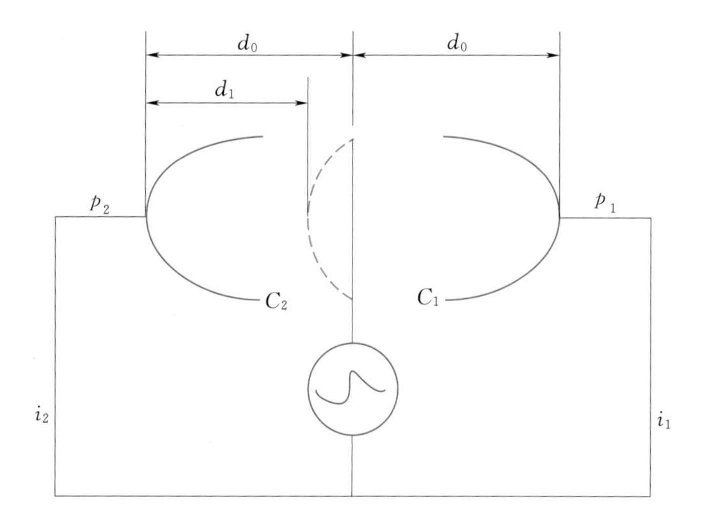

图 5.2-24 电容式差压传感器工作原理简图

而当被测介质的高、低压力分别通入高、低压室，作用在隔离膜片的压力信号传送到中心测量膜片上时，作用在其上的两侧压力差使中心测量膜片产生一个对应于压力差的变形位移量 Δd，这个位移量与所测压力差成正比，即 $\Delta d = K_1 \Delta p$，这个位移使可变电容产生相应的电容变化，此时

$$C_1 = C_2 = k\varepsilon \frac{S}{d_0 + \Delta d} \tag{5.2-10}$$

利用差动电容检测原理，电子线路检测到可变电容桥的变化并放大转换成标准的电信号输出，输出值为

$$\Delta I = i_1 - i_2 = \omega_e (C_2 - C_1) = \frac{C_2 - C_1}{C_2 + C_1} I_C \tag{5.2-11}$$

式中 I_C——常数。

再把 C_2、C_1 值代入上式得

$$\Delta I = K_1 \Delta p \frac{I_C}{d_0} = K_2 \Delta p \tag{5.2-12}$$

在现场指针表上显示差压值。

电容式差压传感器作为变送器的重要检测元件越来越受到业界的重视和青睐，已经应用于石油、化工、电力、冶金、轻工、食品、环保、锅炉控制、带压容器测量等领域。

电容式传感器具有结构简单，灵敏度高，动态响应特性好，抗过载能力强，对高温、辐射和强烈振动等恶劣条件适应性强等优点，使它成为了一种有发展前途的传感器。但由于它存在缺点和问题，如输出特性的非线性、寄生电容和分布电容对灵敏度和测量精度的影响以及与传感器连接的电路比较复杂等，影响到其应用可靠性，需要采取一定的补偿和校正措施，因此限制了它的广泛应用。

3. 新型差压传感器

（1）强度调制型光纤差压传感器。由于光纤传感技术具有防火、防爆、精度高、损耗低、体积小、质量轻、寿命长、性价比高、复用性好、响应速度快、抗电磁干扰、频带范围宽、动态范围大、易与光纤传输系统组成遥测网络等诸多优点，可以安全有效地在恶劣环境中使用，解决了许多行业多年来一直存在的技术难题，从而得到了广泛的应用。在差压传感器技术领域，日本提出了一种基于强度调制的光纤差压传感器，这种差压传感器设计了两个压力探头，其基本工作原理简图如图5.2-25所示。当检测腔内受到流体压力的作用时，弹性膜片就随之发生向左的突变形，从而使光纤端面与薄膜的距离缩短，进入到接收光纤的光强就会发生变化，依据光强度的变化量，检测出薄膜的应变量，又由于轴向应变程度与腔内压力 p 的变化有关，最终就能反映出腔内压力变化量 Δp。再对比两个探头的输出光强，即可得到不同被测位置的压力差。差压传感器结构简图如图5.2-26所示。

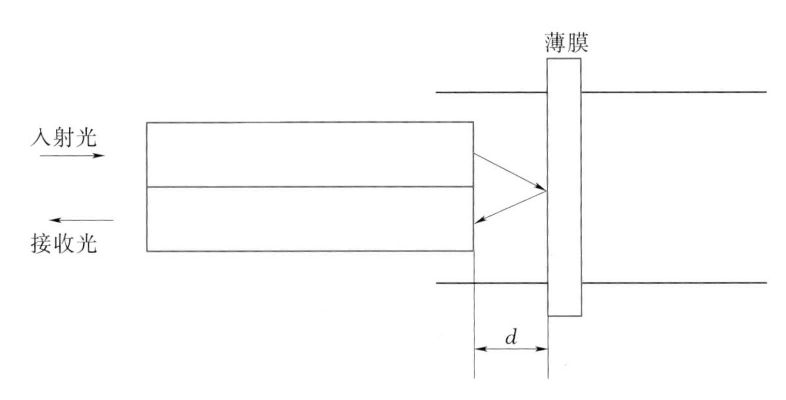

图5.2-25 光纤差压传感器工作原理简图

（2）光纤布拉格光栅差压传感器。光纤布拉格光栅传感器（FBGS）是用光纤布拉格光栅（FBG）作敏感元件的光纤传感器，可以直接检测温度和应变以及实现与温度和应变有关的其他许多物理量和化学量的间接测量。基于FBG的传感器类型也比较丰富，例如光纤布拉格光栅温度传感器、光纤布拉格光栅应变与位移传感器、光纤布拉格光栅振动与加速度传感器、光纤布拉格光栅压力传感器、光纤布拉格光栅电磁传感器等，这些类型的传感器已经应用于结构健康监测、石油工业、航天器及船舶、船舶航运业、电力工业、医学、化学、核工业等诸多领域。图5.2-27所示为光纤布拉格光栅差压传感器结构图，传感器由两个检测腔组成，两腔中间由一个弹性膜片分开，布拉格光栅光纤在腔的中轴线上穿过，并紧固在腔壁与膜片上，当左右两腔内的压力不同时，膜片变形，左右腔内的光纤随之发生轴向形变，从而使输出光的波长发生改变，通过对比两段光栅的反射光波长值即可推导出左右两腔内的

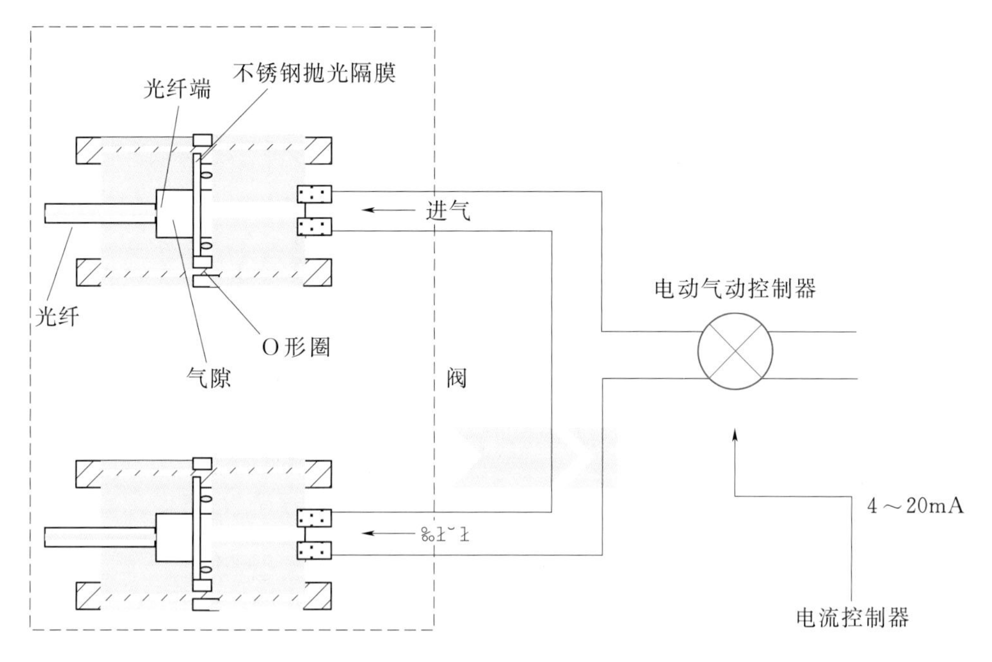

图 5.2-26 光纤差压传感器结构图

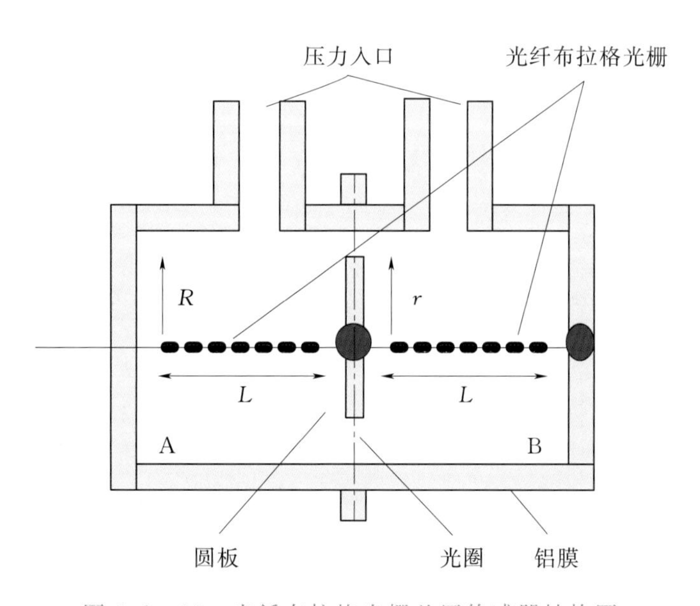

图 5.2-27 光纤布拉格光栅差压传感器结构图

压力差。每一段光纤布拉格光栅传感原理如图 5.2-28 所示，光栅的布拉格波长为

$$\lambda_B = 2n_{\mathrm{eff}}\Lambda \tag{5.2-13}$$

式中 λ_B——布拉格波长；

n_{eff}——光纤传播模式的有效折射率；

Λ——光栅周期。

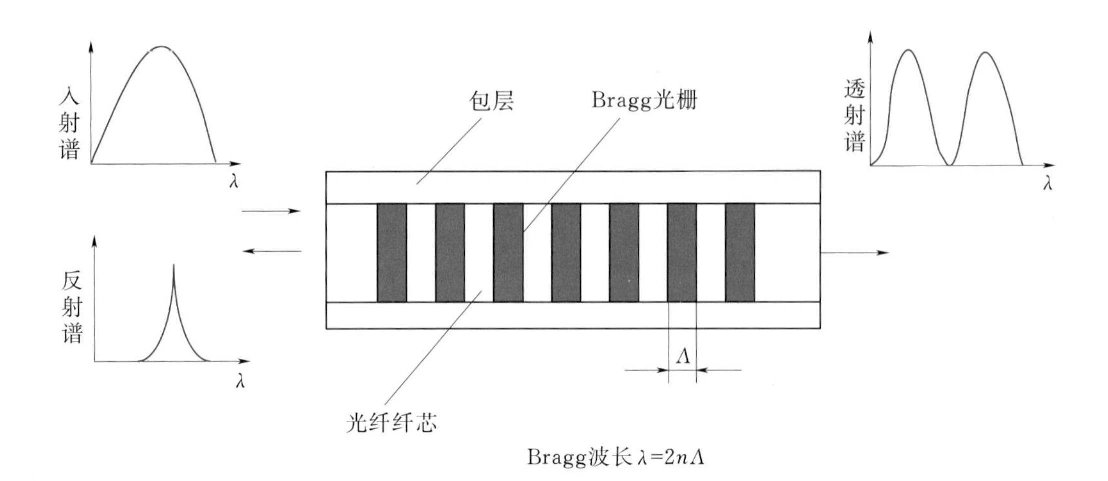

图 5.2-28 光纤布拉格光栅传感原理图

当一宽谱光源入射进入光纤后，经过光纤光栅会有波长如式（5.2-13）的光返回，其他的光将透射。当外界的被测量引起光纤光栅温度、应力改变就会导致反射中心波长的变化。也就是说，光纤光栅反射光中心波长的变化反映了外界被测信号的变化情况。

（3）其他类型的差压传感器。图 5.2-29 所示为采用新型纳米材料——磁性液体的一种微差压传感器，U 形管中充有磁性液体，U 形管两端均匀密绕两个长度相等的同轴线圈，两个内部线圈 S_1 的匝数均为 N_1，两个外部线圈 S_2 的匝数均为 N_2。将两端内部线圈 S_1 串联作为激励线圈，两端外部线圈 S_2 反向串联作为感应线圈。利用

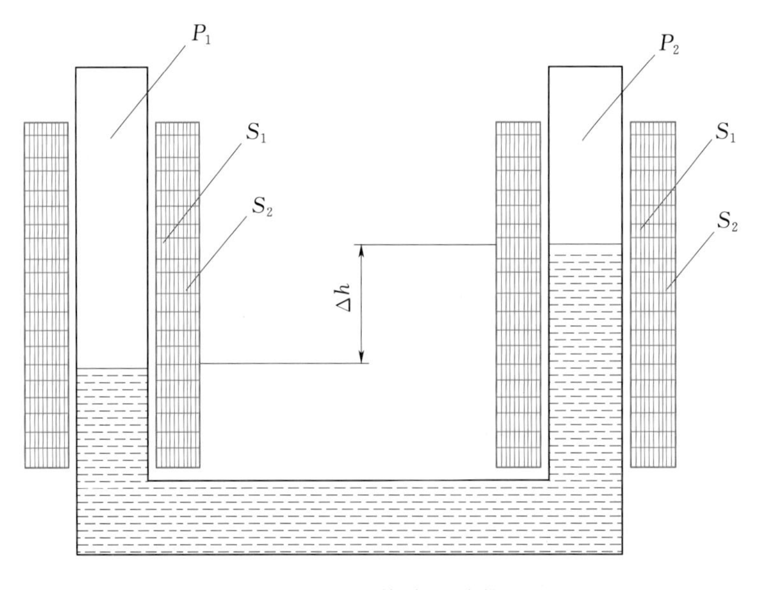

图 5.2-29 传感器结构图

磁性液体能产生感应磁场的性质，通过其流动时线圈互感的变化实现微差压的测量，测量范围为±1000Pa。

应用一种双C形弹簧管的光纤差压传感器，采用两个C形弹簧管进行组合，将其自由端反转对称焊接成为一体，形成一个反S形状，作为差动压力的转换器件，来实现差压与位移的转换，传感器的结构如图5.2-30所示。

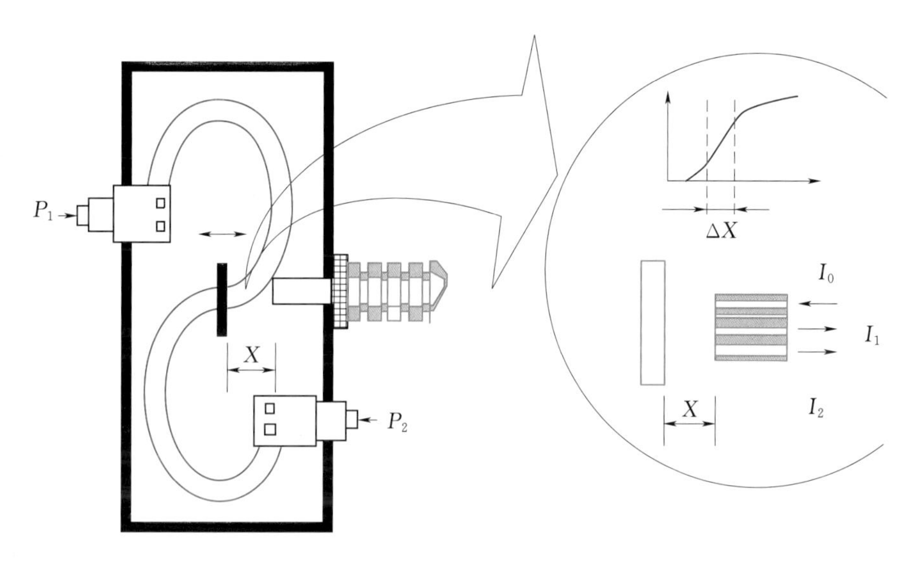

图5.2-30　传感器的结构图

很多研究也对现有的压阻式或电容式差压传感器进行了结构改进，使其在某些性能方面得到较好的提升，如利用凸台圆膜片与测力传感器组合而研制成的DPR型应变式差压传感器，是在电阻式差压传感器的基础上进行改进，具有结构简单、性能可靠的特点。尤其在中、高差压范围内及高温介质、腐蚀性介质中，更显示其优越性。

5.2.3.4　压力脉动传感器

压力传感器的种类繁多，包括电阻式压力传感器、电感式压力传感器、陶瓷压力传感器、扩散硅式压力传感器等。但应用最为广泛的是电阻式压力传感器，它具有精度高及线性特性好的特点。

1. 电阻式压力传感器

电阻式压力传感器最重要的元件是电阻应变片，电阻应变片是一种将被测件上的应变变化转换成为一种电信号的敏感器件，它是电阻式应变传感器的主要组成部分之一。电阻应变片应用最多的是金属电阻应变片和半导体应变片两种，金属电阻应变片又有丝状应变片和金属箔状应变片两种。通常是将应变片通过特殊的黏合剂紧密的黏合在产生力学应变的基体上，当基体受力发生应力变化时，电阻应变片也一起产生形变，使应变片的阻值发生改变，从而使加在电阻上的电压发生变化。这种应变片在受力时产生的阻值变化通常较小，一般这种应变片都组成应变电桥，并通过后续的仪表放大器进行放大，再传输给处理电路显示或执行机构。

金属电阻应变片由基体材料、金属应变丝或应变箔、绝缘保护片和引出线等部分组成。根据不同的用途，电阻应变片的阻值可以由设计者设计，但电阻的取值范围应注意：阻值太小，所需的驱动电流太大，应变片的发热将导致本身的温度过高，不同的环境中使用，应变片的阻值变化太大，输出零点漂移明显，调零电路将变得复杂；而电阻太大，阻抗太高，抗外界的电磁干扰能力较差。电阻应变片的阻值一般均为几十欧姆至几十千欧姆。

2. 陶瓷压力传感器

抗腐蚀的陶瓷压力传感器没有液体的传递，压力直接作用在陶瓷膜片的前表面，使膜片产生微小的形变，厚膜电阻印刷在陶瓷膜片的背面，连接成一个惠斯通电桥（闭桥），由于压敏电阻的压阻效应，使电桥产生一个与压力成正比的高度线性、与激励电压也成正比的电压信号，标准的信号根据压力量程的不同标定为2.0mV/3.0mV/3.3mV/V等，可以和应变式传感器相兼容。通过激光标定，传感器具有很高的温度稳定性和时间稳定性，传感器自带温度补偿0～70℃，并可以和绝大多数介质直接接触。

陶瓷是一种公认的高弹性、抗腐蚀、抗磨损、抗冲击和振动的材料。陶瓷的热稳定特性及它的厚膜电阻可以使它的工作温度范围高达－40～135℃，而且具有测量的高精度、高稳定性。电气绝缘程度大于2kV，输出信号强，长期稳定性好。高特性、低价格的陶瓷传感器将是压力传感器的发展方向，在欧美国家有全面替代其他类型传感器的趋势，在中国也有越来越多的用户使用陶瓷传感器替代扩散硅压力传感器。

5.2.3.5 其他类型传感器

1. 水压传感器

水压传感器是工业实践中较为常用的一种压力传感器，广泛应用于工业自动化、水利水电工程、交通建筑设备、生产自控系统、航空航天技术、船舶技术、输送管道等区域。

国家标准GB/T 7665《传感器术语》对传感器下的定义是：能感受规定的被测量并按照一定的规律转换成可用信号的器件或装置，通常由敏感元件和转换元件组成。水压传感器是由一种检测装置，能感受到被测量的信息，并能将检测感受到的信息，按一定规律变换成为电信号或其他所需形式的信息输出，以满足信息的传输、处理、存储、显示、记录和控制等要求。

水压传感器芯体通常选用扩散硅，工作原理是被测水压的压力直接作用于传感器的膜片上，使膜片产生与水压成正比的微位移，使传感器的电阻值发生变化，和用电子线路检测这一变化，并转换输出一个相对应压力的标准测量信号。水压传感器外形如图 5.2 - 31 所示。

在选择水压传感器的时候主要遵照以下原则：

(1) 根据测量的需要，选择合适的量程。

(2) 根据测量类型，选择绝对压力传感器或者相对压力传感器。绝对压力传感器以固定的压力点为零点，相对压力传感器以安装位置的大气压为零点。

(3) 根据测量的压力信号特点，选择传感器的频率响应范围。一般的压力传感器频率响应范围在 1000Hz 以内，如果需要测量更高频率的压力信号，则需要选择压力脉动传感器。

图 5.2 - 31　水压传感器外形图

2. 加速度传感器

加速度传感器是一种能够测量加速度的传感器。传感器在加速过程中，通过对质量块所受惯性力的测量，利用牛顿第二定律获得加速度值。根据传感器敏感元件的不同，常见的加速度传感器包括电容式、电感式、应变式、压阻式、压电式等。

压电式加速度传感器又称压电加速度计，其原理和频率响应曲线如图 5.2 - 32、图 5.2 - 33 所示（图中 f_0 为传感器的谐振频率），它也属于惯性式传感器。压电式加速度传感器的原理是利用压电陶瓷或石英晶体的压电效应，在加速度计受振时，质量块加在压电元件上的力也随之变化。当被测振动频率远低于加速度计的固有频率时，则力的变化与被测加速度成正比。

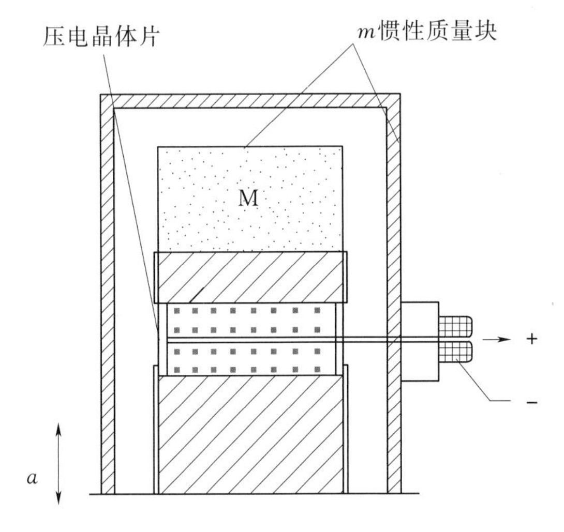

图 5.2 - 32　压电式加速度传感器原理图

压电加速度计因具有测量频率宽（0.1Hz～20kHz）、量程广（$10^{-5}g$～$100000g$）、体积轻而小（轻至 1g）、结实耐用等优点而被广泛采用。

振动加速度的测量原理是牛顿力学第二原理 $F=ma$。若能测量出作用在惯性质量块 M 上的力 F 以及惯性质量 m，就可以得到振动加速度 a。作用在惯性质量块 M 上的力 F 可以通过压电晶体力 F 转换为易测量的电量。

3. 应变传感器

应变式传感器是基于测量物体受力变形所产生的应变的一种传感器。电阻

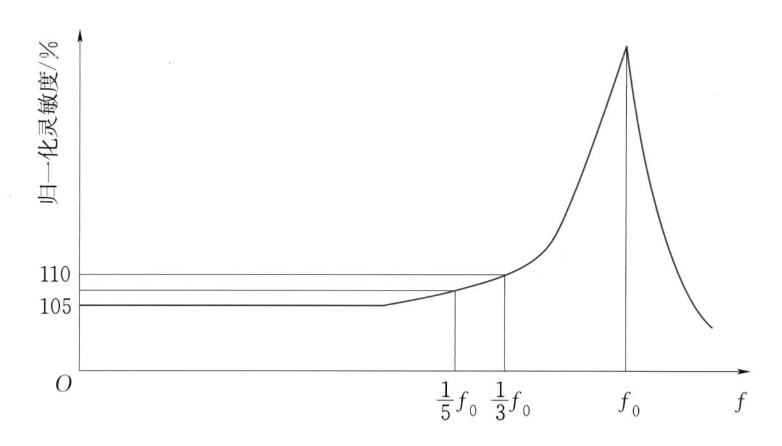

图 5.2-33 压电式加速度传感器频率响应曲线

应变片则是其最常采用的传感元件，它是一种能将机械构件上应变的变化转换为电阻变化的传感元件。

半导体应变片是用半导体材料制成的，其工作原理是基于半导体材料的压阻效应。压阻效应是指当半导体材料某一轴向受外力作用时，其电阻率发生变化的现象。

应变片是由敏感栅等构成用于测量应变的元件，使用时将其牢固地粘贴在构件的测点上，构件受力后由于测点发生应变，敏感栅也随之变形而使其电阻发生变化，再由专用仪器测得其电阻变化大小，并转换为测点的应变值。

金属电阻应变片品种繁多，形式多样，常见的有丝式电阻应变片和箔式电阻应变片。箔式电阻应变片是一种基于应变——电阻效应，用金属箔作为敏感栅，能把被测试件的应变量转换成电阻变化量的敏感元件。

应变片有很多种类，一般的应变片是在称为基底的塑料薄膜（15～16μm）上贴上由薄金属箔材制成的敏感栅（3～6μm），然后再覆盖上一层薄膜做成迭层构造。应变片的一般结构形式如图 5.2-34 所示。

将应变片贴在被测量物上，随着被测量物的应变一起伸缩，这样里面的金属箔材就随着应变伸长或缩短。很多金属在机械性地伸长或缩短时其电阻会随之变化，应变片就是应用这个原理，通过测量电阻的变化而对应变进行测量。一般应变片的敏感栅使用的是铜铬合金，其电阻变化率为常数，与应变成正比例关系，即

$$\frac{\Delta R}{R}=k\varepsilon \tag{5.2-14}$$

式中 R——应变片原电阻值，Ω；

ΔR——伸长或压缩所引起的电阻变化，Ω；

k——应变片的灵敏系数（常量，由应变片的生产厂家提供）；

ε——应变。

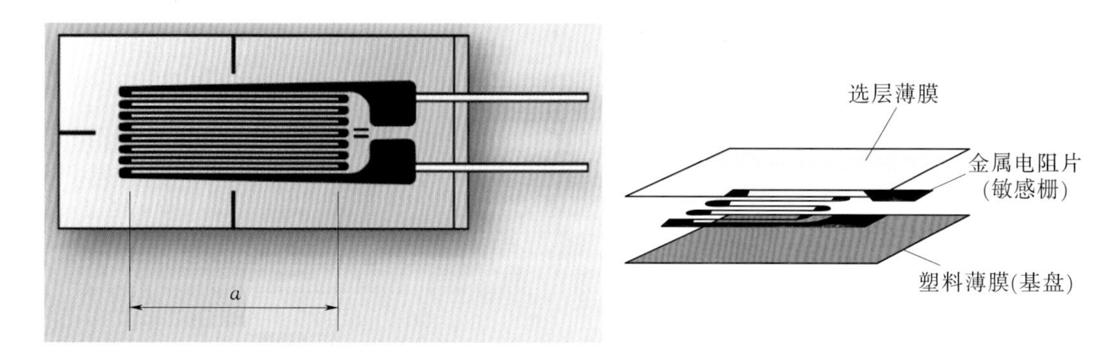

图 5.2-34 应变片的一般结构形式

不同的金属材料有不同的比例常数 K，铜铬合金的 K 值约为 2。这样，应变的测量就通过应变片转换为对电阻变化的测量。但是由于应变是相当微小的变化，所以产生的电阻变化也极其微小。

4. 噪声传感器

噪声传感器的外形如图 5.2-35 所示。噪声传感器内置一个对声音敏感的电容式驻极体话筒，驻极体面与背电极相对，中间有一个极小的空气隙，形成一个以空气隙和驻极体作绝缘介质，以背电极和驻极体上的金属层作为两个电极构成一个平板电容器，电容的两极之间有输出电极。由于驻极体薄膜上分布有自由电荷，当声波引起驻极体薄膜振动而产生位移时，改变了电容两极板之间的距离，从而引起电容的容量发生变化。

图 5.2-35 噪声传感器外形图

由于驻极体上的电荷数始终保持恒定，根据公式

$$Q = CU$$

可知当 C 变化时必然引起电容器两端电压 U 的变化，从而输出电信号，实现声音信号到电信号的变换。具体来说，驻极体总的电荷量是不变，当极板在声波压力下后退时，电容量减小，电容两极间的电压就会成反比地升高，反之电容量增加时电容两极间的电压就会成反比地降低。

最后再通过阻抗非常高的场效应取出电容两端的电压，同时进行放大，从而得到和声音对应的电压。由于场效应管是有源器件，需要一定的偏置和电流才可以工作在放大状态，因此，驻极体话筒都要加一个直流偏置装置才能工作。

5. 电流变送器

(1) 电流变送器的分类及特点。电流变送器分直流电流变送器和交流电流变送器两种。交流电流变送器是一种能将被测交流电流转换成按线性比例输出直流电压或直流电流的仪器，产品广泛应用于电力、石油、煤炭、冶金等部门的电气装置、自动控制以及调度系统。

交流电流、电压变送器具有单路、三路组合的结构形式，其特点如下：

1）准确度高。

2）整个量程范围都有极高的线性度。

3）集成化程度高，结构简单，优良的温度特性和长期工作稳定性。

直流电流变送器将被测信号变换成一电压，经线性光耦直接变换成一个与被测信号成极好线性关系并且完全隔离的电压，再经恒压（流）至输出，具有原理简单、线路设计精练、可靠性高、安装方便等优点。

（2）电流变送器的工作原理、主要优点及接线方式。

1）工作原理。交流电流变送器芯片含有通用功能的电路，如电压激励源、电流激励流、稳压电路、仪表放大器等，所以可以很方便地把传感器的信号转化为4～20mA的信号。交流电流变送器的原理如图5.2-36所示。

4～20mA电流环在结构上由两部分即变送器和接收器组成，变送器一般位于现场端、传感器端或模块端，而接收器一般在PLC和计算机端，它一般在控制器内。

2）电流变送器的主要优点。电容干扰会导致接收器电阻有误差，对于4～20mA两线制环路接收器，电阻通常为250Ω，电阻转换成DC 1～5V的电压，这个电阻小到不足以产生显著误差，因此允许的电线长度比电压遥测系统更大。

将4mA用于零电平，可以很方便地判断开路与短路。

变送器的出口非常容易增设防雷防浪涌器件，有利于安全防雷防爆。

3）接线方式。4～20mA电流变送器有二线制、三线制和四线制三种接线方式，接线方式如图5.2-37所示。

两线制是指现场变送器与控制室仪表联系仅用两根线，这两根线既是电源线又是信号线，两线制与三线制（一根正电源线、两根信号线，其中一根公用GND）和四线制（两根正负电源线，两根信号线，其中一根公用GND）相比，有以下几点优点：

a. 不易受寄生热电偶和沿电线电阻压降和温漂的影响，可用非常便宜的细导线，可节约大量电缆线和安装费用。

b. 在电流输出电阻足够大时，经磁场耦合感应到导线环路内的电压，不会产生显著影响，因为干扰源引起的电流极小，一般利用双绞线就能降低干扰。三线制和四线制必须用屏蔽线，屏蔽线的屏蔽层必须可靠接地。

6. 流量计

测量流体流量的仪表统称为流量计或流量表，流量计是工业测量中重要的仪表之一，它被广泛适用于冶金、电力、煤炭、化工、石油、交通、建筑、轻纺、食品、医药、农业、环境保护及人民日常生活等国民经济各个领域。目前已投入使用的流

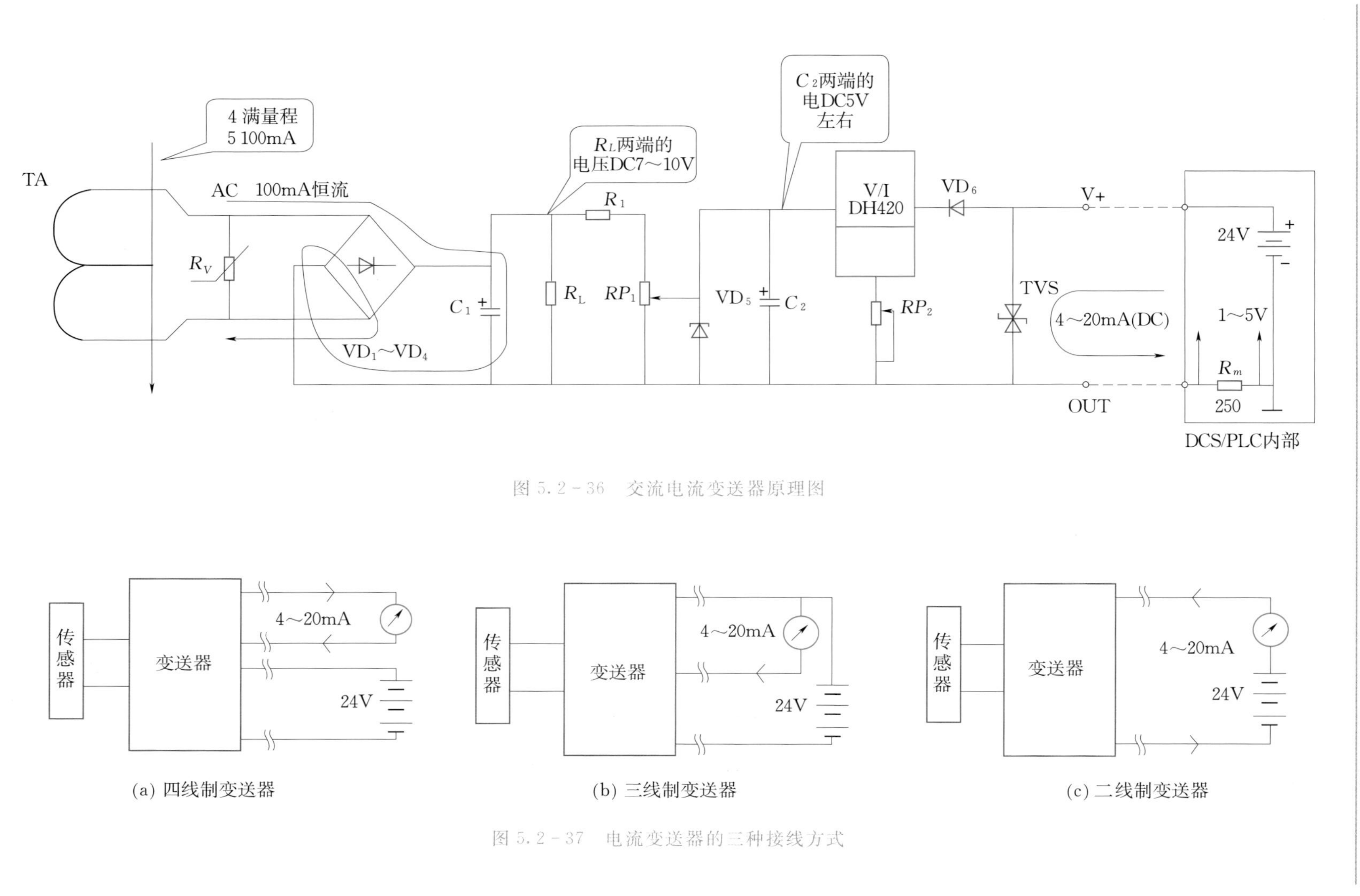

图 5.2-36 交流电流变送器原理图

图 5.2-37 电流变送器的三种接线方式

量计已超过60多种。按照目前最流行、最广泛的分类法，可分为：电磁流量计、超声波流量计、涡街流量计、差压式流量计、涡轮流量计、浮子流量计、数字靶式流量计。

（1）电磁流量计。电磁流量计有一体型和分体型两种组合形式，输出级都采取电隔离，可方便地与后位仪表配套，实现对流量的记录、控制和调节等功能。同时，流量计配备RS-485通信接口，可与计算机互联。电磁流量计的工作原理为法拉第电磁感应定律，导电液体在磁场中流动切割磁力线，产生感应电势，其表达式为

$$E = KBLv$$

式中　B——磁感应强度；

L——测量电极之间的距离；

v——被测流体在磁场中运动的平均速度；

K——比例常数。

电磁流量计主要由流量传感器和信号转换器两部分组成。传感器把流过的被测液体的流量转换为相应的感应电势，信号转换器的作用是把电磁流量传感器输出的和流量成比例的毫伏级电压信号放大并转换成为可被工业仪表接收的标准直流电流、电压或脉冲信号输出，以便与仪表及调节器配合，实现流量的指示、记录和运算。

电磁流量计的优点如下：

1）可测含有固体颗粒、悬浮物或酸、碱、盐溶液等具有一定电导率的液体体积流量，也可进行双向测量。

2）测量导管内没有可动部件和阻流体，因而无压损，无机械惯性，反应十分灵敏。

3）测量范围度大。

4）电磁流量计所测得的体积流量，实际上不受流体密度、黏度、温度、压力和电导率（只要在某阈值以上）变化明显的影响。

电磁流量计的缺点如下：

1）电磁流量计不能测量电导率很低的液体。

2）不能测量气体、蒸气和含有较多较大气泡的液体。

3）不能用于较高温度的液体。

（2）超声波流量计。超声波流量计由超声波换能器、电子线路及流量显示和累积系统三部分组成，是一种利用超声波脉冲来测量流体流量的速度式流量仪表。超声波发射换能器将电能转换为超声波能量，并将其发射到被测流体中，接收器接收到的超声波信号，经电子线路放大并转换为代表流量的电信号供给显示和积算仪表进行显示和积算，这样就实现了流量的检测和显示。

超声波流量计大体分为插入式超声流量计、管段式超声流量计、外夹式超声流量计等。

超声波流量计的优点如下：

1）超声波流量计是非接触测量，适用于大管径、大流量测量，并且不受流体的温度、黏度、密度等参数的影响。

2）超声波流量计可以测水、气或油各种介质。

3）超声波流量计运行能耗极小，可方便地实现长年电池供电，加之先进的智能化主机可方便地进行网络无线通信，其应用前景更加广阔。

超声波流量计的缺点是可测流体的温度范围受超声波换能器及换能器与管道之间的耦合材料耐温程度的限制。

（3）涡街流量计。涡街流量计主要用于工业管道介质流体的流量测量，如气体、液体、蒸气等多种介质。其特点是压力损失小、量程范围大、精度高、重复性好，在测量工况体积流量时几乎不受流体密度、压力、温度、黏度等参数的影响。无可动机械零件，因此可靠性高，维护量小。仪表参数能长期稳定运行。

涡街流量计的原理是流体振荡原理，流体在管道中经过涡街流量变送器时，在三角柱的旋涡发生体后上下交替产生正比于流速的两列旋涡，旋涡的释放频率与流过旋涡发生体的流体平均速度及旋涡发生体特征宽度有关，可表示为

$$f=\frac{Srv}{d} \tag{5.2-15}$$

式中 f——旋涡的释放频率，Hz；

v——流过旋涡发生体的流体平均速度，m/s；

d——旋涡发生体特征宽度，m；

Sr——斯特罗哈数，无量纲，它的数值范围为0.114～0.127。

Sr是雷诺数的函数，$Sr=f(1/Re)$。当雷诺数Re在102～105范围内时，Sr值约为0.12，因此在测量中要尽量满足流体的雷诺数Re在102～105范围内，旋涡频率$f=\frac{0.12v}{d}$。由此可知，通过测量旋涡频率就可以计算出流过旋涡发生体的流体平均速度v，再由式$q=vA$可以求出流量q，其中A为流体流过旋涡发生体的截面积。

涡街流量计便是依据卡门旋涡原理进行封闭管道流体流量测量的新型流量计。其优点是具有良好的介质适应能力，无需温度压力补偿即可直接测量蒸汽、空气、其他气体、水、其他液体的工况体积流量，配备温度、压力传感器可测量标况体积流量和质量流量等。缺点是安装管道一般要求是直管道，要求前后直管段要满足涡街流量计的要求，所配管道内径也必须和涡街流量变送器内径一致，并且远离振动源和电磁干扰较强的地方。

（4）差压式流量计。差压式流量计是根据安装于管道中流量检测件产生的差压、已知的流体条件和检测件与管道的几何尺寸来计算流量的仪表。差压式流量计是工业上使用最多的流量计之一，其测量精度是由其测量原理、结构、制造工艺水平、被测流体的性质和使用条件等决定的。差压式流量计由一次装置（检测件）和二次装

置（差压转换和流量显示仪表）组成。通常以检测件形式对差压式流量计进行分类，包括孔板流量计、V锥流量计等。

1）孔板流量计。在流体的流动管道上装有一个节流装置，其内装有一个孔板，中心开有一个圆孔，其孔径比管道内径小，在孔板前流体稳定的向前流动，流体流过孔板时由于孔径变小，截面积收缩，使稳定流动状态被打乱，因而流速将发生变化，速度加快，气体的静压随之降低，于是在孔板前后产生压力降落，即差压（孔板前截面大的地方压力大，通过孔板截面小的地方压力小）。差压的大小和流体流量有确定的数值关系，即流量大时，差压就大；流量小，差压就小。

2）V锥流量计。V锥流量计的工作原理和孔板流量计相同。介质通过V锥时，由于阻流件V锥的存在，使得流体的流过面积发生变化，流速发生变化，根据伯努利方程，流速变化引起了压力的变化，该压力的变化与流速之间有一定的关系，通过测量该压力差达到测量流量的目的。虽然与孔板流量计原理一样，但是最本质的区别在于孔板流量计为中心收缩型节流装置，而V锥流量计为边壁收缩型节流装置。

V锥流量计和孔板流量计比较，V锥流量计的信噪比要小的多。由于信噪比小，V锥流量计在小流量测量时，即使测量的差压在较小的工况下，也可以精确地进行测量。V锥流量计具有自整流、自清洗、自保护功能；直管段要求极短，无积污、堵塞，可保持长期稳定性等特点。

V锥流量计也有一些缺点，例如：需要标定、售价较高等。

（5）涡轮流量计。涡轮流量计由涡轮、轴承、前置放大器、显示仪表组成。被测流体冲击涡轮叶片，使涡轮旋转，涡轮的转速随流量的变化而变化，即流量大，涡轮的转速也大，再经磁电转换装置把涡轮的转速转换为相应频率的电脉冲，经前置放大器放大后，送入显示仪表进行计数和显示，根据单位时间内的脉冲数和累计脉冲数即可求瞬时流量和累积流量。当流体沿着管道的轴线方向流动并冲击涡轮叶片时，便有以下关系式：

$$Q=fk \tag{5.2-16}$$

其中 Q——流经变送器的流量，L/s；

f——电脉冲频率；

k——仪表系数，次/L。

管道内流体的力作用在叶片上，推动涡轮旋转。在涡轮旋转的同时，叶片周期性地切割电磁铁产生的磁力线，改变线圈的磁通量。根据电磁感应原理，在线圈内将感应出脉动的电势信号，此脉动信号的频率与被测流体的流量成正比，k是涡轮变送器的重要特性参数，它是代表单位流量的脉冲个数。不同的仪表有不同的k，并随仪表长期使用的磨损情况而变化。即使涡量计的设计尺寸相同但实际加工出来的涡轮几何参数却不会完全一样，因而每台涡轮变送器的仪表常数k也不完全一样，它通常是制造厂在常温下用洁净的水标定得到的。

涡轮流量计具有精度高、重复性好、无零点漂移、高量程比等优点。涡轮流量计拥有高质量轴承、特别设计的导流片，因此极大降低了磨损，对峰值不敏感，甚者恶劣的条件下也可以给出可靠的测量变量。其缺点如下：

1）测量气、液混相或黏度较大的流体会产生很大的误差。

2）测量的含有颗粒的流体需要提前过滤以免涡轮被卡。

（6）浮子流量计。浮子流量计又称转子流量计，是以浮子在垂直锥形管内随着流量变化而升降，改变它们之间形成的流通环隙面积作流量测量的流量仪表。浮子流量计的流量检测元件是由一根自下向上扩大的垂直锥形管和一个沿着锥管轴上下移动的浮子组所组成。被测流体从下向上经过锥管和浮子形成的环隙时，浮子上下端产生差压形成浮子上升的力，当浮子所受上升力大于浸在流体中浮子重量时，浮子便上升，环隙面积随之增大，环隙处流体流速立即下降，浮子上下端差压降低，作用于浮子的上升力亦随着减少，直到上升力等于浸在流体中浮子重量时，浮子便稳定在某一高度。浮子在锥管中的高度和通过的流量有对应关系。

浮子流量计按其制造材料的不同可分为玻璃管浮子流量计、塑料管浮子流量计和金属管浮子流量计。

玻璃管浮子流量计和塑料管浮子流量计结构简单，浮子位置清晰可见、易读，成本低廉，常用于测量常温、常压、透明和腐蚀性介质，如空气、煤气、氨气等，便于现场目测，多用于工业原料的配比计量。玻璃管浮子流量计虽然有很多优点，但只适用于现地指示，信号不能远传，玻璃管因强度不够而不能用于测量高温、高压、不透明的流体，所以工业生产中采用金属管浮子流量计的较多。

浮子流量计具有结构简单、工作可靠、压损小且稳定、可测低流速介质等诸多优点。浮子流量计有较宽的流量范围度，一般为10∶1，最低为5∶1，最高为25∶1。流量检测元件的输出接近于线性，压力损失较低，但是测量液体中含有微粒固体或气体中含有液滴通常不适用，使用前要作流量示值修正。

（7）数字靶式流量计。数字靶式流量计于20世纪60年代开始应用于工业流量测量，主要用于解决高黏度、低雷诺数流体的流量测量，先后经历了气动表和电动表两大发展阶段。

数字靶式流量计主要由测量管、受力元件（靶片）、感应元件（电容式压力传感器、压力传感器、温度传感器）、传递部件、积算器及其显示和输出部分组成。当介质在测量管中流动时，因其自身的动能和因阻流件而产生的压差，产生一个对阻流件的作用力，其作用的大小与介质流速的平方成正比。

其优点是整台仪表结构坚固无可动部件，插入式结构，拆卸方便；仪表内设自检程序，精度高，重复性好，耐高温等。其缺点是对流体的要求较高，例如：所测流体必须是牛顿流体、流体必须充满流量计的测量管等。

第6章

水轮发电机组稳定性试验

6.1 概　　述

水轮发电机组是水电站的核心设备，它的运行状态不仅关系到电厂的效益，更重要的是关系到电厂的安全。随着我国水电事业的快速发展和技术上的突破，水轮发电机组的几何尺寸和单机容量越来越大，目前单机容量已经达到1000MW，机组制造结构以及采用的材料更加复杂，因此，对机组运行稳定性的要求也就越来越高。为保障机组安全稳定运行，必须随时掌握机组的运行状态，以便做到及时维护和处理。

水轮发电机组的稳定性是机组运行状态的重要指标，是表述机组在各种工况下运行的安全性能。为了掌握水轮发电机组在实际运行中各种工况的真实情况，有必要对水轮发电机组进行稳定性试验，以掌握机组的稳定运行范围，为电站机组的安全、经济运行提供依据。

水轮发电机组振动、摆度是水轮发电机组稳定运行的重要指标，也是旋转机械运行中的固有属性，它不仅影响机组的性能和寿命，而且直接影响机组的安全运行、负荷合理分配以及供电质量。据有关资料统计，水轮发电机组大部分的故障或事故都在振动信息上有所反映。由于压力脉动是机组产生振动、噪声的重要原因之一，也是衡量机组运行稳定性的重要指标，分析流体机械内部的压力脉动情况，能够有助于提高系统工作品质，达到降低振动、噪声的目的。

随着人们对振动特性和故障特征的深入认识，以及计算机技术、信号检测技术、信号处理技术的发展，目前技术人员可以借助现代测试手段对振动进行监测，对故障、事故特征进行识别，以此来确定机组的运行状态并进行早期诊断。通过对机组运行状态进行实时监测，能够掌握机组的运行情况，防患于未然，确保机组安全、经济运行。

6.1.1 静不稳定与动不稳定

1. 静不稳定

某运动体 A 在受到微小干扰后，其状态从原来的 A 变成 $A+\delta_A$。若干扰引起的偏移 δ_A 不断增大，则此状态属于静不稳定，如图6.1-1所示。

2. 动不稳定

若干扰引起的 δ_A 表现为振动幅值不断增大时，该运行状态为动不稳定，如图6.1-2所示。

6.1.2 试验的目的和意义

（1）检验机组设计、制造、安装或检修质量。

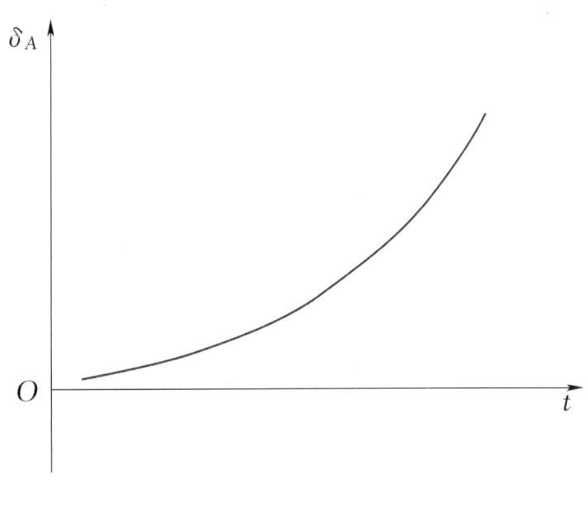

图 6.1-1 静不稳定

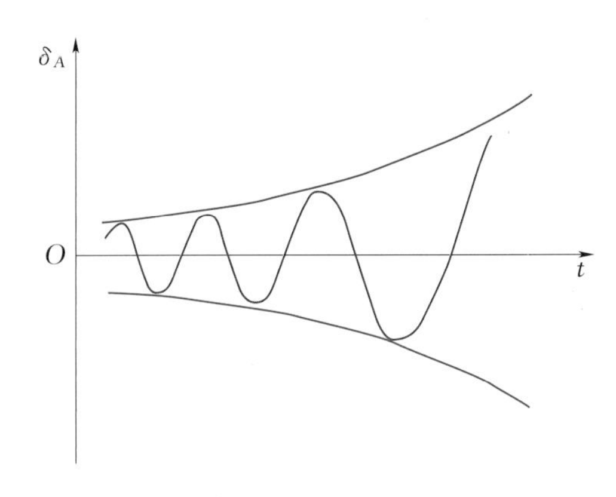

图 6.1-2 动不稳定

（2）分析机组振动特点和规律，了解水力、机械和电磁三种不平衡因素的存在程度和影响，研究振因、分析振源，为机组安装、检修及技术改进提供科学依据。

（3）掌握机组各种工况下的运行状态，划分运行范围，指导机组安全运行。

通过机组稳定性试验不但能及时发现设备缺陷，消除隐患，提高运行可靠性、减少停机率和返工损失，而且可为设计、制造、安装、运行等各方面的改进提供可靠的科学依据。

6.1.3 表征水轮发电机组稳定运行的参数

1. 振动

振动是指物体或质点在其平衡位置附近所作的往复运动。振动的强弱用振动量来衡量，振动量可以是振动体的位移、速度或加速度。振动量如果超过允许范围，机械设备将产生较大的动载荷和噪声，从而影响其工作性能和使用寿命，严重时会导致零部件的早期失效。

水轮发电机组的振动属于有阻尼受迫振动，按其形式可分为受迫振动和自激振动。受迫振动由干扰力引起，而干扰力的存在与否跟振动无关，即使振动停止，干扰力也仍然存在。自激振动中维持振动的干扰力是由物体运动本身产生或控制，当运动停止，干扰力也消失。

2. 摆度

摆度是指主轴的径向振动。主轴的几何中心线如果与旋转中心线不重合，主轴中心线就会绕着旋转中心线转动，产生摆度。摆度一般包括转子轴线静态变形、动态变形及动态轴线偏离原平衡位置的程度。

摆度有两种：一种是盘车摆度，另一种是运行摆度。盘车摆度仅包含由于制造或安装不良导致的几何轴线问题。运行摆度不仅包含盘车摆度的因素，还包含不平衡力的影响成分。

3. 压力脉动

压力脉动是指紊流中一点处压强随时间作随机变化的现象。对于液体至少有两种不同性质的脉动：不考虑压缩性的压力脉动，称为紊流脉动；不考虑黏性的压力脉动，称为脉源脉动。

6.2 现场测量的几种方法

6.2.1 电测法

6.2.1.1 原理

电测法是利用传感器将被测量变化过程转换为电量变化过程进行测量的一种方法。电测法的被测量分为电量和非电量，机组振动、摆度、压力脉动均属于非电量，非电量测试原理如图 6.2-1 所示。

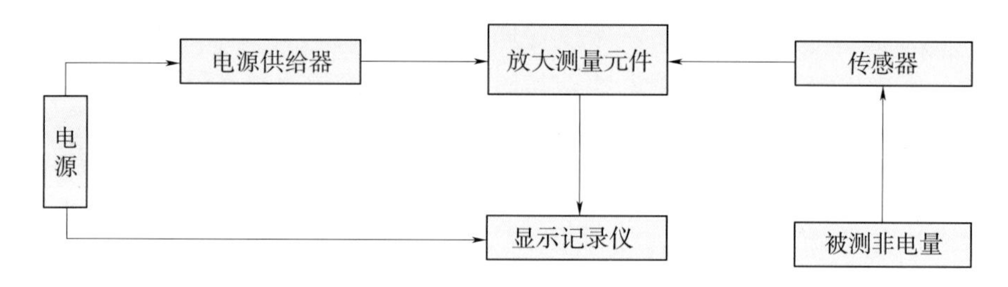

图 6.2-1 非电量测试原理图

6.2.1.2 常用的电测法

1. 摆度测量

普遍应用电涡流传感器测量机组摆度。电涡流传感器分变间隙型及变面积型，其原理是探头端面与被测体间距离 δ_0 变化使传感器输出的电流或电压与之相应变化。在现场试验中测点安装要求及注意事项如下：

（1）被测体必须是金属导体。

（2）由于涡流式传感器线圈探头发出的磁场范围是一定的，若被测体面积小于探头线圈面积时，传感器灵敏度要下降，要求被测体与传感器相对应的面积为探头线圈直径的 3 倍以上。

（3）被测体材料的厚度要求：钢材大于 0.1mm；铜、铝材料大于 0.05mm。否则，灵敏度受到影响。

（4）传感器探头的敏感线圈轴线与被测体平面垂直度应控制在±2°～±3°以内，对灵敏度可忽略不计。

（5）传感器使用前需要进行静特性和动态特性的校验，确保满足需求。

(6) 传感器的支架应紧固在机组机坑上，支架的刚度应尽可能大，防止支架抖动产生的测量误差。

(7) 传感器探头与被测面的安装间隙应尽可能接近零位，其与量程上、下限之差应远大于被测物体的单边摆度。

2. 振动测量

普遍采用磁电式振动传感器来测量机组振动。该类型传感器依据电磁感应原理设计，传感器内部设置有磁铁和导磁体，对物体进行振动测量时，能将机械振动参数转化为电参量信号。磁电式振动传感器能应用于振动速度、加速度和位移等参数的测量，在测量时除注意安装传感器的一般要求外，应注意以下事项：

(1) 水平振动传感器和垂直振动传感器在安装时必须分别保证传感器的水平度和垂直度，否则会产生测量误差。

(2) 使用前应在标准振动台上标定传感器的输出特性，检验传感器是否满足测量要求。

(3) 传感器基座必须与被测体连接稳固，通常是用磁力表座安装在被测物表面。传感器与基座的连接要稳固、无松动，其周围环境应该无腐蚀性气体、干燥，环境温度与室温相差不大。

3. 压力脉动的测量

安装时应注意以下事项：

(1) 安装位置应尽量避免高温、磁场和振动的地方，以免影响测量精度。

(2) 根据被测压力选择表的量程，通常传感器的量程要大于被测压力，量程大约为被测压力的1.25～1.5倍。

(3) 选用压力表的自振频率应大于被测压力脉动频率两倍以上。

6.2.1.3 电测方法要求

根据需要选好传感器后，为提高测量的准确度，传感器装配是重要的环节，必须给予足够的重视。一般作稳定性试验用的传感器在水轮发电机组上有两种装配方式：一种是将传感器直接固定在被测物体上，另一种是将传感器固定在刚性强的物体上。

6.2.2 计算机监测

采用计算机系统监测机组振动、摆度及压力脉动可以实现数据长周期不间断自动采集、自动存储、自动分析的功能，并可以现地和远程了解机组实时运行状况。图6.2-2所示为计算机监测原理框图。

由于传感器的基本特性为静、动态两个方面，静态特性是表示传感器工作在稳定状态下，输出量与输入量之间关系；动特性表示传感器工作在不稳定状态下输出量和输入量与频率（或时间）的关系。当采用计算机对水轮发电机组进行稳定性试

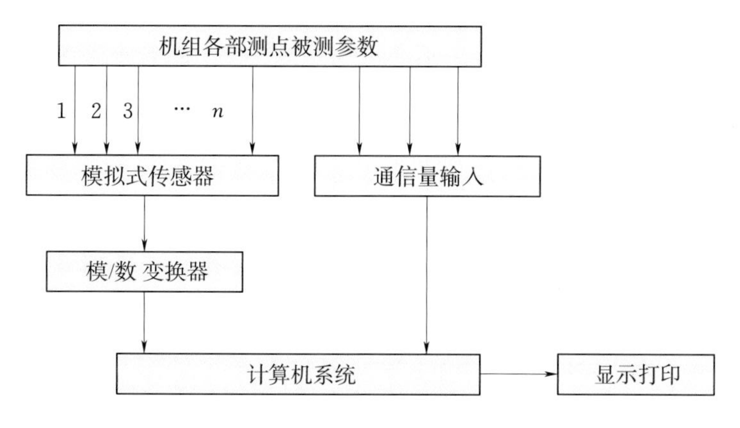

图 6.2-2 计算机监测原理框图

验作长期监测时，对一次（或二次）仪器的输出信号及传感器的性能指标提出了以下一些特殊要求：

（1）传感器输出等级。一般传感器的输出信号比较小，在接入计算机采集卡时，要求电压或电流等级相匹配，同时要根据传感器的灵敏度和被测量的范围估算出实测信号的电压范围，其上限不能超过 A/D 板的允许电压值，并能检测出所需的最低极限量，即分辨电压值应满足测点精度要求。

（2）线性度。线性度一般指传感器的标定曲线与刻度直线的偏离程度。对固态传感器特性，大多数是非线性的，在选用传感器时应考虑在实测范围内非线性误差越小越好或采用一些措施作非线性补偿。

（3）精度。在整个测量过程中，为提高测量结果的精度，不但要考虑高精度输出的传感器元件，而且要考虑高精度的传感器和二次仪表来保证整个测量系统的精度。当传感器或二次仪表用于长期监测时，其稳定性、可靠性以及使用寿命都应满足要求。

（4）模数转换。模数转换又称 A/D 转换，其类型较多。在集成电路中采用较多的是逐次逼近型 A/D 转换，其电路的结构框图如图 6.2-3 所示。送入计算机的信号一般分为模拟信号和数字信号，除少量是数字信号可直接输入外，大部分模拟量经传感器变成电信号后仍然是连续变化的模拟信号，这就必须将其转换成计算机能接收的数字量，这过程称为模数转换过程。若需将这些量作用于被控对象，还应把计算机处理后的数字信息转换成模拟量，即数模转换。因此模数和数模转换通道是用计算机监测模拟量参数的必不可少的连接部件。

其转换过程如下：置数选择逻辑给逐次逼近寄存器置数，经 D/A 转换器转换成模拟量和输入的模拟信号作比较，电压比较器给出比较结果。若输入的模拟电压大于或等于 D/A 转换器的输出电压，比较器置“1”，反之则置“0”。置数选择逻辑根据比较器的结果修改逐次逼近寄存器的数值，使所置数据转换后得到的模拟电压渐渐逼近输入电压，经反复修改的数据即为 A/D 转换的结果。使用 A/D 转换集成电路

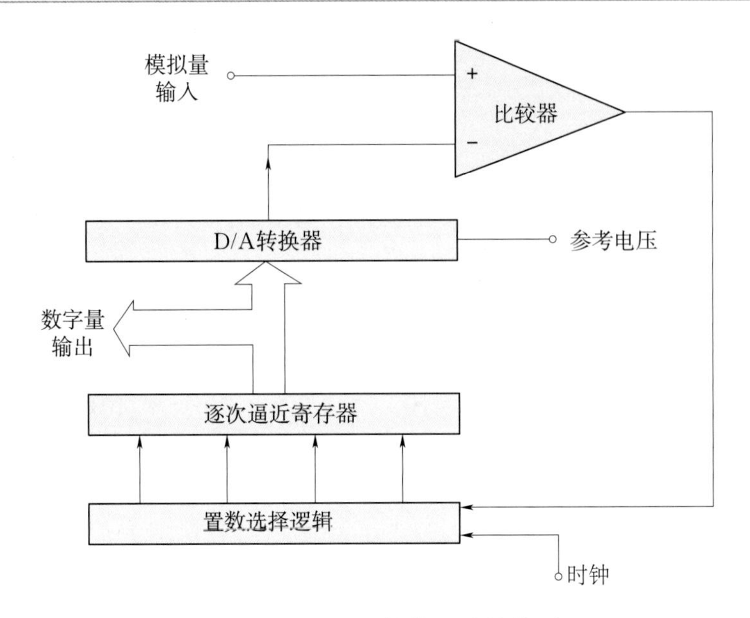

图 6.2-3 A/D转换电路结构图

时，将模拟信号加于输入端，并给置数选择逻辑发一启动信号便可使该电路开始工作，转换后由输出端引出输出信号至CPU。

目前的水轮发电机组振动在线分析系统一般具有以下功能：

（1）实时同步采集机组振动、摆度、压力、转速、位移等模拟信号。

（2）实时计算被测量的峰峰值、频率值及相位。

（3）进行静、动平衡计算和分析。

（4）对信号进行相关分析。

（5）绘制相关量间的关系曲线。

（6）实时绘制各部位摆度矢量与轴相位关系图、轴心轨迹图，以便进行综合平衡及动态轴线的监测。

（7）进行机组甩负荷过渡过程分析，记录机组转速、压力、接力器行程变化过程及转速和压力上升率、调节时间等量值。

（8）机组轴线调整、瓦隙分配的分析计算等。

由此可见，该系统不但能准确监测、分析和诊断机组稳定性问题，还能为水电生产提供多方面的技术服务。

6.3 现场稳定性试验

6.3.1 试验原理

水轮发电机组现场稳定性试验测量原理框图如图6.3-1所示。

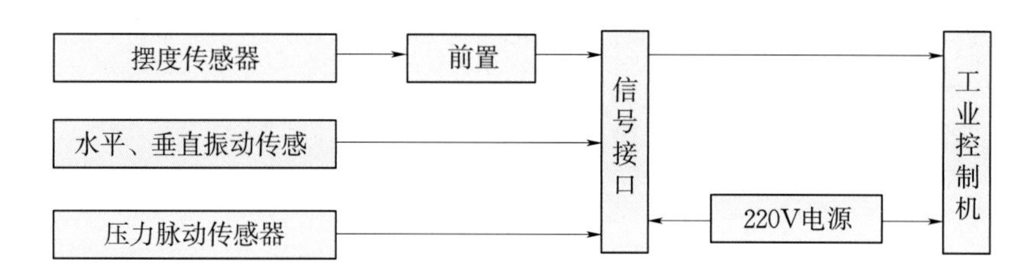

图 6.3-1 水轮发电机组现场稳定性试验测量原理图

6.3.2 测试项目

水轮发电机组测试项目及其试验设备见表 6.3-1。

表 6.3-1 水轮发电机组测试项目及其试验设备一览表

测 试 项 目	试 验 设 备
机组转速、抬机量、上导、下导、水导摆度	电涡流传感器
蜗壳、尾水管压力脉动	压力传感器
各部位水平、垂直振动	低频振动传感器
数据采集、分析	硬件接口箱、工业控制机、电源

6.3.3 传感器的校准

1. 电涡流传感器的校准

摆度传感器的信号单位为“μm”，转速传感器的信号单位为“r/min”，抬机量的信号单位为“mm”，根据电涡流传感器的输出和量程进行现场校准。例如，传感器输出范围为4～20mA，摆度的校准范围为0～2mm，抬机量的校准范围为0～30mm，转速只需找零位。电涡流传感器校准原理方框图如图 6.3-2 所示。

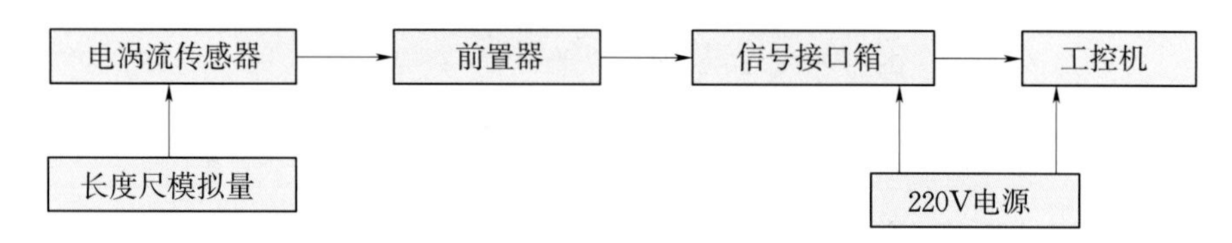

图 6.3-2 电涡流传感器校准原理方框图

校准方法如下：

（1）选择合适量程的传感器。

（2）检查电源的可靠性。

（3）开始传感器校准，根据传感器出厂的合格证或是第三方校验后给定的传感器的灵敏度等参数进行校准，然后找出传感器的安装零位，并作记录。

（4）将传感器及电缆线贴上标签便完成该项目。

2. 压力传感器的校准

压力传感器校准原理方框图如图6.3－3所示。

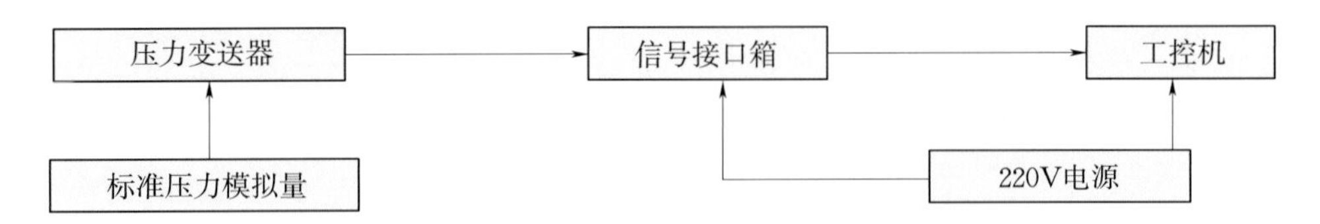

图6.3－3 压力传感器校准原理方框图

校准方法如下：

（1）选择合适量程的传感器。

（2）检查电源可靠性。

（3）开始传感器校准。

（4）将传感器及电缆线贴上标签便完成该项目。

6.3.4 现场安装

混流式机组主要的测点布置如图6.3－4所示，轴流式机组主要的测点布置如图6.3－5所示，测点可以根据试验的具体情况进行增减。

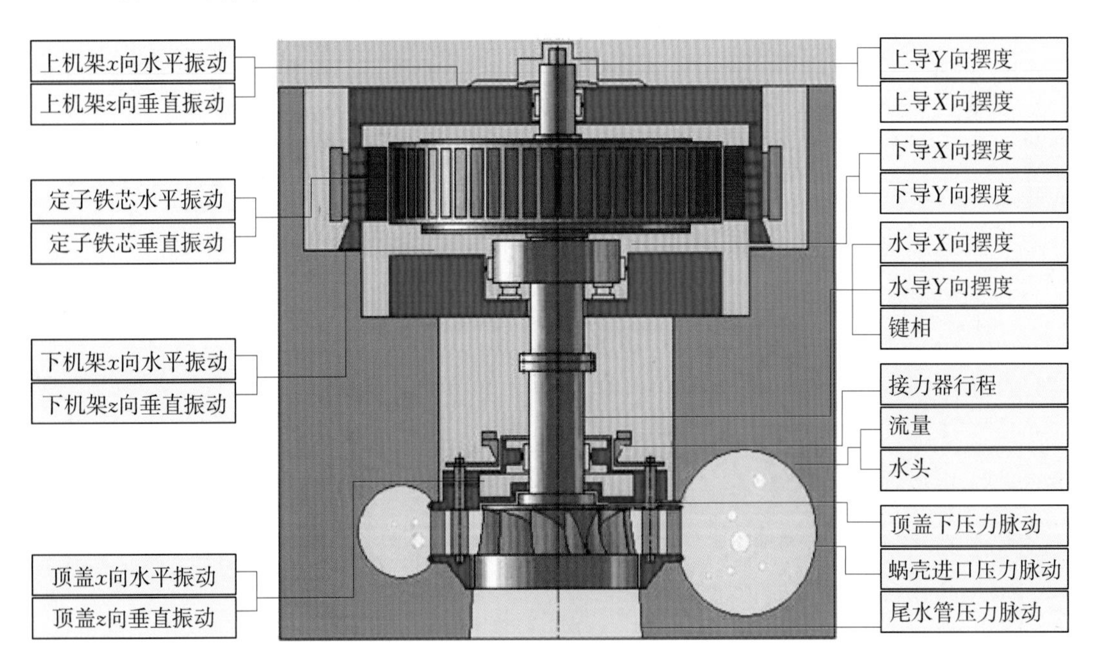

图6.3－4 混流式机组主要的测点布置图

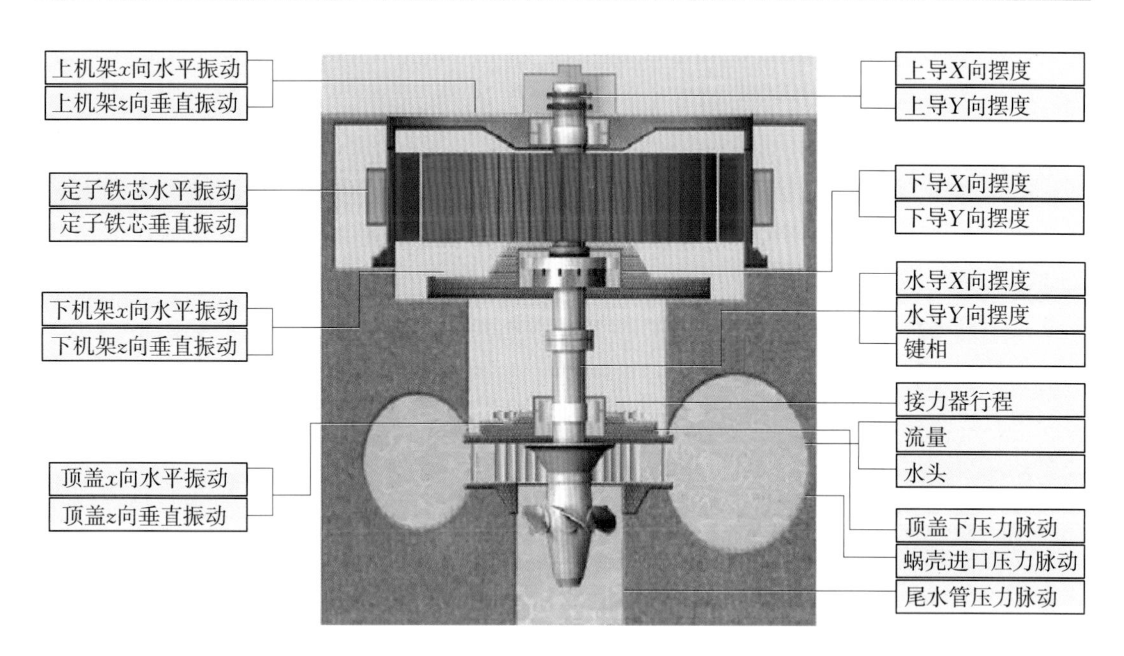

图 6.3-5 轴流式机组测点布置图

6.3.4.1 传感器支架的安装要求

(1) 支架应安装牢固，保证其刚度，不应有任何微小的松动。

(2) 支架结构简单可靠，不与被测体发生共振，其固有频率大于被测频率的3倍以上。

(3) 形式为可拆卸式。

(4) 在接近测点处，径向长度、轴向位置与切向方位均应有一定程度的调整余地。

(5) 支架表面应涂防锈及防油保护层。

6.3.4.2 传感器的安装

采用磁座或连接螺丝固定于被测部位，安装时应保证磁座无悬空点、螺丝连接无松动，应敷设稳定。

1. 振动传感器的安装

(1) 将传感器安装在待测振动物体上，要注意垂直和水平方向的传感器不能混用。一般在传感器的标牌上专门有标示，V 为垂直型，H 为水平型。安装角度误差在$\pm 2.5°$内，否则将影响使用特性。固定方法一般可用螺钉将底盘压紧在被测物体上，也可用螺钉直接将壳体连接至被测物体。壳体底部有螺孔，可连接磁力吸盘以吸附被测物体。

(2) 电缆插头与传感器插座应连接牢固。注意电源线、地线、信号线的连接方式，必须仔细检查，切勿接错，以防止烧毁传感器。地线应和计算机共地。

（3）在检查接线无误后，接通电源。

（4）接通电源后，由于传感器电路元件充电达到正常的工作点需要时间，故要一段时间后（约1min）方可观察被测信号。在这个过渡时期内可以观察到输出信号电压逐渐迁移至零电位，然后稳定于零偏压附近。

（5）由于低频振动传感器的高灵敏度，传感器能感受大地的颤动，更能感受机座的环境振动，因此即使被测物体表现“静止”，传感器仍有一定的输出，这是正常现象。传感器电路也有其本底噪声，但一般噪声值远小于环境振动引起的输出值。

（6）在停止使用前先切断传感器电源，方能进行其他操作。

（7）尽量避免撞击、跌落，以免损坏传感器。

2. 电涡流传感器的安装

（1）探头与被测体表面不垂直度低于±5°。

（2）探头支架刚性要好，其固有频率应远离工作频率，以免因支架振动造成附加误差。

（3）探头高频电缆若有转接插头座时（带延伸电缆时），插头座外壳需要与现场设备对地绝缘，否则会引起传感器电气损坏或引起电干扰。

（4）为避免支架的轴向屏蔽影响，要求支架端面离开探头感应面，其距离不小于探头直径。

（5）探头感应面径向应避免非测量体以外的金属体屏蔽。

（6）当用于位移测量时，根据测量的位移方向，注意探头的初始安装位置的设置。

（7）安装探头时，应考虑传感器的线性测量范围和被测间隙的变化值，当被测间隙总的变化量与传感器的线性工作范围接近时，这种情况应特别注意，应尽可能将探头的安装间隙设在传感器的线性中点。

（8）测量位移时要根据位移往哪个方向变化或往哪个方向的变化量较大来决定其安装间隙的设定，当位移向远离探头头部的方向变化时，其安装间隙应设在传感器的线性近端，反之应设在线性远端。

（9）在安装探头时，两个紧固螺母必须拧紧。

（10）当探头头部线圈中通过电流时，在头部周围会产生交变磁场，因此在安装时要注意两个探头的安装距离不能太近，否则两探头之间会通过磁场互相干扰，在输出信号上叠加两个探头的差额信号，造成测量结果失真。

（11）由于探头电缆（延伸电缆）接头与信号“地”相连接，且不具有密封性。为避免电缆接头和机壳（大地）接触以及加强其密封性能，应该对电缆接头进行绝缘保护。

（12）电缆（延伸电缆）作为连接探头和前置器的中间部分，它是整个系统的一个重要组成部分，所以延伸电缆的安装应保证其在使用过程中不易受损伤，在环境恶劣的地方，应采用带铠装的延伸电缆，且应避免延伸电缆处在高温环境中。

（13）在试验时，不能随意缩短或加长延伸电缆的长度，更不能取消，否则会造成传感器系统特性变化。

（14）在盘放传感器电缆时应注意盘放直径不能过小，一般要求：不带铠装探头或延伸电缆盘放直径不得小于 45mm，带铠装探头或延伸电缆盘放直径不得小于 55mm。

3. 压力传感器的安装

（1）安装位置应尽量避免高温、磁场和振动，以免影响测量精度。

（2）安装应牢固整齐美观，不得有倾斜，传感器安装位置应尽量高于可能存在渗漏的地方。

（3）压力水流引水管应该设置排污、排气三通，可随时排出管道的污物及空气。

（4）传感器至采集器间的电缆，应采用屏蔽电缆，防止电磁干扰影响测量精度。

6.3.4.3 现场调试

将标定好的传感器按预定位置安装好并与相应的仪器仪表连接，检查传感器与仪器连接是否良好，有无短路、断路和错接现象。按顺序（主机、硬件接口箱、传感器的二次仪表）打开电源，然后逐一对各传感器进行调试，先选择相应通道后，观察其物理量窗口各量的变化情况及其与实际量变化趋势的一致性，对无变化的信号需检查各接头的接触情况及导通情况，对有微小误差的信号应进行现场修正。

6.3.4.4 试验程序及方法

1. 试验程序

根据每次试验的目的和要求选择试验工况。

（1）启动试验。在机组发出起动命令时即进行录波，直至机组转速达到额定值，机组各工况趋于稳定后，方可停止采集。

（2）变速试验。机组启动 100%额定转速后，稳定运行短暂时间观察无异常情况允许继续作试验时，可降速到额定转速 80%、60%后，再将转速升到额定转速的 80%、100%或 120%，记录各工况有关参数（至少需作 3 个工况点）。

（3）空载无励磁试验。机组在空载额定转速工况下，不给励磁电压，稳定运行 0.5h 以上，视各部位振动、摆度及压力脉动值的变化情况和变化规律。

（4）空载有励磁试验。机组从额定转速工况（空转工况）开始，按照空载额定励磁电流的 25%、50%、75%、100%逐渐增加励磁电流，每阶段保持 3～5min。

（5）变负荷试验。从空载开始（负荷为 0）按照额定负荷的 25%、50%、75%、100%逐渐增加负荷，每个负荷至少稳定 5～10min 后再进行数据采集，当负荷进入振动区时，可避开振动区，选择振动稳定的相近负荷代替或取消此负荷点的测量。

（6）调速器手动、自动运行工况。对比调速器在手动和自动控制状态下对机组稳定运行的影响。

2. 试验方法

所有信号调试完毕后，进入试验软件界面，设置采集前的有关参数，其内容有：检查各信号传感器工作状态是否正常，确认正常后，进入等待采集状态，接到指挥人员的命令后，正式开始采集，采集时间根据信号的稳定情况定，一般为1min左右。所有试验项目完成后，按正常程序退出试验软件，拆除试验仪器和设备，工完场清。

6.4 试验结果分析

对于机组的稳态工况和暂态工况运转下的振动测量，通常需要通过信号分析获得信息。为确定振动的剧烈程度，需测量总体振动水平，即一般所谓的振幅值，如通频值或振动总量；为寻找振动故障的起因和根源，应知道振动分量的频率成分；为判断故障的性质，应对振动的时域波形、轴心轨迹、涡动方向等进行分析；为识别机组故障，相位关系是关键参数，包括同频和二倍频的相位，还可用来判断不同振动参量间的相关性；为全面深入探究复杂的振源特征，需要测量转子中心位置、动平衡、各典型频率分量下的幅值、振动激扰力特征等。

振动信号一般是稳态的、随机的、可以重复获得的，但随着运行工况和状态参数的变化，振动量也会随时间变化，尤其是在机组故障快速发展和状态突变时。环境和外界作用的变化应及时记录，作为故障诊断的参考。振动信号的分析一般包括频谱分析、时域分析、趋势分析、相位分析、轨迹分析、变转速及变频率分析、变励磁分析等。

6.4.1 振幅分析

根据GB/T 32584《水力发电厂和蓄能泵站机组机械振动的评定》推荐的算法，振动摆度峰峰值计算，采用97%置信度融合平均时段法，每个时段至少包含8个旋转周期。其计算方法如下：

1. 选取计算区间

以键相信号为起点，选取包含8个旋转周期的数据为一个计算区间。下一计算区间为右移一个旋转周期（即包括本计算区间的后7个旋转周期及后紧接着该计算区间的1个旋转周期），依次类推。

2. 计算区间内的峰峰值

对计算区间内的数据进行97%置信度分析，计算97%置信度后的最大值与最小值之间的差值，为该计算区间的峰峰值。

3. 时段内的峰峰值

时段内所有计算区间的峰峰值的平均值为该时段内的峰峰值。

压力脉动峰峰值计算方法，在选定的计算时间范围内，对压力脉动原始波形进行97%或95%置信度计算。

6.4.2 振频分析

1. 振频计算

水轮发电机组发生振动时，常见振动频率及其计算式见表6.4-1。

表6.4-1　　常见振动频率及其计算式

序号	频率计算式	有关参数的意义
1	$F_1=\frac{n_r}{60}$	n_r—机组额定转速
2	$F_2=f_1 Z_1$	Z_1—导叶数
3	$F_3=f_1 Z_2$	Z_2—轮叶数
4	$F_4=\frac{f_1}{U_s}$ $(U_s=3.6\text{V})$	U_s取值范围：2～6V
5	$F_5=f_1 Z_1 Z_2$	
6	$F_6=S\frac{W_m}{D}$	$R=10^3\sim10^5$时，$S=0.18\sim0.22$； W_m—转轮叶片出口边缘相对流速； D—叶片出水边厚度
7	$F_7=f_1 Z_3$	Z_3—水导轴瓦数
8	$F_8=f_1 Z_4$	Z_4—上导轴瓦数
9	$F_9=f_1 Z_5$	Z_5—推力轴瓦数
10	$F_{10}=f_3\left(1-\frac{V_{u2}}{U}\right)$	V_{u2}—转轮出口水流的绝对切向分速； U—转轮旋转速度
11	$F_{11}=f-f'$	由振频为f和f'叠加产生的迫振频率
12	$F_{12}=P'f_1$	P'—磁极对数有关的常数
13	$F_{13}=\frac{Cf_r}{P}$	C—转子磁极不圆度尺寸谐波次数； P—磁极对数； $f_r=50\text{Hz}$
14	$F_{14}=\sqrt{\frac{gEF}{\pi R_c G_c}}$	$g=981\text{cm/s}^2$；$E=(1.3\sim2.0)\times10^6$； F—铁芯最弱截面面积； R_c—铁芯轭部重心半径； G_c—铁芯总重
15	$F_{15}=2f_r$	

2. 主频及各种频率的确定

振动波形中的主频是指在频谱密度曲线上幅值最大值对应的频率，与机组转速相对应的频率称为转频。

对原始波形进行 FFT 分析计算，可以得到各频率成分及其幅值。

在对原始波形进行 FFT 计算时，待分析的原始波形包含的时间段应足够长，以保证最低频率能够被分析出来。

3. 频率变化规律分析

在水轮发电机组稳定性试验中，围绕水力、电气和机械等方面的原因所引起的振动频率各不相同，分析时应掌握频率的变化规律。

首先要观察转频的振动值，然后观察额定转速工况给励磁前后频率和幅值的变化，在变负荷过程中观察频率中是否有因水力因素导致的主频改变或出现某种附加的振频，如与空蚀、卡门涡、流道开口不均、尾水管涡带等因素有关的频率等，掌握频率变化规律是分析振源的重要条件之一。

为了减少频谱能量泄漏，可采用不同的截取函数对信号进行截断，截断函数称为窗函数。泄漏与窗函数频谱的两侧旁瓣有关，如果两侧瓣的高度趋于零，而使能量相对集中在主瓣，就可以较为接近于真实的频谱，为此，在时间域中可采用不同的窗函数来截断信号。实际常用的窗函数有矩形窗、三角窗、汉宁（Hanning）窗、海明（Hamming）窗、高斯窗。

不同的窗函数对信号频谱的影响是不一样的，这主要是因为不同的窗函数，产生泄漏的大小不一样，频率分辨能力也不一样。信号的截断产生了能量泄漏，而用 FFT 算法计算频谱又产生了栅栏效应，从原理上讲这两种误差都是不能消除的，但是可以通过选择不同的窗函数对它们的影响进行抑制。图 6.4-1 所示为几种常用的窗函数的时域和频域波形，其中矩形窗主瓣窄、旁瓣大，频率识别精度最高，幅值识别精度最低；布莱克曼窗主瓣宽、旁瓣小，频率识别精度最低，但幅值识别精度最高。

对于窗函数的选择，应考虑被分析信号的性质与处理要求。如果仅要求精确读出主瓣频率，而不考虑幅值精度，则可选用主瓣宽度比较窄而便于分辨的矩形窗，例如测量物体的自振频率等。如果分析窄带信号，且有较强的干扰噪声，则应选用旁瓣幅度小的窗函数，如汉宁窗、三角窗等。对于随时间按指数衰减的函数，可采用指数窗来提高信噪比。

6.4.3 相位分析

结合振动幅值，分析振动相位，对振动的认识从标量上升到矢量，使振动分析更全面、更准确。对于频谱相似、幅值变化不明显的故障，利用相位进行区别，具有

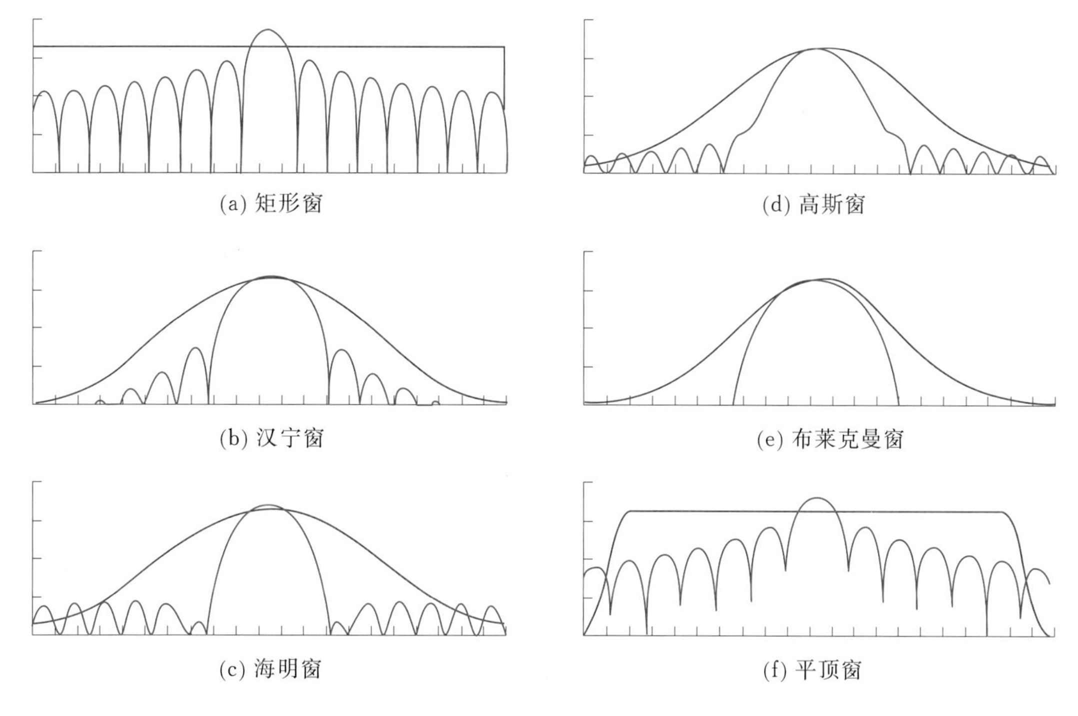

图 6.4-1 几种常用的窗函数的时域和频域波形

一定的指导意义。

由于影响水轮发电机组运行稳定性的因素很多，使被测信号在不同工况下各不相同。在机组启动到额定转速无励磁工况过程中，除轴线因素外基本上是质量不平衡力决定着各被测信号的相位。给励磁电流的空载额定转速工况，则由质量不平衡力和不平衡电磁力的合成矢量决定被测信号的相位。随着带负荷增加，导叶开度增大，水力不平衡力逐渐增大，与前述因素叠加，其合成矢量决定振幅的方向。机组不同部位受到干扰力的性质和影响不同，不同部位所测的振动相位亦不相同。干摩擦、联结螺丝松动、各导轴承不同心等故障也会影响被测信号的相位和变化规律，每次测量结果须针对具体问题进行分析。

1. 各信号相位的测量方法

如图 6.4-2 所示，在转子上贴一片金属片或贴一反光带，采用涡流传感器或光电传感器，产生一个与转速完全同步的脉冲信号。同时用振动传感器测量轴的振动，得到相应的轴振信号。脉冲信号的前沿到其后振动信号最大点之间的角度差，称为振动相位。

2. 利用相位区别不平衡、偏心和弯曲转子的故障

不平衡转子、偏心转子和弯曲转子都能引起较大的振动，这些故障的频谱图非常相似，以振动幅值和谱图很难区分这 3 种故障，但是依据振动相位加以区别，就使

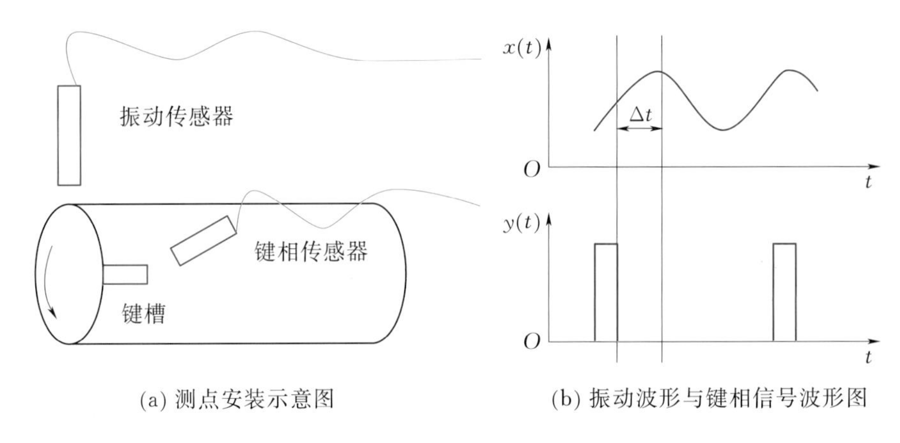

(a) 测点安装示意图　　(b) 振动波形与键相信号波形图

图 6.4-2　相位测量示意图

问题变得相当简单和轻松。

对于双支承转子，若同一轴承上水平方向与垂直方向振动相位差 90°（±30°），内侧轴承与外侧轴承水平方向振动的相位差接近垂直方向振动的相位差，则转子为不平衡故障；对于悬臂转子，如果支承转子的两轴承的轴向相位近似相等（差值小于±30°），则说明悬臂转子不平衡。

偏心转子同一轴承上水平方向与垂直方向振动相位差约为 0°或 180°。这里所说的偏心转子指的是轴的中心线与转子的中心不重合的转子，也就是说旋转体的几何中心与旋转轴心存在偏心距。

弯曲轴的两个轴承之间的轴向方向相位变化接近 180°，这与弯曲的程度有关。对同一轴承不同点的轴向方向做若干测量，通常会发现在轴承的左侧和右侧测量的相位之间发生接近 180°的相位差，在同一轴承的上侧与下侧测量的相位之间也发生接近 180°的相位差。

3. 利用相位诊断联轴器不对中故障

判断不对中故障的最有效的方法是评定联轴器两侧的振动相位，当联轴器两侧的相位差接近 180° [±(40°～50°)] 时，则说明是联轴器不对中故障，不对中程度愈严重，相位差愈接近 180°。为了准确诊断，应该比较联轴器两侧轴承座的水平、垂直和轴向 3 个方向的相位差，如果两根轴水平方向对中良好，而垂直方向对中不良，则这两个方向的相位差差别较大。

当联轴器不对中时，支承联轴器任一侧转子的两个轴承径向方向的相位差接近 0°或 180°（±30°）；在比较水平方向与垂直方向相位差时，大多数联轴器不对中故障则表现为垂直方向与水平方向之间的相位差接近 180°，也就是说，如果支承联轴器任一侧转子的两个轴承之间水平方向相位差为 50°，则大多数 联轴器不对中转子的垂直方向相位差约为 230°。这是联轴器不对中故障与不平衡故障在相位方面的最大区别。

振动变化在故障诊断中有很重要的作用，同样，在诊断不对中故障时，注意相位的变化，可提高诊断的准确率。对于不对中转子，如果设备从室温开始升速，开始时，它应该显示不对中的征兆，当设备完全达到运行温度时不对中征兆便消失，如联轴器两侧的相位差开始应该为150°～180°，最后可降到接近0°～30°。

4. 利用相位诊断轴承偏转故障

当滑动轴承或滚动轴承不对中或是卡在轴承上时，可引起大的轴向振动。此时，利用振动幅值或频谱进行诊断往往不能奏效。如果在一轴承彼此间隔90°的4个点的轴向方向测量相位，上下或左右的相位差为180°，则说明该轴承偏转或者说是卡在轴上。

5. 利用相位确定转子的实际临界转速

转子在升速或者降速过程中，利用振动幅值可以确定转子的临界转速，利用振动相位的变化也可以确定转子的临界转速。当机器通过临界转速时，在临界转速处振动相位精确变化90°，直到不能再放大为止，相位变化继续变到180°。

6. 利用相位区别机械松动故障

结构框架或基础松动包括以下4种不同的故障：①结构松动或机器底脚、基础平板和混凝土基础弱；②变形或破碎的砂浆；③框架或基础变形；④地脚螺栓松动。这些类型的松动，由于具有与不平衡或不对中故障几乎相同的振动频谱，因此，常常被误诊为不平衡或不对中，只有仔细观察相位特性，才能加以区别。

比较每个轴承座的水平和垂直方向相位时，如果振动非常定向，同时相位差为0°或180°，则说明是松动故障，而不是不平衡。此时，将测量从轴承座下移到底脚、基础平板、混凝土和周围地板上，利用大的相位变化，可以确定故障所在。

6.4.4 综合分析

6.4.4.1 试验结果汇总表

汇总表包括试验工况、被测参数名称以及各参数在每个工况下的幅值、相位和频率等，使分散的数据汇集在一起，从而发现其变化的特征或规律性，以利于分析和判断。

6.4.4.2 动态轴线图

水轮发电机组动态轴线状况受转动部分和支持系统两方面因素的影响，它包含轴的静态变形、动态变形和轴线偏离轴承几何中心的程度。将各工况下的动态轴线描述出来，便可分析和了解影响动态轴线变化的因素和有关规律。

6.4.4.3 振动、摆度、压力脉动随工况变化曲线

根据变负荷试验的数据，绘制振动、摆度、压力脉动随工况的变化曲线，如图6.4-3所示。

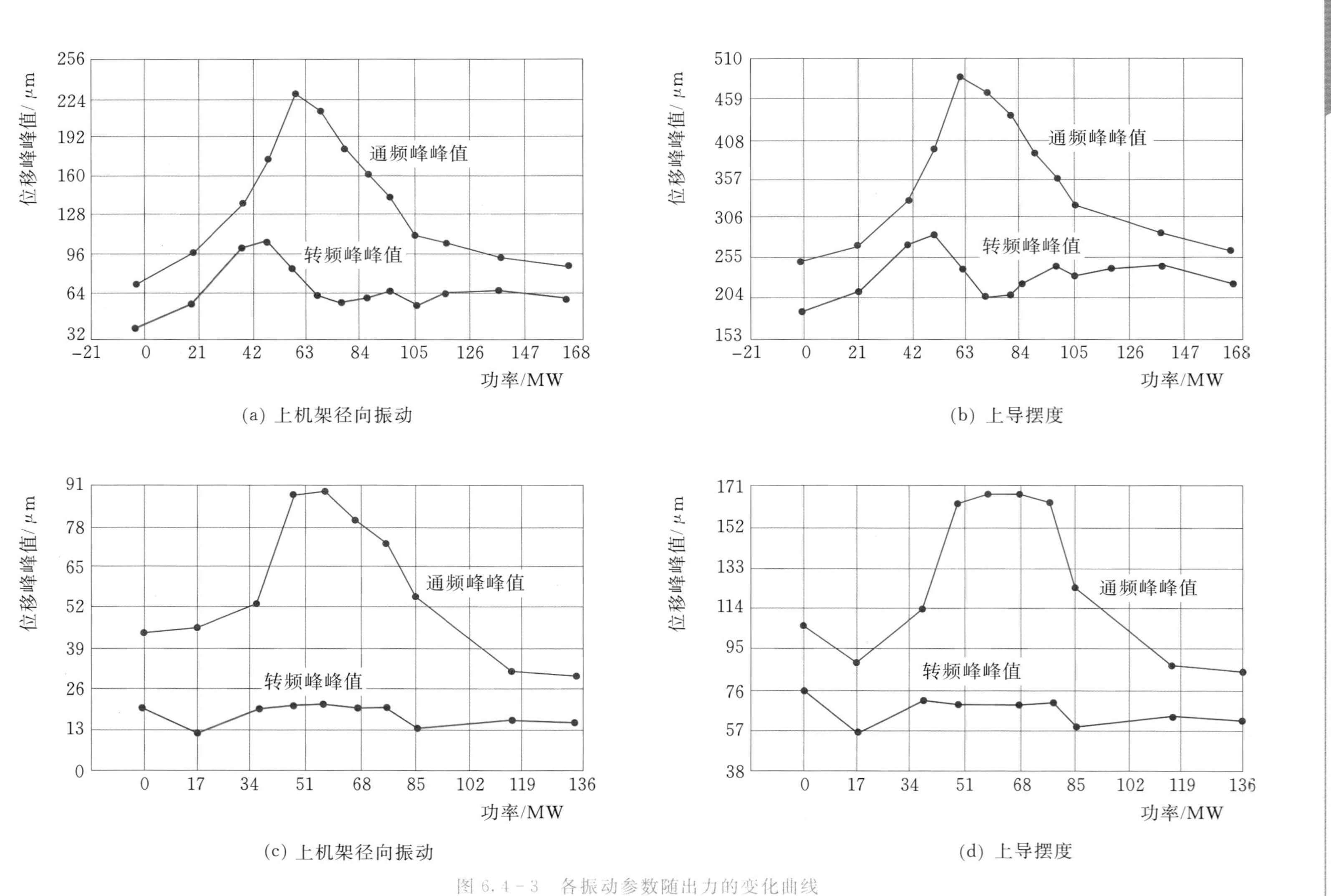

图 6.4-3 各振动参数随出力的变化曲线

6.4.4.4 机组受力状态分析及振动原因的确定

1. 各工况下机组受力分析

(1) 综合分析前应了解机组有关的技术参数，如检修（或安装）中达到的各项技术指标、施工中各部件制造安装等与设计要求的差异、设备结构和性能等。

(2) 以振幅、频率和相位三方面综合分析每一个被测量值在同一工况下的稳定情况。

(3) 各振动参数在不同工况的变化规律。

(4) 绘出必要的动态轴线图，以了解转轴的运转状态。

(5) 对每一种因素逐一分析判断，并一一淘汰无关的因素，使分析的目标渐渐缩小和深入。

(6) 各工况以某种因素为主，然后人为增加或减少其他因素，测量并绘出矢量变化图，图 6.4-4 所示为某一摆度的变化情况。由图 6.4-4 可以大致确定各种因素的影响程度与相位，以便深入分析原因。

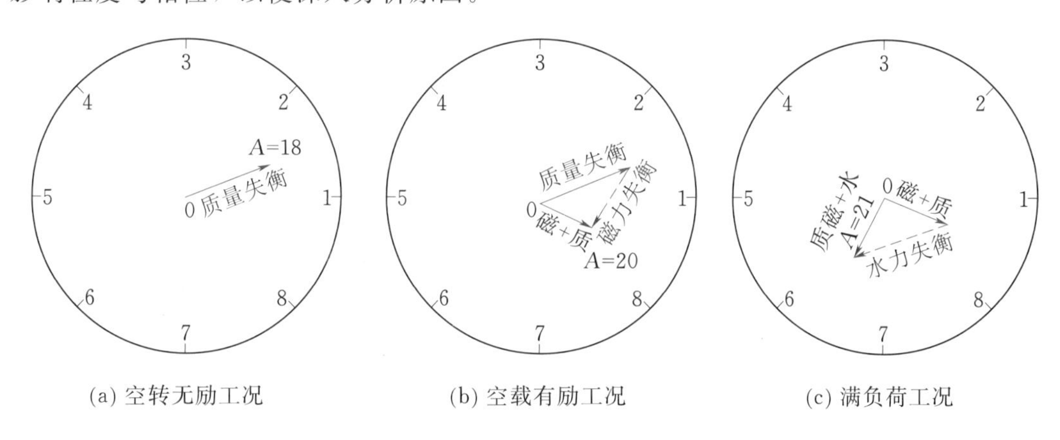

图 6.4-4 转轴某处摆度矢量

2. 主因和诱发因素的确定

水轮发电机组发生异常振动时，原因往往是错综复杂的，有并列的振源，也有因某一种原因引起其他不利因素发展形成的恶性循环，实际问题中后者居多。即使是并列原因，也有主次或程度之差，故确定主振源是极为重要的，为此应做到：

(1) 出现异常振动时便及时分析振源，并处理，避免诱发因素增加。

(2) 若未对异常振动及时处理，持续运行一段时间后，必须了解和掌握机组稳定性发生变化的详情。

(3) 在对主振源作出初步判断后，可人为控制（或增加）这些因素，若确为主振源则，采取措施消除振源后，振动将会显著下降。

(4) 振源若错综复杂，则需一一解决，一般采用先易后难的处理方式，并力争少停机。

6.4.5 误差分析

6.4.5.1 稳定性试验误差特点

振动现象分为规则振动和随机振动两大类，前者具有确定的变化规律，可用时间函数 $X(t)$ 来表示；后者只能统计和分析已发生的振动规律和特性，对将发生的振动无法预知。一般情况下，测量误差相对被测量值本身的变化小得多。

6.4.5.2 稳定性试验可能产生误差的因素

以下列出了稳定性试验过程中可能产生误差的因素，试验人员应加以注意，尽量避免和减少可能产生的误差，使综合误差尽可能小，最大综合误差尽可能控制在3%～5%以内。

1. 传感器

（1）传感器的非线性、重复性、迟滞等误差可控制在1%范围以内。

（2）压力传感器的工作压力最好在其额定压力的70%～80%范围内使用，否则测量结果误差很大，特别是使用较久的传感器更应注意这个问题。

（3）非接触式传感器安装过程中，应满足安装的各项要求，并注意调好零位位置，避免由此引起的误差。

2. 测量仪器

应选择测量精度高的测试设备或系统进行测量，在开展实际测量前，尽可能对测量系统进行标定，对测量系统带来的系统误差做到心中有数。

6.4.5.3 减少动态测试误差的方法

为了提高测试仪的灵敏度，除传感器本身应符合精密度要求外，应减少各种外界因素对测试的影响，通常可行的消除或减少误差的方法，有以下几种：

（1）提高传感器准确度。传感器则应选精度高，量程合适、稳定性好、线性度好等产品。

（2）安装和调整适当。尽量避免产生误差的可能，或采取补偿措施对误差加以修正。

（3）在现场作整体标定时，至少重复2～3次，其结果应稳定不变，否则应查清原因再继续进行下一步工作。

（4）输入标准时标，提高时标准确度。

（5）测点很多时，必须注意测点位置的同向性和测试过程中的同步性，否则可能造成结果混乱、分析困难、判断有误。

试验时只要认真对待每一环节的技术要求，尽量减少各分部误差，则稳定性试验的综合误差完全可控制在3%～5%以内。

6.5 引起机组振动的原因及处理

6.5.1 水力因素引起的振动

1. 尾水管涡带引起的振动

对混流式和转桨式水轮机，在非最优工况下运行时，从转轮流出的水流在转轮旋转方向产生环量，这一环量将在尾水管内将产生旋涡涡带，旋涡中心压力下降产生负压。涡带在尾水管内旋转，水压力产生周期性的变化和扰动，它有可能导致水流与压力管道或机组共振并引起厂房的振动。

尾水管涡带引起的水压脉动频率通常是机组旋转频率的$\frac{1}{6}\sim\frac{1}{2}$。振动频率 f 的计算公式为

$$f=\left(\frac{1}{6}\sim\frac{1}{2}\right)f_n \tag{6.5-1}$$

或

$$f=\frac{n}{60K} \tag{6.5-2}$$

式中 f_n——机组转频；

n——机组转速，r/min；

K——与机组类型有关的系数。

$K\approx3.6$（混流式机组）、$K=4.2\sim4.6$（转桨式机组）时，尾水管涡带是最易出现的振源之一，尾水管涡带可以通过在尾水管进人孔附近出现的“喳、喳”声响以及尾水管压力脉动测量加以判别。当现场压力脉动较大时，一般多采用加装补气管向低压区补气，可在对尾水管进行相应的改造（往往是在补气不能有效解决故障时采用）。改造措施包括：加长锥管段或加长锥管段扩散角、加长转轮泄水锥、用三脚架加长转轮的泄水锥、加同轴锥管、加十字架补气、用三脚架加设固定柱体、在尾水管锥管壁上设稳流翼片等。具体措施的选择要根据实际情况，必要时可通过模型试验或现场检验加以确定。涡带工况区的摆度示波图、轴心轨迹和频谱图如图 6.5-1 所示。

2. 卡门旋涡引起的振动

水轮机卡门旋涡一般出现在固定导叶、活动导叶和转轮叶片出水边处。叶片上受到的动应力可能达到或超过平均应力的 50%以上，叶片可能因此而产生疲劳破坏。

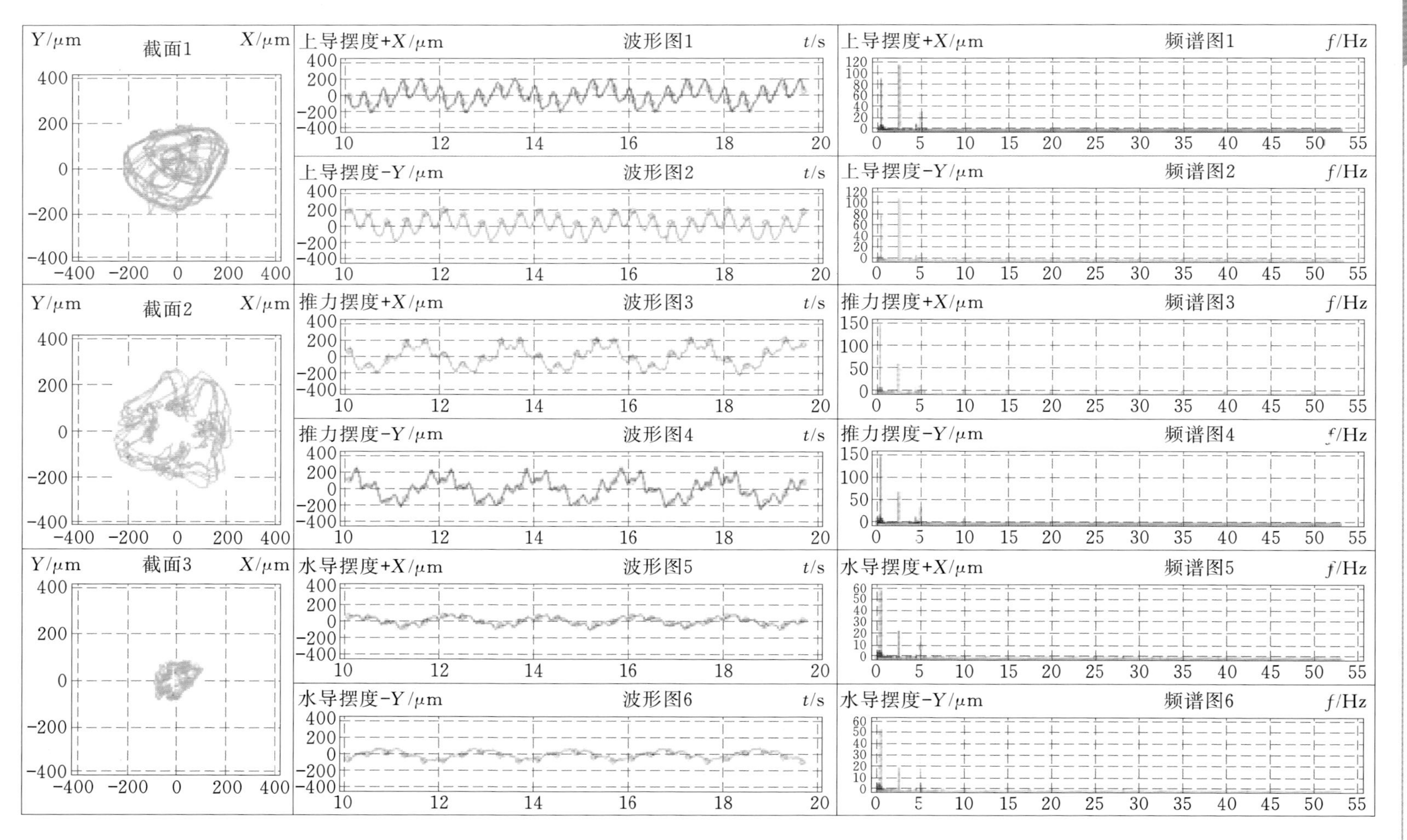

图 6.5-1 涡带工况区的摆度示波图、轴心轨迹和频谱图

水轮机转轮叶片出水边处卡门旋涡频率的计算公式为

$$f=\frac{ShV}{t} \tag{6.5-3}$$

式中 Sh——斯特鲁哈数，$Sh=0.15\sim0.20$；

V——流速，m/s；

t——轮叶出水边厚度，m。

卡门涡流的频率与转轮叶片或导叶等结构的固有频率接近时，会发生强烈振动，伴随有噪音，卡门涡频率与叶片厚度和流速有关，因此仅在一定负荷条件下才发生。治理对策为：在不改变过流条件前提下，将叶片出水边厚度减薄，提高卡门涡频率以避开共振区；或在叶片间加装支撑件，以提高叶片自身的固有频率。

3. 转轮密封位置及其形状引起的振动

机组在转动中如转轮迷宫式密封不对称，或者机组产生周期性振动时，在迷宫间隙内水压将会发生周期性变化，将产生一个不均匀或不对称的旋转压力场。不均衡力又加剧转动部分的变位和摆度，从而形成恶性循环。在一定条件下，它可能引起水轮机的自激振荡，它使系统受到激励而丧失稳定从而产生振动。

转轮在运行中因某种原因向一侧偏转时，将产生同方向的压差，从而产生不平衡力而使偏心进一步增大，造成振动加剧，当压力脉动频率与轴系某一固有频率重合时，会引起共振。

此外，受尾水管脉动压力的影响，有可能引起或加剧密封环处的水压力脉动。

4. 蜗壳、固定导叶、活动导叶引水不均匀导致转轮进口水流冲击而引起的机组振动

理想情况下，导叶在任何位置或开度时，导叶两边的流速和压力均匀分布，相邻流道内具有同样的能量水平。但由于加工和安装上的误差，各个流道和叶片的形状、尺寸会有一些差别。这些差别可能引起水流的扰动，扰动水流进入转轮可能与叶片产生冲击从而引起水轮机的水压力脉动和振动。

这种振动频率 f 为导叶叶片数、转轮叶片数与水轮机转频的乘积，即

$$f=f_nZ_gZ_r \tag{6.5-4}$$

或

$$f=\frac{nZ_gZ_r}{60} \tag{6.5-5}$$

式中 f——导叶振动频率；

f_n——机组转频；

n——机组转速；

Z_g——导叶叶片数；

Z_r——转轮叶片数。

此类振动的特点是随负荷的增加振动不断加剧。可通过改变叶片数或增加叶片与导叶的间距等措施解决。

5. 水轮机引水系统中的水力共振

水轮机运行时，引水管中的水体有时将产生自振。两端开口的高压长管道中水体自激频率 f_t 为

$$f_t = \frac{am}{2l} \tag{6.5-6}$$

式中 a——管道中压力波传播波速，m/s；

m——管道中水自振频率阶数；

l——管道长度，m。

水轮机引水管道中水体振动如果与水轮机过流部件的水流脉动产生共振或倍频振动时，其振幅可达到相当大的数值，这种现象称为水力共振。

6. 压力管道系统振动

当蜗壳或尾水管产生较强烈的压力脉动时，压力波有可能传递到引水系统中。若压力管道水体自振频率与脉动水流的频率重合，可能诱发管路振动。其解决办法是设法改变管路的自激频率或激振源的频率。一般尾水管内的涡带是主要的激振源，通过补气等方法来消减尾水管内的涡带，从而消除这种振动。

7. 其他水力振动

发生水力振动的原因可能还有：进水口拦污栅被杂物堵塞激发的脉动；杂物进入水轮机转动与固定部件之间，引起断流或流量突变而振动；在不设调压井的长尾水系统电站中，甩负荷工况会出现水柱分离现象造成振动；转轮室内流场不稳定可能引起控制系统振动，导致压力脉动，使出力在某一范围内波动等。

6.5.2 机械缺陷引起的振动

为保证机组旋转时的稳定性，水轮发电机组转动部分和支持部分的受力情况都设计为轴对称布置。如果由于某些原因破坏这种对称性时，机组的运转就可能会变得不稳定，从而产生振动。

机械缺陷或故障引起的振动有一个共同点，那就是振动的频率与转速相同或成整数倍的关系。机组故障出现的部位和故障的形式多种多要样，要识别它们的特征，需对机组各部分的结构、性能、安装工艺等有一定的了解。

1. 转动部分不平衡引起的振动

不平衡现象是普遍存在的，特别是高水头、高转速机组不平衡问题更为突出，成为这类机组的主要振因之一。机组旋转部分质量不平衡将引起机组的振动，这早已引起普遍重视，并在机组设计制造和安装时采用许多措施。

机组旋转部分质量分布不平衡在运行中产生与主轴垂直的径向离心力作用于导轴承上，其频率为机组转频 f_n，振幅与转速平方成正比。

2. 转子作弓状回旋引起的不平衡

立式机组的转子除了绕其自身轴线旋转外，其轴线还绕轴承的几何中心旋转，这就是转子的弓状回旋。转子作弓状回旋引起的不平衡力（离心力）为

$$F_{弓} \approx M\omega_n^2 r \tag{6.5-7}$$

式中　M——转动部分的质量，kg；

ω_n——机组旋转角速度，r/s，$\omega_n = 2\pi f_n$；

r——弓状回旋半径，可取为发电机的摆度或发电机上、下机架轴承处摆度的平均值，m。

影响弓状回旋不平衡力的因素比较多，如机组轴线的曲折度，轴线与推力镜板的垂直度，推力轴承的水平度，各导轴承的间隙、同心度、不平衡度等。减少轴线的曲折度可消除或减少它对机组振动和摆度的影响。

3. 轴瓦间隙偏大

轴瓦间隙的大小决定转子弓状回旋的半径即主轴的摆度大小。轴瓦间隙增加后将造成相邻轴承受力增大、振幅增大，转动部分的临界转速将降低，容易引起共振或自激振荡。

不同方向上轴瓦的间隙通常是不一样的，这反映在不同的方位测得的摆度值不同，这种差别值太大时有可能引起其他的附加振动。

影响轴瓦间隙增大有两个原因：一个是可能由于径向不平衡力较大、导轴承出现某种过载现象；另一个是支持部分的结构设计得不够合理或者是其强度、刚度、硬度不够等。

6.5.3　发电机引起的振动

发电机方面引起的振动比较复杂，一般如下：

1. 主磁极磁场引起的振动

发电机转子磁场为主磁极磁场，主磁极磁场在定子中产生的交变磁拉力在空间布置是均匀的，磁力波的个数与磁极的个数相对应。正对磁极的地方磁拉力最大，而相邻两磁极之间磁拉力最小。当主磁极以同步转速 n 旋转时，定子上就受到一个交变磁拉力，其频率 f_r 为

$$f_r = \frac{n}{60} \times 2P = 100(\text{Hz}) \tag{6.5-8}$$

由此可见，主磁极磁场引起的磁振动的主要频率是 100Hz，可通过调整定转子间的气隙来解决，若存在偏心，在振动不突出时，可通过动平衡调整。

2. 定子次谐波磁场引起的振动

发电机止常带负荷运行时，定子气隙内有两个行波磁场：主磁场 b_m 和定子磁场 b_n。两者除各自产生磁拉力外，它们相互作用将产生第三个作用力，其频率为 $f_n \pm f_m$，节点数（即空间谐波数）为 $M=n\pm m$。

定子铁芯的径向振动幅值为

$$A \propto \frac{1}{(M^2-1)^2} \tag{6.5-9}$$

由于水轮发电机磁极对数比较多、M 比较大，所以空载时由主磁极产生的力波和带负荷时由 $M=m+n$ 产生的力波引起的振动通常很小，除共振情况外可以忽略不计。但是，定子绕组磁场存在谐波分量，而且有正、逆两种旋转方向。由此，当主磁极磁场和定子磁场谐波相互作用时，其力波的空间接点 $M=n\pm m$ 就可能变得较小而振幅值就会较大。因此，分析计算定子磁振动时应注意 M 较小的力波，也就是注意定子磁场中 n 为负值接近 m 的定子谐波。

水轮发电机大都采用分数绕组，即沿定子内圆每极每相槽数 q 是个分数。当对称的三相负载电流通过绕组时，绕组的磁势谐波中包含了一系列的谐波，其极对数或少于但不等于主磁极对数整数倍的谐波，称此谐波为次谐波。由次谐波产生的磁场称之为次谐波磁场。次谐波磁场中有一部分很接近主磁极磁场，它们的极对数和主磁场相差较小。因此，由它们和主磁场联合产生的力波中有节点对数较少的分量，可能使定子铁芯发生较大的振动。

3. 由转子偏心引起的振动

若转子旋转中心与定子几何中心相重合，转子与定子之间的气隙均匀分布，主磁场和定子磁场也将均匀分布，磁拉力不会产生磁振动。但是如果转子旋转中心与定子几何中心不重合时，气隙小的地方磁拉力最大，此时不平衡磁拉力 Z_m 的方向不变。在这种情况下，磁拉力只增加了导轴承的负荷。

如果转子旋转中心与定子几何中心相重合而转子外圆不圆时，在间隙最小处磁拉力将随转子旋转。转子偏心使得定子各并联支路电流不平衡，出现环型电流，它将引起一系列的倍频振动。可检查并联支路开路前后振动有无明显变化来判断振动是否由转子偏心引起。

由转子外圆不圆引起的振动频率与转速成正比。

4. 由定子内圆不圆引起的振动

由定子内圆不圆引起的振动都是倍频振动，振动频率为

$$f=Kf_n \quad (K=1,\ 2,\ 3,\ \cdots) \tag{6.5-10}$$

当某次磁导谐波的极对数接近于电机极数且其幅值较大时，将产生强烈振动。

5. 由定子合缝间隙较大引起的振动

可以把定子合缝间隙看作是定子气隙突然增大的现象，从而将定子合缝间隙较

大归之为定子内圆不圆。若定子合缝间隙过大而使机组的弹性模数极大降低将加剧各节点的振动。

6. 由负序电流引起的振动

负序电流建立的磁场为一反转磁场，其转速与转子转速相同。负序电流磁场与基波磁场联合作用产生无节点的倍频振动。

7. 由定子铁芯局部叠压松动引起的振动

此种振动表现为倍频驻波型振动。这种振动的特点是松动段振动最为严重，逐渐向远处衰减。

这种形式的振动与励磁同时发生，并随温度上升而变化。解决对策是在铁芯合缝处的间隙中嵌入合成树脂衬片。另外，机组运行多年后，铁芯叠片的厚度也会变薄，并在轴向产生振动，铁芯齿部往往会变色、折损，故在检修时需要重新紧固铁芯。

6.5.4 机电安装问题

现场安装调整不正确或存在误差也是水轮发电机组振动的主要原因之一。轴线中心不正时，各轴承被迫作不平衡运转，将引起振动和轴承温升；水平调整不当也同样会引起振动，而且推力轴承局部承受载荷，造成轴瓦和油膜过热。

部分水轮发电机振动原因分类见表 6.5-1，机组振动的可能原因及处理措施见表 6.5-2。

表 6.5-1　　部分水轮发电机振动原因分类表

<table>
<tr><th colspan="4">水轮发电机机组振动的原因及状态</th></tr>
<tr><th>振源</th><th>现　象</th><th>原　因</th><th>主要频率成分 f</th></tr>
<tr><td rowspan="10">水轮机方面的原因</td><td rowspan="2">在部分负荷或超负荷时振动增大并伴有声响</td><td>由尾水管涡带引起</td><td>$f = f_n/4$</td></tr>
<tr><td>由空蚀引起</td><td>$f = 200 \sim 300\text{Hz}$</td></tr>
<tr><td rowspan="3">在某一负荷下振动</td><td>由卡门旋涡引起</td><td>$f = \frac{(0.15 \sim 0.20)V}{t}$</td></tr>
<tr><td>由固定导叶、活动导叶尾部紊流引起</td><td></td></tr>
<tr><td>由转轮特性引起</td><td></td></tr>
<tr><td rowspan="4">振动随负荷增大而增大</td><td>转轮叶片数与导叶叶片数的相互干扰</td><td>$f = Zf_n$</td></tr>
<tr><td>转轮叶片数与导叶间隙的相互干扰</td><td>$f = Zf_n$</td></tr>
<tr><td>转轮叶片出口厚度不相同</td><td></td></tr>
<tr><td>转轮密封的形状不良</td><td>$f = Cf_n$</td></tr>
<tr><td>其他</td><td>各导叶开口不相同，由夹杂物引起</td><td></td></tr>
</table>

续表

水轮发电机机组振动的原因及状态			
振源	现　象	原　因	主要频率成分 f
发电机方面的原因	振动随转速增加而增加	机组旋转部分质量分布不平衡	
	空载低速振动	主轴弯曲	$f=f_n$
		推力轴承调整不当	$f=f_n$
		轴承间隙过大	$f=f_n$
		轴承安装不良	$f=f_n$
		主轴法兰盘连接不良	$f=f_n$
		主轴中心线找正不正	$f=f_n$
	振动随负荷增大而增大	部分极靴发生异常	$f=Kf_n$
		由负序电流引起	$f=Kf_n$
		转子与定子间隙不均匀	$f=Kf_n$
		转子外圆不圆	$f=Kf_n$
		定子铁芯松动	$f=Kf_n$
	励磁时出现振动	定子铁芯圆环部分的固有振动	$f=Kf_n$
		定子铁芯轴向松动	$f=Kf_n$
		定子分数槽次谐波磁势引起	$f=100\text{Hz}$
		定子并联支路内环流磁势引起	$f=100\text{Hz}$
	带有响声变化的激烈振动	电力系统波动引起	
其他	调速器、水位调节器失调	调速器、水位调节器失调	
	由于共振导致激烈振动	机组和厂房强烈不够、机组和厂房产生振动	

表6.5-2　　机组振动的可能原因及处理措施表

分类	振动现象及特点	振动原因	处理措施
电磁因素	发电机定子外壳径向幅值随励磁电流的增加而增加；振频为转频；振动相位与相应部位处轴摆度的相位相同	定子椭圆度大	处理椭圆使之合乎要求

续表

分类	振动现象及特点	振动原因	处理措施
电磁因素	发电机定子垂直、切向、径向振动随转速增加而增加；随励磁电压的增大而增加；冷态启动时尤为显著。有时发出"嗡嗡"或"吱"的噪声；定子切向、径向振幅出现50Hz或100Hz的频率；在励磁和带负荷情况下，定子切向、径向振幅随时间的增长而减少	定子铁芯硅钢片松动、定子组合缝松动	(1) 将定子铁芯硅钢片压紧，紧固压紧螺栓和紧顶螺丝及加固。严重时需重新叠片。 (2) 处理定子合缝松动
	振幅随励磁电流的增加而增加；振幅随温度上升而增加；振频与转频相同，有时出现与磁极数有关的频率	发电机定子膛内磁极的不均匀幅向位置	(1) 调整空气间隙至合格要求。 (2) 磁力不平衡量较小时可以加配重控制
	振幅随励磁电流的增大而增加，但当励磁电流增大到一定程度振动值趋向稳定；振频与转频相同	转子绕组匝间短路	(1) 更换匝间短路线圈。 (2) 在存在短路的线匝对称方向人为短路一匝，使之对称，不平衡力抵消，可短时间内运行
	定子振幅增大，有转频及转频的奇次谐波分量出现，严重时阻尼条疲劳断裂和部件破坏	三相负荷不平衡	控制相同电流差值，一般对100MW及以下的水轮发电机组，三相电流之差不超过额定电流的20%；容量超过100MW者不超过15%；直接水冷定子绕组发电机不超过10%
水力因素	振幅随机组过流量增加而增加，振频为导叶数或叶片数与转频的乘积	机组导叶或叶片开口不均	处理开口不均匀度达到合格要求
	机组振动、摆度在某个工况突然增大，振频为$\frac{1}{2}\sim\frac{1}{6}$转频，尾水管压力脉动大	由尾水管内偏心涡带引起的振动	(1) 尾水管采用有效的补气措施。 (2) 增装倒流装置或阻水栅
	机组振动随机组过流量增大而增加，梳齿压力脉动也随机组过流量增大而增加，各量的振频与转频同，当发生自激振动时，振频很接近于系统的固有频率	由于种种原因使梳齿间隙相对变化大，引起压力脉动增大而加剧振动，常发生在高水头混流式机组上	(1) 查出使间隙相对变化率大的原因，如间隙过大偏心，摆度过大，输齿处不圆的过大等，视情作处理。 (2) 可用综合平衡法使之控制机组运转状态减小不平衡力

续表

分类	振动现象及特点	振动原因	处理措施
水力因素	机组振动、摆度随过机流量增加而增大，振频为转频	转轮叶片形线不好	校正叶型
	机组振动、摆度随过机流量增加而增大，振频为 $f=(0.18\sim0.22)\dfrac{W}{b}$（$W$ 为叶片出水边相对流速；b 为叶片出水边厚度）	由叶片出口卡门旋涡引起	（1）修正叶片出口边形状。 （2）增强叶片的刚度改变其自振频率。 （3）破坏卡门涡频率
	机组振动、摆度突然增大，有时发生怪叫的噪声，常为高频振动	转轮叶片断裂或相邻的几个剪断销同时折断	必须处理修复叶片，或换已断的剪断销
	机组在某负荷工况下振动大，尾水管人孔处噪声大，尾水管压力脉动也大，振频为高频	由气蚀引起振动	（1）自然补气或强迫补气。 （2）叶片修形或加装分流翼。 （3）泄水锥修形
	转桨式水轮机在某些工况下振动值增加	协联关系不好	调整协联关系使之成为最优组合方式
机械因素	机组一起动，轴摆度就较大，且轴摆度大小与转速变化无明显的关系，有时负荷下降，轴摆度减小，频率为转频	水轮机、发电机轴线不正	修正轴线
	机组摆度值在各工况下都比较大，而且无规律变化现象。上机架垂直振动存在不规律的振动	推力头与镜板结合螺丝松动或推力头与镜板间绝缘垫变形或破裂	上紧螺丝、处理已破的绝缘垫并重盘车校正轴线
	推力瓦受力不均，运行中轴摆度值大	镜板波浪度较大	处理镜板波浪度
	盘车时数据不规则，运行中摆度值大，且有时大有时小的现象，极小的径向力变化便可使轴摆度相位和大小变化	推力头与轴配合间隙大	（1）在拆机检修时采用电刷镀工艺将推力头内孔适当减小。 （2）若不能拆机则用综合平衡法控制摆度增大
	机组各导轴承径向振动大，且与转速无关，负荷增大时振动增大，振频为转频	三导轴承不同心或轴承与轴不同心	重新调整轴承中心及间隙

续表

分类	振动现象及特点	振动原因	处理措施
机械因素	某导轴承处径向振动大、摆度大，动态轴线变化不定、有时发展到摩擦自激振动程度。此时振频由转频变为固有频率。振幅随负荷增加而加大	导轴承间隙过大或调整不当，或轴承润滑不良	重调轴承间隙
	机组某部分振动明显，振幅随机组负荷增加而加大，振频为转频	振动系统构件刚度不够或连接螺丝松动	增加刚度或紧固螺丝
	振动幅值随转速增加而增大，且与转速平方成直线关系，振频为转频	转子（主要是发电机转子）质量失均，与发电机同轴的励磁机转子不正	（1）作现场平衡。 （2）校正励磁机转子

第7章

水轮发电机组动平衡试验

7.1 静平衡和动平衡概述

如果一个转子的不平衡离心惯性力系向质心简化为一合力，则认为此转子具有静不平衡。如果不平衡离心惯性力系向质心简化为一力偶，则认为此转子具有动不平衡。

7.1.1 静平衡

水轮发电机组平衡是指检测或调整转子质量分布，以保证在其工作转频下，轴颈振动和（或）作用于轴承的力在规定范围之内的过程。水轮发电机组静平衡是在刚性转子单面上调整质量分布，实现转子质心位于轴线上，以达到平衡的目的，其实质是力的平衡。

7.1.2 动平衡

水轮发电机组动平衡是在刚性转子双面上调整质量分布，以保证转子剩余的动不平衡量在规定范围内的过程。一般水轮发电机组动不平衡的量值可由垂直于转子轴线的两平面上的两个等效的不平衡矢量表示。其实质是力矩的平衡，目的就是使转子的中心惯性主轴与转轴一致。

7.2 平衡原理

7.2.1 平衡原则

（1）水轮发电机组现场动平衡的一般方法是在发电机转子上下端面进行配重，这是基于刚性转子两面平衡原理——不平衡惯性力简化为两校正面上的两个合力。当发电机转子高 L 不大于转子直径 D 的$\frac{1}{5}$时，只需在一个面上作静平衡试验。

（2）两面平衡原理如图 7.2-1 所示，选定两端面为校正面。若转子各部分有质量失均问题存在，旋转时就有惯性离心力形成空间力系 $\overline{F}_1$、…、$\overline{F}_i$。根据平行力分解定理，将这些惯性力向两校正面分解，$\overline{F}_1$ 分解为 $\overline{F}_1'$ 和 $\overline{F}_1''$、…、$\overline{F}_i$ 分解为 $\overline{F}_i'$ 和 $\overline{F}_i''$。$\overline{F}'_1$、…、$\overline{F}_i'$ 的合力为 $\overline{R}'$；$\overline{F}_1''$、…、$\overline{F}''_i$ 的合力为 $\overline{R}''$，将整个转子的不平衡惯性力化成了在两校正面上的两个不平衡力，当分别测出 $\overline{R}'$ 和 $\overline{R}''$的大小和相位后，就可采用以下两种方法校正：

1）分别在 $\overline{R}'$ 和 $\overline{R}''$对侧配置一定质量使其产生的离心惯性力分别与 $\overline{R}'$ 和 $\overline{R}''$大小

相等方向相反，互相抵消而达到平衡的目的。

2）在$\overline{R}'$和$\overline{R}''$的同方向减去相应重量而达到平衡目的。

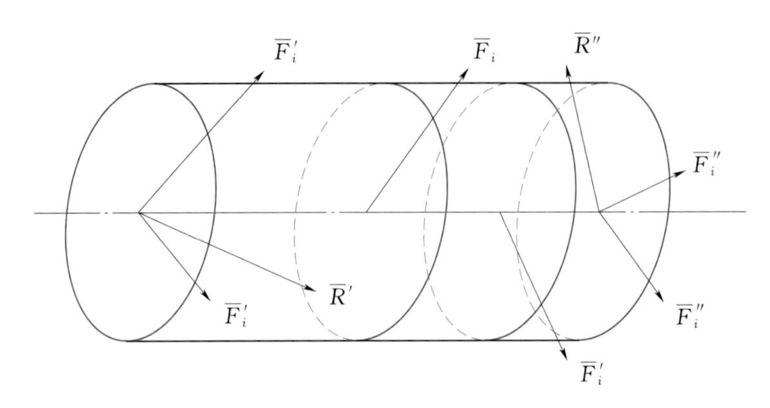

图 7.2-1 两面平衡原理示意图

7.2.2 不平衡量大小的表达方式

在实用中常用以下两种表达方式：

1. 重径积

设某转子质量为M，其重心偏离轴心O的距离为e。在角速度ω旋转时产生的离心惯性力为$Me\omega^2$。若在距转子轴心O为r处配以质量m后达到平衡，则有

$$Me\omega^2 = mr\omega^2 \tag{7.2-1}$$

由式（7.2-1）可见，校正质量m与校正半径r成反比。通常就用m和r的乘积表示不平衡量，称为重径积，单位用 g·cm 或 g·mm。对转速较低的水轮发电机组，常用单位 kg·m。

2. 不平衡率

由式（7.2-1）得

$$e = \frac{mr}{M} \tag{7.2-2}$$

式（7.2-2）中，e是转子重心的偏移量，可理解为转子的单位质量的不平衡量，称之为不平衡率，有时习惯称为偏心距。

通常，在平衡工作中，常用重径积表示和计算，比较直观；而在衡量转子不平衡的优劣程度时用不平衡率为好。

7.2.3 水轮发电机组现场动平衡技术

水轮发电机组现场动平衡技术是基于所测的上下机架径向振动幅值大小正比于不平衡的离心力的原理。目前，水轮发电机转子动平衡试验方法主要包括：三次试

重法、时—频分析法、影响系数法、改进影响系数法，较为常用的是时—频分析法。时—频分析法是通过采用时域和频域分析相结合的方式来确定不平衡力的方向和大小的方法。根据时域波形图确定不平衡力的相位，由频谱图中的转频分量来确定不平衡力的大小，动平衡试验原理如图 7.2-2 所示。

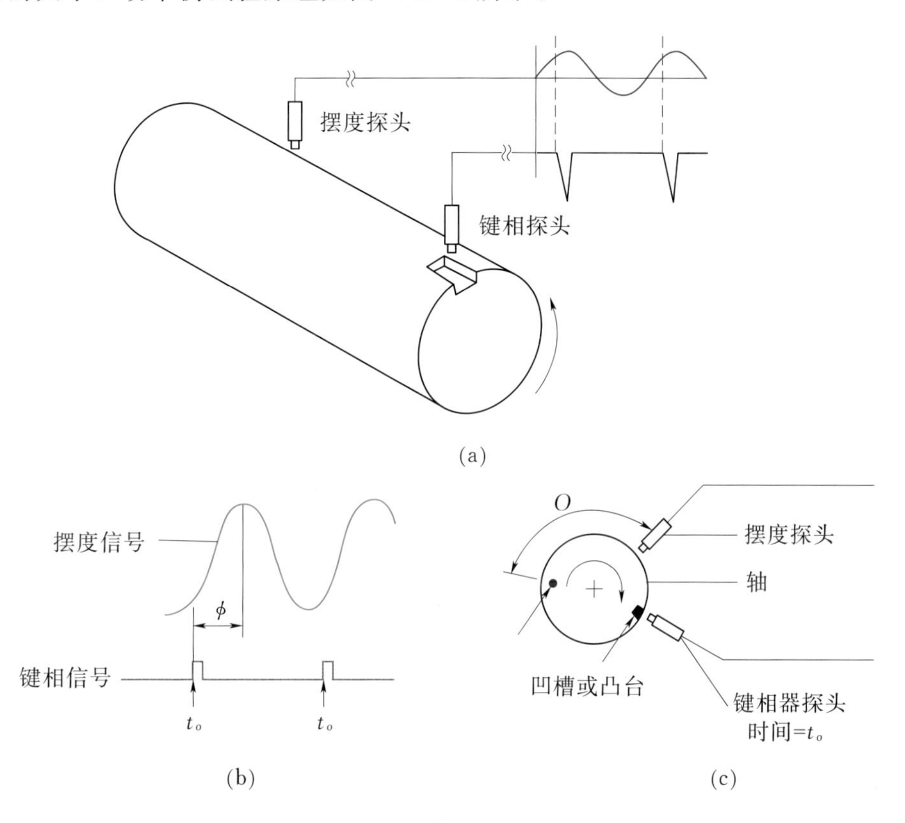

图 7.2-2 时—频分析法动平衡试验原理

7.3 动平衡试验

7.3.1 动平衡的基本公式

1. 试配重量

关于试配重量的经验公式如下

$$P_0 = \frac{kMg}{Rn^2} \tag{7.3-1}$$

$$P_0 = \frac{450HM}{Rn^2} \tag{7.3-2}$$

$$P_0 = (0.0001 \sim 0.0002)M \tag{7.3-3}$$

上三式中　P_0——试块重量，kg；

k——系数，0.5～2.5，高速机组取小值，低速机组取大值；

M——转子质量，kg；

R——配重半径，cm；

n——机组额定转速，r/min；

H——机组配重前的最大振幅值，mm。

式（7.3-1）、式（7.3-2）与振幅无关，式（7.3-3）与振幅有关，可任选其一。

2. 终配重量

根据试配效果确定终配方案，可采取矢量图解法。终配质量为

$$P_1 = \frac{OA}{BA} P_0 \tag{7.3-4}$$

式中　P_1——终配质量，kg（包含了试配质量 P_0）；

OA——试配前摆度矢量；

BA——试配前后矢量之差。

3. 两平面配重计算

根据力学平衡方程，求两校正面上的校正矢量，如图7.3-1所示。

图7.3-1中 G 称为被测不平衡矢量，G_L 和 G_m 分别为两校正面上的校正矢量，则有

$$\left.\begin{aligned} G_L &= \frac{b}{a+b} G \\ G_m &= \frac{a}{a+b} G \end{aligned}\right\} \tag{7.3-5}$$

G_L 和 G_m 的大小随所选择的校正面不同而不同。可视转子结构任选两个与轴线垂直的一平面作为校正面，选择原则是：方便加配重块，并对机组正常运行无影响。

4. 校正平面误差

当确定了刚性转子双面平衡的校正面后，如果没有将平衡量加在校正面内，就会造成因校正平面变化而发生误差，称之为校正平面误差，如图7.3-2所示。

图7.3-2中 G_L、G_M 分别为应加在 L 和 M 校正面上的校正量。实际加重时因故将 G_L 加在距 L 平面 ΔL 距离的平面上，若由此在 L 和 M 平面的反应量是 G'_L 和 G'_M，其大小为

$$\left.\begin{aligned} G'_L &= 1 - \frac{\Delta L}{L} G_L \\ G'_M &= G_M + \frac{\Delta L}{L} G_L \end{aligned}\right\} \tag{7.3-6}$$

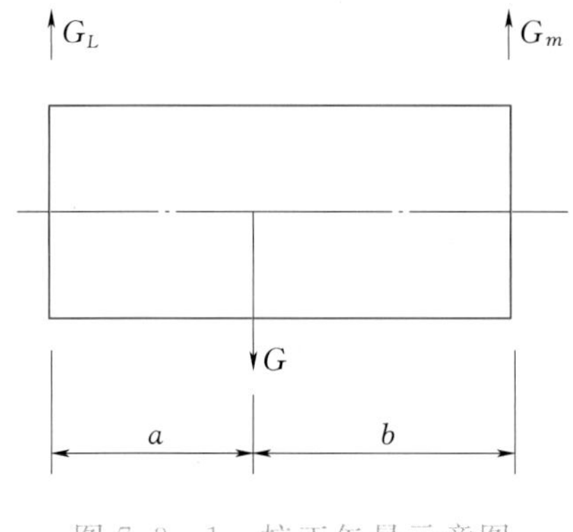

图 7.3-1 校正矢量示意图

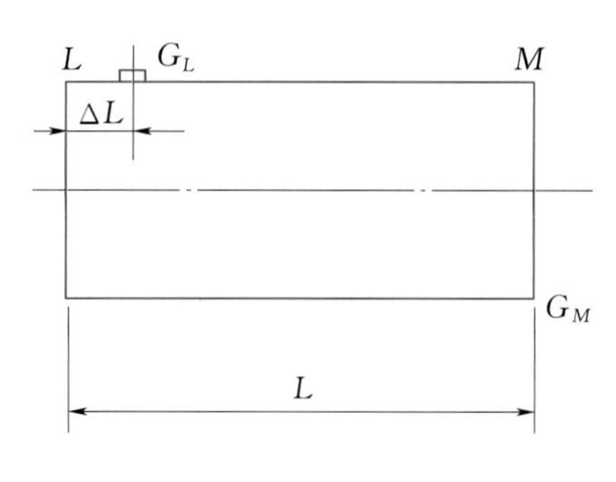

图 7.3-2 校正平面误差图

在 L、M 面上产生的误差为

$$\left.\begin{aligned}\Delta G_L &= G'_L - G_L = -\frac{\Delta L}{L}G_L \\ \Delta G_M &= G'_M - G_M = \frac{\Delta L}{L}G_L = -\Delta G_L\end{aligned}\right\} \quad (7.3-7)$$

$G_L\Delta L=\Delta G_L L$ 称为剩余不平衡力偶作用于转子。当 L 越小、ΔL 越大时，校正平面误差 ΔG_L 越大，宜选择距离较远的两校正面，并尽量避免 ΔL 的存在，以减小或避免此项因素引起的校正误差。

7.3.2 动平衡试验

7.3.2.1 试验条件

当机组存在较大失衡且发电机转子直径与铁芯长度之比不大于 2.5～3.0 时，需作两面校正的动平衡试验。

7.3.2.2 试验方法

1. 测点布置

(1) 在上、下机架各安装两支测量水平径向振动传感器，其安装位置尽可能靠近中心体，且互成 90°（如 $+X$、$+Y$ 方向），上下机架测点应尽量布置在同一方位。

(2) 在上、下机架（或法兰）、水导轴承处安装大轴摆度测点各两个，每个测点与机架水平振动的测点相位相同。原则上水导摆度只做参考，不能用转子配重进行补偿，但实际配重过程中可以适当兼顾水导摆度。

(3) 在对应于机架径向振动的某一测点（如 $+X$ 方向）同方位安装键相传感器，并在大轴表面粘贴键相块或其他键相标记。

2. 试验步骤

(1) 确定转子是否存在质量不平衡。方法是利用变转速试验对上水平振动和上下导摆度信号进行频域分析，查看机架水平振动和摆度信号转频成分幅值是否与转速平方基本呈比例关系，如果比例关系存在，可确认存在动不平衡。

（2）如果转子存在动不平衡，则根据机组空转时上导、下导摆度信号和上机架水平振动信号分别确定转子试配相位和试配质量。

（3）试配后进行检验试验，分析试配效果，计算下一步配重相位和配重质量。

（4）动平衡试验直到配重效果满足要求为止。

需要注意的是，由于轴承受热会膨胀，振动、摆度的测量应在轴承瓦温稳定后进行。

7.3.2.3 试验数据分析

1. 动不平衡分析

首先确认变转速过程上机架振动转频成分中动不平衡分量与转速的对应关系。机架转频成分$=\vec{A}$（固有转频分量）$+\vec{B}$（动不平衡分量），需要从转频成分中分拣出$\vec{B}$项，如果$\vec{B}$数值与转速的平方成正比关系，说明转子存在质量不平衡，需要配重。这里可以采用以下两种方法分拣$\vec{B}$项。

（1）利用$50\%N_r$、$75\%N_r$和$100\%N_r$三个转速下的转频成分求解，即

$$转频成分=\vec{A}_1+\vec{B}_1 \tag{7.3-8}$$

$$转频成分=\vec{A}_2+\vec{B}_2 \tag{7.3-9}$$

$$转频成分=\vec{A}_3+\vec{B}_3 \tag{7.3-10}$$

在变转速过程中，固有转频分量变化不大，可近似认为是定值，因此$\vec{A}_1=\vec{A}_2=\vec{A}_3$，解出$\vec{B}_1$、$\vec{B}_2$、$\vec{B}_3$与转速平方之间的对应关系来判断转子是否存在质量不平衡。

（2）低转速下测量$\vec{A}$项。做变转速试验时，记录转速小于10%额定转速时的上导摆度、下导摆度、上机架振动值。由于此时转速较低，可忽略动不平衡影响，转频值只反映机组固有转频分量，类似于静态盘车。那么$50\%N_r$、$75\%N_r$、$100\%N_r$时的转频分量与低转速时的转频分量之差即为动不平衡分量。

实际上，在进行数据分析时，常常为了简化，并未分拣$\vec{B}$项，只对转频成分合项进行分析。

2. 试配

进行动平衡试验时，要结合上、下机架径向振动及上、下导摆度数据来确定转子的配重方位和配重量。振动测量由于低频速度传感器的相频特性，相位上会有畸变；摆度测量由于电涡流传感器探头固定在机架上，测量值为主轴相对机架的相对摆动，并非绝对值。因此，准确的做法是以上、下导摆度数据确定配重方位，以上机架径向振动数据来确定配重质量。确定配重方位时应以安装键相传感器处的摆度传感器信号进行分析，比如键相传感器安装在$+Y$方向，则以$+Y$方向摆度传感器信号

的转频分量相位角进行配重。如果以 $+X$ 方向摆度传感器信号来分析，则需将摆度转频成分相位角减去 90°角（机组顺时针旋转）。

选取式（7.3-1）～式（7.3-3）中的任一公式计算试加重量后，综合考虑上、下机架振动值大小和上、下端面反应灵敏性分别确定上、下端的加试重量。试重装配应达到既紧固又易拆卸的要求，加在发电机转子轮毂内侧面接近发电机转子上下端处。发电机转子上下端面加试重方位最好相同，以便于计算。

3. 终配

根据式（7.3-4）进行终配的计算。式（7.3-4）中，终配 P_1 是为了最终消除 OA，试配 P_0 只消除了 AB。AB 转向 $-OA$ 的转角 α 在数值上应等于试配相位与终配相位的相角差。以 OA 转向 OB 的相同方向将试配相位旋转 α 角即为终配方位，如图 7.3-3 所示。

根据具体情况，配重可进行多次，直到机组振动、摆度达到要求为止。

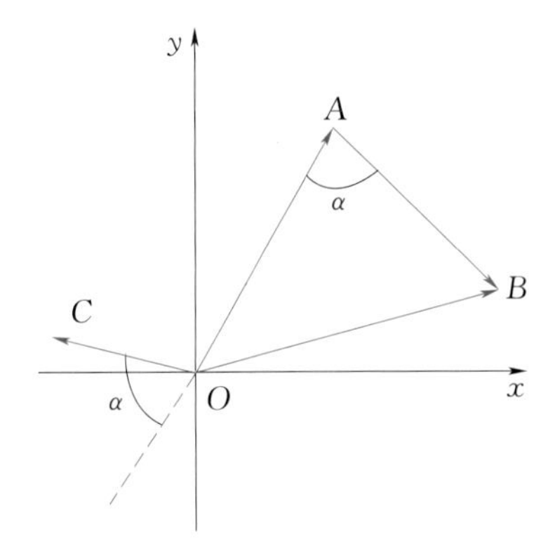

图 7.3-3 终配矢量图解法

第 8 章

水轮发电机组调速器试验

8.1 概　　述

经过检修后的调速器，其组成部件之间的关系均有不同程度的变化，各种整定值也相应地发生了变化。为了检验调速器性能的优劣，在正式投入运行前必须进行一系列的调整试验，合理地选择、整定调速器的各种调节参数，使其具有良好的静、动特性，从而保证水轮发电机组安全、可靠地运行。

调速器的试验工作，应该在检查工作已经结束，各部分的调试工作也已经完成，并且应在质量检查合格的基础上进行。大部分试验工作需要油压装置正常向调速器供油。调速器的静、动特性试验是在开机条件下进行的，因而机组的检修工作也必须在试验之前完成，并作好机组启动的各种准备工作。在机组的检修工期中必须给调速器的试验工作留下一定的时间。

调速器的现场测试项目随着调速器构造原理的不同而试验项目也有所不同。如果不考虑具体测试对象的性质，那么调速器的主要试验内容如下：

（1）机组的转速测量。

（2）出力测量。

（3）油压设备油压及蜗壳进口压力测量。

（4）主配压阀及主接力器动作规律（包括导叶接力器、桨叶接力器、针阀等）测量。

（5）缓冲器特性、启动装置动作规律测量。

（6）分段关闭规律及协联机构特性测量。

（7）电液转换器位移输出特性、调速器系统有关杠杆的位移、恢复轴角位移等的测量。

（8）发电机同期开关动作信号的测量。

（9）电调有关部件的电压、电流、频率的测量及波形测量。

综上所述，所有测试内容就其物理性质而言，无非是一些电气量（电压、电流、频率等）和非电量（如温度、压力、位移、角度等）的测量。对于这些参量的测量方法，有目测法和电测法，但常用的是电测法。

目测法简单、直观，测试准备工作量较小，在一定条件下能满足测量要求并获得足够的精度。因此，在现场测试中仍被广泛地应用，调速器目测法常用仪表及测试内容见表 8.1－1。

由于受指示表计结构和量程的限制，加之机械类型表计惯性大，所以目测法多适用于测量变化缓慢的物理量或用作稳态测试，而动态测量效果一般不理想，不易于实现测量工作的自动化记录和遥控测量。

由于目前大规模集成电路工艺的实现和微计算机应用技术的日益推广，电测法技术已日臻完善，它不仅具有较高的测量精度，而且还具有很多目测法无可类比的优点，如测量频带宽、响应迅速、使用灵活、量程范围可以牵引等，这里就不一一叙述，图8.1-1所示为电测法测量系统组成框图。

表8.1-1　　目测法常用仪表及测试内容

测试量	测试内容	常用仪表	备注及参考型号
电压（交直流）	1. 永磁发电机（测速发电机）电压。 2. 电调电派电压。 3. 电调有关环节的输入输出电压，工作点电压等	0.2～0.5级交流电压表、直流电压表、高阻抗多功能复用表、数字电压表、万用表	
电流（交直流）	1. 电液转换器工作电流，振荡线圈的振荡电流。 2. 电调有关环节电流等	0.2～0.5级交、直流电流表，高阻多功能复用表，数字万用表	
功率	机组功率（有功）	机组盘装功率表	
频率（转速）	系统频率，机组频率，永磁机频率，电调有关环节的工作频率，机组转速，飞摆转速	工频周波表（0.2）、数字周波表、数字转速表、机械转速表	
波形分析	工频电源波形，永磁机电压波形，电调有关环节电压波形等	示波器、数字式分析仪等	
位移	主配压阀开口量，主接力器行程缓冲器活塞行程，飞摆滑套行程，启动装置的活塞行程等	千分表、百分表、钢板尺、游标卡尺	
压力和真空	蜗壳进口压力，尾水管真空，压油罐油压，水轮机顶盖压力等	0.2～0.5级各量程压力表、真空表、真空压力表（1.5级）	
温度	测量油温，电调温度试验中的环境温度		
时间	缓冲器缓冲时间，接力器开关行程时间，启动活塞动作时间等	机械秒表、数字计时器等	

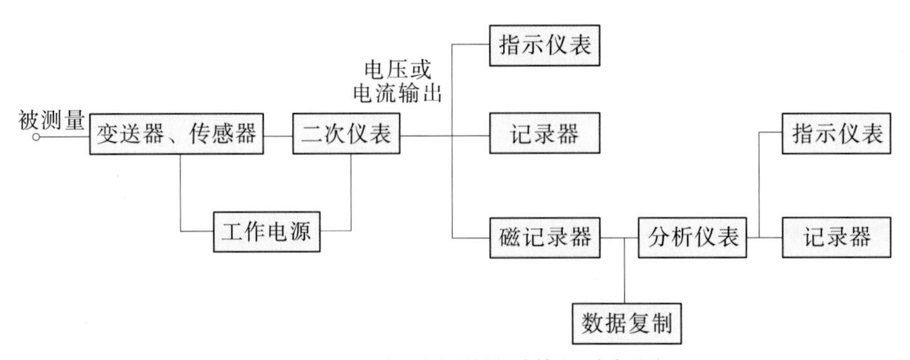

图8.1-1　电测法测量系统组成框图

8.2 调速器系统的静特性及品质指标

水轮发电机组的运行方式一般分两种：一是单机运行；二是并入电网运行。由于运行方式的不同，对调速器的要求也有不同。但无论哪种运行方式，对水轮机调速器系统都有最基本的要求。总的原则是对机组必须保证安全可靠运行；对用户必须保证一定的电能质量（电压、频率和功率）。为此，水轮机调速器系统应满足如下要求：

（1）能维持机组的空载稳定运行，一方面能使机组顺利并网，同时在甩负荷后也能保持机组维持在旋转备用状态。

（2）单机运行时，对应于不同的负荷，机组转速能保证不摆动，负荷变化时，转速变化的大小应不超过规定值。

（3）并网运行时，能按有差特性进行负荷分配而不发生负荷摆动或摆动幅值在允许范围内。

（4）当因电力系统或机组故障而甩全负荷时，接力器紧急关闭的时间应满足调节保证计算值的要求。

水轮发电机调速系统是否满足上述基本要求，通过静态特性试验和动态特性试验均可反映出来。因此，对于水电站从事调速器技术的人员而言，了解和熟悉调速系统的静、动态特性是十分重要的。

所谓静态就是当调节系统的外扰和控制信号的作用恒定不变时，调节系统各元件均处在相对平衡状态，其输出也处于相对平衡状态。所谓动态就是调速系统受到外部扰动作用或控制信号作用后，系统由一种稳定状态过渡到另一种稳定状态的过程。

8.2.1 调速器静特性及静态调差率

调速器静特性就是在平衡状态下，调速器接力器行程与转速之间的关系，它实际上近似于一条直线，如图 8.2-1 所示。

由图 8.2-1 可知，在平衡状态下，接力器行程与输入转速有一一对应的关系。当转速下降使得接力器向开侧移动到最大位置时，由于负反馈的作用，使得输入信号有一部分被负反馈信号所抵消，因此接力器稳定在某一低于给定值的转速下运行。接力器由全关移动到全开位置时，所对应的转速偏差相对值就是通常所说的静态调差率，即称为永态转差系数，用符号 b_p 表示。在图 8.2-1 中，b_p 就是静特性曲线的斜率，即

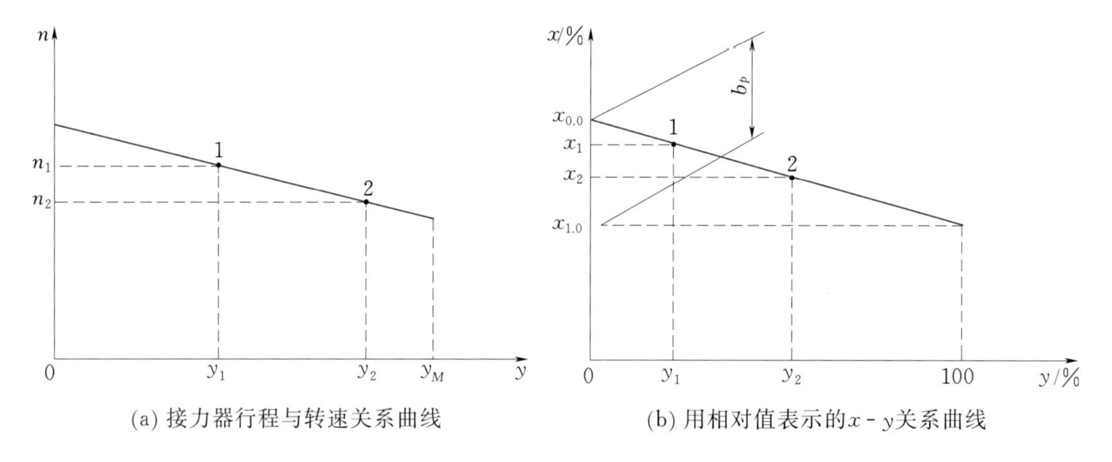

图 8.2-1 调速器静特性及静态调差率

$$b_p = -\frac{\mathrm{d}x}{\mathrm{d}y} = -\frac{\Delta x}{\Delta y} \tag{8.2-1}$$

$$\Delta x = x_2 - x_1 = \frac{n_2}{n_H} - \frac{n_1}{n_H} = \frac{n_2 - n_1}{n_H}$$

$$\Delta y = y_2 - y_1 = \frac{y_2}{y_M} - \frac{y_1}{y_M} = \frac{y_2 - y_1}{y_M}$$

把 Δx、Δy 代入式（8.2-1）得

$$b_p = -\frac{\dfrac{n_1 - n_2}{n_H}}{\dfrac{y_2 - y_1}{y_M}} \tag{8.2-2}$$

当 $y_1 = 0$，$y_2 = y_M$ 时，则

$$b_p = -\frac{n_1 - n_2}{n_H} = -\Delta x \tag{8.2-3}$$

由以上各式可知，静态调差率 b_p 就是接力器行程为零时，转速与接力器为全开行程时的转速差值与额定转速之比的负数。

调速器调差机构的作用是用来改变上述反馈比率 b_p 值的大小的。它是一比例环节，其作用是使机组按有差特性运行，实现系统内机组间的负荷合理分配。调频机组采用较小的 b_p 值，使得机组负荷对频率的灵敏度提高，即单位转速变化所对应的负荷输出增大。设计中，机调 b_p 值在 0～8%范围内连续可调，电调 b_p，值在 0～10%范围内连续可调。

8.2.2 调速系统的静特性及速度调整率

所谓调速系统的静特性是指调节系统在不同的稳态状况下，机组所带负荷与转速有一一对应的关系，如图 8.2－2 所示。图 8.2－2 中，纵坐标为转速，横坐标为功率，以此作出的 $n=f(p)$ 曲线就是调节系统的静特性曲线，它也近似为一直线。

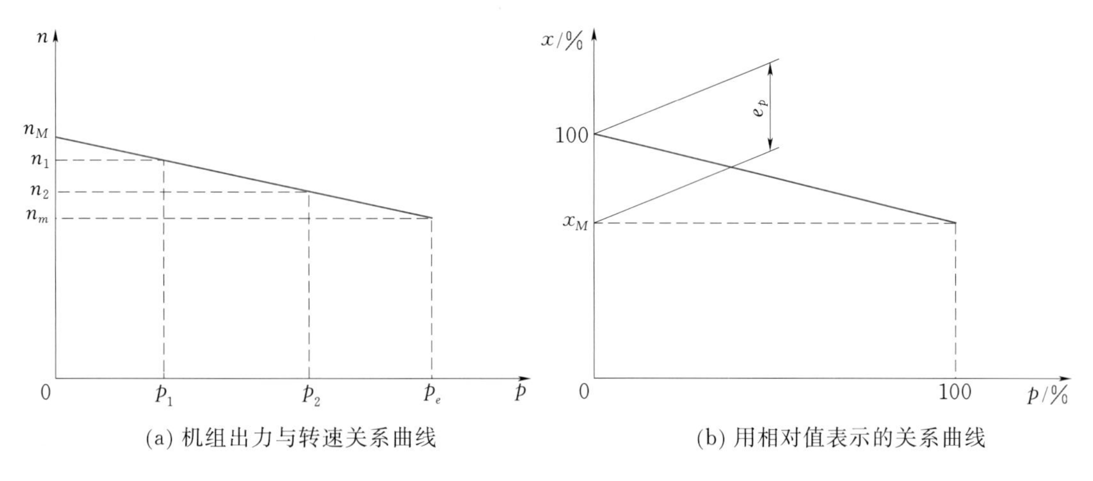

(a) 机组出力与转速关系曲线　　(b) 用相对值表示的关系曲线

图 8.2－2　调速系统速度调整率

图 8.2－2 中的静特性曲线的斜率即为速度调整率，可理解为机组空载转速相对值与满负荷时的转速相对值之差，用符号 e_p 表示，即

$$e_p=-\frac{dx}{dn}=-\frac{\Delta x}{\Delta n} \tag{8.2-4}$$

与调差率的计算公式相类似可得

$$e_p=\frac{\dfrac{n_1-n_2}{n_H}}{\dfrac{p_2-p_1}{p_e}} \tag{8.2-5}$$

速度调整率也称为残留不均衡度。不难看出 e_p 与 b_p 之间存在着一定的关系，当调差整定机构的整定值一定时，b_p 值不随外部因素变化；而 e_p 值一方面取决于 b_p 值的大小，另一方面还受水轮发电机组运行水头等因素的影响，b_p 值一定，e_p 随运行水头的升高而相应减小。

调节系统的静特性有两种情况：图 8.2－3 所示为无差静特性，表示机组出力无论为何值，调节系统均能保持机组转速 n_0，即静态误差为零；图 8.2－4 所示为有差静特性，机组出力大时，调节系统将保持较低的机组转速，即静态误差不为零，这种特性以调差率 e_p 表征。

8.2.3　调速器转速死区及不灵敏度

由于组成调速器的各部件在运行中存在阻力和摩擦，阀体与油口之间存在正的机械搭迭量，传递杠杆等部件存在间隙和死行程，因此，当接力器推拉杆开始向一方运动，然后再反向运动时，使得调速器输入量（转速）对其稳定值产生一定偏差才能使接力器向反方向动作，这种现象被称为调速器具有转速死区（或不灵敏区）。由于调速器存在转速死区，所以调速器静特性曲线实际上不是一条线而是一条“带”，如图 8.2－5 所示。图 8.2－5 中对应于同一稳定值的最大转速偏差相对值$\frac{\Delta n}{n_H}\times 100\%$即为转速死区，用 i_x 表示。转速死区的一半，则称为不灵敏度，用 ε_x 表示，则 $\varepsilon_x=\frac{1}{2}\times\frac{\Delta n}{n_H}\times 100\%$。调速器转速死区是反映调速器质量优劣的综合指标之一。行业标准对各类调速器转速死区值均作了规定，见表 8.2－1。

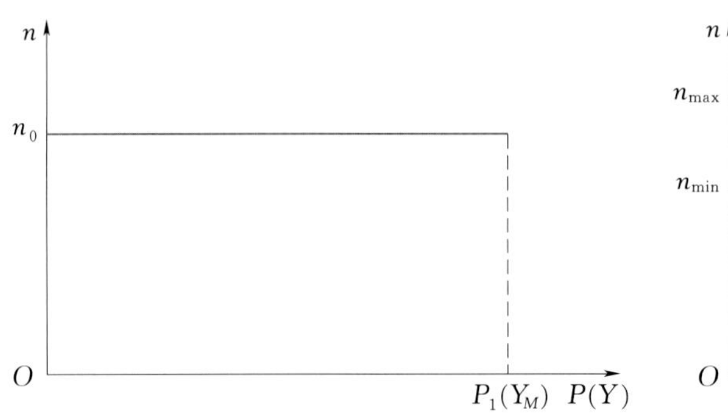

图 8.2－3 无差静特性图

图 8.2－4 有差静特性图

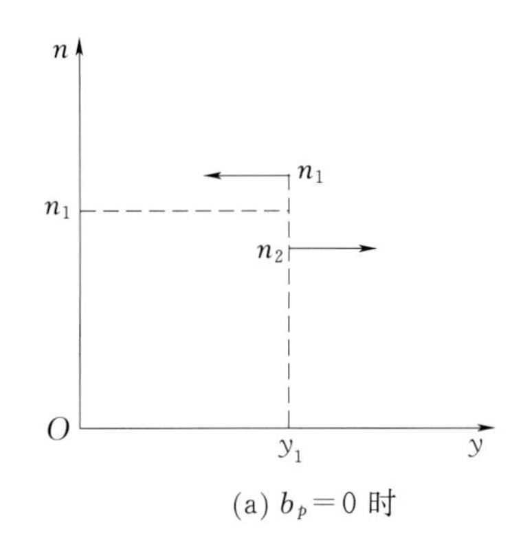

(a) $b_p=0$ 时

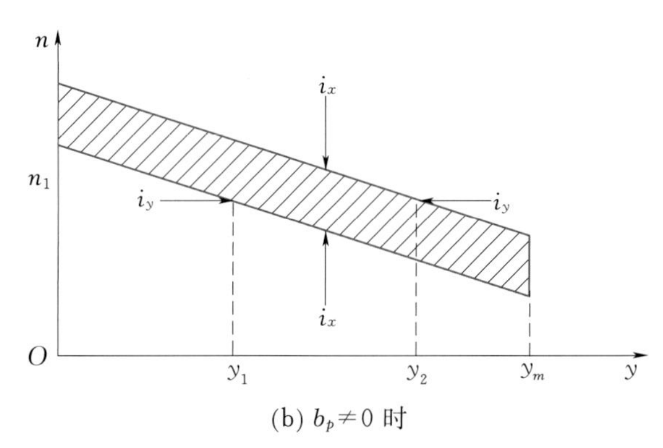

(b) $b_p\neq 0$ 时

图 8.2－5 调速器转速死区及不灵敏度

表 8.2－1　　　　调速器转速死区 i_x 最大允许值

调速器类型		大型		中型		小型	特小型
		电调	机调	电调	机调		
转速死区 i_x/%	测至主接力器	0.05	0.15	0.1	0.2	0.2	0.25
	测至中间接力器	0.02		0.03			

8.2.4 调速器不准确度

由于调速器存在一定的转速死区，因此静特性曲线实际上是一条“带”。输入信号（转速）不变时，调速器输出（接力器位置）并非为恒定值，如果用相对值表示接力器的这一输出差值，则此差值被定义为调速器的不准确度，用 i_y 表示，则

$$i_y=\frac{y_2-y_1}{y_M}\times 100\%=\frac{\Delta y}{y_M}\times 100\% \tag{8.2-6}$$

i_y 值除了受机械搭迭量、间隙、传递杠杆的死行程等影响之外，还与其他一些次要因素有关，如油温、油压、电调电源电压、温度漂移等。i_y 值的存在使得单机运行时影响转速的稳定；并网运行时影响机组间的负荷正常分配。因此，它是衡量调速器静态品质的重要指标之一。行业标准对转桨式水轮机调速系统的桨叶接力器随动系统的不准确度规定为不大于 1.5%。

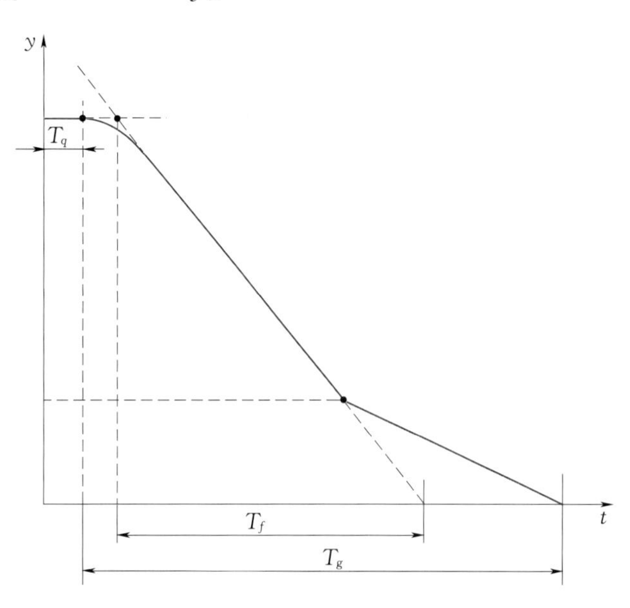

图 8.2-6 接力器滞后时间

8.2.5 接力器不动时间

由于测速元件灵敏度低，主配压阀存在正的几何搭迭量，油管系统中的油流存在惯性等，使得调速器在调节信号或扰动信号作用后并不立即动作，而在时间上有一定的滞后，这一滞后时间称之为接力器的不动时间 T_q（图 8.2-6）。

如图 8.2-6 所示，T_g 值是直接反映调速器制造质量好坏的重要指标，T_g 值过大将影响到调速器的稳定性。另外，当机组甩负荷时还往往造成机组转速过分升高。行业标准对 T_g 值的规定为：机组甩 25%负荷时，应不超过表 8.2-2 中的规定值。

表 8.2-2　T_g 允许值

调速器类型 / 级别	电调/s	机调/s
甲类	0.3	0.4
乙类	0.4	0.5

8.3 静特性试验

8.3.1 调节系统静特性试验

试验的目的是得出调节系统的静态特性曲线，并求出实际的各调差率等参数。由于调节系统静特性是机组出力与转速之间的关系，试验时，不可能用真正的负荷来进行，因此常用以下两种方法。

8.3.1.1 变化水电阻负荷法

此方法是以改变水电阻值作为机组的变化负荷。

1. 试验方法

（1）试验由空载开始，机组保持在额定转速，调速器工作在自动状态，永态转差系数调整为6%或电力部门的规定值。在整个试验中，应尽量维持发电机电压恒定在额定数值上。

（2）记录是眼前的转速和功率。

（3）通过控制水电阻逐次增加机组负荷，每次增加量为额定负荷的10%～15%。

（4）每次稳定后记录机组频率和发电机功率以及相应的接力器行程直到开度达到95%以上。

（5）逐次减少负荷，每次递减量与记录方法和增负荷过程相同，直到负荷为0。

（6）以相同的方法试验至少进行两次。

2. 试验结果分析

根据记录数据绘制调节系统的静态特性曲线，如图8.3-1所示。

8.3.1.2 利用甩负荷求得调节系统静特性曲线的方法

如水电站无水电阻负荷，也可以用甩负荷的方法近似求得调节系统的静特性，其方法如下：

（1）起动机组，投入系统，用变速机构带上一定的负荷，记录有功负荷和频率值。

（2）甩去所带负荷，待机组转速上升并稳定后，记录相应的频率值。

（3）逐次甩去25%、50%、75%、100%的负荷，就能得到各项负荷相应的频率值，如图8.3-2所示的a_2、b_2、c_2、d_2点，连线得曲线1。然后以系统频率对应的水平线为对称轴求得相应的a_1、b_1、c_1、d_1点及连线2，曲线2即为所求的静态特性曲线，在试验中，要求系统维持在一个近似不变的频率上，否则会影响测试的精度。

（4）当调节系统静特性按此方法求得后，求得调差率e_p值。

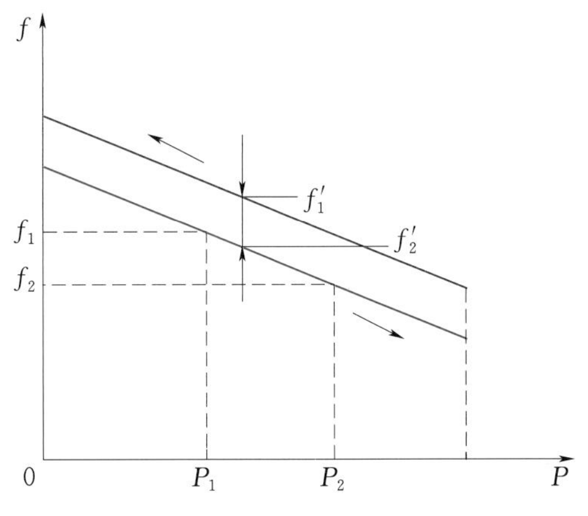

图 8.3-1 调节系统静态特性曲线

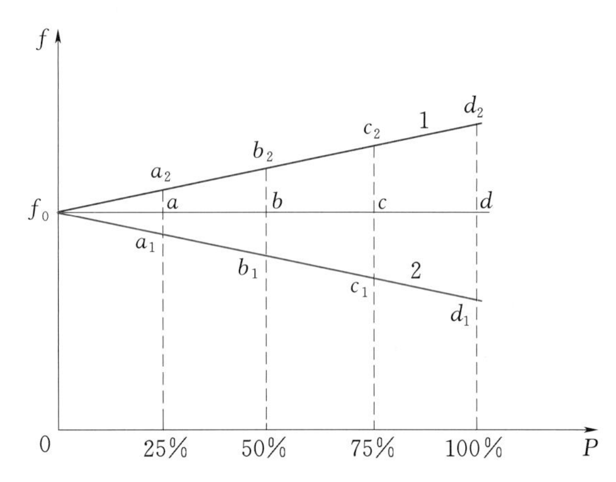

图 8.3-2 甩负荷法求调节系统静态特性曲线

8.3.2 调速器静特性试验

8.3.2.1 试验目的

通过对调速器静特性曲线的测定，确定调速器的静态特性品质，得到调速器静态特性曲线的非线性度，求出接力器不带负荷时的转速死区和接力器的不准确度，并校验永态转差系数，借以综合鉴别调速器的制造和安装质量。

8.3.2.2 试验要求

（1）试验可以在制造厂内或者在现场进行。在现场进行时，为避免导叶动作时，造成水轮发电机组动作，应通过关闭主阀等方式，使蜗壳内没有水或只有静水（尾水位较高时）。

（2）测量装置至主配压阀间的放大系数调整到设计中间值（如对于 YT 型调速器可将局部反馈的支点设在第两个孔）。

（3）暂态转差系数 b_t 整定为 0。

（4）曲线的单程测点在接力器行程 10%～95%范围内不得少于 5 个点，如果测量结果有$\frac{1}{4}$的测点不在曲线上，则此次试验无效。

（5）输入信号（转速或频率）的摆动值对于大型机组不得超过 0.02%～0.03%，对于中型机组不得超过 0.03%～0.05%，对于小型机组不得超过 0.05%～0.06%，输出信号（接力器的行程）测量的相对误差不得超过 0.5mm。

8.3.2.3 试验步骤及方法

1. 试验前的准备

（1）接好电源并检查无误。

（2）在接力器活塞杆上固定好钢板尺，装好特制的指针，并装好百分表；由于科技的进步，位移传感器的推广，大多电站采用位移传感器来测量接力器的行程。

（3）接好频率表连线（除测试过程外均需断开）。

（4）测点间隔为（0.4%～0.6%）n_r，即0.2～0.3Hz。

（5）油压正常，将软反馈回路切除，手自动切换阀处于自动位置，永态转差系数调整为6%，开限机构处于全开位置。

2. 试验过程

（1）起动变频电源，使频率达到额定值稳定。

（2）缓慢操作变频电源使频率上升，当接力器缓慢向关闭方向移动，并稳定在零位或稍大于零位（一般留2%～3%为余量），即刚刚全关或接近全关的位置上。

使频率缓慢下降，当接力器开至5%左右时停止。待稳定后测量并记录频率和接力器行程，这是静特性曲线的第一个测点。以后逐次降低频率，在稳定后再测量并记录频率和接力器行程，得到静特性曲线的其他测点。每次调低0.2～0.3Hz，直到接力器行程达到95%左右为止。

（3）反向操作变频电源，测量并记录稳定时的频率和接力器行程。但应注意第一个测点在前项试验最后一个测点的基础上，让频率稍稍再降低一点，即接力器开至97%左右，再使频率上升，到接力器关到95%左右时作为第一个测点。以后每升高0.2～0.3Hz，直到接力器接近全关为止。

（4）测试应重复2～3次，各次的测量结果应基本一致，如发现相差较大，则应查找并消除不定因素，再进行测试。

（5）单程测试中频率的上升或下降只允许单方向变化，不得因为频率变化过大等原因进行往返调整，每次单程测试的测点不得少于8个。

8.4 水轮机调速系统的动态特性试验

8.4.1 水轮机调速器动态特性及品质指标

评定水轮机调速器的调节品质，除了要搞清调速器静特性指标外，更重要的是了解其动态特性。所谓调节系统的动态特性就是指自动调节系统的调节过渡过程。

当水轮发电机处于一稳定平衡状态时，进入水轮机的能量与其输出能量是平衡的，转速保持为某一定值。此时，如果外界负荷突然减小，机组受到此外扰作用后转速就相应升高，部分多出的能量被转换为机组的动能，从而使得输入、输出之间的能量仍保持平衡。

在实际生产中，扰动作用是没有固定形式的，多属于随机性质。在分析问题和设计中，为了安全，常采用阶跃扰动形式，如图8.4-1（a）所示。

阶跃扰动作用对被调量的影响最大，是一种最不利的扰动形式，如果调速系统能很好地满足阶跃信号的扰动作用，那么其他形式的扰动也就不难克服了。

调速系统受到扰动作用后，从某一平衡状态过渡到另一平衡状态的过程称为过渡过程，其表现形式为被调量随时间的变化过程。阶跃扰动作用下，当调速器参数整定不同时的几种调节过渡过程特性如图 8.4-1 所示。

在图 8.4-1（b）中，被调量周而复始地来回摆动，幅值随时间的延长而逐渐增大，是一种发散型的周期振荡过程。在图 8.4-1（c）中，被调量作等幅振荡，称为等幅振荡过程。图 8.4-1（b）、（c）所示都是不稳定过程，工程上均不采用。图 8.4-1（d）、（e）所示两种过渡过程中的被调量经过或多或少的几次波动后就能稳定下来，属于稳定的调节过程。不过两者之间还存在程度上的不同，波动衰减的快慢也不一样。在图 8.4-1（e）中，几乎没有波动就十分缓慢地回到了新的稳定状态，而在图 8.4-1（d）中，经过了几个周期后，波动才消失。因此，仅仅从调节稳定性来看，似乎图 8.4-1（e）所示特性比图 8.4-1（d）所示特性好。但是，在衡量调节过程的品质好坏时，需要对各方面的因素加以综合分析、判断才能得出正确的结论，尽管图 8.4-1（d）所示特性的稳定性不如图 8.4-1（e）的，但是其动态偏差值却比图 8.4-1（e）的小，调节时间也比图 8.4-1（e）的短。因此，最终评定最佳的调节

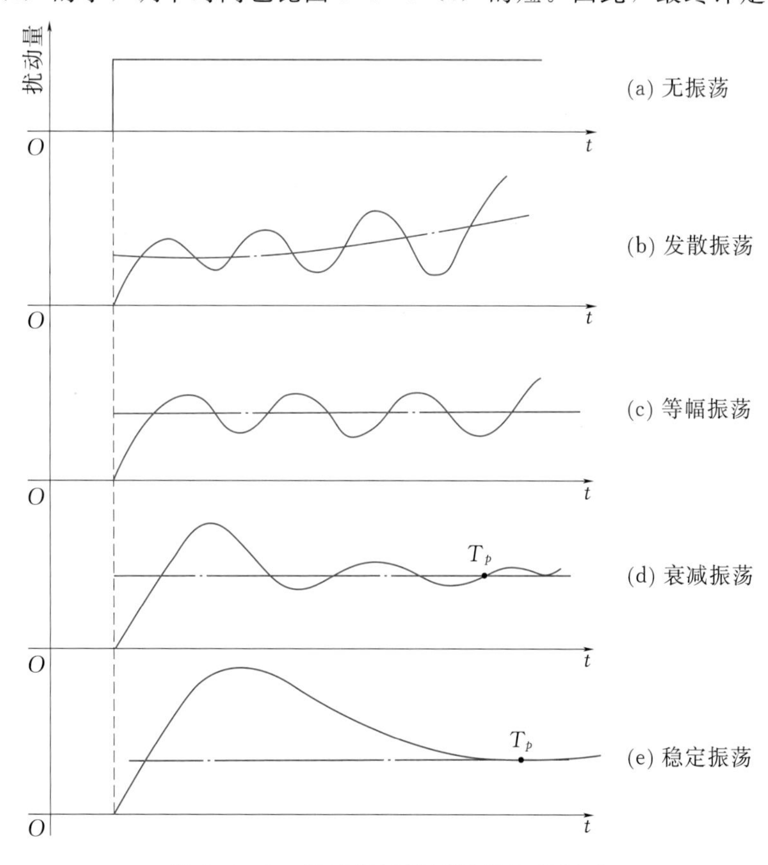

图 8.4-1　调速器过渡过程的典型形式

过程是图8.4-1(d)而不是图8.4-1(e)。

综上所述，为了评价水轮机调速系统的调节品质，一般要从调节系统的稳定性、准确性和速动性这三方面综合考虑。

(1)水轮机调速系统的稳定性。水轮机调速系统的稳定性是指调速系统的调速过程要满足一定的稳定指标。受到阶跃扰动后，转速最大超调量不得超过扰动量的30%。甩100%额定负荷后，在转速变化过程中，超过额定转速3%以上的波峰不得超过两次。此外，调速器还应保证机组在各种工况和运行方式下的稳定性。在空载工况自动运行时，机组转速摆动相对值不超过规定。

(2)调速系统的速动性。调速系统的速动性是指调速过程要尽可能短。所谓调速时间就是从扰动开始，到系统重新达到平衡状态所经历的时间。由于调速器存在死区，当被调量接近稳定值时，调速作用就会终止，所以水轮发电机组，一般取接力器的摆动值不大于全行程的1%所经历的时间为调速时间。水轮机调速器的不动时间除影响调速系统稳定性之外，对调速系统的速动性也有影响。

(3)调速系统的准确性。调速系统的准确性是指调速过程中，被调量的偏差大小程度。所谓偏差有两种：一种是调速过程中被调量第一个峰值，称之为最大偏差或者动态偏差；另一种是调速过程结束后，被调量并不回到原始稳态值，新的稳定值与原稳定值存在一定偏差，称为静态偏差。

对于按有差特性运行的水轮发电机组，应保证一定的静态偏差，这有利于改善调速系统的稳定性，并能实现各机组之间的负荷分配。但是动态偏差值过大，表明被调量偏离要求过大，暂态准确性差，这是生产上所不希望的，应尽量避免。

8.4.2 机组的过渡过程试验概述

8.4.2.1 试验的意义和目的

1. 试验意义

(1)机组过渡过程是指机组从一种状态或某种稳定工况，转变到另一种状态或运行工况的变化过程，如开、停机，调节负荷、甩负荷以及水泵—水轮机相互切换或水泵工况断电等。这类机组状态或运行工况的改变，均将引起机组各运行参数(如电气、机械、水力、力学以及调节参数等)随时间而变化。这种动态过程是区别于稳态工况的最重要的特征，也是关系到机组安全运行和电网稳定的关键。

(2)电网对机组除了要求在稳定工况下有良好的调节性能外，还要求在过渡过程中有良好的调整品质。机组的过渡过程现场试验正是考核机组(包括引水系统)的调整品质是否符合运行的要求。由于过渡过程的型式较多，一般来说各种过渡过程均应进行真机实测与考核，因而过渡过程现场试验的项目也比较多，随着运行管理水平的提高，机组过渡过程试验已逐渐成为水轮发电机组的主要特性试验。

2. 试验目的

（1）由于过渡过程尤其是事故情况下的过渡过程可能导致机组的电气或机械部分的损伤，或使机组进入飞逸工况，因此必须了解机组在过渡过程中上述各参数的变化规律及其相互关系，检验调节过程的安全性。

（2）由于水流强烈的压力脉动和水锤现象将使机组不能稳定运行，必须选择机组的最佳调节规律，消除影响机组正常稳定运行的不利因素，如位移、噪声以及空蚀等情况的恶化。

（3）验证调节保证计算值以及过渡过程闭环调节系统的动态特性，并测量作用在过流通道各断面处的水压、流量等的变化情况，以核定动态特性是否满足电网要求并保障机组安全。

（4）查明机组各部件的力特性，校核其强度和刚度，并为机组运行选择最优的调节参数。

8.4.2.2 试验工况

过渡过程试验工况基本上分为两大类：一类为正常运行工况下的过渡过程，即调速器在全部调节过程中均处于自动调节状态，机组、调速器、引水系统组成的闭环调节系统处于正常工作，机组只是从一种稳定运行工况转换到另一种稳定工况；另一类为非常运行工况下的过渡过程，由于参数波动范围过大，超过了调速器正常工作的调节量，在这种情况下调速器只能作为保护装置进行紧急操作。

1. 正常运行工况下的过渡过程试验

（1）水轮机（水泵）启动试验。

（2）水轮发电机组空载扰动试验。

（3）水轮发电机组负荷扰动试验。

（4）发电与调相、发电与抽水、抽水与调相等工况的相互转换试验。

（5）正常停机试验。

2. 非常运行工况下的过渡过程试验

（1）水轮机甩负荷（水泵断电）试验。

（2）机组进入飞逸工况试验。

（3）机组脱离飞逸工况试验。

因实际运行中有各种保护措施防止机组进入飞逸工况，在真机上一般不进行飞逸工况的试验。

8.4.2.3 机组过渡过程的主要技术要求

在由调速器、机组、引水系统、电网及用户等所构成的闭环调节系统中，为适应调节对象的要求，需随机组运行工况的改变来调整调速器的可调参数。通过不同的过渡过程试验，为机组的运行选择最佳的调节参数组合，使机组能够既快又平稳地完成其状态或运行工况的转换。调节参数组合的好坏决定了机组过渡过程特性的优劣，可用下列主要技术指标来评价。

1. 调节时间 T_p

调节时间是指自扰动信号输入开始，直到转速波动值进入转速允许的振荡幅值 $\pm\Delta n$ 所限定的范围以内的时段，即在 T_p 终了时，趋于稳定时的微小转速波动 $|\Delta B|=\Delta n$，$\Delta n=0.05B_1$，如图 8.4-2 所示。

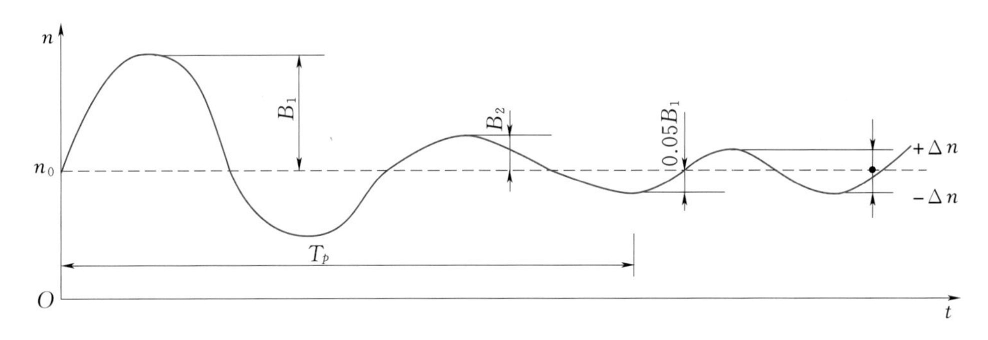

图 8.4-2 过渡过程技术要求示意图

当 $t>T_p$ 时，$|\Delta B(t)|<\Delta n$，为满足机组过渡过程速动性的要求，调节时间 T_p 越短越好。

2. 最大转速偏差 β_1 和超调量 δ

机组过渡过程中，被调节量在过渡过程开始阶段的第一个波峰与扰动后新的稳定值的偏差为最大转速偏差值 B_1。

超调量 δ 为最大转速偏差 B_1 与扰动量的比值，以百分数表示。在扰动量相等的情况下，进行超调量大、小的比较。

最大转速偏差和超调量越小越好，否则对机组过渡过程的速动性和稳定性不利。

3. 超调次数 m

所谓超调次数 m 是指调节时间内，调节量围绕新的稳定值波动的周期数。为满足机组过渡过程稳定性的要求，超调次数越少越好。

4. 衰减系数 ψ

衰减系数为过渡过程开始阶段的最初两个波峰值之比，如图 8.4-2 所示，衰减系统 $\psi=\dfrac{B_1}{B_2}$，该值应为大于1的系数，它表征调节系统的稳定性，其值的大小表示过渡过程衰减的快慢。

对不同的过渡过程和不同的被调节量，上述四个技术要求可赋予不同的具体指标，好的过渡过程特性要求调节时间短，超调次数少，超调量小，衰减速度快，但这些要求又不可能同时得到满足。因此，对不同的过渡过程应分别采取不同的调节参数组合进行现场试验，在满足主要技术要求的前提下，综合考虑其他品质来选取相应的最佳调节参数组合。

8.4.3 机组过渡过程现场试验

8.4.3.1 试验的特点与要求

（1）机组过渡工况是运行中不可缺少的或不可避免的瞬变工况，为检验机组设计、安装、检修及调试方面的综合质量，掌握机组的动态特性，一般对新投产的机组，大修前、后的机组，以及必须由真机试验来确诊某种异常或故障的机组，都必须进行真机过渡过程试验。

（2）过渡过程试验由于直接关系到运行安全，试验条件比较苛刻，特别是非常工况下的过渡过程运行一般很少发生，因此该试验通常都受到电力系统的制约。机组能否正常稳定运行，都必须通过真机过渡过程试验调整，但考虑到机组本身和引水系统等的安全和减少对电网的影响，均不宜重复进行该类试验。

（3）机组各种过渡过程的现场试验都必须在各过流部件及其控制机构、调节系统等均进行过元件和各系统的整体特性试验之后才能进行。

（4）由于过渡过程是一种瞬变工况，因此对主要参数的测试必须采用电测。对一次测试元件和转换元件、记录器等均要求动态性能好，能准确反映各参数随时间的变化过程、极值及其出现的时间，以及各参数间的相互关系。为监测和检验电测成果，对主要参数的极值常辅以目测记录，以便分析试验资料时参考。

（5）机组过渡过程的品质与调速器调整参数的组合之间的关系比较复杂，组合数很多，应尽可能以最少的试验次数来求得最佳组合。为此，应先在计算机上进行动态计算，然后从中优选几组最佳参数，再通过真机试验进行复核。

8.4.3.2 试验准备及注意事项

1. 编写试验大纲

由于过渡过程是大型综合性试验，对测试质量、机组操作都有较高的要求，而且要求试验在短时间内完成，许多试验又不允许重复，所以要求试验准备工作完善，各观测岗位配合默契。为此，一般都要求编写详细的试验大纲，大纲的主要内容应包括：

（1）试验任务。

（2）试验内容与方法。

（3）试验程序及注意事项。

（4）试验组织。

（5）试验的技术安全措施。

试验大纲由试验技术负责人草拟，由试验总指挥组织试验参加单位的有关技术人员讨论，由试验领导小组批准后印发实施，并报电网调度备案。如试验过程中需进行修改时，经试验领导小组讨论同意后方为有效。

2. 现场试验准备

（1）测试仪器、仪表等的现场标定，初估各被测参数的极值，选好示波图上各曲线的比例和位置，并使各曲线所示方向尽量符合视觉习惯。

（2）机组监控、保护系统的检查和模拟动作试验，发现问题及时处理。

（3）向中央调度室提出试验申请，并在电站运行日志上记录备案。

（4）对所有参加测试的工作人员进行试验大纲主要内容的宣讲，并提出对记录的具体要求，做到记录及时、准确，填写清晰。

（5）试验前，试验负责人到各观测岗位检查仪器、仪表是否已处于备用状态，如阀门是否打开，有否渗漏，压力测点是否排气，以及各测点的零位是否已调整好等，并对观测人员作现场观测的指导。

3. 正式试验

（1）正式试验前，试验技术负责人到各观测岗位巡回检查各观测人员的准备情况，如试验内容、观测项目、试验日期、记录人姓名，仪器、仪表初读数等是否均已填入记录表格等。试验中要巡回检查观测的正确性。

（2）根据试验工况选择适当的采集时长，在每次发出操作命令之前约10s即开始数据记录，至少记录100s，必要时可记录至过渡过程完毕。

（3）每个试验工况完后，对主要记录参数的极值、出现时间及其相互关系进行现场粗略分析。随时调整参数的记录位置和记录元件的整定值，并在示波图的首、末两端记录试验时间和试验工况、各曲线名称及试验过程中对测试参数进行调整的情况，便于试验后的资料整理和分析。

（4）整个试验结束后应及时收回各观测岗位的记录表格并进行检查核准，如发现不合格的记录或疑点应及时核实补充，必要时可申请再次试验。对测试元件进行试验后的标定、拆卸，并进行仪器仪表和现场的清理等。

8.4.3.3 试验内容、方法

因调速器系统为机组运行状态改变的命令元件和执行机构，有关机组过渡过程现场试验的具体操作方法参见调速器的动态试验各部分内容。

1. 水轮发电机组启动试验

检验调速器部件、调节系统以及机组各部件、整机在运行中的稳定情况。观察机组升速过程中有无异常现象，在空载开度能否稳定。调速器手动、自动及其相互切换时的工作状态是否正常，以及调速器在自动运行时机组是否能稳定在额定转速，接力器是否稳定在空载开度，自动起动过程是否稳定等。

（1）蜗壳充水前的模拟开、停机试验。

1）手动开、停机模拟试验。检查各项准备工作满足要求，确认检查人员退出现场后，调速器充油至额定值。将调速器置于手动位置，手动操作使接力器由全关至，全开再由全开至全关，反复动作几次，检查调速器有无卡阻现象，各种表计的刻度与实际位置是否相符，否则应重新调整。

2）自动开、停机模拟试验。完成上述手动开、停机模拟试验之后，将调速器切换到自动位置，机组自动操作回路投入。然后在控制台（室）模拟自动开、停机及远方增减负荷，整个动作程序应准确无误。试验中检查各限位开关、行程开关等电气接点的动作应可靠、准确。远方操作机构能否可靠地控制机组全开至全关，事故停机、紧急事故停机装置动作是否灵活、可靠。

如有异常应及时找出原因进行处理，以免影响机组起动或妨碍继续进行试验。为预选导叶最小起动开度，正式试验前，可根据设计值对立轴式机组所需最小起动力矩进行初步计算，即

$$M=(G+P)fr_{cp} \tag{8.4-1}$$

$$r_{cp}=\frac{2}{3}\frac{r_1^2+r_1r_2+r_2^2}{r_1+r_2}$$

式中 G——考虑浮力后的机组转动部件的重量；

P——转轮的轴向水推力；

f——静摩擦系数，一般取 0.15～0.20；

r_{cp}——推力轴承扇形瓦块的半径计算值；

r_1、r_2——推力轴承扇形瓦块的内径和外径。

随着导叶开度的加大，水轮机转轮的输出力矩也逐渐增大，当输出力矩大于摩擦力矩时，机组即开始转动，此时所对应的导叶开度即为最小的导叶起动开度。实用中，起动开度一般取略大于此最小的导叶起动开度，以保证机组能迅速旋转至同步转速。最终还是通过原型机组的现场试验，根据超调量小、起动时间短的要求来确定最优起动过程及其起动开度。

（2）蜗壳充水后的启动试验。

1）手动开机试验。检查机组完全具备启动条件后，调速器切为手动运行方式，用开度限制机构手动启动机组，并记录实际开度值。维持机组在额定转速，检查机组运行的稳定性。然后将调速器切为自动运行方式，并略放开开度限制。测量机组转速是否为额定值，如不符合，应先调整转速至符合要求。检查并记录在当时水头下的空载开度值，应比启动装置所调整的启动开度略小。再利用变速机构手动改变机组转速分别为额定转速的115％、105％、95％、90％，观察机组运行情况，并逐一校验转速继电器相应动作值。在这一过程中，应检查行程开关、限位开关的动作值。

在手动或自动运行方式下空载运行，接力器应无跳动、冲击或有规律的抽动等现象，接力器的摆度值应小于1%。记录时间不小于3min。

2）手动、自动切换试验。机组在手动空载运行一段时间，证明无异常现象时，作好自动运行的各种准备工作。将手、自动切换阀切向自动运行，再将开度限制机构迅速放开一点，此时机组转速不应发生较大的变化。再将开度限制机构压回空载开度，将手、自动切换阀切向手动运行，机组转速也不应发生较大的变化。在手动、自动切换试验中，转速摆动值不允许超过标。

3）自动启动试验。检查机组完全具备自动启动条件后，确定空载运行参数。然后由中央控制室发出开机指令，远方操作机组自动开机，同时录取转速、主配压阀、主接力器等信号（轴流转桨式机组还要增加桨叶角度信号）。机组达到额定转速后，检查开度限制是否可靠、准确。

4）机组启动过程的要求。启动时间短，噪声小，启动过程平稳便于并网，对于分段启动的机组其接力器行程折线的拐点应符合启动特性的要求，水泵启动时要求对系统冲击小；推力轴承的减载装置动作正确，轴瓦的油膜应正常形成；减少启动过程中的能量消耗。

5）启动参数选择试验。混流式水轮机组的启动特点是轴向水推力较轴流式为小，该类机组的启动特性将随运行水头而变化，应在不同水头下测试启动机组至额定转速所需的时间和机组加速度值等来优选启动参数；转桨式机组在不同水头下，还需使转轮叶片处于不同的启动角位置时，测试机组启动时的最佳导叶开度；或固定某一导叶开度而变换桨叶的安放角来进行启动参数的优选试验，以核定机组启动时参数的最佳组合关系。抽水蓄能机组以水轮机方式启动时同上，以水泵方式启动时，其过程可分为两个阶段。第一个阶段是在导叶、桨叶全闭状态下水泵由静止状态启动。一般在事先按不同水头段已核定好的启动参数基础上，实行电气启动，即在电磁力矩的作用下，机组转子开始朝水泵方向旋转，加速至同步转速，此阶段称为启动同步过程。完成造压过程后，第二个阶段是在同步转速下以一定的规律开启桨叶和导叶，使导叶开至相应于不同水头段的预定开度，水泵则由此转移至正常抽水工况，其输水流量逐渐增加至额定值则完成了水泵启动的全过程。

6）试验操作注意事项。

a. 开度限制应稍大于启动开度才能顺利开机。

b. 启动开度的大小和启动时间的长短由启动参数调整。

c. 水泵启动时所消耗的功率值，在水中启动远大于在空气中的启动，在没有主阀的机组上，由于导叶漏水，欲实现水泵在空气中启动是困难的。

7）试验记录及分析。主要记录下列参数随时间的变化过程：起动脉冲信号；导叶开度及其接力器行程，并校准其相互的线性关系；桨叶开度及其接力器行程，并校准其相互的线性关系；机组转速、摆度、振动等；转轮进、出口压力。

对不同的起动参数组合，除需考虑满足技术指标的规定外，对下列内容还需进行分析比较：导叶、桨叶滞后启动脉冲的时间，从发出启动脉冲到机组开始转动的时间，以及到达额定转速的时间；机组开始转动瞬间所对应的导叶、桨叶开度及其相应的接力器行程；导叶开度或接力器的平均开启速度，导叶的空载开度；桨叶动作终了时的安放角度、动作历时及其平均速度；机组起动时蜗壳最大压力降低值及其滞后开机脉冲的时间；泵起动完成时的扬程、造压历时，导叶刚开启时所对应的桨叶开度，以及起动瞬间的输入功率和起动过程的耗电量。

2. 水轮发电机组停机试验

机组停机过程中，由于蜗壳压力升高，而导叶后的压力却降低，使机组的作用水头增大，水轮机力矩也随之增大，但机组从电网切除后，导叶继续关闭，水轮机进入制动工况时，力矩的符号就变成负的了。轴向水推力与力矩变化相似，导叶初关时增高，而当机组转为制动工况时，却出现与原水流方向相反的（即向上的）轴向水推力，随着转速降低，负力矩和负轴向力均缓慢恢复，直至停机时为零。在导叶刚开始关闭时尾管压力稍有降低，但在导叶缓冲关闭以后尾管压力又有所升高。

（1）机组停机过程的要求。

1）检查自动加闸用转速继电器动作整定值的正确性。

2）机组停机应快速、平稳，制动段历时短，防止轴承油膜破坏。

3）防止转桨式水轮机在停机过程中协联关系遭到破坏引起机组不稳定现象；防止在关机过程中，由于出现较大的负轴向水推力而发生抬机现象。

4）防止在导叶关闭过程中，顶盖下面出现过大的真空，应对紧急真空破坏阀的动作压力进行试验调整。

（2）试验项目。

1）无水关机传动试验。按调节保证计算的要求，整定好调速器的关闭时间，利用紧急停机电磁阀使导叶开度分别从100%、75%、50%关机，观测关机过程及其关闭速度是否符合设计要求。电动操作导叶，使导叶开度从全开到全关，再从全关到全开，观测其过程对称性及过程历时，接力器有无抽动。

2）机组正常停机。

a. 水轮机工况。发出停机脉冲与电网解列后，导叶自空载位置开始关闭，桨叶滞后于导叶缓慢关闭，两者在停机过程中不再保持协联关系。导叶全关后自动投入锁锭。当机组转速降至80%额定转速以下时，桨叶又重新打开至最大开度以增加制动力矩；当机组转速低于30%（或按机组具体加闸制动要求而定）额定转速时，自动加闸制动。机组全停后冷却、润滑水切断，制动解除，机组恢复至备用状态。

b. 水泵工况。发出停机脉冲后，桨叶稍超前于导叶缓慢关闭，输入功率随桨叶关闭开始降低直至导叶关闭终了时输入功率降为零。跳闸后机组转速缓慢下降，桨叶于导叶尚未完全关闭之前，即停止关闭，以增加机组的制动力矩。待机组全停后自动恢复至备用状态。

c. 联网紧急关闭试验。机组至空载工况稳定运行，手按紧急停机装置停机，以检验停机装置的动作是否正常。

（3）试验注意事项。

1）关机过程中如未发现影响机组稳定的异常情况，一般不再调整经启动试验优选出的调节参数整定值。

2）空载工况停机时，首先在库水位较高且接力器关闭末端又无缓冲的情况下应注意钢管内的最大水压力；其次在尾水位较高的情况下应注意转轮室内的反向水推力，虽然不一定是最危险的情况，但也有可能影响压力钢管和机组的安全。

（4）试验资料及分析。

1）主要记录下列参数随时间的变化过程：关机脉冲信号；跳闸信号；加闸制动信号；导叶开度及其接力器行程；桨叶开度及其接力器行程；机组转速、各部位的摆度、振动等；蜗壳、尾水管压力。

2）列表分析。机组停机试验记录见表8.4-1，需比较下列内容：跳闸滞后于关机脉冲的时间；自动加闸滞后于跳闸信号的时间；从制动到机组停止转动的时间，直至取消制动的时间；导叶动作滞后于关机信号的时间；桨叶动作滞后于关机信号的时间；导叶、桨叶关闭历时及其关闭速度。

表8.4-1　　机组停机试验记录表

观测值	停机前	停机过程极值	停机后
导叶开度			
导叶接力器行程			
关闭历时			
桨叶开度			
桨叶滞后导叶关闭时间			
桨叶关闭历时			
桨叶重新增大到启动角时间			
蜗壳水压			
尾水管压力			
下机架水平、垂直振动			
顶盖水平、垂直振动			
水导 X、Y 摆度			

3. 水轮发电机组空载扰动试验

机组未与电网并列之前，处于自动调节状态下的空载工况，其稳定性是最为不利的。而实际运行时机组需在空载工况下与系统并列，如果其动态指标达不到要求使机组空载稳定性很差，则在并列过程中将会难以并网，或给电网以较大的冲击。为此必须通过空载工况下人为地进行扰动试验来选择调节参数的最佳组合，使机组在空载自动工况下既能满足调节过程中动态稳定性的要求，又能满足调节过程中速动性的要求。

(1) 空载扰动过程的技术要求。当机组处在空载运行时，外加±8%或±10%额定转速的扰动后，其调节系统的动态特性应满足下列要求：

1) 转速最大超调量为扰动量的20%～30%。

2) 调节时间为20～25s。

3) 超调次数为1～2次。

4) 达到新的稳定状态后，转速波动的允许值 Δn 一般为±0.2%～0.4%额定转速，或为转速最大偏差的±5%，考虑到对电力系统的影响，单机容量 h 可取较大值。

(2) 主要可调参数的选择试验。

1) 参数组合。根据调速器的类型和工作条件预先拟定好若干组参数组合，调速器的不同调节参数，如：永态（静态）转差系数（或称残留不均衡度）b_p、暂态转差系数（或称缓冲强度）b_t、缓冲时间 T_d、反馈杠杆传动比（或称局部反馈系数）a 等，以不同的组合进行扰动试验，选取最佳参数组合。一般反馈杠杆均放在中间孔的位置，而 b_p 则按机组和系统情况加以整定，试验过程中一般不再改变，如单机运行将 b_p 值整定为零即无差调节时，机组转速可不随外界负荷的变化而改变。

多机并列运行时，则根据各台机组在电网中的地位来确定 b_p 值，以保障机组运行的稳定，并合理分配负荷。b_p 取值范围为0～8%，一般取永态转差系数 $b_p=2\%\sim4\%$，机组在系统内担任基荷时取较大值，担任峰荷时取较小值。如取 $b_p=0$，在 b_t 和 T_d 为最小值时进行空载扰动试验，可以检验无差调节时调节系统的稳定性。

进行调节参数选择试验时，可先固定其他参数而顺序改变对机组稳定性影响最大的 b_t 或 T_d 值；考虑到机组运行的稳定性是保障机组安全的关键，扰动试验时 b_t 和 T_d 的取值应由大逐渐减小，即使机组由稳定到不稳定方向进行。

2) 扰动量。空载扰动试验的扰动量 Δn_0 一般规定为±4Hz或±5Hz，或额定转速的±8%或±10%，均以额定频率或额定转速为平衡点。

3) 试验的具体方法和步骤。空载扰动试验的扰动一般采用内扰方式，电调可通过频率给定装置，在频率给定为50Hz，机组运行在空载转速下，突增（或突减）4Hz的扰动量；机调通过速度调整机构与开度限制机构、自动、手动切换阀等配合进行。例如机调做上扰时，可通过开度限制机构使机组保持50Hz（即额定转速）运行，然后将速调机构整定到+8%，突然放开限制机构，机组转速上升，下扰时，当机组稳定在空载转速时，将手动、自动切换阀切向手动。速调机构整定为−8%，然后自动、手动切换阀迅速切向自动，机组转速下降。

转速超调量的求取如图8.4-3所示，其计算公式为

$$\delta=\frac{\Delta f_1}{\Delta f_0}\times 100\% \tag{8.4-2}$$

式中 Δf_1——转速变化过程中第一个振幅值；

Δf_0——实际的转速扰动量。

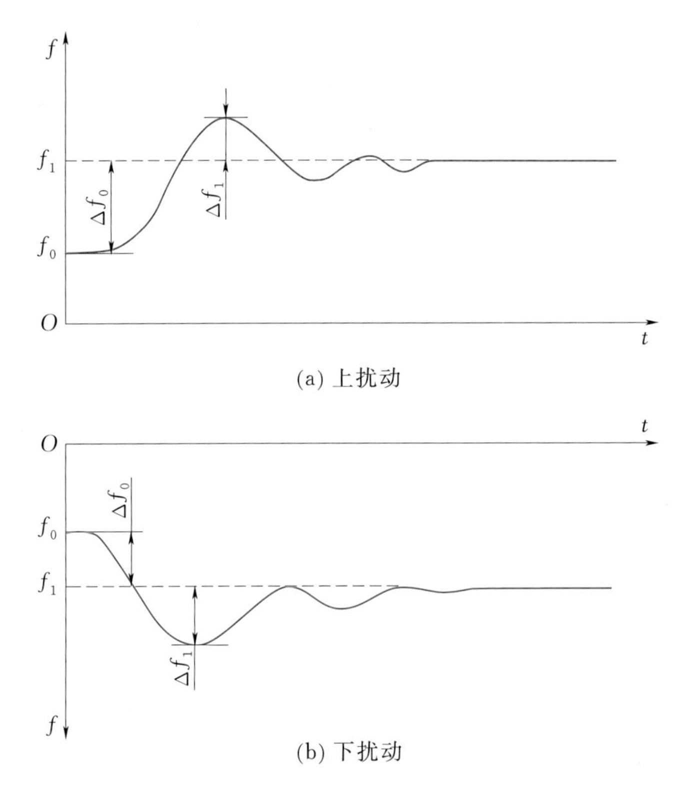

图8.4-3 转速超调量的求取示意图

（3）试验注意事项。

1）每完成一组试验，应及时进行分析对比，随时掌握机组动态过程的变化规律和趋势，以期尽快地满足试验要求而减少试验次数。

2）对已试验的调节参数组合，具体地分析它们对调节品质的影响，从中选取调节时间最短、超调次数最少、超调量最小和波动过程衰减得最快的参数组合，当这些要求不能同时满足时，可根据具体情况有所侧重地确定空载运行时的最佳参数。

3）对筛选出的最佳空载参数还需再进行一次复核性试验，并以试验来验证在该组参数邻近区域机组都能保持稳定。

（4）主要测试参数及其分析。记录下列参数随时间的变化过程：扰动信号、扰动量、转速、接力器行程、主配压阀行程。空载扰动试验记录见表 8.4－2。

表 8.4－2　　空载扰动试验记录表

观测部位		试验次数						备注
		1	2	3	…	$n-1$	n	
组合参数	永态转差系数 b_P/%							
	暂态转差系 b_t/%							
	缓冲时间 T_d/s							
	局部反馈系数 a							
频率（转速）变化情况	扰动量/%							
	扰前值/Hz							
	最大（小）值/Hz							
	超调量/%							
	扰后稳定值/Hz							
	调节次数/次							
	调节时间/s							
接力器变化情况	扰前行程值/mm							
	最大（小）值行程/mm							
	扰后稳定行程值/mm							
试验记录								

4. 水轮发电机组负荷扰动试验

由于过渡工况不同，对调节参数也有不同的要求，如空载运行时对稳定性的要求较高，而带负荷运行则对速动性的要求较高。实现空载参数和负荷参数的自动转换对电调来说很容易，但对于机调来说却无法在运行中实现两组参数的转换。因此，为了适应系统负荷变化的需要，需在空载扰动试验的基础上再进行若干组参数的负荷扰动试验，负荷扰动不是也不可能改变机组真实的外界负荷，而是利用调速器的控制机构改变指令信号的整定值，来观测机组在带负荷运行工况时的动态特性，即调速系统的稳定性和负荷调整及频率恢复的速动性，并由此来确定带负荷工况下调速器的最佳调节参数组合，以便同时取得空载工况和负载工况比较满意的一组最佳调节参数。

（1）负荷扰动过渡过程的技术要求。由于系统频率基本不变，主要是凭借接力器的动态过程来评价过渡过程的优劣。

1）接力器的移动速度越大越好，这样负荷能快速调整。

2）超调量或接力器的最大偏差越小越好。

3）调节时间短，调节系统能快速稳定，过渡过程越短越好。

4）波动次数越少越好，或以非周期型和单调无超调量的过渡过程特性为优。

5）达到新的稳定后，维持系统频率的精度越高越好。

（2）负荷扰动试验方式。根据机组运行方式和调速器型式的不同，将采用不同的负荷扰动方式，见表8.4-3。

表8.4-3　　不同负荷的扰动方式

运行方式	扰动方式	优缺点
容量较小的机组单机带电阻负荷运行时	利用水电阻可实现负荷的突增或突减	方法简单扰动；容易控制
在独立的小系统内担任地区负荷，多机并列运行时	利用负荷转移方式实现负荷扰动受试机组带小负荷运行；系统内其他机组不参加有功功率的调节，只带固定负荷并切手动运行，而将其中的一台机组切为自动运行并突然增负荷或突然减负荷。此负荷的变动由受试机组承受	改变了受试机组的外部负荷，实现了真实的负荷扰动；以转速过程线来衡量调节品质，应尽量减小转速最大偏差值
大电网或单机容量占系统容量比重较小时	利用电调的频率或功率给定进行负荷扰动	只能以导叶接力器的过程线来评价调节品质；电调操作简单，但难以保证每组参数试验时其操作速度和扰动量都相同
	利用机调的变速机构或开度限制机构进行负荷扰动	机调扰动便于控制且扰动速度快，但操作比较麻烦

（3）试验注意事项。

1）在保证机组稳定的情况下，应尽量将缓冲时间 T_d 和暂态转差系数 b_t 调小一些，以提高负荷变更过程的速动性。

2）综合考虑引水系统和机组运行的稳定性，通过负荷扰动试验找出机组增、减负荷时的最佳速度；增负荷的速度以压力管道中不出现真空为上限；减负荷的速度以压力管道中不出现总压力大于管道允许压力为上限。

3）为提高负荷变更的速动性，机组并入系统后一般要切除缓冲器。试验时可用不同的调节参数组合进行。

4）调压井水位的变化速度是在导叶开启或关闭终了时才达到最大值，其涌浪极值应不超过设计值。

（4）主要测试参数及其分析。记录下列参数随时间的变化过程：扰动信号；扰动量；机组转速；机组功率；接力器行程；主配压阀行程；钢管、蜗壳水压，尾管水压；机组流量。负荷扰动后机组的调节过程可分为下列几类：

1）第一类，波动过程。其特点是波动次数多至6～7次，超调量大、调节时间长，当运行缓冲参数整定在较大位置时，将发生类似等幅值的长时间振荡。

2）第二类，微振过程。其特点是波动0.5～1.0次，过渡过程品质较好。

3）第三类，无波动过程。其特点是调节时间短，调节速度快。

4）第四类，无超调缓慢过程。其特点是在整个调节过程中快速经过一次微小波动后，接力器过程线在扰动方向一侧缓慢开启或关闭，最后趋向稳定值，虽无超调量但调节时间较长。

其中以第二类和第三类的调节过程为最优。

根据实测示波图可计算出功率和接力器位移的超调量、调节时间、水锤值和接力器移动速度等调节品质指标。按下列内容优选负载工况下的调节参数：

1）主接力器在过渡过程中的波动次数、超调量、滞后时间等均在允许范围以内。

2）最大频率偏差应在电能质量指标规定范围以内。

3）总的调节时间不超过空载扰动试验所规定的技术指标。

5. 甩负荷试验

甩负荷工况是较少发生的，但在实际运行中甩负荷是难以避免的。以调节过程而言，甩负荷不同于一般的负荷调整。在负荷调整的整个过渡过程中，机组均处于自动调节状态；而甩负荷时调速器的有关元件如飞摆、主配压阀等均达到了最大的极限位置，调速器相当于保护装置使机组立即关闭，直至转速降至额定转速附近时才进入自动调节状态。由于这种工况使机组和引水系统均处于最恶劣的运行状态，对机组和引水系统的影响最大，直接关系到电厂的安全。所以在新机投产或机组大修后都必须进行这项试验，以检验水轮机调节系统的动态特性，检验调节参数的整定是否满足调节保证计算的要求。

（1）试验目的。该试验是校验调节系统动态特性的主要项目之一，其目的如下：

1）检查调速器参数及各机构的整定，在甩负荷时，其调节过渡过程品质应符合标准。

2）能否满足调节保证计算的要求。调节保证计算是指在设计阶段对甩负荷时过渡过程的最大转速上升值和蜗壳最大压力上升值的计算，以及尾水管真空度的计算。通过计算，其主要目的是要确定导叶的直线关闭时间。以避免甩负荷时因导叶关闭过快造成的最大压力上升值过大，引起压力钢管爆裂等灾难性事故发生。或因导叶关闭过快造成转轮室以后的流道脱流，使转轮室形成真空，当真空达到一定程度，尾水管的水会在真空作用下反向流动，形成一股强大的回流冲击转轮，甚至把转轮及整个转动部件抬起，造成所谓的抬机现象，破坏机组转动部件与基础部件的配合部位，严重影响机组寿命。也避免因导叶关闭过慢造成机组转速上升过大，引起机组强烈振动，对导轴承造成极大的破坏，甚至影响到机组的强度、寿命。

（2）试验标准。GB 8564—2003《水轮发电机组安装技术规范》的规定如下：

1）校核导叶接力器紧急关闭时间。蜗壳水压上升率及机组转速上升率均不应超过设计规定值。

2）甩100%额定负荷后，超过额定转速3%的波峰不得超过两次。

3）从机组解列开始，到不超过机组转速摆动规定值为止的调节时间应符合要求。

4）甩25%额定负荷时，主接力器不动时间应符合设计要求。

（3）试验内容。和前面几种试验一样，试验前应做好仪器、仪表以及人员的准备工作，对于甩负荷试验来说，更重要的是对过渡过程中可能达到的极值要做到心中有数。

甩负荷过渡过程的特性不仅取决于水轮机特性、压力管道特性，而且还与调节机构即导叶和桨叶的运动规律有密切关系。为选择调节系统最合理的调节时间和调节规律，保障机组在实际运行中进入上述调节过程时，其压力和转速变化均不超过允许值，就必须进行真机过渡过程试验。正如前述当机组调节系统进入大波动的情况下，对机组本身和电力系统的安全都是有影响的，为此必须尽量减少真机这类过渡过程试验的次数，尤其是新投产的机组。一般真机试验之前，应粗略进行调节保证计算，以选择调节时间，为在一定条件和导叶关闭规律情况下的真机调节时间的整定提供参考。调保计算分别在设计水头、最大水头下甩全负荷工况下进行，根据不同的调节时间和调节规律，计算出减负荷时的最大转速上升、最大蜗壳水压上升、最大尾水管真空度等，以确定导叶接力器的关闭时间及其速度。

甩部分负荷时，由于导叶关闭时间并非与导叶起始开度成正比，对于小的起始开度因流量变化小，并且导叶的关闭时间有可能比甩全负荷时的关闭时间还长，则所产生的压力升高也较小。而速率升高因受水轮机飞逸特性的影响，一般也不超过甩全负荷时的数值，突增全部负荷的可能性在实际上是很少的，因此均可不予考虑。

甩负荷试验必须事先征得电网调度的同意，在电网调度安排的时间内进行。机组并入系统处于自动调节状态，带上预定的负荷稳定后，投入试验录波器约10s即操作发电机出断路器，使机组瞬间与电网解列，负荷突然甩掉，记录其动态特性直至达到空载稳定运行即停止录波，然后逐个分析每个参数的动态过程及其相互关系，并对顺序甩较大负荷时的过渡过程进行测试量极值的预计，作好相应的准备和紧急停机等保护措施。

（4）试验注意事项。

1）甩负荷试验必须在空载扰动、负荷扰动试验后，机组保护如过速保护、电气保护，水轮发电机组保护等装置已完全整定好，并投入工作的情况下才能进行，最好在充水的情况下先进行一次模拟试验，并在甩负荷前、后对机组进行全面检查，以确保机组安全。

2）甩负荷前应先记录好稳定工况各参数值。甩负荷值应由小到大，如从25%、50%、75%、100%逐次进行，每次甩负荷后都应分析有无异常现象，若发现问题应及时调整关闭时间或其他调节参数，处理好以后再重复该次试验。然后按预先拟定的顺序进行下一次甩负荷试验。

3）为了精确测量接力器的不动时间，最好用定子电流作为跳闸信号。

4）对转桨式水轮机（包括轴流定桨、斜流可逆式、贯流式等机组）甩负荷至导叶关闭终了时，顶盖下方产生了真空，转轮室内产生的真空更高。导叶关闭越快或转速越高，桨叶开度越大时，完全真空的区域就越大。此时正向水流的连续性遭到破坏，而尾水将以很快的速度流向真空区域，该反向水流在流动过程中即可产生强烈的“反水锤”而可能抬起机组，应预先检查所有防抬机装置是否处于自动灵活状态。

5）一般转速最大上升值发生在设计水头下甩满负荷时，水压最大上升值发生在最高水头下甩满负荷时。但对于高水头下甩小负荷而导叶又关闭极快时，则有可能使蜗壳所承受的绝对压力值较高，应予以充分的重视。

（5）试验结果分析。

1）主要记录下列参数随时间的变化过程：定子电流（作跳闸信号）、机组转速、蜗壳进口水压、导叶开度及接力器行程、桨叶开度及接力器行程、功率、尾水管进口水压、机组各部位的振动和摆度值。

2）测试仪录制的波形。如图8.4-4所示为国内某电站一台轴流转桨水轮机甩100%额定负荷时录制的波形图，图中显示的是甩负荷过程中转速、接力器行程、蜗壳水压、尾水水压的变化过程。图8.4-4中的跳闸信号由于选择的断路器开关接点不合适，跳闸时间略滞后于断路器真实跳闸时间，建议有条件的电站做该试验时，跳闸信号采用定子电流消失作为脉冲信号。

试验过程中，为同时满足水压上升和转速上升均不超过允许值的要求，需要根据每次甩负荷的实测情况，及时调整导叶关闭时间，若延长导叶有效关闭时间，则速率上升增加，水压上升减少，否则反之。然后继续按原定试验程序进行试验，直到满意为止。

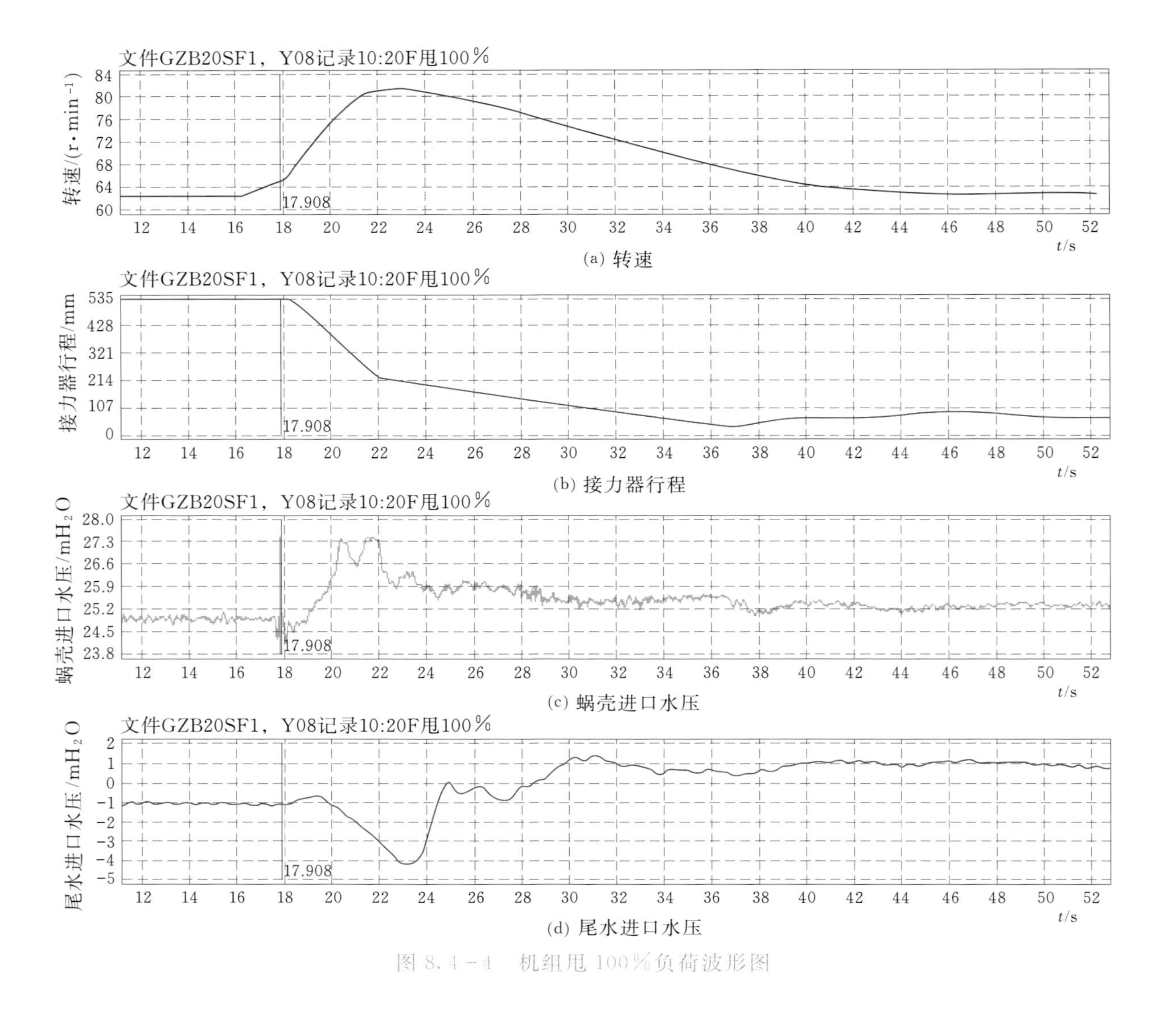

(a) 转速

(b) 接力器行程

(c) 蜗壳进口水压

(d) 尾水进口水压

图 8.4-4 机组甩 100%负荷波形图

3）确定最佳关闭规律时，对甩负荷过渡过程的优劣可用下列因素综合判断。

a. 转速最大升高相对值 β

$$\beta=\frac{n_{\max}-n_0}{n_r}\times 100\% \tag{8.4-3}$$

式中 $n_{\max}$——甩指定负荷过渡过程中机组最大瞬时转速；

n_0——甩负荷前的转速稳定值；

n_r——机组的额定转速。

b. 水压最大上升相对值 ξ

$$\xi=\frac{P_{\max}-P_1}{P_1}\times 100\% \tag{8.4-4}$$

式中 $P_{\max}$——甩指定负荷过渡过程中，蜗壳进口表计压力的最大瞬时值；

P_1——甩指定负荷后，蜗壳进口表计压力的稳定值。

实际上引水系统最大正水锤值发生在蜗壳末端而不是蜗壳进口（一般蜗壳末端的绝对压力较小，也未设测压点），其出现时间依机型和关闭规律的不同而有所区别。

4）分析水压脉动幅值、持续时间及向上轴向水推力等。

5）列表分析甩负荷试验记录，对超标的参数进行调整。

8.4.4 过渡过程常见故障及其处理

8.4.4.1 机组启动异常

1. 原因

（1）润滑或冷却器漏水或水源中断，使轴承温度急剧上升。

（2）轴承油槽严重甩油，使油面急剧下降。

（3）机组振动、摆度以及水压脉动过大，危及机组安全。

2. 措施

（1）停机检查及时处理。

（2）进行试验分析，调整调节规律以消除异常现象。

8.4.4.2 空载扰动过程中出现大波动

1. 原因

（1）暂态调差率和缓冲时间常数偏小。

（2）调节参数组合不佳。

2. 措施

（1）用开度限制机构手动将导叶开度压回至空载开度。

（2）逐项变更调节参数。

8.4.4.3 甩负荷后接力器的大幅度摆动

1. 原因

（1）导叶与桨叶的协联关系不稳定。

（2）调节系统不稳定。

（3）缓冲强度不够。

（4）中间接力器跳动。

2. 措施

（1）重新调整协联关系。

（2）调查中间接力器、缓冲机构是否正常，如有异常，进行处理。

（3）改变缓冲强度观察其效果。

（4）消除主配压阀的跳动。

8.4.4.4 抬机

1. 原因

（1）甩负荷后，由于导叶迅速关闭，使导叶后的压力急剧降低而出现真空，水流连续性遭到破坏。脱离转轮的这股水流由于惯性下泄时，却受到下游侧水压作用的制动，尾水管内产生反向加速流动，与旋转着的转轮相撞而产生反水锤，使转轮下面的压力突增，称之为反水锤式抬机。

（2）甩负荷过程中机组进入水泵工况区，或不压水调相时，作用于叶轮的轴向水压力和水力矩均改变方向，当负的轴向水压力不小于机组转动部分的重量时，称为水泵升力式抬机。

（3）断电时导叶紧急关闭，转轮室的压力和尾水管的压力同样突增，而钢管部分却出现最大水压下降，机组转速下降，机组有上抬现象。

2. 措施

（1）采用真空破坏阀补足气量或在甩负荷时向转轮室内补进压缩空气。

（2）合理选择导叶关闭规律。采用分段关闭，尤其在导叶关闭接近终了时，应减慢其关闭速度，但却延长了起动过程，对机组快速起动不利，应综合考虑。

（3）在甩负荷过程中不关闭桨叶以便更快地制动，且由于转角较大使反向水流进入转轮叶栅时的绝对流速减小，以减小负轴向水推力。

（4）如无反推力轴承，则应采用其他防抬机装置，如限位块等。

8.4.4.5 过渡过程中的强水压脉动

1. 原因

（1）导叶、桨叶不协联。

（2）水轮机起动及水轮机或水泵停机时桨叶转角过大。

2. 措施

（1）对于水轮机甩负荷工况，如果压力钢管或者蜗壳内产生强压力脉动，可采取以下措施：

1）在导叶关闭过程不变的情况下，加速桨叶关闭过程，以便在机组达到最高转速时，桨叶角度已经较大的减小，这样可在水轮机达到最高转速以后的降速过程中，水轮机进入水泵工况时，减少了水泵对正向水流的制动作用，从而减轻了压力脉动。

2）不改变桨叶关闭规律，延长导叶关闭时间，使最高转速点往后移，即在桨叶转角较小的情况下进入水泵制动区，这种措施将造成转速的更大升高，慎用。

（2）如果出现尾水管压力脉动引起机组强烈振动，可在导叶二段关闭的条件下，适当缩短拐点前的时间，延长拐点后的时间，这样可使压力钢管内水压有可能增加，却缩短了尾管压力脉动的时间，其幅值也会有所减小。

第9章

水轮发电机组效率试验

9.1 概　　述

9.1.1 试验意义

水资源的优化利用以及水电站的经济优化运行目前越来越得到重视，水轮机效率作为水电站运行中的重要指标，也得到了更多的关注。

随着水轮机制造业水平的整体提高，一般新投产的大中型机组最高效率可达到95%（含发电机），老机组经技术改造之后也可以接近这一指标。然而，在目前已经投入运行的机组中，只有20世纪80年代末期以后投产的机组效率普遍高一些，大部分老机组特别是中小型机组受到当时设计水平的限制，水轮机效率较低。特别是有的机组长期处在低效率区运行，严重影响机组效率的发挥，同时还可能造成严重的振动和空蚀破坏。因此，充分地挖掘机组的内在潜力，提高发电效率，降低发电成本，延长机组寿命，是十分必要的。

为了充分利用水力资源，提高水电站的经济效益，需要对现有运行机组实际运行效率进行测量，掌握运行工况对水轮机效率的影响规律，这就是水轮发电机组效率试验所要完成的任务。通过效率试验，可以实测出水轮发电机组的动力特性曲线，为水电站优化运行和技术改造提供可靠的技术保障，并指导水电站实行经济运行。通过效率试验还可以为检验水机理论、计算方法，鉴定制造质量和安装质量提供可靠的依据，为更经济有效地利用我国水力资源积累丰富的数据资料。

水轮机效率试验的目的大体如下：

（1）测量水轮机的效率特性。根据水轮机效率试验可以绘制出机组在不同水头下的实际效率曲线，即水轮机效率与出力的关系曲线、流量与机组出力关系曲线以及机组出力与耗水率关系曲线等。将实测的效率特性曲线与模型试验换算来的效率特性曲线进行对比，就可以检验水轮机组是否达到机组制造厂家的效率保证值，这是投产机组现场验收试验的一个重要组成部分，也是改进转桨式水轮机协联关系的主要依据。

（2）确定水轮机的运转特性曲线。对电网而言，负荷分配取决于这台机组或这个电站的动力特性。通过水轮机的效率试验可以绘制出机组实际运转特性曲线，为水电站经济运行提供数据支持。

（3）校准蜗壳差压流量系数。水轮机的过机流量测量一直以来是一个复杂的工作。在效率试验中可以通过比较法校准蜗壳差压流量系数 K 值，相同水力模型水轮机的过机流量便可用蜗壳流量计进行测量，从而大大简化了水轮机测量流量的工作。

（4）提供水轮机的其他相关特性。水轮机效率特性往往与水轮机的振动、空蚀、压力脉动等特性相关，因此在研究机组这些特性时可以参考其效率特性来分析，有必要时可与效率特性同时测量。

9.1.2 试验原理

1. 水轮机效率的测量与计算

按照物理学的概念，一个机械设备的效率是有用功（功率）与总功（总功率）之比，或者描述为输出功率与输入功率的比值。对于水轮机而言，即为水轮机轴功率与水流功率的比值。由于要测准水轮机轴功率难度太大，因此在原型效率试验中一般采用测量水轮发电机出力的方法，即

$$\eta_M = \frac{N_g}{N_t} \tag{9.1-1}$$

式中 η_M——机组效率，%；

N_g——发电机输出功率，kW；

N_t——水轮机轴功率，kW。

测得机组效率 η_M 后，通过查询发电机的效率特性曲线，可以得到发电机的效率 η_g，水轮机的效率 η_t 的计算公式为

$$\eta_t = \frac{\eta_M}{\eta_g} \tag{9.1-2}$$

式中 η_g——发电机效率。

因此，进行水轮机的原型效率试验，实际上是测量水轮发电机组的效率，然后求得水轮机的效率。

水轮机输入功率的计算公式为

$$N_t = \frac{\rho g Q H}{1000} \tag{9.1-3}$$

式中 ρ——水的密度，kg/m^3；

g——电站所在地重力加速度，m/s^2；

Q——过机流量，m^3/s；

H——水轮机工作水头，m。

耗水率 ε 的计算公式为

$$\varepsilon = \frac{Q}{n_g} \tag{9.1-4}$$

2. 测试内容

为了测量水轮发电机组的效率，需要测得发电机的输出功率（电功率）、过机流量和水轮机工作水头。流量测量的方法很多（详见本章第3节）。水头的测量也用间接方法测量，根据伯努利方程用水轮机进出口两个断面的总能头之差可求得水轮机

工作水头。因此，需要测出水轮机进出口两个断面的高程差、压力差和两个断面的水流流速值。

通过效率试验还可以测得引水管路水头损失的特性和机组的一些特征参数。为此，一般除了需要测量发电机有功功率和水轮机流量值外，还需要测量上游水位、下游水位、水轮机进口断面压力和流速、水轮机出口断面压力和流速、水轮机进出口断面测压仪表中心高程差以及导叶开度、接力器行程、发电机功率因数、频率、无功功率等等。

9.1.3 试验方法

水轮发电机输出功率的测量可采用直接测量的方法（如三瓦特表法、双瓦特表法、三相功率表法等）。在效率试验测量的各项参数中，流量测量的工作量最大，流量的测量方式直接决定了试验的规模和性质，因此效率试验方法以试验中流量测量所采用的方法为依据进行分类，主要包括：超声波法、流速仪法、蜗壳差压法、水锤法、示踪法、相对法、毕托管法等。由于水电站引水系统不同、水头高低不同、水轮机类型不同等，每种试验方法所适用的电站类型也不同，各种试验方法的试验条件及优点、缺点见表 9.1-1。

表 9.1-1　　水轮机效率试验方法列表

试验方法	试验条件	优　点	缺　点
超声波法	测量断面上的流速分布要均匀；需要长 $2d$（压力钢管直径）平直钢管，不同声道要求不同	操作方便，试验工作量小，便于检测	安装精度要求太高，现场校准困难
流速仪法	适用于直径 1.4m 以上的压力钢管中，要求压力钢管的等径直线段长 $25d$（管径）；测量断面平均流速应大于 0.4m/s	方法及测试工艺成熟完善；适用水头范围宽；不受电磁、温度及其他影响，性能稳定	试验设备拆装需在停机无水情况下进行，且试验工作量大
蜗壳差压法	需要准确确定流量系数；试验机组具有蜗壳装置	仪器简单、测量方便，应用广泛	流量系数确定复杂，须在原型效率试验中进行
热力学法	适用于水头在 100m 及以上的高水头水电站。水头越高，测流的精度也就越高。不适用于有空蚀现象和需要补焊的机组	可直接测量效率，不需测量流量，不需要停机停水甩负荷；测量工作量小，数据计算工作量也小	使用范围窄；所需的仪器设备复杂且价格昂贵；只能测量水轮机效率，不能测流量
水锤法	适用中高水头水电站；引水管道须等径或收缩	测量方便，试验工作量小	测量时精度受振子影响较大

续表

试验方法		试验条件	优点	缺点
相对法		具备产生差压的部件，其差压值与流量关系稳定	应用范围广	测量精度低，只适用于测量相对效率
毕托管法		适用于直径2m以下的封闭管道中，要求测量断面上游侧等径直管段不小于引水钢管直径的10倍	试验装置简单，易于实现	校准困难，不适用大管径测量
示踪法	浓度法	适用于压力管道和明渠，水头范围广，可用于流道不规则，流速分布很不均匀的场合，但流道不得存在逆流和环流现象	可用于流道不规则、流道几何参数无法确定、流速分布极不均匀的场合	设备复杂，精度要求严格，试验费用高；示踪剂选择困难
	积分法	水头范围广，适用于不存在逆流或环流的渠道侧流	可用于流道不规则、流道几何参数无法确定、流速分布极不均匀的场合	设备复杂，精度要求严格，试验费用高；示踪剂选择困难，使用面窄
	传输时间法	适用于具有一段较长的流速分布均匀的引水管道	满足大流量测量的要求	专用设备多，要求高，费用大；试验复杂，试验过程长，安装量大

试验方法要结合考虑试验的适用范围、测量精度、试验成本、工作量、难易程度等综合因素，择优选取。

试验条件如下：

(1) 被试机组的电气、机械部分均应调整好，没有事故隐患，其附属机电设备工作正常。

(2) 水轮机过流部件及引水道的表面应光滑，无任何凸出部分扰动水流。

(3) 调速器工作正常，没有任何不稳定现象，传动机构上死行程调至最小。

(4) 水轮机转轮叶片及其他过流部件的空蚀破坏部位应补焊、修磨完好。轻微空蚀破坏部位，应将该部位进行观测记录或拍照。

(5) 试验时系统频率必须为额定值，其偏差不得超过±0.2Hz。

(6) 试验时应尽量使发电机功率因数为额定值，其偏差不得超过±0.01，有条件的最好保持 $\cos\varphi=1$ 运行。

(7) 试验全过程中水头应尽量保持稳定，其偏差不得超过平均水头的±2%。

(8) 测试工作应在机组各部轴承温度稳定后进行。

(9) 试验过程中工况点的调整用导叶开度限制机构手动操作，同时要严格遵守导叶开度只能单方向变动的要求，不得来回调整。

（10）被测值的读数必须在机组的机、电、水三部分均稳定的条件下进行（一般要求水头波动在±0.5%以内、功率波动在±1.5%以内、转速波动在±0.4%以内）。一般要在导叶开度调整后10～15min，功率与功率因数均稳定的条件下进行。

（11）为了求取被测值在小波动下的平均值，至少进行5次读数，每次读数间隔不少于1min。

（12）试验工况点的选择应以厂家所提供的效率特性曲线（或运转特性曲线）作为参考。一般地说，在小开度低效率区可以每隔全开度的10%取一次，在中开度区应每隔全开度的5%取一次，在大开度高效率区每隔全开度的2.5%取一次。

（13）试验全过程中的最大开度测点要越过该机组的最高效率点。

（14）应尽量避免在冰雪融化期或山洪暴发期做试验。

（15）反击式水轮机尾水位在试验过程中不低于设计值。

试验条件是试验取得成功和达到应有测量精度的前提，若某些试验条件不能满足，则试验的测量精度就可能降低。

9.1.4 测点的设置

9.1.4.1 测点概述

（1）流量测点。由于试验方法不同，流量测点的个数、形式也各不相同。

（2）水轮机进口断面压力测点。位于蜗壳进口处，装置标准压力表或压力传感器。

（3）水轮机出口断面压力测点。位于尾水管出口处，装置测压水位计，标准压力表或压力传感器。

（4）导叶开度测点。从调速器柜或计算机监控系统获得。

（5）接力器行程测点。导水机构接力器的位移传感器引出。

（6）上游水位测点。设在进水口附近或压力前池上，一般利用现有的水位计进行测试。

（7）下游水位测点。设在尾水出口附近，一般利用现有的水位计进行测试。

（8）蜗壳压差测点。从蜗壳内外侧引出的测压管，一般布置在水轮机层的墙壁上。此处需装置水银差压计或差压传感器。

（9）有功功率测点。一般设在机旁盘附近，测量发电机母线功率。由于测试方法不同，装置表计也不相同，详见9.2节。

（10）功率因数测点。一般设置在机旁盘附近，安装有精密功率因数表计。

（11）频率测点。设置在机旁盘附近，安装有精密频率表。

9.1.4.2 测点设置的一般原则

由于厂房结构、机组机型的不同，导致效率试验方法有所不同，不同电站、不同机组测点的设置也不完全相同。测点设置的一般原则可归纳为：因地制宜、就近、集中、干燥、安全。

（1）因地制宜。根据厂房结构、机组机型和试验方法的特点，进行妥当的设置布局。

（2）就近。测试点的设置尽可能靠近被测的设备，以防止长距离接管拉线。

（3）集中。考虑到工作照明和指挥信号的设置不宜过多，考虑到各个工作面的互相照应，测点应适当集中。

（4）干燥。有的测试仪器仪表有防潮的要求，测试人员工作环境也应尽可能得到改善，测点应尽可能设置在干燥的地方。

（5）安全。测点设置场所应避开交通要道、楼梯口拐弯处、高压设备附近以及其他危险或不安全的地方。若不可避免，则应加强安全防护措施，以确保测试人员人身和测试仪器仪表的安全。管路沿程与引线走向都要以不妨碍交通、安全为原则。

9.2 水头和有功功率的测量

9.2.1 水头测量

9.2.1.1 水头的计算基础

水流能量有三种表现形式；势能、动能与压能。水流的势能也称为位置水头，水流的动能也称为速度水头，水流的压能也称为压力水头。水流能量守恒定律由伯努利方程确定，伯努利方程是水头计算的基础。

水流在水轮机及其引水流道中，由于流道的大小、形式发生变化，上述的三种能量之间也起相应的转化。无论能量的形式和数值如何转化，若无水头损失，总水头值总是保持不变。利用流道形式的变化，使得不同类型的水轮机用不同的能量做功。反击式水轮机是利用水流的压能与动能做功，而冲击式水轮机则仅利用水流的动能来做功。

9.2.1.2 水头的测量方法

电站水头是由测量上、下游水位值后相减而得到的。水轮机工作水头根据伯努利方程由位置水头、压力水头、速度水头的相应值计算而得到的，如图 9.2-1 所示。水轮机工作水头是水轮机进口断面（2—2 断面）总水头与尾水管出口断面（3—3 断面）总水头相减后而得 [式（2.2-5）]。对水轮机进口断面压力水头和位置水头测量时，应测量水轮机进口压力表或压力传感器的中心高程和压力值并换算到以“Pa”为单位的压力水头。而所有速度水头的测量均以该断面的流量除以面积求得平均流速值后，再与相应的速度分布系数计算而得。断面平均流速的计算式为

$$\bar{v}=\frac{Q}{F} \tag{9.2-1}$$

式中 $\bar{v}$——断面上水流速度的平均值，m/s；

Q——通过断面的流量，m^3/s；

F——断面面积，m^2。

断面面积 F 值，对于水轮机进口断面是水轮机进口断面面积，对于尾水管出口断面是尾水管出口断面面积，均为实测尺寸。

综上所述，除了测量高程和测量计算面积外，求取水头值的问题可以归结为水位测量、压力测量、流量测量。

9.2.1.3 水轮机工作水头的测量

针对水轮发电机组效率试验的实际情况和测量方式，将求取水轮机工作水头的公式按不同型式的水轮机进行变换。

（1）反击式水轮机，如图 9.2-1 所示，有

$$H=A_2-A_3+10(G_2-G_3)+\frac{\alpha_2 v_2^2-\alpha_3 v_3^2}{2g} \tag{9.2-2}$$

式中 A_2——蜗壳进口处压力表（或压力传感器）的中心高程，m；

A_3——尾水管出口处压力表（或压力传感器）的中心高程，m；

G_2——蜗壳进口处压力表（或压力传感器）的读数，MPa；

G_3——尾水管出口处压力表（或压力传感器）读数，MPa；

v_2——蜗壳进口断面水流的平均速度，m/s；

v_3——尾水管出口断面水流的平均速度，m/s；

α_2——蜗壳进口断面流速分布不均匀系数；

α_3——尾水管出口断面流速分布不均匀系数；

g——电站所在地的重力加速度值，m/s^2。

（2）冲击式水轮机，如图 9.2-2 所示。

1）对于单喷嘴，有

$$H=A_2-Z_{31}+10G_2+\frac{\alpha_2 v_2^2}{2g} \tag{9.2-3}$$

2）对于双喷嘴，有

$$H=\frac{Q_1}{Q_1+Q_2}(A_2-Z_{31})+\frac{Q_2}{Q_1+Q_2}(A_2+Z_{32})+10G_2+\frac{\alpha_2 v_2^2}{2g} \tag{9.2-4}$$

上两式中 Q_1——喷针 1 的流量，m^3/s；

Q_2——喷针 2 的流量，m^3/s；

Z_{31}——喷针口中心高程，m；

Z_{32}——水轮机转轮中心高程，m；

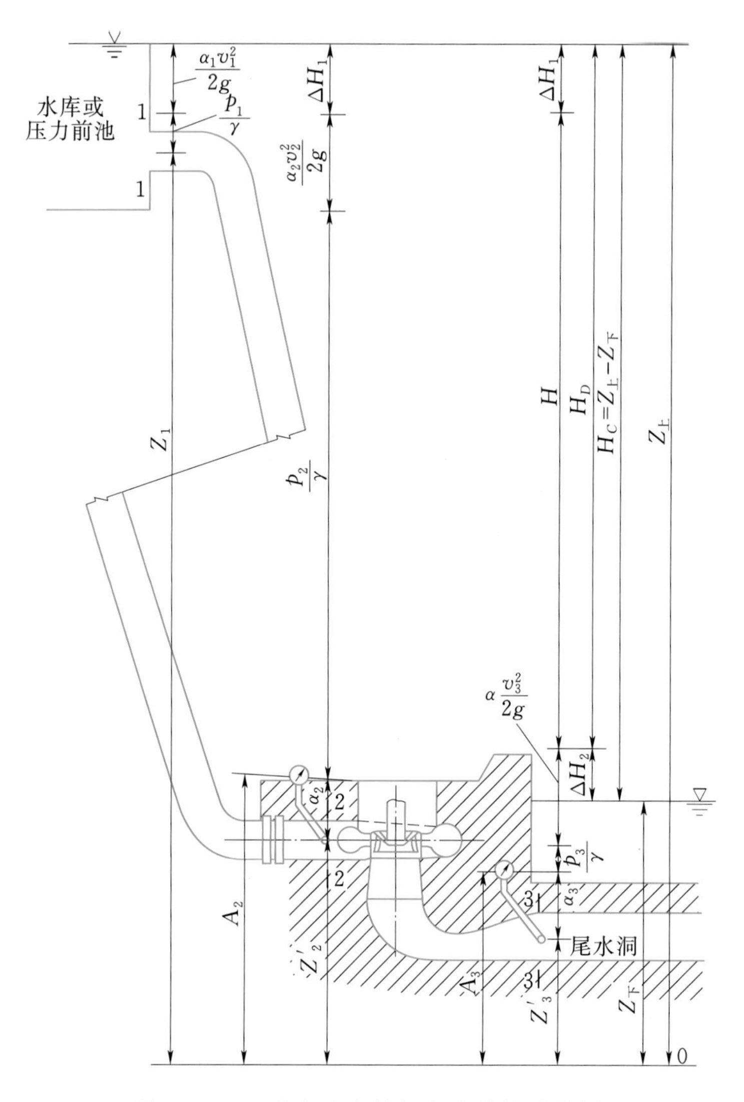

图 9.2-1 反击式水轮机水头计算示意图

A_2——喷针进水管断面（2—2 断面）上压力表（或压力传感器）的中心高程，以海拔高程 m 计；

G_2——喷针进水管断面（2—2 断面）上压力表（或压力传感器）读数，MPa；

α_2——流速分布不均匀系数；

v_2——喷针进水管断面（2—2 断面）的水流平均速度，m/s；

g——电站所在地重力加速度，m/s^2。

以上各式中的流速分布不均匀系数 α，反映出某断面上流速分布的均匀程度，在实际计算中取 $\alpha_1=\alpha_2=\alpha_3=1.0$。

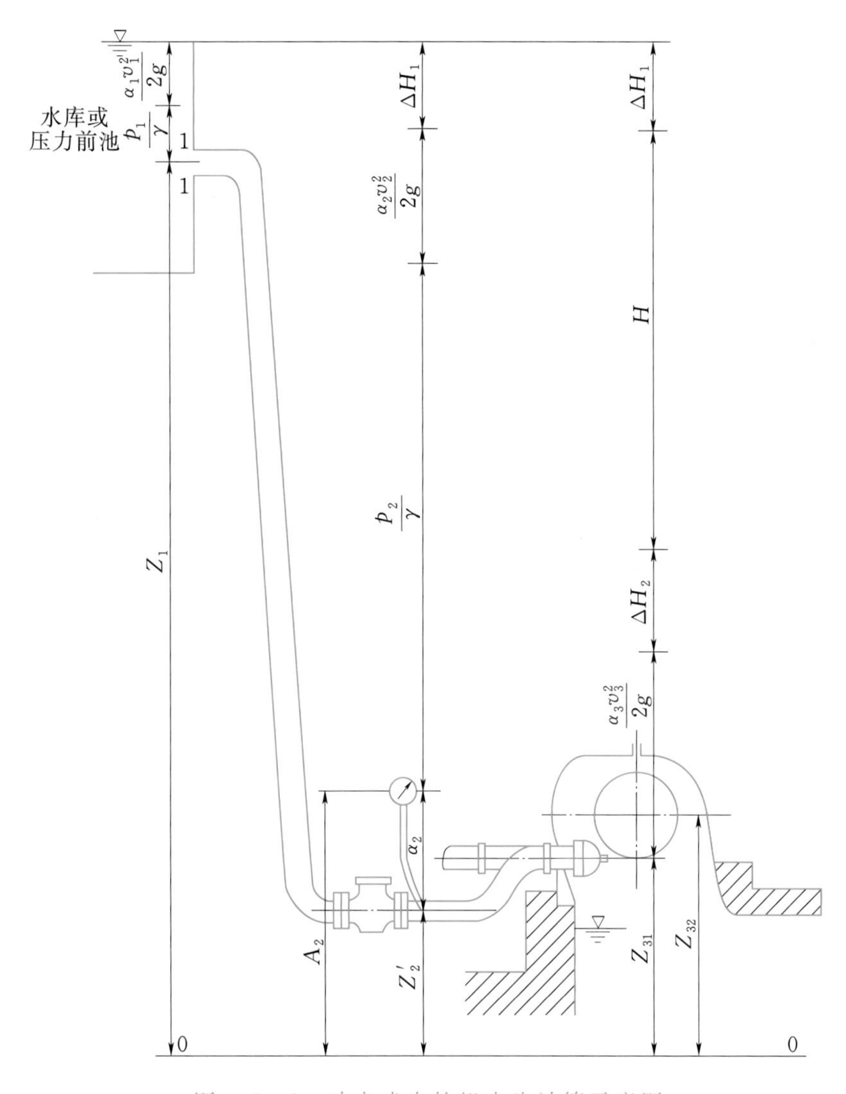

图 9.2-2 冲击式水轮机水头计算示意图

9.2.1.4 工作水头测量仪表及安装规范

1. 测量仪表

工作水头计算公式中需要直接测量的只有压力水头这一项。测量压力时，一般采用压力表。在反击式水轮机中，要精确测量压力水头，可采用差压计测量蜗壳进口与尾水管出口之间的压力差。

2. 仪表量程选择

在测量时，仪表承受的最大压力为水头压力与水锤压力之和。在选用测压仪表时，对于压力表：当负荷稳定时（所测压力每秒变化值小于仪器满刻度的1%），被测压力的最大值不超过仪器满量程的$\frac{3}{4}$。当负荷波动时（所测压力每秒变化值大于仪器满刻度的1%），被测压力最大值应不大于仪表满量程的$\frac{2}{3}$。与此同时，被测压力最小值应不小于仪表满量程的$\frac{1}{3}$，以确保测量精度。

对于差压计或压力、压差变送器，在全量程内线性度都比较高，且一般都具有过载保护装置，因此，量程上限可只按被测压力最大值选择。

3. 仪表安装规范

（1）仪表应安装在易于观察、便于安装和操作的位置。

（2）测压系统在测量前必须检查，确保管路无气、无堵塞、无泄漏现象。

（3）为快速、准确读取数据，压力仪表至测点的测压管路不宜过长。

（4）当压力波动影响较大时，应在仪表前安装稳压筒或其他稳压措施。

（5）当被测介质含有大量泥沙时，应在仪表前加装沉淀装置或隔离装置。

9.2.2 有功功率的测量

每个水电站厂房的机旁盘上或中央控制室盘面上都装设有有功功率表，用于运行人员读取日常数据，这些有功功率表为盘面表计。由于盘面表计精度低，不符合效率试验中对有功功率测量的精度要求，因此盘面表计不能作为水轮发电机组原型效率试验的测量仪表用，需要在试验时重新装设高精度的有功功率测量仪表。

在水轮发电机组效率试验中，发电机有功功率测量方法的选用与发电机的接线方式和负荷特性有关。

9.2.2.1 测量条件

（1）发电机有功功率的测量，必须在与水轮机试验条件相同的情况下测量，必须与水轮机及电站各参数在同一稳定工况下同时读数。

（2）在效率试验全过程中各个工况点上，发电机都必须在额定电压、额定转速下运行。

（3）整个试验过程中，发电机的功率因数尽可能保持$\cos\varphi=1$，若条件不允许则功率因数要保持额定值。因此在试验工况改变时，应准确地调整励磁，以满足功率因数保持定值的试验条件。

9.2.2.2 测量方法

三相交流电路有三相三线制和三相四线制之分，根据负载连接方式的不同可分为星形连接（Y接）和三角形连接（△接）。三相交流电路有功功率的测量方法有单功率表、双功率表、三功率表、三相有功功率表及电能表等方法。

单瓦特表法适用于三相负载均衡的情况。采用一只单相功率表装在三相中任意一相上，测得的有功功率乘以3得这三相交流电路的有功功率，即$N=3W_1$。

单功率表法接线图如图 9.2-3 所示。

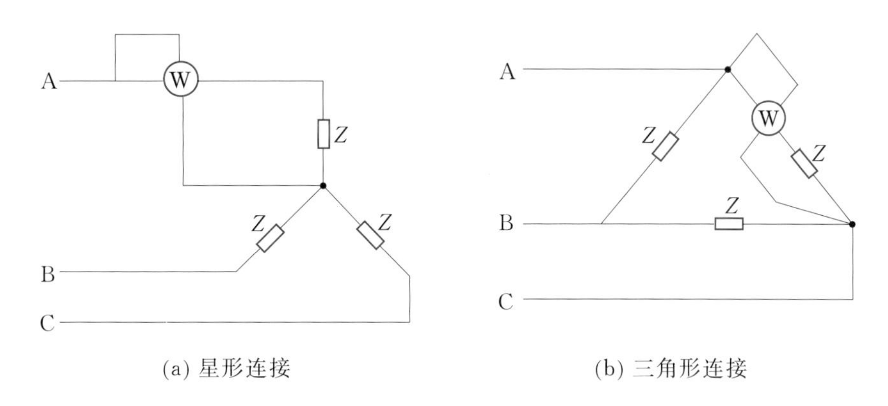

图 9.2-3 单功率表法接线图

双功率表法既适用于三相负载平衡的场合，又适用于三相负载不平衡的场合，但不适用于三相四线制的交流电路。该方法是用两只单相功率表接入三相交流电路中的任意两相上（图 9.2-4）来测量交流电路的有功功率，计算公式为

$$N = W_1 + W_2 \tag{9.2-5}$$

式中 N——三相交流电路总功率；

W_1——功率表 1 读数；

W_2——功率表 2 读数。

三功率表法适用于测量三相四线制不对称负载的三相功率，采用三只单相功率表分别接入三相电路中的三相上，其接线如图 9.2-5 所示。

三相总功率为每相功率的代数和，即

$$N = W_1 + W_2 + W_3 \tag{9.2-6}$$

三相有功功率表法是用一只三相交流有功功率表测量三相功率。三相交流有功功率表结构上是由两只或三只单相功率表组成，所以有二元三相功率表和三元三相功率表之分。二元三相功率表用途与接线法同双功率表法，三元三相功率表用途与接线法同三功率表法（图 9.2-6）。

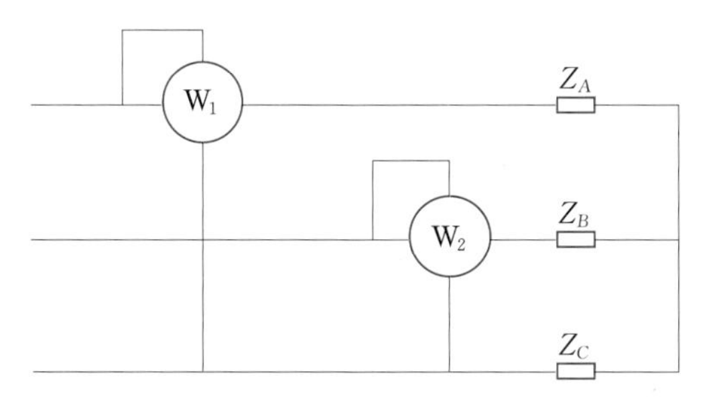

图 9.2-4 双功率表法接线图

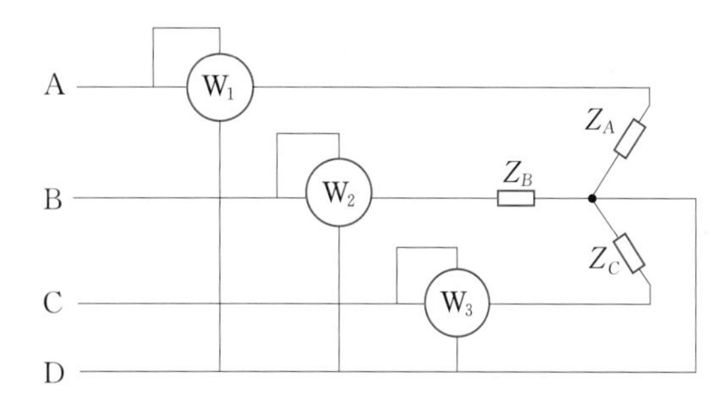

图 9.2-5 三功率表法接线图

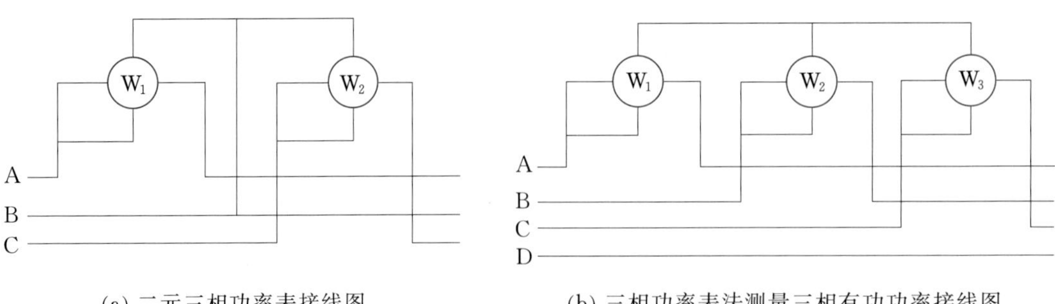

(a) 二元三相功率表接线图　　(b) 三相功率表法测量三相有功功率接线图

图 9.2-6　三相功率表法测量三相有功功率接线图

电能表法是利用三相电能表计量电路通过的电量值，算出单位时间内的电量即是有功功率，该方法在功率波动较大的情况下测试精度较高。

9.2.2.3　水轮发电机有功功率的测量

水轮发电机容量大、电压高，进行三相有功测量时功率表计（功率表、三相功率表）不能直接接在母线上，而是通过电压互感器（PT）和电流互感器（CT）进行三相功率的测量。

大中型水轮发电机采用三相三线制，也有小水电采取三相四线制。所有水轮发电机的三相负载都是不平衡的，所以一般都不能用单功率表法进行三相功率的测量。当水轮发电机中性线引出并与电网连接或者接地时（即三相四线制时），则一定要用三功率表法或三相三元件功率表测量。当水轮发电机中性线不引出，则只能用双功率表法或三相二元件功率表测量。当水轮发电机的中性线引出但不与电网连接或试验时不接地，则可用三功率表法和三相三元件功率表法，也可用双功率表法和三相二元件功率表法。多数水轮发电机属于最后一种情况。

综上所述，在水轮发电机的三相功率测量中，双功率表法最为重要，在水轮发电机组原型效率试验中一般采用这种方法。

1. 双功率表法

用双功率表测量水轮发电机有功功率的实用接线图如图 9.2-7 所示。水轮发电机有功功率的计算公式为

$$N_g = CK_1 K_V \frac{W_1 + W_2}{1000(1+\varepsilon_p)} \tag{9.2-7}$$

式中　N_g——发电机输出的三相有功功率，kW；

C——功率表刻度常数，W/格；

K_1——电流互感器变比系数；

K_V——电压互感器变比系数；

W_1——功率表 1 的读数，格；

W_2——功率表2的读数，格；

ε_p——互感器的修正系数，包括比差和角差的综合修正值，%。

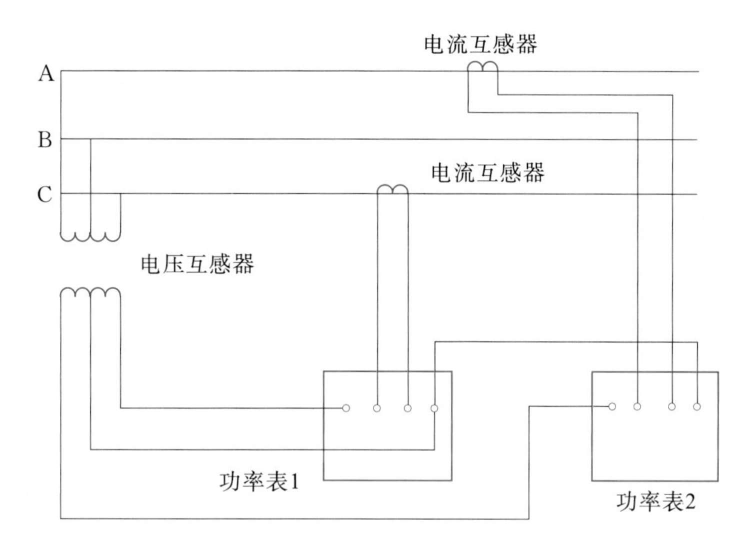

图9.2-7 双功率表法测量发电机输出功率

实际使用中，在接线方法完全正确的条件下，会出现以下三种情形：

(1) 两只功率表指针偏转方向相同。

(2) 一只功率表没有读数，另一只功率表有读数。

(3) 两只功率表指针偏转方向相反。

出现上述三种情形，都不是接线错误，而是由于各相的电流与电压间的相角大小不同所致。当 $\varphi<90°$ 时，功率表指针向正方向偏转读数为正值；当 $\varphi=90°$ 时，功率表指针不偏转，读数为零；当 $\varphi>90°$ 时，功率表指针向反方向偏转，这时为了能测量这个负值功率，改变功率表的电流电路接点（改变功率表上的"+""−"转换开关）即可进行实际测量，则这时功率表上的读数为负值，在计算发电机输出功率时以负值代入计算。所以式（9.2-9）中的"W_1+W_2"是两只功率表读数的代数和，要连同功率表读数相应的"+""−"号代入计算。至于当一只功率表读数为零的情况，那么就用零值代入式（9.2-9）中计算，这时另一只功率表的读数就代表三相有功功率值。

2. 三相有功功率变送器测量法

有功功率变送器是一种能将被测有功功率转化成与其成线性比例关系的直流电量输出，并能反映被测功率在线路中传输方向的仪器，当功率因数为正时，有功变送器即为正的极性输出。有功功率变送器配以适当的仪表或仪器装置，可广泛用于发电厂、变电站以及石油、化工、机械、科研等对功率测量要求较高的部门。随着计算机应用普及，有功功率变送器能方便地将有功功率转换成易于直接与计算机相连的直流量而无需增加转换电路，使功率变送器有了更广阔的应用前景。

图9.2-8所示为PCE型有功功率变送器原理图，主要由工作电源、输入互感器、移相网络、时分割乘法器、输出放大器等组成。测量部分由电压互感器（PT）、电流互感器（CT）及前置信号处理电路构成，从中获取电压、电流、频率、相位等实时数据。时分割乘法器由脉冲调宽电路和调幅电路两部分组成，其部分电路是功率变送器的关键电路。

采用三相功率变送器自动测量，发电机的有功功率为

$$N_G = K_i K_v C_n N_w \tag{9.2-8}$$

式中 C_n——有功功率变送器常数；

N_w——有功功率变送器读数值；

K_i、K_v——电流互感器和电压互感器的变比。

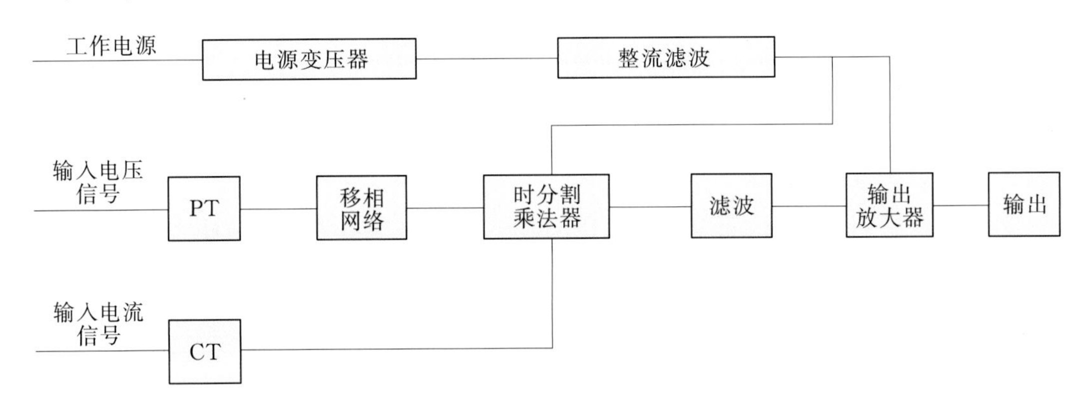

图9.2-8 有功功率变送器原理图

9.3 流量测量

流量测量是机组效率测量的关键。从当前各种流量测量技术的成熟度以及应用的广泛性来说，目前主要的流量测试方法为超声波法和蜗壳差压法，而流速仪法则因其精度高、经验成熟，不受电磁、温度、人为因素影响的特点，在某些要求较高精度，且无法采用超声波等进行测量的场合也有使用。

9.3.1 超声波法

9.3.1.1 概述

超声波法目前已逐步完善，美国、日本、西欧、俄罗斯等国家和地区已先后采用。目前国内三峡、溪洛渡、向家坝、拉西瓦、龙滩等巨型机组均安装有超声波流量计。

与传统的测流方法相比，超声波法有以下一些优点：

(1) 超声波测流没有伸进流体的测量部件，不破坏流场，没有压力损失，不影响管道的正常工作。

(2) 超声波流量计安装检修方便，除了初次安装以外，安装或拆卸测试设备不影响机组的正常工作。

(3) 超声波流量计无机械可动部件，没有惯性，瞬变响应快，能进行动态测量，可以观测水轮机的过渡过程。

(4) 超声波流量计能进行综合测量。它不仅能测量流体的流速和流量，还能同时测量流体的其他参数，如温度、浓度等，并可构成水轮发电机组的实时效率测量装置和压力钢管爆破保护装置等。

(5) 超声波测流的费用与被测管径大小基本无关，因此对大管径测流较为经济。

9.3.1.2 测量原理

超声波法流量测量按其原理可分为：传播速度差法、多普勒法、声束偏位法和噪音法等类型。这些方法各有特点，可根据待测对象、要求的精度进行选择。传播速度差法，由于测量精度高，受外来干扰小，使用方便，在水电站测流中绝大部分采用此法。

传播速度差法是根据超声波在流体中的顺流传播的速度与逆流传播的速度之差求出流速的方法。在具体测量中，根据测量的物理量不同，可分为时差法（Δt）、相位差法（$\Delta\varphi$）和频差法（Δf）；根据换能器在管壁上的固定方式不同，可分为外夹式和插入式；而根据所用声路的多少，又可分为单声道法、双声道法和多声道法。

1. 时差法

时差法是指通过测量超声波在流体中传播的时间来计算流体的流速和流量的方法。如图 9.3-1 (a) 所示，一对换能器以声道长度 L、声道角 φ 安装在流道两侧，流体中超声传播速度 C 会与声道投影流速 $V_{\text{proj}}=V\cos\varphi$ 叠加，造成超声波从下游到上游换能器的传播时间 t_u 小于从上游到下游换能器的传播时间 t_d，则

$$\left.\begin{aligned} t_u&=\frac{L}{C-V_{\text{proj}}}\\ t_d&=\frac{L}{C+V_{\text{proj}}}\end{aligned}\right\}\Rightarrow\left\{\begin{aligned} V_{\text{proj}}&=\left(\frac{1}{t_d}-\frac{1}{t_u}\right)\cdot\frac{L}{2}\\ C&=\left(\frac{1}{t_d}+\frac{1}{t_u}\right)\cdot\frac{L}{2}\end{aligned}\right. \tag{9.3-1}$$

由式 (9.3-1) 可以同时得到声道投影速度 V_{proj} 和声速 C，进而可以得到声道轴向流速为

$$V=\frac{V_{\text{proj}}}{\cos\varphi}=\frac{L}{2\cos\varphi}\left(\frac{1}{t_d}-\frac{1}{t_u}\right)=\frac{L}{2\cos\varphi}\cdot\frac{\Delta t}{t_d t_u} \tag{9.3-2}$$

式中的超声传播时间差 $\Delta t=t_u-t_d$ 是超声传播时间法最关键的测量参数。声道轴向流速的计算不依赖于声速，因此介质成分及温度、压力的变化不会直接影响流速的测量结果。

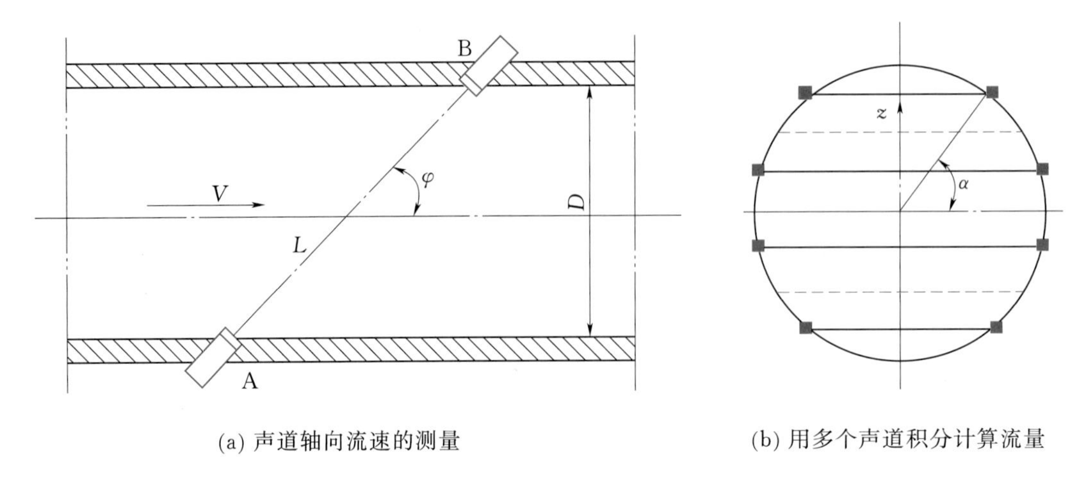

(a) 声道轴向流速的测量　　(b) 用多个声道积分计算流量

图 9.3-1　超声传播时间法原理示意图

在实际应用中，经常在流道中不同的声道高度 z_i 上平行布置若干声道，如图 9.3-1（b）所示，每条声道的轴向流速 V_i 代表其上下一定面积内的平均流速，利用多个声道轴向速度 V_i 更好地估计流道的面平均流速 $\overline{V}$，进而得到流量，即

$$Q=A\overline{V}=Af(V_1, V_2, \cdots, V_N) \tag{9.3-3}$$

式中　A——流道断面面积，m^2；

V_N——第 N 条声道的流速，m/s；

N——声道数。

图 9.3-2 所示为时差法超声波流量计的原理框图，图中主要有两个超声波发射单元、一个时间测量单元和一个控制器。它们共同来完成超声波的发射、接受和时间差的测量等工作。其他的外围单元主要是为了测量仪表的参数设定、测量数据的输出、显示和传送等功能。

时差法测量技术的优越性如下：

（1）在大型封闭管道内也能达到高精度。

（2）适合于不同的水力条件，不会影响测量断面的流态。

（3）不受液体的传导、压力的影响。

（4）可靠性高，重复性好，无需重新标定。

（5）一体化的设计，无需维护。

2. 相位差法

与图 9.3-2 类似，发射换能器发生连续超声振荡或是时间较长的脉冲振荡。当顺逆流同时发射时，两个接收换能器收到的信号之间就产生了相位差 $\Delta\phi=\omega\Delta t$（$\omega$ 为发射信号的圆频率），即

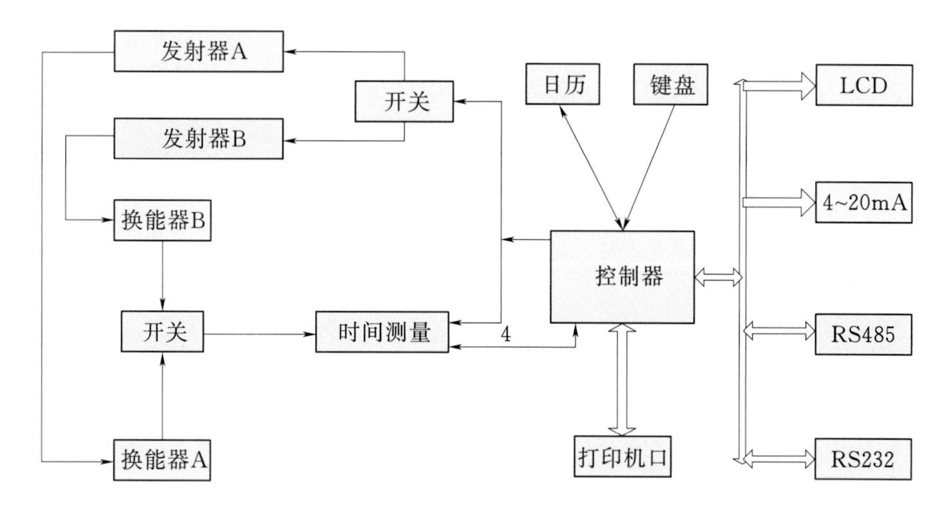

图 9.3-2 超声波流量计的电原理框图

$$\left.\begin{aligned}\Delta\phi &= \omega\frac{2Lv}{C^2}\\ v &= \frac{C^2}{2L\omega}\Delta\phi\end{aligned}\right\} \tag{9.3-4}$$

式中 L——换能器的距离，m；

v——声道流速，m/s；

C——声速，m/s；

ω——角频率，rad。

可见，测得的 $\Delta\phi$ 与流体的速度成正比，只要测出 $\Delta\phi$，就可计算流速和流量。

相位差法避免了测量微小的时间差，把时间差转化为相位差来测量，可以提高测量精度，但同时差法一样，应对温度变化引起的误差进行修正。

3. 频差法

频差法就是压力钢管轴向对称安设超声波收发机，分别测量按水流逆、顺两个方向发射的超声波回声频差，以求取管内流速的方法。

频差法的基本原理是分别以顺流传播的时间 t_+ 和逆流传播的时间 t_- 为周期，在通道 1 和通道 2 中各自组成闭路循环系统，如图 9.3-3 所示。

正循环频率为

$$f_+=\frac{1}{t_+}=\frac{C+v}{L} \tag{9.3-5}$$

式中 L——传感器的距离，m；

v——声道流速，m/s；

t_+——正循环频率，Hz；

C——声速，m/s。

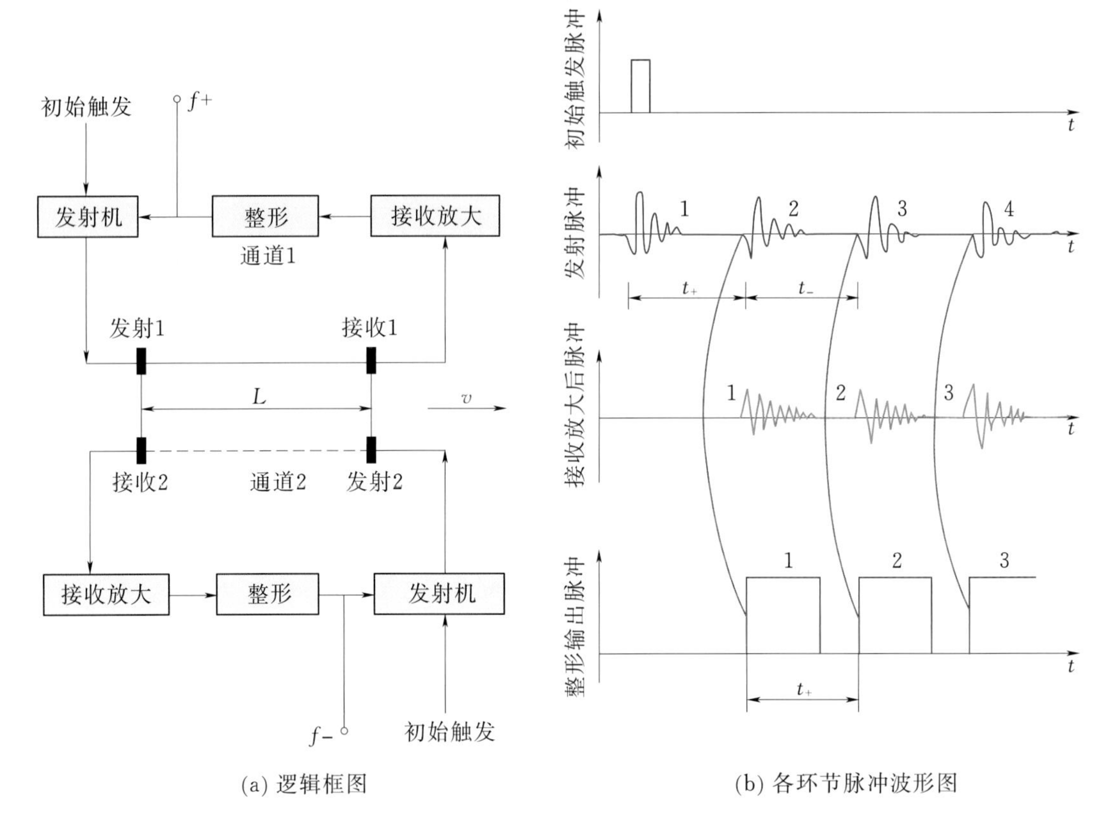

(a) 逻辑框图　　　　(b) 各环节脉冲波形图

图 9.3-3　循环频率产生示意图

逆循环频率为

$$f_{-}=\frac{1}{t_{-}}=\frac{C-v}{L} \tag{9.3-6}$$

则频差为

$$\Delta f=f_{+}-f_{-}=\frac{2v}{L} \tag{9.3-7}$$

即

$$v=\frac{L}{2}\Delta f \tag{9.3-8}$$

产生以传播时间为周期的循环脉冲的方法，见图 9.3-3。初始触发脉冲触发发射机，使之发射超声波脉冲，如图 9.3-3（b）所示，此脉冲经 t_{+} 或 t_{-} 时刻传至接收换能器，接收后放大和整形，用其前沿又去触发发射机，使之进行第二次发射。此后每经过 t_{+} 或 t_{-} 时刻，发射机就发射一次声信号。因此，在各自的回路中，形成循环脉冲，其频率为

$$f_{+}=\frac{1}{t_{-}} \tag{9.3-9}$$

在实际应用时，经常是把换能器置于管壁内（精度稍高），或置于管壁外，而且是用一对换能器交替进行顺流和逆流发射，接收超声波来完成测量的。

9.3.1.3 超声波流量计的适用场合

如图 9.3-4 所示，超声波法可用于各种形状的断面的压力管道、明渠、河道及暗涵的准确测量，直径大于 0.25m 的压力管道、渠宽为 0.25～70m 的渠道也能准确测量。

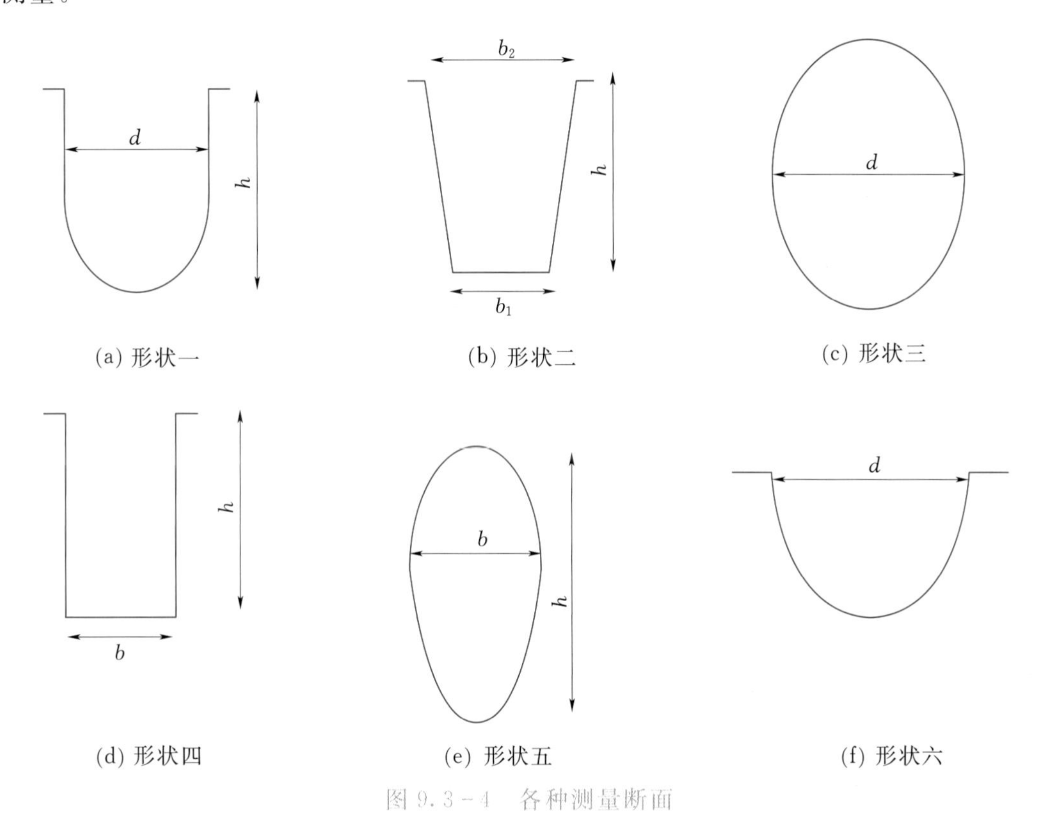

图 9.3-4 各种测量断面

9.3.2 蜗壳差压法

9.3.2.1 概述

蜗壳差压法测流是测量水轮机流量的一种最简便方法，是水电站最常使用的一种方法。

具有一定流速的水流流经蜗壳时，由于蜗壳中心线弯曲，水流在弯曲流道上产生离心力，使得蜗壳同一断面内、外缘两点产生压力差。这压力差的大小与水流流速有关，平均流速大小正比于流经该横截面的流量，因此通过蜗壳内、外缘的压力差（差压值）就可以测量流过水轮机的流量。若通过现场校准，用精确的方法测量流量同时测量差压值，建立起水轮机流量与蜗壳差压的关系曲线，则经过校准的蜗壳差压就能反映流量的绝对值。测量蜗壳差压的装置就称为蜗壳流量计，差压与流量的关系系数称为蜗壳流量计的流量系数，即 K 值。

9.3.2.2 测流原理

在蜗壳某一横断面上取两点，外缘测点为“1”点，它离水轮机旋转中心轴线的距离为 R_1，水流流速为 v_1，与圆周切线夹角为 α_1；内缘测点为“2”点，它离水轮机旋转中心轴线的距离为 R_2，水流速度为 v_2，与周围切线夹角为 α_2。设蜗壳中水流没有损失，则水流在蜗壳中的流动应符合等速度矩规律，即

$$v_1\cos\alpha_1 R_1 = v_2\cos\alpha_2 R_2 = \text{const} \tag{9.3-10}$$

再假定 $\alpha_1=\alpha_2$，则可得

$$v_1 R_1 = v_2 R_2 = \text{const} \tag{9.3-11}$$

根据伯努利方程，当横断面通过流量 Q 时两点之间产生的差压值（mH_2O）为

$$h=\frac{p_1}{r}-\frac{p_2}{r}=\frac{v_2^2}{2g}-\frac{v_1^2}{2g} \tag{9.3-12}$$

当横断面通过流量 Q'时，两点之间产生的差压值（mH_2O）为

$$h'=\frac{p_1'}{r}-\frac{p_2'}{r}=\frac{v_2'^2}{2g}-\frac{v_1'^2}{2g} \tag{9.3-13}$$

根据水流相似条件有

$$\frac{v_1'}{v_1}=\frac{v_2'}{v_2}=\frac{Q'}{Q}=K \tag{9.3-14}$$

将 v_1'、v_2' 代入式（9.3-13）中得

$$h'=K^2\ \frac{v_2^2-v_1^2}{2g}=K^2 h \tag{9.3-15}$$

所以

$$K=\sqrt{\frac{h'}{h}}=\frac{Q'}{Q}$$

即

$$\frac{Q}{\sqrt{h}}=\frac{Q'}{\sqrt{h'}}=K \text{ 或 } Q=K\sqrt{h} \tag{9.3-16}$$

从式（9.3-16）中可以看出，流量与蜗壳差压的算术平方根成正比。

对于不同的机组蜗壳或同一蜗壳不同测量断面而言，K 值是不同的常数。对于同一台机组同两根测压管，只要取压状态不改变，K 值将是常数。要预先知道 K 值的精确值不能通过计算方法，只能通过其他精确的测流方法实测流量来确定，这就是水轮发电机组效率试验中校准蜗壳流量计流量系数的任务。

国内外大量现场试验结果还表明以下结论：

（1）蜗壳差压系数 K 值在不同的水头下几乎保持不变。

（2）水头不大于10m的低水头水电站，流量与差压有时可能不符合算术平方根

的关系，这时 $Q=K\sqrt{h}$ 关系需进行修正。

（3）上述的算术平方根关系即 0.5 次幂的关系，在不同场合有不同的精度。对于测压孔选取恰当的情况，用指数为 0.49～0.51 范围内的值，其置信度为 95%；对于测压孔选取不恰当或水头低于 10m 的情况，用指数为 0.48～0.52 范围内的值，其置信度为 95%。

9.3.2.3 差压的选取

1. 测压断面的选取

差压测量首先必须使高压取压孔中心与低压孔口中心在同一个测压断面内，这个测压断面是过水轮机中心的蜗壳横截面。其次，该横截面应选在蜗壳水流发生旋转的地方，如图 9.3-5 所示。对于混凝土蜗壳，θ 应在 20°～50°之间，即由机组 $+x$ 轴方向向 $-y$ 轴方向转 20°～50°之间；对于金属蜗壳 θ 应在 45°～90°之间。

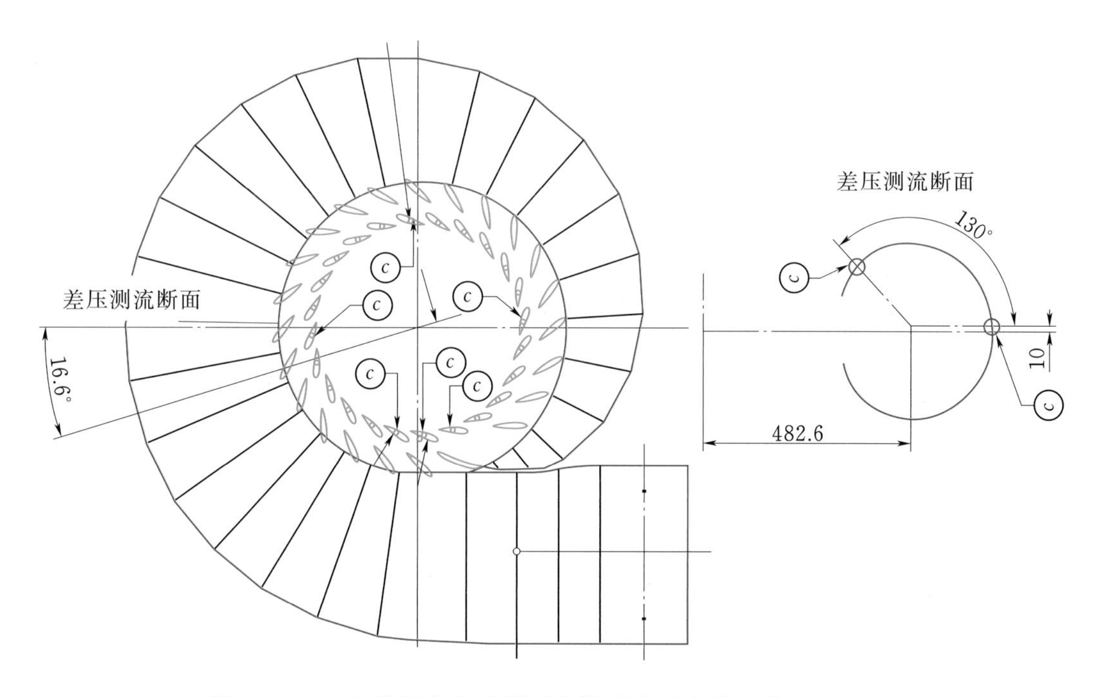

图 9.3-5 金属蜗壳测压断面和测压孔的布设（单位：mm）

2. 测压孔位置的选取

测压孔位置选取的原则是：使得差压值尽可能大，测压孔口处水流要尽可能平稳，以利于提高测试精度；差压值应有一个可供选择的余地，以利于测量差压仪器量程的选择。

根据以上原则，在现场测试中高压测压孔口的位置选择在蜗壳的最外缘，低压测压孔口位置排列在蜗壳的内缘且设置2～3个测压孔以供试验中根据仪器的量程进行选用，如图 9.3-5、图 9.3-6 所示。

值得注意的是：低压侧的测压孔口尽量靠近蜗壳内缘的同时，应当注意到蜗壳内缘水流流态状况。蜗壳内缘连接着座环，座环上有固定导叶，容易受到此处流态的影响，在蜗壳内缘的几条测压管中，最靠内缘的测压管的孔口应位于两个固定导叶的中间，且与蜗壳和座环的组合缝至少距离100～150mm。

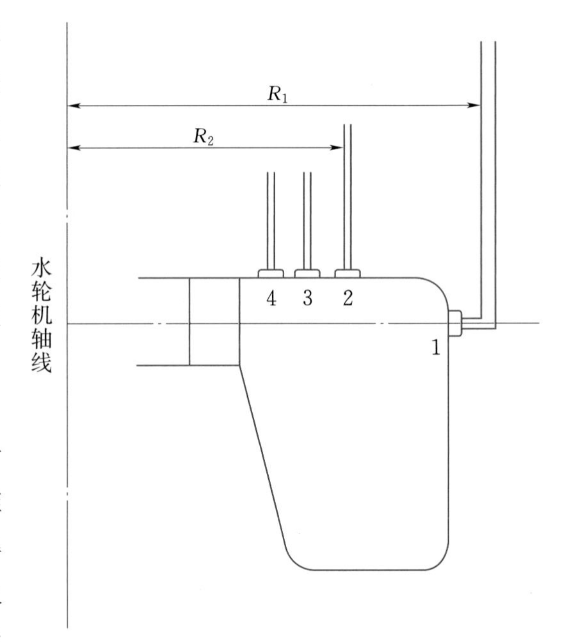

图9.3-6 混凝土蜗壳测压孔布置

9.3.2.4 蜗壳流量计的校准及误差分析

由于蜗壳差压系数 K 值具有不随导叶开度和水头变化的性质，这给 K 值的校准和使用均带来了很大的方便。但是，要得到 K 值的精确值是相当困难的，必须采取测流精度高的方法确定各试验工况的准确流量值，同时测量对应各工况点的蜗壳差压值，采用对比试验的方法进行校准。

在机组效率试验中，在试验水头下，根据不同的试验工况点实测得到一系列流量 Q 和与之对应的蜗壳差压值 h，在直角坐标图上点绘出 $Q—\sqrt{h}$ 的关系曲线。

经过校准的蜗壳差压系数 K 值，使得蜗壳差压法测流有了基础。在以后的流量测量中，只需测量蜗壳差压值，就可以求出机组的流量值，从而大大简化了水轮机的测流工作。

使用蜗壳流量计进行测流，其精度取决于蜗壳流量计的校准精度和测压的测量精度。因此，使用蜗壳流量计进行绝对流量的测量时，测流的误差由 K 值的校准误差 f_k 和差压测量的误差组成，即

$$f_{Q蜗} = f_k + \frac{1}{2} f_h \tag{9.3-17}$$

式中 $f_{Q蜗}$——使用蜗壳流量计测量绝对流量时的流量测量误差；

f_k——蜗壳差压系数校准的综合误差；

f_h——使用蜗壳流量计测量绝对流量时差压测量的综合误差。

9.3.3 流速仪法

流速仪法实质是流速面积法。它要求把若干部旋桨式流速仪分布在明渠或封闭式管道的某一个适当横断面的指定点上，然后测量水流速度，并将所有测量得到的流速进行面积积分，进而得到流量。

9.3.3.1 测量原理

1. 原理要点

（1）测量测流断面的尺寸，以确定断面面积。该断面应选择在垂直于管轴线的直管段内。

（2）确定测流断面上测点的位置。

（3）测量断面内所有测点的流速的轴向分量，并确定其流速分布曲线。流速分布曲线的误差，主要取决于断面内测点的数目和位置及其流速分布曲线的形状。

（4）从上述的测量结果可确定测流断面的平均流速。

（5）计算流经管道的流量，它等于测流断面面积和平均流速的乘积。

2. 确定测流断面平均流速的方法

（1）流速面积图解积分法。此方法要求在图上绘制断面流速分布曲线，并以图解方法求出曲线以内的面积。曲线是以最靠近边壁的测点为界限，然后加上管壁与最靠近边壁测点的曲线之间的面积，则可获得整个测流断面的平均流速。但它假定断面流速分布曲线在周边区域应满足紊流边界层的规律。

（2）流速面积的数值积分法。此方法应用代数曲线和积分分析法计算平均流速，这样可以取代面积积分法。

（3）计算法。它是假定流速分布遵循一种特殊规律，可以应用此法所规定的测点位置，以所测得的各点流速的线性组合来表示。且还假定周边区域（管壁与最靠近边壁的测点之间）内测点流速分布与测点离管壁的距离呈对数关系。

9.3.3.2 测量特点

应用流速仪法测量水轮机流量是一种较古老的方法，具有成熟的实际经验，很少受到人为因素的影响，成果可靠，使用广泛。但也存在以下缺陷：传感器的安装和拆除需要停机排水，准备工作比较烦琐，水下工作量大，流场易受干扰等。

9.3.3.3 流速仪法适用场合

流速仪法可适用于下列流道的任一测流断面：

（1）封闭式管道或压力钢管。

（2）取水建筑物。

（3）上、下游明渠（引水渠或尾水渠），明渠必须是有规则的人工渠道，而不是无规则的天然河道。

因此，流速仪法的试验安排、实施程序、试验条件等都取决于管道测流断面的选择。

9.3.3.4 流速仪的使用要求

1. 流速仪简介

当水流作用在仪器桨叶时，旋桨将产生回转运动，其回转率 n 与流速 v 之间存在一定的函数关系，即 $v=f(n)$，此关系须通过校准水槽确定。

流速仪一般有旋杯式和旋桨式两种形式。在国内水电厂和泵站通常采用旋桨式流速仪进行流速测量，如国产 LS25－1 型旋桨式流速仪，它的外形如图 9.3－7 所示。

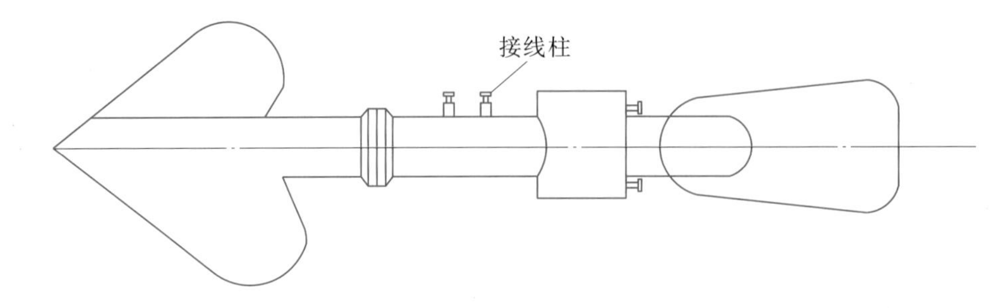

图 9.3－7　流速仪外形图

旋桨式流速仪由螺旋桨、壳体、计数机构等部件组成。其中计数机构中有一齿轮，当桨叶转动一周时，齿轮就转动一个齿，而齿轮转完一周，即桨叶转了 10 圈或 20 圈，此时接触机构就接通一次，并发出一个脉冲信号，然后经导线传递给管道外面的记录器或计算机。由流速仪的脉冲次数、相应的记录时间和校准系数，可计算出水流速度。

2. 流速仪的一般要求

（1）所有流速仪均能承受水压力作用。在浸水期间，校准结果不应发生变化，如果水质条件恶劣，须缩短浸水时间。

（2）流速仪螺旋桨的直径应不小于 100mm。而在直径小于 2m 的压力管道边壁区域可采用直径为 50mm 左右的螺旋桨流速仪。桨叶尾部至支持杆前端（上游侧）最少应有 150mm 的距离。

（3）流速仪轴线与水流速度矢量的夹角不超过 5°。

（4）尽可能避免在斜交或汇合水流中应用流速仪测量流速。如果对水流条件有怀疑。可考虑先做横断面试验，测量其流速，依此确定流速的规律性。

（5）流速仪在使用中，特别在径流式水电站或泵站进行测速时。应随时注意从上游飘下来的杂草，并及时组织人员进行打捞，以免影响流速仪的正常运转。

3. 流速仪的校准

（1）流速仪通过校准，可得到水流流速和螺旋桨转速之间的关系。此关系通常以一条或若干条直线表示，其方程式为

$$v=An+B \tag{9.3-18}$$

式中　v——水流速度，m/s；

n——桨叶旋转速度，r/s；

A、B——流速仪的校准系数。

（2）在校准报告中应有校准曲线和校准函数，并注明每一函数的使用范围和校准误差。

流速仪在校准中，应该根据各管道不同的水流速度，确定不同的校准范围。在一般情况下，对于水泵和低水头大流量的轴流式机组，其速度的校准范围可小些；而中高水头的冲击式或混流式机组，速度的校准范围可大些。若水流速度超过校准曲线，可利用外推法来计算水流速度。

（3）流速仪在使用前后，一般都应进行校准。如果流速仪校准后，存放时间较长，需要加强对流速仪的保养，并且在使用前要检查。检查内容包括：

1）桨叶转动是否灵活，即轴承是否自由转动。检查的方法是将螺旋桨转动到一定转速后，逐渐减慢停止转动，由此说明流速仪的桨叶转动是良好的。如果桨叶突然停止转动，则轴承有摩擦阻力，则应修复或更换工作正常的流速仪进行测试。

2）螺旋桨叶是否有变形。

3）电触头接触是否良好，接触丝是否存在极化现象等。

当流速仪完成测量工作后，应拆卸解体，并用汽油仔细清洗两遍，然后进行组装，加入润滑油，予以保养。

9.3.3.5 测流断面选择

1. 断面选择

利用流速仪法测量流量时需要选择良好的测流断面，以保证最大可能的测量精度。

压力管道的测流断面必须位于直管段内，要求离最近的弯曲段的距离应足够长，同时要求断面垂直于水流方向，其断面形状简单。在测流断面附近，水流流动和管道轴线基本平行和对称，不存在过大的扰动和漩涡，并在管壁面附近没有死区和逆流区。此断面的上游侧不应有畸化水流的建筑物与金属结构，断面的下游侧不应有产生反推力的建筑物，以免水流变形或引起逆流等。

（1）测流断面至上游任何重要扰动源之间的管道长度要求。对于圆断面管道应不小于20倍的管道直径；对于其他形状断面的管道不小于80倍的水力半径。

（2）测流断面距下游任何重要扰动源之间的管道长度要求。对于圆断面管道应不小于5倍的管道直径；对于其他形状断面的管道应不小于20倍的水力半径。

流速仪法适用于具有较长引水管道的坝后式和引水式水电站。从国内水电站的管道长度情况来看，大部分电厂的管道直线段长度难于满足规程的要求。为此，需要针对国内水电站的管道特点，拟定一个直管段长度的比例关系，即测流断面上游侧的直管段长度和下游侧长度之比。通过实践摸索，认为上游侧和下游侧的长度比值可考虑选用（3～4）∶1。如果直线段长度不够，应在测流断面上适当增加测点数，而最有效的办法是在测流断面上增加支架半径臂数量。这样可以弥补水流流速分布不均匀的影响。

在圆断面管道中，使用流速仪法测量流量时，其管道直径应大于1.2m；对于螺旋桨直径d为0.100～0.125m的流速仪，其管道直径应大于1.4m。但在直径小于（7.5d+0.18）（d为螺旋桨直径）m的管道内，由于堵塞引起的误差超过5%，禁止使用固定测流装置。

目前对短压力管道和进水口建筑物，尤其是低水头水电站的流量测量，要以IEC规程提出的一般要求、ISO规程阐述的有关条款及其他有关内容为依据，合理地选择其测流断面。

对于矩形或梯形断面的管道，当采用固定式测流支架时，要求其断面的短边尺寸应大于8d；螺旋桨直径在0.100～0.125m之间的那些流速仪和测流支架，都应满足要求，其断面短边尺寸的长度应大于等于1m，直径小于（5.5d+0.12）m的管道内，禁止使用固定测流装置。

2. 断面面积测量

（1）要求。所谓测流断面，其位置一般指各流速仪螺旋桨中心所在的平面，即螺旋桨外径最大值所在的平面。为确保测量精度，以钢尺一端为零点，将钢尺拉直横穿测流断面，依次得到各测点的尺寸位置，最后通过计算，获得两测点间的距离。

（2）圆断面管道。管道测流断面的平均直径等于多次直径测量的算术平均值。在标准断面上至少要测量四条直径，其交角相互近似相等，而钢尺要横通整个直径。如果两相邻直径的长度之差大于0.5%，则直径测量的次数要加倍。

（3）矩形或梯形断面管道。管道断面的高度和宽度应对每一根支持杆上的几个测点进行测量，以支持杆的一端为起点，依次读取各测点的长度。如果两相邻支持杆的长度（高度或宽度方向）之差大于1%支持杆长度（高度或宽度方向），则断面的高度或宽度测量数目要增加。

测流断面的各尺寸测量应进行三次以上，最后取它们的算术平均值。

为了减少测量系统误差，不论是圆断面，还是矩形断面，各测点位置的测量精度都必须小于下列两个极限：

1）±0.001L，L为平行于流速仪测量方向的管道尺寸，即断面的水平长度。

2）±0.02y，y为最靠近边壁的流速仪轴线与管壁之间的距离。

9.3.3.6 测点数目的确定和布置

1. 测点数目确定和布置原则

（1）测点数目的确定。测点数目应足以保证圆满地确定整个测流断面的流速分布并绘制曲线。一般来说，对于直管段较长、水流流态均匀稳定的管道，其测点数目可适当少些。

（2）测点布置。水轮机的流量测量，随着流速测量方法的不同，测流断面上的测点布置方式和规则也有所不同。

在测流断面上布置测点时，应考虑管道中心至四周边壁或至水面的流速的不均匀性。越接近边壁或水面，流速减小得越快。因此对临近速度梯度大的管道四周边壁或水面处，测点布置应该密些；管道中间部分，测点布置可适当少些。测点位置的尺寸须遵循下列规则：

1）流速仪轴线与管壁间的距离应根据工作可靠性、边壁平整性及流速仪桨叶直径的大小而定，其距离一般要求为 $0.75d$ 以上。

2）两台流速仪轴线之间的最小距离为 $(d+0.03)$m。

2. 圆断面管道

对于圆断面管道，每个半径臂上的流速仪个数为

$$4\sqrt{R} < Z_R < 5\sqrt{R} \tag{9.3-19}$$

式中　R——管道断面半径，m。

圆断面的测点必须布置在 2 根互相垂直或有相同圆心角的同心圆的直径上，测点应该沿直线布置，并要求最靠近边壁处的测点尽可能地接近管壁。每个半径至少布置 3 个测点，并且管道断面的中心也布置 1 个测点，这样圆断面管道测点数目不少于 13 个，一般要求不超过 37 个，而且最好沿 6 条半径臂分布。

如果测流断面处的水流速度分布比较均匀规则，则测点数目可适当减少一些。

如果测流断面处的上下游的直管段长度较短或测流断面处的水流流速的规则性较差时，须增加测点数目。当流速仪数目已经确定后，应采用增加测流支架半径臂数量的方案。这样流量测量精度提高的效果比在每个半径臂上增加测点数目要显著，但要避免增加半径臂数量而造成堵塞现象。

当半径臂的数目大于 8 根或每个臂上的测点数目超过 8 个时，其流量的测量精度都不会有提高，其主要原因与堵塞的明显增加有关。

在圆断面管道中，流速仪通常沿 2 根或 3 根直径支持杆对称布置，并与垂直方向形成一个夹角，若支持杆为 2 根时，其夹角为 45°；当用 3 根时，其夹角为 30°，它们相互间的夹角为 60°。在一般情况下，支持杆不宜垂直布置，因为垂直杆的下端流速仪常浸泡在水中，有可能被水流夹带的硬物碰坏，另外管道底部有水，给测流支架和流速仪安装带来一定的困难。

在圆断面管道中，流速仪测点位置的布置应采用 IEC 规程所推荐的方法，如图 9.3-8 所示。测点按下列规律分布：

$$\frac{r_i}{r_n}=\sqrt{\frac{i}{n}} \tag{9.3-20}$$

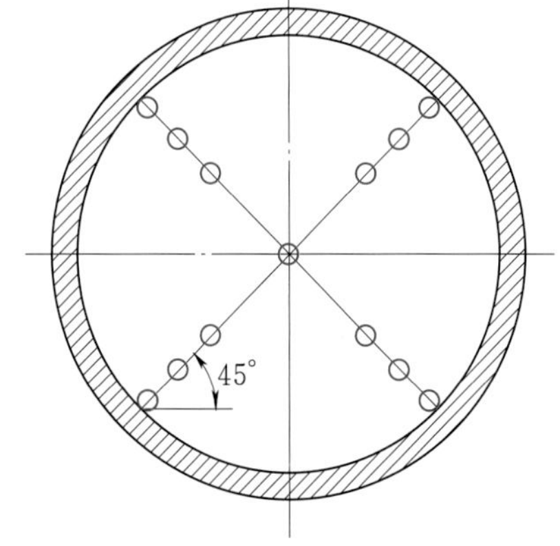

图 9.3-8　圆形管道流速仪数目和测点

另外，流速仪也可按等面积规律进行布置。这种布置方式是将圆断面分成若干个圆环，而各圆环的半径计算公式为

$$r_{2n-1}=R\sqrt{\frac{2n-1}{2Z_R}} \tag{9.3-21}$$

式中 R——管道圆断面的半径；

n——断面半径臂上流速仪序号；

Z_R——每一半径臂上流速仪总台数。

3. 矩形或梯形断面管道

（1）测点数目。在矩形或梯形断面管道内，至少需要25个测点，并分布在5条水平支持杆和5条垂直支持杆的交点上。

水流稳定、流速分布较均匀的管道内，其测流断面的测点数目可参考下列经验公式确定：

$$Z=(10\sim20)F \tag{9.3-22}$$

若流速分布不均匀，断面的测点数目计算公式为

$$24\sqrt[3]{F}<Z<36\sqrt[3]{F} \tag{9.3-23}$$

式中 F——测试断面的面积，m^2。

如果管道或渠道内的断面被分成若干部分，则应同时进行测量。

（2）测点布置。当流体沿着管道做相对运动时，由于流体具有黏滞性而产生摩擦力，此力的大小与流层相互位移的速度在内法线方向的速度梯度成正比。黏滞越大，速度梯度就越大。因此在速度梯度大的边壁附近，测点间距应小些；在管道中间部分，流速分布较均匀，测点间距可大些。水流流线的确定是以边壁作为约束水流的基准，按照测点位置做出流网，然后得到每条流线与水平面的夹角，此夹角就是流速仪的安装角。若条件允许，应作管道进口部分的水流流态的模拟试验，以便验证水流流线的方向。

如果断面的流速分布较均匀时，流速仪在每根测杆上的位置（包括横向和纵向）可以按下列对称方式排列。

1）对中小型断面管道的测点布置：

$$s—2s—3s—4s—4s—3s—2s—s$$

2）对大型断面管道（测杆长度大于4m）的测点布置：

$$s—3s—5s—6s—6s—5s—3s—s$$

以上两种布置中的 s 为最边壁流速仪轴线至壁面的距离，$s>(d+30)$mm，如图9.3-9所示，图中 s' 为流速仪轴线与壁纵向布置距离。

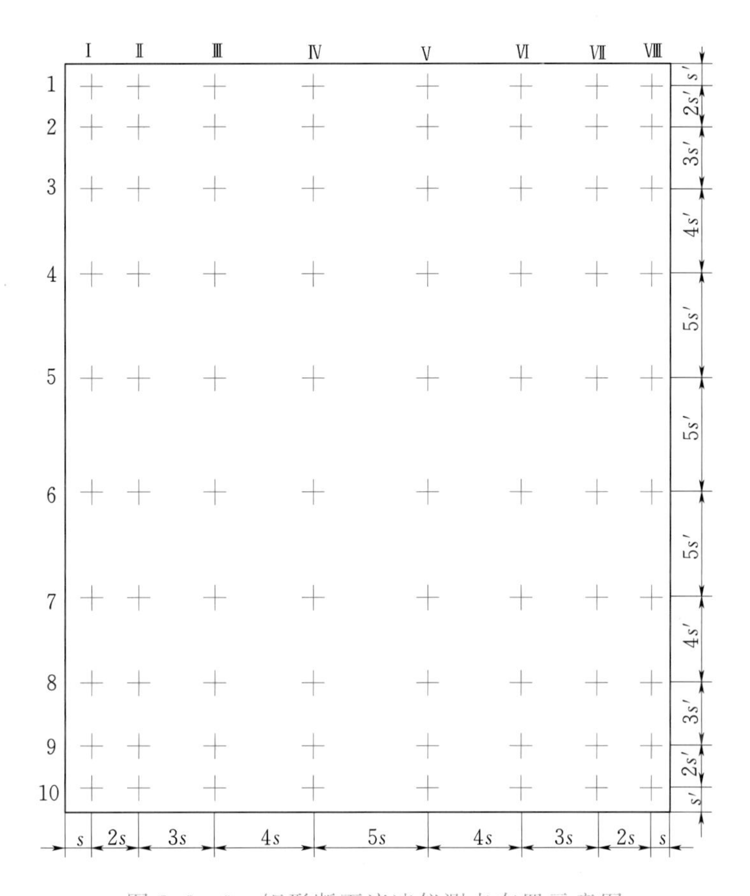

图 9.3-9 矩形断面流速仪测点布置示意图

9.3.3.7 流速仪支架的设计和安装

1. 测流支架设计的一般原则

管道中的水流速度及其分布形状将受到流速仪，尤其是测流支架的干扰，将增大流量测量的误差。因此，在设计测流支架时，应考虑它的型式、结构及其支持杆横断面的大小、形状等。支架及测杆的要求如下：

（1）测流支架的体积小、重量轻、稳定性好、对水流阻力小。

（2）测流支架应有足够的刚度和强度。

（3）测流支架本身的固有频率不得与水流的频率相一致，以免发生共振破坏。

（4）严防支持杆根部（与管壁相连处）和各部件连接处被撕破或焊缝开裂及支架倾倒等。

（5）流速仪测杆应垂直于测流断面，并有一定的强度和刚度，不允许有弯曲、断裂等，且严禁在水流中有振动，如图 9.3-10 所示。

在设计测流支架结构型式时，应考虑支持杆的长度及支架结构能否通过进人孔到达测流断面处。

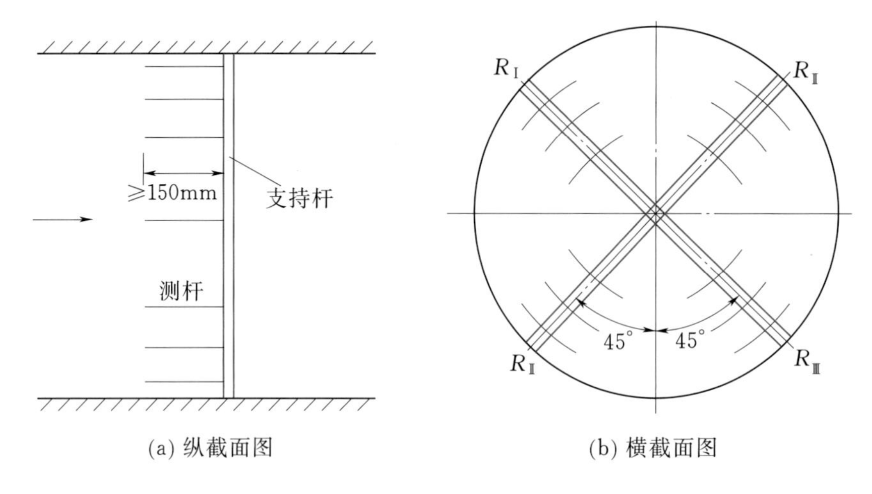

图 9.3-10 测流支架示意图

测流支架的支持杆一般采用钢管制成，对于尺寸大的测流支架应尽量选用无缝钢管。支持杆断面应为流线型。如条件许可，可将支持杆断面制成如图 9.3-11 中的形式，以便减少水流阻力和水流变形，也能增强支持杆的强度和刚度。

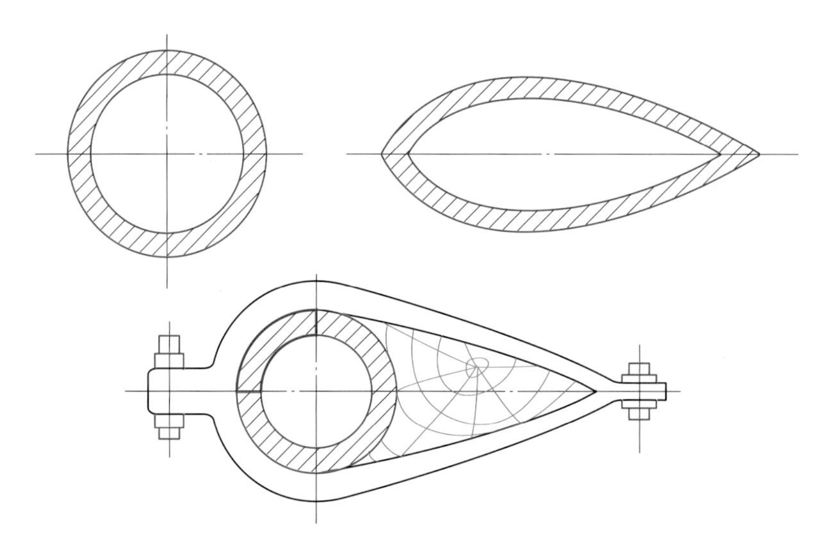

图 9.3-11 支持杆断面形式

当支持杆的钢管选定后，须进行校正，使钢管的轴线为一条直线，然后划线下料，统一钻固定孔。其孔口的尺寸应与测杆的直径尺寸相一致，而孔的中心线也应垂直于钢管（支持杆）轴线，同时要求所有孔的中心在每根支持杆的轴线上。

测杆可选用圆钢，其直径一般为 14～18mm，对于尺寸大的支持杆，须应用偏大值，反之应用小值。而测杆的长度应满足要求，一般考虑为 250～300mm 的长度，如图 9.3-12 所示。

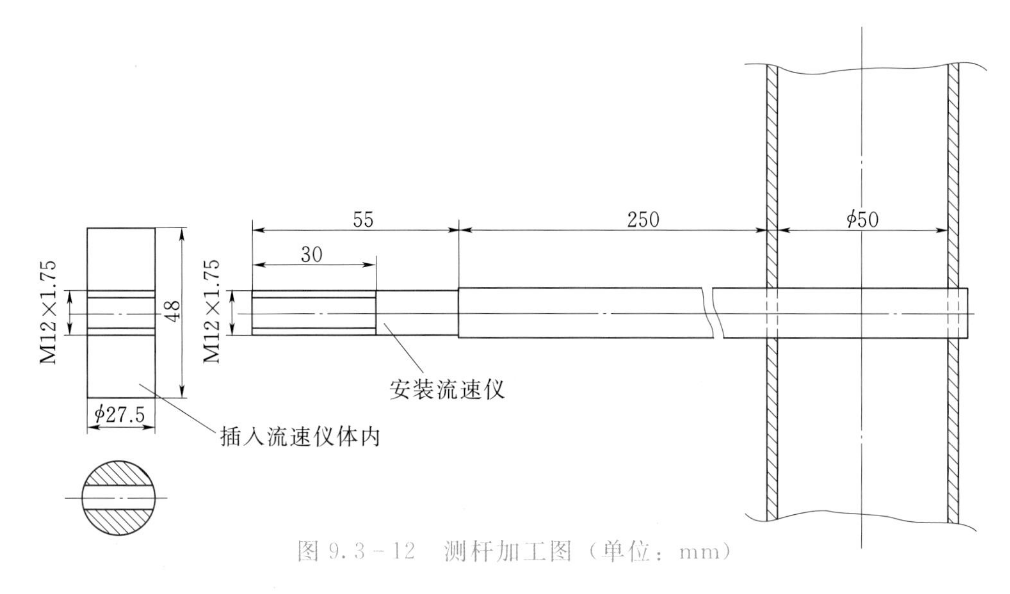

图 9.3-12 测杆加工图（单位：mm）

测流支架的尺寸一般是参考管道断面的设计尺寸而确定的，加工测流支架时，在支持杆的两端应考虑 20mm 左右的余量，再根据实测的断面尺寸进行处理。

2. 测流支架的安装要求

流速仪测流支架加工后，须进行组装校正。组装校正工作首先应找一个比较规则的水平面作为基准面，然后把支架的几部分放在该基准面上，依次进行组合校正，以保证每根支持杆上的测杆在一条直线上，并使所有测杆的顶点在同一平面。接着安装流速仪，并检查流速仪的倾斜度，要求流速仪轴线的倾角不超过 5°。如有不符之处，须继续对测杆等进行校正，直至满足要求。

在安装流速仪测流支架时，首先应在管道的测流断面内，初步确定固定支点，并将测流支架支立在管壁上，然后调整其支架，使支架的倾偏角不超过 1.0%，以保证流速仪轴线和水流方向的一致性。

测流支架各部分的连接要坚实，与管壁的固定须牢靠。

9.3.3.8 流速仪安装

当测流支架安装合格后，应组织力量安装流速仪。流速仪安装前需校准，并在试验现场进行以下全面检查：检查流速仪桨叶转动是否灵活及有无卡住现象、旋桨轴套内是否灌有润滑油、轴承导管螺帽拧紧否、接触丝完好情况等；使用万用表或电铃，接在流速仪的两个接线柱上，观察流速仪接通后能否发出转速脉冲信号及其信号的规律性；如发现个别流速仪有问题，应找出其原因，并及时处理，或更换流速仪。流速仪检查符合要求后，须牢固地安装在测流支架上，且尽可能避免偏斜和振动。

流速仪转速脉冲信号经导线送到记录器，然后校对流速仪的位置编号和运转情况。若有异常现象，应立即察看流速仪的组合和安装情况，核对接线是否正确、导线是否断路、接触丝是否被烧断、接地线是否良好、检查记录器本身的内部线路和振子是否正常等，出现异常后应及时分析处理。引线接好后，应使用透明胶带纸将接线柱包扎好，再用黑胶布进行包裹，并用白纱带把引线绑扎固紧。为了可靠起见，以上工作结束后，应再次检查流速仪的运行情况是否正常。

9.3.3.9 流速分布图的绘制和流量计算

1. 流速分布图的绘制

由流速分布图可以观察分析研究整个测流断面的流速分布规律及水流状态，且能发现流速的计算差错和测量错误，还能验证测流断面选择的合理性和正确性。通过流速分布曲线的绘制，能够判断出可疑的测量值。

为了绘制测流断面的流速分布图，首先要计算出每一工况下各个测点的流速值。为此应在录取的示波图上选择记录信号较清晰的一段作为计算段，其持续时间一般为2min左右。在此时段内，对所记录的每根流速仪信号线，在其线的两端各选一个脉冲（方形）记录信号作为计算的起点和终点，其相应的时间为 t_1 和 t_2，流速仪的工作时间为 $t=t_2-t_1$，如图9.3-13所示。而后统计 t 时段内流速仪接通的脉冲信号次数 m（应取整数）。若流速仪每接通一次螺旋桨需转动 K 圈（一般 K 取10或20），则流速仪转速 n 为

$$n=\frac{Km}{t}\quad（次/s）\tag{9.3-24}$$

各测点的流速 v 为

$$v=an+b\tag{9.3-25}$$

式中 a、b——流速仪校准系数。

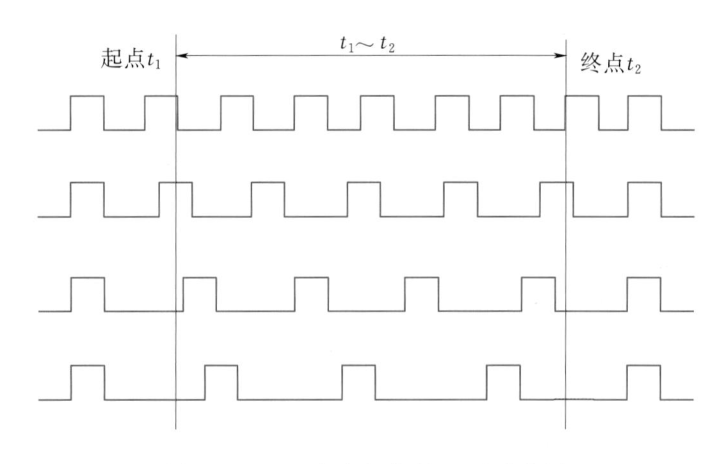

图9.3-13 流速仪信号记录示意图

根据表9.3-1所求出的某一工况下各测点的流速值，可以绘制出该工况下的流速分布图。对于圆形断面，沿直径方向可绘制出各半径臂的流速分布图；对于矩形

或梯形断面，可沿垂直或水平测线的方向绘制流速分布图。如图 9.3－14、图 9.3－15 所示。

表 9.3－1　　水电站流速计算表　　测次________导叶开度

半径号	测点号	流速仪的编号	标定公式 $v=an+b$	计算时间 t	在 t 时间内的脉冲数 m	水流速度 v	测点至圆心距离 r	每个半径流量 Q
Ⅰ	管壁							
	1							
	…							
…	…							
	…							
	20							
管心	21							

这样可将若干个工况下的流速分布绘制在一张图上，如图 9.3－16 所示。

从流速分布图可以看出，一般情况下，两个相邻的导叶开度其流速分布接近平行，在管道中间部分体现得更为明显。在大开度工况下，两个相邻导叶开度的流速分布曲线的近壁区域也有可能呈现相交的现象，出现这种情况应认真进行检查，如计算无误，则有可能是流速仪本身或其他原因所致。

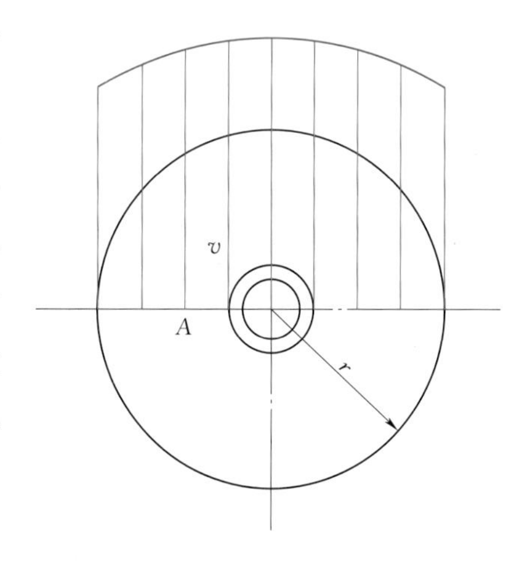

图 9.3－14　圆形断面流速分布图

2. 流量计算

流量是根据各测点流速仪的测量而得到整个测流断面的流速大小和分布状况，由此获得断面的平均流速，然后乘以断面面积，即可得到流量。目前，国内广泛采用图解法来计算流量。

（1）圆形断面的流量计算。它是根据各半径臂上的流速分布图，分别求得流量，然后取它们的算术平均值，作为最终的流量结果。

在流量计算中首先假定：半径臂上任一点 A，测得的流速 v_a，A 点所在的整个圆环形断面上的流速值都是一样的，如图 9.3－14 所示。根据这一假定，整个圆断面通过的流量为

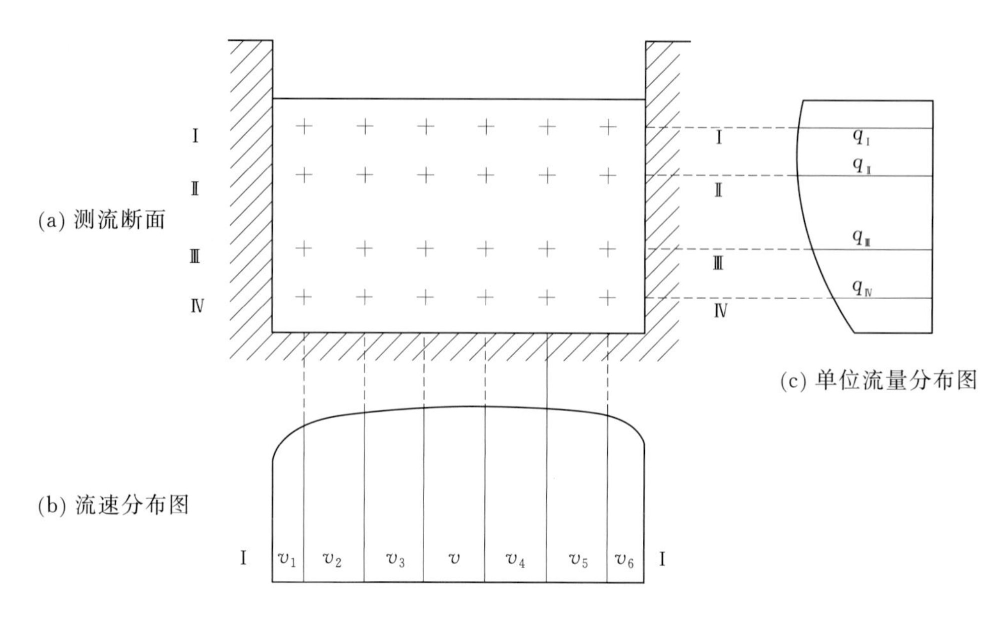

图9.3-15 矩形断面流速及单位流速分布图

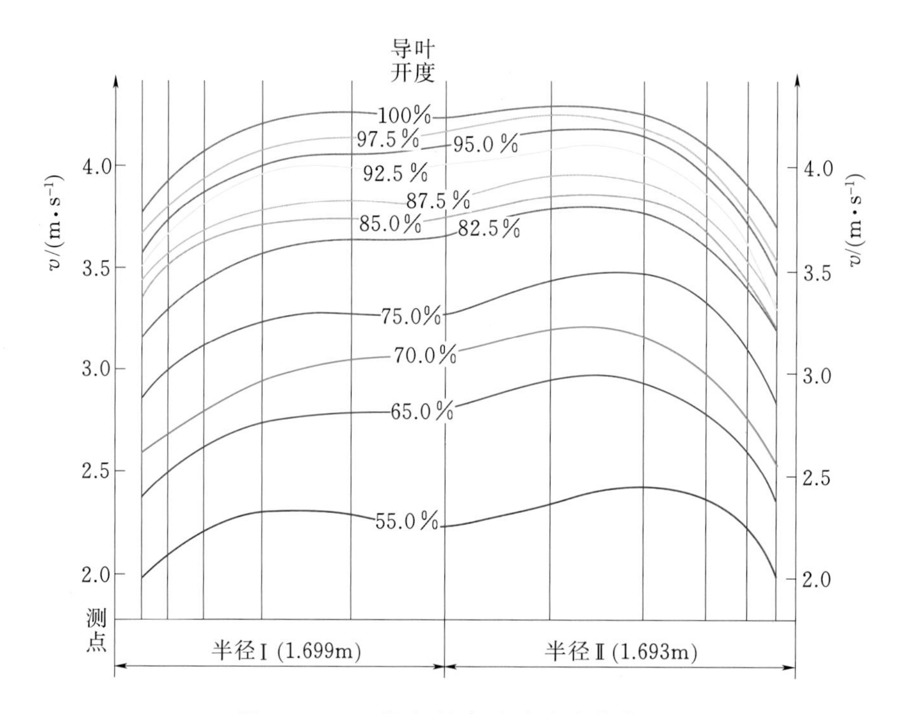

图9.3-16 机组效率试验流速分布图

$$Q = 2\pi\int_0^R vr\,\mathrm{d}r \tag{9.3-26}$$

此式是根据各半径臂上所绘制的流速分布图，将各测点的流速 v 乘以测点至圆心的距离 r、即可得 v_r，然后把各半径臂上所有测点 v_r 和相应的半径 r 画在以 v_r 为纵坐标、

r 为横坐标的图上。并通过各测点的 v_r 的端点作平滑曲线 3，即方式一，如图 9.3-17（a）所示。也可将半径臂上的流速分布曲线换算成 v 和 r^2 的关系曲线，即方式二，如图 9.3-17（b）所示。图上的阴影面积乘以 2π 或 π 和纵横坐标比例尺，就可得到整个断面的流量 Q。而阴影面积可根据截面形状通过数值积分计算获得。依此方法分别求出 4 个或 6 个半径臂的流量。然后取它们的算术平均值，则流量为

$$\overline{Q}=\frac{1}{4}(Q_{\mathrm{I}}+Q_{\mathrm{II}}+Q_{\mathrm{III}}+Q_{\mathrm{IV}}) \tag{9.3-27}$$

（2）矩形或梯形断面的流量计算。该流量可用逐次图解积分法求得，即

$$Q=\int_0^h \mathrm{d}h\int_0^b v\,\mathrm{d}b \tag{9.3-28}$$

式中 h——测流断面的高度或水的深度；

b——测流断面的宽度。

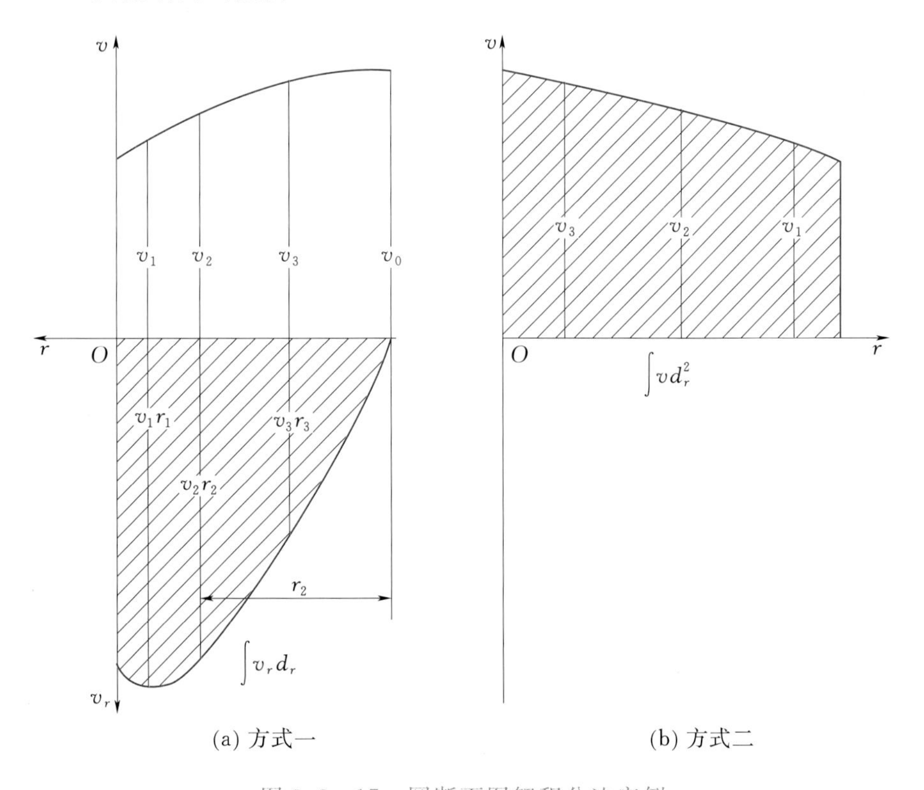

图 9.3-17　圆断面图解积分法实例

首先根据所绘制的某一水平线上的流速分布图（包含接近边壁段 v_x 的分布），如图 9.3-17（b）所示，使用数值积分法求出流速分布曲线和水平测线所包围的面积，并乘以流速比例尺 M_v 和断面宽度比例尺 M_b，就可得到单位流量 q 为

$$q=M_vM_b\int_0^b v\,\mathrm{d}b \tag{9.3-29}$$

按此方法求出所有水平线的单位流量，然后以单位流量为横坐标、而以断面高度或水的深度为纵坐标，标出所有水平线的单位流量，并画出水平测线方向边壁段的单位流量，再以平滑曲线连接起来，由此得到单位流量分布图，如图9.3-15（c）所示。最后用数值积分法求出单位流量分布曲线和断面高度或水深线所包围的面积，并乘以单位流量比例尺 M_q 和高度或水深比例尺 M_h，即可获得某一工况下水流通过测流断面的流量，即

$$Q = M_q M_h \int_0^b q \mathrm{d}h \tag{9.3-30}$$

9.3.4 压力—时间法（水锤法）

9.3.4.1 测流原理

1. 测流原理简介

本方法主要记录导叶关闭过程中，导叶关闭前后压力波传送过程的压力—时间关系来实现流量测量。根据牛顿定理，当水轮机导叶快速关闭时，水流速度减小，水流的动量转变为冲量，管道内水压力升高，这种由水流速度突变引起水压力变化的现象称为水锤作用，因此称为水锤法。一般来说，水压力升高的大小与导叶关闭时间的长短，即水流速度变化的快慢有关。测得水压力变化的数值与过程后，可求出导叶关闭前通过水轮机的流量。

2. 流量计算公式的含义

由测流原理的概念，可以引入下列公式：

$$F\int_0^t \Delta P_0 \mathrm{d}t = M(v - v_t) \tag{9.3-31}$$

式中 F——管路断面面积；

ΔP_0——压力升高值；

M——测流管段内水体质量；

v——导叶关闭前水流速度；

v_t——导叶关闭后漏水水流速度；

t——导叶关闭时间。

水体质量为

$$M = \frac{\gamma}{g} F_0 L_0$$

代入上式，且管路断面面积 F，以测流管段断面面积 F_0 代替时，有

$$\frac{L_0}{gF_0}(F_0 v - F_0 v_t) = \int_0^t \frac{\Delta P_0}{\gamma} \mathrm{d}t \tag{9.3-32}$$

在导叶全关闭时间为 T 时，可得

$$\frac{L_0}{gF_0}(Q_0 - q) = \int_0^T \frac{\Delta P_0}{\gamma} \mathrm{d}t \tag{9.3-33}$$

结果得出计算流量公式为

$$Q_0 = \frac{gF_0 A_T}{L_0} + q \tag{9.3-34}$$

式中 Q_0——导叶关闭前流量，m^3/s；

q——导叶关闭后漏水流量，m^3/s；

A_T——图示法记录的水压时间过程线与回复水头时间线之间的面积；

g——重力加速度，m/s^2；

F_0——流管段断面面积，m^2；

L_0——测流段长，m。

关于回复水头时间线，是指导叶关闭过程中，每一关闭位置稳定状态时，静水头的变化情况，反映了水头损失和速度水头之和随导叶关闭变化的一条关系曲线。

3. 单断面侧压法与双断面差压法

单断面测压法是压力—时间法中的一种方式，即单独记录压力钢管的两个测量断面上的压力变化。也可以只使用一个测量断面，记录此测量断面与进水口，或者与第一个自由水面的断面之间压力的变化，习惯地称之为单断面法。在每个单断面上的操作记录方式，与双断面差压法基本上相同。当只使用一个测量断面时，除在该断面上测量外，进水口或第一个自由水面水位随时间的变化也必须同时记录。计算流量时，按两测量断面处压力—时间图总净面积之差来进行。这种方式除由于摩擦和动量变化而引起的基本压力变化之外，还受到进水口、调压井等自由水面变化的影响。

双断面差压法是压力—时间法中的一种常用方式，记录和应用两个测量断面间压力—时间曲线图中的压差变化。它仅仅受到这两个测量断面间的摩擦和动量变化的影响。试验段以外的管道摩擦变化，进水口、调压井等自由水面变化，对两个测量断面同时有影响，因而其影响可以抵消。

9.3.4.2 流量计算

1. 压力—时间图的边界

压力—时间图的面积是计算流量的主要依据。压力—时间图的上边界，一般即压差（压力）过程线。重要的是确定图形的起点、终点和下边界（即回复水头时间线）。为此，首先需求出导叶关闭之前，稳定运行状态的水压波动平均值。其方法可采用数值积分计算获得出面积的平均高度法，也可采用中点连线法。平均值的水平线称为运行线。其次求出导叶关闭之后水压波动的平均值，称之为静压线。一般以运行线与接力器行程始端开关动作后水压上升边的交点，作为图形起点。此起点往往即接力器行程始端开关线上之点，而下边界即为回复水头时间线，需逐步逼近求得。终点则需按弹性理论与刚性理论的差异修正。

2. 压力—时间图的第一次近似面积

压力—时间图的上边界与起点如上确定之后，一般即以静压线与接力器行程终端开关动作处交点，作为图形第一次近似终点。在起点与第一次近似终点间以直线连接，此直线作为第一次近似回复水头时间线，即第一次近似下边界。上下边界与起终点之间所围面积。即压力—时间图的第一次近似面积。

3. 水锤法的流量

首先求出对应于流量的压力—时间图的面积。在确定了压力—时间图的起点、最终近似回复水头时间线、终止边之后，即可求出下部和两端边界的在压力（压差）—时间关系曲线之下所包含的面积 A_T。此面积在接力器关闭终了之后，位于静压线下部分为负值，则压力—时间法流量为

$$Q_0=\frac{gFA_T}{L_0}+q \tag{9.3-35}$$

9.4 相对效率试验

9.4.1 概述

在水轮发电机组原型效率测试中，难度最大、工作量最大的是流量测量工作。对于已投产的水电站，水工建筑物和机组装置形式都已既定的条件下，有的水电站欲测量其通过水轮机流量是困难的，测流精度是非常低的，甚至是不可能的。尽管测流方法很多，但每种测流方法都有其适用条件。有的水电站则不具备测流的任何条件，勉强进行的话，不是测试误差太大，就是付出的代价过于高昂。对于这些水电站的经济运行问题，就得因地制宜地采用新的试验方法来解决。

近几年来。模型试验已被日益用作合同效率试验的基础。很多水轮发电机组投产验收试验的效率保证值已经采用模型试验值，这是模型试验精度不断提高的结果。而在原型效率试验中则常用相对法的指数试验以查证原型效率曲线是否具有模型试验的曲线形状，并以此指导水轮发电机组的经济运行。所以，对于不具备测流条件的水电站或按照机组合同规定以模型试验验收、原型试验验证效率曲线的水电站，可以采用相对法来进行原型机组效率试验。相对效率测量的方法也称为相对法效率试验，或称为指数试验。

相对效率测量工作还被广泛地运用于进行效率比较的诸多场合，例如：

（1）对不同型号水轮机效率特性的相对比较。

(2) 同型号水轮机由于装置条件不同对效率影响(相对值)。

(3) 评价水轮机转轮叶片改型或修型后的效果(修改前后效率特性变化的相对值)。

(4) 评价水轮机过流部件改变后对水轮机效率的影响，鉴定该革新成果的经济效益。

(5) 测量由于泥沙磨损、空蚀引起水轮机效率的相对变化，以相对效率降低程度作为确定大修周期的主要参考数据之一。

(6) 测量水轮发电机组大修前后相对效率的变化值，以评定机组大修质量。

(7) 对于轴流转桨式和斜流转桨式水轮机来说，通过测量相对效率的方法，可以验证制造厂家提供的协联关系是否正确并求取真机的协联关系曲线。

综上所述，采用相对法进行机组效率试验，虽然得不出绝对流量，也得不到实际绝对效率，但是它能测得效率的相对值。从而能避免工作量、花费都很大的测流工作，易于实施，因此相对效率试验在国内外均得到相当广泛的应用。

采用相对法的本质在于不去测量流量的绝对值，而是以一种能反映流量相对值的量来进行效率相对值的计算。所以，采用相对法的前提条件是：必须具有一个现成的、与流量成固定关系的测量量。这个测量量在流体中最常见的是差压(某两点的压力之差，一般是指蜗壳内外圆的压力差)，它普遍存在且易于精确测量。产生差压的测量部件有如蜗壳流量计，还有文丘里流量计、进口管流量计、弯管流量计、水头损失流量计以及冲击式水轮机中的喷针流量计等。这些之所以称之为“流量计”，是因为流体通过这些部件总会产生与流量成固定关系的差压。水电站引水流道或水轮机流道中只要存在上述某一种流量计，则该机组就可以进行相对效率测量。

设有某流量计，它的差压值与流量成固定关系，即

$$Q=Kh^{n} \tag{9.4-1}$$

式中 h——差压值(某两点的压力之差)；

K——蜗壳差压系数。

该流量计通过的流量 Q 与差压值 h 之间有固定关系，但未经校准，K、n 均为未知数。

式(9.4-1)中 K、n 均未知时的流量 Q^* 称之为指数流量，可表示为

$$Q^{*}=Kh^{n} \tag{9.4-2}$$

对于每个工况点，都可以测出一个 h 值，都可以得到一个指数流量 Q^*，设相应额定出力时指数流量为 Q_0^*，任一负荷下指数流量为 Q^*，则这一负荷下相对流量 Q' 定义为 Q^* 与 Q_0^* 的比值，即有

$$Q' = \frac{Q^*}{Q_0^*} = \frac{Kh^n}{Kh_0^n} = \left(\frac{h}{h_0}\right)^n \tag{9.4-3}$$

式中 h——某一负荷下流量计差压值，mm；

h_0——额定出力下流量计差压值，mm；

n——指数。

从式（9.3-4）中可以看出，引进相对流量 Q'后，便消去了一个未知数 K。对于蜗壳流量计，h、h_0 均可实测到，而 $n=0.5$，这样不需校准蜗壳差压系数 K 值，便可得到相对流量 Q'的值。

同理，可以引入指数效率 η^* 的概念。以指数流量 Q^* 表示的效率叫做指数效率，机组指数效率 η_M^* 为

$$\eta_M^* = \frac{N_g}{\gamma K h^n H} = \frac{N_g}{\gamma Q^* H} \tag{9.4-4}$$

若在水轮发电机组效率试验中使用相对法，全部工况点中的最高指数效率以 $\eta_{\max}^*$ 表示，则相对效率为任一工况点指数效率 η_M^* 与 $\eta_{\max}^*$的比值，因此

$$\eta_M' = \frac{\eta_M^*}{\eta_{\max}^*} = \frac{\dfrac{N_g}{\gamma} K h^n H}{\dfrac{N_{gm}}{\gamma} K h_m^n H_m} = \frac{N_g h_m^n H_m}{N_{gm} h^n H} \tag{9.4-5}$$

式中 N_g——任一工况点上发电机有功功率；

h——任一工况点上流量计差压值；

H——任一工况点上水头值；

N_{gm}——相应最高指数效率工况点上的发电机有功功率；

h_m——相应最高指数效率工况点上的流量计差压值；

H_m——相应最高指数效率工况点上的水头值。

从式（9.4-5）中可以看出：相对效率的求取中，K 值同样被消掉。因此，在相对法效率试验中，由于引进了相对流量 Q'和相对效率 η'的概念后，在计算试验成果中均把 K 值消掉了，从而避开了求取 K 值的困难，把流量测量的工作由差压测量来代替，大大地简化了效率试验的工作量。

相对法效率试验中，功率也可用相对值的形式来表示。通过相对法效率试验可以得到相对效率特性曲线，它与“绝对”效率特性曲线的形状完全一样，只是坐标单位不同而已。相对效率的指示值是以任意规定的比例尺来计量，除非个别的工况，否则均以上述指数效率最高工况作为相对比较的基准工况。

9.4.2 参数计算

1. 流量的计算

对于流量计在每个工况点的读数，得到一个指数流量 $Q_i^n = Kh_i^n$，实际上只是一

个差压值 h_i。在额定出力工况下测得了 h_0 值，就可以计算出各个工况点的相对流量值，即

$$Q_i' = \sqrt{\frac{h_i}{h_0}} \tag{9.4-6}$$

显而易见，额定出力工况的相对流量为1，这样得到的一系列相对流量值 Q_i'。

2. 水头的计量

由于本节所测到的是相对流量，所以在水头计算中对所有的速度水头 $\frac{v^2}{2g}$ 无法算得。

模型试验数据分析和现场实测数据等大量资料表明：对于低水头的贯流式、轴流式水轮机，进出口速度水头的数值相差不多；对于中、高水头的混流式、冲击式水轮机，进出口速度水头的数值差虽大些，但这个差值占水头的比例却很小，往往均可以忽略不计。

因此，相对法效率试验中的水头计算时，一般忽略速度水头的影响，只计位置水头和压力水头。

3. 效率的计算

由各仪表读数计算出来各个工况点的发电机有功功率实测值 N_{gi}、指数流量实测值 Q_i^*（即差压计读数的方根值 $\sqrt{h_i}$）均要换算到计算水头下。按式（9.4-4）计算各工况点相应的机组指数效率 η_{Mi}^*，则水轮机指数效率 η_{Ti}^* 为

$$\eta_{Ti}^* = \frac{\eta_{Mi}^*}{\eta_{gi}} \tag{9.4-7}$$

式中 η_{Ti}^*——某工况点的水轮机指数效率；

η_{Mi}^*——该工况点的机组指数效率；

η_{gi}——该工况点的发电机效率。

从所有工况点的水轮机指数效率 η_{Ti}^* 中求得水轮机最高指数效率 $\eta_{T\max}^*$ 的值，水轮机相对效率 η_{Ti}' 的计算公式为

$$\eta_{Ti}' = \frac{\eta_{Ti}^*}{\eta_{T\max}^*} \tag{9.4-8}$$

在相对效率计算中，$Q^* = Kh^n$ 中的 K 值取1，n 值取0.5（参考IEC规程规定），从而简化了计算。

9.4.3 最优协联关系

转桨式水轮机的导叶与桨叶协联关系如何，直接影响到水轮机的效率和机组的稳定性能，在最优协联关系下水轮机的效率为最高。制造厂家提供了协联关系，现场运行机组一般按照这个协联关系进行整定。在效率试验之前必须验证制造厂家提

供的协联关系是否最优，并以厂家提供的协联关系曲线为基础开展转桨式水轮机的效率测量工作。

由于模型试验的偏差和零部件加工的误差，可能造成厂家提供的协联关系在真机运行时并非最优协联关系。需要通过现场试验对协联关系进行调整，这项工作需在多个水头下进行，常称之为协联关系试验（以调整协联机构为目的的试验工作）。

1. 原理

转桨式水轮机在最优协联工况下，其桨叶所处的角度顺应了水轮机流道的流态，处于最佳工作状态，使得水轮机效率最高。一般地说，这时水轮机振动达到最小、空蚀最轻、操作桨叶的油压最低。常用其最高效率点来确定最优协联工况。然而，求取真机的最优协联关系的工作必须在效率试验之前进行，这时效率的绝对值是未知的，连蜗壳流量计的流量系数 K 值也未知。如上所述，相对效率曲线与绝对效率曲线形状完全相同，只是坐标不同而已，可以用最高相对效率来确定转桨式水轮机最优协联关系。所以用相对法效率试验来求取真机最优协联关系成为最普遍采用的方法。

在试验水头一下，转桨式水轮机作定桨工况运行，改变不同的导叶开度，进行若干测次以测量若干个指数效率，得到该水头下该桨叶开度的最高效率点。对于不同的桨叶角度可做若干个定桨工况试验，求取某个水头下的最优协联关系曲线。由多个水头下的若干条最优协联关系曲线组成了该机的全部最优协联关系曲线。

同理，也可将导叶固定在某个开度下，改变不同的桨叶角度进行多次相对效率，便可得到该水头下一个最优协联点。对于不同的导叶开度进行定导叶工况试验，求得该水头下的最优协联关系曲线。由若干个水头下的最优协联曲线组成全水头的最优协联曲线。

2. 试验项目

（1）定桨工况试验。把桨叶固定在角度 φ 上，调整导叶开度进行相对效率测量工作。一般桨叶每隔 5°进行一次定桨试验，一般同一个水头下需要进行 6～7 个定桨试验。每个定桨试验导叶开度调整的次数是根据求取最高指数效率的需要而定，一般需要 5～7 次。

（2）定导叶工况试验。把导叶固定在某个开度 α 上，调整不同的桨叶开度进行相对效率测量工作，一般同一个水头下需要进行 6～7 个定导叶试验。每个定导叶试验桨叶调整的次数是根据求取最高指数效率的需要而定，一般需要 5～7 次。

3. 测试要求

测试方法与一般的相对法效率试验相同，不同之处归纳为以下 5 点。

（1）首先确定机组运行工况。根据调速器的型式和操作调整的难易确定采用定桨工况还是定叶工况试验。

（2）试验机组调速器内的原协联机构必须解除，使水轮机桨叶在试验中保持某一个 φ 角或使桨叶处于可手动调节的状态。

（3）在试验全过程中，指挥台上设专人计算指数效率且立即绘制相对效率曲线，从而确定下一个测次的调整值。确定的依据是现有测量点数据是否能够求得该试验工况下的最优协联关系。为此，在测试过程中各个测点上的测量数据必须在读数后马上报告指挥台。

（4）为了克服机械死行程对测试精度的影响，在测试工作中，导叶和桨叶调整应以单方向调整为宜。若试验过程中需要返回调整，应返回超程后再往前调。

（5）整个试验过程机组处于非协联工况运行，造成水轮机叶片上绕流条件恶化，从机组安全运行角度考虑，应采取以下措施：

1）要依据制造厂家提供的协联关系作参考，预先选取每个测次的调整值，且根据已测到的数据计算结果判断下个测次的调整值，使得测次尽量能控制在五次。同时尽量使得机组处在非协联工况下运行时间尽可能短。

2）完成某一测次的测量工作后，要求试验者能够及时正确判断下一个测次的调整值，使得试验得以连续进行。

3）试验过程中要随时监测主轴水导摆度、支持盖振动、推力机架振动、推力轴承温升等，有条件的话最好还要监视油膜厚度的变化。

4）试验时应派人巡视各个测量点和机组各部位，能及时发现异常现象并及时处理。若出现异常情况，应根据实际情况决定中止试验或改变试验工况。

4. 最优协联关系的求取

无论是采用定桨工况或定叶工况试验，真机的最优协联关系都是未知的。为了求取真机的最优协联关系且使得试验测次最少，在测试过程中采用逐点逼近的方法和根据已得数据进行正确判断显得十分重要。

图 9.4－1 与图 9.4－2 所示分别为定桨工况（$\varphi=+5°$）与定叶工况（$\alpha=65\%$）试验中测次安排情况和最高指数效率的求取，图中曲线上的数字分别代表该工况下测次安排的顺序，图中的纵坐标也可用相对效率 η'，这时曲线上的极值就是最高相对效率。

为了求取上图 9.4－1、图 9.4－2 中曲线极大值至少需要 5 个测点方能作出较为准确的曲线，因此每个工况试验至少需要实测 5 个有效点才能求得最优协联关系曲线上的一个协联点。若测点都偏在曲线一侧，即使点数再多也不能绘出该曲线形状，因此在确定下一测次的调整值时，要使测点逐步逼近最高指数效率点（曲线上的极大值点）。

对于定桨工况试验，实测到 5 个有效测点后，便可求出该桨叶角度下相应的 N_0

值（图 9.4－1），然后通过 $\alpha-N$ 曲线查得相应的导叶开度 α 值，使可得到最优协联关系曲线上一个协联点的 $\alpha_i \sim \varphi_i$ 值。将同一个试验水头下不同桨叶角度下的数据点在一个坐标内绘出全部曲线的包络线便可得到该水头下转桨式水轮机相对效率特性曲线与最优导叶开度线（图 9.4－3），这样就求得了该水头下最优协联关系曲线上的若干组 $\alpha_i \sim \varphi_i$ 值。最后把这些 $\alpha_i \sim \varphi_i$ 值一一点绘在以 φ 为纵坐标，以 α 或接力器行程 S 为横坐标的图上，便得到该机在该水头下的实测最优协联关系曲线。

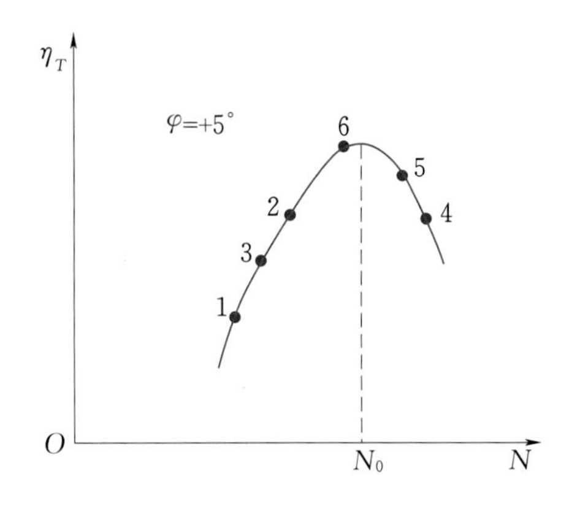

图 9.4－1　定桨工况下求取最高指数效率

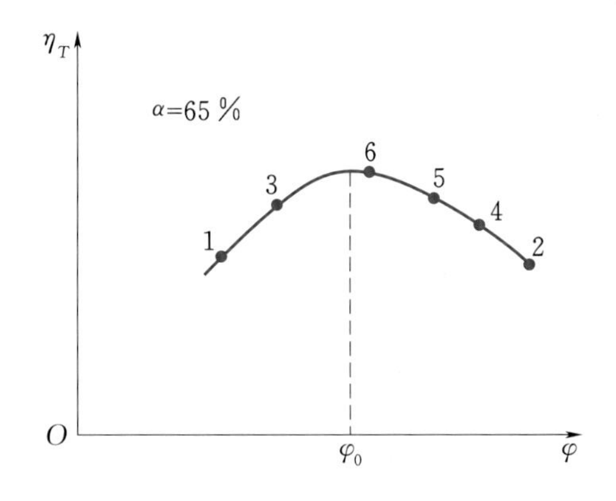

图 9.4－2　定叶工况下求取最高指数效率

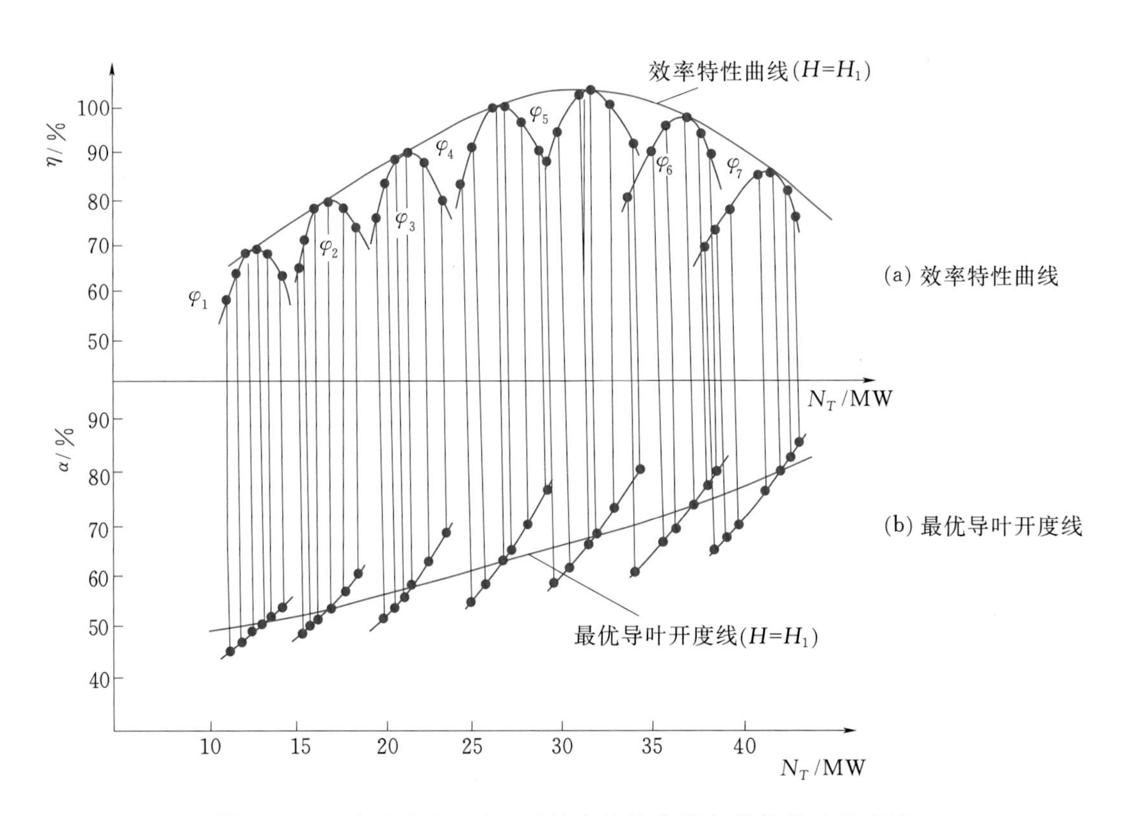

图 9.4－3　水头为 H_1 时相对效率特性曲线与最优导叶开度线

对于定叶工况试验，实测到5个有效点后便可直接求出该α相应的φ_0（见图9.4-2）。改变不同导叶开度，可以得到若干组$\alpha_i\sim\varphi_i$的数据，构成了该水头下最优协联关系曲线，根据不同水头下的协联关系，可以绘制全水头下机组的协联关系曲线。

9.4.4 混流式水轮机相对效率试验

相比转桨式水轮机，混流式水轮机结构简单，少了转桨机构，叶片是固定不动的，因此不存在协联调节。对于混流式机组，相对效率试验不需要安排定桨或定叶工况，只需进行变负荷效率试验。

1. 试验程序

（1）由调速器现地手动控制负荷，先按一定百分比递增负荷，每工况稳定运行3min。然后再从最大负荷递减，在连续减负荷时，在上述工况点停留30s，形成负荷变化台阶。

（2）每一工况稳定后，采集各传感器输出数据，采集60s，在效率拐点附近如有必要适当增加试验点。连续变负荷时，采集器连续采样并记录。

（3）试验过程中，计算机屏幕上跟踪试验工况点的效率点，同时跟踪检查效率点的重复性，根据试验需要进行工况点的补充。

2. 试验条件

（1）每个工况导叶开口不变，保持稳定运行2～5min。

（2）试验过程中，工作水头的变化不超过平均值的±1%。

（3）试验过程中，保持周波为(50±0.02)Hz。

（4）试验过程中，导叶开度波动不得超过±1%。

（5）试验过程中，发电机功率因素保持在设计值的±0.02%范围内。

（6）试验过程中，下游尾水位应保证相应的尾水管吸出高度。

（7）试验前检查各管道是否畅通。

（8）差压、水头、功率信号若波动过大，应采取相应措施，如增加测程数、滤波措施。

3. 试验测点

（1）水头（采用差压计）。

（2）蜗壳压差（采用差压计）。

（3）发电机有功功率、发电机无功功率（功率因素）。

（4）接力器行程。

4. 试验结果

（1）绘制水轮机相对效率—水轮机功率关系曲线。

（2）绘制导叶开度—水轮机功率关系曲线。

（3）绘制接力器行程—水轮机功率关系曲线。

（4）绘制机组有功功率—接力器行程关系曲线。

（5）绘制现场需要的其他关系曲线。

（6）绘制等压力脉动曲线。

（7）绘制真机运转特性曲线。

（8）绘制机组稳定运行区域。

（9）真机相对效率试验与模型试验成果对比。

9.5 热 力 学 法

9.5.1 概述

热力学法可用来测量水轮机、蓄能泵及水泵水轮机的效率。它是以评价每单位质量的水传递给水轮机轴的能量，或水从水泵轴获得的能量为基础，并根据水的热力学性质，通过测量压力、温度、速度和水位来确定其效率。

1. 原理

水和水轮机转轮间的能量转换遵守能量守恒原理，由伯努利方程式来计算水轮机效率。能量在转换过程中，摩擦会产生热量。其中少数热量传给周围介质，而大部分热量使水轮机进出口之间水的热焓发生变化，由此得到温度差。

2. 使用条件

热力学法应用于100m以上的水头。在理想条件下，如测量温度许可，其使用范围可扩大到低水头。由于水轮机进出口断面取样的不均匀性、测量设备的局限性及测量条件不完善等，可能引起较大的修正项的数值，导致该方法的使用范围受到了限制。

3. 特点

热力学法的优点是它可以直接测量水轮机效率，不需要电厂停机排水等，所需测试人员较少。但是该法的使用范围较窄，测量的仪器设备精度要求高、复杂，测试技术性强。

4. 符号含义

（1）η为水轮机输出能量和输入能量之比。

（2）e_m为在实际运行情况下，单位质量的机械能，它是进出口能量差和其他能量修正值之和。

（3）e_h为在理想运行情况下，即无摩擦水流的状态（假定进出口处的压力相同，进口处的温度和真机运行一样）下，单位质量的机械能，这种能量完全取决于水的性能和电站的特点。

（4）e_x 为相应于收缩损失的单位质量能量，它是由轴承（推力轴承、导轴承）损失换算得来的。其摩擦损失为

$$P_{gb}=\frac{2\pi^3 d^3 ln^2 \eta}{\delta}\quad (\mathrm{W}) \tag{9.5-1}$$

式中　d——轴承直径，m；

l——轴承长度，m；

n——转速，r/min；

η——轴承在平均温度（指经常运行的状况）下油的动力黏滞系数，N·s/m^2；

δ——相对于直径的间隙。

（5）$\bar{a}$ 为等温系数，表示水的热特性，为进出口平均值。

（6）$c_{\bar{p}}$ 为恒压时的比热，且为进出口平均值。

（7）$\bar{\upsilon}$ 为比容，单位质量水的体积。

（8）$P_{1\text{-}1}$ 和 $P_{2\text{-}1}$ 为压强。它是通过进出口实测压力换算而得（Pa）。

（9）Z 为测量容器的中点标高（m）。

（10）$T_{1\text{-}1}$ 和 $T_{2\text{-}1}$ 为进出口温度（℃），在有关测量容器中测得。

（11）$\bar{v}_{1\text{-}1}$ 和 $\bar{v}_{2\text{-}1}$ 为进出口速度（m/s）。

（12）Δe_m 为由其他现象带来的能量修正值。

（13）P_1^1、P_2^1，v_1^1、v_2^1，Z_1^1、Z_2^1 为在理想工况下，进出口的压强、速度及测量点标高。

9.5.2　测量方法

9.5.2.1　单位质量能量的测量

1. e_m 的测量

（1）概述。为了确定 e_m，需要有取水针管的容器，以便测量水的温度和压力。当测量断面为有压时，其测量程序一般用一个针管取出 0.1～0.5m^3/s 的水样，经一绝热水管流入测量容器。但要求和外界的热交换不超过修正范围的规定值。

在一般情况下，水轮机出口处的压力为大气压，此时设计的尾水取水样装置直接放在尾水中；在负压下运行的水轮机出口，可根据所选择的操作程序，将测量容器内的水压降低到大气压。

对于操作方法的选择，应以机械特性和测量仪器的性质为基础。

（2）直接操作程序。水流以最小的扩张，从压力钢管高压端进入测量容器。对 e_m 公式中各项符号的规定如下：

1）$\bar{a}(P_{1\text{-}1}-P_{2\text{-}1})$。要求用精确的压力计测量，$\bar{a}$ 由进出口水的平均温度和平均压力查表可知。

2) $c_{\bar{p}}(T_{1-1}-T_{2-1})$。要求温度计精确灵敏，$c_{\bar{p}}$ 由进出口水的平均温度和平均压力查表可知。

3) $(P_{1-1}-P_{2-1})$ 和 $(T_{1-1}-T_{2-1})$。应按一定的时间间隔同时进行测量。

在测量过程中，温度测量是一项非常重要的内容，因此要求温度计灵敏、稳定、重复性好。温度计要预先标定，并检查某试验点或温度计的原位标定。

测量容器的示意图，如图 9.5-1 所示。

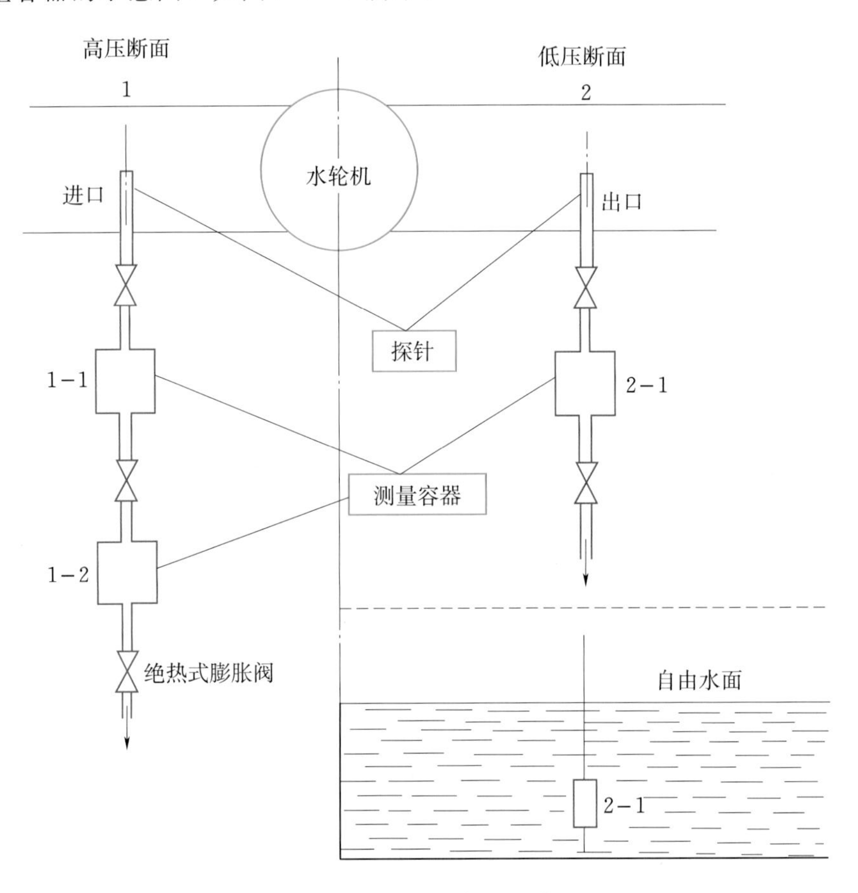

图 9.5-1　测量容器示意图

(3) “局部膨胀”操作程序。在进水管（压力铜管）和相应的测量容器之间的取样，系统中，设有一膨胀阀，当通过局部膨胀，使进口和出口间的测量容器达到等温。因而在 e_m 的表达式中，$c_{\bar{p}}(T_{1-1}-T_{2-1})$ 项为零。由此可知，e_m 的测量，实质上是 $(P_{1-1}-P_{2-1})$ 项的测量。因此，要求压力表精确灵敏；温度计高度灵敏可靠，并记录等温。然后以图解的形式确定 $(P_{1-1}-P_{2-1})$ 和 $(T_{1-1}-T_{2-1})$ 之间的对应关系，其中 P_{2-1} 是不常变的，仅须测量 P_{1-1}。若没有温差，那计算所用的压力值由图解内插法求得。

在水泵工况下，水泵进口压力可能难于保证膨胀到大气压力的水温等于水泵出口的水温。

在水轮机工况下，若水温超过 15℃，最高效率值时的进出口温度不能达到相等。在所有不能等温的场合，若压力范围比测得的压力范围 h，则可采用图解外推法。

2. e_h 的测量

应按均压管布置方式，分别在水轮机进口和尾水管内测量水能，如图 9.5-2 所示。e_h 可按下式求取：

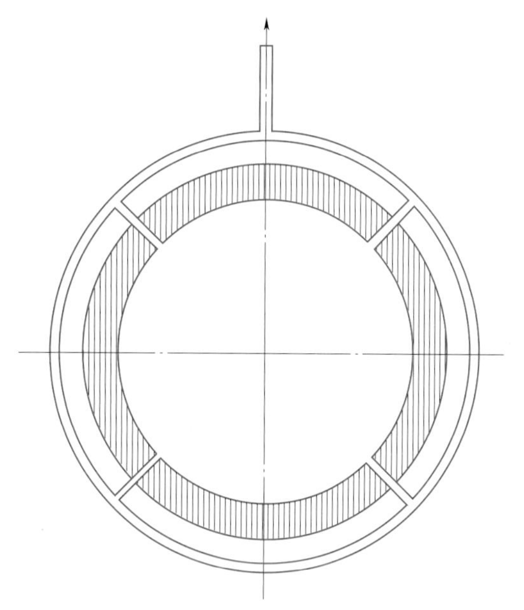

图 9.5-2 均压管布置方式

$$e_h = \overline{V}(P_1^1 - P_2^1) + \frac{(v_1^1)^2 + (v_2^1)^2}{2} + g(Z_1^1 - Z_2^1) \quad (9.5-2)$$

式中 P_1^1、P_2^1——水轮机进、出口压力表读数；

Z_1^1、Z_2^1——压力表的中心标高；

v_1^1、v_2^1——水轮机进出口流速。

$$v = \frac{Q_e}{F}, \quad Q_e = \frac{P_m}{e_m}V \quad (9.5-3)$$

单位质量机械能的轴功率为

$$N_m = \frac{N_{发}}{\eta_{发}} \quad (9.5-4)$$

式中 $N_{发}$——发电机功率；

$\eta_{发}$——发电机效率。

3. e_x 的测量

e_x 只测量推力轴承和导轴承的损失，即摩擦损失，见式（9.5-1），而公式中的 n，由较高精度的频率计测量。

9.5.2.2 温度计的标定

将两只温度计或测量仪表放在高压端（水轮机进口）取样系统的两个容器内，两容器用膨胀阀隔开，水从取样系统管道流经此阀门。这时整个膨胀单元的效率为零，单位质量机械能的转换也为零，即

$$e_m = \overline{a}(P_{1-1} - P_{1-2}) + c_{\overline{p}}(T_{1-1} - T_{1-2}) + \frac{v_{1-1}^2 - v_{1-2}^2}{2} + g(Z_{1-1} - Z_{1-2}) = 0$$

即

$$T_{1-2} - T_{1-1} = \frac{\overline{a}(P_{1-1} - P_{1-2}) + \frac{v_{1-1}^2 - v_{1-2}^2}{2} + g(Z_{1-1} - Z_{1-2})}{c_{\overline{p}}} \quad (9.5-5)$$

由此可知两容器间的温差，这样可以标定操作程序使用的温度计。对温度计的

标定，一般在整个试验的开始和末尾进行。如有可能，最好对每一个试验点的试验前后进行标定。

但须注意，膨胀应该是缓慢均匀，容器与外界有良好的绝缘，水中的悬浮物不应超过 0.1g/dm^3，水中溶解的气体含量应小于 5cm^3/kg。

9.5.3 测量要求

9.5.3.1 测量条件

（1）水和周围环境之间的热交换应在极限以内。

（2）断面内的能量分布比较规则。

9.5.3.2 断面选择

1. 水轮机进口测量断面

要求水流无干扰，其断面应放在水轮机蜗壳进口附近。而对有蝴蝶阀的水轮机，测量断面不能直接放在该阀的尾流中，但在某些特殊情况下，如果测量断面选在蝴蝶阀的下游侧，则要求探头不受蝴蝶阀阀体尾流的影响。

对冲击式水轮机，测量断面应设在喷嘴的上游侧，其最小距离为 4 倍的管道直径，但要避开弯管、喷针、导流栅等。若有几个喷嘴，断面应设在喷嘴叉管上游侧的管道部分为宜，当不能接近此部分管道时，在满足上述要求的情况下，此断面允许设在通向一个喷嘴的支管上。

测量断面内取水点的布置应沿该断面半径方向排列，离开管壁至少 0.05m。这样可消除进口测量断面的测量影响。对于管径小于 2.5m 时，引出点为 1 个；当管径大于 2.5m 时，引出点为 2 个，这样便于分析比较。

2. 水轮机出口测量断面

为保证准确的混合，温度变化要求均匀。对混流式水轮机，出口断面须距转轮中心约 5 倍转轮直径，一般距尾水出口约 5m；而对冲击式水轮机，离开转轮中心线的距离应为 4～10 倍的转轮直径；对自由表面的出口，测量断面应当在足够远的下游处。

（1）当水轮机在最大负荷范围时，须有 6 个以上的测点，并沿出口断面布设。因为温度沿着断面而变化。测点应选在流量接近相等的区域，但要避开零流量区。若这些测点的效率最大值和最小值之间变化为 0.5%以上，则测点数目应加倍；假使超过 1.5%，那么每个测点的温度值都必须用相应区域的流量近似值加权平均，这要重复测量两次。

（2）当水轮机出口为负压运行时，则建议在断面内取 4 个相互垂直的取样点，每个点的取样应沿着直径，从两个位置对应取样。而靠近中心的孔至中心距离应小于$\frac{1}{2}$

管径。

(3) 如果测量断面不能接近水轮机出口时，固定装置可直接安放于管内，并有 8 个以上的取样点，使流出的水构成单个水样，其布置方法和多个取样点相同。

9.5.4 测量装置的要求

9.5.4.1 主要测量设备

1. 取样水循环回路

水样从垂直于管道的一个针管取得，针管端部须有一个十分平滑的小孔，孔径等于针管内径，并面向上游方向。此孔离开管道内壁的距离应大于 0.05m。

在取样孔附近，针管外径选择为 15～40mm。为保证针管的强度，其外部直径应沿着针管向管道壁逐步增加，但不能影响水流的流态，针管的内径须大于 8mm。针管设计时，应避免振动和断裂。因此，在试验测量时，应随时进行检查。其检查方法是在没有取样水流的条件下，利用距管道$\frac{1}{7}$管径的针孔，测量静压和$\frac{v^2}{2g}$，然后将它们与上游容器中所测得的压力相比较。不过在试验前，应分别测量以上数据，以作基数。

测量容器设计时，应使进口动能转换为压能，利于水流经过温度计时，使它的周围具有良好的混合，特别对外套壁或所用连接导线，应采取一些特殊结构装置。例如导线在容器的绝缘层内，与管壁接触应尽可能避免热交换，并要求进水管道不受强烈阳光的照射。如果总水管以叉管方式向几台机组供水，则要求运行机组（不参加试验的机组）的功率保持常数。在试验期间，温度应缓慢连续地变化。对于各个工况点，其温度变化每小时应小于 0.005℃。

设计单个水流（水样）出口时，应避免热交换，特别当穿过混凝土墙时，管子须用绝热材料包扎绝热，或从主水管中取出循环水保温。而循环水的压力和取样水的压力应相近。

水循环回路的有效部件（管子、膨胀器、容器）应仔细地绝热，使水样的总能量保持常数。若绝热不完善时，由下列方法考虑：

(1) 作为第一次近似值计算，假定取样水与外界的热交换率为常数，则单位质量机械能的测量值与取样流量的倒数成比例地变化。

(2) 要用三个以上的取样流量来测量 e_m。

(3) e_m 是流量倒数的函数，可以用外推法确定有热传递时的 e_m 的修正值，如图 9.5-3 所示。

对所有的效率试验点，都需进行上述检查。

2. 压力计

压力计（表）精度应为 0.1%。e_m 和 e_h 须采用同一压力表测量；也可用精度为

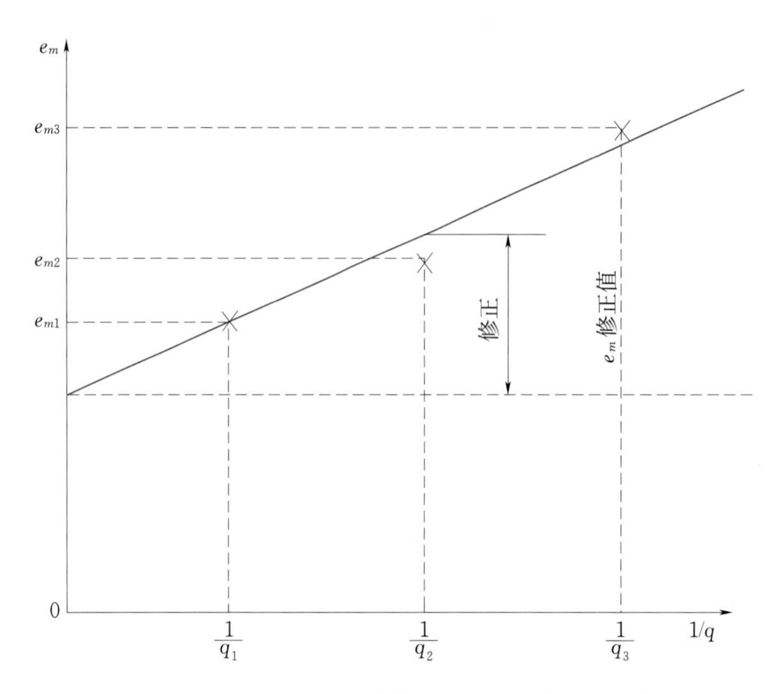

图 9.5-3 图解确定热传递时 e_m 的修正值示例

0.2%以上的差压变送器测量压力差。

3. 温度计

温度计应能直接地指示两测量点的温差，精度应达到 0.001℃。在试验以前，温度计应进行零点稳定性检验，把温度计放在绝热的热静态控制容器的水中，并慢慢地搅动水，使管道中的平均水温的变化在 10℃以内。设备零点不应有变化和不稳定现象。在试验期间，温度计零点稳定性至少在试验开始和结束时进行校验。

9.5.4.2 辅助测量设备

为了检查取样流量，则需要一个测量水箱或流量计，其精度为 5%。取样水的温度须用温度计连续监测，其温度计的精度为 0.05℃以上。如果条件允许，可应用温度记录仪监测。

9.5.4.3 热力学法测量效率

试验中有关中间量的测量须重复 10 次，每次测量时间要相等，一般取 1min 左右。

9.5.5 测量修正项

9.5.5.1 局部流量测量

首先要求水轮机进出口断面之间无辅助水流入；其次在试验期间，水轮机冷却水应排入出口测量断面的下游尾水渠。

如果水轮机或水泵尾水渠非常接近电机的通风管，则温度测量应取12点以上。若效率偏差达0.5%，则说明断面的中心和两个水流公用壁之间有正温度梯度，因而此壁需要绝热，它们由下式按相应的流量进行加权：

$$e_m=(1-\varphi)e_{m1}+\varphi e_{m2} \tag{9.5-6}$$

$$\varphi=\frac{漏水量}{总水量}$$

式中 e_{m1}——主流的单位质量水的机械能；

e_{m2}——漏水量的单位质量水的机械能（通常为负数）。

9.5.5.2 进口总能量的不稳定性

进水管道不暴露于强烈的阳光下进行测量是最理想的，并建议在供水系统中尽量避免附加支流。如果一根总水管向几台机组供水时，则不参加试验机组的输出功率保持常数。

进口温度应当进行检查。在试验期间，温度应缓慢连续地变化。在每次试验中（对每个试验点有几次读数），温度变化为0.005℃，1min以内是允许的。尽管试验时的温度变化满足了要求，但对e_m，须根据测得的温度梯度$\frac{dT}{dt}$进行适当的修正。e_m的修正值按下式计算：

$$\Delta e_m=\pm\overline{C_p}\frac{dT}{dt}(t_1-t_2+t_3) \tag{9.5-7}$$

式中 t_1——管道中的水经过水轮机进口和出口所需时间；

t_2——取样抽出的水经过进口断面和取样回路测量容器之间所需时间；

t_3——取样抽出的水经过出口断面和取样回路测量容器之间所需时间；

$\frac{dT}{dt}$——在一定时间内的温度变化值。

上式中水泵取“+”，水轮机取“−”，时间以s计。

9.5.5.3 壁与外界热交换

壁是指水轮机或水泵的金属外壳，则有

$$\Delta e_m=\left(\frac{V}{Q_e}\right)WA(T_a-T_2) \tag{9.5-8}$$

式中 W——转换功率，W/(m^2·℃)，经验认为$W=10$W/(m^2·℃)（这是对交换面积和周围空气的温度来讲的）；

A——交换表面面积，m^2；

T_a——周围空气温度，℃；

T_2——水轮机或水泵中水的温度，℃；

Q_e——水的容积流量，m^3/s；

V —单位质量水的体积，m^3/kg。

9.5.5.4 水与周围空气的热交换

水与空气流量应充分混合（包括水轮机补气），而且下列修正对于机械能 e_m 是适合的。单位质量机械能修正值为

$$\Delta e_m = \frac{Q_a}{Q_e} \cdot \frac{1}{P_{ao}} \cdot \frac{1}{273 + T_a}[350P_a(T_a - T_2) + 545 \times 10^5(\varepsilon P_{s(T_a)} - P_{s(T_2)})] \tag{9.5-9}$$

$$\varepsilon = \frac{湿空气压力}{同一温度时的饱和蒸汽压力}$$

式中 Q_a——湿空气的流量，m^3/s，对转轮补气为补气量；

Q_e——与水接触时，湿空气的压力，0.102MPa；

P_{ao}——标准大气压力，0.10133MPa；

T_a——湿空气的温度，即周围空气温度，℃；

T_2——水轮机或水泵中水的温度，℃；

ε——空气相对湿度（以小数值表示，不用百分数）；

$P_{s(T)}$——在温度 T 时的饱和蒸汽压力（表 9.5－1），Pa。

表 9.5－1　　温度 *T* 时的饱和蒸汽压力

温度/℃	0	5	10	15	20	25	30
饱和蒸汽压力/Pa	610	870	1230	170	2340	3170	4240

9.5.5.5 其他影响因素

水与周围空气的热交换还与水面面积有关（例如几台水轮机的流量进入公用尾水渠的情况），为避免流水与静水的混合（因温度不同），在尾水渠中应加一个围堰。对在同一机壳内，以低负荷运行时第 2 个转轮的热交换与转轮运行有关，此时水轮机流量带走了转轮的风损。该风损要预先达成协议，并建议作出两个工作轮的效率保证。

根据上述测量程序和计算所得到的 e_m 的修正值，不能超过下列数值，否则测量结果无效。

（1）在取样系统的进口或出口，水和周围环境（外界）之间的热交换为 1%。

（2）在特殊情况下，当取水管通过混凝土时，其极限值（修正值）可增大到 1.5%。

（3）由于进口总能量的不稳定性，金属壁与外界热交换、水与周围空气的热交换，以及热交换与水面面积、风损有关等，组成修正值的算术总和。

1）正常情况，1.5%；通过混凝土，2.0%。

2）对最佳效率点应重复 2 次。

（4）某些系统的不利条件。当测温条件困难时（如温度过高，或出口断面各点的流量有差别和温度不稳定等），一般推荐采用相对流量控制设备（指数试验）。对所取得的有关重要的微观现象修正项，应在最有利条件下使用热力学法（一般在接近最佳效率处）校正试验结果。

9.6 试验结果误差分析

9.6.1 效率试验中有关误差的说明

一般效率试验综合误差为±(1.5%～2.5%)。这里所说的综合误差，指国际上通用的置信度为95%时，以其相对误差极限来表示的水轮机效率测量数据的精确度。所谓置信度即置信概率，表征这一数据多次测量时，落在此范围内的百分率。通常在效率试验中置信度取为95%。

综合误差由两类误差合成。一类称系统误差 f_s 即称之为恒定误差，它是指方向大小一定的误差，包括随测量条件而变、有确定变化规律的误差，一般不随测量次数 n 的增加而减少，因而它不影响测量值的重现性，反映了测量的正确度；另一类称随机误差 f_r 即称之为偶然误差，是指符号大小可变的误差，它服从随机分布率，因而对多项算术和趋近于零，由读数分散形式描述，反映了测量的精密度，具有相互抵偿性。n 次单独测量的平均值的随机误差，比一次测量的随机误差小$\sqrt{n}$倍。在效率试验中两类误差可按方和根法合成，即

$$f=\sqrt{f_s^2+f_r^2} \tag{9.6-1}$$

式中　f——综合误差。

综合误差 f 反映测量的精确度（简称精度）。在式（9.6-1）中，当根号中各项为相对误差时，适于计算相对误差；当根号中各项为误差绝对值时，也适于计算误差绝对值，即绝对误差。

水轮机效率试验结果除包括效率与出力关系曲线外，还应包括综合误差带。误差带两边界与通过试验点画出的最合适的曲线之差，即为绝对误差。如果允许的综合误差已经规定，可将其加到通过试验点画出的最合适的曲线上，绘出水轮机试验效率允许的误差带，所有落于误差带两边界区间的效率试验实测点均有效。

必须注意到每个试验点的实际误差大小都是不同的。一般来说，高负荷较低负荷误差小。

在实际水轮机效率试验测试的准备过程中，为了保证总的综合误差在允许范围之内，可按等影响原则分配单项误差，即每项单项误差为总的误差$\frac{1}{\sqrt{n}}$，其中 n 为单

项误差项数。然后按照测试条件，在可能范围内进行单项误差调整，即将较难达到所分配的允许单项误差值的那一项误差略微加大，较易达到者略为减少，从而有利于控制效率试验的总误差。

效率试验的综合误差相对机组其他测量试验而言，其允许误差要求是较严的。效率试验的综合误差由多项综合误差合成，一般可要求分项误差控制在0.2%以下，当使用的表计达不到0.2%时，可用0.2级或更高精度表计校验后测量。只有单项误差远小于0.1%以下的误差，才可考虑在误差计算中予以忽略。当已确知对数据产生定值误差的值时，可在数据中予以消除。在测量过程中，应尽量采取能抵消误差或减少误差的测试方式。

9.6.2 水轮机效率试验中的误差计算

9.6.2.1 一般计算方式

系统误差一般计及测量过程中测量工具、装置、方法、人员产生的有规律的误差，如仪表误差、几何量度误差等。仪表误差主要由仪表精度确定，当仪表主要使用在量程 $M=\frac{2}{3}$满量程时，误差计算公式为

$$f_s=\frac{\delta_H}{M} \tag{9.6-2}$$

例如，对于0.5级精度仪表，可得

$$f_s=\frac{\pm 0.5\%}{\frac{2}{3}}=\pm 0.75\% \tag{9.6-3}$$

随机误差一般通过多次测量，计算出标准偏差后确定。对95%置信度而言，应按两倍标准偏差确定随机误差。当能进行误差范围估计时，标准偏差估计为误差范围的$\frac{1}{4}$$\left(\text{即估计误差的上限或下限的}\frac{1}{2}\right)$。

在误差计算中，可按一般误差传递的规定进行，即加减法所得结果误差为所有加减项绝对误差的和；乘除法所得结果误差，为所有项相对误差的和；平方所得结果误差为原有误差的两倍；开平方所得结果误差为原有误差的一半。

9.6.2.2 标准偏差

对运行工况不变，每个试验点多次重复测量所得结果，其平均值比任何单个值更真实。平均值的精度取决于重复测试次数和单个测量值的偏差。平均值的标准偏差为单个测值标准偏差的$\frac{1}{\sqrt{n}}$，其中 n 重复测量次数。单个测试点重复测量 n 次的标准偏差估计量 S 的计算公式为

$$S=\sqrt{\frac{\sum_{i=1}^{n}(\overline{Y}-Y_i)^2}{n-1}} \tag{9.6-4}$$

式中 $\overline{Y}$——变量 Y_i 进行多次测量的平均值。

如已求得观测值标准偏差的估计量 S，则所估算出的与 $\overline{Y}$ 有关的随机误差极限值 $f_{r\max}$，对 95%置信度而言有

$$f_{r\max}=\frac{S}{\sqrt{n}}t \tag{9.6-5}$$

式中 t——t 型分布统计值。

如给出了关于 Y 相应于 95%置信度允许的 n 值足够大时，t 分布接近正态分布。误差极限值 $f_{r\max}$则按观测值计算的标准偏差，应不超过 $S_{\max}$值，即

$$S_{\max}=\frac{\sqrt{n}}{t}f_{r\max} \tag{9.6-6}$$

对整个运行范围内的每点试验观测值，常偏离通过这些点所作的拟合曲线。而通常一条合适的拟合曲线，最接近于真实的特性曲线。拟合曲线的精度取决于试验点的数目及其相对于平均光滑曲线的偏差。使用最小二乘法拟合最佳光滑曲线，比较容易保证单个试验点偏离光滑曲线的偏差之和为 0，以及这些偏差的平方和最小。观测值的标准偏差最佳估计值 S_0，其计算公式为

$$S_0=\sqrt{\frac{\sum_{i=1}^{n}(Y_{0i}-Y_i)^2}{n-m}} \tag{9.6-7}$$

式中 Y_{0i}——对应自变量 X_i 处拟合曲线上值；

Y_i——对应自变量 X_i 处实测值；

n——测点数目；

m——拟合曲线为直线时用 2，为抛物线时用 3。

拟合曲线型式选择合适且测点数较多时，可按正态分布考虑，而采用$\frac{2S_0}{\sqrt{n}}$来确定效率试验中随机误差的极限值。

9.6.2.3 综合误差

综合误差计算前应检查试验过程中存在的问题，各种关系变化的合理性，并尽可能剔除粗差。如试验不能满足规定条件的要求，则计算所得综合误差尚应予以加大。对可以确知的系统误差，应尽可能消除或减小。如采用更高精度的表计校验所使用的表计，使用表计读数按校验记录修正后，该表计误差作为系统误差中的一项，可由原表计误差减小至高一级精度表计的误差，也可采取正负抵消的测量方式消除误差。经过这些工作之后，部分系统误差的变化规律有类似随机误差的性质，也可

按随机量的方式处理。

（1）相同工况下尽可能进行多次测量后（不少于5次），求得随机误差，与该项测试系统误差，进行方和根计算综合误差。对单点测量，流量、水头、功率均如此计算，而对单点效率则按下式进行计算：

$$f_n=\sqrt{f_Q^2+f_H^2+f_N^2} \tag{9.6-8}$$

式中误差值为综合误差。对最高效率值算得的单点效率综合误差，可作为代表效率试验误差的数据列出。对每个单一试验点测量值计算综合误差时，计算中系统误差按相应的误差极限，或整个正负误差范围的$\frac{1}{2}$进行，随机误差按式（9.6-5）进行计算。

而在某些条件下还有可能不能保持运行工况不变，或不能进行多次测量。此时的综合误差计算，只能全面考虑这一单项测量所有可能产生的误差，均作为随机量来处理。实际计算时，常常算出极限误差的相对值。此时极限误差值往往选取整个正负误差范围的$\frac{1}{4}$。将所有可能产生的误差项，按方和根法合成。然后取其两倍作为置信度95%时的综合误差。

（2）对运行整个范围内试验所得效率曲线，除如前所述应列出最高效率值单点综合误差作为代表性的数据外，还应采取下列方式之一，绘出效率曲线及其误差带。

1）将每个试验点所得效率综合误差（置信度95%）加在实测效率值上，在实测效率曲线两侧，将每个试验点的综合误差联成一个不等宽的折线误差带，即为实测效率曲线95%置信度的实际误差带。这种方式不能显示一条连续光滑的特性曲线，每点误差值也大小不同，虽然是在实测值的基础上绘制的，但并不一定显示误差的真实性，因而一般不采取这种方式。

2）对实测效率曲线的各点，拟合成一条最接近于真实的光滑曲线。如对效率曲线，一般推荐拟合为二次抛物线。此时误差带的确定可以采用下列两种方式进行：

a. 当实测效率是在工况不变情况下多次测量时，对额定出力工况，按式（9.6-4）求出接力器行程固定、上下游水位恒定的N、Q、H重复测量5次以上的标准偏差S_N、S_Q、S_H，再按式（9.6-5）求出相应标准偏差估的随机误差极限值f'_{rN}、f'_{rQ}、f'_{rH}值，类似式（9.6-8），即

$$f'_{r\eta}=\sqrt{f'^2_{rN}+f'^2_{rQ}+f'^2_{rH}} \tag{9.6-9}$$

求得额定出力时效率测量随机误差极限值$f'_{r\eta}$。$f'_{r\eta}$值也可将多次测量的额定出力工况效率值代入式（9.6-4），求得S_η值再代入式（9.6-5）计算得到。

额定出力时效率测量系统误差绝对值，由N、Q、H系统误差绝对值f'_{SN}、f'_{SQ}、f'_{SH}按下式求得

$$f'_{S\eta}=\sqrt{f'^2_{SN}+f'^2_{SQ}+f'^2_{SH}} \tag{9.6-10}$$

额定出力工况效率测量综合误差绝对值由下式求得：

$$f'_{\eta}=\sqrt{f'^{2}_{r\eta}+f'^{2}_{S\eta}} \tag{9.6-11}$$

将额定出力工况效率综合误差绝对值 f'_{η}，绘制在效率拟合曲线两侧，即得出以额定出力工况综合误差绝对值所表示的误差带。

如需求相对误差，可将额定出力工况时效率随机误差的极限值 $f'_{r\eta}$，相对于额定出力工况时的效率计算出效率随机误差的相对值 $f_{r\eta}$，与效率系统误差的相对值 $f_{S\eta}$，计算方和根确定效率综合误差的相对值 f_{η}。效率系统误差的相对值按下式确定：

$$f_{S\eta}=\sqrt{f^{2}_{SN}+f^{2}_{SQ}+f^{2}_{SH}} \tag{9.6-12}$$

效率综合误差的相对值按下式确定：

$$f_{\eta}=\sqrt{f^{2}_{r\eta}+f^{2}_{S\eta}} \tag{9.6-13}$$

b. 在一些不能保持较稳定的工况下测试得到的效率数据，必然带有一定的误差。通过选择合理的拟合曲线形式，就可以近似把这些误差视为实测效率数据与拟合获得的效率曲线之间的随机误差。按照置信度为95%计算，效率曲线的随机误差极限值可以以二倍标准偏差估计值来计量。误差估计公式如此下：

$$f'_{r\eta}=2\sqrt{\frac{\sum_{i=1}^{n}(\eta_{0i}-\eta_{i})^{2}}{n(n-3)}} \tag{9.6-14}$$

式中 n——实测效率试验工况点数；

η_{0i}——根据拟合曲线方程，与 η_i 所对应功率 N_i 处算得的效率值；

η_i——实测后计算所得效率值。

与a类似，按式（9.6-10）计算最高效率工况系统误差的绝对值 $f'_{S\eta}$，然后再按式（9.6-11）计算效率测量综合误差的绝对值 f'_{η}。在最合适的效率拟合曲线两侧，按效率综合误差绝对值的大小 f'_{η} 绘出以绝对值表示的误差带。

如需求出相对误差，可将式（9.6-14）中所求得的效率曲线的随机误差极限值 $f'_{r\eta}$，相对于最高效率绝对值计算出效率曲线的随机误差相对值，以及最高效率工况效率测量系统误差的相对值，以方和根法合成效率综合误差的相对值，用以衡量效率试验的误差。

第 10 章

水轮发电机组应力特性试验

10.1 概　　述

10.1.1 试验的意义和目的

水轮发电机组零部件的形状和受力情况很复杂，在设计过程中，通常只能把模型试验或中间试验结果算成真机的受力情况，或对其结构和受力状况进行简化处理后计算得到，计算得到的数据和结果只能是近似结果。只有依靠现场试验的方法才能获得较为真实的数据。应力特性试验就是现场测量零部件受力状态的试验，其主要目的和意义如下：

（1）直接测量运行时零部件的实际应力状态和特性规律，以确定其实际的安全状态。

（2）用实测数据验证设计理论的可靠性和精度，并据此改进设计与计算方法。

（3）根据试验结果改进零部件结构。

10.1.2 现场力特性试验的主要内容

力特性试验的项目随机组型式和结构不同而不同，其试验项目可大致分为：机组固定部件的应力特性试验和机组旋转部件的力特性试验。

1. 机组固定部件的应力特性试验项目

（1）蜗壳的应力测量。

（2）大部件的刚度强度测量。

（3）水斗式机组压力引水总管和球型叉管应力测量。

（4）水轮机导叶与轴流式桨叶的力特性测量。

（5）导叶的自关闭试验。

（6）导轴承的力特性测量。

（7）推力轴承的力特性测量。

（8）水轮机控制环的应力测量。

2. 机组旋转部件的力特性试验项目

（1）主轴的力特性试验：

1）轴向力的测量。

2）扭矩的测量。

3）与法兰连接部位局部应力的测量。

（2）转轮的应力特性试验：

1）混流式转轮叶片的应力测量。

2）轴流式转轮叶片的应力测量。

3）轴流式转轮臂柄的应力测量。

（3）水轮机进水阀门的应力特性试验：

1）蝴蝶阀的动水启闭试验。

2）球型阀的动水启闭试验。

10.2 试验应力分析方法及测量原理

试验应力分析是用试验的方法测量构件中应力和变形的一门科学。它和材料力学、弹塑性理论等科学一样，是解决工程强度问题的一个重要手段，对改进产品性能，节约原材料及保证安全生产等起重大作用。水轮发电机组零部件应力特性试验是试验力学分析方法在水轮发电机组的应用。近年来由于电学、光学、声学等各种新技术的发展，试验力学已有可供实用的十几种方法，如电测法、光测法、脆性涂层法、云纹法、全息干涉法、散斑干涉法、网格法、机械测量法、比拟法、声发射法、声全息法、X光衍射法、磁测量法、焦散法等，应用这些方法除可以解决一般工程上的应力分析外，有些方法还可在高、低温，高液压，强磁场，核辐射等特殊环境中进行测试。不仅可以测量应变、应力、位移，而且还能测量裂纹的扩展位移及速率，构件的残余应力、压力、速度等物理量。随着水轮发电机组力特性试验的逐步开展，试验力学分析方法在水轮发电机组试验中已得到运用和推广。

在应力、应变的实测中，运用较广的有电测法、光测法、脆性涂层法以及激光散斑干涉法。

10.2.1 电测法

电测法的全称为电阻应变测量法，其基本原理是：以安装在被测构件表面上的电阻应变片为传感元件，将被测构件表面指定点的应变变化值转换为应变片电阻的变化值，再通过电阻应变仪将此电阻变化值转换为电压（或电流）的变化值并加以放大，然后将电信号输入到计算机等装置内进行处理后打印或显示最后结果，其转换过程如图10.2-1所示。

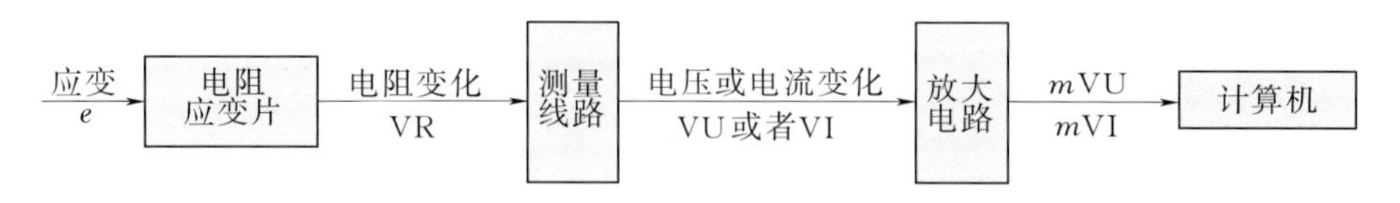

图10.2-1　电阻应变片测量应变过程框图

通常受力部件任何断面的最大应力均出现在部件的外表面之上，因此一般测得外表面上最大应力即可代表该断面的最大应力。此外，当该处应力在材质的屈服限以下弹性范围内变化时应力正比于应变，测得该处的应变值后经一定的方法即可换算出该点的应力值，也可用计算机等装置，按设定的程序直接打印或显示出结果。

零部件表层残余应力的测量，最初采用破坏性的局部切割方法或钻较大圆孔的方法直接测量切割后的变形量，或在切孔四周按一定的方位张贴应变片，用应变仪测量各片的应变量从而换算出残余应力值。现在已可用专用的应变花，在其中心用专用的打孔工具，在1～2min内钻一个直径为1.5mm、深1.8mm的盲孔，用应变仪测出专用应变花各应变片的应变变化值即可算出残余应力的大小，其测量误差可小于10%。

10.2.2 光弹贴片法（光敏涂层法）

将厚度1～3mm的光敏薄片材料（平面的或曲面的）粘贴或涂敷在待测构件的反光表面上，构件受力后其受力面产生变形并传递给光弹贴片，因而产生暂时的双折射效应。用特殊的偏振光射入光弹贴片后，经构件表面反射，再次通过光弹贴片，从而产生光程差 R，可借助反射式光弹性仪测量光弹贴片的等差角和等倾角参数，然后经解析计算便能获得构件表面任意一点的主应变或主应力的大小和方向。

此种方法用于常温测试，目前在机械、采矿和土木工程上已获得广泛的应用，但水电工程中应用较少。

10.2.3 脆性涂层法

用一种特殊的涂料涂在工程构件或模型表面结成脆性层，当此构件由于加载而产生的应变在某点达到一定的临界值时，该点的涂层就出现一条和应力方向垂直的裂纹。把同一载荷下所有裂纹的端点连接起来，连接线上各点具有相等的应力值，称为等应力线。通过逐级加载，可得到几乎遍布整个涂层表面的裂纹图，以及对应于不同载荷的等应力线。它适用于初步寻找最大主应力区域和确定应力集中系数。其测量准确度低，可与电测法配合，根据最大主应力区和主应力方向重新布置电阻应变片，以准确地测量最大应力值。此法既可用于原型试验，也可用于模型试验。但涂层性能受温度和湿度的影响较大，脆性涂料溶剂一般有毒性，需在有良好通风条件下涂刷。涂料初裂应变灵敏度为300～400微应变，采用液冷法可提高灵敏度，使初裂应变值减至100微应变左右。

10.2.4 激光散斑干涉法

当用相干性极好的激光照射到漫反射物体表面时，物体表面产生散射。由于散射光的相互干涉，在物体表面前方的空间形成无数随机分布的亮片和暗点，称为散斑。散斑的尺寸和形状与照射光的光波、物体表面的结构及观察位置有关，因此，当物体发生变形时，其散斑将随之发生变化，可以比较构建变形前后的全息底片，而获得散斑变化图，根据散斑变化的规律测量出物体的变形。

散斑干涉法是近年新发展的一种计量方法，在现场试验中可用来测量构件上各点的位移、转角等变化量，具有非接触式测量、构件表面不需特殊准备、灵敏度可在分析中调节、可逐点或者全场显示并能在振动瞬间以及高温条件下测量等优点，是一种很有应用前景的测量方法。

10.3 电测法在应力特性试验中的应用

目前，在各种试验力学分析方法中，电测法在水轮发电机组试验中应用最为广泛。

10.3.1 电测法优点

（1）灵敏度高，测量速度快，结果准确可靠。

（2）易于实现自动化测量和多点同步测量、远距离测量。

（3）应变片形小量轻，不改变测试对象的原有应力状态。

（4）可测量各部位的静态、动态和瞬态应变值，可测频带宽。

（5）可在高温、高压、高速旋转和具有放射性干扰等特殊条件下进行测量。

（6）可制成不同形式的电阻应变式传感器，以测量各种物理、力学参数，易于实现整个测量系统的自动监控。

（7）可以与计算机联机使用，缩短测量周期并提高测量的可靠性和准确性。

10.3.2 新型应变仪

应变仪是测量应变信号的仪器，感受物体表面应变，由阻值变化引起电桥不平衡，产生差动信号，经放大处理后，显示出应变值。

电桥输出信号为微伏级，以往将这一微弱信号进行有效处理是很困难的，直流放大器零漂、噪声严重，无法有效地放大信号。在这种情况下，应变仪普遍采用交流电桥对此差动信号进行调制，用交流放大器放大后，再解调、输入指示装置。在集成电路工艺不发达，高性能运算放大器尚未出现的条件下，制作的应变仪性能都较差，影响了应力电测法的可靠性。

基于电子技术的发展，应变仪技术取得很快的发展。用直流电桥代替交流电桥，用高性能放大器取代交流放大器，用数字显示或自动数据采集取代机械式指示装置；在测量多路应变信号时，直接使用多路放大，而弃用预调平衡箱；由于高性能运放有较高的频响，因此应变仪不再有静态、动态之分，而是静、动态通用；应变仪集数字指示和模拟输出于一体，模拟输出电平与通用 A/D 卡匹配，以构成计算机自动测量系统。

典型应变仪的整机方框图如图 10.3-1 所示。仪器设置了 8 路测量放大电路，一个 8 路开关，一个三位半数字电压表。这样，仪器可用于多达 8 路的静态测试，不必接预调平衡箱，也可将信号输出通过 A/D 卡直接与电脑相连。

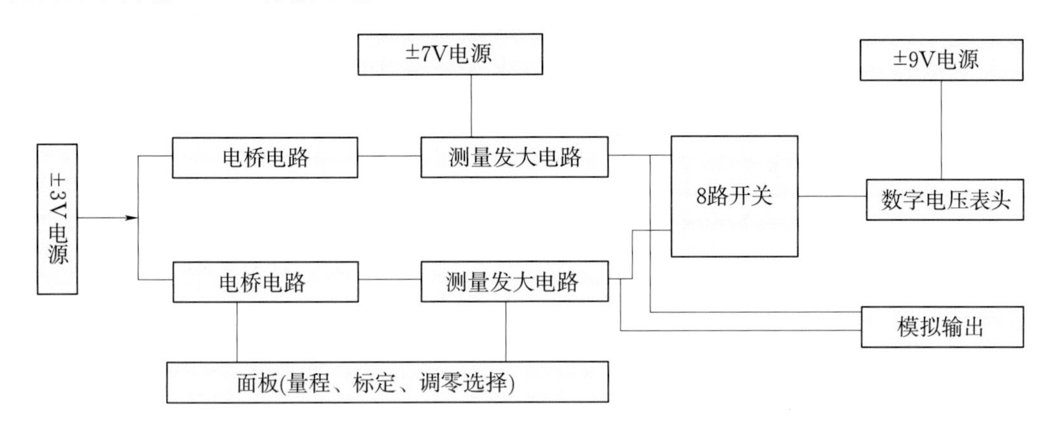

图 10.3-1 典型应变仪的整机方框图

10.4 应力特性试验中电阻应变片的选择

应力特性试验中选用哪种应变片主要取决于试验环境、应变性质、测试精度等因素。在满足上述条件之下，力求降低试验费用。

10.4.1 按试验环境选择

(1) 温度。温度是影响应变片性能的重要因素，在静态应变测量中更为重要，选用的应变片应能在给定的试验温度范围内工作良好。

(2) 湿度。湿度大小直接影响应变片的灵敏度，应变片受潮后会导致黏结强度下降，电阻改变，绝缘电阻降低和应变片与试件间的电容变化，由此而产生漂移及应变片灵敏度下降，严重时使测量无法进行。潮湿环境中应选择防潮性能较好的胶基应变片，并采取恰当的防潮措施。

(3) 压力。高压下进行应变测量时应选用压力效应小的应变片。

(4) 磁场。某些敏感材料如康铜、恒弹片合金等在磁场作用下有磁致伸缩效应，即磁场可能使这些材料制成的敏感栅伸长或缩短，使测试误差加大。在强磁场试验时应采用磁致伸缩效应小的应变片，例如以镍铬合金或铂钨合金为敏感栅的应变片。

10.4.2 按测试应变的性质选择

1. 静应变

静应变测量中，其时间间隔较长，在温度变化的环境内测量时，应变片的热输出是最大的误差源，特别是环境温度改变较大时误差更显著，而且其误差还与升温方式、升温速率有关。此外，长时间测量时零漂、蠕变对测量值也有较大影响，在实测中均应考虑。即使是常温试验，应变片也最好采用自补偿型，以提高测试精度。

对平面应变场，当测量精度要求较高时宜选用横向灵敏度小的短接式应变片。

静应变测量一般周期较长，要求应变片防潮性能较好、绝缘电阻高，一般不宜采用纸基应变片。

2. 动态应变测量

一般选用阻值大，疲劳寿命高的应变片，以提高信噪比。此外，还应考虑应变片的频率响应特性。应变片栅长 L 与应变波长 λ 之比越大则误差越大。当 $\frac{L}{\lambda}>\frac{1}{10}$ 时，仅此因素造成应变测试误差即可大于2%，通常取 $\frac{L}{\lambda}<0.1$。粘贴在钢试件上的应变片，其敏感栅长度与最高可测频率间关系见表10.4-1。

表10.4-1 敏感栅长度与最高可测频率

应变片栅长/mm	1	3	5	10	20
最高可测频率/kHz	500	167	100	50	25

3. 应变梯度

应变片测出的应变值是其栅长范围内分布应变的平均值，为使其接近真实值，在应变梯度大的地方，应尽量选用小栅长的应变片。小栅长应变片横向效应大，必要时应对由此引起的误差进行修正。

4. 应变范围

一般应变片超过其应变极限时应变线性变坏，影响测量精度，甚至发生应变片局部脱落或敏感栅损坏，在大应变测量时应选用应变极限高的应变片或专用的大应变应变片。微小应变测量时，宜选用灵敏系数高的半导体应变片。

10.4.3 按试件状况选择

（1）试件材料的均匀性。对材料质量不均匀的试件（如铸铝、铸铝镁合金试件等），小应变片不足以反映构件的宏观变形，应选栅长较大的应变片。

（2）测试表面形状。对非平面形测试点，为保证应变片黏合良好，应尽可能选栅长小些的应变片。焊接片不宜用在曲率半径小的表面。

(3) 试件上应变片的固化条件。对贴片后不允许加温的试件，应采用能室温粘贴和固化处理的应变片。高温下可选用焊接片或陶瓷喷涂片。

(4) 当试件较薄或弹性模量较低时，应选用基片和黏结剂加强效应小的应变片，必要时应进行加强效应的修正。

10.4.4 按测试精度选择

(1) 一般认为以胶基、康铜、卡玛合金为应变栅的应变片性能较好，纸基片性能较差，在较重要或精度要求较高的试验中应选用前者。普通的试验中可选用纸基丝绕式片。

(2) 测量两向或三向应变时，胶基泊式应变花使用最方便，精度高。

(3) 部分应变测量仪器要求应变电阻在一定范围内（例如 120Ω 左右），超过此范围时误差较大并需修正，此时应尽量选择不需修正电阻值的应变片。

(4) 当测试线路电阻值不恒定时（例如线路中包括有切换开关、引电器或其他电阻变化随机源时），选用高阻应变片对提高测试精度有利。

在具体选定某种应变片时，要求它全面性能均最优是不可能的。只能根据对测试影响最大的主要条件来选择应变片，次要的性能要求比较好或一般即可。表 10.4-2 是部分应变片性能比较表，供选择时参考。

表 10.4-2　部分应变片性能比较表

项　目	应　变　片				
	纸基片	聚酯基片	酚醛基片	箔式片	半导体片
应变电阻的长期变化	×	○	△	△	○
K 值的均匀性	○	○	○	△	×
耐湿性能	×	○	△	○	○
耐热性能	×	○	△	○	○
保存期限	×	○	△	△	△
黏结性能	△	○	○	○	×
容许电流	○	○	○	△	○
横向效应	○	○	○	△	△
应变测量范围	△	×	×	△	×
耐疲劳性能	○	○	○	△	△
小型化的可能性	×	○	○	△	△

续表

项目	应变片				
	纸基片	聚酯基片	酚醛基片	箔式片	半导体片
特殊形状的制作	×	×	×	△	×
耐久性能	×	○	△	△	△
高阻值应变片制作	×	×	×	○	△
电阻温度系数	○	○	○	△	×
K 值的增大	×	×	×	×	△
灵敏系数和温度的关系	○	○	○	○	×
蠕变	○	△	△	△	×
应变片的柔性	△	○	○	△	×
价格	△	○	○	○	×

注：△最好，○中等，×较次。

10.5 应变片及应变花的防冲、防潮处理

10.5.1 防潮剂的配置

1. 防潮剂性能要求

(1) 有良好的防潮绝缘性能。

(2) 对试件表面和导线有良好的黏结力。

(3) 弹性模量低，不影响试件的变形。

(4) 对应变片和黏结剂无腐蚀破坏作用。

(5) 使用工艺简便易行。

2. 常用的防潮剂

目前力特性试验中常用的防潮剂有环氧树脂类防潮剂、石蜡涂料类防潮剂和硅橡胶类防潮剂。

10.5.2 防潮剂的涂抹工艺

防潮层能防止外部水分和潮气渗入应变片内，自然也能阻止溶剂和潮气从内部向外部蒸发。所以，在涂防潮层之前应变片对试件的绝缘电阻一定要保证良好，一般不应低于100MΩ，最好在贴片固化后立即进行防潮处理。

为保证防潮层与试件牢固地粘贴与密封，粘贴应变片前应将试件粘贴部位周围进行与粘贴表面相同的处理并避免弄脏。如果已弄脏需重新清洗时，要严格避免清洗液（特别是丙酮）触及贴好的应变片。

涂层厚度薄的约为0.1mm，厚的可到2～5mm。太厚的涂层除产生局部加强效应外，在大应变时易产生裂纹，反而会降低防潮性能。涂抹前先用电吹风将被涂敷表面预热至40℃左右，再用排笔将溶化了的石蜡合剂或用木片将已混合好的914、HC703胶涂敷在应变片及其引出线接头处，要求封严，涂层均匀。涂层宽度应略比应变片和引线尺寸大10～20mm。

10.5.3　应变片及应变花的专用防冲、防潮盒

布置在高速水流或较高水压部位的应变片和应变花易于被水流冲坏或浸水受潮，导致整个试验失败，如转轮叶片应力测量和蜗壳埋入混凝土后的应力测试等。这些试验中要求更严格的防冲防潮措施，能否作好这些措施是测试成功与否的关键因素之一。可采用的防护结构甚多，但安装工艺简便、使用可靠的是铜管（钢管）—铜盖（钢盖）防冲、防潮盒，如图10.5-1所示。对于需埋入混凝土内的防潮盒，为加强防护作用，通常将铜管和铜盖改为钢管和钢盖。

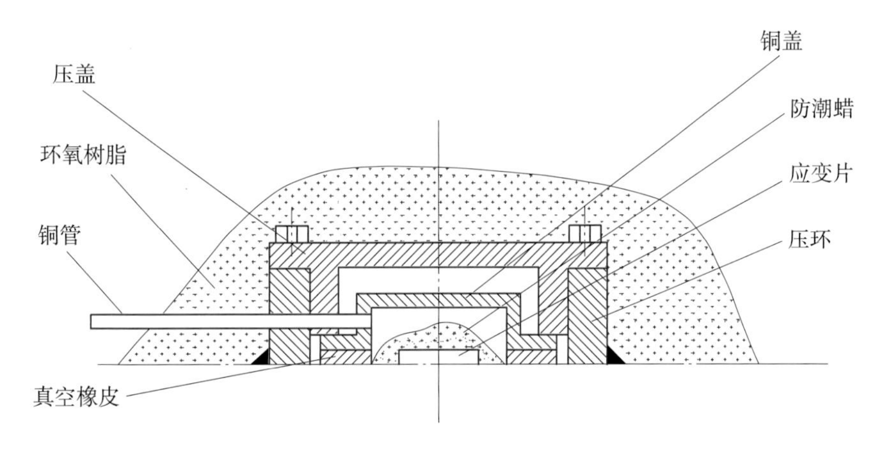

图10.5-1　铜管（铜管）—铜盖（钢盖）防冲、防潮盒结构示意图

如图10.5-1所示，应变花粘贴后，在其表面涂上一层防潮蜡（厚约2mm），在其外部的叶片表面上点焊压环，之后在环内依次铺装上混炼胶、真空橡皮、铜管、铜盖，再用螺钉把紧，最后用环氧树脂包覆整个结构。

其中需要注意如下内容：

（1）真空橡皮两面的混炼胶必须铺匀铺满，以保证密封效果。

（2）环氧树脂必需严密包围铜管，保证压力水不会自铜管四周浸入铜管内。

（3）混炼胶（橡胶厂提炼橡胶时的废渣）使用前应先在铁板上加热至100℃以

上，再作密封用，其效果很好。

10.6 测试接线方法及其应力计算

当构件形状简单，并只承受已知外载方向的简单拉、压、弯、扭或几种受力简单组合时，可按表10.6-1中的贴片与接线方法测量，并可按表中给定的公式计算各单个应时力。

10.6.1 应变花测量主应力的接线与计算

对一点沿几个方向粘贴几个电阻应变片，称作应变花。最常用的有45°应变花、60°应变花和90°应变花。若知该点两个主应力的方向时，可用由两张应变片组成的两向应变花测量得主应力。在未知主应力的方向时，可用三张或四张应变片组成的三向或四向应变花求得主应力的大小和方向。其布片方式与相应的计算公式见表10.6-2。

应变花的每一个工作片与一补偿片相连，分别组成多组半桥接线，各组单独测量。按各组测量的数值代入相应的公式即可求得主应力的大小和方向。

10.6.2 主应力的计算方式

(1) 用电脑计算。将计算公式编成一定的计算程序后可直接用电脑计算出各项结果，此方法方便、准确。

(2) 用图表作图法求解。此法计算与作图较繁琐，精度也相对较低，且现在的应变仪都配备了先进的主应力计算程序，所以这里对该法不再作过多介绍。

10.7 动态应变测试中部分测试量的标定

为将传感器记录的电量变化值换算为测量值，常需要进行比例系数的标定工作。下面介绍部分标定方法。

10.7.1 应变量的标定

测量部件某处的应变值时，先按需要的测量方法组桥。动态应变仪均带有内标定系统，将其测试通道调平后，用内标定系统输入一指定应变量ε_0，记录仪测得一变化量B_0，则标定的比例尺$M=\frac{\varepsilon_0}{B_0}$。若实测时记录得实际变化量为$B$，则测点的实际应变值为

表 10.6-1　　常见的几种受力状态下应变片、接桥方法与相应的应变、应力公式

受力状态	需测的应变与应力	应变片的粘贴位置	可采用的电桥接桥方式	仪器读数 ε_0 和需测应变 ε 的关系	应力计算公式（未修正）	备注
拉（压）	拉（压）	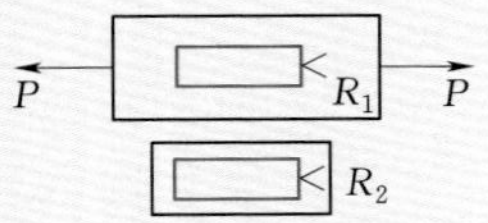	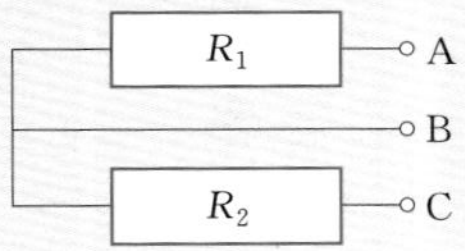	$\varepsilon_P=\varepsilon_0$	$\sigma=\varepsilon_0 E$	R_1 为工作片，R_2 为补偿片；为半桥测法，亦可用全桥测法接线同弯曲
		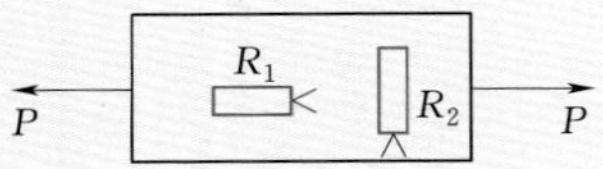	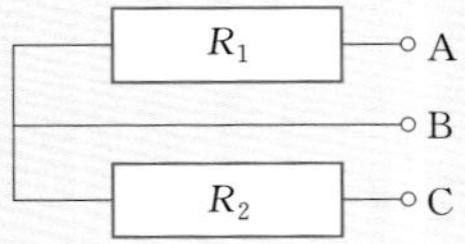	$\varepsilon_P=\dfrac{\varepsilon_0}{1+\mu}$	$\sigma_P=\dfrac{\varepsilon_0 E}{1+\mu}$	R_1 为工作片，R_2 为补偿片；为半桥测法，亦可用全桥测法接线同弯曲
弯曲	弯曲	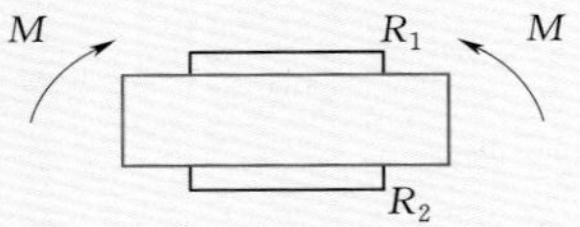	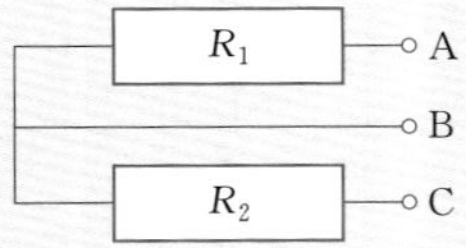	$\varepsilon_W=\dfrac{\varepsilon_0}{2}$	$\sigma_{W\max}=\dfrac{\varepsilon_0 E}{2}$	R_1、R_2 均为工作片。部件 R_1 处为压应力（负），R_2 处为拉应力（正）
		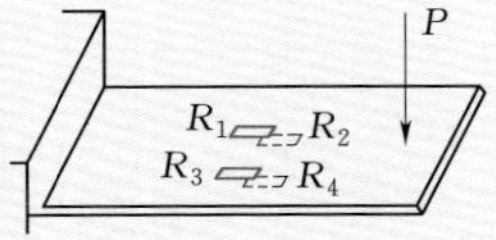	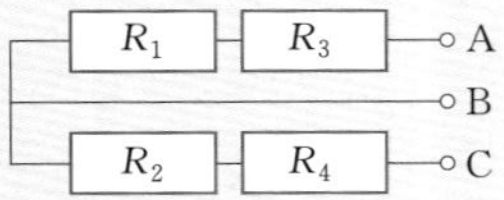	$\varepsilon_W=\dfrac{\varepsilon_0}{2}$	$\sigma_{W\max}=\dfrac{\varepsilon_0 E}{2}$	R_1、R_2、R_3、R_4 均为工作片，为半桥接法
			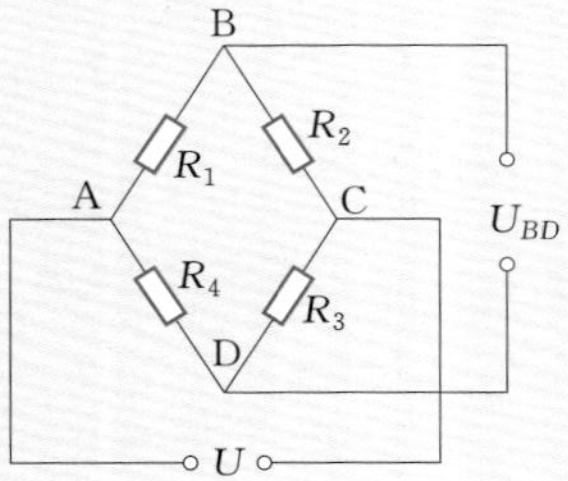	$\varepsilon_W=\dfrac{\varepsilon_0}{4}$	$\sigma_{W\max}=\dfrac{\varepsilon_0 E}{4}$	R_1、R_2、R_3、R_4 均为工作片，为全桥接法

续表

受力状态	需测的应变与应力	应变片的粘贴位置	可采用的电桥接桥方式	仪器读数 ε_0 和需测应变 ε 的关系	应力计算公式（未修正）	备注
扭转	扭转主应力与扭转应力	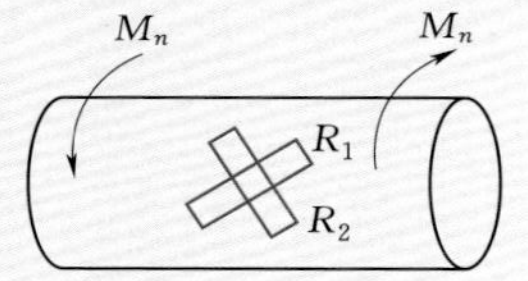 M_n M_n R_1 R_2	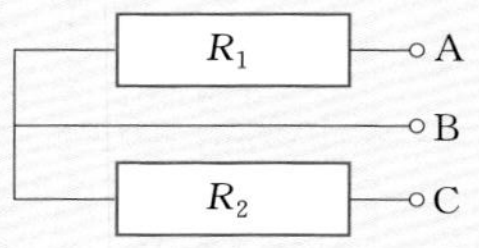 R_1 A B R_2 C	$\varepsilon_K=\frac{\varepsilon_0}{2}$	$\tau_{\max}=\frac{\varepsilon_0 E}{2(1+\mu)}$	R_1、R_2、R_3、R_4 均为工作片，为半桥接法
		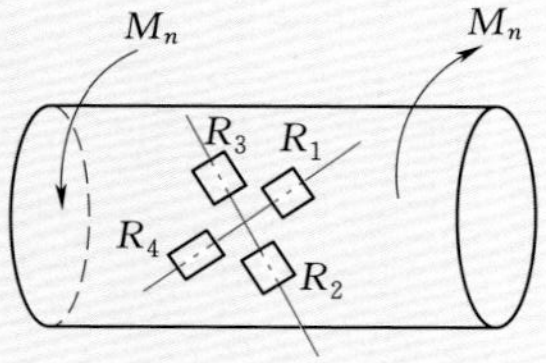 M_n M_n R_3 R_1 R_4 R_2	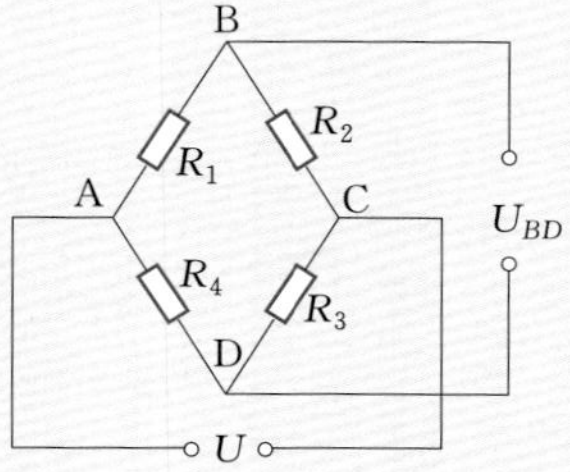 B R_1 R_2 A C U_{BD} R_4 R_3 D U	$\varepsilon_K=\frac{\varepsilon_0}{4}$	$\tau_{\max}=\frac{\varepsilon_0 E}{4(1+\mu)}$	R_1、R_2、R_3、R_4 均为工作片，为全桥接法
拉压弯曲组合	拉（压）应变及应力	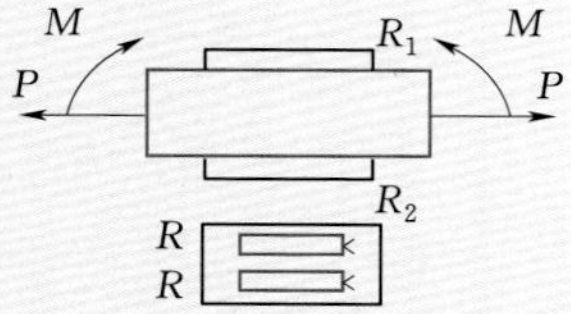 M P R_1 M P R_2 R R	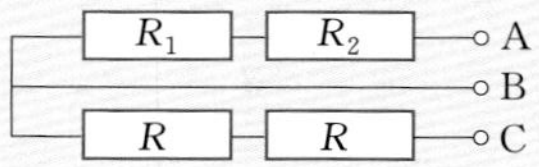 R_1 R_2 A B R R C	$\varepsilon_P=\varepsilon_0$	$\sigma=\varepsilon_0 E$	R_1、R_2 为工作片，R 为补偿片
	弯曲应变及应力	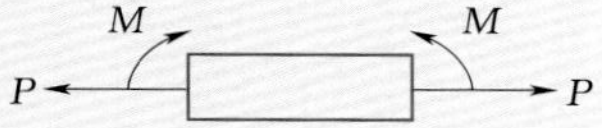 M M P P	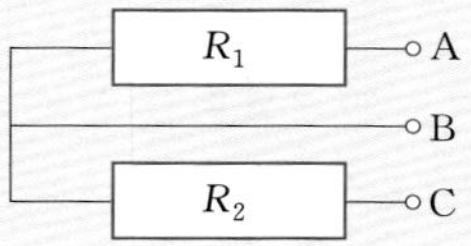 R_1 A B R_2 C	$\varepsilon_W=\frac{\varepsilon_0}{2}$	$\sigma_{W\max}=\frac{\varepsilon_0 E}{2}$	R_1、R_2 均为工作片，半桥接线，亦可全桥接线，计算同前

续表

受力状态	需测的应变与应力	应变片的粘贴位置	可采用的电桥接桥方式	仪器读数 ε_0 和需测应变 ε 的关系	应力计算公式（未修正）	备　注
拉（压）扭转组合	扭转主应力与扭应力	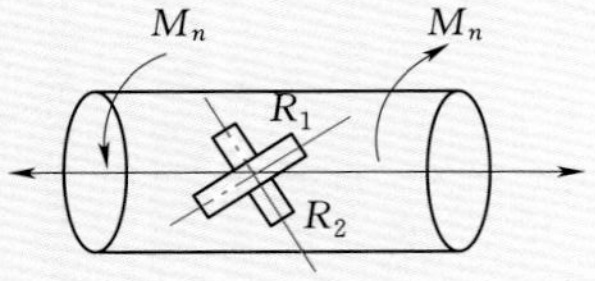 M_n M_n R_1 R_2	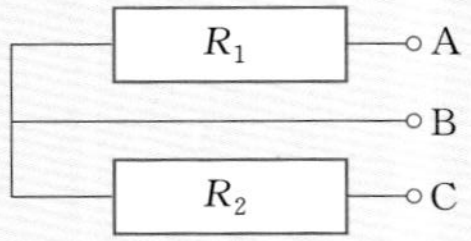 R_1 A B R_2 C	$\varepsilon_W=\frac{\varepsilon_0}{2}$	$\tau_{Kmax}=\frac{\varepsilon_0 E}{2(1+\mu)}$	R_1、R_2 均为工作片，半桥接线，亦可全桥接线，计算同前
	拉（压）	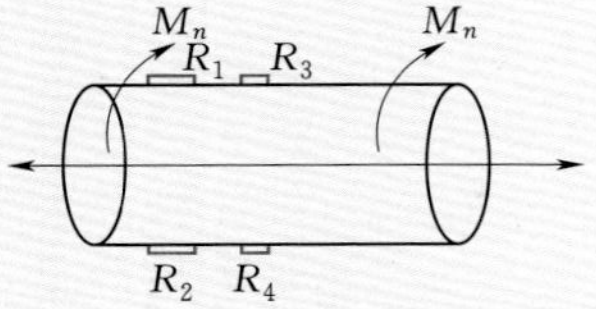 M_n R_1 R_3 M_n R_2 R_4	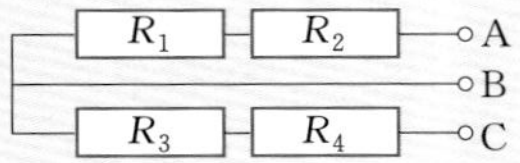 R_1 R_2 A B R_3 R_4 C	$\varepsilon_P=\frac{\varepsilon_0}{1+\mu}$	$\sigma_P=\frac{\varepsilon_0 E}{1+\mu}$	R_1、R_2、R_3、R_4 均为工作片，R_1、R_2 为纵片，R_3、R_4 为横片
弯曲扭转组合	扭转主应力和扭转应力	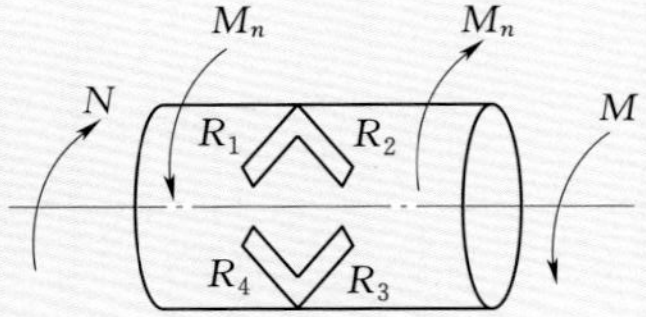 M_n M_n N M R_1 R_2 R_4 R_3	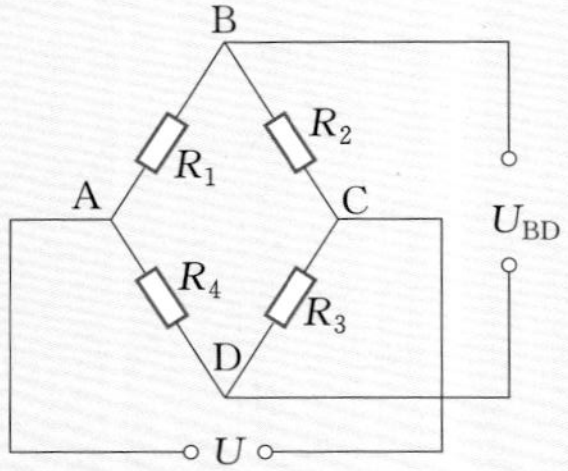 B R_2 R_1 A C U_{BD} R_4 R_3 D U	$\varepsilon_K=\frac{\varepsilon_0}{4}$	$\tau_K=\frac{\varepsilon_0 E}{4(1+\mu)}$	R_1、R_2、R_3、R_4 均为工作片
	弯曲应变与弯曲力	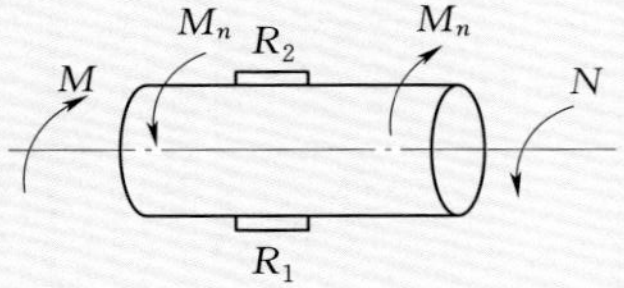 M_n R_2 M_n M N R_1	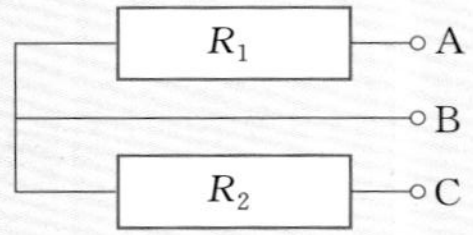 R_1 A B R_2 C	$\varepsilon_W=\frac{\varepsilon_0}{2}$	$\sigma_W=\frac{\varepsilon_0 E}{2}$	R_1、R_2 均为工作片

注：R_1、R_2、R_3、R_4 分别为应变片代码；ε_P、ε_W、ε_K 分别为拉、弯、扭应变；ε_0 为仪器测量应变；σ_P 为拉应力，σ_{Wmax}、τ_{Kmax} 分别为最大弯应力和最大扭应力。

表 10.6-2　几种常见应变花的计算公式

需求项目 \ 应变花形式	二轴90°应变花	45°应变花	四片45°应变花
最大主应力 σ_1 最小主应力 σ_2	$\frac{E}{1-\mu^2}(\varepsilon_a+\mu\varepsilon_b)$ $\frac{E}{1-\mu^2}(\varepsilon_b+\mu\varepsilon_a)$	$\frac{E}{2(1-\mu)}(\varepsilon_a+\varepsilon_c)\pm\frac{E}{\sqrt{2}(1+\mu)}$ $\times\sqrt{(\varepsilon_a-\varepsilon_b)^2+(\varepsilon_b-\varepsilon_c)^2}$	$\frac{E}{2}\left(\frac{\varepsilon_a+\varepsilon_c}{1-\mu}\pm\frac{1}{1+\mu}\right)$ $\times\sqrt{(\varepsilon_a-\varepsilon_c)^2+(\varepsilon_b-\varepsilon_d)^2}$
最大剪应力 τ_{max}	$\frac{E}{2(1+\mu)}(\varepsilon_a+\mu\varepsilon_b)$	$\frac{\sqrt{2}E}{2(1+\mu)}\times\sqrt{(\varepsilon_a-\varepsilon_b)^2+(\varepsilon_b-\varepsilon_c)^2}$	$\frac{E}{2(1+\mu)}\times\sqrt{(\varepsilon_a-\varepsilon_c)^2+(\varepsilon_b-\varepsilon_d)^2}$
a 片方向与最大主应力 σ_1 方向的夹角 θ	0	$\frac{1}{2}\tan^{-1}\frac{(\varepsilon_a-\varepsilon_c)-(\varepsilon_a-\varepsilon_b)}{(\varepsilon_b-\varepsilon_c)+(\varepsilon_a-\varepsilon_b)}$	$\frac{1}{2}\tan^{-1}\left(\frac{\varepsilon_b-\varepsilon_d}{\varepsilon_a-\varepsilon_c}\right)$

续表

需求项目 \ 应变花形式	60°应变花	四片60°应变花
最大主应力 σ_1 最小主应力 σ_2	$\frac{E}{3(1-\mu)}(\varepsilon_a+\varepsilon_b+\varepsilon_c)\pm\frac{\sqrt{2}E}{3(1+\mu)}\times\sqrt{(\varepsilon_a-\varepsilon_b)^2+(\varepsilon_b-\varepsilon_c)^2+(\varepsilon_c-\varepsilon_a)^2}$	$\frac{E}{2}\left(\frac{\varepsilon_a+\varepsilon_d}{1-\mu}\pm\frac{1}{1+\mu}\right)\times\sqrt{(\varepsilon_a-\varepsilon_d)^2+\frac{4}{3}(\varepsilon_b-\varepsilon_c)^2}$
最大剪应力 τ_{max}	$\frac{\sqrt{2}E}{3(1+\mu)}\times\sqrt{(\varepsilon_a-\varepsilon_b)^2+(\varepsilon_b-\varepsilon_c)^2+(\varepsilon_c-\varepsilon_a)^2}$	$\frac{E}{2(1+\mu)}\times\sqrt{(\varepsilon_a-\varepsilon_d)^2+\frac{4}{3}(\varepsilon_b-\varepsilon_c)^2}$
a 片方向与最大主应力 σ_1 方向的夹角 θ	$\frac{1}{2}\tan^{-1}\left[\sqrt{3}\frac{(\varepsilon_a-\varepsilon_c)-(\varepsilon_a-\varepsilon_b)}{(\varepsilon_a-\varepsilon_c)+(\varepsilon_a-\varepsilon_b)}\right]$	$\frac{1}{2}\tan^{-1}\left[\frac{2(\varepsilon_b-\varepsilon_c)}{\sqrt{3}(\varepsilon_a-\varepsilon_d)}\right]$

注：E 为被测材料的弹性模量，kg/cm²；μ 为被测材料的泊桑系数；ε_a、ε_b、ε_c、ε_d 分别为应变花上应变片 a、b、c、d 在受力后测得的应变值。

$$\varepsilon_A = MB = \frac{B\varepsilon_0}{B_0} \tag{10.7-1}$$

式中 ε_A——应变仪测得的应变值。

10.7.2 应变—外力关系的标定

对受力简单、外型规整的受力部件，当测得某处因受力产生的应变值后，常可按材料力学的有关公式求得部件承受的整体外力值，此时应变与外力之间的关系明确，可不需要进行标定与标定换算。凡不能直接按测得的应变值换算成真实的外力值时，为建立两者间的比例关系，需在试验前进行单项标定工作。某水轮发电机组导轴承抗重螺钉应力示意图如图10.7-1所示。

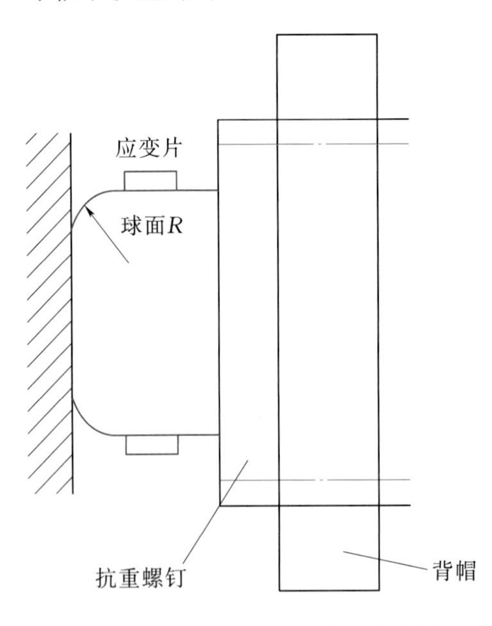

图10.7-1 抗重螺钉受力示意图

由图10.7-1可知，只有在靠近球面处可以粘贴测力应变片。由于螺钉头部是“点”受力，受力传播有一定的梯度，实际受力点不一定在球面中心上，螺钉某点测得的应变不仅要受到力传递梯度的影响，还要受到可能出现的弯矩影响。从某点测得应变所换算成的外力值有时可与真实值相差数倍，因此不能用简单的换算求外力，测试前必须合理的贴片组桥以排除弯矩影响（通常采用在四周均布四应变片，全部串联组成半桥或四片组成全桥的接线方式），然后在压力机上用一平面紧压球面 R 处，每加一次压力测量一次应变值。按测量结果绘制出应变—外力关系曲线。之后再将螺钉回装到机组上，在机组运行时测量应变片的应变值，再根据前述曲线即可求得真实的外力值。其他各种部件或结构也可按此法作相似的标定处理。

10.7.3 大基数小变化量测量时的标定

在某些试验中，测试的应变或压力绝对值很大，但动应变或动水压的变化量相对很小，若采用全部的应变或压力值来选取比例系数，测得的动变量误差将相对较大。为提高测试精度，可采用两种测量系统组合测量的方法。例如试验前后稳定工况时可用精度较高的仪器测读大基数，试验时调平动态应变仪，并按变化量范围选取适当的标定比例，动态应变仪系统只测量变化量部分。两次测量结果相加，即可得试验时的测量总值。

10.8 应力特性试验中测试量的修正

10.8.1 导线电阻影响的修正

在电测过程中，应变片的电阻变化需通过传输导线传递给测量仪器，在测试体变形时测量导线不会变形，导线本身的电阻将使应变片的灵敏度降低。当测试导线很短，电阻很小（$r<0.3\Omega$）时，一般不修正。实际力特性试验中通常导线均很长，其电阻值较大，除个别试验系统可采用系统标定法无需修正外，均应对此进行修正。此外，有时在应变片上串、并有调节电阻时，也应进行修正。修正方法如下：

$$\varepsilon_r=\varepsilon_0\left(1+\frac{r}{R}\right)=\varepsilon_0 C_1 \tag{10.8-1}$$

式中 ε_r——对导线电阻修正后的测量值；

ε_0——测得的应变值；

C_1——修正系数。

10.8.2 灵敏系数影响的修正

常用的应变仪一般均按应变片灵敏系数为2来设计调试。当应变片的灵敏系数不等于2时，其修正公式为

$$\varepsilon_k=\frac{K_0\varepsilon_0}{K}=\frac{2\varepsilon_0}{K}=\varepsilon_0 C_2 \tag{10.8-2}$$

式中 ε_k——灵敏系数修正后的应变测量值；

K_0——应变仪的灵敏系数，通常 $K_0=2$；

ε_0——应变仪灵敏系数为2.00时，测得的应变值；

K——应变仪的实际灵敏系数；

C_2——应变仪灵敏系数的修正值。

10.8.3 应变片电阻值影响的修正

部分应变仪是按四个桥臂电阻均为120Ω设计的，如果应变片电阻值不是120Ω，应进行修正。

全桥测量时的修正系数为

$$a_1=\frac{R_0+120}{R_0+R} \tag{10.8-3}$$

半桥测量时的修正系数为

$$a_2=\frac{2(R_0+120)}{2R_0+120+R} \tag{10.8-4}$$

上二式中　R_0——放大器输入端的电阻值；

　　　　　R——应变片的电阻值。

在新型的动态、静态应变仪设计中，R_0 足够大，a_1 和 a_2 接近 1，这些应变仪使用 R 值为 60～600 的应变片不需要修正。

10.8.4　零点漂移的修正

零点漂移的原因很多，规律不强，总体来说修正不很准确，通常是采取措施将它减少至最低限度。实践证明：在应变片安装、防护较好时，其零漂主要是由于气温变化所引起，可用下列方法进行修正：

（1）对简单的非破坏性试验，试件均在弹性变形区内工作，可认为每次加载后卸载时测得的剩余应变值是这一时段内产生的零点漂移值，修正时按时间均匀地分配到各次测读数中。

（2）通过对零点漂移规律性的观察，选定一个零漂规律性较强、数值较小的时段做试验，并按此前测绘的零漂曲线，算出平均漂移量（微应变/h）作为零点漂移的修正值。

10.8.5　横向效应的减少方法

当采用丝绕式小标距应变片进行测量时，由于横向效应的存在，半圆弧部位的变形将引起测量数据较大的误差。在较重要或较精确的测量中不宜采用，宜选用横向效应很小的大标距丝绕式应变片或箔式应变片，此时横向效应很小，可不予修正。

10.8.6　测试量的总修正量

全面考虑前述各项修正后，测试量总修正后的数值为

$$\varepsilon=\varepsilon_0 c_1 c_2 a+\varepsilon_3 \tag{10.8-5}$$

式中　c_1——导线电阻修正系数；

　　　c_2——灵敏度修正系数；

　　　a——可以是 a_1 或者 a_2；

　　　ε_3——零点漂移修正量。

10.9　水轮发电机组应力特性测试

10.9.1　机组主要固定部件应力特性试验

对于机组固定部件的应力测试，虽然测点布置和应变片的配置方法有所不同，但就测试方法而言基本上相同。现以某电站混流式机组通过测量下机架的变形和应

力值来得到作用于推力轴承的轴向负荷为例，简要介绍固定部件应力测试原理和测试方法。

1. 测试目的

水轮发电机组的轴向水推力测量及研究对电站的稳定性、可靠性以及推力轴承的合理设计具有重要意义，研究轴向水推力通常采用理论计算和模型试验的方法。到目前为止，理论计算一般还是采用传统的基于水力学理论的解析方法，实践证明这种方法的计算精度已经不能满足技术发展的要求了。近来有人开始对水轮发电机组轴向水推力进行现场试验和在CFD软件平台上用三维黏性流动分析进行轴向水推力计算，并且取得了一定成果，不过这样的工作还需要再进一步发展。在模型试验中，一些影响轴向力的重要结构因素（例如密封环相对间隙、减压板的结构、平衡孔或平衡板的设置等）难以满足相似准则，所以模型试验所得的数据与真机有较大的出入。例如某低比速混流式机组，模型试验得出额定出力轴向水推力值与真机实测值相差很大，而且方向相反。对电站的真机进行轴向水推力的现场测量在目前的条件下无论是对于设计制造还是指导运行都有相当重要的意义。水推力现场试验的目的如下：

图10.9-1 混流式机组下机架

（1）通过测量下机架应力及变形的真实状态，获取分析在变负荷运行条件下水轮机轴向水推力变化规律的第一手资料，如图10.9-1所示。

（2）通过比较计算结果与试验结果，为大型混流式水轮机组的推力轴承设计，提供参考。

（3）通过对试验结果的研究分析，为研究真机轴向水推力特性以及机组运行的稳定性、可靠性提供参考。

2. 试验条件和测试方法

试验包含一次连续升、降负荷的过程，试验通过测量承重机架（下机架）的变形和应力值来得到作用于推力轴承的轴向负荷，机组工作与停机时轴向负荷的差值即为轴向水推力。在下机架的4个测点上粘贴应变片测量下机架应力，同时用涡流传感器在X、Y两个部位测量下机架的挠度。

3. 水推力标定

为了得到轴向水推力的具体数值，需要预先标定下机架的应力、变形与作用力之间的关系。标定通过转子的高压油顶起装置实现，在油缸中通入压力油并改变油缸油压，同时测量上述各测点的挠度与应力。油压改变时装置作用于转子上的轴向力为

$$F=n\frac{\pi}{4}D^2P \tag{10.9-1}$$

式中的活塞直径 $D=0.25\text{m}$，油缸数 $n=18$，P 表示油压。

标定步骤如下：

（1）所有的测量仪器准备就绪。

（2）高压油顶起装置准备就绪。

（3）机组处于停机状态。

（4）松开风闸，此时的状态为初始状态，各路测量信号的输出值为零点。

（5）向高压油顶起装置中充入高压油，根据压力表的读数控制压力。

（6）压力每升高20bar稳定20s，直至规定的最高压力。通过放油阀卸载，压力每降低20bar稳定20s，直至压力为0。

标定过程中油压变化以20bar为一个台阶，在不同油压下测得应变信号和挠度信号的值，并求得信号值与所加压力的关系，测量结果表明所有测点的测量值都与轴向力成正比。表10.9-1所示为轴向水推力标定系数。

表10.9-1　轴向水推力标定系数

信号	挠度X	挠度Y	应力-X	应力-Y	应力X1	应力Y1
	kN/μm		kN/V			
系数	13.136	12.615	8857.450	8141.998	8589.838	8552.810

4. 下机架轴向水推力测量

在大轴自然补气条件下，在一次连续升降负荷的过程中下机架轴向位置以及根据下机架挠度及应力计算的轴向水推力—负荷关系曲线如图10.9-2所示。

从测量结果中需要得出如下结论：

（1）机组尽量避开下机架的挠度及应力测量值最大时的工况，以保证机组安全。

（2）根据测量的下机架应力值和下机架挠度计算得到轴向水推力，本例中其值分别为10000kN(1000t)和7000kN(700t)，再根据此值与机组转动部分的重量之和来判断是否在推力轴承的承受范围之内，并给出合理的建议。

10.9.2 机组主要转动部件的应力特性试验

机组主轴的各种应力、力和力矩的具体测试方法以及应考虑的主要问题，与上节讨论的机组固定部分零部件应力测试基本相同。唯一不同的就是机组主轴为旋转

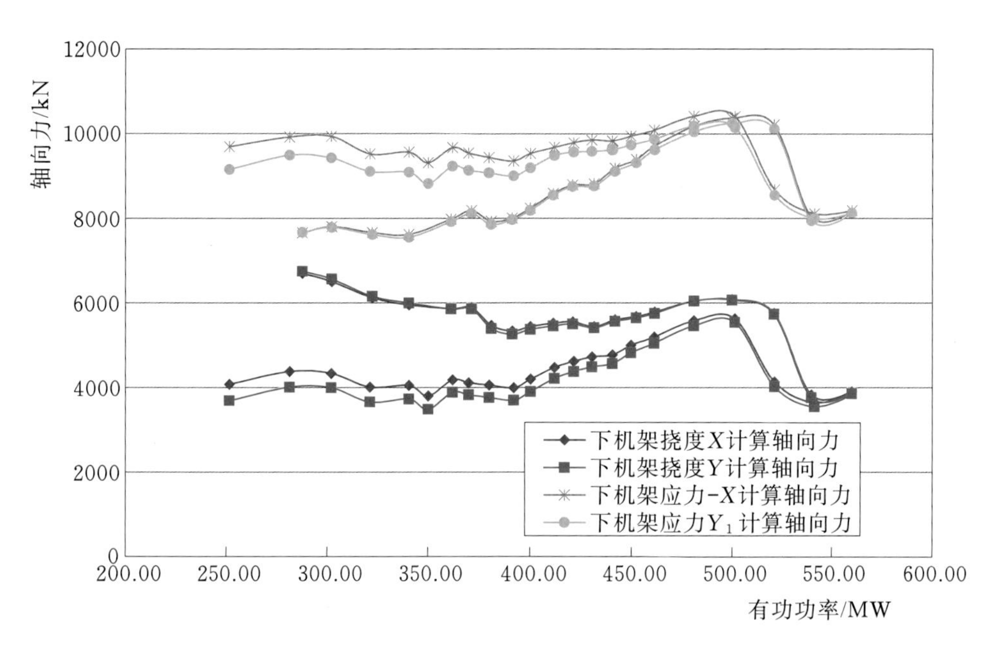

图 10.9-2 自然补气下下机架挠度/应力计算轴向推力—负荷关系曲线

部件，在测量系统中应增加将转动部件上的测量信息暂时存储和遥控触发的功能。因而主轴应力测试系统就显得稍复杂些，水轮机转动部件动应力测试仪原理图如图10.9-3所示。

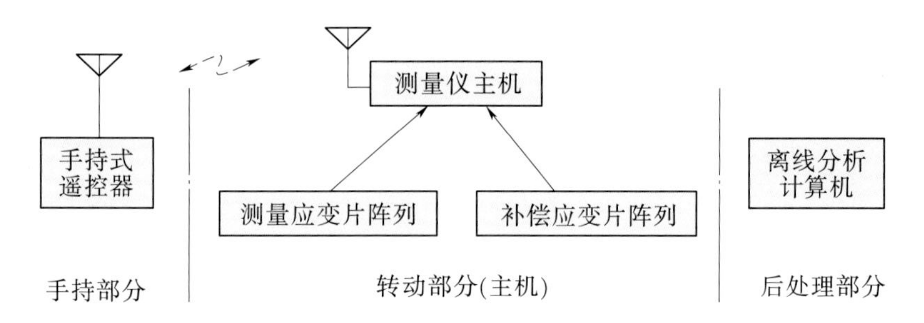

图 10.9-3 水轮机转动部件动应力测试仪原理图

10.9.2.1 数据采集系统

数据采集系统和应变片一起随转动部件转动，并根据遥控触发信号将转动部件上应变片感受到的应变信号暂时记录在存储卡里面；机组停机后，对测量数据进行离线分析。

用于应力变量测量的数据采集系统应满足如下要求：

(1) 重量要轻，外形尺寸要小。

(2) 能够远距离控制。

(3) 数据采集卡容量大，能够记录较长时间的应变信息。

（4）要能耐振动、抗干扰。

（5）使用方便，便于安装、拆卸与检查。

10.9.2.2 主轴水推力测量（无下机架类机组）

有的机组无下机架结构，采用推力支架结构，将机组旋转部件的重量通过支持盖传给基础。在这类机组中，通常推力支架的形状不规则，应变片布置困难，很难通过测量推力支架的应变或者变形获得主轴负荷。对于无下机架并且推力支架不规则的水轮发电机组，应该采用直接在大轴上贴应变片，通过测量大轴轴向应变获得主轴水推力。

1. 测试方法

（1）测点的布置。以主轴中心线为对称线，在相距180°的两个方向的外表面上等高各布置一组直角应变花，其中一片沿主轴轴线方向，另一片与轴线垂直，采用全桥接法。主轴水推力测量应变片布置示意图如图10.9-4所示。

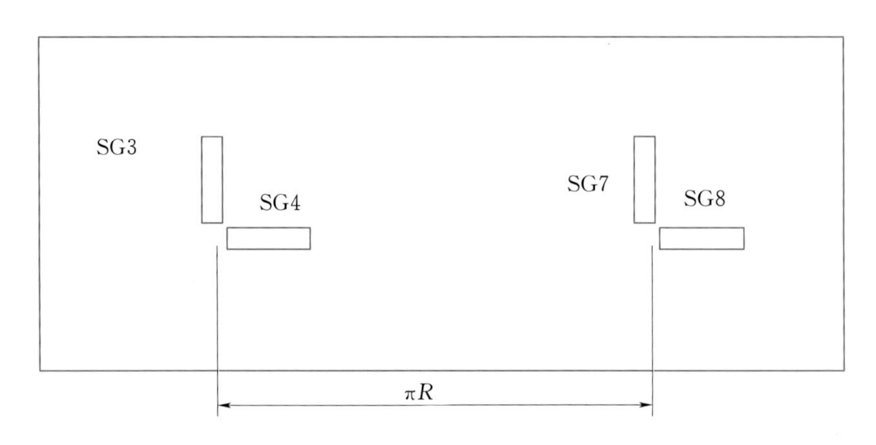

图10.9-4 主轴水推力测量应变片布置示意图

（2）测试仪器仪表的选择。根据测试要求的误差范围和测试单位具备的测试仪器情况选择测试仪器、仪表。

2. 测试步骤

（1）将应变片粘贴在主轴适当位置，安装引电器和各种监测仪器和仪表，并用导线将引电器输出与测试应变的动态电阻应变仪连接好。

（2）测试前应做好标定。

（3）对不同的稳定工况进行测试和记录，试验工况包括：空载、25%、50%、75%、100%负荷。

（4）快速升降负荷（由空载升至满负荷），然后由满负荷降至空载，记录电阻应变片感受的应变变化情况。

（5）甩负荷试验，记录应变情况。

（6）检查各测试结果，经认可试验数据可靠时，停机拆除引电器和引线等。

3. 测试结果的分析和整理

主轴水推力是通过SG3、SG4、SG7和SG8应变片的应变计算得出的，即

$$\sigma=\frac{E}{1-\mu^2}(\varepsilon_3+\mu\varepsilon_4) \tag{10.9-2}$$

忽略主轴扭转对SG3和SG4的影响，则

$$\varepsilon_4=-\mu\varepsilon_3 \tag{10.9-3}$$

可推出

$$\sigma=\frac{E}{1-\mu^2}(\varepsilon_3-\mu\cdot\mu\varepsilon_3)=E\varepsilon_3 \tag{10.9-4}$$

主轴的横截面积S为

$$S=\frac{\pi}{4}(D^2-d^2) \tag{10.9-5}$$

式中　D——大轴的外径；

d——大轴的中心孔直径。

推出主轴的水推力$P_水$为

$$P_水=\sigma S=\frac{\pi}{4}E\varepsilon_3(D^2-d^2) \tag{10.9-6}$$

然后给出以下结果并绘制曲线：

（1）得出各稳定工况下轴向水推力的数值，绘出工作水头—机组出力—主轴水推力关系曲线。

（2）计算绘出快速升负荷、降负荷和甩负荷时的机组出力与主轴的水推力关系曲线。

（3）根据测试结果找出最大水推力产生的条件及最大值。

（4）分析测试结果的误差范围，为今后测试收集资料和经验。

10.9.2.3　主轴扭矩的测量

1. 测试原理

主轴承受水轮机传来的转矩，在此过程中主轴将产生扭变形。可在主轴上粘贴应变片作为传感器，经引电器将非电量（扭矩）的应变信号转换为电信号引至应变仪，可直接测读或记录。经换算后即可求出实际作用在测点上的扭应变及扭矩值。

2. 测试目的

通过实测获得主轴表面测点处实际的最大扭应力值，用它与理论计算值以及许可值相比较，以确定主轴轴身的真实安全程度。

3. 测试方法

（1）测点布置及测量电桥的接线方式。大轴测量扭矩贴片布置示意图如图10.9－5所示。

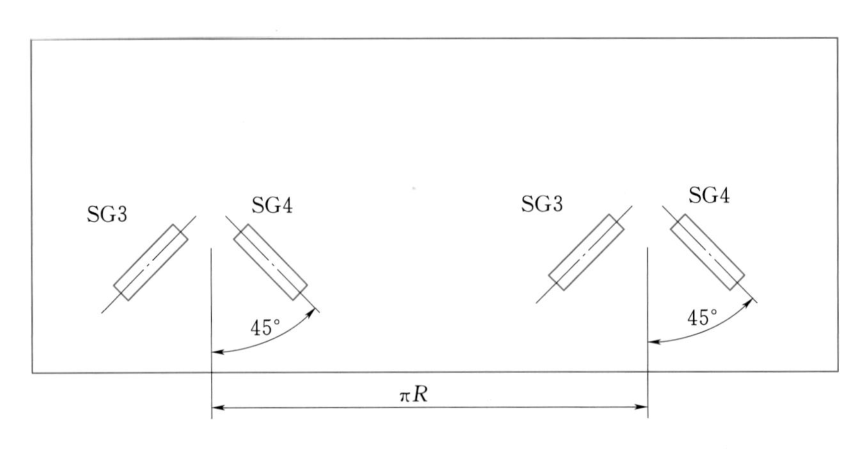

图 10.9-5 大轴测量扭矩贴片布置示意图

（2）测试前的准备及测试步骤。主轴扭应力测试前的准备工作以及测试设备的安装调试和测试步骤与主轴的轴向应力测试方法基本相同。

（3）测试结果的分析与计算假设圆周扭转变形后各个横截面仍为平面，而且其大小、形状以及相邻两截面之间的距离保持不变，横截面半径仍为直线。横截面上任意一点的切应变 τ_ρ 与该点到圆心的距离 ρ 成正比，切应力的方向垂直于该点和转动中心的连线，如图 10.9-6 所示。由剪切胡克定律可知

$$\tau_\rho = G\gamma_\rho = G\rho\frac{\mathrm{d}\varphi}{\mathrm{d}x} \tag{10.9-7}$$

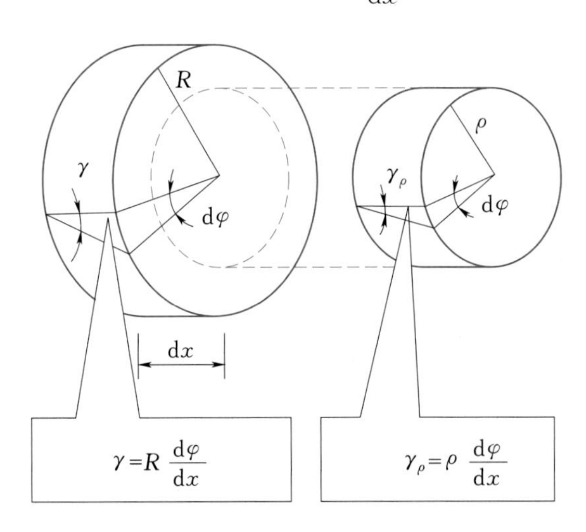

图 10.9-6 切应变分布图

根据以上结论可知，扭转变形横截面上的切应力分布如图 10.9-7 所示。

微面积 $\mathrm{d}A$ 上内力对 o 点的扭矩为 $\mathrm{d}M=\rho\tau_\rho\mathrm{d}A$，如图 10.9-8 所示，整个截面上的微内力矩的合力矩应该等于扭矩，即

$$\sum\rho\tau_\rho\mathrm{d}A = T \tag{10.9-8}$$

由式（10.9－13）与式（10.9－15）可得

$$\sum \rho\tau_\rho \mathrm{d}A = G\frac{\mathrm{d}\varphi}{\mathrm{d}x}\sum \rho^2 \mathrm{d}A = G\frac{\mathrm{d}\varphi}{\mathrm{d}x}I_p = T \tag{10.9-9}$$

$$I_p = \sum \rho^2 \mathrm{d}A$$

$$W_p = \frac{I_p}{r}$$

式中　I_p——极惯性矩；

W_p——扭转截面系数。

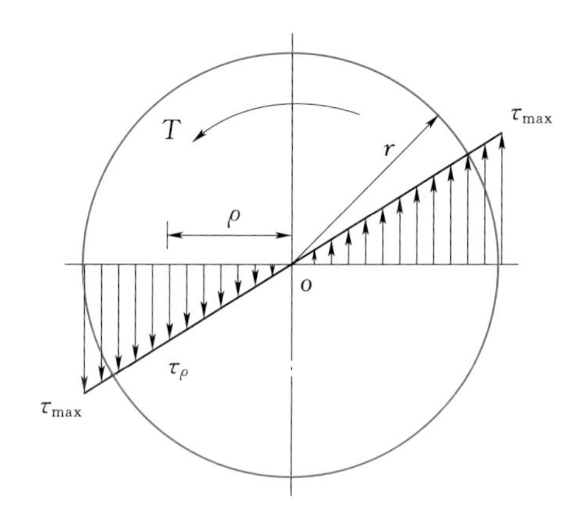

图 10.9－7　切应力分布图

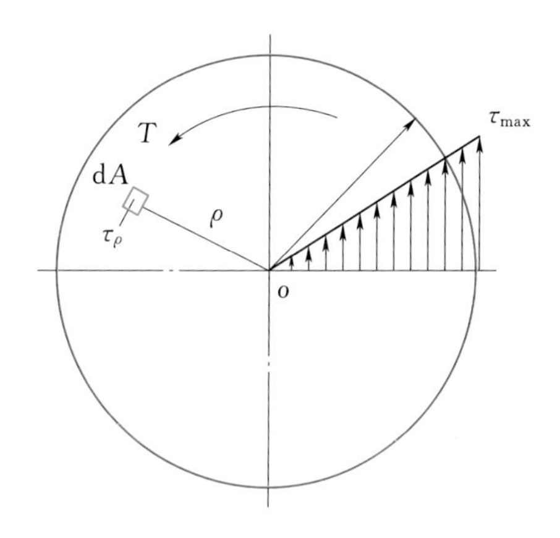

图 10.9－8　扭矩计算示意图

空心圆柱体的扭转截面系数为

$$W_p = \frac{\pi D^3}{16}\left[1-\left(\frac{d}{D}\right)^4\right] \tag{10.9-10}$$

式中　d——内径；

D——外径。

则主轴的扭矩为

$$T = G\frac{\mathrm{d}\varphi}{\mathrm{d}x}I_p = GR\frac{\mathrm{d}\varphi}{\mathrm{d}x}\frac{1}{R}I_p = G\gamma_R W_p = G\gamma_R\frac{\pi D^3}{16}\left[1-\left(\frac{d}{D}\right)^4\right] \tag{10.9-11}$$

又因为

$$G = \frac{E}{2(1+\mu)} \tag{10.9-12}$$

则可推出

$$T = \frac{E}{2(1+\mu)}\gamma_R\frac{\pi D^3}{16}\left[1-\left(\frac{d}{D}\right)^4\right] \tag{10.9-13}$$

主轴扭矩测点应变片按与轴线 45°的方向粘贴，如图 10.9-9 所示。

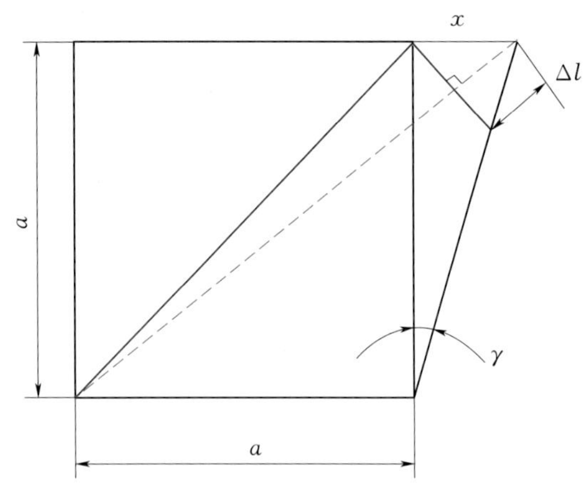

图 10.9-9 主轴表面应变片布置示意图

由图 10.9-9 可推出

$$\Delta l=\varepsilon l=\varepsilon\sqrt{2}a \tag{10.9-14}$$

$$x=\sqrt{2}\Delta l=2\varepsilon a \tag{10.9-15}$$

进而推出

$$\gamma=\frac{x}{a}=\frac{2\varepsilon a}{a}=2\varepsilon \tag{10.9-16}$$

即剪切应变为应变片应变的 2 倍。

由式（10.9-13）与式（10.9-16）可推出扭矩为

$$T=\frac{E}{2(1+\mu)}\gamma_R\frac{\pi D^3}{16}\left[1-\left(\frac{d}{D}\right)^4\right]=\frac{E}{1+\mu}\frac{\pi D^3}{16}\left[1-\left(\frac{d}{D}\right)^4\right]\varepsilon \tag{10.9-17}$$

最后将计算值与允许值比较后得出最后结论，包括主轴轴身安全程度、最大扭应力和扭矩及其产生的条件等。根据计算结果绘制出主轴扭应力变化曲线，给安全运行和改进结构设计提供依据。

10.9.2.4 水轮机转轮的应力测试

水轮机转轮的应力测试系统原则上与机组主轴应力测试系统相同，主要不同的是水轮机转轮不仅是转动的，而且是在水中承受水压力作用和冲刷。因此必须采用特殊的措施，对测点上的应变片群和引出线进行保护。使用最为广泛的是铜管（钢管）—铜盖（钢盖）防冲防潮盒，其结构示意图见图 10.5-1 所示。

采用的防潮剂必须满足如下要求：

（1）有良好的防潮绝缘性能。

（2）对试件表面和导线有良好的黏结力。

（3）弹性模量低，不影响试件的变形。

（4）对应变片和黏贴剂无腐蚀破坏作用。

（5）使用简便。

应力特行试验常用的防潮剂有环氧树脂类、石蜡涂料类和硅橡胶类。下面以混流式机组为例，介绍混流式水轮机转轮的应力测试方法。

1. 试验目的

由于转轮上应力状态非常复杂，依靠模型转轮上测得的应力分布状况不能完全真实地代表真机转轮上的应力分布情况，需要在真机转轮上开展应力测试，才能了解真实的应力分布情况，为安全运行及修改设计提供可靠的依据。

2. 试验原理

转轮的应力测试采用电测法。

转轮上应力分布十分复杂，应在理论分析的基础上，选取可能产生最大主应力的部位为典型测试点，以它们之中应力最大点的应力值来近似代表转轮上的最大应力。

由于不知道主应力的方向，可在各测点用三片应变片组成的应变花来测试，各片可与补偿片组成半桥接法测量其应变。然后根据公式计算出主应力的大小和方向。

3. 测点的布置

根据理论分析结果选定最大应力可能出现的部位布点。如果理论分析困难，也可在主应力一般可能出现的部位粘贴应变片群。图 10.9-10 所示为某大型混流式机组混流式转轮应力测量应变片布置示意图。

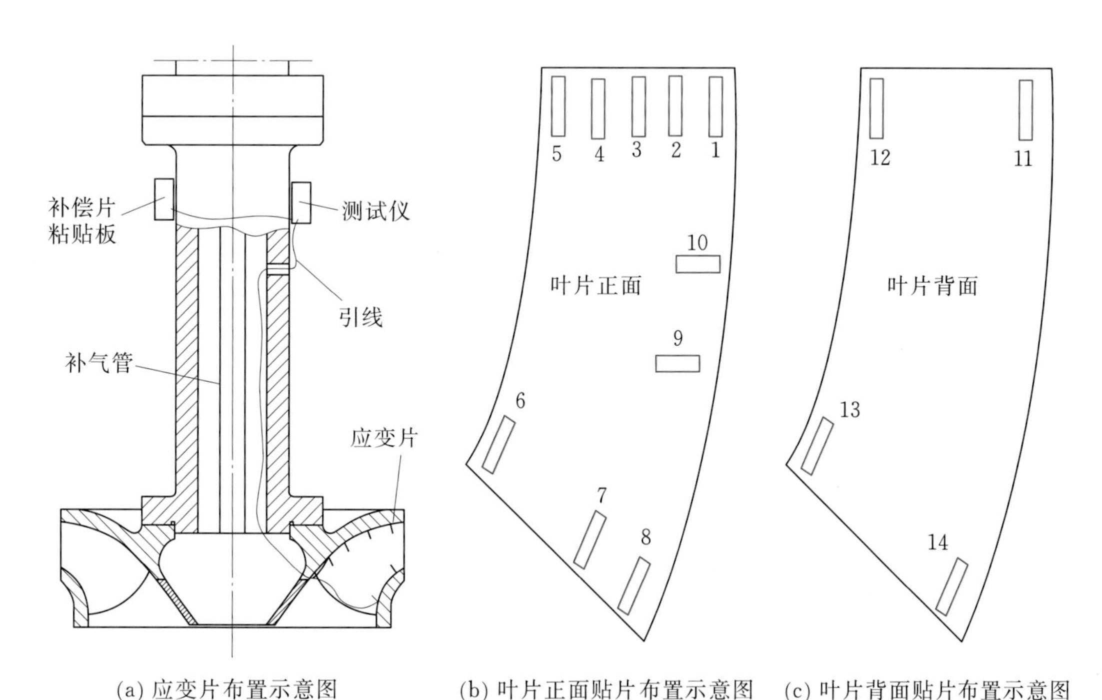

(a) 应变片布置示意图　(b) 叶片正面贴片布置示意图　(c) 叶片背面贴片布置示意图

图 10.9-10　混流式转轮应力测量应变片布置示意图

4. 应变花及其引出线的防水处理

转轮室内水流速度高，水压较大，测量应力的应变花和引出线必须采用铜管

（钢管）—铜盖（钢盖）防冲防潮盒来予以保护。防潮盒点焊在叶片上，补偿片可以共用，可粘贴在分线盒内，也可贴在测量片的铜盖（钢盖）内侧或大轴法兰之上。

应变信号引出线采用高强度漆包线或细胶质线，它自防潮盒引出处用$\phi=3\sim5$mm的细铜管（钢管）保护，直至配线箱。铜管（钢管）沿叶片表面以点焊打钢卡固定。配线箱安装在主轴补气阀下面，通过屏蔽线经主轴中心孔，从法兰经横向孔引出，并与贴在法兰上的补偿片组桥，经引电器至应变仪，钢卡间距约150mm。

5. 试验步骤

（1）试验工况选取。

1）带负荷试验。空载，带25%、50%、75%、100%额定出力，启动，快速自动从空载增至满负荷等工况。

2）甩负荷试验。甩50%、75%和100%负荷试验。

（2）试验步骤：

1）开机前全部仪器连接完毕。

2）记录各点应变值及测量时间。

3）增负荷，在25%和50%负荷时分别测录各点应变值及测量时间。

4）停机，检查各测点回零情况并作记录，记录停机时间。

5）开机并网升负荷至75%和100%，分别测录各点应力值及测量时间。

6）停机，检查各测点回零情况并作记录，记录停机时间。

7）初步分析前述测量结果，如基本满足要求，则作计算，找出应力最大的几个点，用预选器选定这些测点，并使外部接线转至动态电阻应变仪。动态电阻应变仪调零并标定比例系数，并作记录。

8）连续记录机组出力从空载升至50%过程中转轮的应力变化情况。

9）作甩负荷试验，记录测点应变变化情况。

10）投入动态电阻应变仪内标定系统，再次记录比例系数；重复8）、9）、10）项内容，但负荷改为75%和100%。

至此，整个试验完毕。

（3）试验要求：

1）在稳定工况测量转轮应力时，为保证工况的充分稳定，要求将导叶开度限死。

2）各测点回零性应好。在第二次启动再回零时，一般误差不得大于20微应变。

3）引电器工作稳定，重复试验时各点重复性误差应在允许范围之内。

6. 测试结果的整理与分析

（1）按应变修正公式及应力计算公式计算出不同工况时各测点的应力值。

（2）找出应力相对较大点，绘制出这些点的应力—出力关系曲线。

（3）绘制甩负荷及过渡过程中那些应力较大点的应力变化曲线。

（4）进行测试误差分析，包括测点回零的情况、各稳定工况时应力的摆动情况等。

第 11 章

水轮发电机组噪声测量

11.1 基 本 概 念

11.1.1 噪声的定义

按国际标准 ISO/TC 108 规定，噪声定义为：

（1）任何令人不愉快的或不希望有的声音。

（2）其频谱不能用确定的频率分量来描述，并具有随机特性的声音。

噪声也可以包括不希望有的随机性质的电振荡，如噪声的性质不明确时，可用声噪声或电噪声表示。

若未来任何一给定时刻，不能预先确定的噪声瞬时值称为随机噪声。

11.1.2 机械设备中噪声起因

机械设备中的噪声主要分为三种：空气动力性噪声、机械性噪声和电磁性噪声，具体内容见表 11.1-1。

表 11.1-1　　噪声分类及来源

噪声分类	各类噪声来源
空气动力性噪声	由气体振动所产生的，如混合气体的燃烧声。气管排气声，气体与高速机械的摩擦声等
机械性噪声	由固体振动产生，如轴承、齿轮、金属撞击等
电磁性噪声	由电磁感应引起交变力而产生，如转子定子间吸力，电磁与磁场间相互作用，磁致伸缩引起的铁芯振动等

11.1.3 评价噪声的技术参数

11.1.3.1 噪声的强度

1. 声压、声压级

当有声波传播时，使空气压强时而增高时而降低。空气压强与没有声波传播时的静压强 P'_0 产生压强差，此压强差称为声压强，简称声压，其值大小为声波动压的有效值，即均方根值为

$$P=\sqrt{P_1{}^2+P_2{}^2+P_3{}^2+\cdots+P_n{}^2} \tag{11.1-1}$$

声压的单位是 Pa，过去也常用 μbar 为单位，1Pa＝0.9869×10^{-5}大气压；1Pa＝10μbar。一般人耳的听觉范围为 2×10^{-4}～10^3μbar。

用声压的对数来表示声音的强弱称为声压级。一个声压级的单位为 dB。其计算

公式为

$$L_P = 20\lg \frac{P}{P_0} \tag{11.1-2}$$

式中 P——声音的声压；

P_0——基准声压，定为 $2\times10^{-4}\mu bar$，是频率为1000Hz的听阈声压。

人的听觉范围相当于声压级0～130dB。

2. 声强、声功率、声强级、声功率级

声强是在声音传播的方向上，单位时间内通过单位面积的声能量，单位是 W/m^2，用 I 表示。

声功率是声源在单位时间内辐射出的总声能，单位是W。

声强级和声功率级分别表示声强和声功率大小的级别，单位仍是dB，其计算公式为

$$L_1 = 10\lg \frac{I}{I_0} \tag{11.1-3}$$

$$L_W = 10\lg \frac{W}{W_0} \tag{11.1-4}$$

式中 I_0——基准声强，$I_0 = 10^{12} W/m^2$；

W_0——基准声功率，$W_0 = 10^{-2} W$；

I——声强；

W——声功率；

L_1——声强级；

L_W——声功率级。

3. 响度和响度级

人对声音的感受不单与声压有关，还与频率有关。即使声压级相同而频率不同的声音人感觉则不一样；而人感觉一样响的声音其声压级与频率却往往都不相同。因此以频率为1000Hz的纯音为比较的基准来定噪声的响度级，单位为方（phon）。当某噪声听起来与频率为1000Hz、声压级为 XdB的基准声一样响时，此噪声的响度级就定为 Xphon。

响度级是一个相对量，响度是用绝对值表示的量。用声压为40dB的纯音所产生的响度作为一个响度单位，称之为宋（sone）。若一个声音的响度是 Ysone，说明它为以上纯音响度的 Y 倍。

响度与响度级之间的关系为

$$\lg L = 0.03L_L - 1.2 \tag{11.1-5}$$

式中 L——响度；

L_L——响度级。

当响度级为 40phon 时，响度为 1sone；当响度级为 50phon 时，响度为 2sone；当响度级为 60phon 时，响度为 4sone；当响度级为 70phon 时，响度为 8sone；……。

11.1.3.2 噪声频谱

由不同噪声源所产生的噪声频率和强度均不相同，要消除噪声，必须分析主噪声源和所有原因引起的噪声所占的比重。因此，在测量过程中必须作噪声的频谱分析。一般噪声频谱图均为以频率为横坐标，以声压级（或声强级或声功率级）为纵坐标而绘制出噪声的测量图。

在整个可闻声的频率范围 20～20000Hz 范围内，一般按倍频程和 $\frac{1}{3}$倍频程划分为几个频段，倍频程的上下限频率之比之为 2∶1，即 $f_2=2f_1$，选 f_1 和 f_2 的比例中项作为 f_1 至 f_2 频段的中心频率。若将此倍频程再分 3 份，则叫$\frac{1}{3}$倍频程。按这些频程可制成各种频谱分析仪，对所测得的噪声进行频谱分析，可得到噪声频谱图，如图 11.1-1 所示。

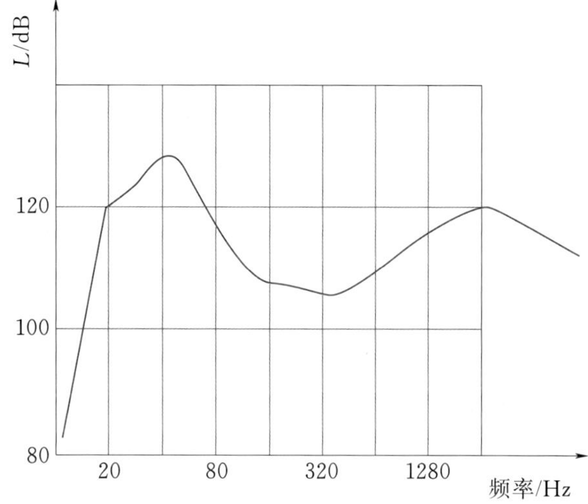

图 11.1-1 噪声频谱图

常用的可闻声倍频程范围见表 11.1-2。

表 11.1-2 常用的可闻声倍频程范围

中心频率/Hz	3.15	63	125	250	500	1000	2000	4000	8000	16000
频率范围/Hz	22～45	45～90	90～180	180～355	355～710	710～1400	1400～2800	2800～5600	5600～11200	11200～22400

11.2 噪声测量方法

11.2.1 测量原理和仪器

噪声测量一般是声压级测量，其测量原理是将声压转换成电压后测电压的变化，表示噪声的大小。因此，必须用声电传感器和声级计来测量。若配用频潜分析仪，可进行频谱分析。数字式声级计还可通过适当的模/数转换器，将模拟量转换成数字量并进行数字显示。

声压计测量的框图如图 11.2-1 所示。

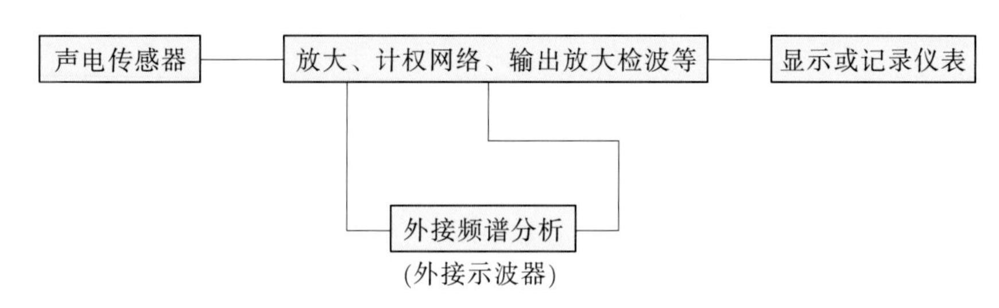

图 11.2-1 声压计测量框图

声级计分精密声级计和普通声级计两种。声电传感器又叫传声器，一般分为压电式、电动式和电容式三种。压电式传声器由声压变化使压电晶体变形而引起电压输出的变化；电动式传声器是声压使导体在磁场中运动而产生电压输出；电容式传声器是由声压引起电容极板间距离变化而造成电容容抗变化导致其输出电压的变化。由于电容式传声器的灵敏度高，频率响应特性好，输出性能稳定，温度和湿度影响小，常用于与精密声级计配合作声级的精密测量。图 11.2-2 所示为电容式传声器的结构简图。

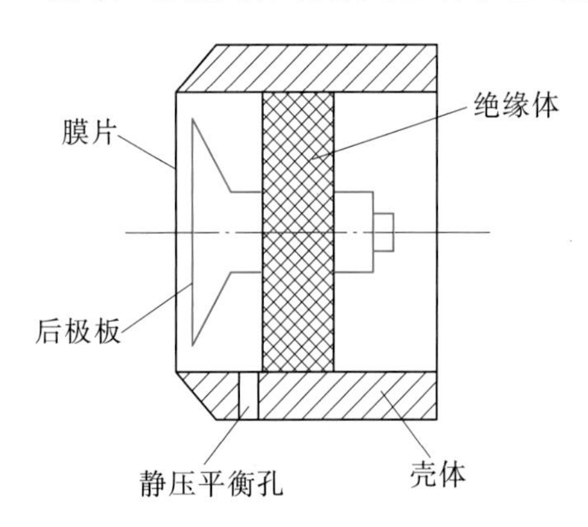

图 11.2-2 电容式传声器结构简图

电容式传声器的敏感元件是与后极板组成电容极的金属膜片，膜片与后极板间以空气为介质。在两极板间加以稳定的直流极化电压，使两极板间维持恒定的电荷，在充电电路的时间常数大大超过声压变化的周期时，声波作用于膜片后，便会因电容极板间距离变化而使电容量发生变化，产生输出电压。

11.2.2 测量方法

噪声的测量方法因被测对象不同和测量要求不同而有不同。例如，若从环保角度出发，则应将测点布置在需要了解的位置上；若从劳保的观点出发，测点应安置于工作人员工作位置附近；若测量噪声源的噪声辐射情况，测点应布置在噪声源四周等。

实测时，应注意以下方面的问题：

(1) 要考虑噪声源的非均匀辐射及仪器的指向性特性，在测量高频时，传感器灵敏度受被测声的入射角影响较大。因此在布置测点时，一般在声源四周至少布置四个测点，若是较均匀辐射，则取其测点的算术平均值，若是非均匀辐射，则以噪声最大值代表其最大噪声。若相邻的两测点的测量值相差超过 5dB 时，应在其间增补测点，并做出噪声在各个方面的分布图，测出其指向性特性。

（2）测量中注意防止或尽量减少其他声源的干扰，如反射面、电磁场、温度、湿度、风向等影响。尽量距离反射面较远，以测量者尽量远离为好。

（3）注意环境噪声对测量结果的影响。当被测噪声源的 A 声级及各频带的声压级比环境噪声级高 10dB 以上时，可不进行修正，否则应在被测值中减去修正值。在被测噪声比环境噪声大 3～10dB 时，按图 11.2－3 进行修正。若两者差小于 3dB 时，则必须降低环境噪声。

（4）测量前应对传声器及声级计进行校验。

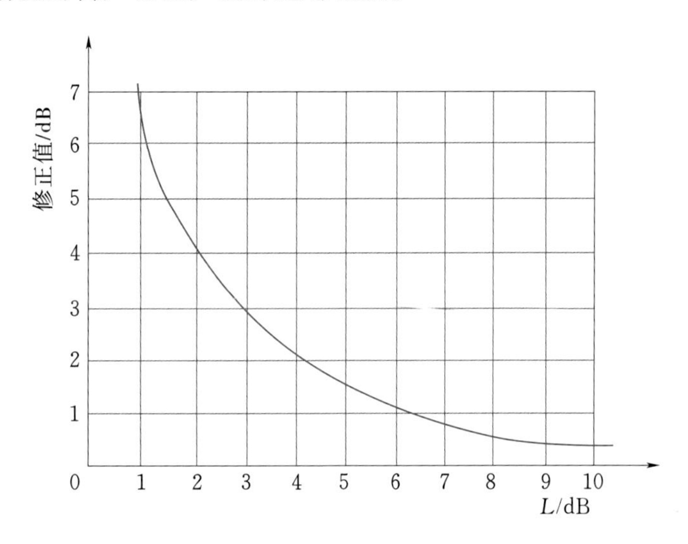

图 11.2－3　对环境噪声干扰的修正

第12章

水轮发电机组通风试验

12.1 概　　述

12.1.1 水轮发电机通风试验意义和目的

1. 水轮发电机通风试验意义

水轮发电机通风系统的设计合理与否会直接影响到电站机组的发电效率和安全运行，现场通风试验可以验证和评价机组通风系统的性能，通风试验无论是对于设计制造人员、设备使用单位，还是对水轮发电机科研试验单位都具有重要的意义。

2. 水轮发电机通风试验目的

（1）对水轮发电机通风系统存在缺陷的机组进行试验，通过数据分析，找出缺陷原因，有方向性地进行技术改造和设备更新。

（2）根据通风试验的数据，对通风系统技术改造的效果或是机组增容改造后机组安全可靠性进行技术评价，为下一步技术改造提供依据。

（3）获得发电机总风量、风量分布及其流向，定子铁芯背部温度轴向分布规律及整个风路系统的温度场分布等技术数据。

（4）对机组的实际通风与发热情况进行鉴定，提供发电机安全运行与改进的可靠数据与分析报告。

（5）根据通风试验的数据，优化水轮发电机组的通风系统的运行工况，为设备安全运行、维护提供技术指导。

（6）了解水轮发电机通风系统运行情况，积累通风系统运行的原始数据资料。

12.1.2 水轮发电机通风冷却的作用及方式

1. 水轮发电机通风冷却的基本任务

（1）保证发电机有必需的冷却风量。

（2）保证发电机的风量分配合理，促使电机发热均匀。

（3）减少发电机通风损耗，提高发电机效率。

（4）不断更新通风冷却系统，解决大型发电机的冷却与发热。

2. 水轮发电机通风系统对发电机的影响

水轮发电机通风系统将直接影响发电机的运行性能，具有良好的通风性能是保证发电机能得到充分冷却的前提。水轮发电机冷却方式，直接影响电机的性能和经济指标。特别是对大容量水轮发电机，随着发电机容量的不断增大，电机各部分的损耗也明显增加，需要良好的通风，有效地带走各种损耗所产生的热量，降低电机各部分温升。

3. 大中型水轮发电机冷却方式

目前空气通风冷却（全空冷方式）是水轮发电机采用最广泛的一种冷却方式。从小型水轮发电机到大型水轮发电机均有采用。

12.1.3 大中型水轮发电机典型通风系统风路结构及特点

大中型水轮发电机典型通风系统的风路结构主要有密闭自循环双路（或单路）径向通风系统和密闭自循环双路径向端部回风通风系统。

1. 密闭自循环双路（或单路）径向通风系统的结构及特点

（1）密闭自循环双路径向通风系统风路结构。目前广泛应用于大中型水轮发电机密闭双路径向通风系统，如图12.1-1所示。在双路径向通风系统中，从空气冷却器中出来的冷空气经上机架支臂之间的空隙（上路）和基础风道（下路）进入转子支架，在转子支臂本身的离心风压及装设在磁轭两端的风扇压头作用下，少部分流经绕组端部；大部分通过转子磁轭风沟，磁极极间间隙和空气隙，流经定子风沟；还有一部分流经齿压板间隙，然后汇集并经机座冷却器窗孔进入空气冷却器，完成自循环过程。为避免绕组端部空间的空气沿风扇反向流动形成涡流，应装设挡风板。

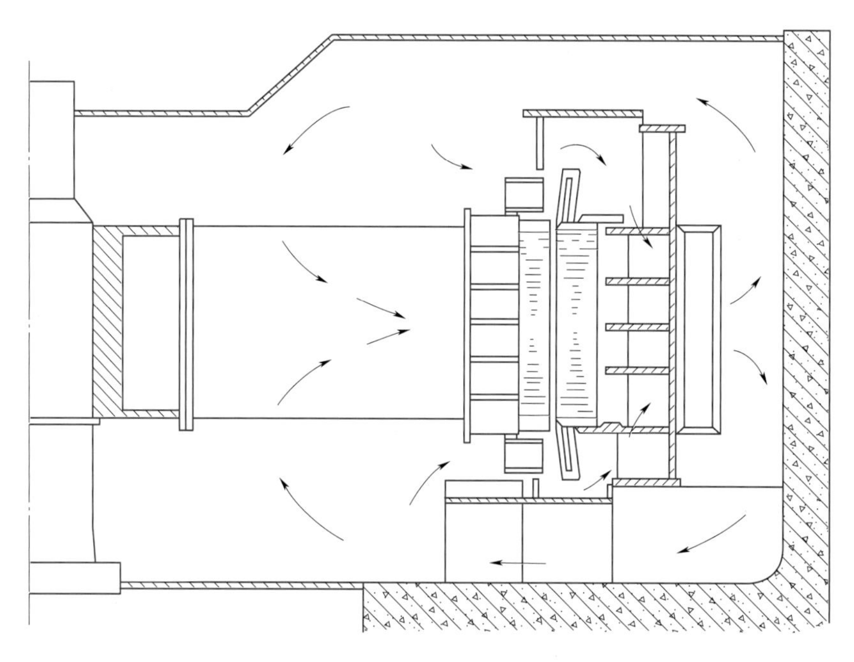

图12.1-1 大中型水轮发电机密闭自循环双路径向通风系统图

（2）密闭自循环双路（单路）径向通风系统特点。密闭自循环双路径向通风的特点是风阻小，风路短，定、转子具有径向风沟，散热面积大。大中型水轮发电机一般装设8个或12个冷却器，各个冷却器通过阀门以并联连接至环形进出水管上。这样，当任一个冷却器发生故障或检修退出运行时，可单独关闭，而不影响其他冷却器的正常运行。

2. 密闭自循环双路径向端部回风通风系统风路结构及特点

（1）密闭自循环双路径向端部回风通风系统风路结构。近年来大中型水轮发电机采用密闭自循环双路径向端部回风通风系统，如图 12.1-2 所示。在端部回风通风系统中，由冷却器出来的冷空气分上、下两路直接进入定子上、下端部，然后进入转子，其中一部分冷却空气通过转子支架、磁轭风沟与磁极的联合作用，径向进入气隙；而进入转子的另一部分冷却空气，通过转子支架的上、下通风环隙和固定在上、下机架上（或基础上）的固定挡风板及电机气隙上、下端的密封作用，将冷却空气压入转子磁极间和电机气隙。进入气隙的两部分气流汇合，经定子风沟进入定子机座热风区，再流入冷却器进行热交换，就此完成一次通风循环。

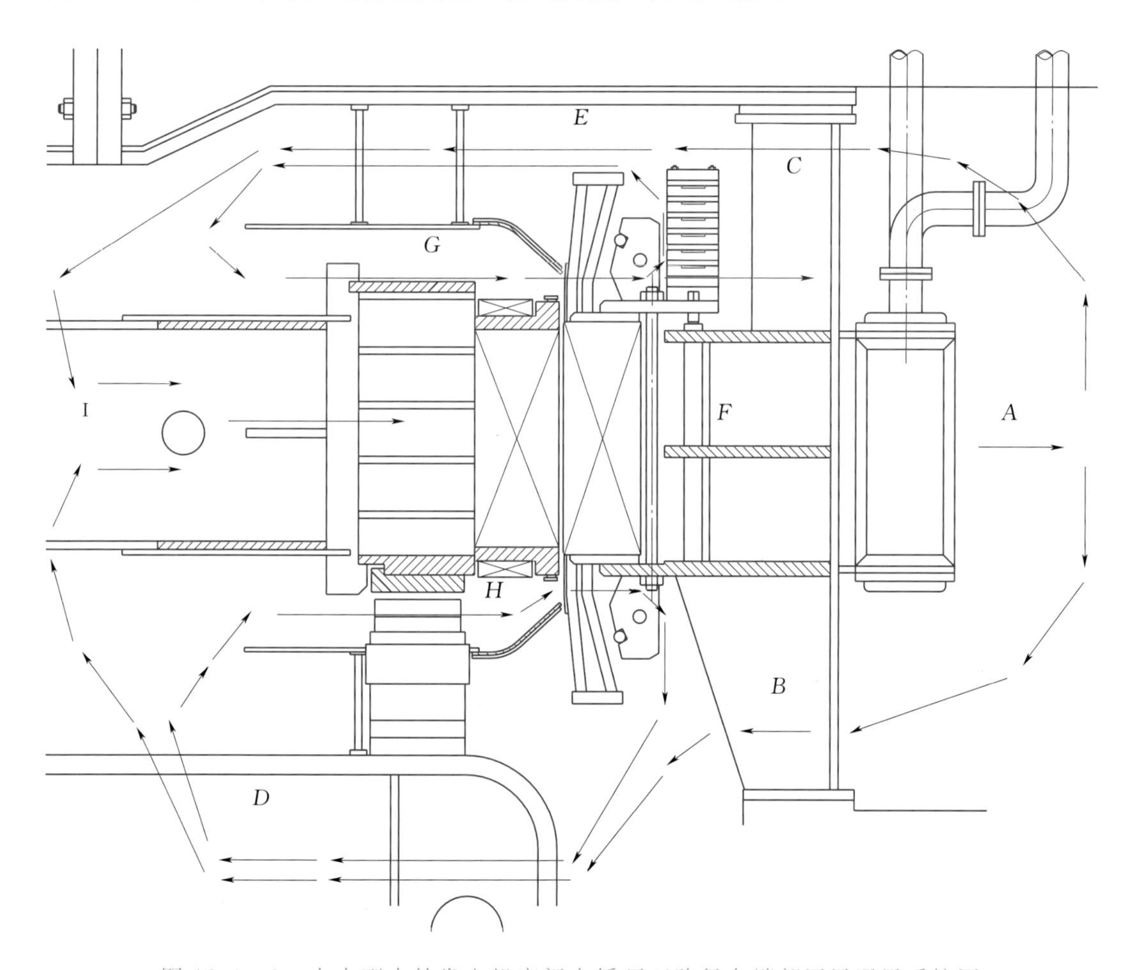

图 12.1-2 大中型水轮发电机密闭自循环双路径向端部回风通风系统图

（2）密闭自循环双路径向端部回风通风系统风路特点。该通风系统在转子上、下装设平面挡风板以增加两端气隙压力，改善冷却效果。

12.2 水轮发电机通风试验

本节着重讲解在大中型水轮发电机应用较为广泛、技术比较成熟的密闭自循环双路（或单路）径向通风系统和密闭自循环双路径向端部回风通风系统的通风试验。

12.2.1 通风试验项目

（1）测量用于发电机冷却散热的自通风或外界强制通风的风量、风速。

1）测量发电机冷却器出风口处总风量。

2）测量发电机上端、下端进风量。

3）测量发电机转子下风路入口风量。

4）测量上盖板与绕组鼻端之间风速。

5）测量定子铁心径向风沟出口风速。

（2）观察发电机各个部位的风流场。

（3）测量定子铁芯及其周围的温度和温度分布情况。

（4）测量水轮发电机在各个负荷温升稳定后的风磨损耗。

12.2.2 通风试验原理

1. 风量的测量

风量为

$$O=\bar{v}S\eta \qquad (12.2-1)$$

式中 $\bar{v}$——平均风速值；

S——冷却器出风面积；

η——冷却器的数目。

2. 风速测量

平均风速值 $\bar{v}$ 为测量部位一段时间内风速的平均值。

3. 风磨损耗测量

密闭自循环空气冷气型通风系统是靠转子轮臂、磁轭和磁极回转时离心力作用形成风压，风路中的挡风板起引导风向和控制风量作用，冷风经过转子磁轭的径向通风沟进入磁极，然后通过定子风沟进入热风室，在这个过程中磁极和定子铁芯、卷线的热量被冷风带走，冷风变成热风，进入空冷器，将热量交换给空冷器中冷却水。可以用式（12.2－2）求出损失的总功率，这是电机运行中除轴承损失以外的所有损失功率，包括发电机铁损、铜损、风损、励磁损、电机附加损失等。

$$P=C_a\Delta\theta_a Q \qquad (12.2-2)$$

式中　C_a——空气比热，一般取 1.15kW/(m^3 · ℃)；

$\Delta\theta_a$——冷、热风温差，℃；

Q——发电机总风量，m^3/s。

4. 发电机通风系统各部位流场观察

发电机的通风系统和各部件的温度场之间相互影响，相互制约。通风系统和温度场之间通过对流换热的方式耦合，其中，通风系统的各部件表面的散热系数，影响了电机的温度场分布。通风系统流场分析及计算极其复杂，需要结合温升计算。通风试验只要求在发电机内观察整个通风系统的气流流场的方向，并注意是否有环流或热风流等现象。

12.2.3　试验方法

12.2.3.1　风速的测量

1. 动压管法

动压管又称毕托管，毕托管是实验室内测量均点流速时常用的仪器。这种仪器是 1730 年由亨利·毕托（Henri Pitot）所首创，后经 200 多年来各方面的改进，目前已有几十种形式。下面介绍一种常用的毕托管，这种毕托管又称为普朗特（L. Prandtl）毕托管。

设流体中某点 A 处的流速为 u，如将一根两端开口的直角弯管插入流体中并使其下端管口方向正对 A 点流速方向，则 A 点的流速由原来的 u 值变为零，而弯管中的液面将比测压管中的液面升高 Δh（测压管液面为未受毕托管干扰时 A 点的测压管液面），弯管中液面的升高是由于流体的动能转化为势能所引起的。对于 A 点处质量为 $\mathrm{d}m$，重量为 $g\mathrm{d}m$ 的微小流体，在弯管未插入前具有的动能是$\frac{\mathrm{d}mu^2}{2}$。当弯管插入流体后，A 点的流速由原来的 u 值变为零，该微小流体的动能$\frac{\mathrm{d}mu^2}{2}$全部转化为势能 $\Delta hg\mathrm{d}m$，即：$\frac{\mathrm{d}mu^2}{2}=\Delta h\cdot g\mathrm{d}m$，于是可得 $\Delta h=\frac{u^2}{2g}$。可见弯管与测压管的液面之差 Δh 表示流体中 A 点处的单位动能。这个两端开口的直角弯管就称为毕托管，可用以测量流体中某点的流速。将关系式 $\Delta h=\frac{u^2}{2g}$改写为 $u=\sqrt{2g\Delta h}$，则只要量测出毕托管中的液面高差 Δh，即可按上式计算出 A 点的流速值。考虑到流体机械能在相互转化过程中存在能量损失，毕托管对流体有干扰以及毕托管与测压管的进口有一定距离等影响，上式需加以修正，即 $u=\varphi\sqrt{2g\Delta h}$，式中 φ 称为毕托管流速校正系数。

普朗特毕托管的构造如图 12.2-1（a）所示，由图可以看出这种毕托管是由两根空心细管组成。细管 1 为总压管，细管 2 为测压管。量测流速时使总压管下端出口方向正对流体流速方向，测压管下端出口方向与流速垂直。在两细管上端用橡皮管分别与压差计的两根玻璃管相连接。

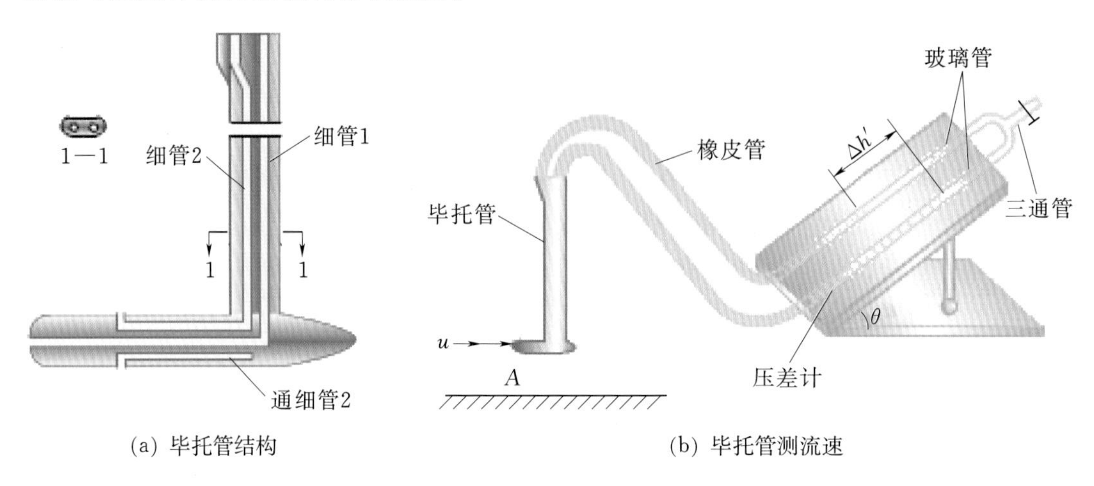

(a) 毕托管结构　　(b) 毕托管测流速

图 12.2-1 毕托管

图 12.2-1 (b) 所示为用毕托管测流速的示意图。用毕托管量测流体流速时，首先将毕托管及橡皮管内的空气完全排出，然后将毕托管的下端放入流体中，并使总压管的进口正对测点处的流速方向。此时压差计的玻璃管中液面即出现高差 Δh。如果所测点的流速较小，Δh 的值也较小。为了提高量测精度，可将压差计的玻璃管倾斜放置。测试时，读出两管沿斜方向的液面距离 $\Delta h'$，并根据玻璃管的倾斜角度 θ 换算出相应的垂直液面高差 $\Delta h = \Delta h' \sin\theta$，将 Δh 代入公式 $u=\sqrt{2g\Delta h}$ 中，即可得出所量测点的流体流速值。关于毕托管流速校正系数 φ，因其值与毕托管的构造、尺寸及表面光滑程度等因素有关，须经专门的校准实验来确定。一般 φ 值均由制造毕托管的工厂给出。

用毕托管测量气流流体流速的计算公式为

$$v=\sqrt{\frac{2g}{\zeta}aH} \tag{12.2-3}$$

式中 v——气流速度（平均值），m/s；

g——重力加速度，取 9.81m/s^2；

ζ——空气密度，kg/m^3；

a——微压计的仪表常数；

H——微压计测得的液柱高度，mm。

如不用补偿式微压计，可用一般充水或酒精之类的微压计，用出气流速度的计算公式为

$$v=\sqrt{\frac{2g}{\zeta}r'_H} \tag{12.2-4}$$

由于毕托管的直径可以做得很小（6～10mm），所以对气流的分布影响极小，在测量过程中没有能量损失，因此是一种较好的测量方法。但由于毕托管对低气流反应不灵敏，不适合低于4m/s的风速测量。

2. 机械式风速表法

机械式风速表有叶式（图12.2-2）、杯式（图12.2-3）、光电式和磁电式多种，可用于测量0.5～15m/s的气流。使用时应注意如下事项：

（1）测量面的直径与风速表的直径比应大于6，以尽量减少对气流分布的影响。

（2）机械式风速表使用前后都要进行校正。

（3）风速表进风口必须与气流方向垂直。

（4）电机进风口的气流方向紊乱时，测量时应在进风口加装一定长度的引风管使气流平行。

（5）大型电机一般在出风口测量，出风口应装出风管，其长度至少为其横截面最大边长的1.5倍。管口用细绳分成边长为100～200mm的矩形（不少于15个格），风速计依次放在每个格子的中心测量，求各测点的平均值作为结果。

（6）对不带计时表的风速计（实为风量计）应另测时间，一般测量时间为10～20s。

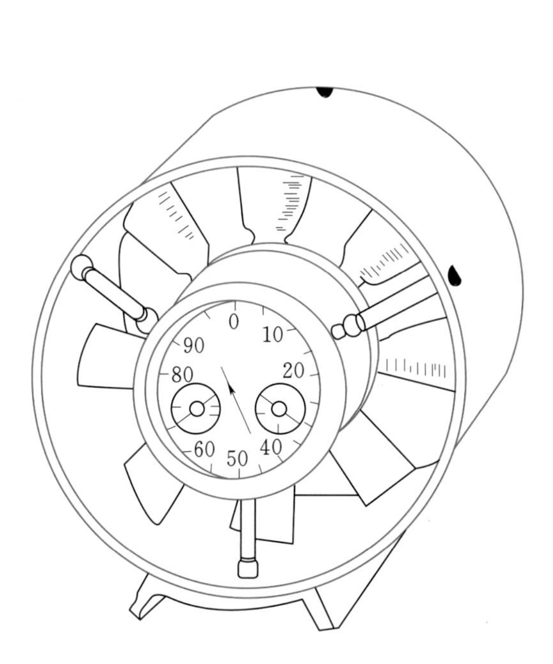

图12.2-2　叶式风速计

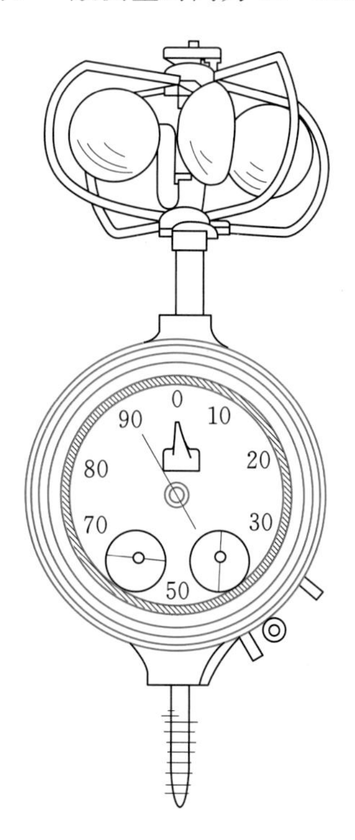

图12.2-3　杯式风速计

3. 热线风速仪法

热线风速仪具有检测元件小、频率响应快、灵敏度高及对流体干扰小等优点，可用于测量较狭窄通道中的风速，测量范围一般为0.1～100m/s。使用时应注意如下事项：

（1）探针在使用一段时间后，由于污染及微粒沉积于热线上，会使原有的传热特性有所改变，因此每次使用后都应清洗后，并自然晾干保存。可用蒸馏水进行超声清洗，也可用乙醚或蒸馏水进行洗涤。

（2）测量中应注意气流速度不能突然下降，以免烧坏探针。

（3）每隔2～6个月要对热线探针进行一次标定。

12.2.3.2 风量的测量

1. 平均风速计算法

在电机进风（或出风）口以等面积法或等宽度法用风速仪测量平均风速 v，再测出进（出）风口面积 S，则风量 Q 为

$$Q = vS \tag{12.2-5}$$

当气流分布及方向不均匀和不一致时，应在风口加接稳流管道。管道可为矩形或圆形，一般为圆形。

等面积法是将风路截面分成 N 个等分面积的方法，如图12.2-4所示；等宽度法是将风路截面分成 N 个等宽的面积的方法，如图12.2-5所示。然后在垂直的两个轴线上的各分区分别选取4个点进行测量。

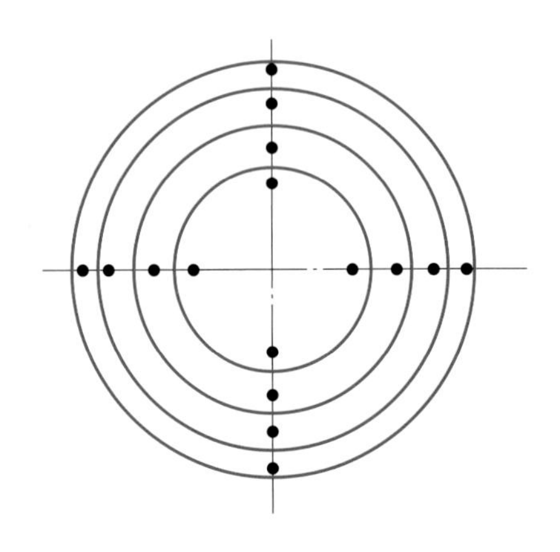

图12.2-4 等面积法

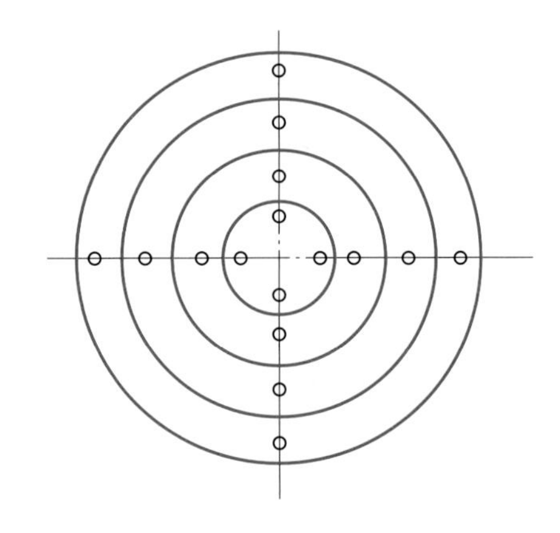

图12.2-5 等宽度法

等面积法风量即为总截面积与 $4N$ 个测点风速平均值的乘积，等宽度法风量为各区截面积乘以该区平均风速的总和。N 值的选择应根据风路截面的大小面定，以圆截面为例，当其直径为150～300mm时，可取 $N=5$。

2. 热电式风量计法

热电式风量计是利用气流单向通过风量计管道时，气流所吸收的热量与电流量

成比例关系的原理而制造的，它可在电机进（出）风口直接测得风量。

通过风量计的风量 Q 为

$$Q=K_Q\frac{P_g}{\zeta C_p\Delta t} \tag{12.2-6}$$

式中 K_Q——风量计校正系数；

P_g——电热丝吸收的电功率，W；

C_p——定压比热，J/(℃·kg)；

Δt——风量计进口与出口平均温度之差。

12.2.3.3 温度测量

采用测温仪器测量发电机定子径向风沟出口温度的测量，发电机冷却器前后冷、热风温度及机坑外侧环境温度。

12.2.3.4 风流场观察

用自制飘带或烟雾发生器在发电机内观察整个通风系统的气流流场的方向，并注意是否有环流或热风流等现象。

12.2.4 试验工况

(1) 额定转速下空转。

(2) 负荷 50%U_N。

(3) 满负荷稳定运行。

(4) 试验中空载、满负荷工况需稳定运行 4h 后测量，其他每个工况均至少稳定运行 3h 后方可进行测量；所有负载工况均保证功率因数不变。

12.2.5 试验条件

(1) 机组在额定转速下稳定运行。

(2) 所有空气冷却器正常供水。

(3) 温升试验时，机组始终满负荷运行不变，定子电流、电压、频率、功率因数都要求在额定值。

12.2.6 试验程序

12.2.6.1 通风试验的前期工作

通风试验的前期工作分两个阶段进行：第一阶段是进行试验前的技术准备，第二阶段是检查技术准备的工作质量，落实试验时间和具体事项。这两个阶段的工作时间一般要间隔一段时间，由试验项目的技术负责人和一名助手来进行。前期工作的内容按着手开展工作的时间先后次序为技术资料的准备、察看试验现场、进行试验方法的选取和草拟试验大纲等。现分述如下：

1. 技术资料的准备

（1）承接试验任务后，首先要再次阅读试验的规程、规范、导则，根据其要求全盘考虑安排试验的全部工作。

（2）收集或查阅与试验有关的图纸、技术资料，主要有：

1）发电机组通风系统的主要技术参数及尺寸。

2）发电机组通风系统设备制造图纸、产品说明和技术条件。

3）发电机定转子温升试验所需的电气参数。

4）发电机组通风系统布置图。

5）发电机组通风系统风路图。

6）试验机组通风系统近期的检修记录。

2. 查看试验现场并选取试验方法、试验设备和试验仪器

（1）了解试验现场的实际状况，确定现场是否具备开展通风试验的条件，存在哪些需要解决的问题。其中着重了解被试机组现状、通风系统状况和该厂的安全设施。

（2）选择测量方法从而确定试验方法。

（3）根据试验方法及试验现场条件，选择合适试验设备及仪器。

（4）初步考虑试验装置的设置位置、测点的布设、引线长短与走向、指挥台设置位置以及设备运输途径、试验装置安装条件、试验用的通讯联络工具与指挥讯号装置条件等。

（5）定试验前、中、后的工作量，参加试验各方共同商定试验日期和确定实验所需的条件及时间、参加实验各方的分工等。

3. 草拟试验大纲及技术准备工作

（1）试验大纲的内容包括：试验目的、试验项目、试验工况、试验条件、测试方法、所需仪器仪表、试验测次、人员安排试验时间、安全措施和初步确定试验日期。试验大纲经过讨论审批后定稿。

（2）列出试验专用的装置、管路、工具等现场设计。

（3）列出试验所需的工器具、原材料、仪器仪表及设备的计划清单。

以上各项工作属于第一阶段的准备工作，需要在试验前一段时间（1～3 个月）进行，有足够的时间安排试验。

12.2.6.2 试验工作的落实及检查

以下是试验前期工作的第二阶段，在试验前一个星期左右时间进行。

（1）安排试验工作的进度表，分头落实试验工作的准备情况。

（2）试验用的仪器仪表检查、校验。

（3）检查试验专用装置加工质量和备料状况，至少要在试验前一星期进行。

（4）水电厂向电网调度部门正式申请试验时间、试验机组台别，并上报试验期间负荷安排计划，并落实试验大纲要求的试验工况及试验条件。

12.2.6.3 通风试验过程

以某水力发电厂密闭自循环双路径向端部回风通风系统通风试验过程为例来说明通风试验过程。

1. 试验仪器的选择

（1）测量风速、风温的数字手持式叶式风速仪（图12.2-6）用于测量空冷器出风面、发电机上、下端部、上盖板与绕子鼻端之间区域的风速。可同时测量风速、风量、温度（℃/℉切换），LCD双显示，具备存储功能，可连接计算机传输。

图12.2-6　数字手持式叶式风速仪

（2）智能热线风速仪（其型号及外形尺寸由试验现场实际条件决定）用于测量较狭窄通道中的风速，例如定子通风沟、转子风路入口处风速测量。

（3）净压管及DJM9型补偿式微压计或U形测压计及自制测压头用于测量发电机通风循环系统的各部位风压值。

（4）Pt100温度传感器为正温度系数热敏电阻传感器，其测量范围广，并具有抗振动、稳定性好、准确度高、耐高压、电阻的线性较好等优点。用于测量发电机定子径向风沟出口温度。

（5）卷尺用于测量并核实空冷器出口面积。

（6）秒表用于控制测量时间。

2. 各试验参数测量方法及数据处理

(1) 冷却器出风口总风量测量。

1) 风速测量。根据现场情况，可对数字手持式叶式风速仪加长手持把柄。当机组在试验所需工况下，稳定运行时间满足试验要求后，采用数字手持式叶式风速仪进行测量风速。试验时发电机所有冷热风口、盖板全部关闭或盖好，无漏风。测量时，用秒表计时，测量人员将风速仪放在空冷器前离表面相距30～50mm，同时按下秒表及开启风速仪的记录按钮，然后风速仪按S形移动法匀速在整个空冷器表面运动并经过整个测量断面。将风速仪在这段时间的记录值除以运转时间，即为空冷器出口的平均风速V_{avg}。为了提高测量结果的准确性，在同一测量断面应尽可能地多测量一些数据，每只空冷器出口测量5～10min。测量过程中应注意风速仪的风道应顺着风向，并尽量保持风速仪的风道与风向在同一线上，注意手臂对风速仪的过风断面无阻挡，人体也尽可能避开测量断面，以免对被测断面的风流产生影响。

2) 用卷尺测量并核实各空冷器出风口面积(S_1、S_2、S_3、…、S_n)。

3) 计算得到各空冷器风量。总风量Q的计算公式为

$$Q=V_{avg1}S_1+V_{avg2}S_2+\cdots+V_{avgn}S_n \tag{12.2-7}$$

式中 V_{avgn}——各空冷器出口平均风速，m/s；

S_n——各空冷器出口面积，m^2，数据记录见表12.2-1。

表12.2-1　　发电机(额定转速下空转/负荷50%U_N/额定负荷)空冷器出口风速、风量

名　称	空冷器号 单位	1	2	3	…	n
空冷器出口平均风速V_{avg}	m/s					
空冷器出口面积S	m^2					
空冷器出口风量Q_i	m^3/s					
发电机总风量Q	m^3/s					

(2) 上、下风道进风量测量。

1) 风速测量。按照空冷器出口风速测量方法对空冷器上、下方进风口进行风速测量，计算出上、下进风道风速平均值。

2) 用卷尺测量并核实空冷器上、下进风口面积。

3) 计算并比较空冷器上、下方进风口风量，计算方法同空冷器出口风量计算法，

有关数据见表12.2-2。

表12.2-2 发电机（额定转速下空转/负荷50%U_N/额定负荷）上下进风道风量比较

风洞号	上进风道					下进风道				
	1	2	3	…	n	1	2	3	…	n
风速测量值/(m·s^{-1})										
进风口面积 S/m^2										
风量 Q/(m^3·s^{-1})										

（3）端部风量测量。上、下端部风量是指冷却定子线圈的气流经机壁口到冷却器的风量。

1）风速测量。按照空冷器出口风速测量方法对发电机上下端部进行测量，计算平均风速值。

2）用卷尺测量并核实发电机定子绕组上、下端部进风口面积。

3）计算并比较发电机定子绕组上、下端部进风量（方法同空冷器），有关数据见表12.2-3。

表12.2-3 发电机（额定转速下空转/负荷50%U_N/额定满负荷）上下端部风量比较

风洞号	定子绕组上端进风					定子绕组下端进风				
	1	2	3	…	n	1	2	3	…	n
风速测量值/(m·s^{-1})										
进风口面积 S/m^2										
风量 Q/(m^3·s^{-1})										

（4）发电机转子下风路入口风量。

1）风速测量。由于发电机转子下风路入口通道一般较为狭窄，而且从安全性考虑，采用智能热线风速仪固定测量。取两条下机架腿之间转子下端入口区域，布置几个风速传感器（传感器数量由现场风口尺寸决定，为使试验数据精确尽可能多布置传感器），在试验工况下测量转子下风路的入口风速，求取平均风速。

2）用卷尺测量并核实发电机转子下风路各个入口面积。

3）风量计算。计算公式为$Q=V_{avgn}S_n$，发电机转子下风路入口总风量是各个入口风量之和，有关数据见表12.2-4。

表 12.2 4　　　发电机（额定转速下空转/负荷 50%U_N/额定负荷）转子下风路入口风量

名　称	测点 / 单位	转子下风路入口 1				…				转子下风路入口 n			
		1	2	…	n	1	2	…	n	1	2	…	n
风速 V	m/s												
平均风速 V_{avg}	m/s												
进风口面积 S	m^2												
风量 Q_i	m^3/s												
下风路入口总风量 Q	m^3/s												

（5）定子风沟风速测量。

1）风速测量。当机组稳定运行时间满足试验要求后，采用 QDF 型热球式风速仪进行测量，可直接测出各测点的风速。测量时，打开空冷器的检查人孔盖板，测量人员进入空冷器内部后再关上盖板，使空冷器无漏风现象。测量人员使用热球式风速仪由上至下依次测量每个风沟的风速并记录。此时应注意风速仪前端的测量部分应与风向垂直，并应注意手臂对风速仪的过风断面无阻挡，人体尽可能避开测量断面，以免对被测断面的风流产生影响。若空冷器尺寸过小，测量人员进入空冷器不便测量时，需要选用尺寸较小的风速传感器（数量根据定子铁芯通风沟数量及空冷其内部尺寸决定）固定在定子铁芯背部通风沟出风口正面，取其一段时间内的平均值。

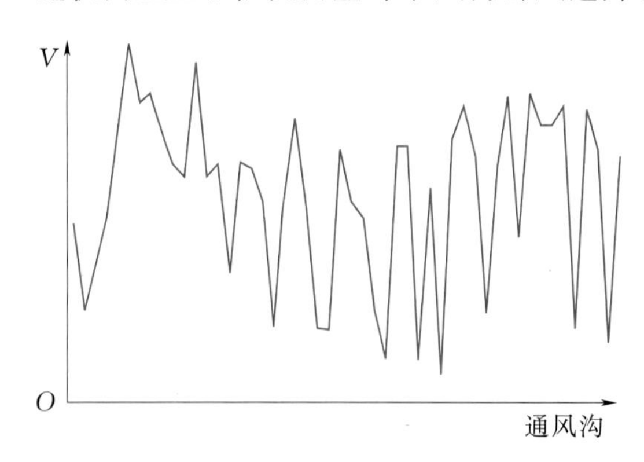

图 12.2-7　风速沿定子通风沟曲线

2）将定子风沟沿轴向编号，将所测量的数据列入表 12.2-5 中，绘制风速沿定子通风沟分布曲线，如图 12.2-7 所示。

表 12.2-5　　　发电机（额定转速下空转/励磁 50%U_N/额定负荷）定子通风沟风速值

单位：m/s

通风沟编号	1	2	3	…	n
风速值 V_{avg}/($m \cdot s^{-1}$)					

（6）流场观察。在机组空载时，用自制飘带或烟雾发生器在发电机内观察整个通风系统的气流流场的方向，并注意是否有环流或热风流等现象，绘制通风系统流场

示意图，如图 12.2-8 所示。

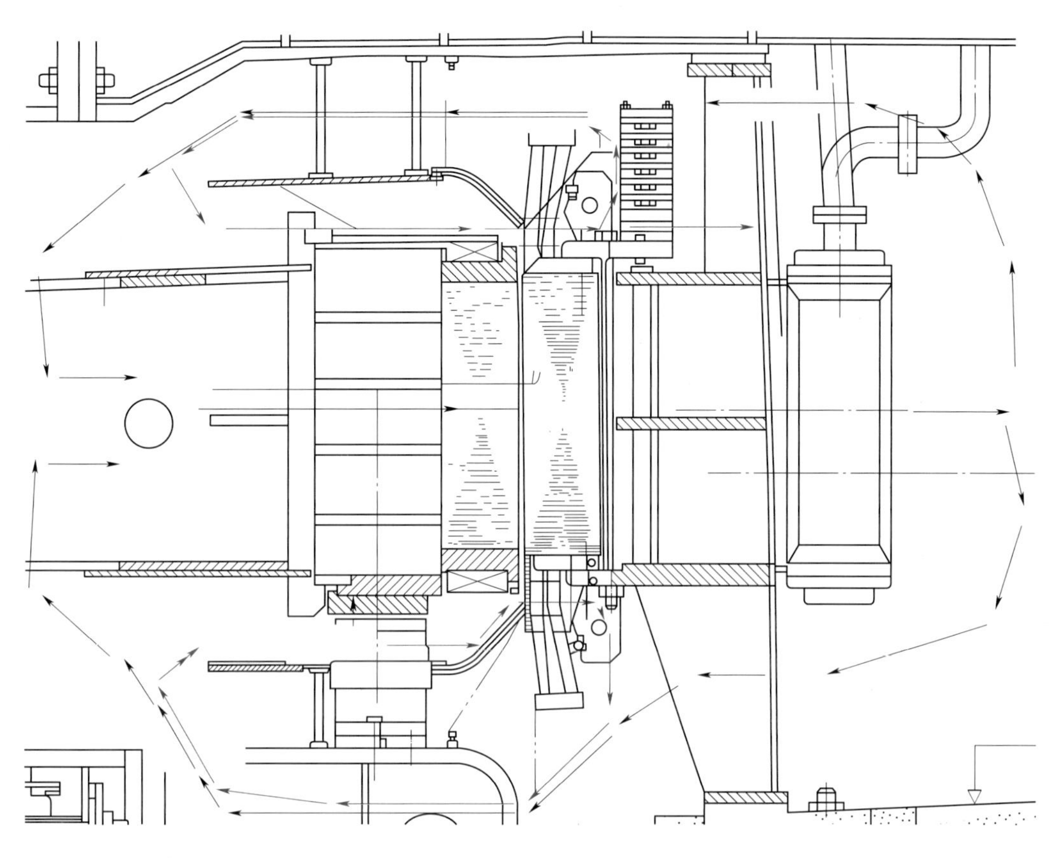

图 12.2-8 通风系统流场示意图（单位：mm）

（7）发电机各部位风压值测量。用净压管及 DJM9 型补偿式微压计或 U 形测压计及自制测压头测量发电机通风循环系统的各部位风压值。测量时，测量点应选在气流相对稳定的地方。把动压管的全压孔对准气流方向，即与气流相平行，但方向相反。全压孔与静压孔分别接补偿式微压计的“+”“-”端。

各部位风压值数据整理见表 12.2-6。

表 12.2-6　　风压值数据记录表

测　点	1	2	3	…	n
风压值/mm 液柱					

（8）定子温升测量。定子温升是通过试验得到定子线棒、定子铁芯在额定输出工作状态并达到热稳定时（一般满负荷至少稳定运行 4h）的温度或温升值（即某部件温度与冷态时温度之差），用以考核电机的绝缘材料及工艺是否能使电机达到正常工作寿命的要求，同时还用于某些电机损耗值的计算。

1）发电机冷却器进出口风温及机坑外侧环境温度的测量。测量空冷器出口风速时，其所采用的数字风速风温仪能同时测量记录风温，将风速仪在这段时间的温度记录值除以运转时间，即为空冷器出口的平均风温；用酒精内式温度计测量机坑外围环境温度。空冷器进出口风温在连续5次0.5h读数的变化不大于2℃。

2）定子径向风沟出口温度的测量。将温度变送器固定在定子铁芯通风沟背部传感器探头正对通风沟风向，试验工况稳定后测量每个定子径向风沟出口温度，每隔0.5h记录一段时间，取其平均值，当连续5次温度平均值变化在±2%以内，即停止试验。

3）用预埋检温计测量子线棒温升。在温升稳定的情况下，记录机组的转速、功率、定子电压与电流，测量记录预埋定子线棒各测点温度计的温度，每隔0.5h记录一次温度，当连续5次温度记录值变化在±2%以内，即停止试验。

4）空气冷却器冷、热水温度测量记录。在空冷器进、出水侧管道内各埋设一个电阻测温计，取机组在试验工况稳定后的测量数据为此工况下空冷器进、出水温度。空冷器冷却器冷、热水温度在连续5次0.5h读数的变化不大于2℃。

定子温升试验数据整理见表12.2-7。

表12.2-7　定子温升试验数据记录表

<table>
<tr><td rowspan="4">序号</td><td colspan="16">试验工况下（额定转速下空转/励磁50%U_N/额定负荷）的定子温升试验数据</td><td rowspan="4">备注</td></tr>
<tr><td colspan="9">数字风速风温仪</td><td colspan="3">Pt100温度传感器</td><td colspan="4">巡检装置</td></tr>
<tr><td colspan="3">冷却器1/℃</td><td colspan="3">…</td><td colspan="3">冷却器n/℃</td><td colspan="3">定子风沟风温/℃</td><td colspan="4">定子线棒温度/℃</td></tr>
<tr><td>热温</td><td>冷温</td><td>环温</td><td>热温</td><td>冷温</td><td>环温</td><td>热温</td><td>冷温</td><td>环温</td><td>风沟1</td><td>…</td><td>风沟n</td><td>测点1</td><td>测点2</td><td>…</td><td>测点n</td></tr>
<tr><td>1</td><td></td><td></td><td></td><td></td><td></td><td></td><td></td><td></td><td></td><td></td><td></td><td></td><td></td><td></td><td></td><td></td><td></td></tr>
<tr><td>⋮</td><td></td><td></td><td></td><td></td><td></td><td></td><td></td><td></td><td></td><td></td><td></td><td></td><td></td><td></td><td></td><td></td><td></td></tr>
<tr><td>5</td><td></td><td></td><td></td><td></td><td></td><td></td><td></td><td></td><td></td><td></td><td></td><td></td><td></td><td></td><td></td><td></td><td></td></tr>
<tr><td>平均值</td><td></td><td></td><td></td><td></td><td></td><td></td><td></td><td></td><td></td><td></td><td></td><td></td><td></td><td></td><td></td><td></td><td></td></tr>
</table>

(9) 计算发电机额定负荷下的风磨损耗。由表12.2-1中发电机额定负荷下的总风量、表12.2-7中额定负荷下冷热风温，根据式(12.2-2)计算出发电机的风磨损耗，将其试验结果与设计值进行比较，见表12.2-8。

表12.2-8　发电机额定负荷下风磨损耗的试验结果与设计值的比较

项目	单位	试验结果	设计值
有功 P	MW		
无功 Q	Mvar		
定子电压	kV		
定子电流	A		
转子电压	kV		
转子电流	A		
热风平均温度	℃		
冷风平均温度	℃		
温差	℃		
总风量 Q	m^3/s		
发电机损耗 P	kW		

12.3 试验结果处理

(1) 发电机实际风量与设计风量比较。发电机实际风量与设计风量比较见表12.3-1。

表12.3-1　发电机实际风量与设计风量比较表

试验参数测量值 \ 工况	额定转速空转	励磁 $50\%U_N$	额定负荷	设计值
空冷器上进风口总风量/($m^3\cdot s^{-1}$)				
空冷器下进风口总风量/($m^3\cdot s^{-1}$)				
定子绕组上端总进风量/($m^3\cdot s^{-1}$)				
定子绕组下端总进风量/($m^3\cdot s^{-1}$)				
转子下风路入口总风量/($m^3\cdot s^{-1}$)				

续表

试验参数测量值 \ 工况	额定转速空转	励磁 50% U_N	额定负荷	设计值
发电机冷却总进风量/($m^3\cdot s^{-1}$)				
空冷器出口总风量/($m^3\cdot s^{-1}$)				

通过三个工况下发电机进风量与出风量数据比较，对发电机通风系统有无漏风情况作出评价，若出现漏风情况，找出漏风原因并提出改善建议。通过对空冷器出风量和发电机通风量的设计值比较，对空冷器通风性能评价，若空冷器出风量的实际值远低于设计值，分析原因，提出改进意见。

（2）上、下进风道风量与设计风量比较。上、下进风道风量与设计风量比较见表12.3-2。

表12.3-2　上、下进风道风量与设计风量比较表

试验参数测量值 \ 工况	额定转速空转	励磁 50% U_N	额定负荷	设计值
空冷器上进风口总风量/($m^3\cdot s^{-1}$)				
空冷器下进风口总风量/($m^3\cdot s^{-1}$)				
空冷器上下进风口风量/($m^3\cdot s^{-1}$)				

根据表12.3-2中数据，绘出在三个工况下空冷器上下进风道风量值—测点分布趋势图，绘出空冷器上进风口总风量—工况、空冷器下进风口总风量—工况、空冷器上下进风口总风量—工况分布趋势图，根据数据与设计值比较结果及分布趋势图对空冷器上、下进风道风量分配是否合理给出评价，若分布异常则分析原因，提出改进意见。

（3）端部风量与设计风量比较。端部风量与设计风量比较见表12.3-3。

表12.3-3　端部风量与设计风量比较表

试验参数测量值 \ 工况	额定转速空转	励磁 50% U_N	额定负荷	设计值
定子绕组上端进风总风量/($m^3\cdot s^{-1}$)				
定子绕组下端进风总风量/($m^3\cdot s^{-1}$)				
定子绕组端部进风总风量/($m^3\cdot s^{-1}$)				

根据表12.3-3中数据，绘出三个工况下定子绕组上、下端部风量值—测点分布趋势图，绘出定子绕组上端部总进风量—工况、下端部总进风量—工况、定子绕组

端部总进风量—工况分布趋势图，根据各测量值与设计值的比较结果及分布趋势图对定子绕组端部进风量分配情况作出评价，若分布异常则分析原因，提出改进意见。

（4）根据转子支臂扇风情况，风路气流运动状态，转子入风口入风情况，绘制各工况下通风系统风流场示意图，在示意图上标示风量值、风压值、风温及风向。

（5）绘制各工况定子通风沟风速—测点分布趋势图。

（6）根据定子温升试验数据，结合通风试验数据，实现试验目的。

第 13 章

水轮发电机组盘车试验

13.1 盘车试验的目的和方法

13.1.1 盘车试验的目的

(1) 检查推力头或镜板的摩擦面相对于轴线的不垂直度，如果不垂直度不满足要求，调整不垂直度到规定范围内。

(2) 检查机组轴线各段折弯程度和方向，并确定轴线在空间的几何状态。

(3) 确定旋转中心线，按旋转中心线和轴线的实际空间位置，调整各部导轴承间隙，保证各导轴承与旋转中心线同心。

机组盘车试验的主要检验内容为：检查镜板和主轴是否垂直；检查转子中心体与发电机顶轴、发电机轴是否垂直；检查大轴是否铅垂；检查转动部件两连接部分件是否同心和曲折。通过上述试验检查结果，验证机组轴线是否合格，同时也为轴线处理和调整提供依据，各部导轴承瓦的间隙分配也可根据盘车结果计算获得。

13.1.2 盘车试验的方法

现场的盘车方式是采用人工盘车。盘车前，在典型部位的 X、Y 方向上各设 1 块百分表，用于测量以上部件的盘车时的摆度。

传统的盘车方法是 8 点等角盘车法，即在每个典型测量部位，将圆周统一等分为 8 点，并按顺时针方向依次编号，即 8 个轴号。要求每个部位的轴号应保证位于同一垂直断面上。人工盘车时依次在每个轴号处停留或连续旋转，读取主轴在各典型部位各轴号处的百分表读数，然后计算各典型部位的最大摆度和方位。

通常采用手工画净摆度曲线的方法计算最大摆度和方位，具体如下：根据盘车测得各轴号下的数据，填写盘车数据记录表，并根据记录数据计算各典型部位的净摆度大小；以轴号为横坐标、净摆度为纵坐标，按照一定的比例，将各净摆度点放入坐标系内，将各点连上，按符合正弦或余弦规律修正实际曲线，波峰和波谷的垂直距离即为最大摆度的大小，波峰对应的轴号即位最大摆度方位。

13.2 在线监测系统盘车的原理

机组各部位净摆度的特性符合正弦或余弦曲线的规律，设正弦曲线的数学模型为

$$f(X) = A\sin(X + B) + C \tag{13.2-1}$$

式中 X——盘车点对应角度，(°)；

$f(X)$——对应盘车角度下的理论摆度值，0.01mm；

A——摆度曲线的幅值，0.01mm；

B——摆度曲线的初相位，(°)；

C——摆度曲线在纵坐标上的偏移值，0.01mm。

在以上数学模型中，A、B、C 均为待定常数量。由于摆度测量存在测量误差和随机误差，使得在这些盘车点上的数值与实际正弦曲线都存在偏差，在无法知道测量过程中的实际误差的情况下，采用最小二乘法对全部误差作整体考虑，找出一条最接近实际摆度的正弦曲线。要求选取这样的 A、B、C，使曲线 $f(X)=A\sin(X+B)+C$ 在 X_1、X_2、…、X_n 处的理论函数值 $f(X_1)$、$f(X_2)$、…、$f(X_n)$ 与实测得的摆度值 Y_1、Y_2、…、Y_n 相差都很小，使得

$$S=\sum_{i=1}^{n}[f(X_i)-Y_i]^2 \tag{13.2-2}$$

最小，保证每个偏差的绝对值都很小。

把 S 看成自变量 A、B、C 的一个三元函数，那么该问题就可归结为求函数 $S=S(A、B、C)$ 在哪些点处取得最小值的问题。由多元函数的极值理论可知，上述问题可通过求解以下方程组解决

$$\begin{cases}\dfrac{\partial S}{\partial A}=0\\[2ex]\dfrac{\partial S}{\partial B}=0\\[2ex]\dfrac{\partial S}{\partial C}=0\end{cases} \tag{13.2-3}$$

对以上方程组的求解比较困难，因此考虑作如下变换：

$$f(X)=A\sin(X+B)+C=A\sin X\cos B+A\cos X\sin B+C \tag{13.2-4}$$

设 $P=A\cos B$，$Q=A\sin B$，则有：$f(X)=P\sin X+Q\cos X+C$，同时 $P^2+Q^2=A^2$ 则 $A=\sqrt{P^2+Q^2}$，经过上述的变量代换后，偏差平方和 S 就完成了 P、Q、C 的函数。同理使 $S=S(P、Q、C)$ 取得最小的 P、Q、C 也满足方程组：

$$\begin{cases}\dfrac{\partial S}{\partial P}=\dfrac{\partial}{\partial P}\left\{\sum\limits_{i=1}^{n}[(P\sin X_i+Q\cos X_i+C)-Y_i]^2\right\}=0\\[2ex]\dfrac{\partial S}{\partial Q}=\dfrac{\partial}{\partial Q}\left\{\sum\limits_{i=1}^{n}[(P\sin X_i+Q\cos X_i+C)-Y_i]^2\right\}=0\\[2ex]\dfrac{\partial S}{\partial C}=\dfrac{\partial}{\partial C}\left\{\sum\limits_{i=1}^{n}[(P\sin X_i+Q\cos X_i+C)-Y_i]^2\right\}=0\end{cases} \tag{13.2-5}$$

通过对以上方程组求解，可得到：

$$
\begin{cases}
P=\dfrac{\sum\limits_{i=1}^{256}Y_i\sin X_i}{128}\\
Q=\dfrac{\sum\limits_{i=1}^{256}Y_i\cos X_i}{128}\\
C=\dfrac{\sum\limits_{i=1}^{256}Y_i}{128}
\end{cases}
\tag{13.2-6}
$$

得到最大摆度的值为：$2A=2\sqrt{P^2+Q^2}$，最大摆度对应的方位角 X 即为摆度曲线上波峰对应的角度。

利用在线监测系统实现盘车功能的优势在于以下几点：

(1) 在数据测量上，在线监测系统的 256 点/周数据采取密度较人工测量要密集得多，能更加真实地反映轴线盘车的实际摆线轨迹。

(2) 在线监测系统具有盘车计算工具和各类分析工具，能非常方便地计算各导轴承测点的盘车轨迹和空间轴线盘车轨迹，方便分析故障和快速作出检修方案。

(3) 对于盘车过程中出现的由于轴瓦调整不当因引起的卡顿等现象，可通过轴心轨迹图等直观地进行判读和识别，方便及时快速进行调整。

13.3 电动盘车装置的原理及应用

在水轮发电机的检修中，特别是在大修或扩大性大修中，往往要利用盘车来研磨推力轴承轴瓦和检查定子线圈槽楔，同时测量主轴的摆度及调整机组轴线。水轮机采用机械盘车速度慢、定位差、劳动强度大，特别是大型水轮发电机组，要使转子转动，需要很大的盘车转动力矩，而采用电力拖动法即电动盘车装置，就比机械盘车简单、省力、准确。

13.3.1 电动盘车装置配置方式

电动盘车主要设备包括发电机转子励磁电源装置部分（空载试验、短路试验、干燥试验）和发电机定子电源装置部分（电动盘车）。

发电机转子励磁电源装置部分主要用作发电机空载试验、短路试验、干燥试验等。由 1 台隔离变压器、1 面可控硅全桥整流柜、连接电缆等组成，设备一般固定布置在变压器室，其直流输出电源通过两芯电缆连接至发电机零启升压柜。中央控制室装设 1 套远方励磁调节、测量、控制装置，可实现远方监控操作。

发电机定子电源装置部分由隔离变压器、可控硅全桥整流柜（1 套整流电路和测量电路、3 套大电流直流开关、1 套控制电路等）、连接电缆等部分组成。一般为可移动式，隔离变压器和可控硅全桥整流柜安装在 1 个柜子内，盘车时定子电源装置由起重机吊到某台发电机定子出线合适位置，再通过软电缆分别连接至电源和发电机定子出线。

发电机转子励磁电源装置和定子电源装置均由厂用 400V 供电，就近连接至动力电源盘柜内，电动盘车装置接线原理如图 13.3-1 所示。

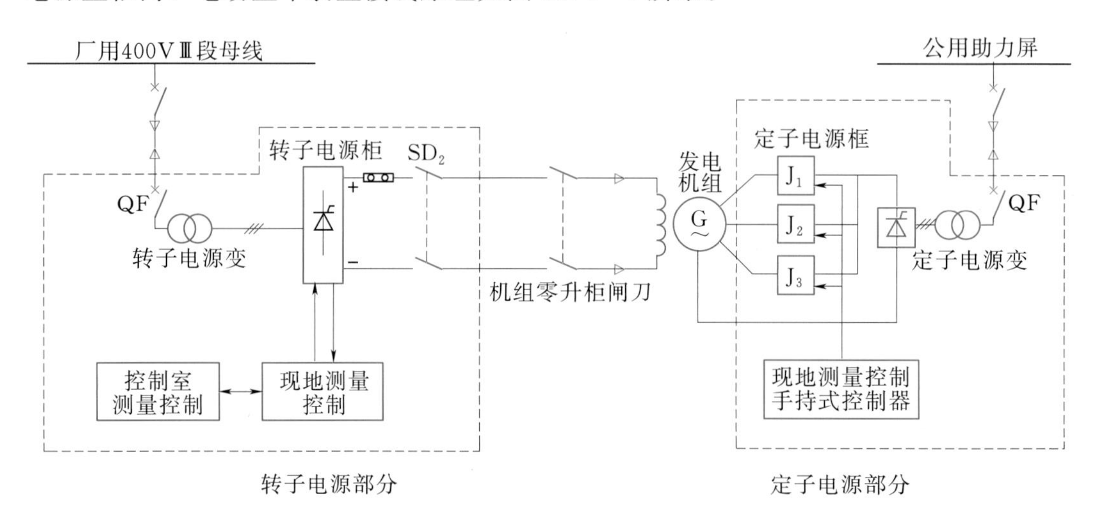

图 13.3-1 电动盘车装置接线原理图

13.3.2 技术原理

载流导体在磁场中会受到电磁力的作用。当发电机转子绕组通以恒定直流时，转子各磁极将产生恒定磁势 I_fW，从而在气隙间及定子铁芯上产生恒定磁通 Φ。此时若定子线圈单相或多相通以直流时，定子线圈即线棒就会受到顺时针（或反时针）的磁力，根据作用力和反作用力原理，转子就会受到反时针（或顺时针）的磁力，转子也就旋转起来。

对于水轮发电机组来说，在转子线圈通以直流电流并产生 N、S 磁场，三相定子线圈分别依此通以恒定直流时，转子就转动起来。

1. 定子盘车柜

定子盘车柜由三相全控桥整流器和换相器组成，换相器由三个直流接触器和三个续流二极管组成，其目的是依次接通 A、B、C 定子线圈，并防止切断 A、B、C 定子线圈时所产生的过电压。三相交流电源经整流变压器 ZLB，由三相全控桥整流成直流电源装置布置合理，外部接线简单，使用操作方便。

电动盘车装置电气原理如图 13.3-2 所示，主要组成结构包括：总进线自动空气开关 ZK；整流变压器；三相全控桥整流电路；由 R_1C_1、R_2C_2、R_3C_3、R_4C_4、R_5C_5、R_6C_6 组成的阻容过电压保护装置；续流二极管（主要作用是防止半控桥失控）；接触

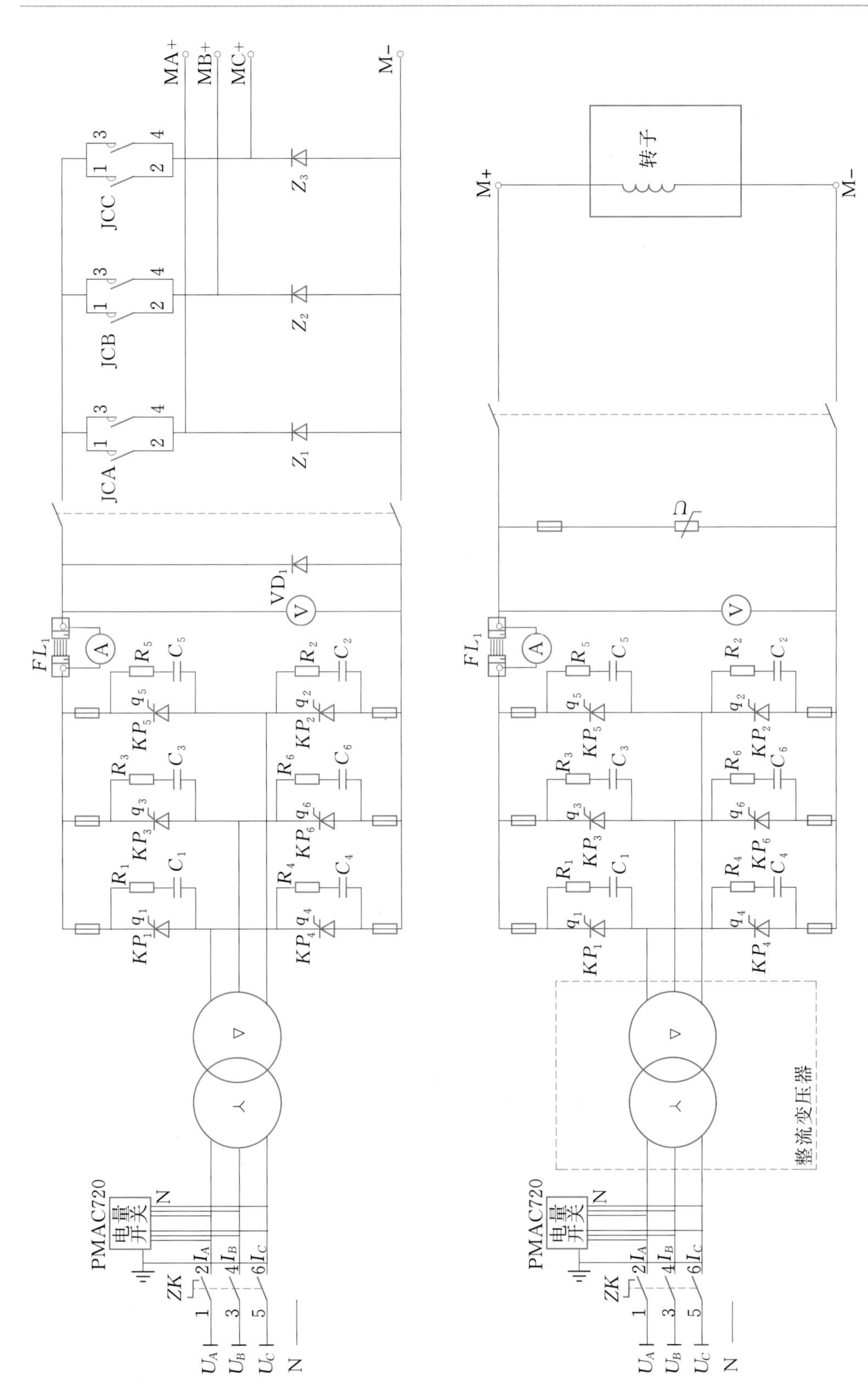

图 13.3-2 电动盘车装置电气原理图

器 JCA、JCB、JCC（用于将电流分别输出到定子 A 相 B 相 C 相）；续流二极管（主要功能是用于消除定子绕组断流后的反电势）。

盘车装置定子部分额定输出电流 1500A，最大定子直流电阻 0.02413Ω，换算到 75℃电阻为 0.02816Ω，直流功率 P_d＝63.36kVA。变压器副边线电压 U_2＝40V，考虑电缆及导线压降，变压器选定标准容量为 80kVA。额定输入电压 400V（AC）/50Hz，定子柜输出电压 0～50V 连续可调（DC），定子柜输出电流 0～1500A（DC）。可在现地（柜上）进行调节控制，可监视测量交流电源侧三相电压、电流和直流侧电压、电流等。定子电源柜的直流开关采用勒诺低压电器，其他操作器件均采用施耐德或同档次的低压电器，体积小，可靠性高，免维护。分流器规格为 2000A/75mV，采用优质表计。

2. 转子盘车柜

转子盘车柜由三相全控桥整流器、一个直流端过压保护组成，灭磁由发电机励磁柜完成。三相交流电源经整流变压器输出，由三相全控桥整流成直流电源，外部接线简单，使用操作方便，紧急情况下可跳开发电机灭磁开关。

主要组成结构包括：总进线自动空气开关 ZK；整流变压器；过压保护器；三相全控桥整流电路；由 R_1C_1、R_2C_2、R_3C_3、R_4C_4、R_5C_5、R_6C_6 组成的阻容过电压保护装置。

额定输入电压 400VAC/50Hz，转子柜输出电压 0～300V 连续可调（DC），转子柜输出电流 0～1250A（DC）。可在现地（柜上）和远方（中央控制室）分别进行调节控制，现地可监视测量交流电源侧三相电压、电流和直流侧电压、电流等，中央控制室可监视测直流侧电压、电流等。

13.3.3 技术功能特点

发电机电动盘车装置具有通用性，可以满足多台发电机盘车需要。定子三相绕组采用一套三相全控整流电路供电，在直流侧用大电流开关进行切换的方式，转子绕组采用一套独立的三相全控整流电路供电。转子电源、定子电源采用晶闸管桥式可控电路，转子励磁电流和定子三相电流均可以分别连续调节控制，以最佳方式达到控制发电机转子快速启动、平稳转动，并且具有一定的定位精度。盘车装置在拆除数个磁极的情况下，仍能进行一定范围的盘车要求。

整个装置始终工作在稳流状态下，定子柜运行方式下又可选择“连续”“点动”两种换相方式。连续方式下由控制器自动换相，其换相间隔时间由盘车的电流变化自动确定。点动方式只需要在盘柜柜门或远方控制盒上人为控制各相间的切换即可。

盘车时转子定位准确度为 25mm，盘车速度为 0.02～0.1r/min，装置具有反馈功能，能使输出电流保持稳定。具有保护功能，输出开接点，紧急情况下可跳开发电机灭磁开关。具有短路保护、过载保护、可控硅击穿保护等功能，转子柜配置直流过压保护。具有绕组干燥功能，定、转子电源柜均能向发电机定、转子绕组供电进行干燥，供电电流可调节。

13.3.4　工作方式

水轮发电机电动盘车装置始终工作在稳流状态下，定子柜运行方式下又可选择“连续”“点动”两种换相方式。连续方式下由控制器自动换相，其换相间隔时间由盘车的电流变化自动确定。点动方式只需要在盘柜柜门或远方控制盒上即可人为控制各相间的切换，具有输出电流、给定值、控制角 α 人机界面显示，运行状态指示，脉冲输出双层隔离及指示，故障指示信号灯指示等功能。在运行过程中，分别设有过流和过压保护、电流限制、直流电压输出限制，修改参数简单方便，掉电后数据自动保存。换相时，控制器自动增大控制角 α，以便减小输出电流，减小对系统的冲击。

第 14 章

水轮发电机组推力轴承油膜厚度试验

14.1　轴承油膜厚度的一般概念

通常在水轮发电机组运行时，推力轴承瓦与推力轴承镜板间由于轴承瓦的偏心值，使一定的油量流入瓦间形成一层楔形油膜，来保证轴承的可靠运行。这种楔形油膜厚度的大小，称为轴承运行中的油膜厚度。在轴承设计中，不同型号的机组，轴承的最小油膜厚度是不一样的。对于轴承运行的油膜厚度有以下几个概念：

（1）轴承进口油膜厚度。指轴承运行时，沿旋转方向的轴承进口处的楔形油膜大小。

（2）轴承出口油膜厚度。指轴承运行时，沿旋方向转的轴承出口处的楔形油膜大小。

（3）最小运行油膜厚度。指轴承运行时，轴瓦某处的最小油膜。

（4）平均油膜厚度。指轴承运行时，轴瓦各处的油膜厚度的平均值。

（5）轴瓦平均倾斜度。指轴承运行时，轴瓦进油边平均油膜厚度与出油边平均油膜厚度之比，即

$$\beta=\frac{h_{2平}}{h_{1平}} \tag{14.1-1}$$

式中　$h_{2平}$——轴瓦进口平均油膜厚度，mm；

$h_{1平}$——轴瓦出口平均油膜厚度，mm；

β——轴瓦平均倾斜度。

14.2　轴承油膜厚度的测试目的和意义

14.2.1　油膜厚度的测试意义

轴承油膜厚度的存在和保持是保证轴瓦安全可靠运行的必要条件。

（1）影响到机组的安全运行。轴承运行时，油膜厚度的变化是直接与机组的负荷、转速、运行水头以及轴承的运行温度、机组的振动、摆度值密切相关的，能够较全面地反映机组的安全运行程度。

（2）影响到轴瓦和镜板的变形。油膜厚度的保持和改变对轴瓦的受力和温度变化是有影响的，随着轴瓦受力的变化，轴瓦和镜板将发生相应的改变和变形，严重时可引起轴瓦磨损或者镜板损伤。

14.2.2　油膜厚度的测试目的

轴承油膜厚度测量的主要目的如下：

（1）测量轴承（主要是推力轴承）在空载和不同工况下油膜厚度以及油膜厚度的变化规律。

（2）验证机组在最大负荷和各种负荷下，由于油膜厚度的不均匀所产生的轴瓦和镜板变形的规律及其大小。

14.3 推力轴承油膜厚度的测试原理及方法

随着我国水电事业的发展，特别是大型水轮发电机的投入运行，油膜厚度的测试技术得到逐渐提高和完善。油膜厚度的测试方法大体有电涡流式传感器法、电感式传感器法、电容式传感器法等，但是最常用的是电涡流传感器法。下面重点叙述这种现场测试技术。

14.3.1 油膜厚度测试原理

应用电涡流式传感器将油膜厚度的非电量变化过程转换为电量变化过程，将此变化信号经过电涡流传感器信号调理器，输送到振动数据采集设备，结合计算机设备，进行数据转换、传输、存储、分析，确定出被测油膜厚度量及其变化过程。

推力轴承油膜厚度测试原理接线如图14.3－1所示。

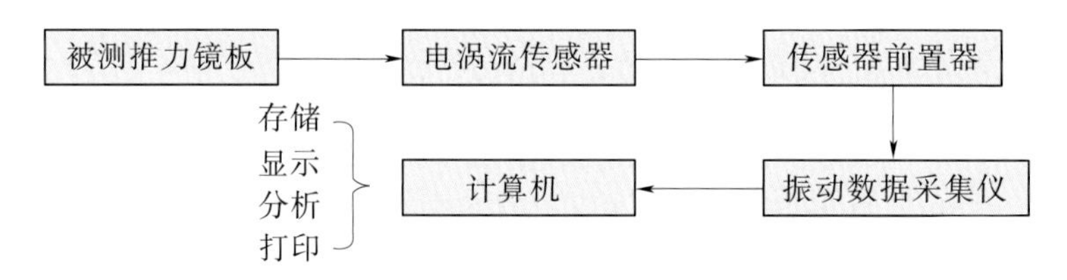

图14.3－1 推力轴承油膜厚度测试接线原理图

14.3.2 推力轴承油膜厚度测试方法

1. 测点布置

（1）测点布置的原则。

1）根据试验目的和要求，确定测点布置方位和数量。根据需要可以布置2～4个测点，分别布置在$+X$、$+Y$、$-X$、$-Y$方向的轴承布置圆位置。

2）根据轴承运行时油膜厚度的分布特性，即镜板和轴瓦间所形成的楔形油膜厚度特点，来选择测点布置方式。通常选取轴瓦出口边或进口边进行传感器布置。

3）根据轴承结构特点，即设计参数及要求来选择测点布置的方位和数量。一般可以按照在轴瓦边缘和轴瓦内。

（2）传感器安装的方式。

1）传感器安装在轴瓦的边缘。将油膜厚度传感器采用定制的支架或夹具固定在轴瓦进出边缘的瓦体上，用螺钉紧固。传感器到轴瓦边缘的距离视所使用的传感器外形尺寸而定，传感器探头到瓦面的初始距离要加以控制。图14.3－2所示为推力轴承油膜厚度测量时的传感器布置图。这种安装方式对轴瓦的设计条件依赖性小，可以后期加工定位孔，检修拆卸较容易，但由于瓦产生变形、运行倾斜，最小油膜厚度测量误差可能较大。

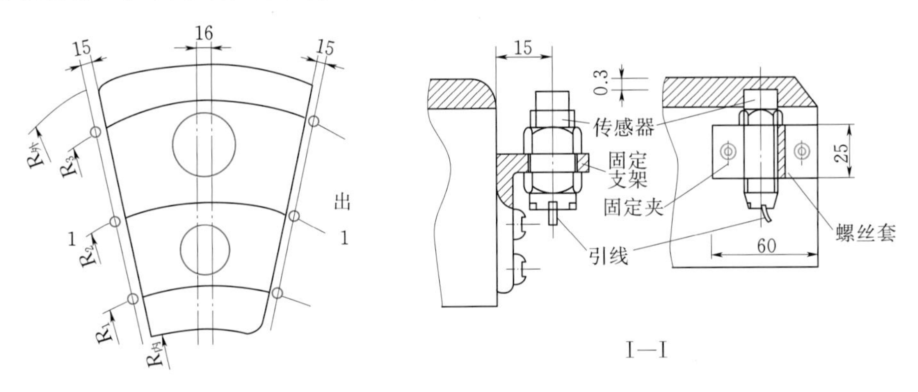

图 14.3-2　油膜厚度测量时的传感器布置图（单位：mm）

2）传感器安装在瓦内。按照油膜厚度传感器的外形尺寸，将轴瓦进行钻孔，将传感器埋置在轴瓦内。为防止沿传感器间隙漏油，需要采用可靠地密封材料进行密封。传感器探头表面到瓦面的初始距离要加以控制。图 14.3-3 所示为推力轴承油膜厚度测量瓦内传感器布置图。这种安装方式，需要在推力瓦设计或制作时，预留传感器位置。

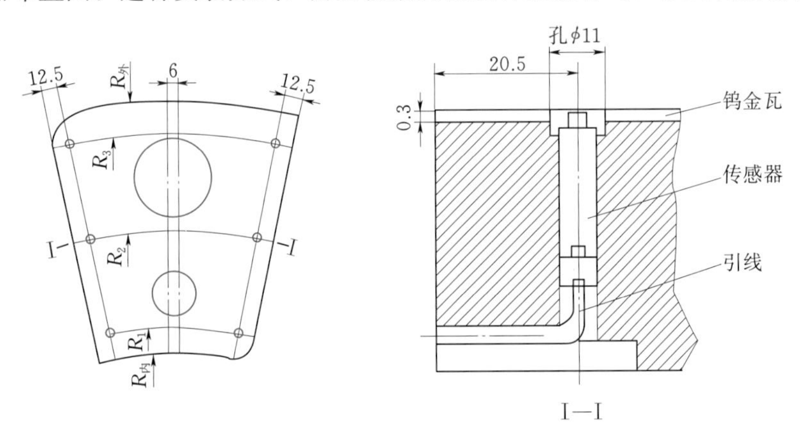

图 14.3-3　油膜厚度测量瓦内传感器布置图（单位：mm）

14.3.3　传感器安装要求

推力轴承油膜厚度测量时，传感器安装效果直接关系到试验数据的准确性，用于在线监测数据采集时，还涉及长期运行的可靠性，以及检修维护和故障处理。因此，传感器安装需要注意以下几点：

（1）传感器的固定要安全可靠。测量试验会在线监测系统设备投入运行，传感器被埋装在轴承中，传感器的固定从工艺上必须保证安全可靠。

（2）固定传感器的位置和尺寸控制。采用非接触式位移传感器用于油膜厚度测量，安装与轴瓦或瓦边缘时，传感器探头表面与试验瓦表面应保持一定初始距离，一般控制在 0.10～0.30mm 范围；采用轴瓦边缘安装方式时传感器与瓦边缘的距离应控制在10～20mm范围；其他位置尺寸控制参照电涡流传感器的特性而定。

（3）采取可靠的防油措施。传感器安装在试验瓦以后，应防止由于沿螺纹间隙渗油及传感器探头本体导线接点和引线接点油污，以及引线穿过油槽位置的防渗防漏，采用环氧树脂等密封材料进行可靠密封。

（4）传感器安装程序。传感器安装程序按下列顺序进行：①校验传感器（标定和精度确认）；②固定支架和夹具设计加工；③支架固定和传感器间隙调整；④传感器位置固定及走线调整；⑤防油措施及引线密封处理；⑥安装程序检查；⑦通电测试确认传感器安装效果。

需要指出的是，电涡流式传感器经常是受压力和温度的影响，所以应先进行压力漂移和温度漂移的标定，然后在实测的对应测点的数字进行修正。压力漂移标定采用自制的专用的压漂标定装置通过活塞压力计加压测量油膜厚度压力漂移变化，一般根据现场测试经验，压漂标定时加压10.0MPa即可。温度漂移标定也采用自制的标定工具，利用恒温器装置和0.1℃的温度计测量电涡流传感器温漂变化。在进行油膜厚度测量时压漂和温漂标定与测点布置位置有关。对于瓦内测点既需进行压漂标定又需进行温漂标定，对于瓦边缘测点只需进行温漂标定。

如果所选的电涡流式传感器温度漂移和压力漂移很小，满足较长时间的测试精度要求以及考虑实测时压力漂移使读数变大，温度漂移使读数变小，互相抵消一部分的特性，可以不必进行压漂和温漂的标定。

14.4 试验工况与程序

14.4.1 试验工况

（1）机组启动，使之在空载无励额定转速运行。观测机组起动过程的轴承油膜变化规律。

（2）空载无励变转速工况。观测机组机械原因对推力轴承油膜厚度的影响，其工况可定为额定转速的60%、80%、90%、100%、115%、130%、150%。

（3）带稳定负荷工况。观测机组带不同负荷时，对推力轴承油膜厚度的影响，其工况点可定为额定负荷的20%、30%、40%、50%、70%、80%、100%。

（4）甩负荷试验工况。观测推力轴承油膜厚度在甩负荷工况下变化情况，其甩负荷工况点可定为额定负荷的25%、50%、75%、100%。

（5）机组停机。观测停机过程的轴承油膜厚度变化规律。

14.4.2 试验程序

（1）机组启动，示波器录取轴瓦启动过程中油膜厚度的变化。

（2）使机组在空载无励额定转速运行，待稳定 10min 之后，示波器录取不同时间轴瓦空载时的油膜厚度的变化。

（3）手动调速器，使机组分别在各变转速工况点运行。每一工况点稳定时间为 5～10min，示波器启动（启动时间可控制在 1～2min 时段内），记录不同转速时的轴瓦油膜厚度值（转速为 150%r/min 时，稳定时间视现场机组安全情况而定）。

（4）手动调速器，使机组在额定转速下励磁并网投入系统，分别在负荷的各工况点运行。每一工况点稳定 10～15min 时间，示波器分别录取不同负荷时轴瓦油膜厚度值。

（5）机组分别带额定负荷 25%、50%、75%、100%，然后跳油开关，使机组甩负荷至空载，分别录取不同甩负荷时的轴瓦油膜厚度的变化情况。

（6）试验时，除轴瓦油膜厚度测量外，还要记录轴承运行温度、机组的振动摆度、有功功率、导叶开度、轮叶开度以及系统频率。

14.5 试验结果分析与计算

水轮发电机组运行时，轴瓦进出口油膜厚度由于轴瓦偏心距引起的楔形油膜造成比较明显的差距，其规律是进口油膜厚度大于出口油膜厚度。这种分布规律，无论轴瓦处于什么工况运行都是成立的。

14.5.1 轴瓦进出口油膜厚度

机组运行时，轴瓦进出口油膜厚度由于轴瓦偏心距引起的楔形油膜造成比较明显的差其规律是进口油膜厚度大于出口油膜厚度，这种分布规律，无论轴瓦处在什么工况运行都是成立的。

进出口当量油膜厚度计算可以按下式近似校验：

$$h_1=\frac{2}{\beta+1}h_{平} \tag{14.5-1}$$

$$h_2=\frac{2\beta}{\beta+1}h_{平} \tag{14.5-2}$$

式中 h_1——轴瓦出油边当量油膜厚度，mm；

h_2——轴瓦进油边当量油膜厚度，mm；

$h_{平}$——轴瓦平均油膜厚度，mm；

β——轴瓦运行时的倾斜度。

14.5.2 反映轴瓦油膜特性的三个参数

（1）最小油膜厚度（h_{min}）。实测最小油膜厚度（h_{min}），反映轴瓦运行时的油膜最薄处的可靠性，最小油膜厚度在成果分析中是十分重要的。分析时可与推算值相比较，来校验实测数据的准确性。推算值可按下式求出：

$$h_0 = h_{1平} - (1 - h'_2)\Delta_{总出} \tag{14.5-3}$$

式中　$h_{1平}$——出油边的平均油膜厚度，mm；

h'_2——轴瓦出口平均变形/轴瓦出口总变形 。

如果实测值 $h_{min} > h_0$，可认为轴瓦油膜最薄处是安全靠的，轴承运行亦是安全的。相反，可认为是不安全的。一般来说最小油膜厚度 $h_{min} > 0.04mm$。

(2) 平均油膜厚度 ($h_平$)。实测平均油膜厚度反映了轴瓦运行时的承载能力，其值可按下式推算：

$$h_平 = \frac{1}{2}(h_1 - h_2) \tag{14.5-4}$$

平均油膜厚度的合理计算公式为

$$h_{平理} = \left(\frac{2\lambda L v_P}{K_p P}\right)^{\frac{1}{2}} \tag{14.5-5}$$

$$v_P = v\frac{b(\beta - 1)}{L(\beta + 1)}$$

上二式中　v_P——油的挤压平均速度；

b——瓦宽，cm；

L——瓦的周长，cm；

λ——汽轮机油平均温度时的黏度，Pa·s，采用30号汽轮机油时 $\lambda = 0.034Pa \cdot s$；

K_p——系数，一般取值为1.08；

P——负荷，kN；

v——轴瓦某测点处的圆周线速度，cm/s。

而轴瓦进出口平均油膜厚度可按下式计算：

$$h_{2平} = h_2 + \frac{2\beta}{\beta + 1}h_1\Delta_{总周} \tag{14.5-6}$$

$$h_{1平} = \left(h_1 + \frac{2}{\beta + 1}h_1\Delta_{总周}\right) \tag{14.5-7}$$

$$h_1 = \Delta_{平周}/\Delta_{总周}$$

$$\Delta_{总周} = W_{f周} + \Delta_{热瓦周}$$

式中　$W_{f周}$——轴瓦的轴向机械变形；

$\Delta_{热瓦周}$——轴瓦周向的热变形。

(3) 轴瓦的倾斜度 (β)。轴瓦的倾斜度 (β) 与其偏心率有密切的关系，倾斜度的大小反映了轴瓦支承点位置的是否合理，即轴承的偏心率是否合理。一般实测时，倾斜 $\beta = h_{2平}/h_{1平}$ 度。推算时可按 $\beta = h_2/h_1$ 计算。

14.5.3 轴瓦的变形

轴瓦在运行中，必然产生变形，变形包括两个方面：①机械变形；②热变形。两种变形的影响使轴瓦发生明显的突变，造成油膜厚度的变化。图 14.5-1 所示为轴瓦运行时的总变形，总变形如下：

在圆周中断面为

$$\Delta_{总周} = W_{f周} + \Delta_{热瓦周} \tag{14.5-8}$$

在径向中央断面为

$$\Delta_{总径} = W_{f径} + \Delta_{热瓦径} + \Delta_{热镜板} \tag{14.5-9}$$

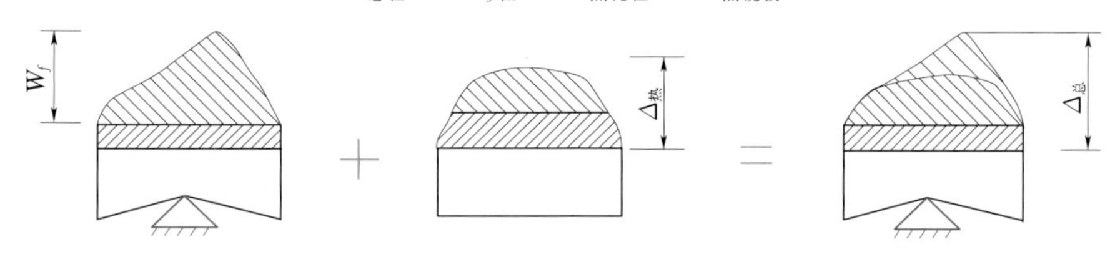

图 14.5-1 轴瓦运行时的总变形示意图

其中机械变形 W_f 的计算公式为

$$W_f = \left(R_A + R_B \frac{H^2}{a^2}\right) \frac{Pa^4}{EH^3} \tag{14.5-10}$$

式中 R_A——瓦的半径，cm，假设为瓦径向宽度的一半；

R_B——轴瓦铰支半径，cm；

a——瓦长或瓦宽，cm；

H——托瓦的厚度或整瓦的瓦厚，cm；

E——材料的弹性模量，kN/cm^2。

而轴瓦的热变形按式（14.5-11）、式（14.5-12）求得。

瓦面与底面温差造成的变形为

$$\Delta_{1热瓦周} = \frac{a^2}{4H}(\Delta t_1 + \Delta t_2) \tag{14.5-11}$$

瓦中央与瓦边的温度造成的热变形为

$$\Delta_{2热瓦径} = K \frac{aH'}{2} \Delta t_2 \tag{14.5-12}$$

上二式中 K——修正系数，一般 $K=0.5\sim0.8$；

a——材料的线胀系数，钢的 $a=11\times10^{-6}$；

H'——总瓦厚（含薄瓦和托瓦），cm；

Δt_1——瓦面与瓦底面的温差，℃；

Δt_2——瓦中央与瓦边缘的温差，℃。

对于镜板的径向热变形，近似等于轴瓦径向热变形。

第15章

水轮发电机组现场试验案例与分析

15.1 电磁拉力不平衡试验

15.1.1 基本情况

某水电厂运行值班人员发现6号机组运行状态不佳，发电机部位的振摆幅值整体偏大，个别测点的幅值已经超过了报警线，需要对机组振摆异常现象进行分析。

水轮发电机组的相关参数见表15.1-1、表15.1-2。

表15.1-1　　水轮机基本参数

序号	参　数	取值
1	最高水头/m	65
2	最低水头/m	30.9
3	水轮机型式（混流式/轴流定桨式/轴流转桨式/灯泡贯流式/混流可逆式）	轴流转桨式
4	水导瓦块数/块	2
5	桨叶/块	6
6	固定导叶数/块	24
7	活动导叶数/块	24

表15.1-2　　发电机基本参数

序号	参　数	取值
1	额定功率/MW	222.2
2	额定转速/(r·min^{-1})	107.143
3	结构型式（悬吊式/伞式/半伞式/一导/二导）	半伞式（二导）
4	推力瓦块数/块	8
5	上导瓦块数/块	12

15.1.2 测点布置

测点布置见表15.1-3。

15.1.3 试验标准

（1）振摆压力测试标准：GB/T 17189—2017《水力机械（水轮机、蓄能泵和水泵水轮机）振动和脉动现场测试规程》。

（2）振动评价标准：GB/T 6075.5—2008《在非旋转部件上测量和评价机器的机械振动　第5部分：水力发电厂和泵站机组》。

表 15.1-3　　　　测点布置表

序号	信号类型	测点名称
1	转速脉冲	转速（键相）
2	摆度	上导 X 向摆度
3		上导 Y 向摆度
4		推力 X 向摆度
5		推力 Y 向摆度
6		水导 X 向摆度
7		水导 Y 向摆度
8	振动	上机架 X 向水平振动
9		上机架 Y 向水平振动
10		上机架 Z 向垂直振动
11		顶盖 X 向水平振动
12		顶盖 Y 向水平振动
13		顶盖 Z 向垂直振动
14		定子 X 向水平振动
15		定子 Y 向水平振动
16	工况环境量	有功功率
17		无功功率
18		导叶开度
19		桨叶开度
20		励磁电流
21		励磁电流
22	开关量	发电机出口开关

（3）大轴摆度评价标准：GB/T 11348.5—2008《旋转机械转轴径向振动的测量和评定　第5部分：水力发电厂和泵站机组》。

（4）GB/T 8564—2003《水轮发电机组安装技术规范》。

图15.1-1所示为在测量平面上相对位移最大值 S_{max} 的推荐值。在图15.1-1中，振动幅值的整个区域被划分为2个主要范围，其定义如下：

1）大区 $A-B$。振动值在此大区域内的及其被认为可以无限期长期运行。

2）大区 $C-D$。振动值在此大区域内的机器具有较高的幅值。在每种情况下，必须考虑具体的设计和运行条件，判别振动值是否允许长期连续运行，在所有工况下，需要通过比较轴的相对振动值与轴承运转径向间隙和油膜厚度来做出评价。

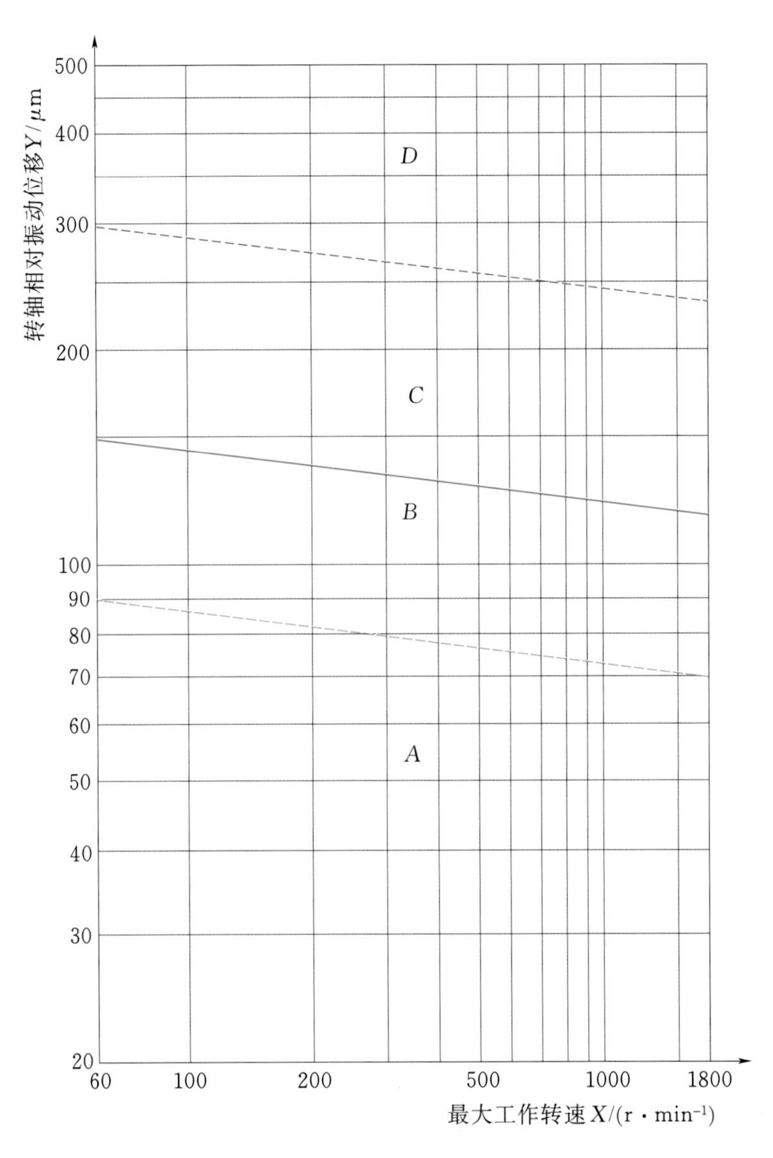

图15.1-1 水力机械或机组测量面内转轴相对振动位移最大值（S_{max}）的推荐评价区域（适用于水轮机在合同许可的稳态流动区域运行）

15.1.4 试验步骤

1. 无励变转速试验

机组从静止状态手动开调节导叶开度，使机组缓慢升速，每隔10%转速记录一组数据，直到机组达到额定转速，每组数据记录3min（在机组转速低于50%额定转速时可不做停留），然后测量机组各部位的振动值和摆度幅值。此试验的目的是考查转动部件（主要指发电机转子）的动平衡特性。

2. 变励磁工况

发电机端加电压，机组从空转状态进入空载状态，记录机组在空载状态下的各部位的振动值和摆度幅值。此试验的目的是考查发电机的电磁拉力平衡特性。

3. 变负荷工况

发电机并网，手动调节导叶开度，使机组空载态直到满负荷运行，每隔20MW负荷记录一组数据，每组数据记录3min，分别测量机组各部位的各部位的振动值和摆度幅值。此试验的目的是考查机组的综合运行稳定性能。

15.1.5 试验结果及分析

1. 试验数据

具体试验数据见表15.1-4～表15.1-9，机组加载励磁前、后轴线姿态如图15.1-2、图15.1-3所示。

2. 原因分析

从机组变转速试验可以看出，机组振摆幅值变化平稳，无明显的变化及超标现象，因此可以判断转子动平衡对机组影响非常小。

表15.1-4　　机组变转速振摆数据统计

测点	10% N_r	20% N_r	30% N_r	40% N_r	50% N_r	60% N_r	70% N_r	80% N_r	90% N_r	100% N_r
上导X向摆度/μm	134.8	126.8	130.6	142.2	133.9	141.4	151.7	167.8	171.4	220.8
上导Y向摆度/μm	137.6	125.9	130.5	134.7	129.6	126.7	132.7	150.3	168.9	194.2
推力X向摆度/μm	94.0	92.4	91.5	98.9	111.3	117.9	129.9	172.2	189.6	180.6
推力Y向摆度/μm	79.1	86.0	100.2	108.6	114.2	117.2	134.4	170.5	227.0	151.7
水导X向摆度/μm	63.1	59.3	63.1	86.4	108.0	113.9	110.3	143.0	165.6	224.3
水导Y向摆度/μm	52.2	60.7	76.6	102.2	120.7	131.0	133.5	162.1	219.9	258.2
上机架X向水平振动/μm	1.7	1.8	4.2	6.7	5.3	8.5	10.7	15.1	21.2	27.3
上机架Y向水平振动/μm	0.9	1.8	6.8	9.4	8.6	9.0	15.2	20.9	29.3	35.7
定子机架X向水平振动/μm	2.6	5.3	2.9	4.0	0.9	0.9	2.0	3.5	7.7	5.4
定子机架Y向水平振动/μm	1.6	6.7	3.2	4.5	0.9	1.1	2.0	4.2	10.6	6.2
顶盖X向水平振动/μm	2.6	1.7	1.3	1.7	2.2	3.0	3.9	6.4	8.7	11.4
顶盖Y向水平振动/μm	1.7	1.7	0.4	1.3	1.1	2.7	3.8	5.4	10.6	13.0
上机架垂直振动/μm	0.9	2.4	1.4	2.2	0.2	0.6	0.8	1.6	2.8	5.8
顶盖垂直振动/μm	0.0	1.7	7.5	11.6	11.5	21.9	23.5	26.4	34.7	53.3

表 15.1-5 机组变励磁振摆数据统计

序号	测 点	无励磁	投励磁	变化量	单位
1	上导 X 向摆度	220.8	333.4	↑112.5	μm
2	上导 Y 向摆度	194.2	354.0	↑159.8	μm
3	推力 X 向摆度	180.6	345.7	↑165.1	μm
4	推力 Y 向摆度	151.7	335.2	↑183.5	μm
5	上机架 X 向水平振动	27.3	64.0	↑36.7	μm
6	上机架 Y 向水平振动	35.7	77.1	↑41.4	μm
7	定子机架 X 向水平振动	5.4	11.2	↑5.8	μm
8	定子机架 Y 向水平振动	6.2	11.8	↑5.6	μm

表 15.1-6 机组 1 倍频幅值随励磁变化振摆数据统计

序号	测 点	无励磁	投励磁	变化量	单位
1	上导 X 向摆度	192.3	322.5	↑130.2	μm
2	上导 Y 向摆度	175.3	338.3	↑163.0	μm
3	推力 X 向摆度	79.8	299.2	↑219.3	μm
4	推力 Y 向摆度	34.3	286.9	↑252.5	μm
5	上机架 X 向水平振动	19.1	58.9	↑39.8	μm
6	上机架 Y 向水平振动	24.5	70.0	↑45.5	μm
7	定子机架 X 向水平振动	2.1	8.4	↑6.3	μm
8	定子机架 Y 向水平振动	2.2	7.7	↑5.5	μm

表 15.1-7 机组 2 倍频～8 倍频幅值随励磁变化振摆数据统计

序号	测 点	无励磁	投励磁	变化量	单位
1	上机架 X 向水平振动	2.9	6.9	↑4.0	μm
2	上机架 Y 向水平振动	2.7	8.7	↑6.0	μm
3	定子机架 X 向水平振动	0.6	3.9	↑3.3	μm
4	定子机架 Y 向水平振动	1.0	4.2	↑3.2	μm

表 15.1-8 机组加载励磁前后机组旋转中心偏移统计

序号	测 点	无励磁	投励磁	变化量	单位
1	上导 X 向间隙	−1311.4	−1162.0	149.4	μm
2	上导 Y 向间隙	−1512.4	−1486.0	26.4	μm
3	推力 X 向间隙	−1394.3	−1192.2	202.2	μm
4	推力 Y 向间隙	−1261.7	−1244.9	16.8	μm

表 15.1-9 电磁振动对机组振摆影响总统计表

测 点	总电磁振动变化	转子偏心引起的振动变化	转子不圆引起的振动变化	100Hz 振动变化	定子不圆引起的轴线偏移
上导 X 向摆度/μm	↑112.5	↑130.2	—	—	149.4
上导 Y 向摆度/μm	↑159.8	↑163.0	—	—	26.4
推力 X 向摆度/μm	↑165.1	↑219.3	—	—	202.2
推力 Y 向摆度/μm	↑183.5	↑252.5	—	—	16.8
上机架 X 向水平振动/μm	↑36.7	↑39.8	↑4.0	—	—
上机架 Y 向水平振动/μm	↑41.4	↑45.5	↑6.0	—	—
上机架垂直振动/μm	↑2.0	↑4.5	↑0.8	—	—
定子机架 X 向水平振/μm	↑5.8	↑6.3	↑3.3	↑0.0	—
定子机架 Y 向水平振/μm	↑5.6	↑5.5	↑3.2	↑0.0	—

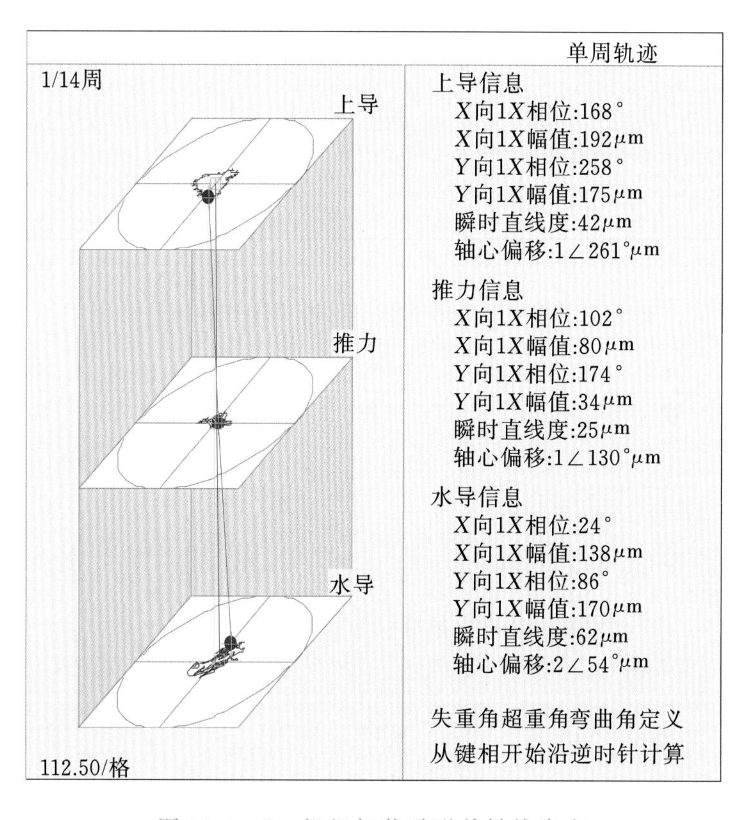

图 15.1-2 机组加载励磁前轴线姿态

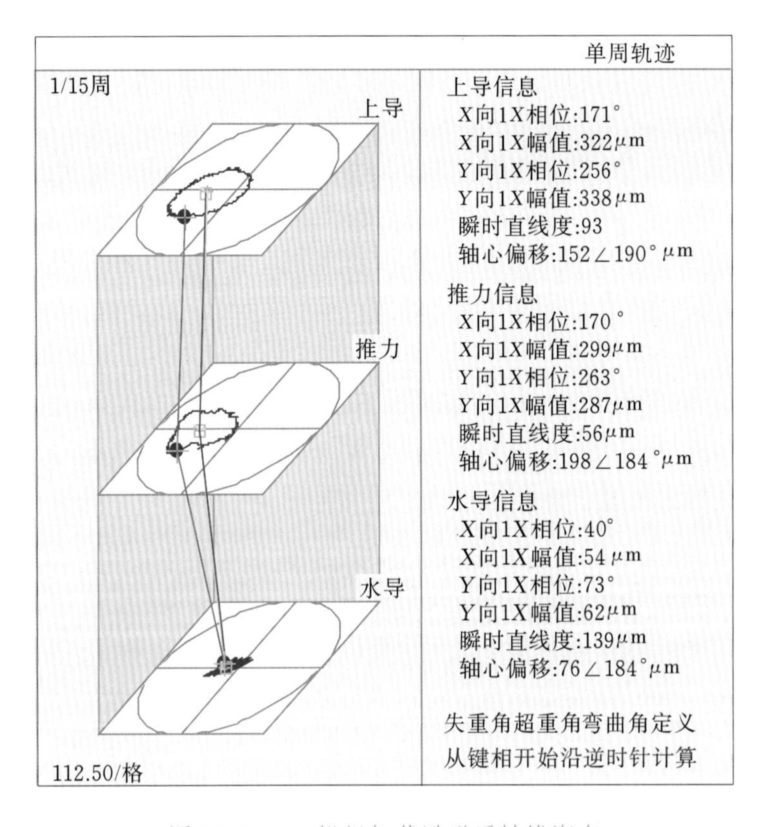

图 15.1-3　机组加载励磁后轴线姿态

从机组变励磁试验可以看出，机组在励磁前后振摆数据发生了较大的变化，因此可以判断电磁不平衡力是造成机组振摆幅值超标的主要原因。

电磁不平衡力主要由发电机转子不圆、转子几何中心与旋转中心不一致等原因所引起，其明显特征是不平衡力与励磁电流成正比，发电机空载时电磁不平衡力达到最大。由它引起的摆度、振动可以近似认为与发电机电流、电压接近线性关系。

电磁不平衡力通常分为固定方向电磁不平衡力和旋转电磁不平衡力两种，固定方向电磁不平衡力通常是由于定、转子不同心造成的，旋转电磁不平衡力通常是由于转子不圆导致，由转子不圆引起的振动、摆度并不一定完全是1倍频的变化，还可能是2倍频、3倍频、4倍频甚至更高频率成分的变化，这取决于转子的形状。

从测量数据可以看出，引起机组振摆增大的原因包括两个方面：一个是转子不圆；另一个是定转子相对偏心。

15.1.6　结论

机组在运行过程中振摆数值超标的原因是由于机组存在一个非常明显的电磁不平衡力，导致机组在投入励磁以后，数值发生了明显的增加，而此不平衡电磁力主要来源于转子不圆引起的转子偏心和定转子旋转中心不同心引起的上导和推力的旋转中心偏移两个方面，建议机组在大修时对转子进行重新修圆，并对转子安装中心进行重新校准，以降低电磁振动对机组稳定性的影响。

15.2 磁极松动故障试验

15.2.1 基本情况

某电厂运行人员利用在线测试系统数据发现，机组在向同工况运行的情况下，其摆度趋势有持续增大现象，需要对导致摆度增大的原因进行查找。

水轮发电机组的相关参数见表15.2-1、表15.2-2。

表15.2-1 水轮机基本参数

序号	参 数	取值
1	最高水头/m	204
2	最低水头/m	174
3	水轮机型式（混流式/轴流定桨式/轴流转桨式/灯泡贯流式/混流可逆式）	混流式普通伞式
4	水导瓦块数/块	4
5	桨叶/块	6
6	固定导叶数/块	16
7	活动导叶数/块	16

表15.2-2 发电机基本参数

序号	参 数	取值
1	额定功率/MW	220
2	额定转速/($r\cdot min^{-1}$)	200
3	结构型式（悬吊式/伞式/半伞式/一导/二导）	伞式
4	推力瓦块数/块	12
5	上导瓦块数/块	12

15.2.2 试验标准

（1）振摆压力测试标准：GB/T 17189—2017《水力机械振动和脉动现场测试规程》。

（2）振动评价标准：GB/T 6075.5—2008《在非旋转部件上测量和评价机器的机械振动　第5部分：水力发电厂和泵站机组》。

（3）大轴摆度评价标准：GB/T 11348.5—2008《旋转机械转轴径向振动的测量和评定　第5部分：水力发电厂和泵站机组》。

（4）GB/T 8564—2003《水轮发电机组安装技术规范》。

图15.1-1所示为在测量平面上相对位移最大值S_{max}的推荐值。

15.2.3 测点布置

测点布置见表15.2-3。

表15.2-3　测点布置表

序号	信号类型	测点名称
1	摆度	上导+X向摆度
2		上导+Y向摆度
3		下导+X向摆度
4		下导+Y向摆度
5		水导+X向摆度
6		水导+Y向摆度
7	振动	上机架+X向水平振动
8		上机架+Y向水平振动
9		上机架垂直振动
10		下机架+X向水平振动
11		下机架+Y向水平振动
12		下机架垂直振动
13		顶盖+X向水平振动
14		顶盖+Y向水平振动
15		顶盖垂直振动
16		定子机架X向水平振动
17		定子机架Y向水平振动
18		定子机架垂直振动
19	工况环境量	导叶开度
20		有功功率
21	开关量	机组出口开关
22		励磁开关

续表

序号	信号类型	测 点 名 称
23	气隙	空气间隙+X
24		空气间隙-X
25		空气间隙+Y
26		空气间隙-Y

15.2.4 试验结果及分析

上导、下导 X 向摆度趋势图如图 15.2-1、图 15.2-2 所示。

从图 15.2-1 和图 15.2-2 中可以看出，机组摆度在趋势上存在逐渐增大的趋势，上导 X 向摆度增大约 53μm，下导 X 向摆度增大 17μm（Y 方向摆度与 X 方向趋势相同）。

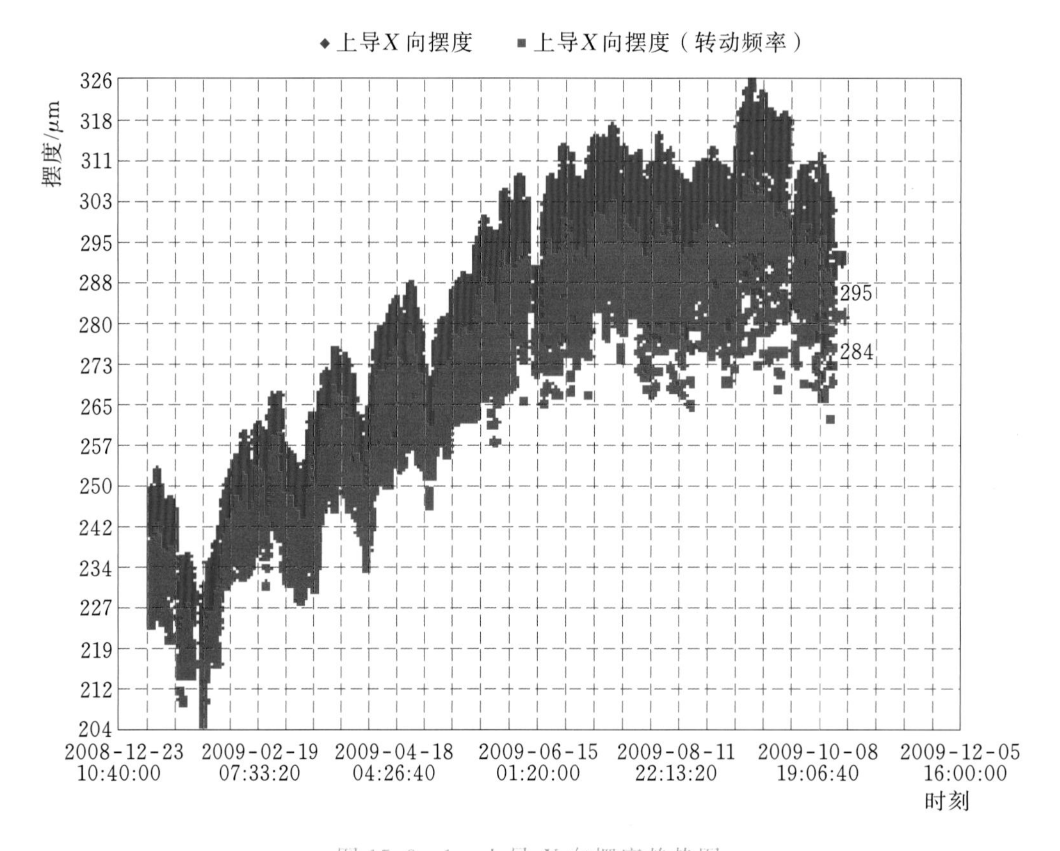

图 15.2-1 上导 X 向摆度趋势图

从产生故障现象的测点位置判断，引起故障的源头很可能来源于发电机。调取设备中相同工况下存储的定转子空气间隙的数据，其趋势图如图 15.2-3 所示。

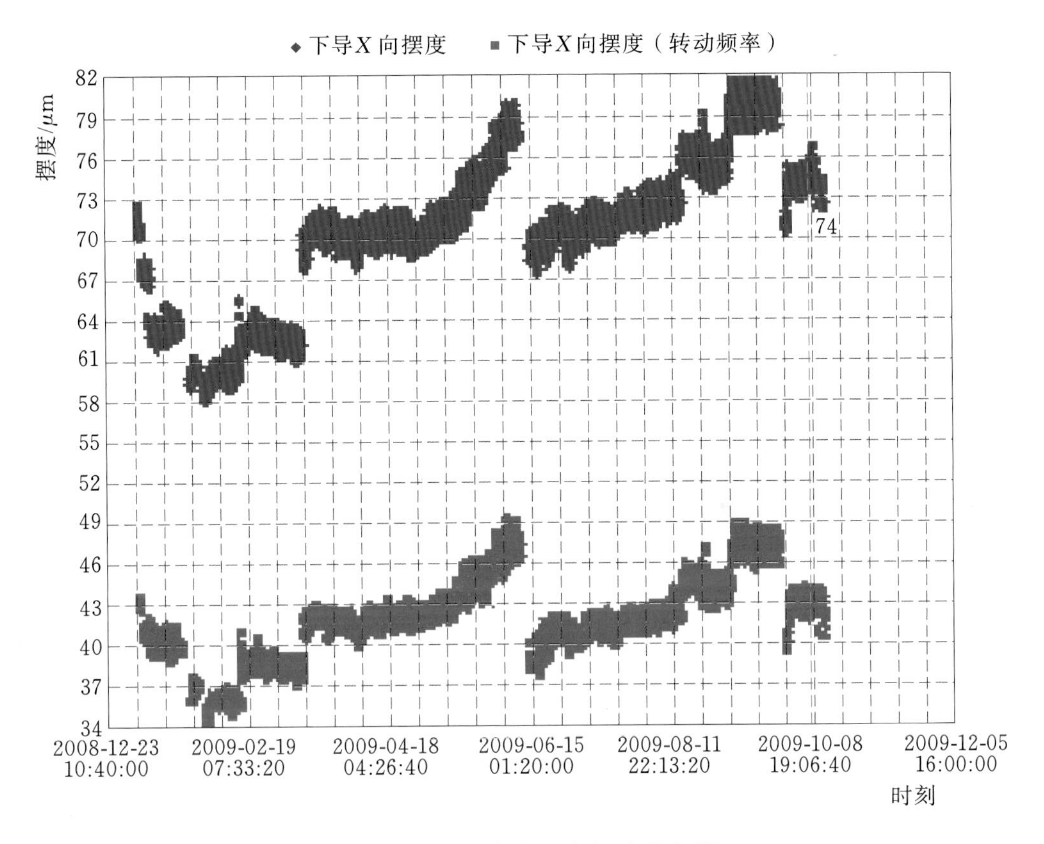

图 15.2-2 下导 X 向摆度趋势图

从图 15.2-3 中可以看出，各方向定转子间空气间隙随时间均呈逐渐变小的趋势，+X 向平均气隙减小约 1mm，+Y 向平均气隙减小约 2mm，-X 向平均气隙减小 2mm，-Y 向平均气隙减小约 1mm。

从气隙的变化趋势可以看出，发电机的转子在运行过程中在逐渐在膨胀，说明转子的磁极整体在逐渐的缓慢伸长。机组运行过程中，导致机组磁极伸长的主要原因如下：

(1) 离心力。随着转速的升高，转子受离心力增大，转子磁极在离心力的作用下会伸长，导致机组定转子空气间隙变小。

(2) 电磁力。随着机组转子电流的增加，磁极所受的电磁力也越大，在电磁力的作用下磁极会伸长，导致机组定转子空气间隙变小。

(3) 温度。随着温度的升高，转子会发生轻微的热变形，同样也会引起机组定转子空气间隙的变化。

(4) 磁轭键强度不够或磁极键强度不够。如果转子磁轭键强度或磁极键强度不够的话，在长期运行中转子磁极会发生松动的现象，导致磁极在受力后的变形逐渐增加，最终也会导致导致机组定转子空气间隙变小。

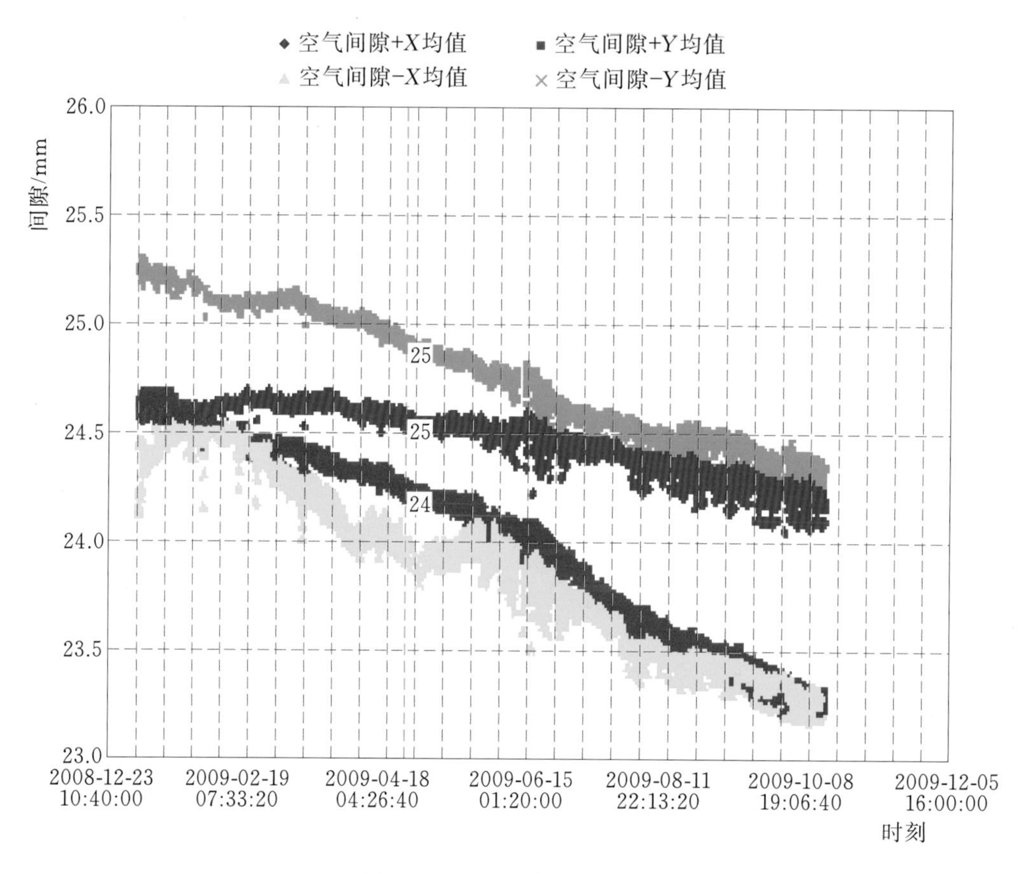

图 15.2-3 空气间隙趋势

首先由于选取的数据为机组在相同负荷下的数据，因此机组的转速和转子电流几乎是恒定值，因此可以排除是由于离心力和电磁力导致机组定转子空气间隙变小的可能性。

其次由于选取的数据为机组开机 4h 后的数据，此时通常机组已经达到热稳定运行状态，机组温度变化不明显，由机组热变形而导致机组定转子空气间隙变化的可能性可以排除

因此可以判断导致机组点转子空气间隙变小的原因是机组磁轭强度不足或磁极键强度不足，导致磁极发生了松动，在机组长期运行过程中，由于磁极变形逐渐增加，转子的变形必然会引起发电机部位受力的改变，摆度也会随之发生相应的趋势变化。

15.2.5 结论

导致该机组摆度趋势在相同公开下持续增大现象的原因，是发电机转子由于磁极松动导致转子变形而引起受力变化所致，机组磁轭强度不足或磁极键强度不足造

成了磁极松动，建议机组停机，对磁极键和磁轭进行相应的检查。

经现场排查，发现磁轭处固定挡板与磁轭的点焊开裂，导致磁轭强度下降，产生了磁极变形现象，现场立即对此问题进行了紧急处理，故障现象消除。

15.3 机组水力不平衡故障测试

15.3.1 基本情况

某机组在满负荷运行时，水导摆度和顶盖振动幅值整体偏大，特别是在低水头运行时这个现象更明显，需要对机组水导摆度和顶盖振动幅值整体偏大的原因进行排查。

水轮发电机组的相关参数见表 15.3-1 和表 15.3-2。

表 15.3-1 水轮机基本参数

序 号	参 数	取 值
1	额定水头/m	28
2	最高水头/m	32
3	最低水头/m	16
4	水轮机型式（混流式/轴流定桨式/轴流转桨式/灯泡贯流式/混流可逆式）	轴流转桨式
5	水导瓦块数/块	2
6	转轮叶片数/块	6
7	固定导叶数/块	24
8	活动导叶数/块	24

表 15.3-2 发电机基本参数

序 号	参 数	取 值
1	额定容量/MW/(MVA)	105
2	额定转速/($r \cdot min^{-1}$)	76.923
3	结构型式（悬吊式/伞式/半伞式/一导/二导）	悬吊式
4	推力瓦块数/块	24
5	上导瓦块数/块	12
6	下导瓦块数/块	12

15.3.2 试验标准

（1）振摆压力测试标准：GB/T 17189—2017《水力机械振动和脉动现场测试规程》。

（2）振动评价标准：GB/T 6075.5—2008《在非旋转部件上测量和评价机器的机械振动 第5部分：水力发电厂和泵站机组》。

（3）大轴摆度评价标准：GB/T 11348.5—2008《旋转机械转轴径向振动的测量和评定 第5部分：水力发电厂和泵站机组》。

（4）GB/T 8564—2003《水轮发电机组安装技术规范》。

图15.1-1所示为在测量平面上相对位移最大值 S_{max} 的推荐值。

15.3.3 测点布置

测点名称和布置见表15.3-3。

表15.3-3 测点名称和布置表

<table>
<tr><th>序号</th><th>信号类型</th><th>测点名称和布置</th></tr>
<tr><td>1</td><td>转速脉冲</td><td>转速（键相）</td></tr>
<tr><td>2</td><td rowspan="4">摆度</td><td>发导X向摆度</td></tr>
<tr><td>3</td><td>发导Y向摆度</td></tr>
<tr><td>4</td><td>水导X向摆度</td></tr>
<tr><td>5</td><td>水导Y向摆度</td></tr>
<tr><td>6</td><td rowspan="6">振动</td><td>下机架X向水平振动</td></tr>
<tr><td>7</td><td>下机架Y向水平振动</td></tr>
<tr><td>8</td><td>下机架垂直振动</td></tr>
<tr><td>9</td><td>顶盖X向水平振动</td></tr>
<tr><td>10</td><td>顶盖Y向水平振动</td></tr>
<tr><td>11</td><td>顶盖垂直振动</td></tr>
<tr><td>12</td><td rowspan="2">工况环境量</td><td>有功功率</td></tr>
<tr><td>13</td><td>导叶开度</td></tr>
<tr><td>14</td><td>开关量</td><td>发电机出口开关</td></tr>
</table>

15.3.4 试验步骤

发电机并网，手动调节导叶开度，进行变负荷试验，每隔10MW记录一组数据，每组数据记录3min，分别测量机组各部位的振动和摆度。

15.3.5 试验结果及分析

1. 试验数据统计

试验时机组水头为26.5m，试验数据统计见表15.3-4、表15.3-5，摆度、振动随有功变化曲线如图15.3-1、图15.3-2所示，摆度、振动1X幅值随有动变化曲线如图15.3-3、图15.3-4所示。

表15.3-4　　水导振摆数值随负荷变化统计表

测　点	16MW	25MW	38MW	50MW	61MW	81MW	88MW	97MW	100MW
水导 X 摆度/μm	242.41	108.40	121.58	182.06	222.74	272.47	299.49	352.96	361.10
水导 Y 摆度/μm	229.88	116.37	131.36	182.00	214.04	255.48	277.97	325.55	339.83
顶盖 X 振动/μm	18.36	7.15	9.59	11.23	14.89	18.24	20.28	25.73	27.55
顶盖 Y 振动/μm	16.26	7.00	10.71	13.03	16.20	17.35	19.52	24.71	26.64

表15.3-5　　水导振摆1X数值随负荷变化统计表

测　点	16MW	25MW	38MW	50MW	61MW	81MW	88MW	97MW	100MW
水导 X 摆度/μm	49.02 ∠179	73.20 ∠234	93.26 ∠233	148.58 ∠237	196.90 ∠236	243.22 ∠235	268.12 ∠236	316.43 ∠237	327.07 ∠238
水导 Y 摆度/μm	44.40 ∠187	74.47 ∠229	102.37 ∠225	152.56 ∠231	189.94 ∠230	228.57 ∠230	255.01 ∠232	296.61 ∠232	313.77 ∠233
顶盖 X 振动/μm	2.32 ∠285	2.11 ∠153	3.41 ∠142	6.45 ∠119	9.24 ∠114	12.81 ∠107	14.59 ∠108	17.92 ∠107	19.44 ∠106
顶盖 Y 振动/μm	1.38 ∠264	2.23 ∠151	3.89 ∠119	7.91 ∠113	10.40 ∠108	12.41 ∠105	14.62 ∠106	17.98 ∠105	19.52 ∠106

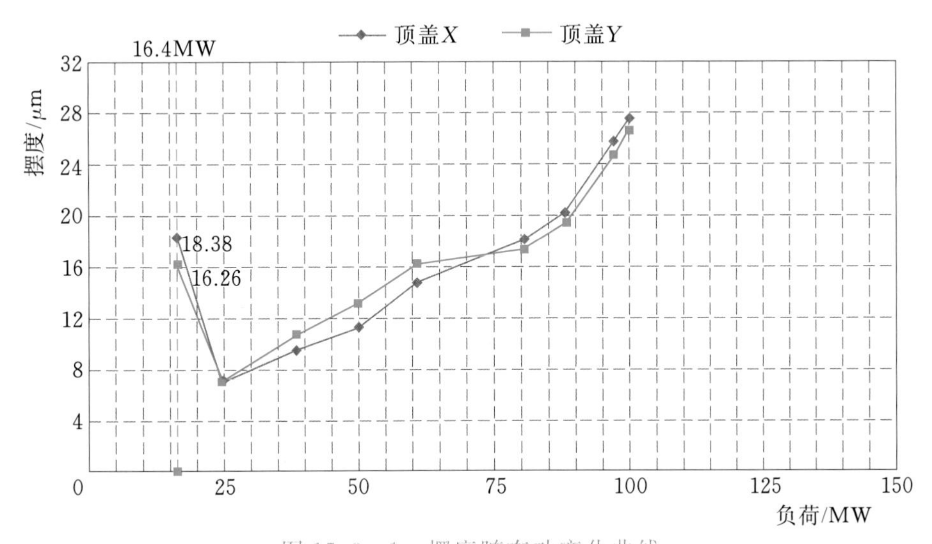

图15.3-1　摆度随有功变化曲线

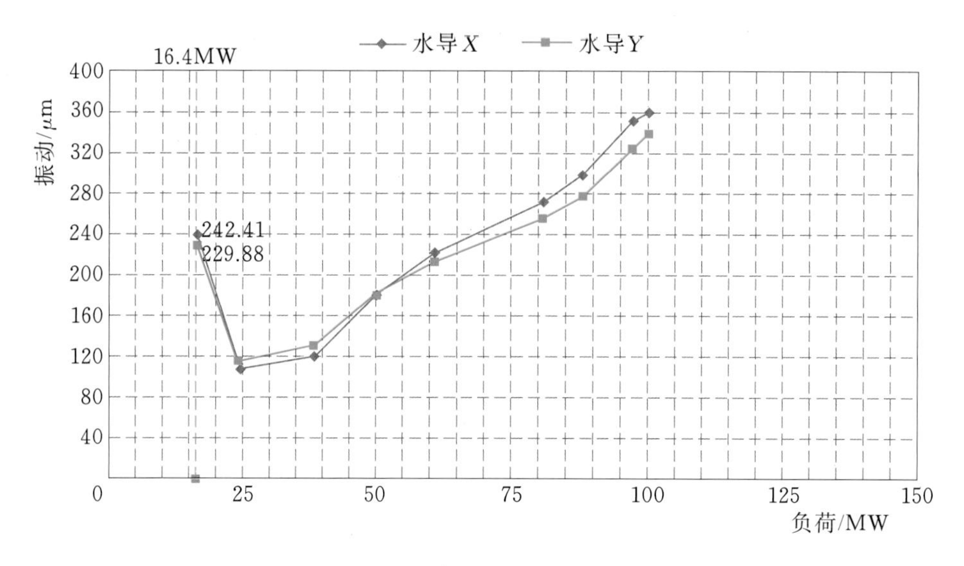

图 15.3-2 振动随有功变化曲线

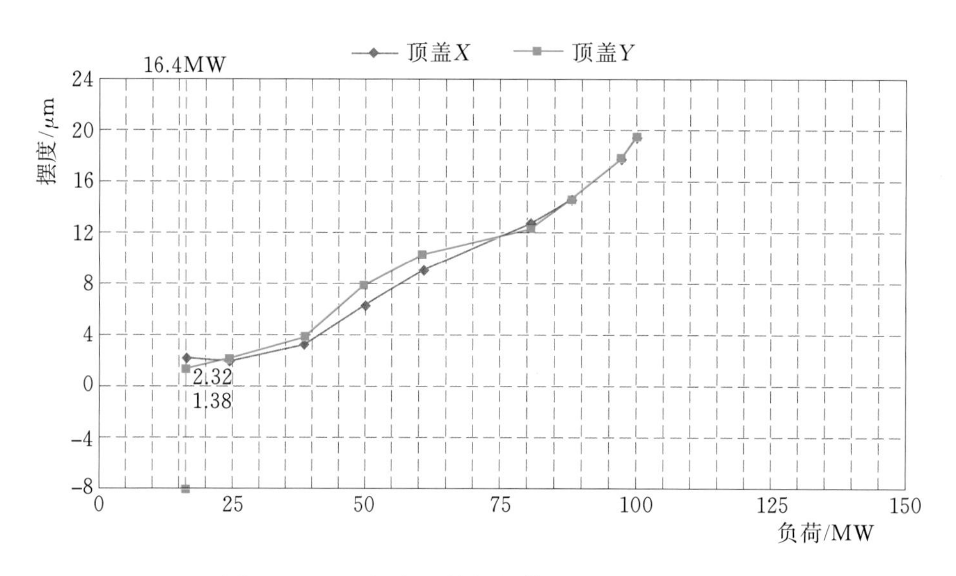

图 15.3-3 摆度1倍频幅值随有功变化曲线

从表 15.3-5 和图 15.3-4、图 15.3-5 可以看出，导致机组在满负荷水导摆度超标的频率为1倍频，且其1倍频的幅值随负荷变化呈现线性增加的趋势。

2. 试验结果分析

机组水导摆度和顶盖振动随有功变化的趋势是：机组在负荷 0～25MW 运行范围内，水导摆度和顶盖振动随有功增加呈下降趋势，引起幅值变化的频率成分主要是低频；机组在 25～100MW 运行范围内，水导摆度和顶盖振动随有功增加呈明显上升趋势，引起幅值变化的频率成分主要是转动频率1倍频。水导摆度和顶盖振动在负荷 25MW 附近出现了一个明显的拐点。

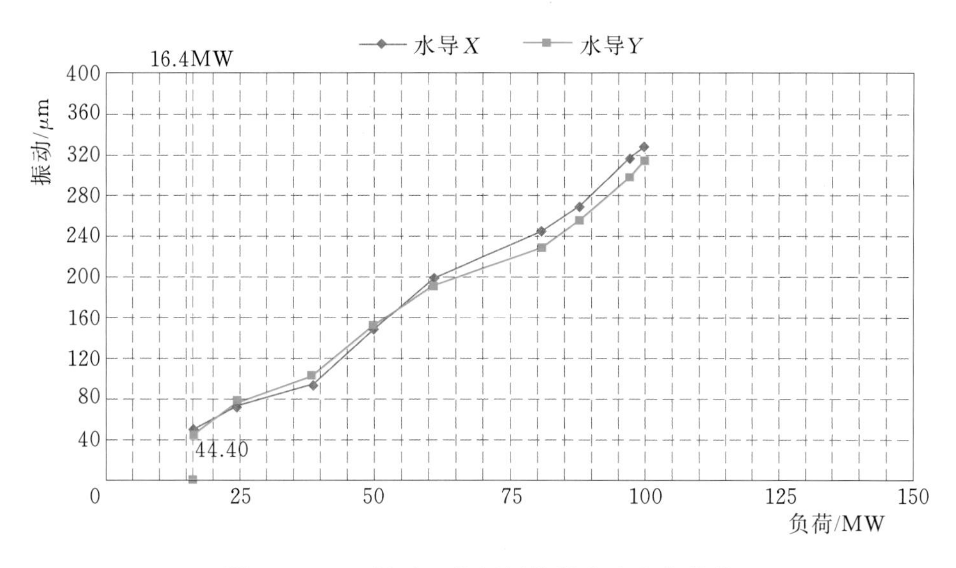

图 15.3-4 振动 1 倍频幅值随有功变化曲线

结合现场机组实际运行调整情况，机组水导摆度和顶盖振动产生如此变化规律的原因是在机组负荷小于 25MW 运行时，由于机组协联关系不佳，此时机组水导摆度和顶盖振动的低频分量非常明显；当机组在负荷大于 30MW 后，机组进入协联工况，此时机组水导摆度和顶盖振动的低频成分明显减弱，随着负荷的增加水导摆度和顶盖振动由于受到水力不平衡的影响，其振动 1 倍频分量发生了明显的增加，机组水导摆度和顶盖振动呈明显的上升趋势。

水力不平衡力产生的机理是流量沿圆周的分布不均匀，这种力对机组振摆作用产生的影响是机组振摆的 1 倍频随着机组流量的增加呈线性上升。因此可以判断，导致机组水导摆度和顶盖振动在满负荷运行时振摆数据偏大的原因是机组存在一个较明显的水力不平衡力所致，能够产生水力不平衡的原因可能有以下几种：

（1）叶型不一致，若叶片是用传统的样板法加工的出现此类问题的可能性比较大。

（2）叶道不一致，若叶片安装角不一致或桨叶接力器行程不一致会产生此种问题。

（3）转轮间隙不一致，若转轮各叶片长度不一致，会导致机组各导叶间进水量不一致，从而产生水力不平衡。

（4）导叶接力器行程不一致，若操作叶片的拐臂长度不一致时，会出现水力不平衡。

鉴于机组的实际情况，建议机组检修时对操作导叶拐臂长度和转轮间隙进行测量，查找引起机组振动的原因。

15.3.6 结论

导致机组在满负荷运行时水导摆度超标的原因主要是因为机组存在一个较明显

的水力不平衡力所致，建议机组检修时对操作导叶拐臂长度和转轮间隙进行测量，查找不一致原因，消除水力不平衡对机组的影响。

15.4 动不平衡故障试验

15.4.1 基本情况

某机组在启动试验变转速过程中，发现上下导轴承摆度及上机架水平振动与机组转速的平方基本呈现出比例关系（图 15.4－1），判定转动部件存在动不平衡，需要进行配重。

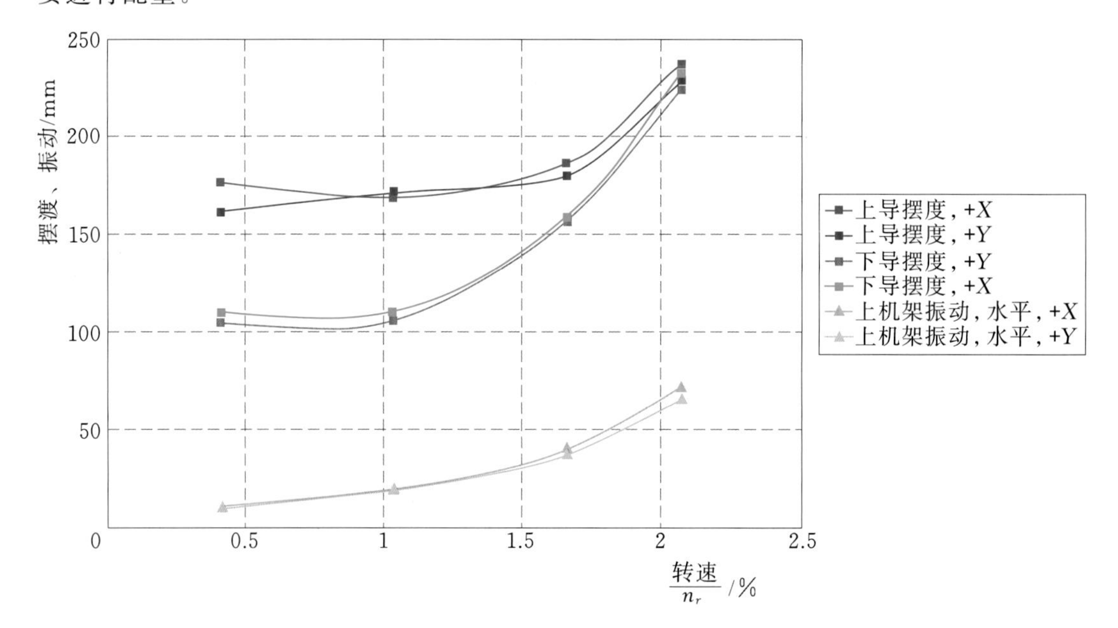

图 15.4－1 摆度及上机架水平振动与转速平方的关系

水轮发电机组的相关参数见表 15.4－1。

表 15.4－1 水轮发电机组的相关参数

序号	参　数	单位	取值	序号	参　数	单位	取值
1	水轮机的额定出力	MW	812	8	发电机额定容量	MVA	888.9
2	转轮进口直径	mm	9955	9	发电机额度功率	MW	800
3	转轮叶片数	个	15	10	重力加速度 g	m/s²	9.79139
4	尾水管出口面积	m²	303.3	11	额定转速	r/min	75
5	蜗壳进口直径	mm	12200	12	额定水头	m	100
6	活动导叶数量	个	24	13	转子重量	t	1845
7	固定导叶数量	个	24				

15.4.2 配重过程

1. 配重前数据分析

配重前的试验数据见表 15.4-2。从表 15.4-2 可看出：

(1) 三导摆度的 +X 和 +Y 方向的相位差基本为 90°。

(2) 三导轴承摆度幅值均较大，尤其下导摆度最大，说明发电机转子存在质量不平衡。

表 15.4-2　配重前 100%额定转速和 100%励磁电压试验数据

测点	物理量	100% N_r		100% U_r	
		通频	转频	通频	转频
上导摆度+X	幅值/μm	196.20	132.16	216.81	144.03
	相位/(°)	—	315.57	—	301.57
上导摆度+Y	幅值/μm	149.84	98.13	161.59	101.94
	相位/(°)	—	224.05	—	210.15
下导摆度+X	幅值/μm	338.63	102.61	279.91	144.13
	相位/(°)	—	289.10	—	286.28
下导摆度+Y	幅值/μm	171.67	76.02	235.03	109.86
	相位/(°)	—	203	—	202.99
水导摆度+X	幅值/μm	295.61	108.28	219.93	85.13
	相位/(°)	—	168.81	—	192.51
水导摆度+Y	幅值/μm	278.99	107.47	214.10	80.52
	相位/(°)	—	73.34	—	91.08
上机架水平振动+X	幅值/μm	62.24	31.56	88.23	48.49
	相位/(°)	—	251.48	—	354.83
上机架水平振动+Y	幅值/μm	63.76	31.87	93.52	48.82
	相位/(°)	—	143.60	—	356.42

由于机组最终是在加励磁状态下运行，因此配重相位应以 100%励磁电压的相位分析数据为准。从表 15.4-2 中可以看出，带 100%励磁时的 +X 方向测得数据来看，上导、下导和水导转频相位分别为 301.57°、286.28°和 192.51°。加励磁前后，上、下导转频相位变化不大，且相位基本相同（见表 15.4-2），考虑到上、下导幅值均较大，在转子支臂相近位置的上、下端面同时配重，可以同时改善上、下导摆度幅值；水导的相位和上下导相位相差大约 100°，配重可能对水导产生不利影响，机组带负荷后水导摆度可能会有所改善，可以适当牺牲水导摆度。在权衡三导摆度后，

认定配重的目的主要是改善上、下导摆度，其相位分别是301.57°和286.28°，此相位为机组超重位置，其对应的配重位置应该是其对侧，相位大约是121.57°和106.28°，即从机组键相片位置开始逆时针旋转121.57°和106.28°。

选取转子重量（转子重量$G=1845t$）的0.0001作为试配，即184.5kg，依据现场条件，分别在转子支臂的上、中端面分别配置112kg的配重块，共计224kg。

2. 配重后数据分析

按上述配重方案配重后，测量数据见表15.4-3。从表15.4-3可以看出：

（1）配重显著降低了转频的幅值，在同样加载励磁的情况下，上导从144.03μm/216.81μm（转频/通频）降低到59.02μm/150.80μm（转频/通频），下导从144.13/279.91μm（转频μm/通频）降低到38.35μm/196.23μm（转频/通频）。

（2）配重后水导摆度在空载状态下幅值小于空转的幅值，但都大于配重前的幅值，和预期一致。配重后上导和下导$+X$方向超重相位角已经分别从301.57°和286.28°变为269.33°和172°，特别是下导超重角变化较大，超过了100°。

表15.4-3　配重后100%额定转速和100%励磁电压试验数据

测　点	物理量	$100\%N_r$		$100\%U_r$	
		通频	转频	通频	转频
上导摆度$+X$	幅值/μm	132.02	14.99	150.80	59.02
	相位/(°)	—	260.34	—	269.33
上导摆度$+Y$	幅值/μm	119.65	13.09	117.80	40.80
	相位/(°)	—	210.37	—	191.50
下导摆度$+X$	幅值/μm	191.67	34.21	196.23	38.35
	相位/(°)	—	53.34	—	172.82
下导摆度$+Y$	幅值/μm	177.91	38.99	185.03	30.19
	相位/(°)	—	324.89	—	71.92
水导摆度$+X$	幅值/μm	362.74	147.60	313.99	128.81
	相位/(°)	—	166.07	—	165.92
水导摆度$+Y$	幅值/μm	335.09	133.47	257.97	108.60
	相位/(°)	—	66.02	—	69.04
上机架水平振动$+X$	幅值/μm	55.12	15.80	63.51	26.63
	相位/(°)	—	144.14	—	179.25
上机架水平振动$+Y$	幅值/μm	59.28	16.74	74.64	29.04
	相位/(°)	—	42.98	—	71.22

15.4.3 配重效果评价

配重后上导摆度、下导摆度、上机架水平振动在空转和空载状态下都出现了下降，达到了预期的效果。

15.5 机组稳定性及能量特性试验

15.5.1 基本情况

某电站机组投运后，在水库蓄水过程中开展了稳定性及能量特性试验，该电站及机组参数见表15.5-1和表15.5-2。

表15.5-1　　电站参数

序号	参数	单位	参数值
1	水库设计洪水位（$P=0.1\%$）	m	600.70（$Q=43700m^3/s$）
2	水库校核洪水位（$P=0.01\%$）	m	607.94（$Q=52300m^3/s$）
3	正常蓄水位	m	600.00
4	汛期限制水位	m	560.00
5	死水位	m	540.00
6	水库正常库容	亿 m^3	115.7
7	水库可调节库容	亿 m^3	64.6
8	下游设计洪水位（$P=0.5\%$）	m	405.8
9	下游校核洪水位（$P=0.1\%$）	m	410.6
10	最大水头	m	229.4
11	额定水头	m	186
12	最小水头	m	149.5
13	机组台数	台	18
14	额定功率/最大功率	MW	700/770
15	电站额定装机容量/最大装机容量	MW	1260/1386
16	电站重力加速度	m/s^2	9.79167

15.5.2 试验目的

（1）确定水轮发电机组全水头范围内的稳定运行范围。尽管在水轮机模型试验过程中，根据模型试验成果划分了机组的稳定运行范围，但是从相似原理来说，模型水轮机到原型水轮机的相似是水力特性相似，原型水轮机受到制造、安装、结构的影响，并且模型试验没有与发电机同时进行试验，发电机的运行特征也可能影响到机组的稳定性能，因此原型机组运行范围往往与模型试验确定的范围存在一定的差异。为了全面掌握原型水轮机稳定运行范围，需要在电站变水位的过程中，进行全水头下的机组稳定性能指标的测试，划定机组的稳定运行范围，指导机组实际运行，并检验机组的稳定性能指标是否满足合同要求。

表15.5-2　　机组参数

序号	参数	单位	取值	序号	参数	单位	取值
1	水轮机的额定有功	MW	713	6	活动导叶数量	个	24
2	转轮进口直径 D_1	mm	7400	7	固定导叶数量	个	23
3	转轮出口直径 D_2	mm	6223	8	发电机额定容量	MVA	777.8
4	转轮叶片数	个	15	9	发电机额定功率	MW	700
5	蜗壳进口直径	mm	7740	10	额定转速	r/min	125

（2）机组合同中一般还规定了水轮机不同水头下的最大出力，通过不同水位下测量机组的能量特性，全面了解机组在不同水位、不同运行工况下的运行情况，检验能量指标是否满足合同要求。

（3）在变水位过程变负荷试验中，可以通过测量厂房振动数据，考察厂房振动状况；通过测量水轮发电机组不同部位的噪声进行测量和评定，考察噪声特性；通过真机流量和蜗壳差压的测量，检验或确定蜗壳差压系数。

15.5.3 试验方案

1. 测点布置

试验测点布置情况见表15.5-3。

表15.5-3　　变水位过程变负荷试验测点布置表

序号	测点名称	数量	传感器类型	量程	备注
1	上导 X、Y 向摆度	2	电涡流传感器	2mm	
2	下导 X、Y 向摆度	2	电涡流传感器	2mm	
3	水导 X、Y 向摆度	2	电涡流传感器	2mm	接入在线监测信号
4	键相	1	电涡流传感器	4mm	上导 X 方向
5	上机架 X、Y 向水平振动	2	振动传感器（水平）	2mm	
6	上机架 X、Y 向垂直振动	2	振动传感器（垂直）	2mm	
7	下机架 X、Y 向水平振动	2	振动传感器（水平）	2mm	

续表

序号	测点名称	数量	传感器类型	量程	备注
8	下机架 X、Y 向垂直振动	2	振动传感器（垂直）	2mm	
9	定子机座 X、Y 向水平振动	2	振动传感器（水平）	2mm	
10	定子机座 X、Y 向垂直振动	2	振动传感器（垂直）	2mm	
11	顶盖 X、Y 向水平振动	2	振动传感器（水平）	2mm	
12	顶盖 X、Y 向垂直振动	2	振动传感器（垂直）	2mm	
13	顶盖挠度	1	电涡流传感器	4mm	
14	机头噪声	1	噪声传感器	30～130dB	
15	风洞噪声	1	噪声传感器	30～130dB	
16	水车室噪音	1	噪声传感器	30～130dB	
17	蜗壳门噪声	1	噪声传感器	30～130dB	
18	尾水锥管门噪声	1	噪声传感器	30～130dB	
19	蜗壳进口压力脉动	1	压力传感器	3MPa	
20	蜗壳差压高压侧	1	压力传感器	3MPa	
21	蜗壳差压低压侧	1	压力传感器	3MPa	
22	顶盖压力脉动	1	压力传感器	3MPa	
23	转轮与导叶间压力脉动	1	压力传感器	3MPa	
24	尾水锥管进口压力脉动	1	压力传感器	−0.1～0.9MPa	
25	尾水锥管出口压力脉动	1	压力传感器	−0.1～0.9MPa	
26	蜗壳差压	1	压差传感器	150kPa	
27	水头差压	1	压差传感器	3MPa	
28	有功	1		4～20mA	接入监控系统信号
29	机组毛水头	1		4～20mA	
30	导叶开度	1		4～20mA	
31	超声波测流	1		4～20mA	接入超声波流量计信号
32	发电机层厂房＋X 垂直振动	1	振动传感器（垂直）	2mm	
33	发电机层厂房＋Y 垂直振动	1	振动传感器（垂直）	2mm	
34	风洞外实体墙＋X 水平振动	1	振动传感器（水平）	2mm	
35	风洞外实体墙＋X 垂直振动	1	振动传感器（垂直）	2mm	
36	风洞外实体墙－Y 水平振动	1	振动传感器（水平）	2mm	
37	风洞外实体墙－Y 垂直振动	1	振动传感器（垂直）	2mm	

2. 传感器安装位置的选择

（1）机架和顶盖振动测点尽量选择靠近转动部分。

（2）测量旋转部件的传感器不能和旋转部件发生空间上的干涉，以免机组启动之后损坏机组部件或者传感器。

（3）转子上方的传感器在安装时特别注意防止异物掉入转子。

（4）定子上的传感器安装和走线要满足绝缘要求。

3. 传感器的选择

该机组变水位过程变负荷试验选用传感器情况见表15.5-3。传感器的选择要根据测量的物理量的范围进行选择，否则在机组试验中可能会精度不够或者削波。传感器量程主要是根据机组的合同规定值和实践经验选择。

对于机组振动摆度测量，传感器都选择2mm量程，根据合同和以往经验可以满足测量的要求。机组水压的量程选择根据机组调节保证计算结果确定，转轮前的压力测点选择3MPa量程的，转轮后的压力测点量程选择−0.1～0.6MPa。水头测点根据机组最大水头229.4m，选择了量程3MPa的压差传感器。蜗壳压差测点根据机组模型试验给出的k值和机组的设计流量，选择150kPa量程的压差传感器

4. 传感器安装支架

传感器安装位置确定之后，需要把传感器支架安装到位，支架的安装方式见表15.5-4。

表15.5-4　　变水位过程变负荷试验安装支架汇总表

序号	测点名称	数量	支架类型及安装方式
1	上导 X、Y 向摆度	2	角钢制成的支架，粘胶
2	下导 X、Y 向摆度	2	
3	水导 X、Y 向摆度	2	
4	键相（安装在水导 X 方向）	1	
5	顶盖挠度	1	水车室机坑内安装测量支架
6	上机架 X、Y 向水平振动	2	5～8mm厚铁板制成的带安装螺孔的圆形底座，焊接
7	上机架 X、Y 向垂直振动	2	
8	下机架 X、Y 向水平振动	2	
9	下机架 X、Y 向垂直振动	2	
10	定子机座 X、Y 向水平振动	2	
11	定子机座 X、Y 向垂直振动	2	
12	顶盖 X、Y 向水平振动	2	
13	顶盖 X、Y 向垂直振动	2	

续表

序号	测 点 名 称	数量	支架类型及安装方式
14	发电机层楼板$+X$和$-Y$垂直振动	2	5～8mm厚铁板制成的带安装螺孔的圆形底座，焊接
15	风洞墙$+X$和$-Y$水平振动	2	
16	风洞墙$+X$和$-Y$垂直振动	2	
17	机头噪声	1	移动式三脚架
18	风洞噪声	1	
19	水车室噪声	1	
20	蜗壳门噪声	1	
21	尾水门噪声	1	
22	蜗壳进口压力脉动	1	传感器需要预留带阀门的测压接头
23	无叶区压力脉动	1	
24	顶盖水压	1	
25	锥管$0.3D$压力脉动	1	
26	锥管$1.0D$水压	1	
27	蜗壳进口压力	1	
28	尾水管出口压力	1	
29	水头差压	1	
30	蜗壳差压	1	

5. 试验工况点的确定

(1) 水头步长的确定。试验水头步长选择见表15.5-5。

表15.5-5　　变水位过程变负荷试验水位工况点　　单位：m

上游水位	步长	上游水位工况点
540～560	4	540、544、548、552、556、560
560～595	2	564、566、568、570、572、574、576、578、580、582、584、586、588、590、592、594
595～600	1	595、596、597、598、599、600

(2) 出力步长的确定。试验出力步长选择见表15.5-6。

(3) 稳定运行区划分标准的确定。按照机组合同规定的机组稳定性参数限值、机组合同定义的长期连续稳定运行范围和国家标准划定运行范围确定稳定运行区划分标准。

根据GB/T 15468《水轮机基本技术条件》的规定和机组的实际情况，确定振动和摆度允许值如下：

1) 顶盖水平振动小于70μm。

表 15.5-6　　变水位过程变负荷试验出力工况点　　单位：MW

出力范围	出力步长	出力工况点
0～400	100	100、200、300、400
400～500	50	450、500
500～700	25	525、550、575、600、625、650、675、700
700～770	10	710、720、730、740、750、760、770

2）顶盖垂直振动小于 90μm。

3）水导摆度不大于 GB/T 11348.5《旋转机械转轴水平振动的测量和评定　第 5 部分：水力发电厂和泵站机组》图 A.2 中所规定的 B 区上限线，且不超过轴承间隙的 75%。GB/T 11348.5 图 A.2 中所规定的 B 区为机组长期稳定运行区，根据机组的转速，查得摆度允许值为 265μm。

4）在电站空化系数下测量尾水管压力脉动混频峰峰值，在最大水头与最小水头之比小于 1.6 时，其保证值应不大于相应运行水头的 3%～11%，低比转速取小值，高比转速取大值（由公式 $n_s=\frac{nN^{0.5}}{H^{1.25}}$ 计算机组比转速为 173，属中比速），原型水轮机尾水管进口下游侧压力脉动峰峰值不应大于 $10mH_2O$，取值 4%作为尾水管压力脉动定值。

5）带推力轴承支架的垂直振动小于 70μm。

6）带导轴承支架的水平振动小于 90μm。

7）定子铁芯部位基座水平振动 80μm。

8）定子铁芯在对称负载工况下，100Hz 的允许双幅振动值不大于 30μm。

9）顶盖水平振动小于 70μm。

10）顶盖垂直振动小于 90μm。

11）带推力轴承支架的垂直振动小于 70μm。

12）带导轴承支架的水平振动小于 90μm。

13）定子铁芯振动（100Hz）小于 30μm。

14）定子铁芯部位基座水平振动 80μm。

15）机组运行摆度（双幅值）不大于 75%的轴承总间隙。

对该机组推荐的运行区划分标准如下：

1）稳定运行区。该区域没有水力共振、叶道涡、卡门涡共振和异常振动现象，且稳定性参数均满足国标要求，尾水压力脉动小于 4%。

2）限制运行区。该区域没有水力共振、叶道涡、卡门涡共振和异常振动现象，压力脉动小于 4%，部分测点的机组振动幅值略超过运行标准的允许值；满足机组合同定义的长期稳定运行范围（50%～100%）出力规定值。

3）禁止运行区。稳定运行区及限制运行区以外的区域。

最终确定的该机组稳定运行区划分标准见表 15.5-7。

表 15.5-7　　机组运行区划分标准

项目		限制值
水轮机	顶盖水平振动/μm	70（GB/T 15468）
	顶盖垂直振动/μm	90（GB/T 15468）
	水导摆度/μm	265（GB/T 11348.5）
	尾水管压力脉动	尾水管进口下游侧相对压力脉动为 3%～11%，压力脉动峰峰值不大于 $10mH_2O$（GB/T 15468）
		由公式 $n_s=\frac{nN^{0.5}}{H^{1.25}}$ 计算机组比转速为 173
		根据水轮机对混流式比转速的划分，173 属中比速，按 3%～11%的划分，取值 4%作为尾水管压力脉动定值
水轮发电机	下机架垂直振动/μm	70（水轮发电机基本技术条件 GB/T 7894）
	下机架水平振动/μm	90（水轮发电机基本技术条件 GB/T 7894）
	上机架水平振动/μm	90（水轮发电机基本技术条件 GB/T 7894）
	定子机座水平振动/μm	80（水轮发电机基本技术条件 GB/T 7894 第 1 号修改单）

15.5.4 试验数据及分析

不同水头下测量得到的压力脉动及振动结果如图 15.5-1～图 15.5-9 所示（图中标注均采用毛水头+上游水位）。

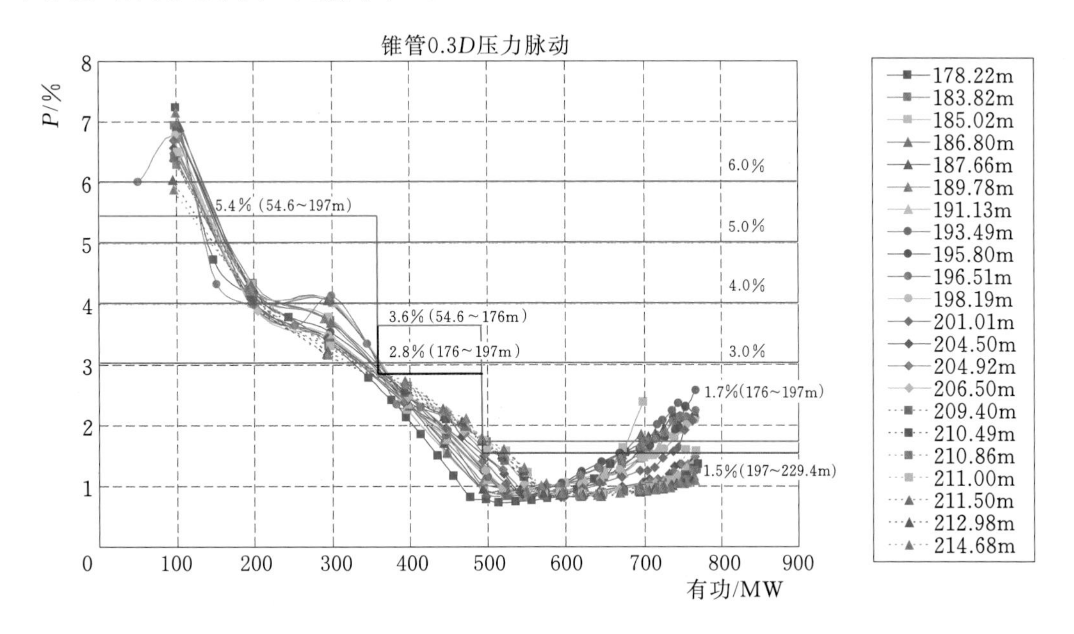

图 15.5-1　试验水头尾水锥管进口 0.3D 压力脉动上游趋势图

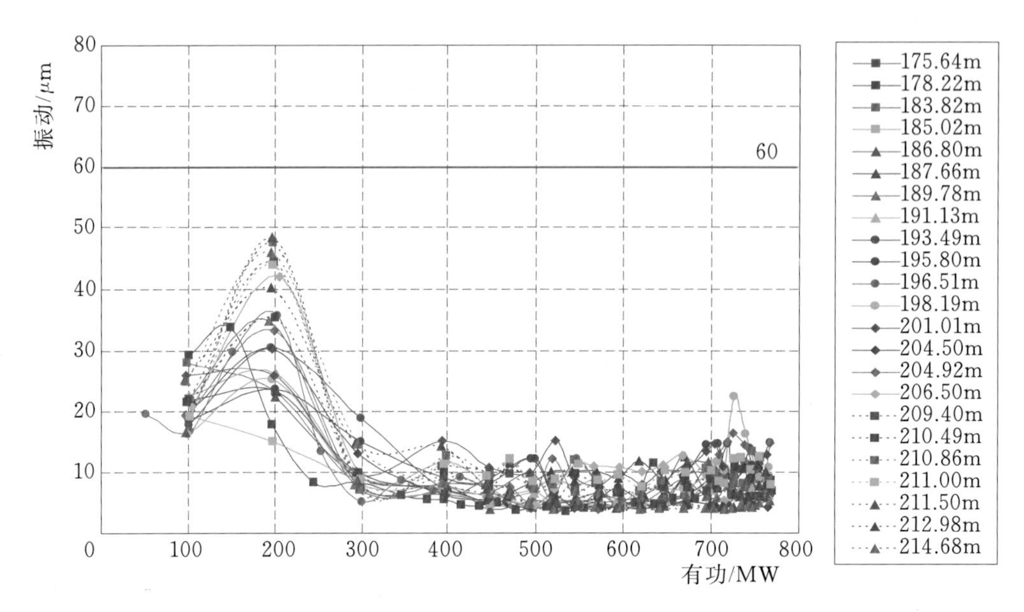

(a) 顶盖振动水平+X

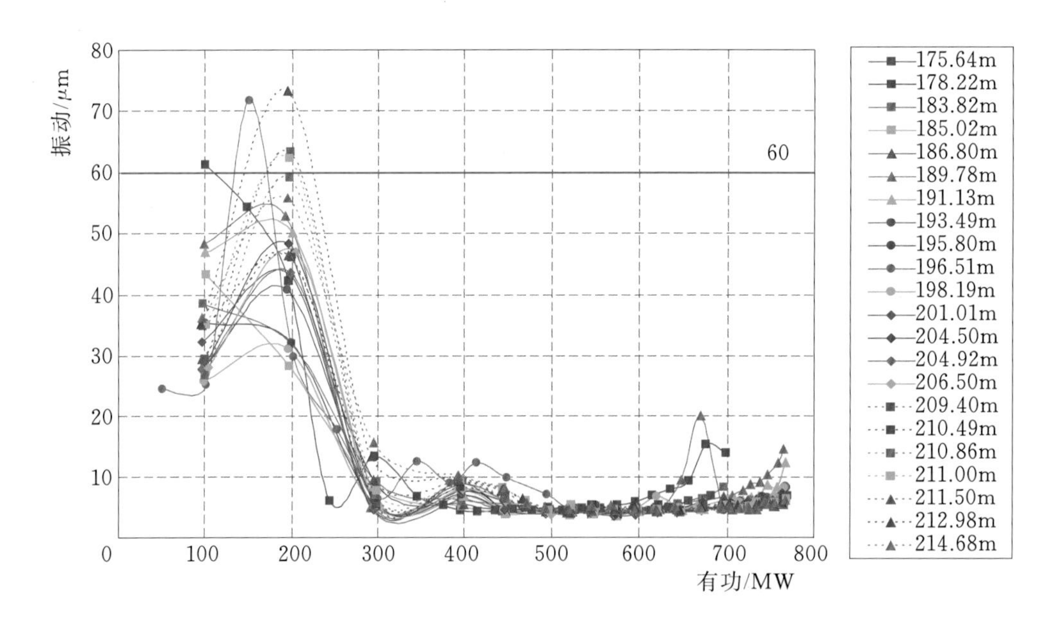

(b) 顶盖振动水平+Y

图15.5-2 全水头顶盖水平振动趋势图

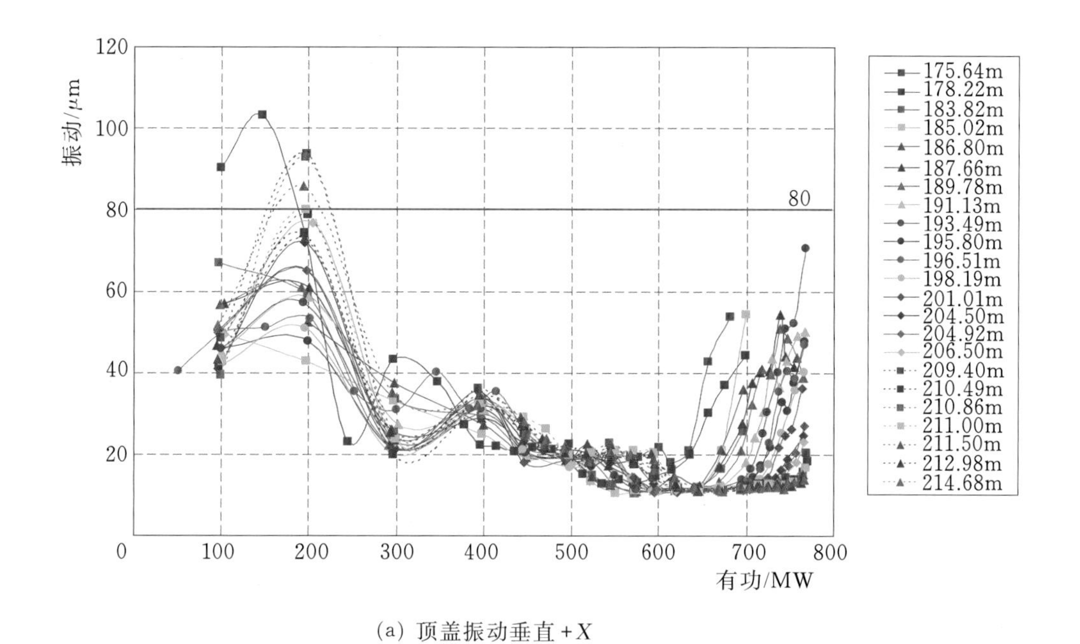

(a) 顶盖振动垂直+X

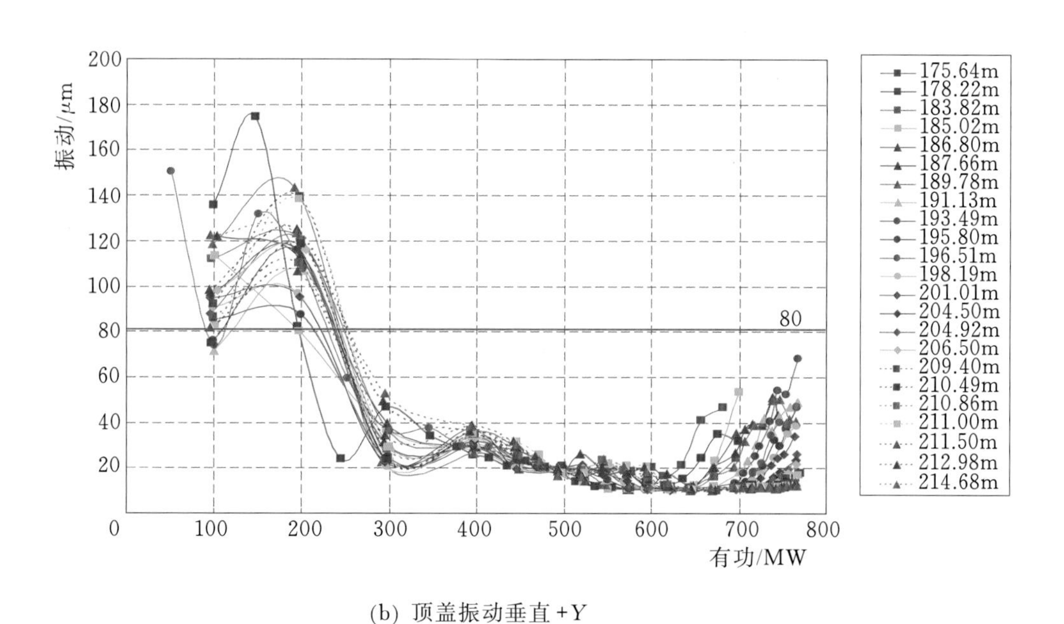

(b) 顶盖振动垂直+Y

图 15.5-3 全水头顶盖垂直振动趋势图

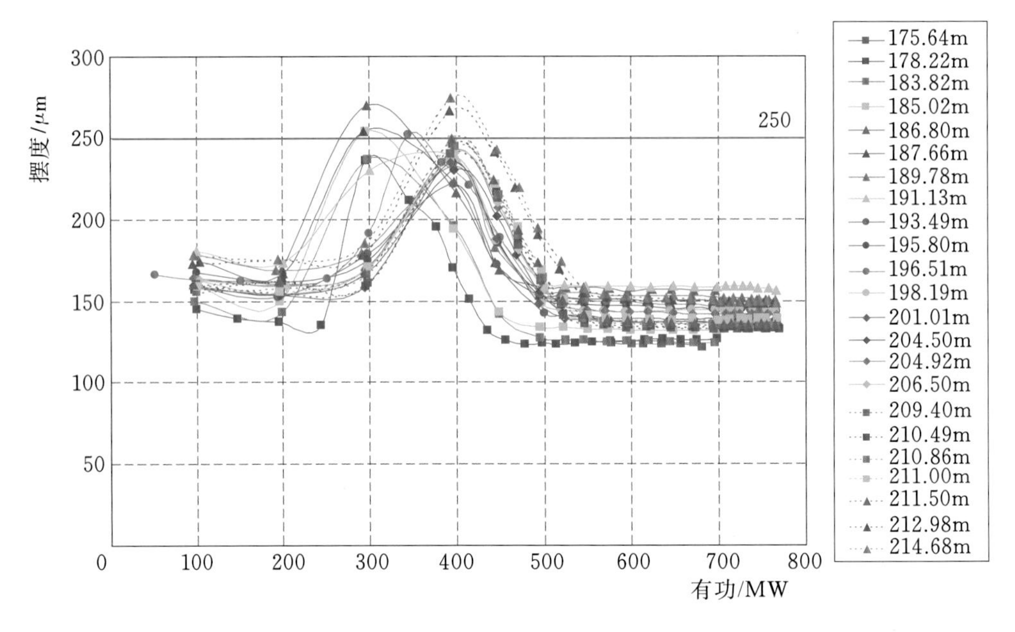

(a) 上导摆度+X

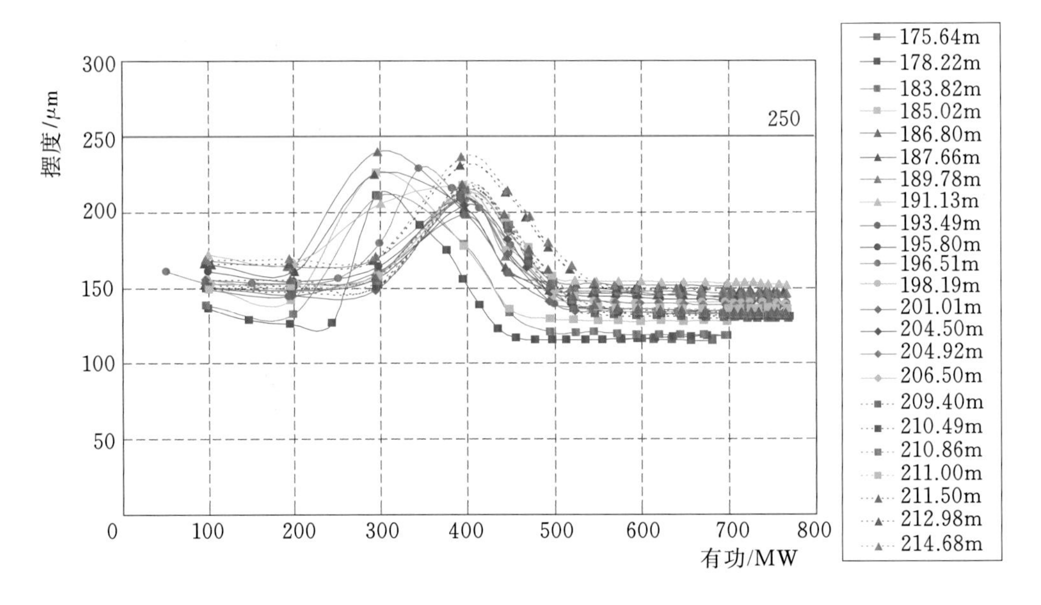

(b) 上导摆度+Y

图15.5-4 全水头上导摆度趋势图

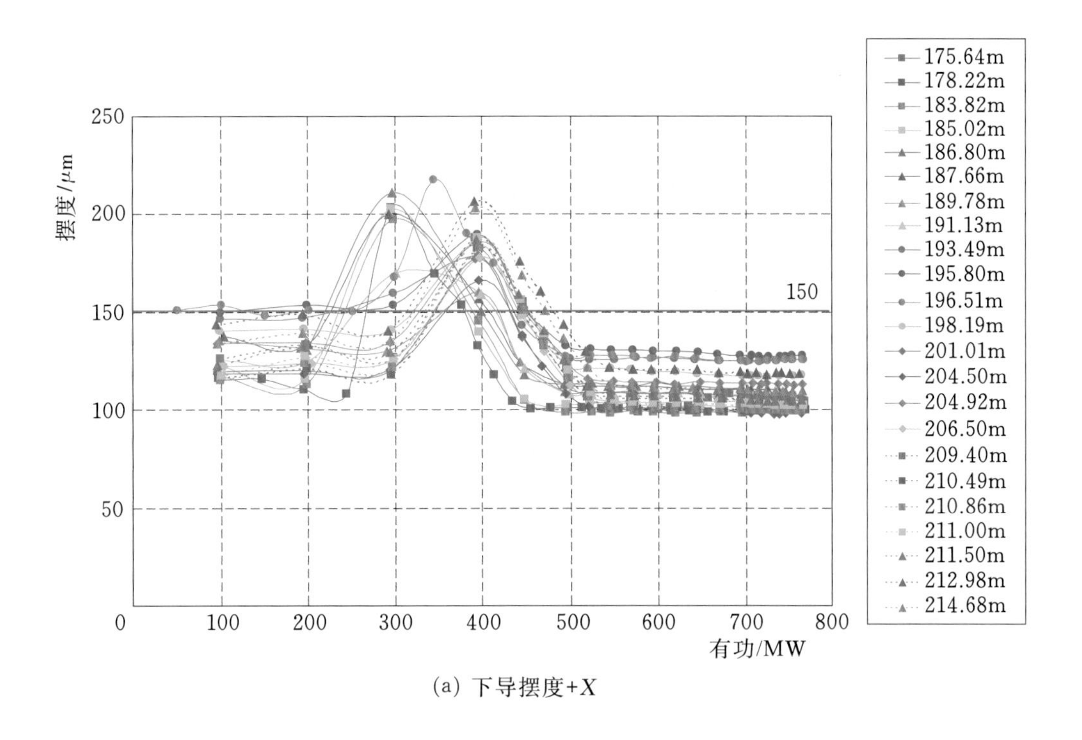

(a) 下导摆度+X

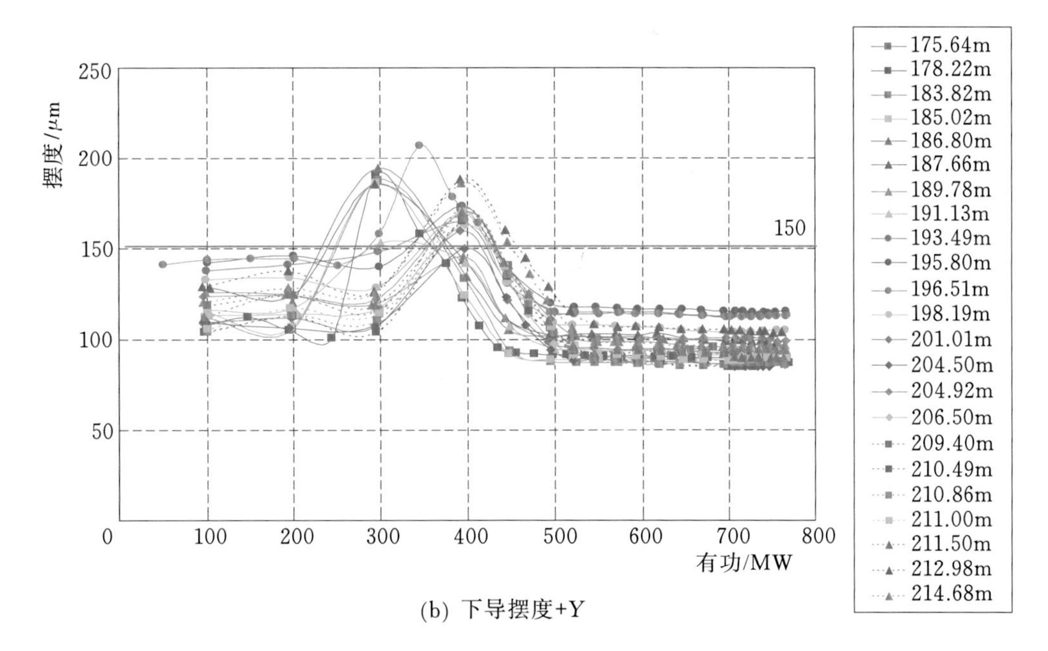

(b) 下导摆度+Y

图 15.5－5　全水头下导摆度趋势图

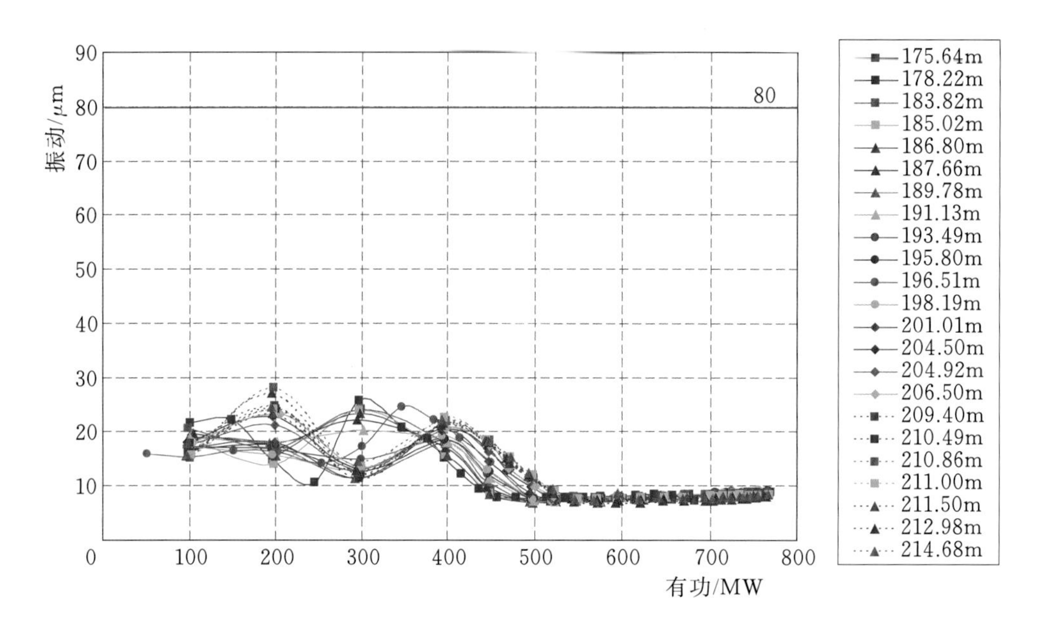

(a) 上机架振动水平 +X

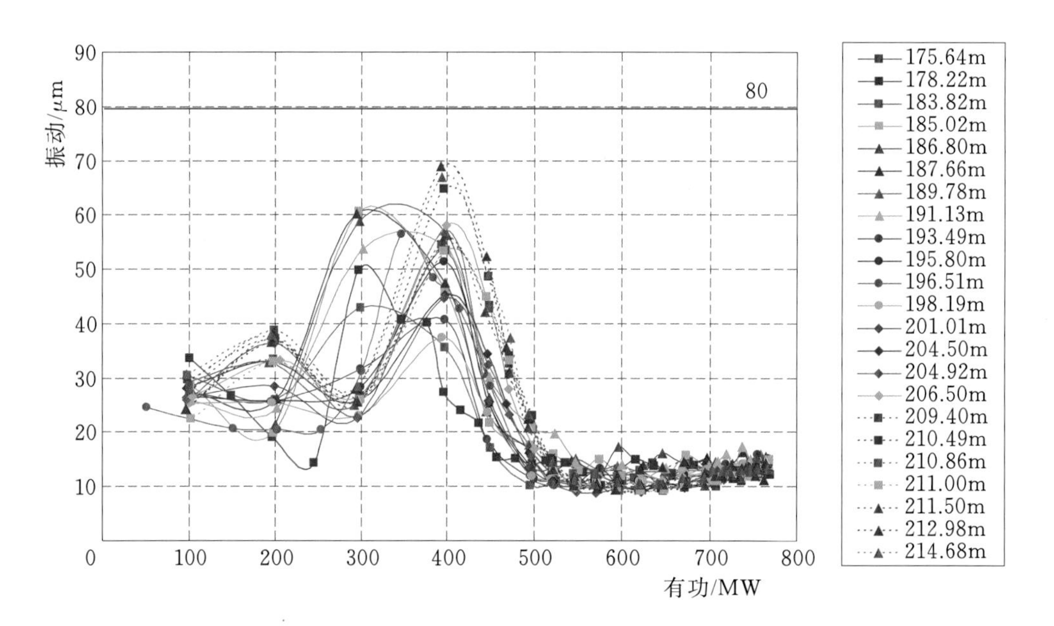

(b) 上机架振动水平 +Y

图 15.5-6 全水头上机架水平振动趋势图

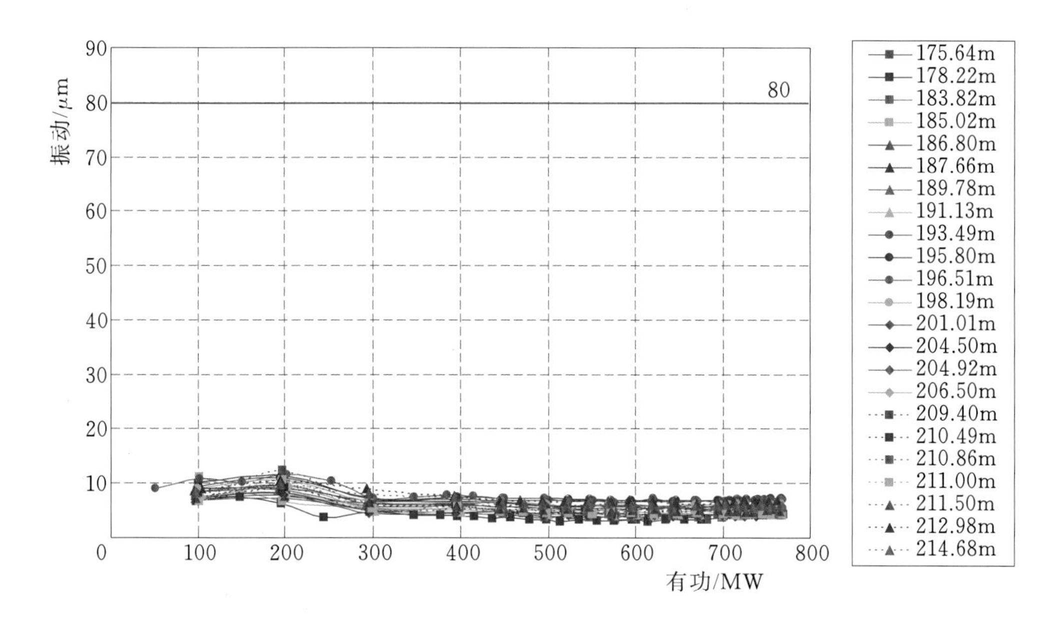

(a) 下机架振动水平 +X

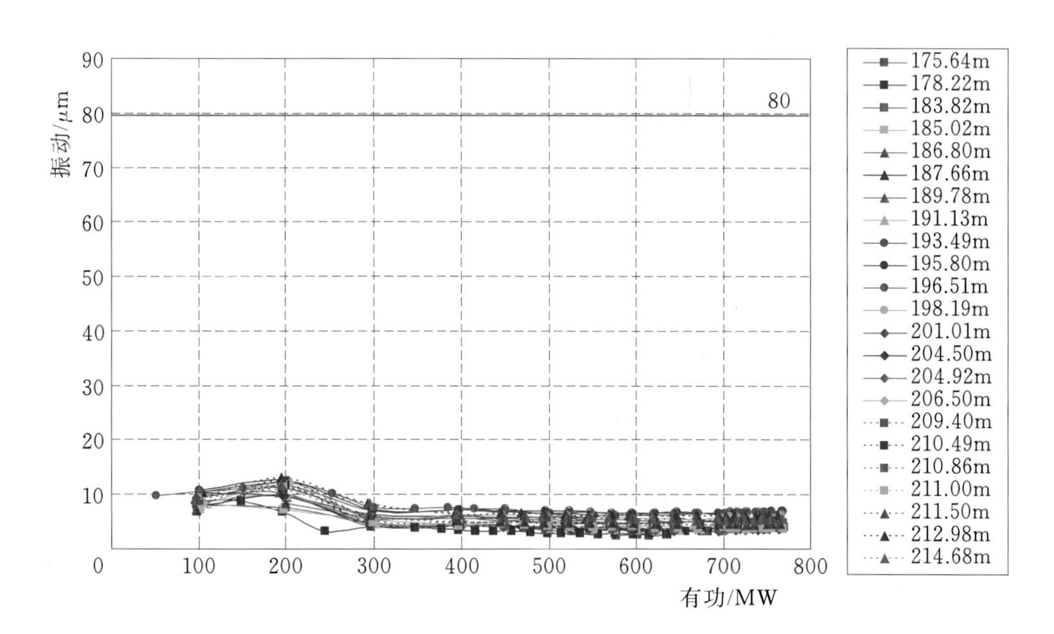

(b) 下机架振动水平 +Y

图 15.5-7　全水头下机架水平振动趋势图

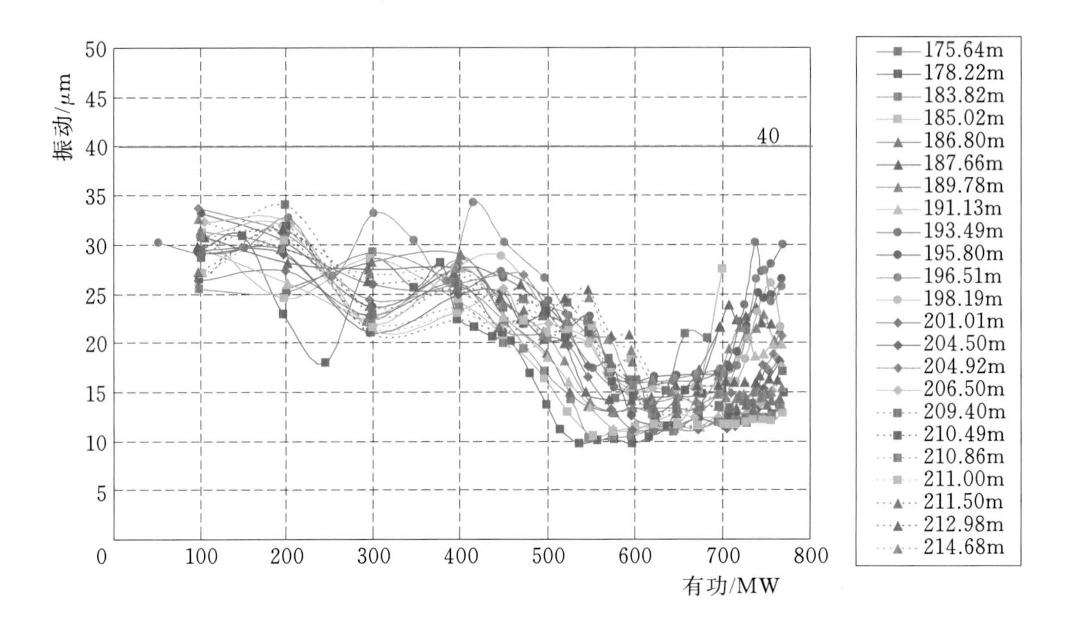

(a) 下机架振动垂直+X

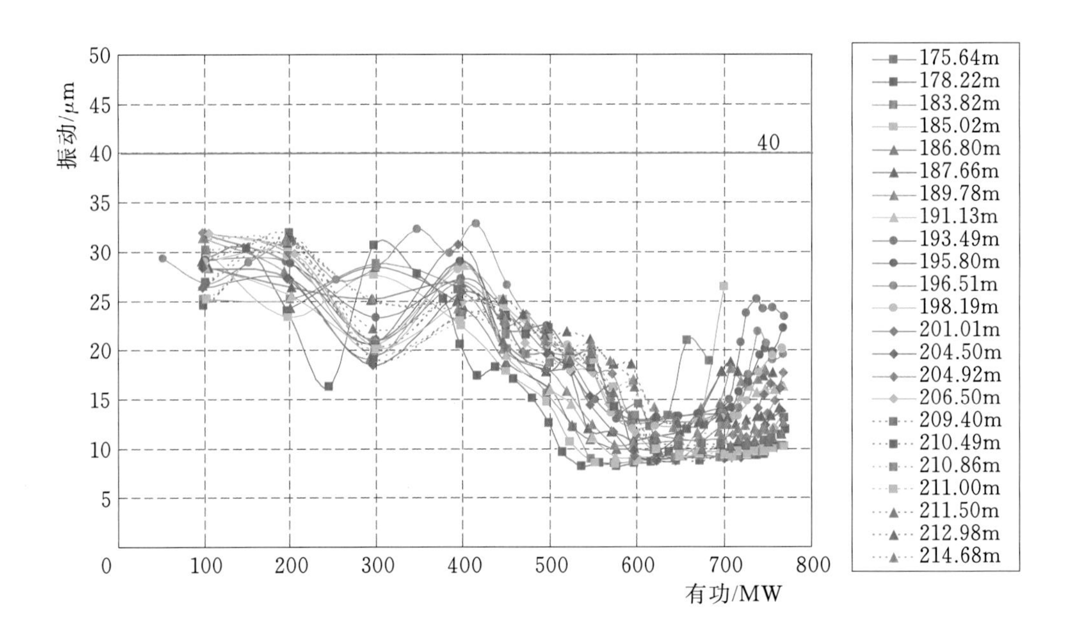

(b) 下机架振动垂直+Y

图15.5-8 全水头下机架垂直振动趋势图

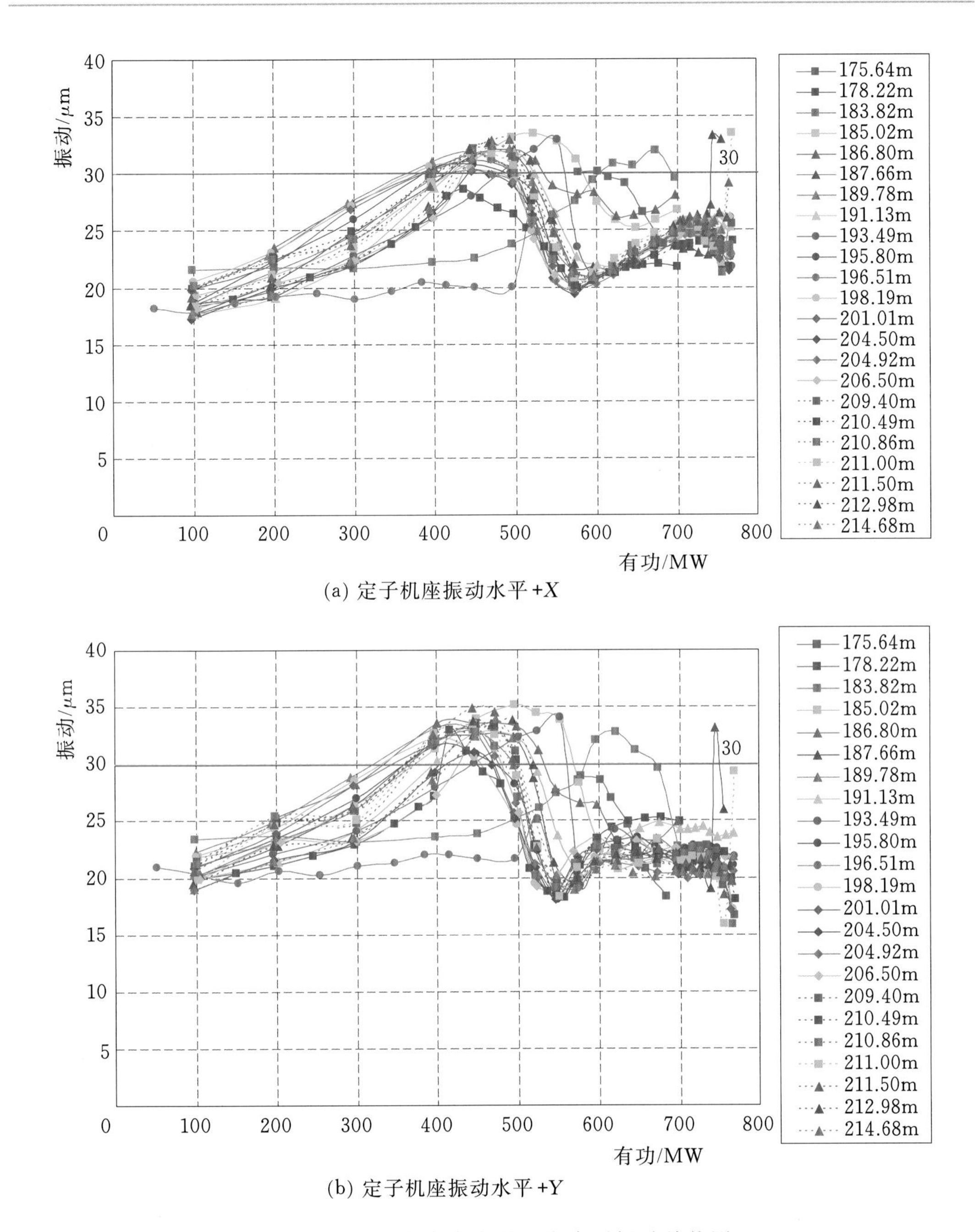

(a) 定子机座振动水平+X

(b) 定子机座振动水平+Y

图 15.5-9 全水头定子机座水平振动趋势图

15.5.5 稳定运行范围

根据表 15.5-7 规定的限值进行稳定运行区域划分，各毛水头下稳定运行范围上下限见表 15.5-8，图形显示如图 15.5-10 所示。

表 15.5-8 机组有功在不同毛水头下建议运行区间

毛水头 /m	稳定运行区范围 /MW		限制运行范围 /MW		毛水头 /m	稳定运行区范围 /MW		限制运行范围 /MW	
	下限	上限	下限	上限		下限	上限	下限	上限
*154	334	553	254	334	192	407	770	368	407
*155	336	560	257	336	193	408	770	371	408
*156	338	566	260	338	194	410	770	374	410
*157	340	572	263	340	195	412	770	377	412
*158	342	578	266	342	196	414	770	380	414
*159	344	584	269	344	197	416	770	383	416
*160	346	590	272	346	198	418	770	386	418
*161	348	596	275	348	199	420	770	386	420
*162	350	602	278	350	200	422	770	386	422
*163	352	608	281	352	201	424	770	386	424
*164	353	614	284	353	202	426	770	386	426
*165	355	620	287	355	203	427	770	386	427
*166	357	626	290	357	204	429	770	386	429
*167	359	632	293	359	205	431	770	386	431
*168	361	638	296	361	206	433	770	386	433
*169	363	644	299	363	207	435	770	386	435
*170	365	650	302	365	208	437	770	386	437
*171	367	656	305	367	209	439	770	386	439
*172	369	663	308	369	210	441	770	386	441
*173	371	669	311	371	211	443	770	386	443
*174	372	675	314	372	212	445	770	386	445
175	374	681	317	374	213	446	770	386	446
176	376	687	320	376	214	448	770	386	448
177	378	693	323	378	215	450	770	386	450
178	380	699	326	380	216	452	770	386	452
179	382	705	329	382	217	454	770	386	454
180	384	711	332	384	*218	456	770	386	456
181	386	717	335	386	*219	458	770	386	458
182	388	723	338	388	*220	460	770	386	460
183	390	729	341	390	*221	462	770	386	462
184	391	735	344	391	*222	464	770	386	464
185	393	741	347	393	*223	465	770	386	465
186	395	747	350	395	*224	467	770	386	467
187	397	753	353	397	*225	469	770	386	469
188	399	759	356	399	*226	471	770	386	471
189	401	765	359	401	*227	473	770	386	473
190	403	770	362	403	*228	475	770	386	475
191	405	770	365	405					

注：表中带 * 的水头未进行实际测量，由实测数据和模型试验数据拟合得到。

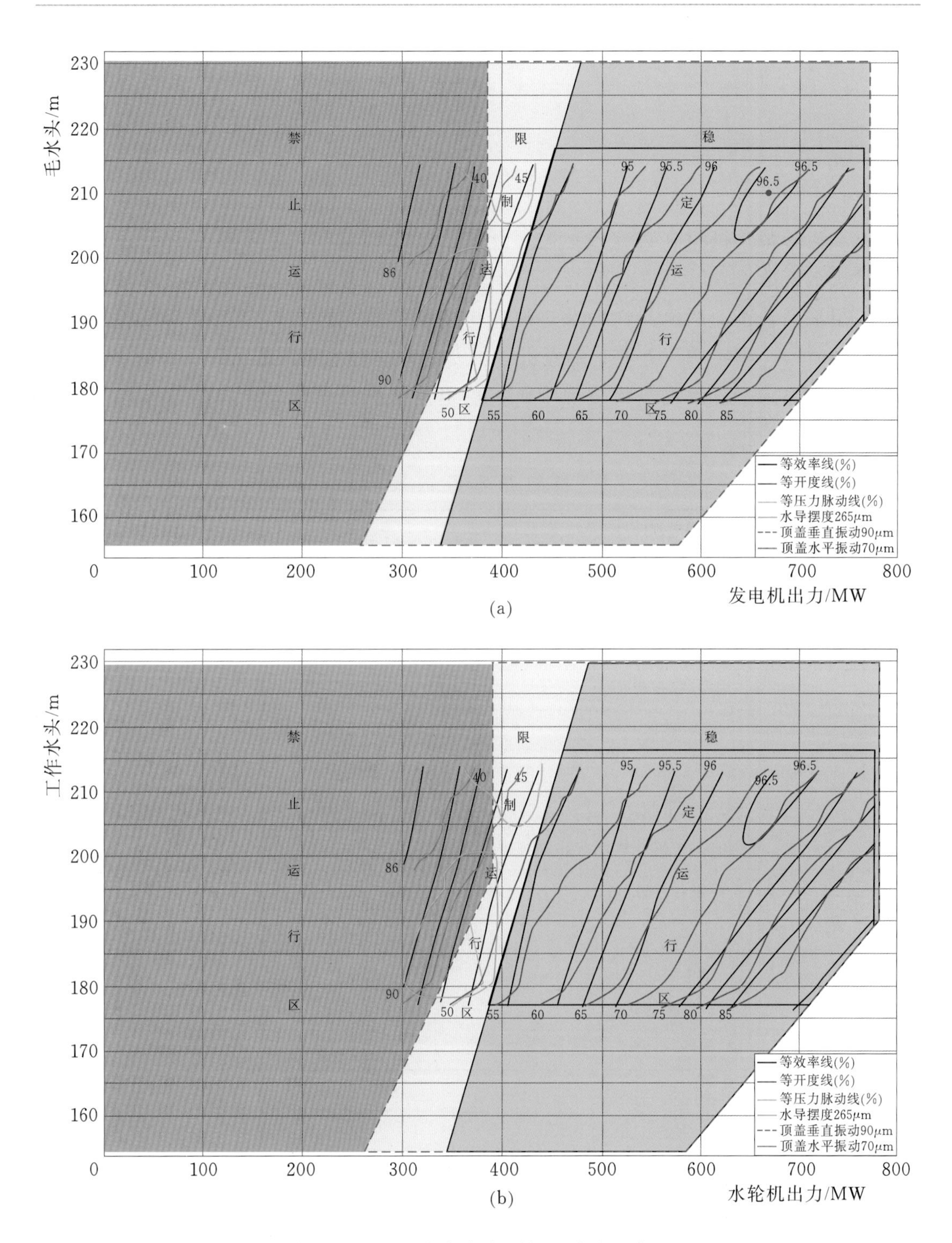

图 15.5-10 试验水头下机组稳定运行区

注：图中实线为根据实际数据划分，虚线部分为根据实际数据和模型试验数据拟合得到。

15.6 过速试验及甩负荷试验

15.6.1 基本情况

某轴流转桨式机组在首次投运时，开展了过速试验和甩负荷试验。通过过速试验测试机组转速、导叶开度、蜗壳进口压力及尾水管进口水压的情况，测量过速试验中机组最高转速、调速器性能及过速保护的动作整定值。通过甩负荷试验测试接力器不动时间、机组转速上升、蜗壳进口压力上升、尾水管压力下降，验证水轮机调节保证计算结果，监测甩负荷过程中机组稳定性情况。水轮发电机组基本参数见表 15.6-1。

表 15.6-1 机组基本参数表

项　目	单位	额定值
水轮机额定出力	MW	153
发电机额定容量	kVA	171429
转轮直径（D_1）	mm	10200
接力器行程	mm	985
额定转速	r/min	62.5
最大飞逸转速	r/min	140
水导轴承间隙	mm	0.26（单边）
水轮机无空化运行所需允许的吸出高度	m	−8.6
转轮叶片数	个	5
额定功率	MW	150
额定电压	V	13800
额定功率因数		0.875
上导轴承间隙	mm	0.15（单边）

15.6.2 测试方法及测点布置

1. 过速试验

将测速装置各过速保护触点从水机保护回路中断开，用临时方法监视其动作情况。以手动方式使机组达到额定转速；待机组运转正常后，将导叶开度限制机构的开度继续加大，使机组转速上升到额定转速的 115%，观察测速装置触点的动作情况。如机组运行无异常，继续将转速升至设计规定的过速保护整定值，监视电气与机械过速保护装置的动作情况。

2. 甩负荷试验

机组甩负荷试验在额定负荷的25%、50%、75%和100%下分别进行，记录过渡过程的各种参数变化曲线及过程曲线，记录各部瓦温的变化情况。机组甩25%额定负荷时，记录接力器不动时间。

3. 测点布置

测点布置如表15.6-2和图15.6-1所示。

表15.6-2 过速试验及甩负荷试验测点布置

序号	信号类型	测点名称
1	摆度	上导+X向摆度
2		上导+Y向摆度
3		水导+X向摆度
4		水导+Y向摆度
5	振动	上机架+X向水平振动
6		上机架+Y向水平振动
7		上机架+X向垂直振动
8		上机架+Y向垂直振动
9		定子机架X向水平振动
10		定子机架Y向水平振动
11		定子机架X向垂直振动
12		定子机架Y向垂直振动
13		支持盖X向水平振动
14		支持盖Y向水平振动
15		支持盖X向垂直振动
16		支持盖Y向垂直振动
17	工况参数	导叶开度/接力器行程
18		有功功率
19	开关量	机组出口开关
20	水压	蜗壳进口压力
21		尾水出口压力
22	转速	键相

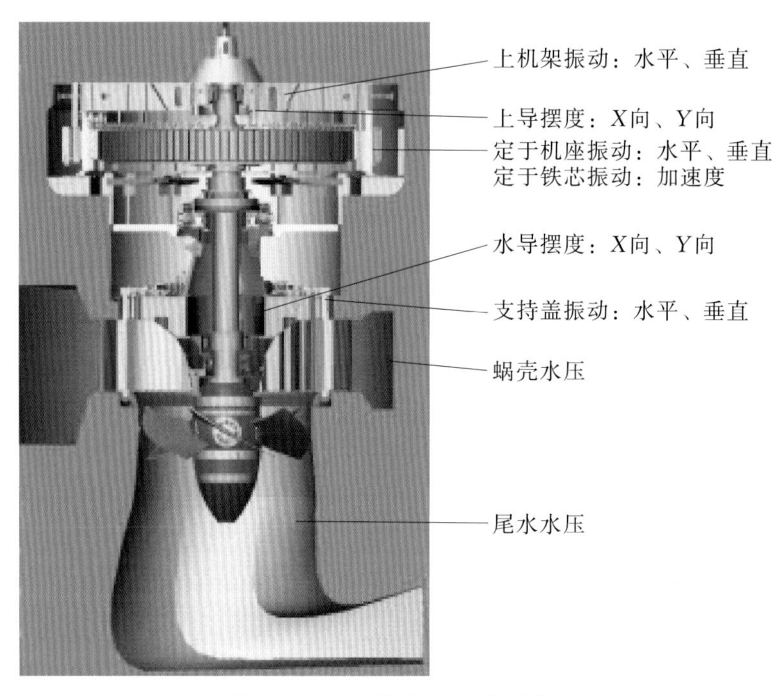

图 15.6-1 测点布置示意图

15.6.3 测试工况及数据分析

15.6.3.1 过速试验

根据机组的设计要求，机组过速试验一般会测试115%额定转速和机械过速保护整定值两个工况，本机组的机械过速保护整定值为152%额定转速。过速试验测试信息见表15.6-3。

表15.6-3　过速试验测试信息表

过速	过速153%n_r		
转速	基准	62.76	r/min
	过速保护整定值	95.70	r/min
	最大值	95.72	r/min
	上升率	52.53	%
蜗壳水压	基准	0.2707	MPa
	最大值	0.2777	MPa
	上升率	2.583	%
尾水水压	基准	0.0615	MPa
	最大值	0.0448	MPa
	上升率	27.15	%

15.6.3.2 甩负荷试验

机组甩负荷试验的主要应在25%额定负荷、50%额定负荷、75%额定负荷、100%额定负荷等工况下分别进行。甩负荷试验测试信息数据、振动摆度数据见表15.6-4、表15.6-5，甩负荷试验接力器不动时间及有关波形图如图15.6-2～图15.6-5所示。

表15.6-4　　甩负荷试验测试信息数据表

通道	参数指标	甩25%	甩50%	甩75%	甩100%
转速	基准/(r·min^{-1})	62.46	62.48	62.49	62.53
	最大值/(r·min^{-1})	72.23	78.07	82.82	87.18
	上升率/%	15.65	24.94	32.52	39.43
蜗壳水压	基准/MPa	0.2765	0.2705	0.2679	0.2651
	最大值/MPa	0.2724	0.2864	0.2921	0.3047
	上升率/%	1.485	5.909	9.031	14.96
尾水水压	基准/MPa	0.06818	0.06891	0.06401	0.04745
	最小值/MPa	0.04497	0.02915	0.01105	0.00061
	下降率/%	34.0	57.7	82.74	122.4

表15.6-5　　甩负荷振动摆度数据表

序号	通道名称	单位	甩25%	甩50%	甩75%	甩100%
1	上导摆度，+X	μm	104	100	101	150
2	上导摆度，+Y	μm	98	88	98	135
3	水导摆度，+X	μm	184	179	197	352
4	水导摆度，+Y	μm	176	167	206	332
5	上机架振动，水平，+X	μm	225	201	215	406
6	上机架振动，水平，+Y	μm	236	190	192	420
7	上机架振动，垂直，+X	μm	68	110	92	114
8	上机架振动，垂直，+Y	μm	63	84	91	106
9	定子机座振动，水平，+X	μm	36	33	34	75
10	定子机座振动，水平，+Y	μm	36	29	45	96
11	定子机座振动，垂直，+X	μm	9	9	14	38
12	定子机座振动，垂直，+Y	μm	8	9	19	26
13	支持盖振动，水平，+X	μm	71	70	187	142
14	支持盖振动，水平，+Y	μm	75	73	99	145
15	支持盖振动，垂直，+X	μm	133	171	220	237
16	支持盖振动，垂直，+Y	μm	133	171	219	231

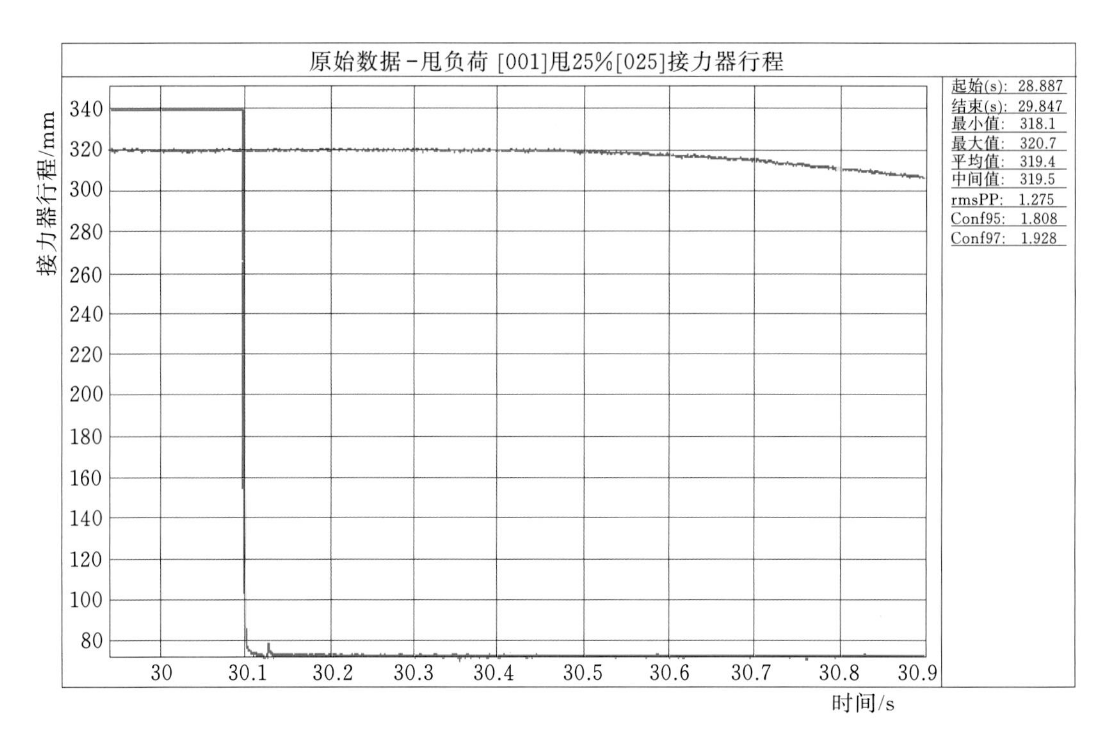

图 15.6-2 甩 25%负荷时接力器不动时间

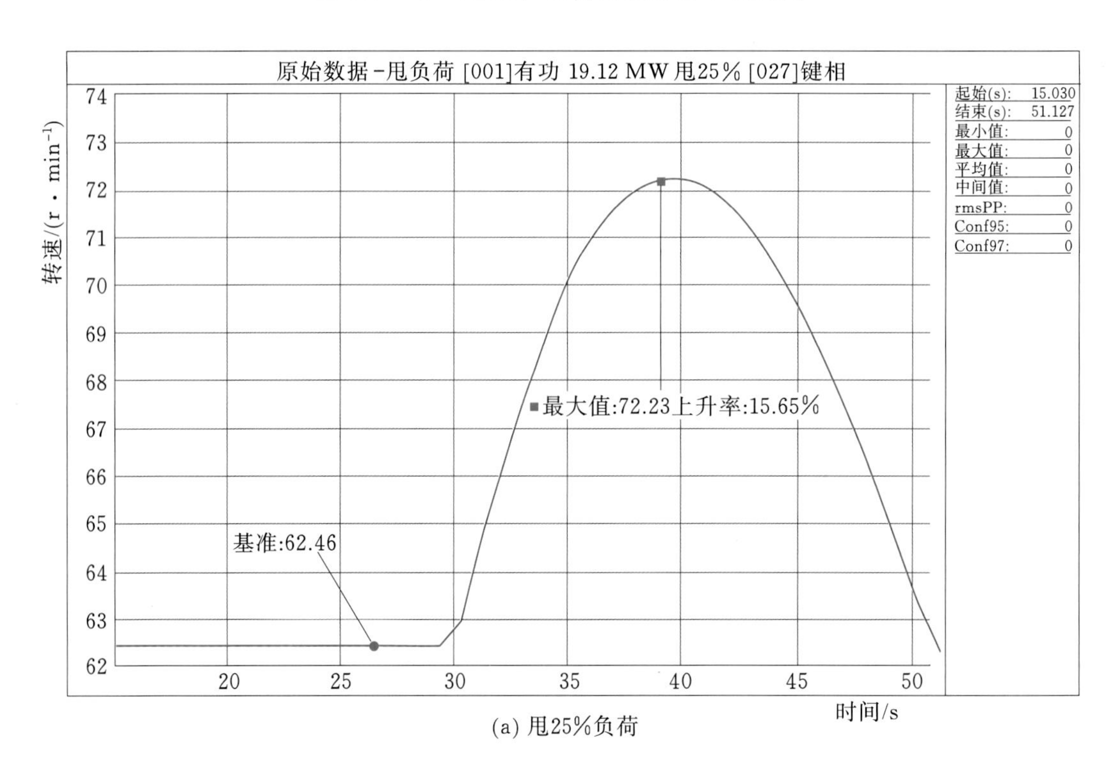

(a) 甩25%负荷

图 15.6-3（一） 机组甩负荷转速波形

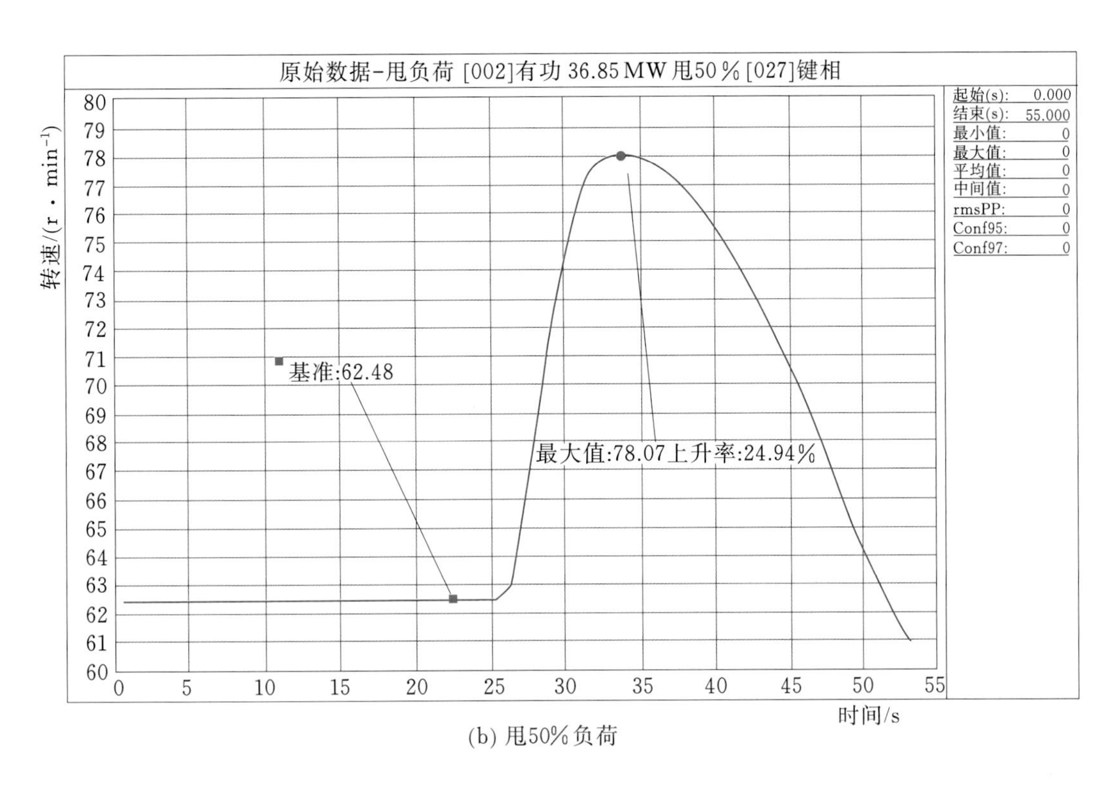

(b) 甩50%负荷

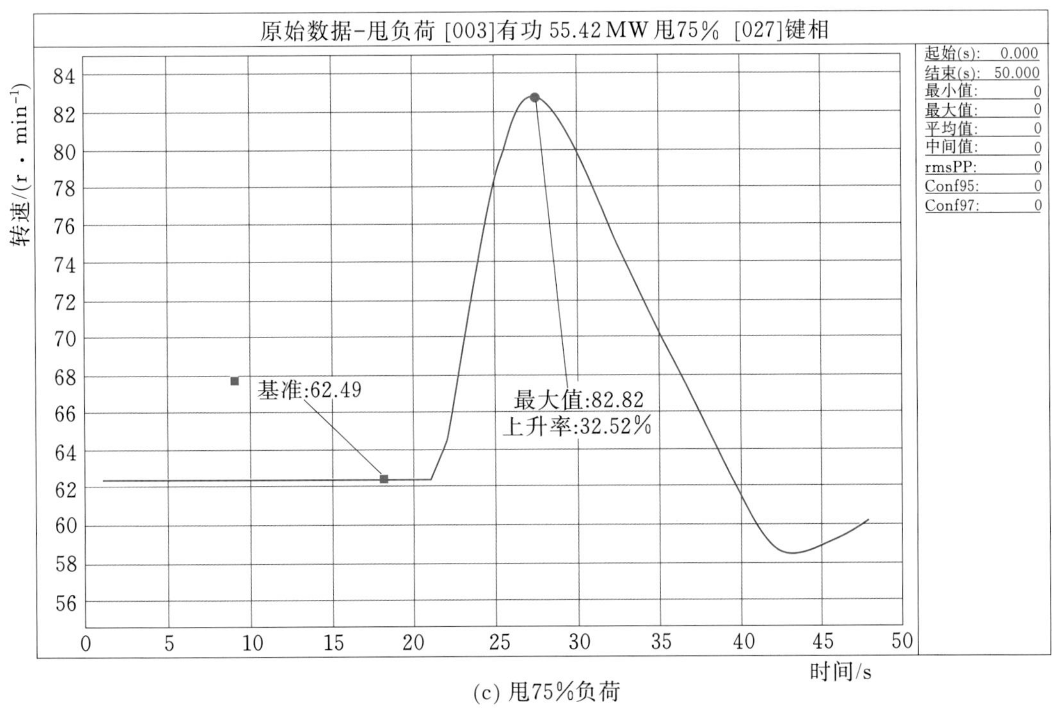

(c) 甩75%负荷

图 15.6-3（二） 机组甩负荷转速波形

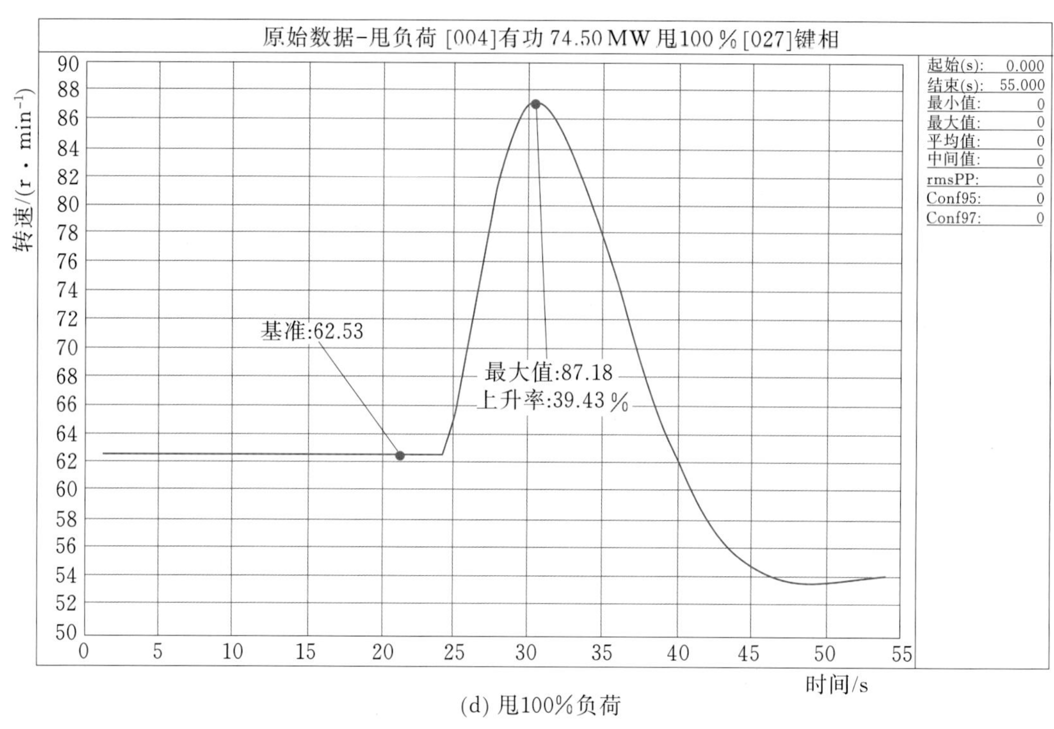

(d) 甩100%负荷

图 15.6-3(三) 机组甩负荷转速波形

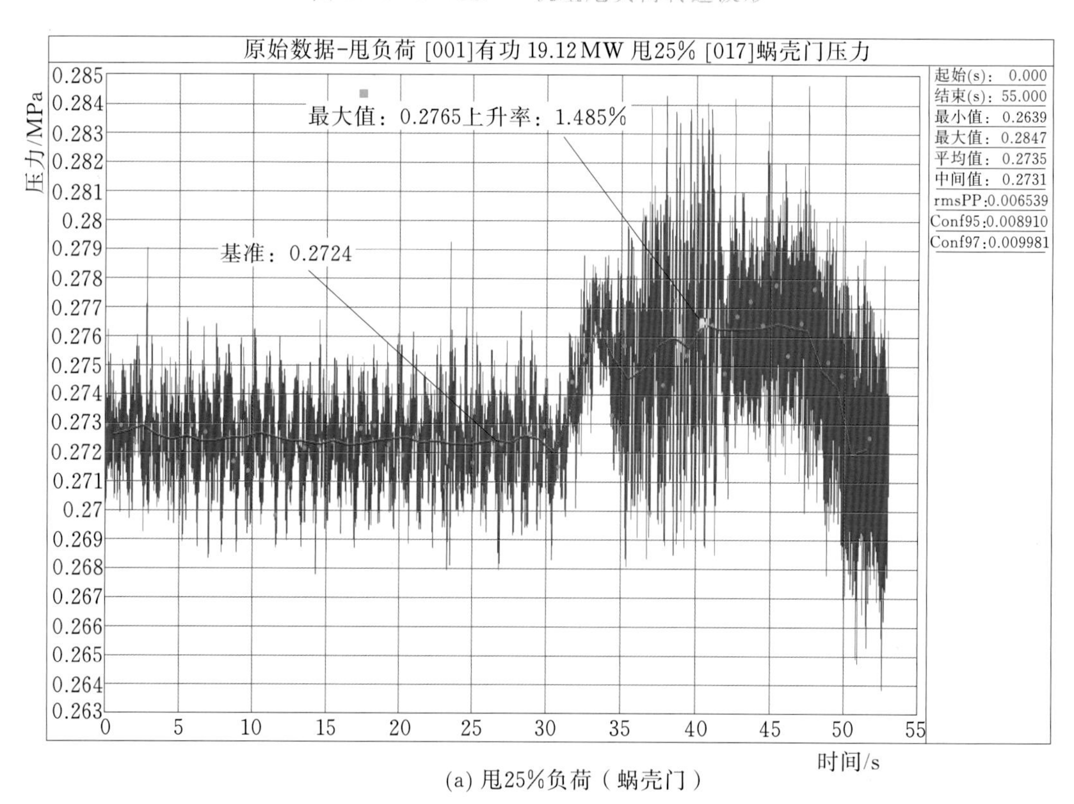

(a) 甩25%负荷（蜗壳门）

图 15.6-4(一) 机组甩负荷水压波形

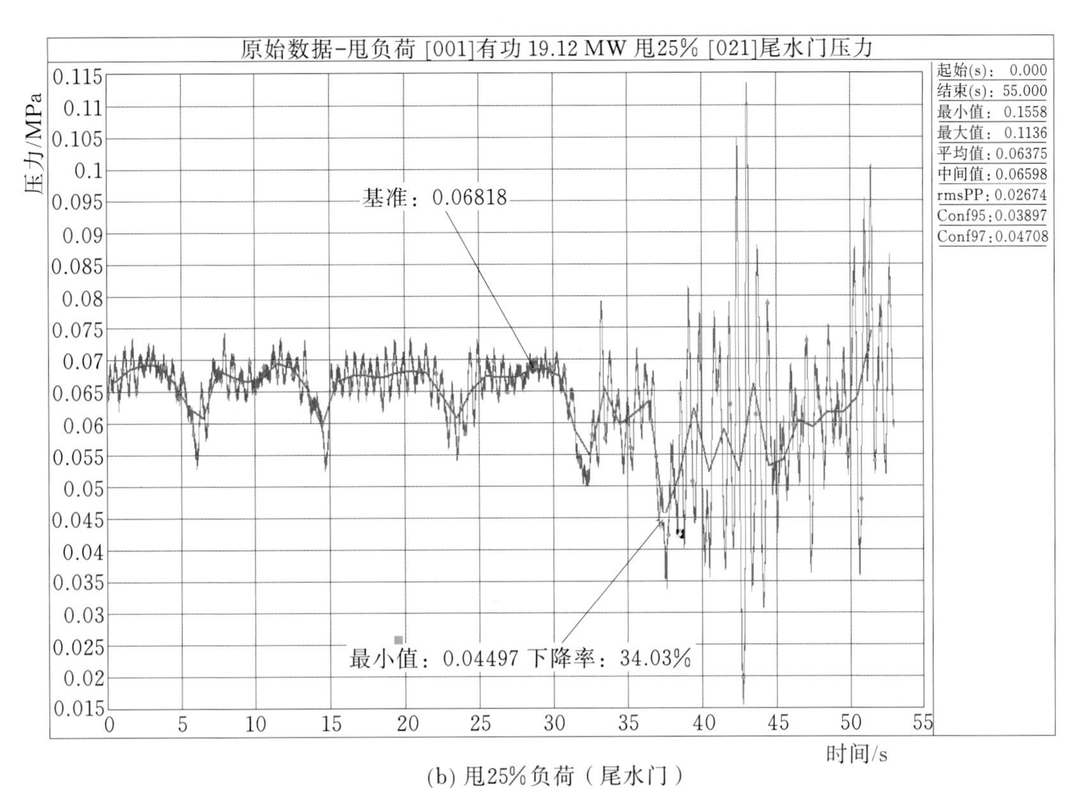

(b) 甩25%负荷（尾水门）

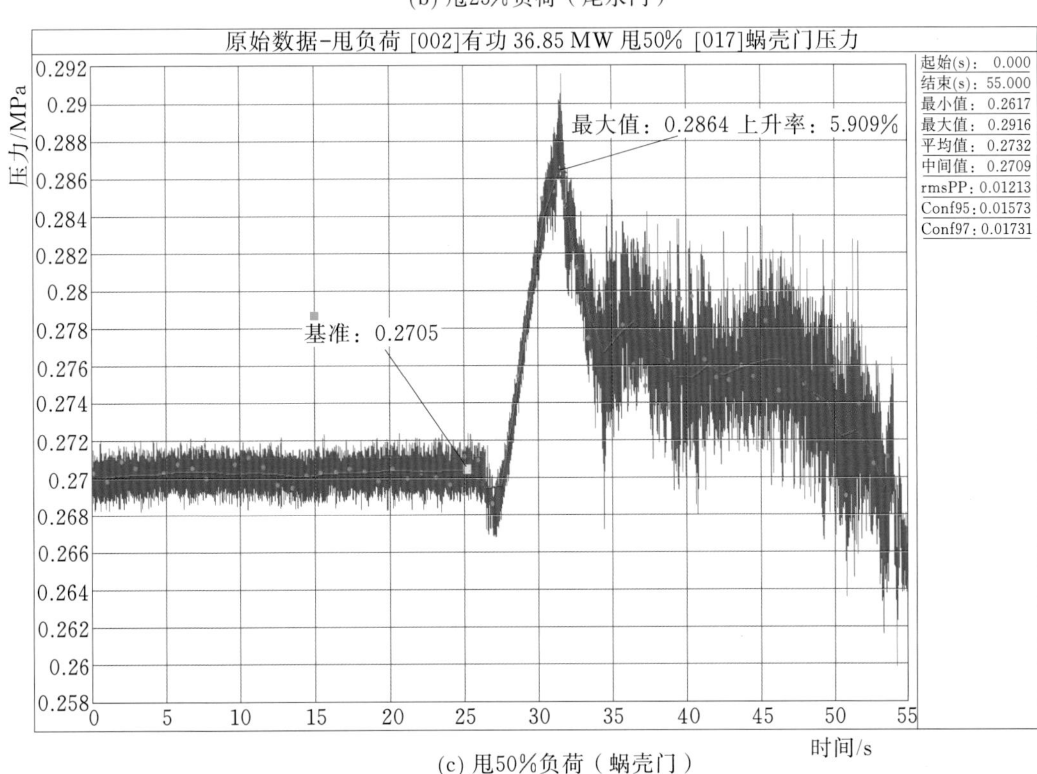

(c) 甩50%负荷（蜗壳门）

图 15.6-4（二）　机组甩负荷水压波形

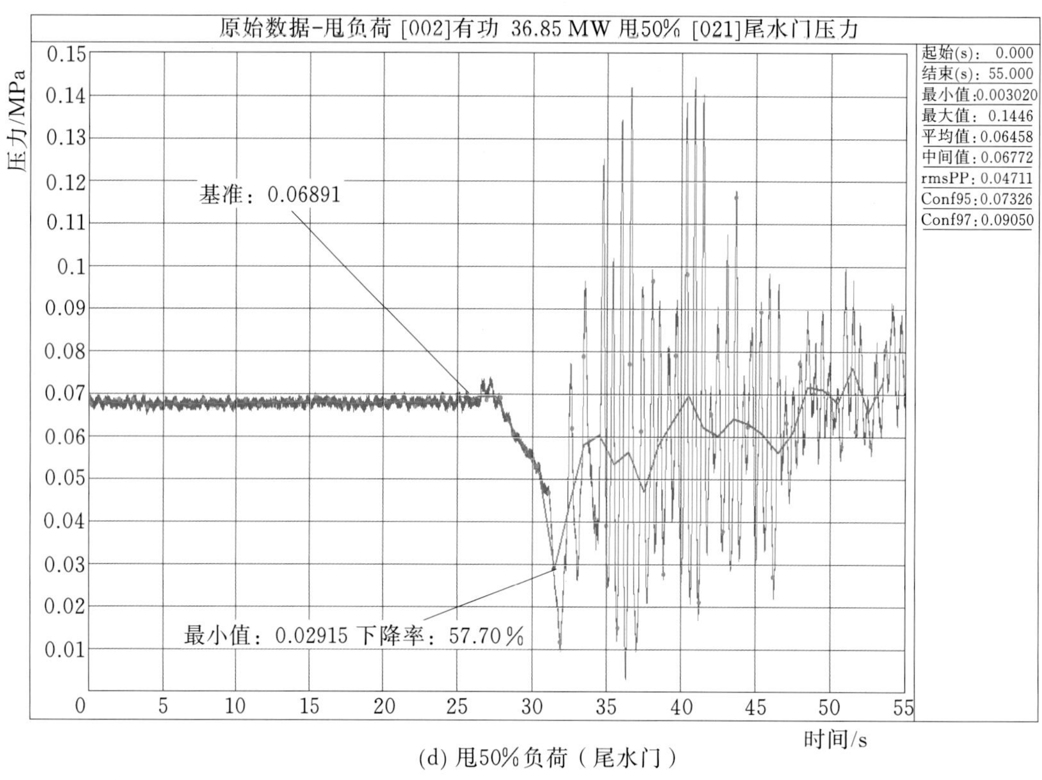

(d) 甩50%负荷（尾水门）

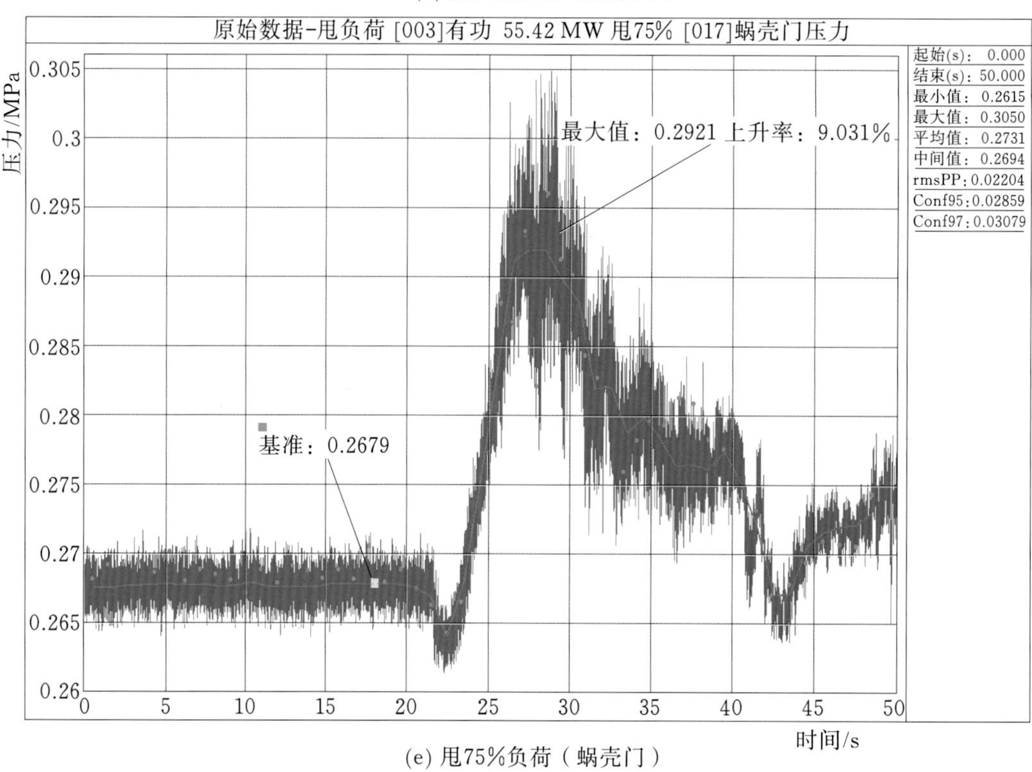

(e) 甩75%负荷（蜗壳门）

图 15.6-4（三） 机组甩负荷水压波形

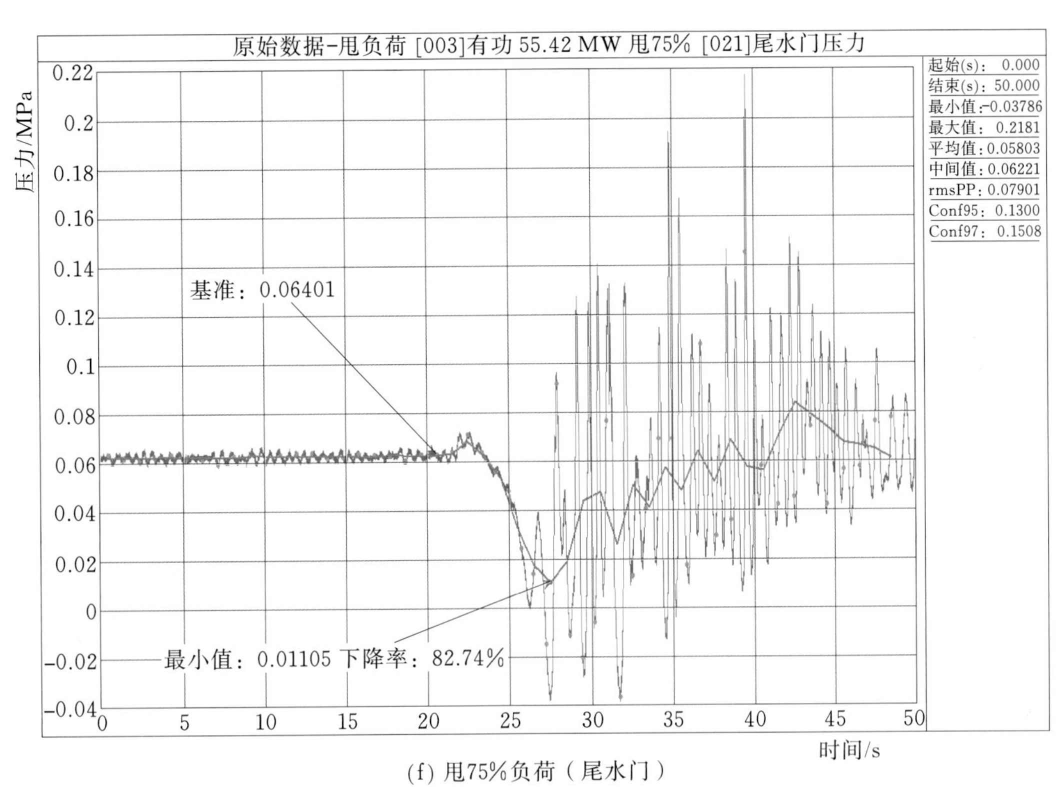

(f) 甩75%负荷（尾水门）

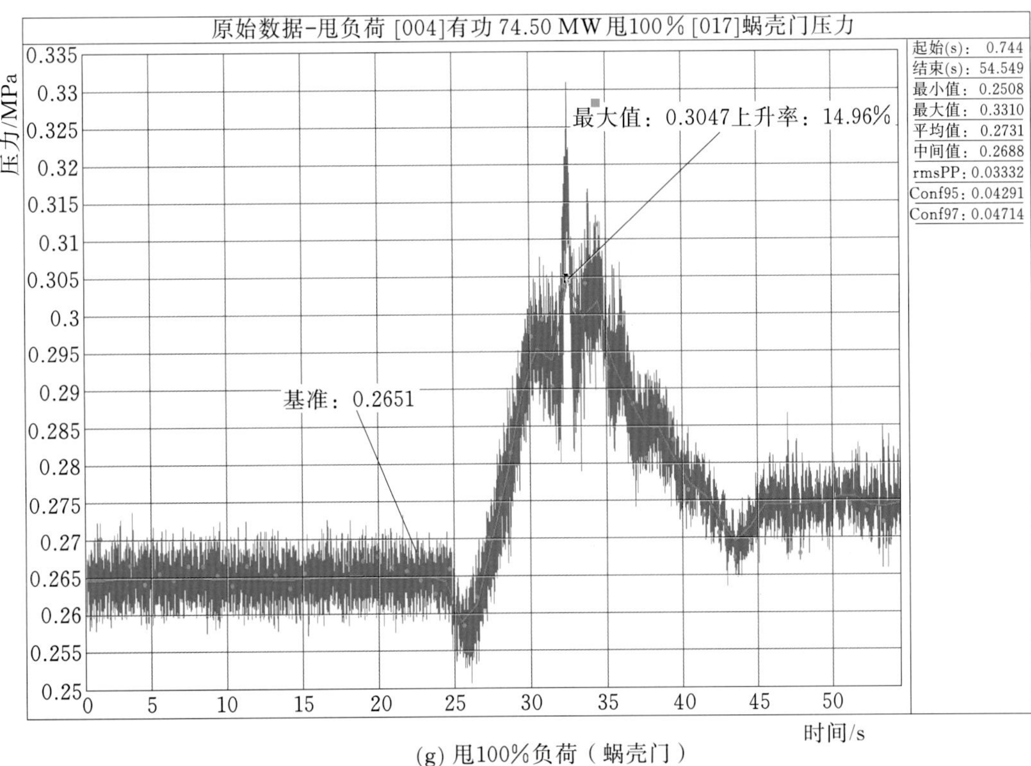

(g) 甩100%负荷（蜗壳门）

图 15.6-4（四） 机组甩负荷水压波形

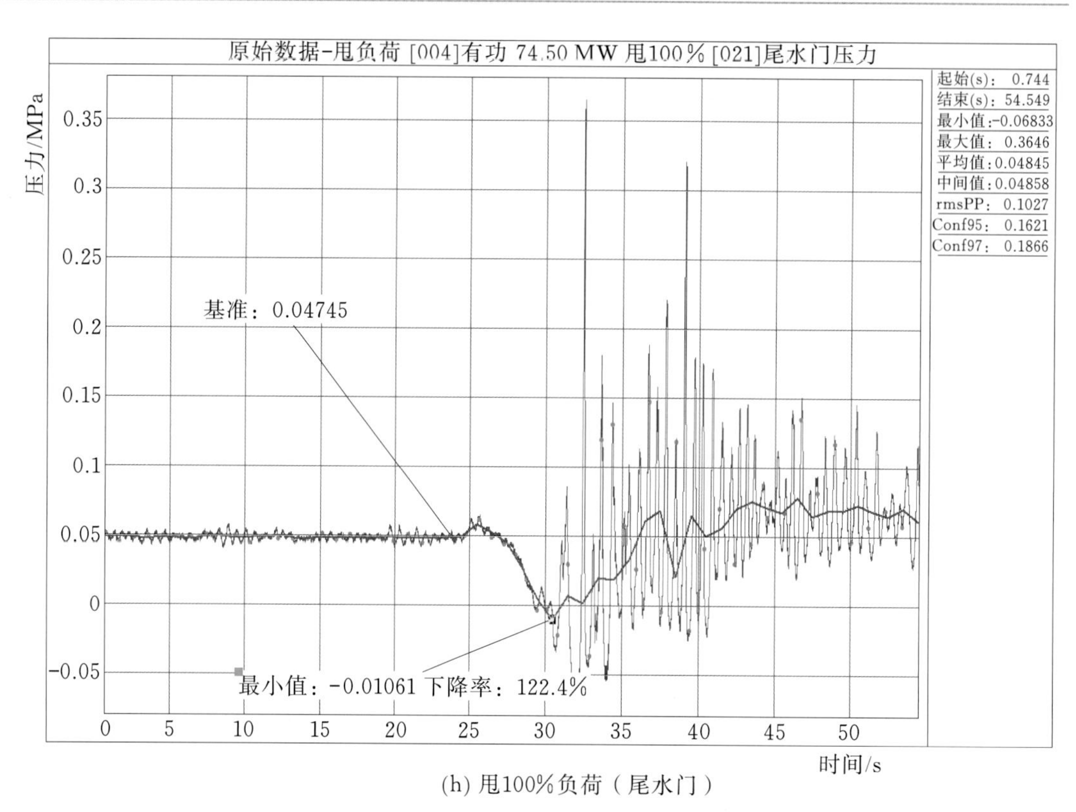

(h) 甩100%负荷（尾水门）

图 15.6-4（五） 机组甩负荷水压波形

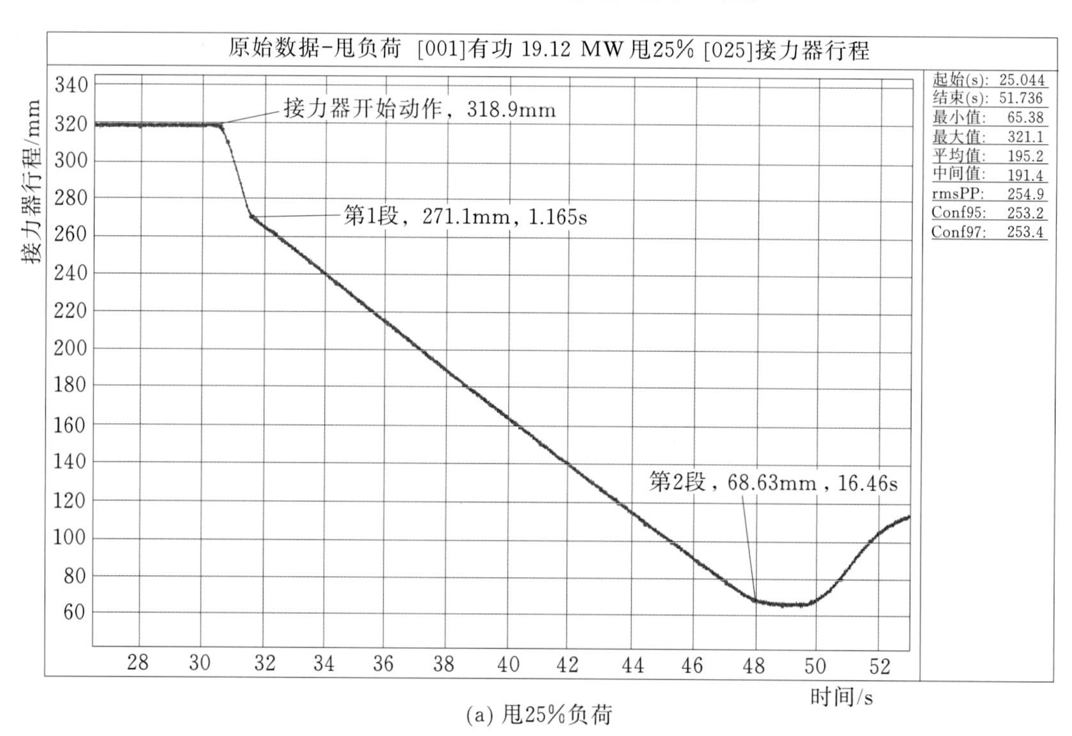

(a) 甩25%负荷

图 15.6-5（一） 机组甩负荷开度波形

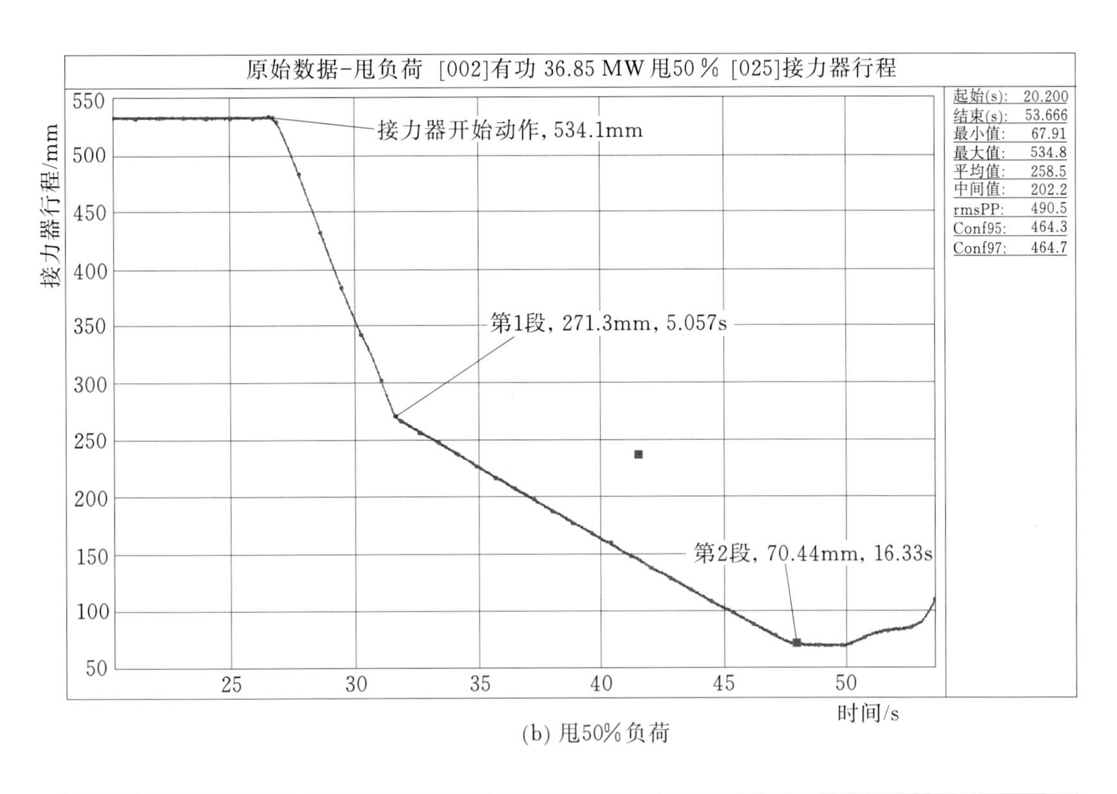

(b) 甩50%负荷

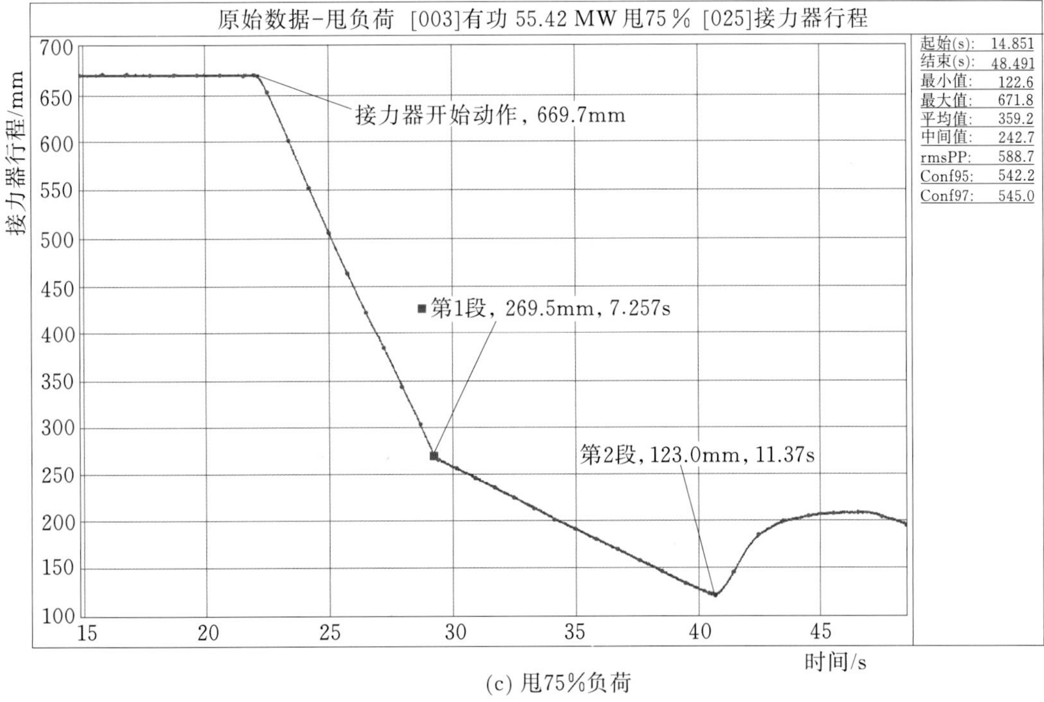

(c) 甩75%负荷

图 15.6-5（二）　机组甩负荷开度波形

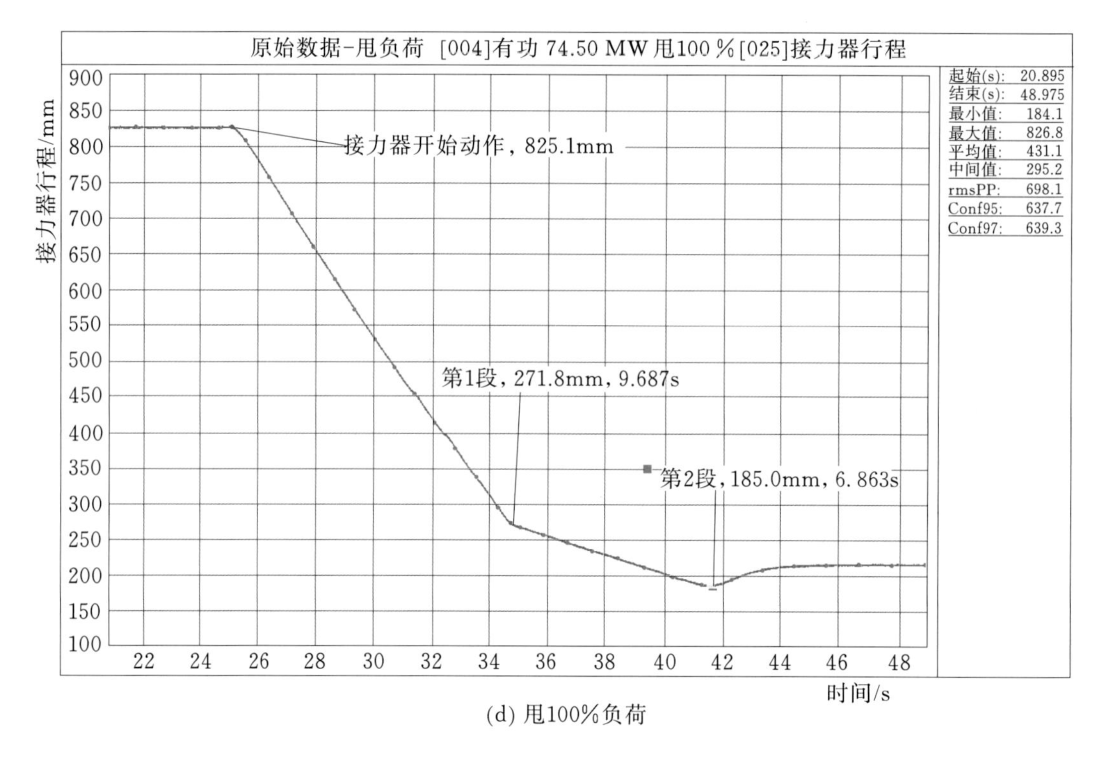

(d) 甩100％负荷

图 15.6-5（三） 机组甩负荷开度波形

15.6.4 结论

（1）纯机械过速动作值 95.70r/min（152.34％），符合 152％±4％要求。

（2）最大转速 95.72r/min，上升率 52.53％，满足合同不大于 60％的要求。

（3）蜗壳压力最大值约为 28.3mH_2O，满足不超过 31mH_2O 的合同要求。

（4）甩 25％负荷时，接力器不动时间为 0.43s（规程要求小于 0.2s），不满足规程要求。

（5）甩负荷试验除接力器不动时间超标外，转速上升率（不大于 60％）、蜗壳水压上升率和分段关闭等指标均满足要求。

15.7 噪 声 测 试

15.7.1 基本情况

某常规混流式机组在部分工况下，存在特定频率的噪声。希望通过噪声测试不同工况下的噪声分布情况及检验强迫补气对降低噪声的效果。水轮发电机组额定出力为 700MW，额定转速为 71.43r/min。

15.7.2 测试方法及测点布置

试验采用电测法测量，用声传感器对噪声的声压进行测量，可以分析声音的频率和噪声等级。测点布置情况见表 15.7-1，按照规范的要求，传感器距离被测物体距离 1m。

表 15.7-1　噪声测点位置

序号	测点位置	传感器特性
1	水车室$-X$	频率响应：8～12.5kHz； 量程：30～130dB
2	水车室$+X$	频率响应：8～12.5kHz； 量程：30～130dB
3	蜗壳进人门	频率响应：8～12.5kHz； 量程：30～130dB
4	尾水进人门上游侧	频率响应：8～12.5kHz； 量程：30～130dB
5	尾水进人门下游侧	频率响应：8～12.5kHz； 量程：30～130dB

15.7.3 测试工况及数据分析

对机组进行了升负荷和降负荷试验，其中升负荷试验过程中关闭强迫补气，降负荷过程中打开强迫补气。试验中各工况点出力分别为：700MW、650MW、600MW、550MW、500MW、400MW、300MW、200MW、100MW、50MW、0MW。

在无强迫补气条件下（升负荷），在出力大于 400MW 时，水车室噪声开始出现 176Hz 左右的频率成分，其幅值均较小，均小于 1.5Pa，不同出力条件下其频率特征见表 15.7-2，其噪声频谱图如图 15.7-1 所示；在有强迫补气条件下（降负荷），水车室噪声在出力范围内未发现 176Hz 频率成分。

升负荷过程（无强迫补气），水车室噪声高频成分较多（幅值均很小），分布在 0～300Hz之间，如图 15.7-3 所示。降负荷（有强迫补气），水车室噪声频率主要集中在 80Hz 以下。有强迫补气和无强迫补气的水车室噪声瀑布图如图 15.7-2、图 15.7-3 所示，升降负荷过程水车室噪声 L 计权声压如图 15.7-4 所示。

15.7.4 测试结果

测试数据表明，强迫补气可以有效消除噪音的高频成分，并可有效降低噪强度。

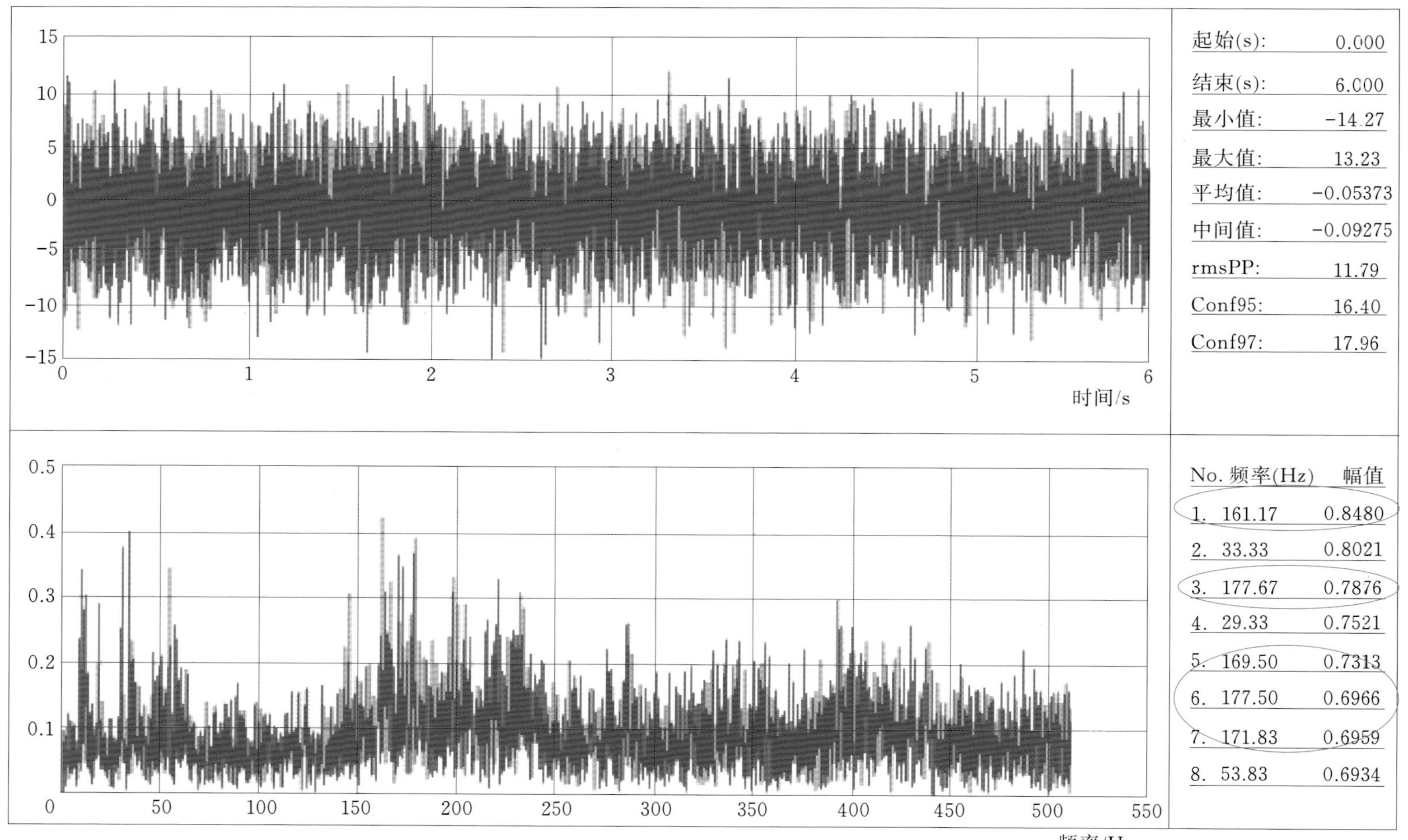

(a) 升负荷有功功率 697.55 MW 水车室-X方向

图 15.7-1（一） 升负荷过程（关闭强迫补气）水车室噪声频谱图

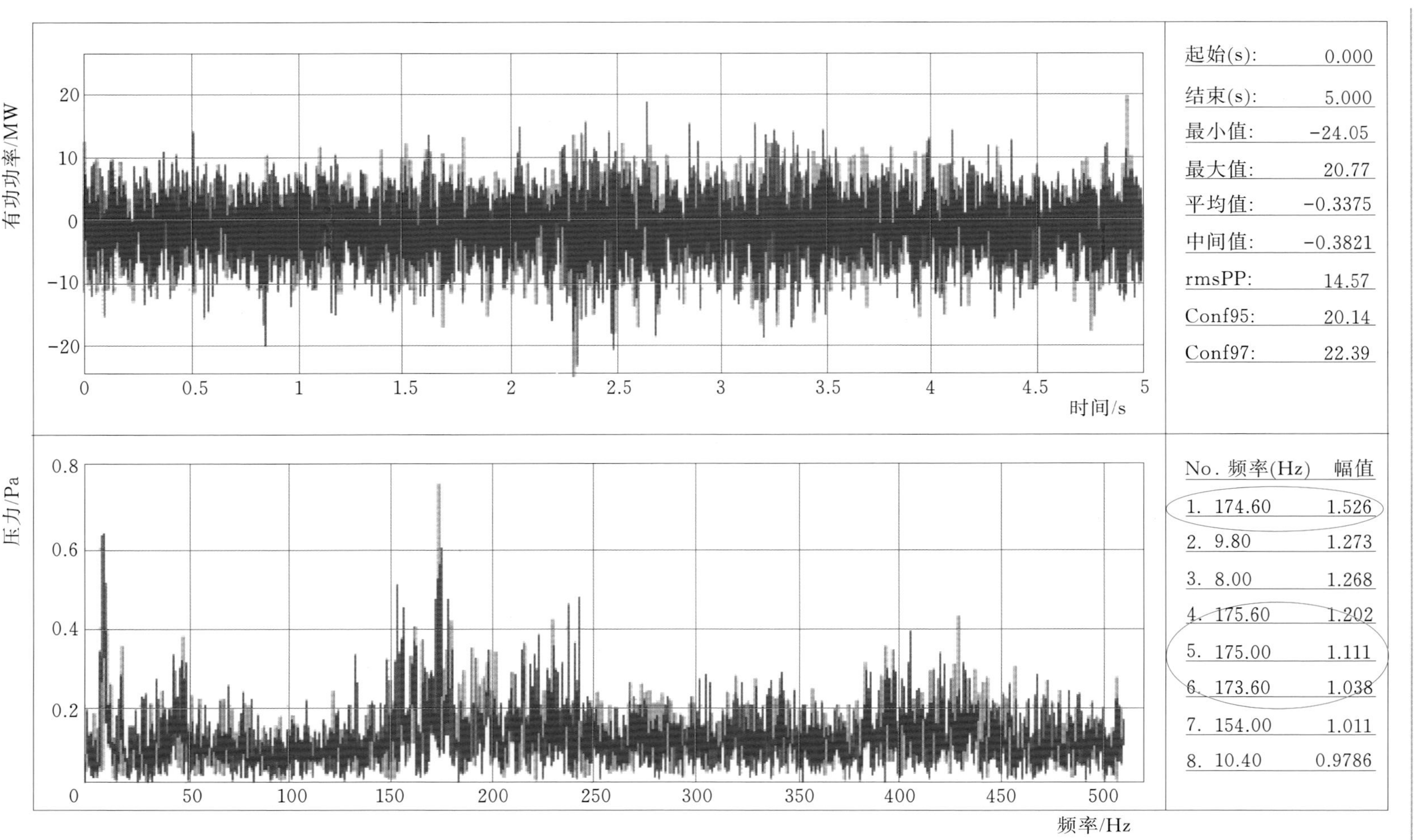

(b) 升负荷有功功率 603.27 MW水车室+X方向

图15.7-1（二） 升负荷过程（关闭强迫补气）水车室噪声频谱图

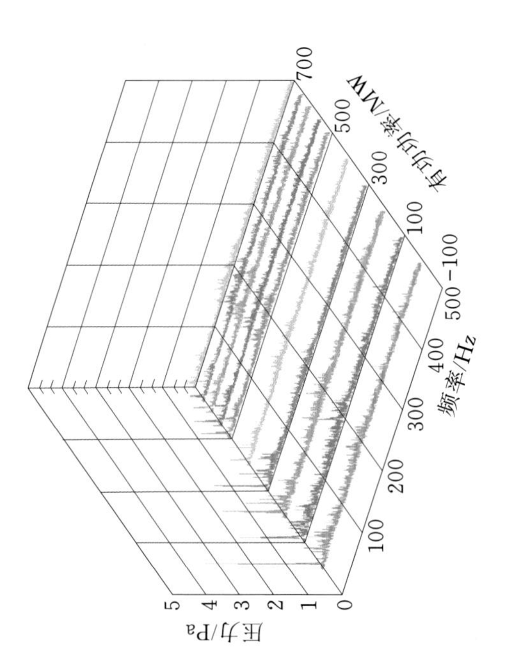

(a) 22F升负荷水车室-X方向三维频谱图

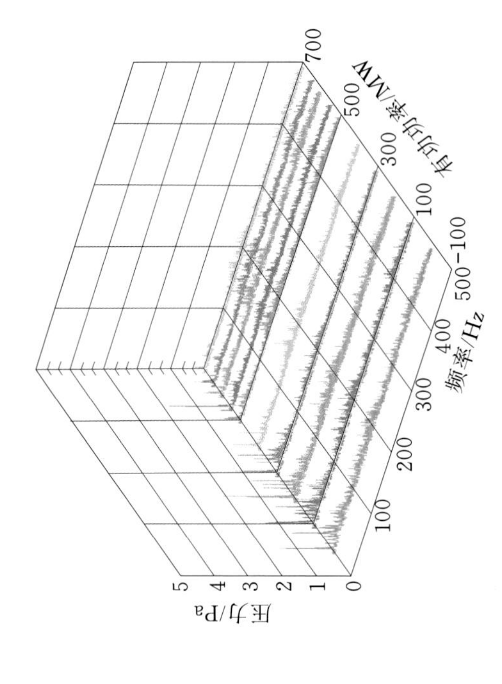

(b) 22F升负荷水车室+X方向三维频谱图

图 15.7-2 升负荷过程（无强迫补气）水车室噪声瀑布图

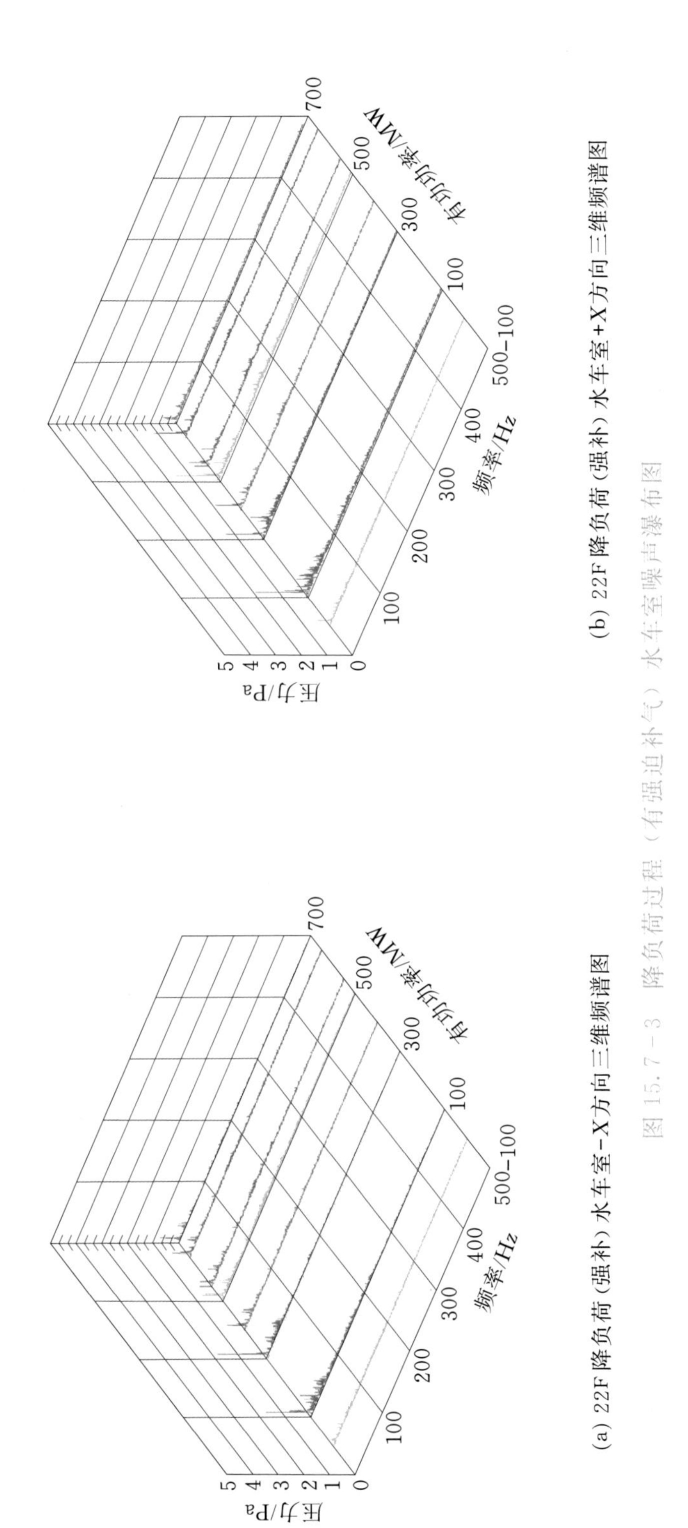

(a) 22F降负荷(强补)水车室−X方向三维频谱图

(b) 22F降负荷(强补)水车室+X方向三维频谱图

图15.7−3　降负荷过程（有强迫补气）水车室噪声瀑布图

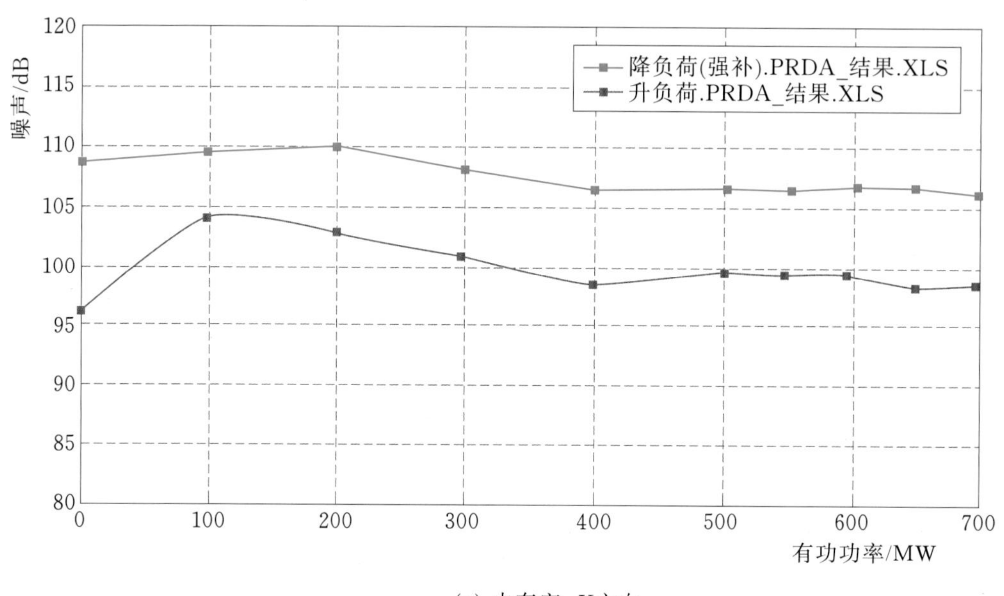

(a) 水车室-X方向

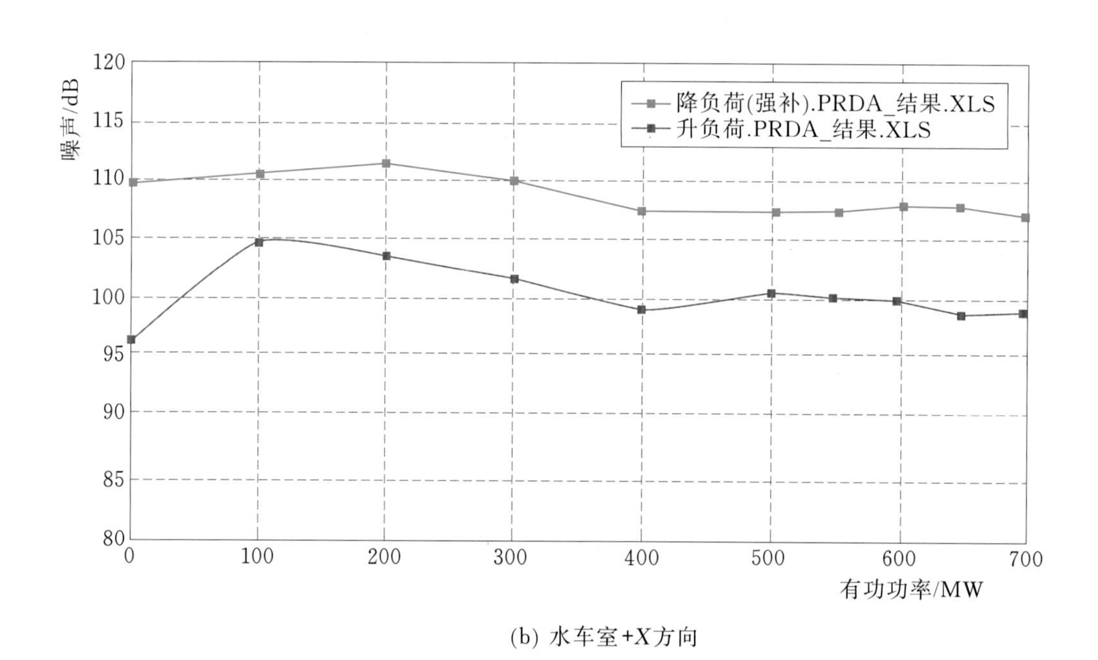

(b) 水车室+X方向

图 15.7-4 升降负荷过程水车室噪声L计权声压

表 15.7-2 升负荷过程中水车室噪声 176Hz 左右频率成分特征值

升负荷出力/MW	水车室－X			水车室＋X		
	频率/Hz	对应幅值/Pa	第几主频	频率/Hz	对应幅值/Pa	第几主频
398	177.57	0.87	8	178.86	0.98	7
				181	0.88	8
504	162.17	0.92	7	174.83	0.95	7
551	161.57	1.03	5	175.71	0.87	8
603	177.4	1.17	3	174.6	1.53	1
	161.6	1.03	5	175.6	1.2	4
				175	1.11	5
				173.6	1.04	6
648	162	0.97	4	176.7	0.99	3
	162.83	0.82	6			
	171.83	0.79	8			
697	161.2	0.85	1	177.17	0.78	7
	177.67	0.79	3	171.83	0.75	8
	169.5	0.73	5			
	177.5	0.7	6			
	171.83	0.7	7			

15.8 热力学法测水轮机效率试验

15.8.1 基本情况

某电站机组安装调试完成后，根据合同约定，需进行水轮机效率试验。根据机组参数，采用热力学法进行水轮机效率试验，如图 15.8-1 所示。试验过程基础资料为设备厂商提供的图纸和电站相关设计资料。

水轮机基本参数见表 15.8-1。

表 15.8-1 水轮机参数

水轮机类型	立式冲击水轮机	水轮机类型	立式冲击水轮机
额定功率	20.87MW	额定流量	4.8m^3/s
额定水头	491.1m	额定转速	500r/min

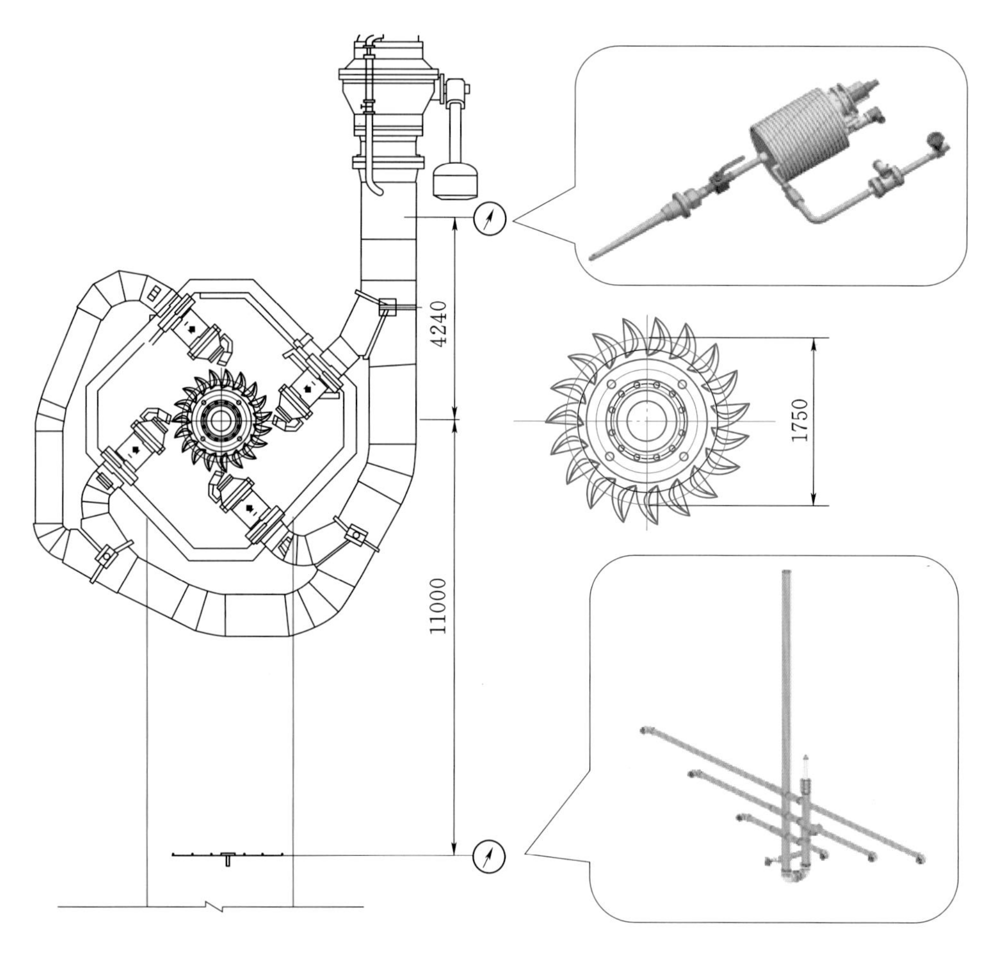

图 15.8-1 冲击式水轮机热力学法效率测试示意图（单位：mm）

15.8.2 测试原理及方法

热力学法是将能量守恒原理（热力学第一定律）应用在转轮与流经转轮的水流之间能量转换的一种方法。在机组实际运行中，传递到水轮机轴的单位质量水体的能量，可以通过性能参数（压力、温度、流速和高程）和水的热力学参数进行确定，这种能量称为“单位机械能”。在理想化的机组运行过程中（如不考虑水流的摩擦），可以采用同样的计算过程计算单位质量水体在理想状态下传递至水轮机轴的能量。该能量仅与水的特性以及机组参数有关，通常称它为“单位水能”。

在实际过程中，水流经过水轮机流道时，必将产生摩擦、旋涡、脱流等一系列水力损失，这些损失将转化为热能，加热水流，使水流流经水轮机的进出口断面产生一个温差，温差的大小与水轮机结构参数及工作水头有关。热力学法正是通过测量该温差实现对水轮机效率的测量。

根据 IEC 60041 第 2.3.6.2 条中水力比能的定义，利用单位水能和单位机械能，可以无需测量水轮机流量即得到水轮机的效率。在实际运行中，还需要考虑轴承摩擦，因此，计算单位机械能的时候，需要考虑相应的修正项。

对于蜗壳进口单位水能测量，由于在主流中直接测量有一定困难，采用专门设计带有测量孔的容器来测量温度和压力，如图 15.8-2 所示。用全水头探针抽取 (0.1～0.5) $\times10^{-3}m^3/s$ 的水样。取出水样后，通过一个绝热导管导入测量容器，以保证和外界热交换不超过 IEC 60041 第 14.6.3 条中要求的范围，与外界的热交换采用 IEC 60041 第 14.4.1.1 条中所述方法进行估算。

为确保试验精度，蜗壳进口与尾水出口的压力差也应该同步测量。

在电站混凝土浇筑时，尾水出口断面位置中心上方、尾水检修闸门内侧已经预留出直径 50mm 通孔，该孔垂直向上引至尾水平台，如图 15.8-3 所示。

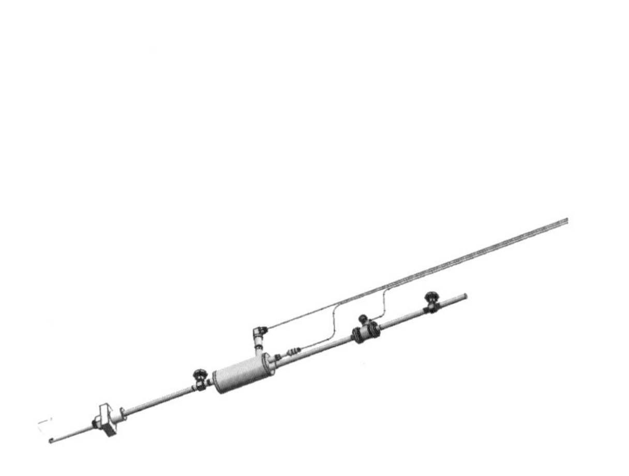

图 15.8-2　蜗壳进口测量示意图

图 15.8-3　尾水出口单位水能测量示意图

测量时采用高精度测温传感器（精度 0.001K）测量单位水能中的温度项和压力项，采用流速仪测量测量断面的流速从而计算动水头项。试验时，支架上下移动 3 次，以便获取断面能量分布。采用断面能量平均值参与计算。

15.8.3　试验工况

根据合同保证值的要求，测试工况在当前最高水头下，阶梯式调整负荷，并同步采集测量参数，负荷工况点包括 40%、50%、60%、70%、80%、90%和 100%的额定功率输出工况。

15.8.4　试验数据分析

1. 单位机械能

根据单位机械能的公式，可以通过取样容器和低压测量断面的测量参数得到水轮机的单位机械能，见表15.8－2。

表14.8－2　　单位机械能和修正项数据列表

项目	单位	40%	50%	60%	70%	80%	90%	100%
δE_m	J/kg	−1.35	−0.16	−1.34	−0.98	−1.81	−0.50	−0.32
E_m	J/kg	4456	4408	4410	4423	4433	4405	4386

2. 水轮机机械功率

利用发电机输出功率和发电机效率试验报告中的效率值，可以计算得到如下水轮机机械功率，见表15.8－3。

表15.8－3　　水轮机机械功率计算结果列表

项目	单位	40%	50%	60%	70%	80%	90%	100%
P_m	J/kg	8374	10357	12346	14685	16350	18621	20561

3. 水轮机流量

通过水轮机机械功率和单位机械能，可以计算得到水轮机流量，见表15.8－4。

表15.8－4　　水轮机流量计算结果列表

项目	单位	40%	50%	60%	70%	80%	90%	100%
Q	m^3/s	1.88	2.35	2.80	3.32	3.68	4.22	4.68

4. 单位水能

得到水轮机流量后，可以很容易得到高低压测量断面的水流流速，然后代入公式算出单位水能，见表15.8－5。

表15.8－5　　水轮机单位水能数据列表

项目	单位	40%	50%	60%	70%	80%	90%	100%
E_h	J/kg	4891.75	4884.84	4875.70	4869.67	4866.07	4853.43	4841.91

15.8.5　试验结果

通过水轮机水力效率和机械效率得到水轮机效率，计算结果和不确定度见表15.8－6。

根据试验分析结果，将得到的水轮机效率和对应的不确定度。图15.8－4所示为一号机组的水轮机效率曲线，其中红色曲线为合同保证值。最终计算得到水轮机加权效率值为90.46%，满足厂家提供的90.2%的最低合同保证值要求。

表 15.8-6 水轮机效率数据数据列表

项 目	40%	50%	60%	70%	80%	90%	100%
η_h 水力效率	91.10%	90.25%	90.46%	90.83%	91.11%	90.78%	90.60%
η_m 机械效率	99.56%	99.65%	99.69%	99.73%	99.75%	99.77%	99.80%
η_t 水轮机效率	90.70%	89.93%	90.18%	90.59%	90.88%	90.57%	90.41%
不确定度		±0.4337%	±0.4347%	±0.4354%	±0.4353%	±0.4352%	±0.4357%

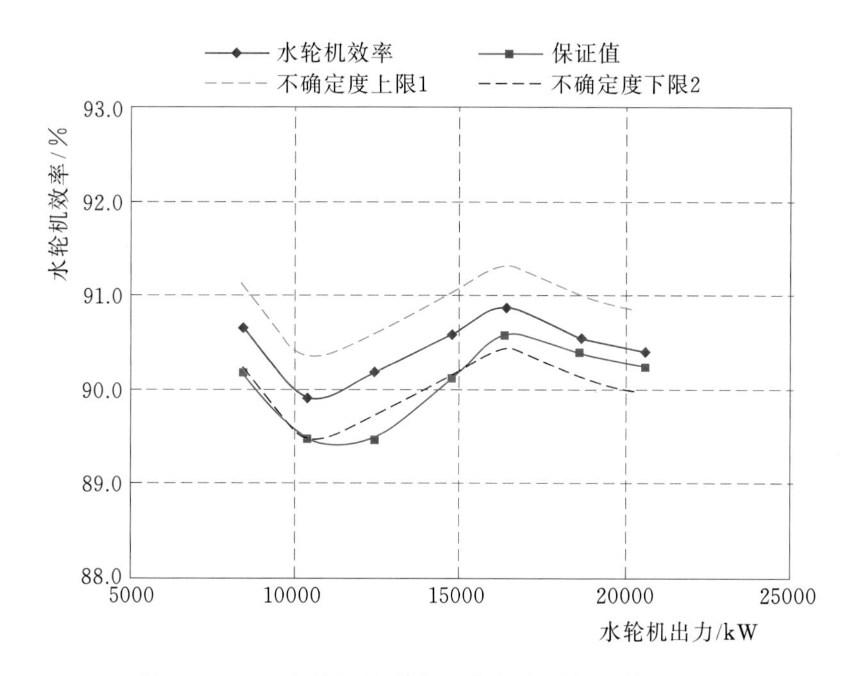

图 15.8-4 水轮机效率实测值与合同保证值的比对

15.9 轴流转桨机组相对效率试验

15.9.1 基本情况

某电站对轴流转桨机组进行了增容改造，改造后开展了真机的相对效率试验。主要目的是复核并修正厂家给出的协联曲线，查找不同水头下、不同桨叶开度、不同导叶开度下水轮机的最高效率点，形成轴流转桨机组的协联曲线，保证机组在高效率区运行。同时考察协联工况下机组的振动情况，以保证机组的安全稳定运行。

（1）电站参数。最低水头为 8.6m；最高水头为 27m。

（2）机组参数见表 15.9-1。

表 15.9-1　　机　组　参　数

参　数	数　值	参　数	数　值
额定出力	153MW	额定水头	18.6m
转轮直径 (D_1)	10200mm	额定容量	166.67MVA
额定转速	62.5r/min	额定功率	150MW
转轮叶片数	5个		

15.9.2 试验方案

1. 试验水头及试验数据

试验水头见表15.9-2，表15.9-3～表15.9-5所示为 H=15.1m、H=18.7m 和 H=25.6m 时定桨叶开度、调整导叶开度的出力情况，以及在厂家给出的协联曲线工况点进行的变负荷试验数据。

表 15.9-2　　15.1～25.6m 相对效率试验水头统计表

序号	上游水位/m	下游水位/m	毛水头/m
1	64.63	40.37	24.26
2	65.51	39.76	25.75
3	66.00	47.30	18.70
4	64.39	44.50	19.89
5	65.83	49.16	16.67
6	64.63	49.50	15.13
7	65.86	48.72	17.14
8	64.70	42.80	21.90

2. 试验方法及步骤

一般通过定桨叶调整导叶进行变负荷试验，查找该水头、该桨叶开度下的最高效率点。绘制单个水头下的所有桨叶开度下的最高效率点的包络线，即是该水头的协联曲线。对电站全水头重复上述试验，假定全部工况水轮机最高效率点为100%，计算得到蜗壳差压系数，进而计算其他各工况点的水轮机效率，即可得到机组全部运行范围内的协联曲线。

15.9.3 试验数据及分析

图15.9-1～图15.9-3所示分别为 H=15.1m、H=18.7m 和 H=25.6m 不同工况下计算得到的水轮机效率与水轮机出力关系图。

表 15.9-3　$H=15.1$m 时试验数据

协联工况桨叶开度			−15°			−13°			−10°			−7°			−4°		
出力/MW	蜗壳差压/kPa	流量/$(m^3 \cdot s^{-1})$	出力/MW	蜗壳差压/kPa	流量/$(m^3 \cdot s^{-1})$	出力/MW	蜗壳差压/kPa	流量/$(m^3 \cdot s^{-1})$	出力/MW	蜗壳差压/kPa	流量/$(m^3 \cdot s^{-1})$	出力/MW	蜗壳差压/kPa	流量/$(m^3 \cdot s^{-1})$	出力/MW	蜗壳差压/kPa	流量/$(m^3 \cdot s^{-1})$
5	1.5	403	5	1.4	384	11	1.7	432	20	1.9	445	29	2.0	459	43	2.6	531
20	1.5	395	10	1.6	416	14	2.0	462	25	1.7	426	33	2.1	471	48	2.7	540
40	2.3	495	12	1.7	425	18	1.7	430	30	1.8	439	39	2.2	486	51	2.9	558
61	3.6	620	16	1.8	440	19	1.8	434	32	1.9	449	42	2.3	501	53	3.0	567
79	5.3	751	18	1.7	421	22	1.5	404	35	2.0	462	45	2.5	519	56	3.1	576
91	7.0	867	20	1.6	410	24	1.6	420	36	2.2	483	47	2.8	551	57	3.5	614
99	8.1	932															
104	9.3	997															
113	11.3	1098															
−1°			2°			5°			8°			10.2°			12.4°		
出力/MW	蜗壳差压/kPa	流量/$(m^3 \cdot s^{-1})$	出力/MW	蜗壳差压/kPa	流量/$(m^3 \cdot s^{-1})$	出力/MW	蜗壳差压/kPa	流量/$(m^3 \cdot s^{-1})$	出力/MW	蜗壳差压/kPa	流量/$(m^3 \cdot s^{-1})$	出力/MW	蜗壳差压/kPa	流量/$(m^3 \cdot s^{-1})$	出力/MW	蜗壳差压/kPa	流量/$(m^3 \cdot s^{-1})$
51	3.1	576	59	3.9	646	70	5.0	733	78	6.2	816	87	7.4	888	87	8.1	929
56	3.4	603	64	4.1	659	73	5.3	749	83	6.6	839	91	7.7	910	92	8.4	948
60	3.5	612	66	4.3	678	77	5.5	767	87	6.7	849	96	8.0	923	98	8.7	967
63	3.7	628	70	4.4	689	80	5.6	773	92	7.1	873	100	8.2	935	104	9.2	994
67	3.9	645	72	4.5	693	84	5.8	786	96	7.4	892	103	8.6	961	107	9.5	1010
68	4.1	666	76	4.7	708	85	5.9	792	98	7.6	899	106	9.1	984	111	10	1036
			80	5.3	755	87	6.5	834	100	8.1	930	110	9.4	1003	114	10.4	1055
						88	6.6	840	102	8.1	931						
						89	6.5	837									

表 15.9-4 $H=18.7$m 时试验数据

协联工况桨叶开度			−15°			−13°			−10°			−7°			−4°		
出力/MW	蜗壳差压/kPa	流量/(m³·s⁻¹)	出力/MW	蜗壳差压/kPa	流量/(m³·s⁻¹)	出力/MW	蜗壳差压/kPa	流量/(m³·s⁻¹)	出力/MW	蜗壳差压/kPa	流量/(m³·s⁻¹)	出力/MW	蜗壳差压/kPa	流量/(m³·s⁻¹)	出力/MW	蜗壳差压/kPa	流量/(m³·s⁻¹)
6	0.3	187	6	0.3	172	13	0.4	205	7	0.4	218	20	1.1	338	58	1.8	439
21	0.6	243	13	0.4	207	19	0.5	237	14	0.7	264	28	1.0	332	62	1.9	455
40	1.0	321	15	0.5	231	24	0.6	254	20	0.7	280	36	1.0	329	63	2.0	461
61	1.7	430	19	0.5	221	27	0.6	252	25	0.8	296	44	1.2	357	65	2.0	467
80	2.8	548	23	0.5	223	29	0.6	260	31	0.8	299	48	1.3	371	68	2.2	485
91	3.4	607	25	0.6	258	31	0.7	264	36	0.8	299	49	1.3	374	70	2.3	500
101	4.2	673				32	0.7	272	40	0.9	315	51	1.4	386	72	2.5	521
113	5.3	750				33	0.8	296	43	1.1	336	53	1.5	394			
120	5.9	793							45	1.1	340	55	1.5	406			
134	7.5	896							46	1.2	355	58	1.7	425			
141	8.3	941							46	1.2	359	59	1.8	435			
151	9.7	1020										60	1.8	440			

−1°			2°			5°			8°			10.2°		
出力/MW	蜗壳差压/kPa	流量/(m³·s⁻¹)	出力/MW	蜗壳差压/kPa	流量/(m³·s⁻¹)	出力/MW	蜗壳差压/kPa	流量/(m³·s⁻¹)	出力/MW	蜗壳差压/kPa	流量/(m³·s⁻¹)	出力/MW	蜗壳差压/kPa	流量/(m³·s⁻¹)
29	1.4	380	21	1.5	406	72	3.3	598	60	3.6	620	53	3.8	642
49	1.8	440	30	1.7	428	84	3.9	643	75	4.2	669	76	4.6	704
63	2.2	487	45	2.1	469	92	4.2	671	86	4.7	708	95	5.5	769
68	2.4	510	59	2.6	522	98	4.5	692	97	5.2	742	105	6.0	799
73	2.6	530	70	2.9	555	105	4.9	726	102	5.5	766	114	6.5	833
77	2.8	552	77	3.2	581				109	5.8	784	121	6.9	859
82	3.0	569	83	3.4	604				117	6.2	813	128	7.4	890
84	3.1	580	92	3.8	638							132	7.6	903
			98	4.1	665									

表 15.9-5　　$H=25.6m$ 时试验数据

协联工况桨叶开度			−15°			−13°			−10°			−7°		
出力/MW	蜗壳差压/kPa	流量/($m^3 \cdot s^{-1}$)	出力/MW	蜗壳差压/kPa	流量/($m^3 \cdot s^{-1}$)	出力/MW	蜗壳差压/kPa	流量/($m^3 \cdot s^{-1}$)	出力/MW	蜗壳差压/kPa	流量/($m^3 \cdot s^{-1}$)	出力/MW	蜗壳差压/kPa	流量/($m^3 \cdot s^{-1}$)
5	0.2	129	5	0.1	122	37	0.5	240	58	0.9	305	95	1.9	457
21	0.3	174	16	0.2	160	42	0.6	262	67	1.1	346	97	2.1	469
42	0.6	250	26	0.4	196	44	1.0	325	70	1.2	360	102	2.2	490
61	0.9	318	30	0.4	210	47	0.6	255	71	1.3	376	103	2.4	503
82	1.5	404	33	0.4	219	48	0.6	249	73	1.5	398	104	2.5	515
93	2.0	457	38	0.6	246	50	0.6	263	74	1.6	413	105	2.6	523
103	2.3	500	40	0.5	242	64	0.9	312				107	2.7	532
106	2.5	513	41	0.6	243							109	2.8	549
113	2.8	543	42	0.6	249							111	2.9	556
118	2.9	560	43	0.6	249							113	3.3	591
123	3.2	587	45	0.6	254									
128	3.4	607	47	0.7	266									
132	3.6	624	48	0.9	304									
139	4.0	654												
143	4.2	674												

续表

−4°			−1°			2°			5°		
出力/MW	蜗壳差压/kPa	流量/($m^3 \cdot s^{-1}$)	出力/MW	蜗壳差压/kPa	流量/($m^3 \cdot s^{-1}$)	出力/MW	蜗壳差压/kPa	流量/($m^3 \cdot s^{-1}$)	出力/MW	蜗壳差压/kPa	流量/($m^3 \cdot s^{-1}$)
95	1.9	457	100	2.3	499	112	3.0	567	121	3.6	624
97	2.1	469	106	2.5	519	120	3.2	581	131	3.9	649
102	2.2	490	111	2.6	532	125	3.4	602	137	4.2	669
103	2.4	503	115	2.8	548	126	3.4	607	149	4.6	704
104	2.5	515	117	3.0	563	129	3.6	617	151	4.7	705
105	2.6	523	118	3.0	564	133	3.7	627	152	4.8	716
107	2.7	532	120	3.0	571	134	3.8	634	153	4.8	720
109	2.8	549	121	3.1	576	135	3.8	639			
111	2.9	556	122	3.1	578	136	3.9	648			
113	3.3	591	126	3.5	608	137	4.0	655			
			127	3.7	630	139	4.1	658			
			133	4.2	674	140	4.1	662			
			135	4.6	703	141	4.2	673			
						143	4.5	692			
						148	5.1	741			

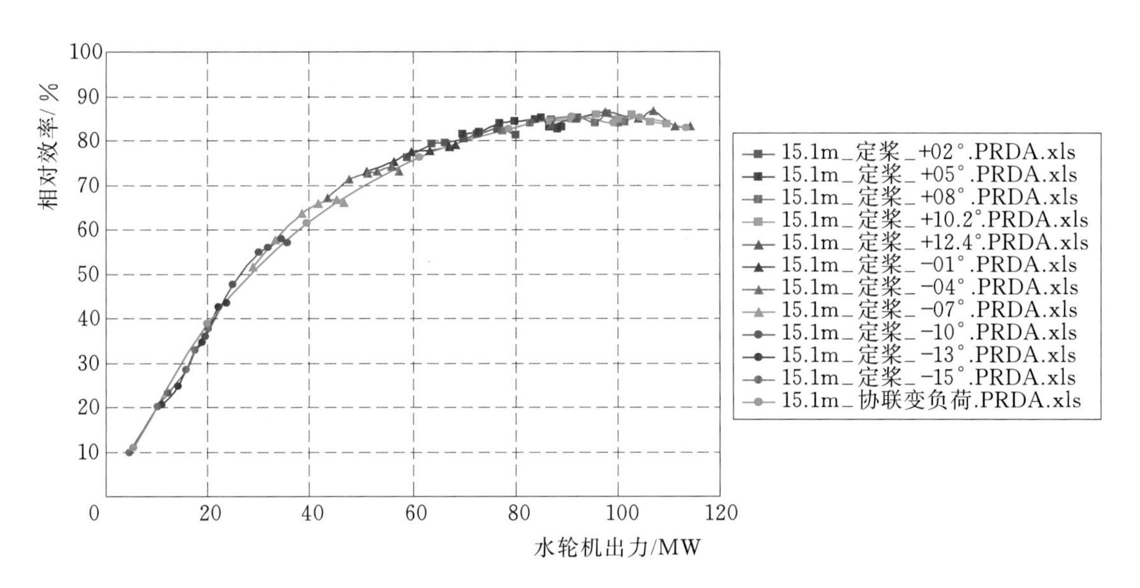

图 15.9-1　$H=15.1$m 时水轮机相对效率曲线—协联数据对比图

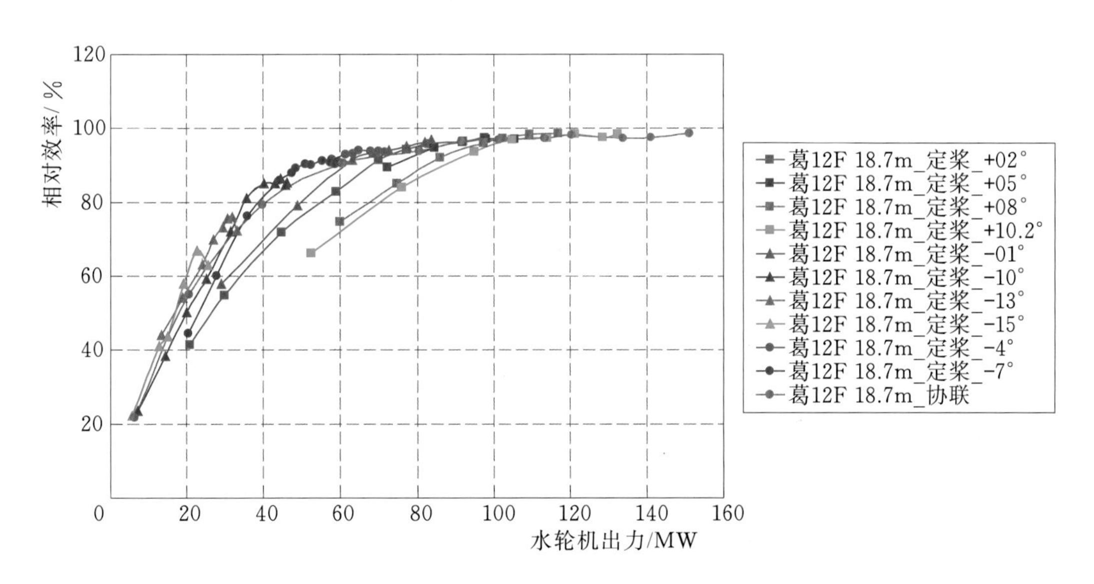

图 15.9-2　$H=18.7$m 时水轮机相对效率曲线—协联数据对比图

15.9.4　试验结论

本次全水头下相对效率试验共包含 8 个水头，测试结果表明厂家给出的协联曲线与现场测试结果相符，协联工况下机组能够高效稳定运行，为机组后续的运行提供了实际的数据支撑。

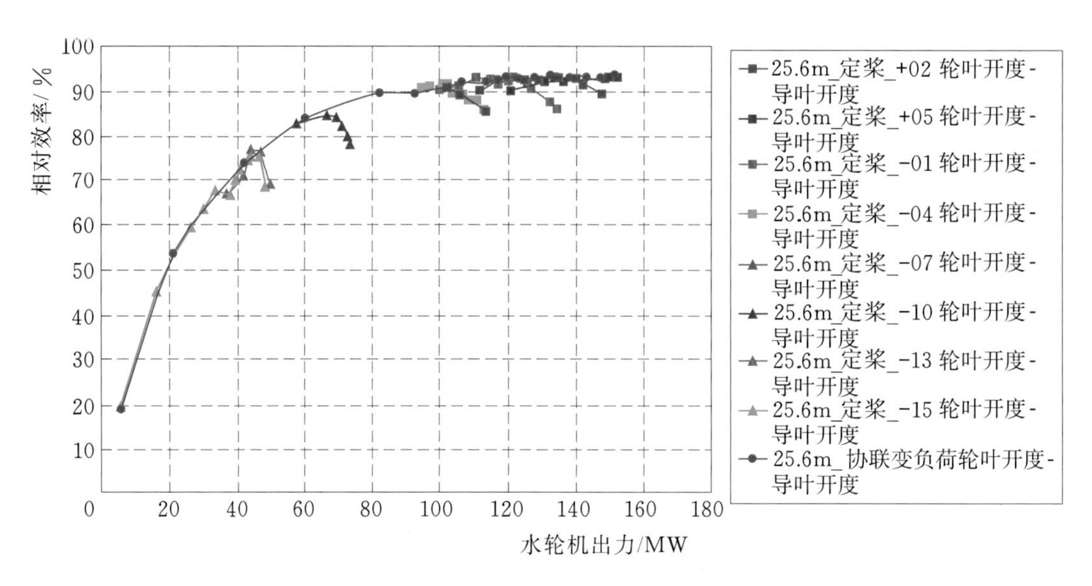

图 15.9-3 $H=25.6$m 时水轮机相对效率曲线—协联数据对比图

15.10 卡门涡的确定及处理

15.10.1 卡门涡

在水轮机转轮叶片或导叶间的流道内，水流可以近似地认为由明显的两个区域组成，靠近叶片表面的一层为黏性边界层，另一区域为叶片之间的非黏性流区域。边界层对非黏性流只有微小的影响，而边界层的增长是由非黏性流区域的压力梯度决定的。

边界层在前驻点开始形成，在边界层沿叶片体增长一小段距离后，边界层到达由层流变为紊流的临界点，这种过渡是由于边界层接近临界边界层厚度所致，或者是由于边界层接近临界厚度处叶片型线的突变或表面缺陷所引起的。在非黏性流影响下，紊流边界层继续沿叶片的两侧表面增加厚度，直到边界层从叶片表面分离。

图 15.10-1 叶片出水边卡门涡

实际流体绕流叶片体时，边界层的分离将使叶片尾流区内出现不稳定的、非对称的、排列规则的、相互间旋转方向相反的脱体旋涡，这些排列有序的涡列即为卡门涡列，如图 15.10-1 所示。叶片尾部卡门涡列的生成及脱落，将在叶片尾流区产生与卡门涡列脱落频率相同的水压脉动。如果这种水压脉动足够大，并且其脉动频率与叶片的固有频率接近时，将诱发共振，引起叶片的大幅值振动。如果其振动幅值足够大，将影响边界层分离点的位置，导致“锁定”现象，即在较大的水流速度范围内，卡门涡列的脱落频率被迫与叶片的固有频率相同。叶片的涡激振动幅值还可能由于在叶片间的空腔产生水力共振而进一步增大。

理论上讲，任何具有出水边厚度的绕流体都有卡门涡泄出。卡门涡频率不与叶片的固有频率耦合发生共振就不会产生异常噪声，此时，卡门涡的作用能量较小，对叶片无明显的有害影响，也不会对叶片造成损害。由卡门涡诱发振动的频率和振幅受很多因素控制。目前几乎所有关于这方面的研究均基于平板流动，对水轮机中环列叶栅的卡门涡研究很少，对于转轮旋转环叶栅研究得更少，在水轮机设计中对卡门涡频率进行校核也主要依据对平板的研究结果。影响卡门涡频率的因素很多，其中两个主要因素是绕过叶片的流态和出水边几何形状与尺寸。

卡门涡频率的计算公式为

$$f_{vk}=Sh\frac{w}{d} \tag{15.10-1}$$

$$d=d_{b1}+d_b$$

式中 f_{vk}——卡门涡频率，Hz；

Sh——斯特鲁哈数；

w——流动分离点的平均速度，m/s；

d——分离点叶片的厚度，m；

d_{b1}——分离点叶片的厚度，m；

d_b——分离点的边界层厚度，m。

15.10.2 卡门涡引起的机组振动特征

卡门涡诱发的机组振动具有如下特征：

（1）振动发生在机组运行负荷的局部区域，大多发生在较大负荷区。这是因为卡门涡诱发共振不仅需要卡门涡激振频率和固有频率接近，而且还需要有一定的激振幅值。对于水轮机转轮叶片，只有在较大负荷区，叶片出水边的相对速度才比较均匀，且达到一定数值，才能使卡门涡具有足以激发叶片共振的频率和能量。

（2）振动频率为高频，这种高频振动很容易引起疲劳破坏，直接受影响是转轮叶片和导叶。对于转轮叶片，共振频率一般为100～500Hz，有时会出现两个甚至两个以上的共振频率和振动区域，如图15.10-2所示。对于固定导叶振动频率要低一些，一般情况只出现一个共振频率和振动区域。这是因为水轮机转轮叶片的固有频率非常密集，各阶振动频率间隔较小。而对于固定导叶，其各阶振动频率间隔较大。另外，激发共振的另一个重要条件是激振幅值，也就是激振力的能量。在卡门涡能量一定的情况下，频率越高其幅值就越低，因此，要在更高频率下激发共振，就需要更高的卡门涡能量，这样就必须加大流量，提供叶片出水边的相对流速。所以，在水轮机正常运行范围内，超过500Hz的共振频率也比较少见。

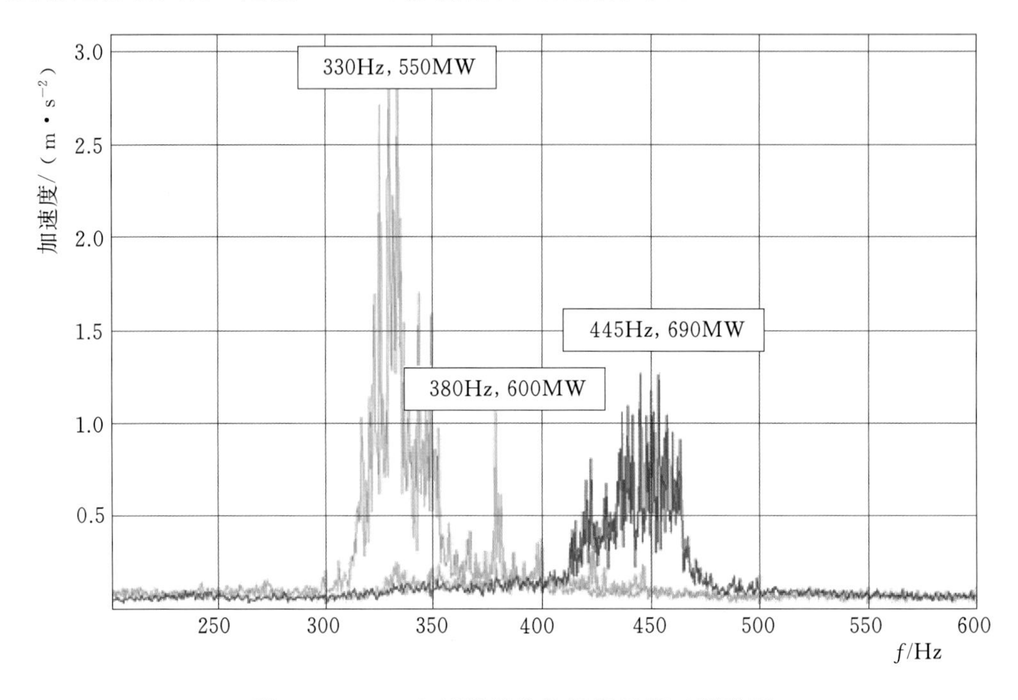

图15.10-2 卡门涡诱发的某机组振动频谱图

(3) 在振动区域伴随异常金属啸叫声。噪声主要频率与机组振动频率一致（机组振动测量需要采用加速度振动传感器来进行测量，如采用用于常规振动测量的低频速度振动传感器测量，则无法测得此高频振动），也为100～500Hz的频率，有时会出现两个甚至两个以上的主要频率区域，如图15.10-3所示，且幅值随机组负荷的变化趋势也与顶盖振动基本相同。

15.10.3 确认卡门涡的试验

从上小节的内容可以看出，卡门涡将给机组带来与卡门涡相关频率的压力脉动、振动及噪声，可以通过机组压力脉动、振动和噪声的测试来确认机组是否存在卡门涡。压力脉动测点可以包括：蜗壳进口压力脉动、顶盖下压力脉动、无叶区压力脉动、尾水锥管压力脉动；振动测点可以包括顶盖振动及水导摆度等；噪声测点可以包括：水车室噪声、蜗壳进人门噪声、锥管进人门噪声等。必要时，还需要对转轮叶片、固定导叶及活动导叶的固有频率进行现场测试。

需要指出的是，由于卡门涡的频率一般为100～500Hz，普通的水轮发电机组低频位移振动传感器的频响范围高限一般为200Hz，难以测量到高频的成分，在进行振

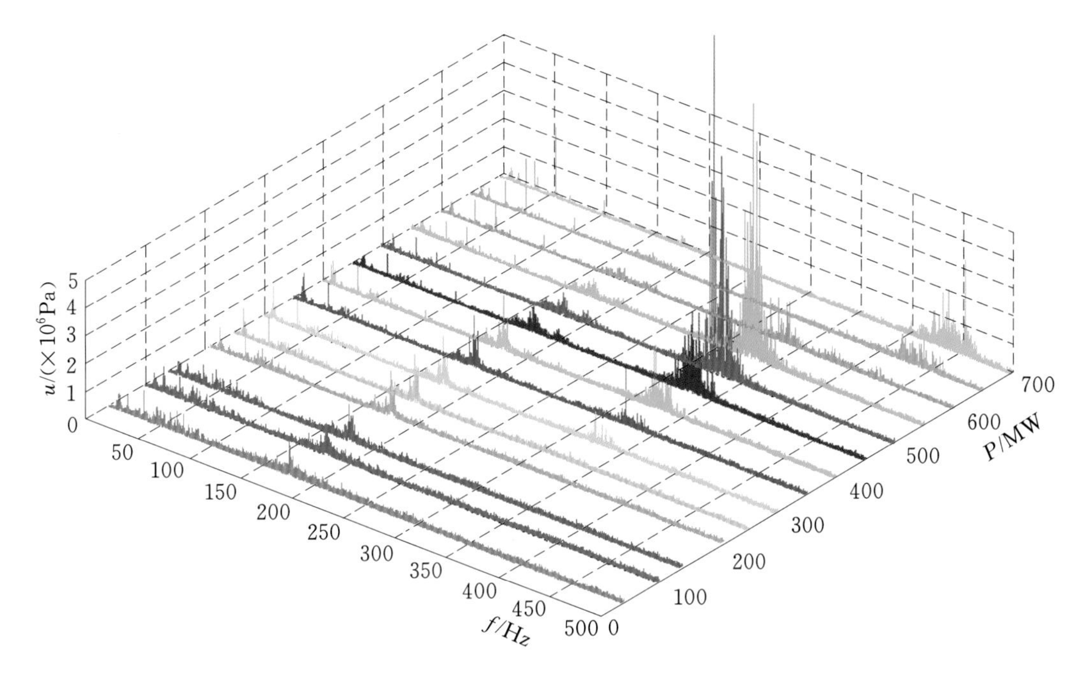

图 15.10-3　某机组水车室噪声瀑布图

动测量时，应该用加速度传感器（频响范围高限截止频率一般到 1kHz）进行测量。

15.10.4　卡门涡对机组影响的消除

根据卡门涡的特性，可以采取以下几种措施消除卡门涡对机组的影响。

1. 改变卡门涡的频率

如果卡门涡频率不与叶片的固有频率耦合发生共振，就不会产生异常噪声，对机组振动摆度也不会带来太大的影响。通过式（15.10-1）可以看出，卡门涡的频率与流动分离点的平均速度和分离点叶片的厚度有关。

通过改变机组导叶开度，调整机组的流量，进而改变流动分离点的平均速度，可以改变卡门涡的频率。也就是调整机组的出力，避开产生有害卡门涡的出力范围内运行，即可避免卡门涡对机组带来影响。

另外，通过叶片修型，改变分离点叶片的厚度，也可以改变卡门涡的频率，使其远离转轮叶片的固有频率，也可避免卡门涡对机组带来影响。

在实际运行过程中，产生有害卡门涡的运行范围，一般在大出力运行工况，因此避开大出力范围运行，对水轮发电机组长期运行而言不太现实，只能作为临时的处理措施，为永久消除卡门涡对机组的影响，一般采用叶片修型的方式。

2. 强迫补气

通过强迫补气，改变流道中涡带的结构和频率，使其远离转轮叶片的固有频率，也可较少或消除卡门涡对机组的影响。

某机组550MW负荷区附近存在330Hz左右的卡门涡，尾水门及水车室噪声、顶盖振动较大，对该机组进行了顶盖强迫补气前后的噪音、振动和压力脉动测试，测试结果表明，顶盖强迫补气后，机组噪声、振动明显减小。测试结果见表15.10-1～表15.10-3，频率成分如图15.10-4～图15.10-9所示。

表15.10-1　强迫补气前后噪声对比

有功功率/MW	水车室噪声		蜗壳门噪声		尾水门噪声	
	L声级/dB	A声级/dB	L声级/dB	A声级/dB	L声级/dB	A声级/dB
550	117.1	108.68	106.1	99.32	108.9	96.79
550（强迫补气）	98.4	88.23	91.6	80.56	89.6	76.12

表15.10-2　强迫补气前后振动混频幅值与有效值对比　　单位：m/s^2

有功功率/MW	顶盖垂直振动		水导水平振动	
	混频幅值	有效值	混频幅值	有效值
550	44.79	10.24	31.85	7.41
550（强迫补气）	2.48	0.58	4.44	1.04

表15.10-3　强迫补气前后压力脉动混频幅值对比　　单位：kPa

有功功率/MW	蜗壳进口	无叶区	尾水锥管	顶盖压力
550	4.72	42.35	10.79	3.94
550（强迫补气）	4.82	33.67	7.16	2.83

15.10.5　卡门涡处理实例分析

某水轮机型号为HLD267-LJ-580；转轮喉部直径D_{th}=5800mm；水轮机额定水头为72.5m；水轮机额定出力为229.6MW；水轮机最大出力为255MW；机组额定转速为15.4r/min；允许吸出高度为-0.58m。

该机组调试时完成了变出力和甩出力等试验，随后进入72h试运行。机组的振动、摆度及水压脉动均正常。但发现在毛水头为67.0m、吸出高度$H_s \approx -11.5$m情况下，当导叶开度超过52%，机组出力大于100MW工况范围内，机组出现异常金属蜂鸣声，声级达113dB，在水导油槽盖上有剧烈的振动感，水机坑外上游侧地面也有明显的振动感。出力达210MW后，噪声和振动有所降低。72h运行后，停机检查水轮机转轮发现：叶片出水边近下环处裂纹16条，裂纹最大长度达200mm以上，部

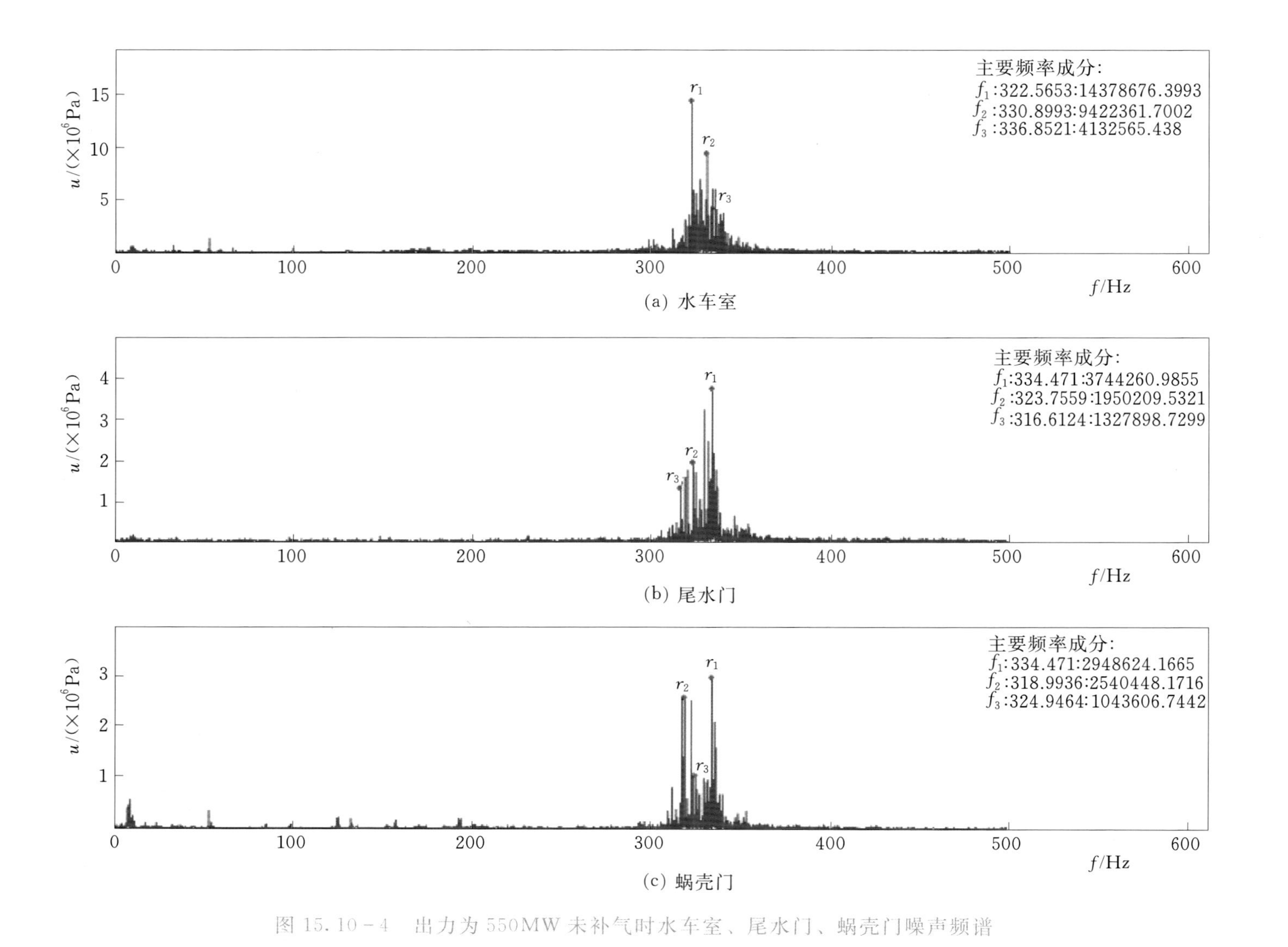

图15.10-4　出力为550MW未补气时水车室、尾水门、蜗壳门噪声频谱

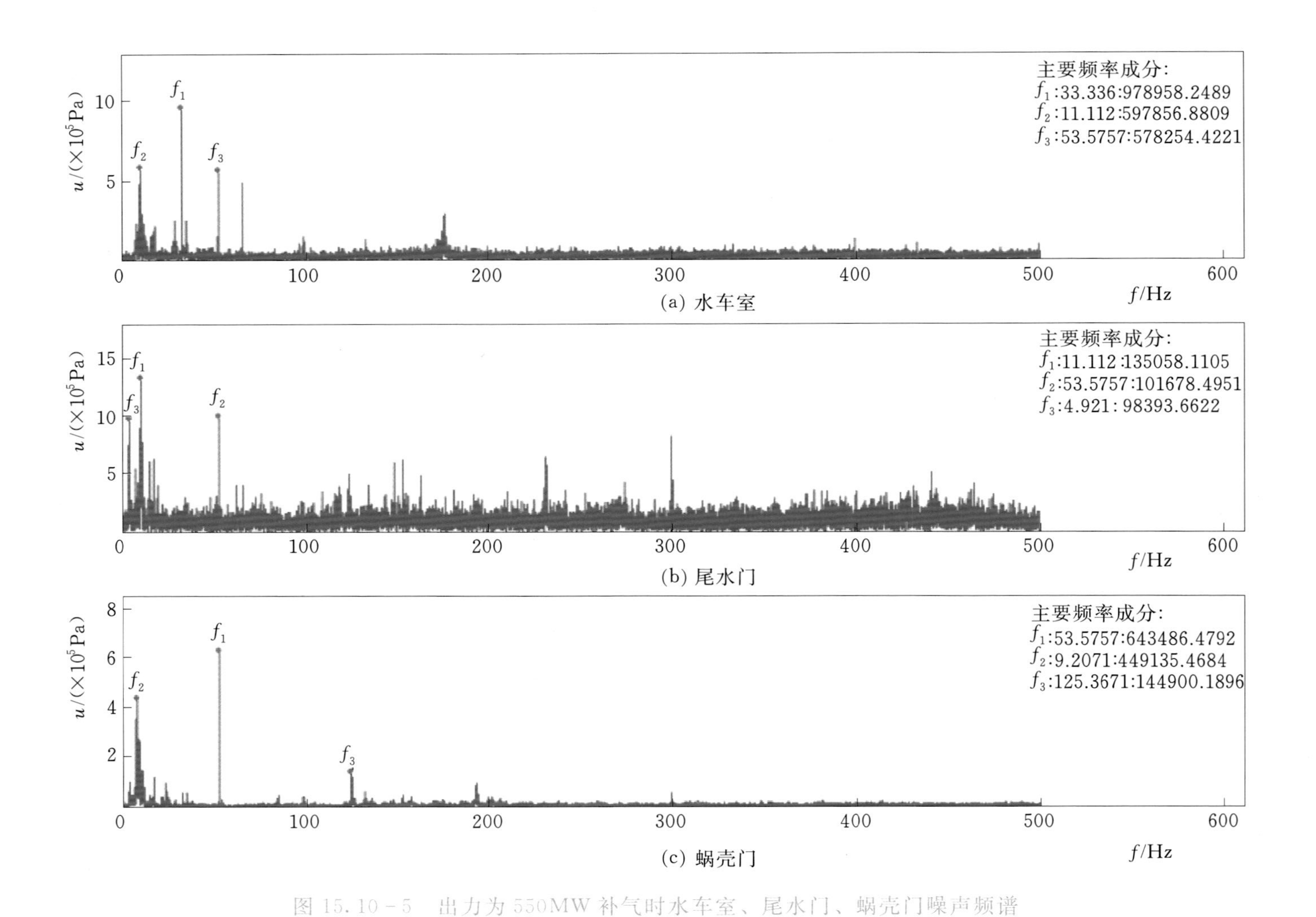

图 15.10-5 出力为 550MW 补气时水车室、尾水门、蜗壳门噪声频谱

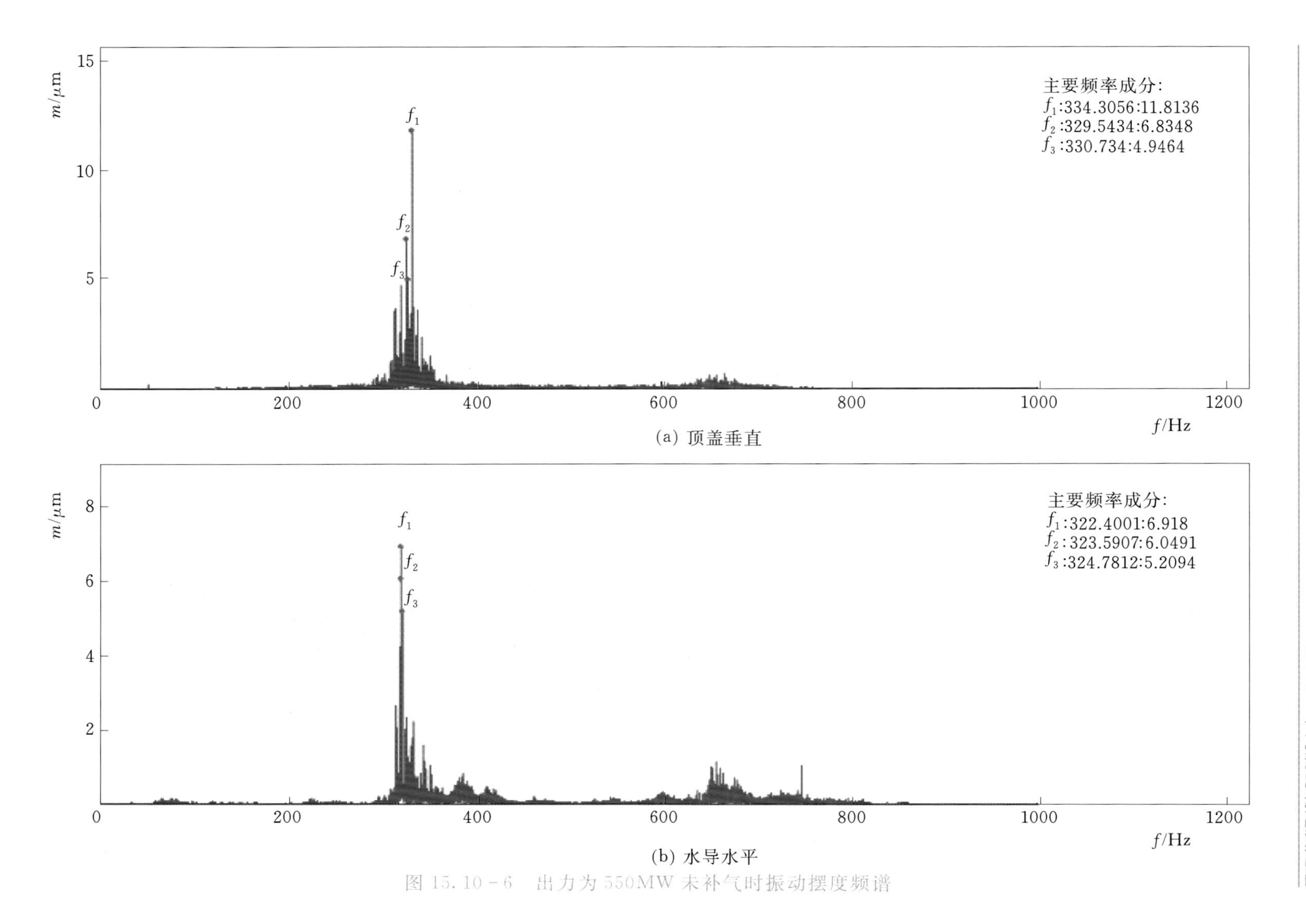

(a) 顶盖垂直

(b) 水导水平

图 15.10-6 出力为 550MW 未补气时振动摆度频谱

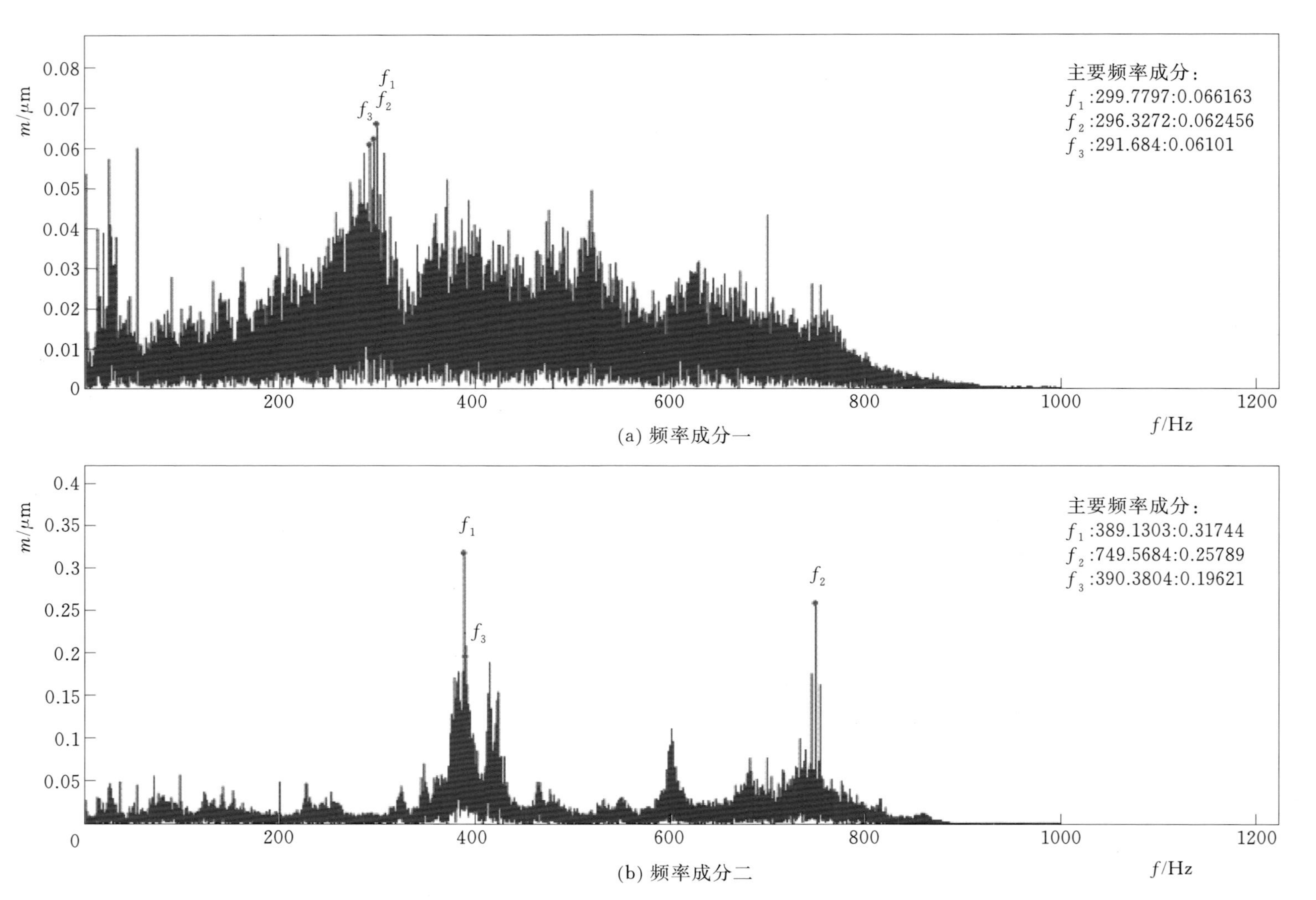

图15.10-7 出力为550MW补气时振动摆度频谱

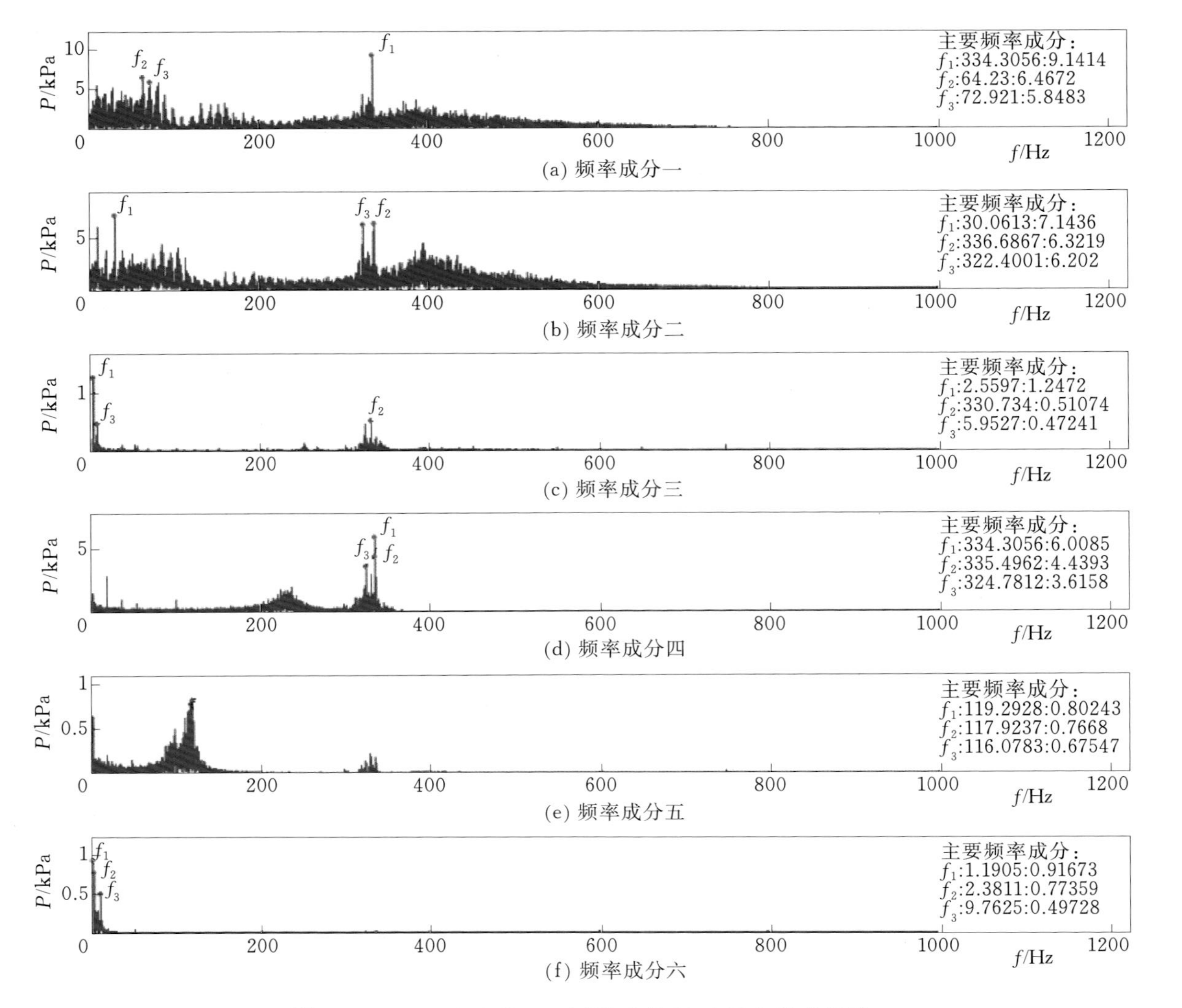

(a) 频率成分一

(b) 频率成分二

(c) 频率成分三

(d) 频率成分四

(e) 频率成分五

(f) 频率成分六

图 15.10-8 出力为 550MW 未补气时压力脉动频谱

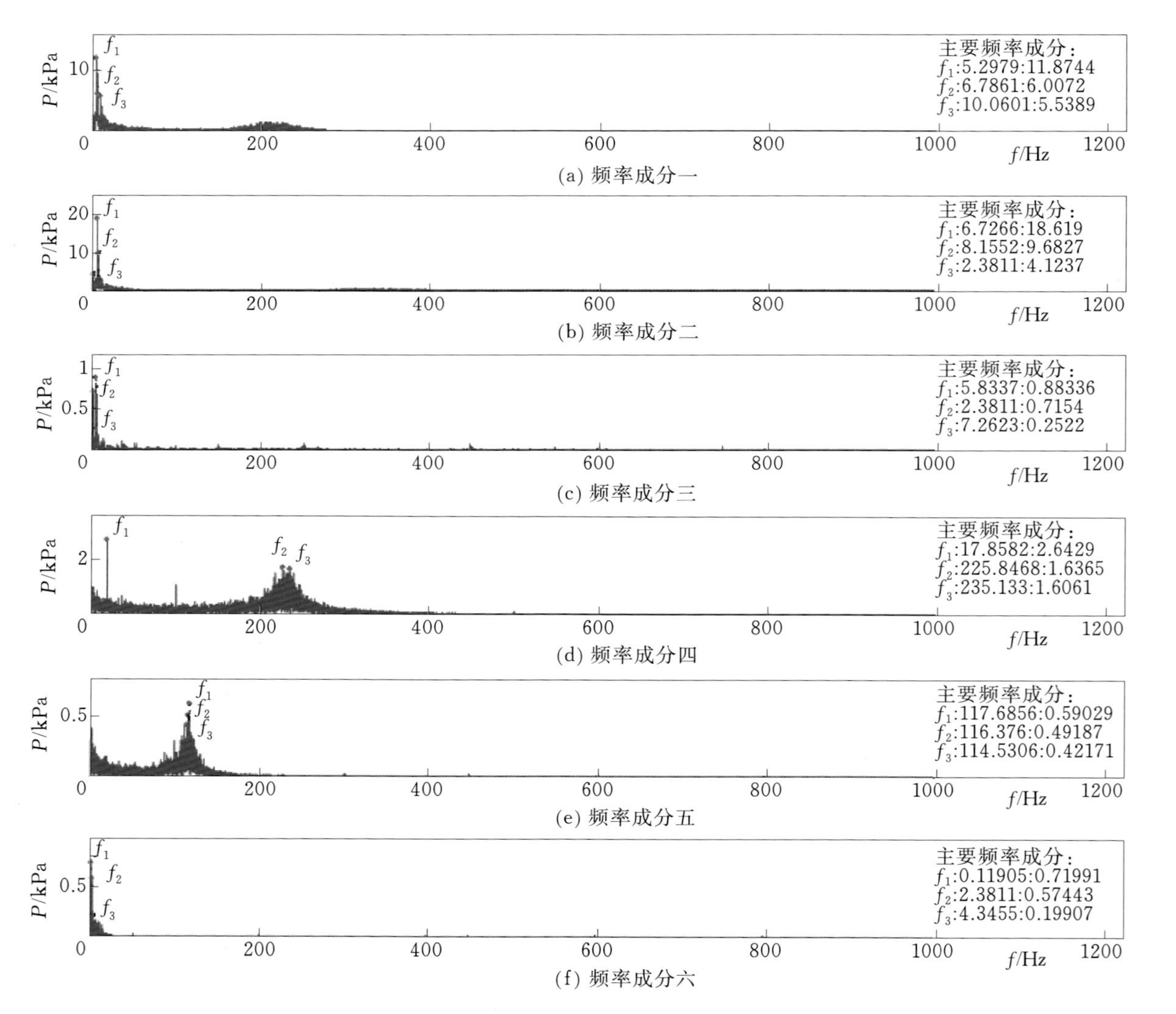

(a) 频率成分一

(b) 频率成分二

(c) 频率成分三

(d) 频率成分四

(e) 频率成分五

(f) 频率成分六

图 15.10－9 出力为 550MW 补气时压力脉动频谱

分裂纹有分叉；叶片出水边近上冠处裂纹 9 条，多数裂纹为穿透性裂纹。在叶片裂纹初步处理进程中，又发现叶片出水边区域多处小的浅表裂纹。

为了查明异常噪声的来源及其频率特性，现场进行了振动、噪声和水压脉动测量。机组停机后又对转轮叶片、活动导叶和固定导叶固有频率进行了现场测量，并对转轮叶片作了模态分析，计算结果表明：叶片空气中在 50～500Hz 范围内存在 20 阶固有频率，按 0.75～0.80 的系数折算到水介质下，为 40～400Hz。

根据裂纹的分布情况初步推断是转轮叶片共振引起。根据振动和噪声频率实测结果，提出卡门涡是造成叶片裂纹的可能原因之一，并进行了叶片的第一次修型。

第一次修型后开机，空载时水机室的噪声为 100dB，出力升至 100MW 以后，异常噪声出现，升到 125MW 后，噪声（金属蜂鸣声）陡增，最大为 109dB，水导油槽盖上振动仍较剧烈，机组躲开振动区在不超过 100MW 出力非振动区运行。机组运行 20 天后，停机检查，经过表面 PT 探伤检查，转轮的 3 个叶片出水边上有 8 条穿透性裂纹，分布于偏靠上冠、下环，其中最长达 300mm。

而后进行了第二次修型，开机启动后，噪声明显降低，从空载到最大负荷（212MW），水机室噪声最大为 95dB，比第一次处理后的最大噪声（109dB）小了 14dB，异常噪声（金属蜂鸣声）的范围也减小，机组噪声、振动增大范围为 150～204MW（170MW 最明显），负荷达到 210MW 以上运行稳定、噪声小。这一次处理是有效的，卡门涡引起的噪声强度已被削弱，但在一定区域内还没有完全消除。提出保持在 215MW 左右负荷运行至再次处理。机组运行两个月后，停机经探伤等检查在 1 个叶片正面出口离上冠 150mm 有一条较深的裂纹，长为 25mm，深约为 3mm，4 个叶片上发现了浅表性裂纹。

进行第三次修型后启动，在升负荷 50～225MW 的过程，未出现金属蜂鸣声，水机室噪声为 90～96dB，机组振动、摆度都在正常范围内。这次修型也是成功的，消除了卡门涡引起的叶片共振现象。

同一个水力模型的另外一台机组，按照第三次修型的方案，在出厂前进行了转轮叶片的修型。首次启动后，空转和过速试验时未出现异常噪声（空转不大于 96dB），机组振动、摆动、温度正常，试运行顺利，带 55～225MW 负荷过程测噪声为 88～95dB，未出现异常噪声（金属蜂鸣声），测量结果表明转轮叶片无卡门涡共振，该电站由于卡门涡引起异常噪声和转轮叶片裂纹的问题得到解决。

15.11 转轮叶片应力测试

15.11.1 基本情况

某电站在机组检修过程中发现 3 台水轮机转轮叶片发生裂纹，裂纹主要发生在叶片出水边与转轮上冠交接处，出现裂纹的叶片数约占全部叶片的1/3。为了全面了解该电厂在不同运行条件下机组稳定性状况，分析及查明其水轮机转轮叶片产生裂纹的原因，特地开展转轮叶片应力及机组稳定性试验。

水轮机基本参数见表15.11-1。

表15.11-1　水轮机基本参数

水轮机类型	立式冲击水轮机	额定流量	$66m^3/s$
额定功率	26.8MW	额定转速	214.3r/min
额定水头	45m		

15.11.2 测试原理及方法

1. 转轮叶片固有频率测试

转轮叶片固有频率测试方法采用脉冲激励法即锤击法，对激发力和被激发体的响应进行传递函数分析就可以得到被激发体的各阶固有频率。试验的数据分析主要包括两部分：一是传递函数分析，用于确定振动系统的固有频率；二是相干函数分析，用于判断传递函数分析得到的固有频率的可靠程度。

转轮叶片固有频率测试在空气中进行，测试结果给出的频率值为空气中的固有频率，根据有关文献资料计算结果表明，叶片在水体中的振动主频约为空气中的70%，而振型基本一致。

(1) 测试条件。转轮与水轮机轴连接后处于自由悬吊状态，除推力轴承外，转轮及转动部分不应与固定支持部件接触。

(2) 测点布置。选择3个叶片进行了转轮叶片固有频率测试，3个传感器（响应测量点）布置在叶片背面距出水边缘100mm处，同时选择3处不同的锤击位置进行测试，如图15.11-1所示。

2. 转轮叶片应力测试

试验测点布置在相邻2个叶片的出水边处，其中每个叶片正面出水边靠近上冠处安装3个电阻应变片，背面出水边靠近上冠处安装3个电阻应变片，叶片出水边靠近下环处正、背面各安装1个电阻应变片，电阻应变片布置如图15.11-2～图15.11-4所示。

15.11.3 数据传输

应变采集仪安装在转轮泄水锥空腔内，采用设备内置电池供电，所有应变片信号线连接至采集仪，并做好密封防水措施。试验前开启采集功能，采集仪内置存储卡实现整个试验过程的数据采集和存储，试验完成后，停机取出采集仪的存储卡，导出到计算机上分析。

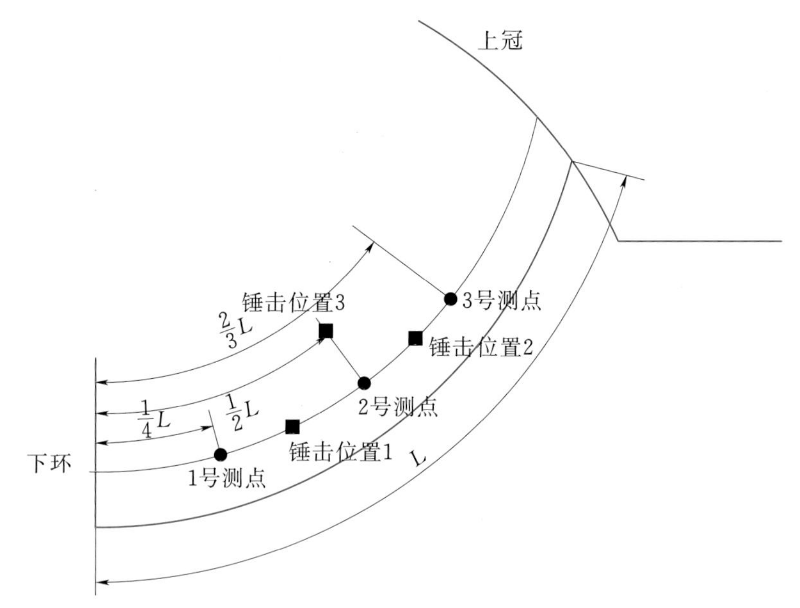

图 15.11-1　传感器布置和锤击位置示意图

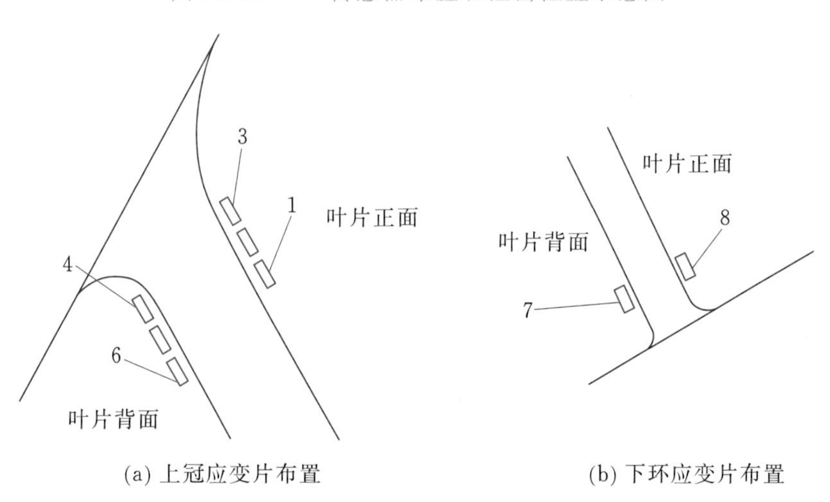

图 15.11-2　应变片布置示意图

1～7—应变片

15.11.4　固有频率试验结果

对转轮叶片固有频率共测试了 3 个叶片，测试结果见表 15.11-2，传函和相干分析图如图 15.11-5 所示。

15.11.5　转轮叶片应力试验结果

各试验测点静应力（平均应力）与水轮机出力的关系曲线如图 15.11-6 所示，从图中可看出，叶片正面靠近上冠处测点（SG1、SG2、SG3）的静应力在空载时为

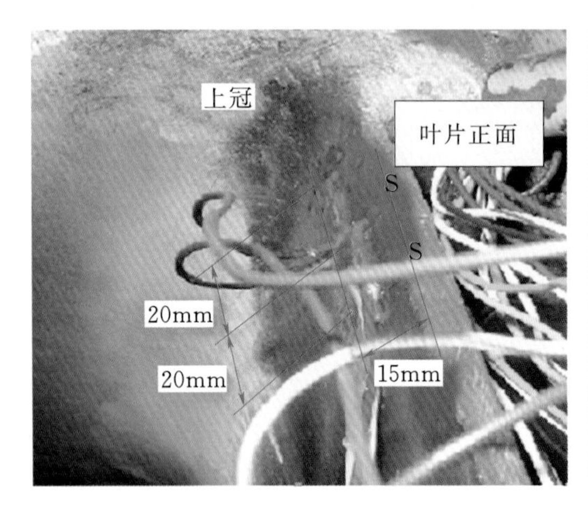

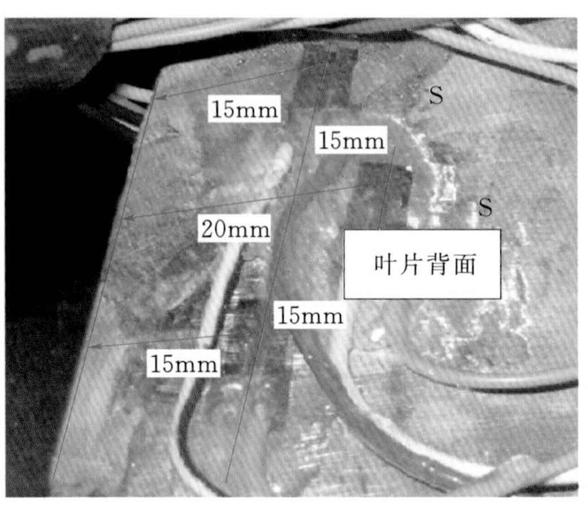

图 15.11-3 应变片布置图（一）

图 15.11-4 应变片布置图（二）

压应力约为－45MPa，并随负荷的增加而下降。在12MW附近为0，负荷大于12MW后出现拉应力，并随负荷的增加而升高，在满负荷时为最大约为＋50MPa。叶片背面靠近上冠处测点（SG4、SG5、SG6）的静应力在空载时为拉应力约为＋65MPa，并随负荷的增加而降低，在15MW附近为0，负荷大于15MW后出现压应力，并随负荷的增加而升高，在满负荷时压应力最大。

如图 15.11-7 所示，叶片各测点动应力总体趋势随负荷的升高而降低，在小负荷区（空载～12MW）和部分负荷区（12～20MW）动应力混频峰峰幅值相对较高，叶片背面靠近上冠测点（SG4）动应力最大混频峰峰幅值接近45MPa，在负荷大于20MW后，随负荷的升高叶片动应力明显降低。

15.11.6 综合分析结果

该电站水轮机转轮在部分叶片的出水边处发现了穿透性裂纹，从裂纹的性质看属于疲劳破坏。根据疲劳破坏的机理，疲劳破坏实质上是部件在交变应力下，由疲劳裂纹源的形成、疲劳裂纹的扩展以及最后的脆断三个阶段所组成的破坏过程。

产生疲劳破坏的第一个条件是疲劳裂纹源的形成，根据转轮叶片动应力测试结果，其动应力幅值在正常工作应力水平下，并未超过材料的许用疲劳极限。因此可以认为其叶片疲劳裂纹源的形成与叶片材质或焊接缺陷、叶片表面加工状况或初期残余应力有关，致使在正常工作应力水平下，当应力循环超过一定次数后，叶片产生了疲劳裂纹。另外，从机组运行工况看，小于6MW负荷范围内叶片动应力幅值相对较大，长时间（约占运行时间的20%）在此负荷范围内运行是促进叶片产生了疲劳裂纹和裂纹扩展的一个因素。鉴于在0～20MW负荷范围内，叶片动应力幅值相对较大，为延长转轮的疲劳寿命，建议电厂避开0～20MW负荷范围运行。

表15.11-2　　机转轮叶片固有频率测试结果

序号	频率/Hz	传函幅值/$(m \cdot s^2 \cdot N^{-1})$	相干系数
1	43.21	0.0178	0.88
2	65.67	0.0179	0.85
3	103.27	0.0211	0.87
4	158.94	0.0345	0.97
5	192.14	0.0239	0.97
6	199.95	0.0494	1.00
7	215.33	0.0493	0.97
8	227.54	0.0178	0.99
9	234.38	0.1342	0.99
10	243.16	0.0413	0.96
11	256.35	0.0659	0.91
12	267.09	0.1382	0.99
13	287.84	0.0271	0.91
14	295.90	0.0295	0.98
15	302.98	0.1757	0.99
16	325.68	0.0286	0.97
17	335.94	0.0412	0.99
18	345.21	0.0325	0.94
19	351.32	0.2422	0.99
20	374.51	0.0861	0.99

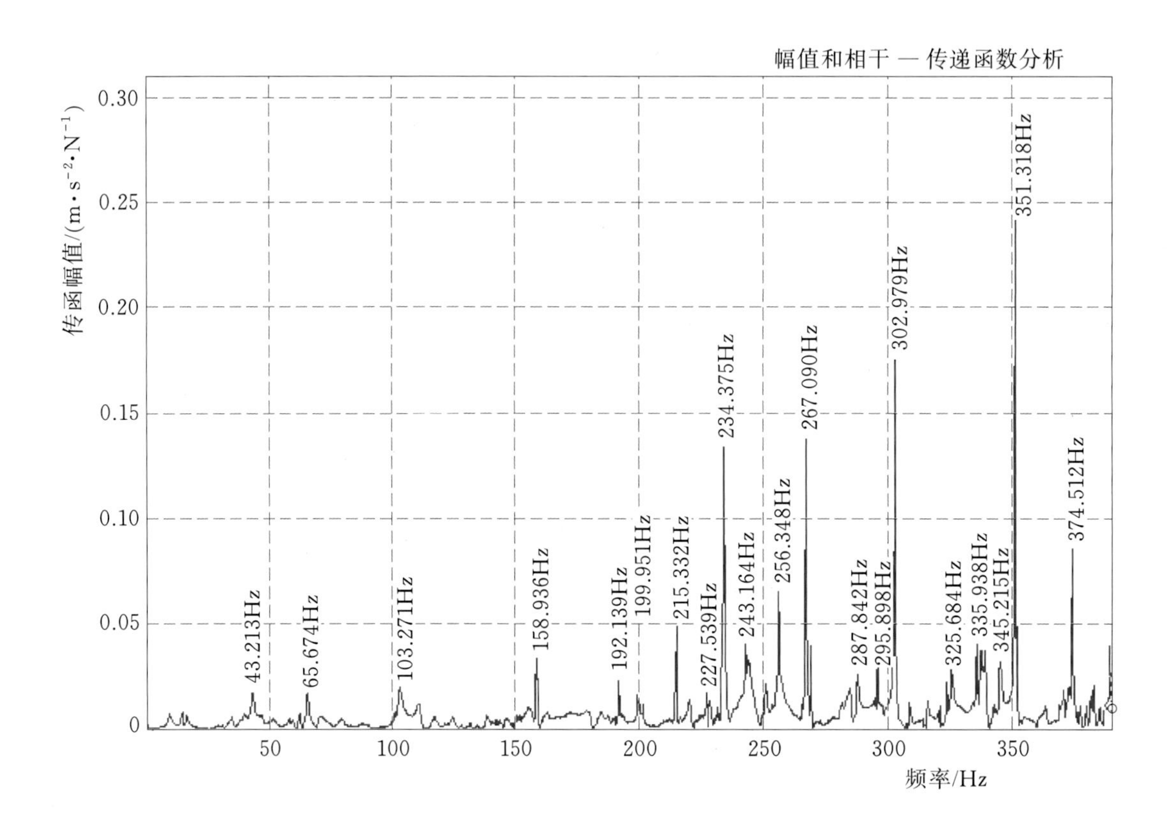

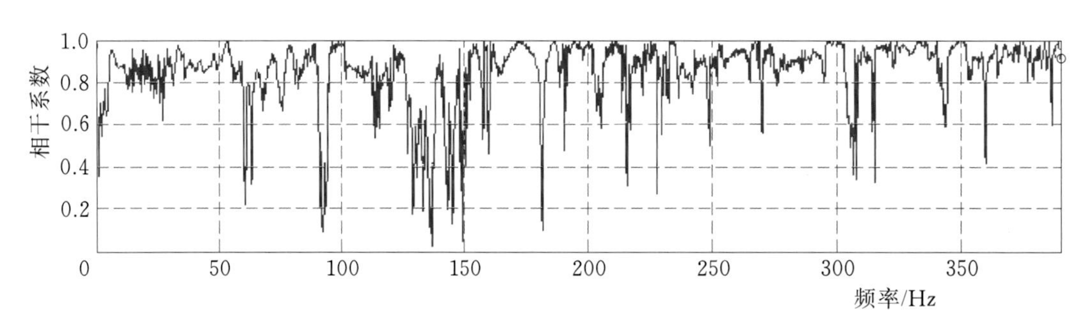

图 15.11-5 传函和相干分析图

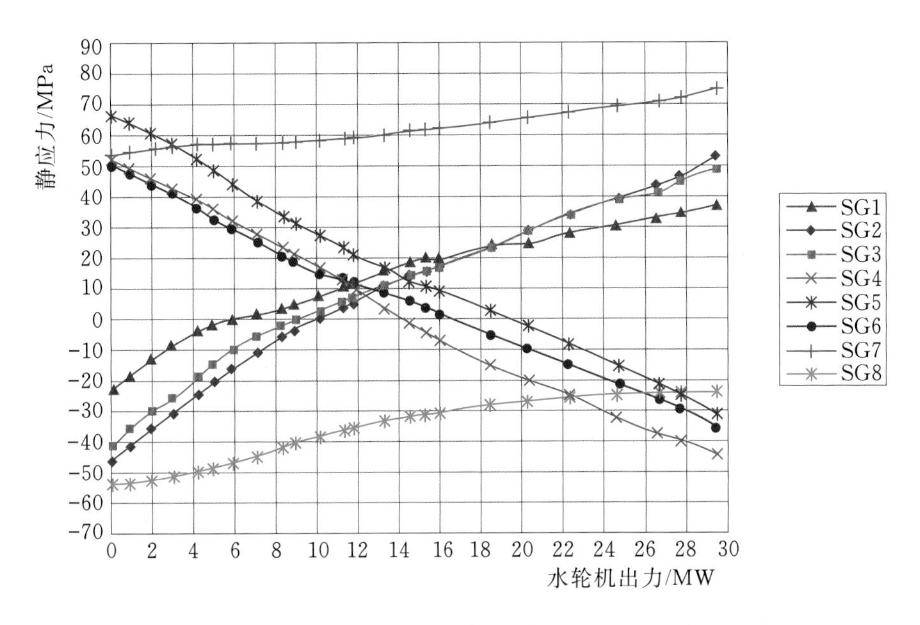

图 15.11-6 水轮机转轮叶片静应力与水轮机出力关系曲线

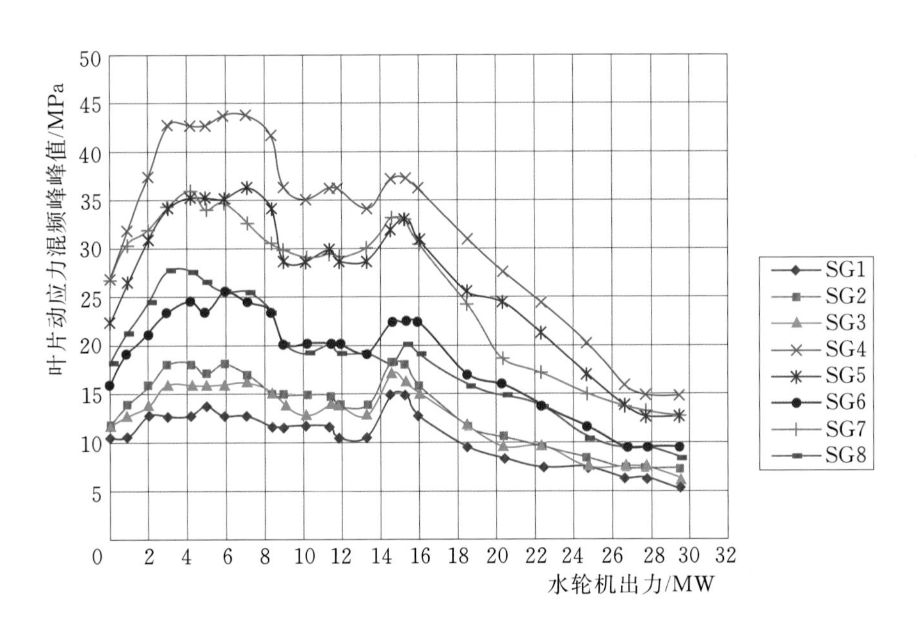

图 15.11-7 水轮机转轮叶片动应力与水轮机出力关系曲线

参考文献

［1］ 张诚，陈国庆．水轮发电机组检修［M］．北京：中国电力出版社，2012.

［2］ 刘晓亭，李维藩．水轮发电机组现场测试手册［M］．北京：水利电力出版社，1993.

［3］ 郑源．水轮机［M］．北京：中国水利水电出版社，2011.

［4］ 刘晓亭，冯辅周．水轮发电机组设备检测诊断技术及应用［M］．北京：中国水利水电出版社，2010.

［5］ 丁玉美，高西全．数字信号处理［M］．西安：西安电子科技大学出版社，2004.

［6］ 施维新．汽轮发电机组振动及事故［M］．北京：中国电力出版社，1998.

［7］ 马震岳，董毓新．水电站机组及厂房振动的研究与治理［M］．北京：中国水利水电出版社，2004.

［8］ 杜文忠．水轮发电机组测试技术［M］．北京：中国水利水电出版社，1995.

［9］ 才家刚．电机试验手册［M］．北京：中国电力出版社，1997.

［10］ 屈梁生，何正嘉．机械故障诊断学［M］．上海：上海科学技术出版社，1986.

［11］ 应怀樵．波形和频谱分析与随机数据处理［M］．北京：中国铁道出版社，1985.

［12］ 胡时岳，朱继梅．机械振动与冲击测试技术［M］．北京：科学出版社，1983.

［13］ 王伯雄．测试技术基础［M］．北京：清华大学出版社，2003.

［14］ 张正松，傅尚新，冯冠平，等．旋转机械振动监测及故障诊断［M］．北京：机械工业出版社，1991.

［15］ 单文培，刘孟桦，洪余和．水轮发电机组及辅助设备运行与维护［M］．北京：中国水利水电出版社，2006.

［16］ 李友平．水轮发电机组状态检修系统中的信号处理［D］．武汉：武汉大学，2001.

［17］ 张生．基于振动信号处理及模态分析的机械故障诊断技术研究［D］．秦皇岛：燕山大学，2009.

［18］ 李友平，朱浩，施冲，等．基于PCI04和嵌入式Linux的水轮发电机组振摆装置的研究［C］//第一届水力发电技术国际会议论文集．北京：2006：1224-1227.

［19］ 任继顺，董开松，薛媛，等．发电机气隙动态测量技术在水轮发电机组定转子变形监测诊断方面的评价方法的探讨［C］//陕西省水力发电工程学会青年优秀学术论文集．西安：2008.

［20］ 李友平，万鹏，程建，等．水轮发电机组振摆峰峰值计算方法探讨［C］//中国电机工程学会2013年度论文集．成都：2013.

［21］ 梁鹏超，吴晓龙，吴少将．水口集团远程监测与分析中心建设研究［J］．通讯世界．2014，(10)：50-51.

［22］ 江学文，刘海燕，王兴芳．水轮发电机组状态监测技术应用研究［J］．水电与新能源．2013，(2)：17-22.

[23] 李友平．水轮发电机组振动监测分析系统［J］．水电厂自动化，2002（增刊90）：54－56.

[24] 庄明．基于故障参数辨识的水轮发电机组综合状态在线监测系统研究［J］．水电站机电技术，2017，40（4）：13－17.

[25] 朱浩，陈喜阳，李友平，等．水轮发电机组在线监测中同步整周期采样实现策略［J］．电力系统自动化，2007，31（4）：80－84.

[26] 郑杰．基于 Hilbert 变换的水轮发电机组振动冲击信号自动检测技术及应用研究［J］．水力发电，2017，43（8）：94－98.

[27] 尹永珍，万鹏，王建兰．大型水轮发电机组动不平衡诊断与实践［J］．水电站机电技术，2015，38（5）：1－4.

[28] 李峰，李锋．浅谈董箐发电厂状态在线监测系统改造［J］．水电站机电技术，2014，37（6）：45－48.

[29] 卢进玉，胡孝山．葛洲坝电厂 125MW 机组的效率状况分析［J］．水力发电，2002（6）：8－10.

[30] 夏松波，张新江，刘占生，等．旋转机械不对中故障研究综述［J］．振动、测试与诊断，1998（3）：3－7，73.

[31] 陈自强，何继全．机组质量不平衡浅析［J］．水电站机电技术，2018，41（2）：5－7，24.

[32] 董瑜，刘韩生，曹长冲．水击波数值模拟中高分辨率 TVD 格式优选［J］．长江科学院院报，2015（10）：225－227.

[33] 黄劲松，何继全．测振测摆系统在电厂的实践与应用［J］．水电站机电技术，2016，39（7）：32－34.

[34] 徐进，周玉国，王庆书，等．葛洲坝水电厂 14 号机组增容改造效果［J］．水电与新能源，2012（3）：17－18.

[35] 汪嘉洋，刘刚，华杰，等．振动传感器的原理选择［J］．技术与应用，2016，22（10）：19－23.

[36] 韩波，卢进玉，肖燕凤，等．水电站检修维护管理现状及趋势［J］．水电自动化与大坝监测，2014，38（1）：31－34.

[37] 李莉，刘威．振动传感器的原理及应用［J］．电子元件与材料，2014，33（4）：81－82.

[38] 刘莹，孙凯，李淑钰．水轮发电机通风模拟试验台测控系统设计与实现［J］．计算机测量与控制，2012，20（8）：2159－2162.

[39] 刘中明．TD－1000 系列功率变送器及改进［J］．机械与电子，1996（2）：38－39.

[40] 李友平，夏洲，赵学东．UF911 超声波测流系统［J］．水电自动化与大坝监测，2003，27（2）：31－32，72.

[41] 王炜，梅志桂．丹江口水电厂 3 号发电机通风、温升试验［J］．华中电力，2004（2）：47－48，51.

[42] 杨金才，梁川，盛兆顺．数字信号的包络分析方法［J］．郑州工业大学学报，2001，22（3）：59－61.

[43] 易琳，李文学，侯敬军，等．三峡右岸机组测流系统［J］．水电自动化与大坝监测，2007，31（6）：43－45.

[44] 何成连. 计算机振动测试分析系统在水轮发电机组动平衡试验中的实践 [J]. 水电站机电技术, 2011, 34 (4): 43-46.

[45] 李友平, 李文学, 刘连伟. 三峡机组多声路超声波流量计实流校准数据分析及探讨 [J]. 水力发电, 2009, 35 (12): 72-75.

[46] 王晓双. 数字处理方法在冲击信号分析中的应用 [J]. 信息与电子工程, 2005, 3 (3): 217-219.

[47] 范春生. 现代水轮发电机组动平衡故障诊断与实践 [J]. 人民长江, 2011 (21): 85-89.

[48] 方建新, 谭啸. 浅析状态在线监测系统的故障分析与盘车应用 [J]. 水电站机电技术, 2009 (3): 207-214.

[49] 沈文. 关于冲击信号的数字处理方法研究 [J]. 航空计测技术, 1999, 19 (2): 19-22.

[50] 李友平, 任泽民, 宋柯, 等. 水轮发电机组实时效率监测系统 [J]. 水电自动化与大坝监测, 2004 (1): 4-5.

[51] 王海. 水轮发电机转子动平衡方法及应用研究 [J]. 大电机技术, 2002 (2): 12-16.

[52] Li Youping, Cheng Jian. Benefits analysis of the selection of operated unit for multi-type hydropower plants [J]. HydroVision, 2013 (7).

[53] Li Youping, Weng Hanli, Cheng Jian, et al. Performance analysis for francis hydraulic turbine based on normalized operating condition and its application [J]. Chemical Engineering Transactions - New Developments in Mechanical and Electrical Engineering, 2015 (46): 1135-1140.

[54] 吴宗祥. 浅析转子动平衡一次加准法与滞后角的选择 [J]. 工程与技术, 2012 (3): 37-38.

[55] 李友平, 李建斌. 三支点压力传感器称重静平衡法试验误差分析实例 [J]. 西北水电, 2012 (增刊 1): 6-7, 21.

[56] 胡永利. 水轮发电机组动平衡试验 [J]. 西北水力, 2006 (3): 62-65.

[57] Li Youping, Lu Jinsong, Cheng Jian, et al. The comparison between the acquisition vibration data obtained by different types of transducers for hydraulic turbine head cover [J]. Journal of Physics: Conf. Series 813, 2017, 12 (31).

[58] 李友平, 苗豫生, 夏洲, 等. 多声路超声波流量计校准及相关问题探讨 [J]. 水电自动化与大坝监测, 2007, 31 (5): 44-46.

[59] 贺建华, 陈昌林, 等. 三峡水电站右岸 15-18 号发电机振动及噪声优化改进 [J]. 大电机技术, 2010, 26 (1): 13-18.

[60] 彭兵, 李友平, 曹长冲, 等. 大型水轮机顶盖振动传感器安装位置对比分析 [J]. 大电机技术, 2016 (2): 33-36.

[61] 胡浩, 钟丽琼, 周潜. 差压传感器技术的现状及发展 [J]. 机床与液压, 2013, 41 (11): 187-190.

[62] 曹长冲, 李友平, 程建. 不同吸出高度对溪洛渡电站机组稳定性指标的影响分析 [J]. 水电能源科学, 2016 (1): 166-169.

[63] 孙海龙. 大型水轮发电机电动盘车装置的原理及应用 [J]. 电子技术, 2016 (20): 103-104.

[64] 曹长冲, 李友平, 彭兵, 等. 溪洛渡电厂 18F 机组启动试运行试验研究 [J]. 水电与

新能源，2015 (06)：43-44.

[65] 尹国军，石清华．大朝山电站水轮机转轮卡门涡共振分析 [J]．水电站机电技术，2005，28 (4)：80-82.

[66] 潘罗平．卡门涡诱发的水轮发电机组振动特性研究 [J]．长春工程学院学报（自然科学版），2010，11 (3)：134-137.

[67] GB/T 8564—2003 水轮发电机组安装技术规范 [S]．北京：中国标准出版社，2003.

[68] GB/T 17189—2017 水力机械（水轮机、蓄能泵和水泵水轮机）振动和脉动现场测试规程 [S]．北京：中国标准出版社，2018.

[69] GB/T 20043—2005 水轮机、蓄能泵和水泵水轮机水力性能现场验收试验 [S]．北京：中国标准出版社，2005.

[70] GB/T 28570—2012 水轮发电机组状态在线监测系统技术导则 [S]．北京：中国标准出版社，2012.

[71] GB/T 32584—2016 水力发电厂和蓄能泵站机组振动的评定 [S]．北京：中国标准出版社，2016.

[72] GB/Z 35717—2017 水轮机、蓄能泵和水泵水轮机流量的测量—超声传播时间法 [S]. 北京：中国标准出版社，2018.

[73] DL/T 1197—2012 水轮发电机组状态在线监测系统技术条件 [S]．北京：中国电力出版社，2012.

[74] DL/T 1804—2018 水轮发电机组振动摆度装置技术条件 [S]．北京：中国电力出版社，2018.

[75] JJF 1358—2012 非实流法校准 DN1000～DN15000 液体超声流量计校准规范 [S]．北京：中国标准出版社，2012.

[76] 中国长江三峡集团公司．Q/CTG 36—2015 水电站设备状态在线监测与分析诊断技术规范 [S]．2015.

[77] 中国长江电力股份有限公司技术研究中心．Q/TRC. JS 001—2016 水轮发电机组稳定性及能量特性试验规程 [S]．2016.

主编简介

卢进玉 湖北仙桃人，教授级高级工程师，1982年毕业于华中工学院（现华中科技大学）水力机械专业。长期从事水电厂机电设备检修和技术管理工作，先后参与葛洲坝、三峡、溪洛渡、向家坝、白鹤滩、乌东德等全国众多水电厂的设计审查工作，撰写技术论文60余篇，负责组织编写了《水轮发电机组检修》（中国电力出版社2012年4月出版）。曾任全国水轮机标准化技术委员会委员、中国机械工程学会摩擦学分会常务委员。

任继顺 甘肃天水人，工学硕士，毕业于航天科技集团空间技术研究院。长期从事水力发电机组现场测试技术、故障诊断技术、机组状态监测技术和水电厂智能化技术的研究，先后参与了三峡、水口、刘家峡、白山、丰满、凤滩、东江、柘溪、天生桥二级等多个大中型水电厂状态监测及故障诊断系统的设计与研制。曾获中国电力科学技术奖、广东省科学技术奖、国家安全生产监督管理局安全生产成果奖、福建省科学技术奖、教育部高等学校科技进步奖等多个奖项。

程　建 湖北浠水人，教授级高级工程师，1992年毕业于武汉水利电力学院计算机应用专业。长期从事水电站机电设备检修和技术管理工作，先后参与了葛洲坝电站机电设备检修和技术改造，三峡电站筹建、机电建设和运营管理，溪洛渡、向家坝电站建设等工作，撰写技术论文30多篇。2008年9月任中国水力发电工程学会信息化专委会委员。